U0233839

绿水青山就是金山银山

——国家山水林田湖草
生态保护修复试点实证研究

LÜSHUI QINGSHAN JIUSHI JINSHAN YINSHAN

刘谟炎◎著

人民出版社

前　言

　　习近平总书记在 2013 年 11 月 9 日《关于〈中共中央关于全面深化改革若干重大问题的决定〉的说明》报告中明确指出："山水林田湖是一个生命共同体，人的命脉在田，田的命脉在水，水的命脉在山，山的命脉在土，土的命脉在树。用途管制和生态修复必须遵循自然规律，如果种树的只管种树、治水的只管治水、护田的单纯护田，很容易顾此失彼，最终造成生态的系统性破坏。由一个部门负责领土范围内所有国土空间用途管制职责，对山水林田湖进行统一保护、统一修复是十分必要的。"为深入贯彻落实习近平总书记的重要思想，2014 年 6 月南昌工程学院成立了全国最早的山水林田湖研究院。2015 年 6 月 17 日国务院研究室来函，指定专人负责对《山水林田湖研究》（内参）研究成果的参考借鉴工作。根据党中央、国务院决策部署，财政部会同原国土资源部、原环境保护部于 2016 年正式组织开展"山水林田湖"生态保护修复工作。陕西、河北、甘肃、江西赣州等四个省市确定为国家支持的首批项目试点。2017 年 7 月 19 日，习近平总书记主持召开中央全面深化改革领导小组第三十七次会议时强调，坚持山水林田湖草是一个生命共同体。在党的十九大报告中，习近平总书记强调"人与自然是生命共同体"等理念，将"草"纳入"山水林田湖"体系，强调"山水林田湖草系统治理"。在"山水林田湖"之后补充了"草"，这不仅是对"草"的地位的充分肯定，也使生命共同体的范畴更为完整，对推进生态文明建设具有里程碑式的重大意义。

　　山水林田湖草是国土的重要组成部分。在中国 960 万平方公里的陆地国土上，65% 是山地或丘陵地区、33% 是干旱或荒漠地区，而平原和盆地的总和只有 20% 左右。除了长江、黄河等 5800 多条源远流长的大小天然河流之外，还有分布在全国各地的 2000 多个大小天然湖泊。中国还是一个拥有近 4 亿公顷

1

天然草地的大草原国家，草地是森林面积的 2.5 倍，是耕地面积的 3.2 倍，占全国陆地面积的 41.7%。截至目前，全国"山水林田湖草"生态保护修复项目试点已批复三批，分布全国二十多个省（市、区）。江西地处我国中部地区，境内地理地貌"六山一水两分田，一分道路和庄园"，省行政区划与鄱阳湖流域生态系统基本吻合。全省森林覆盖率稳定在 60% 以上，鄱阳湖是全国第一大淡水湖，山水林田湖草浑然一体。《江西省山水林田湖草生命共同体建设三年行动计划（2018—2020 年）》提出要为打造全国生态文明建设的"江西样板"助力。南昌工程学院是我国历史悠久的水利水电大学之一，地处英雄城"中国水都"南昌市高新区，毗邻全国第二大省会城市内陆湖泊——瑶湖，是一所水利特色鲜明的多科型大学，国内水资源开发、利用、治理、配置、节约与保护等专业设置齐全，形成工科为主，理、经、管、文、艺、农多学科协调发展的办学格局。适应新时代发展需要，不断突破水科学和水技术的前沿，围绕水问题形成的水生态、水景观、水经济、水文化、水安全、水修复等新的学科领域正在蓬勃发展。充分发挥高校党委领导的制度优势、政治境界、综合特色和系统思想，重视发挥高校智库的作用，积极为国家经济社会发展建言献策，应当是校党委书记的分内之事。那么，怎样建设好"山水林田湖草研究院"？如何开展"山水林田湖草生命共同体"建设内涵和本质的研究？对共同体自然资源进行综合管理利用的路径如何选择？

笔者发挥曾经在省委农村工作综合部门统筹研究农、林、水、牧、副、渔，山、水、林、田、路、村，工、商、运、建、游、服等各业协调发展的传统优势，以山水林田湖草生命共同体建设方面的问题为导向，以服务于生产一线、科学研究、政府决策为重点，通过主动承担地方和国家政府部门委托的研究课题，聘请相关专家作为兼职研究人员参加课题组开展合作研究，鼓励研究院专兼职人员担任实际工作部门的顾问等措施，实现学科建设、人才培养、决策咨询的有机结合，利用水利水电大学教学科研的基础，"以水为媒"联合校外各种社会力量开展山水林田湖草研究。同时牢牢把握"节水优先、空间均衡、系统治理、两手发力"的基本思路，积极顺应自然规律、经济规律和社会发展规律，针对生态网络空间的不同分类、分级，从土地用途管制、项目准入原则、产业调整政策、城市村镇建设策略等方面，研究和制定不同生态网络空间的生态管制规则。重点围绕提升生态文明资源价值，促进山水林田湖草共享改革红利，实现"山水林田湖草"生态系统的良性循环，形成

"以水带地、以地生财、以财兴水"的模式，实现水利工程、生态资源和经济开发的效益多赢，提出前瞻性的战略思路和对策。

按照中国特色新型高校智库建设要求，彰显地方水利大学"智库"特色，为山水林田湖草生命共同体建设提供的初步研究成果有，《山水林田湖草生命共同体研究的历史开端——山水林田湖草研究院的工作思路与目标任务》《南水北调工程和山水林田湖草生命共同体实践考察研究——出席"中国·丹江口水都论坛"考察报告》《水土保持的根本出路在于建立山水林田湖草生命共同体——在南方水土保持研究会成立30周年暨学术研讨会上的致辞》《发挥水库文化在山水林田湖草生命共同体中的支撑作用——江西省抚州市廖坊水库考察报告》《献给河长们的最新水文化产品——再论水库文化》《生态文明建设的示范样板——江西省峡江水利枢纽工程考察与理论分析》《建水库、开运河是建设山水林田湖草生命共同体的关键——埃及运河、大坝及灌溉工程考察报告》《论中国湖长制的制度创新》《解读山水林田湖草生命共同体建设——江西省生态文明试验区建设暨生态扶贫专题培训班上的讲话》《赣州市实施山水林田湖草生态保护修复试点报告》《把赣州市打造成为"全国山水林田湖草综合治理样板区"的调研报告》《赣县区山水林田湖草生态保护修复试点工作的成效及经验》《上犹县山水林田湖草生态保护修复试点，实现一江清水送赣江》《解决赣州市山水林田湖生态保护修复试点工作中稀土废矿治理的四个突出问题，再造青山绿水》《消除赣州市山水林田湖生态保护修护试点工作中水流域治理中的"卡脖子"问题，还章贡水系一江清水》《山水林田湖草生态保护修复的赣南探索——"2018长江论坛"修复生态环境专题报告》《山水林田湖草生命共同体建设在长江经济带"共抓大保护"中的江西实践——"2019长江论坛"生态优先推动绿色发展专题报告》。

由世界图书出版公司出版的《美丽中国——论山水林田湖草是一个生命共同体》，认为"美丽中国"是对我国生态文明建设目标的一种诗意表达。"美丽中国"是时代之美、社会之美、生活之美、百姓之美、环境之美的总和，也是山水林田湖草生命共同体中的山之美、水之美、林之美、田之美、湖之美、草之美的可视化。"统筹山水林田湖草系统治理"是实现美丽中国的战略自觉。其中，以山水林田湖草生命共同体理念建设优美宜居的生态环境最为关键。"美丽中国"不仅体现为环境美好，而且还体现在经济发展、政治昌明、文化繁荣、社会和谐之中。该书分别突出"山、水、林、田（草）、湖"的主题，以掌握山水林田湖草生命共同体构成规律、确立水资源治理重点可持续利用目标、奠定林业在生命共同体中的战略定位、确保农田（草）在生命共同体中的基础地位、湖面临的重大问题与振兴策略为题，初步提出一个国内外高度关注、对于学者有意义的和对于决策者有用的看待生态文明建设的框架或范式，并用山水林田湖草生命共同体建设的中国实践，展现出"美丽中国"的生动画卷。

由人民出版社出版的《人与自然和谐共生——论山水林田湖草生命共同体建设的理论与实践》，旨在说明人与自然和谐共生作为一种新的发展理念必须体现在建设山水林田湖草生命共同体的实践中。强调山水林田湖草生命共同体建设不仅仅是简单的治山、理水、造林、保田、管湖、育草，简单地配置各种生物组合，而是要用习近平生态文明思想拓宽生物学、生态学视野，运用生态学竞争原则调节系统的多样性，尤其是要运用经济学、政治学、社会学和环境科学等学科，通过科学的规划、工程建设和管理，将单一的生物环节、物理环节、经济环节、社会环节等组装成一个有强大生命力的生态经济系统，在人与自然之间构建和谐共生关系，通过"两山"建设、水生态文明、林业多功能、田管理权变、湖畔聚落圈、草生态产业等途径建设山水林田湖草生命共同体，做到相互利用和共生共赢。

2016 年以来，国家先后组织实施三批次、25 个山水林田湖草生态保护修复工程试点，累计安排 460 亿元，涉及 24 个省、区、市，涵盖京津冀水源涵养区、西北祁连山、黄土高原等生态功能区块，充分体现保障国家生态安全的基本要求。自修复工程试点以来，国内围绕生态保护修复总体思路、土地／景观综合体保护、科学内涵、理论基础、推进路径等方面，开展了大量理论研究和实践探索。"绿水青山就是金山银山"已作为执政理念写入党的十九大报告、《中国共产党章程（修正案）》，党的十九大对国土空间开发保护格局提出了更高要求，为解决自然资源所有者不到位、空间性规划重叠、部门职责交叉重复等问题，已设立专项在全国推进山水林田湖草生态保护修复工程试点工作，保护修复的重点是影响国家生态安全格局的核心区、关系中华民族永续发展的重点区、生态系统受损的严重区、开展保护修复最迫切的关键区。突出强调了山水林田湖草生命共同体各要素之间是普遍联系和相互影响的，要注重整体性和完整性。山水林田湖草保护修复是一项复杂系统工程，涉及多部门、多领域，实践已出现可借鉴成功案例，急需总结试点好的经验做法，形成山水林田湖草生态保护修复的模式。

《绿水青山就是金山银山——国家山水林田湖草生态保护修复试点实证研究》一书，以全国目前唯一以设区市纳入国家首批山水林田湖草生态保护修复试点的地区——江西省赣州市为研究案例，系统地介绍了赣州市实施流域水环境保护与整治、矿山环境修复、水土流失治理、生态系统与生物多样性保护、土地整治与土壤改良等生态建设工程的主要项目，提出山水林田湖草生态保护修复包含生产方式、生活方式以及思维方式等方面的内容，全面地总结了赣南实现山水林田湖草系统治理的基本经验。承接了历代共产党人对生态系统管理的实践探索经验和理论总结，科学吸收了可持续发展理论和生态系统管理理论的思想，凝聚了广泛的国际共识。根据生态环境的系统性、综合性以及整体性的特征，整体考察与生态环境相关的各个要素特别是生态文化，强调在加快生态文明建设的过程中，积极整合生态环境治理的客体，有效解决当前生态保护修复工程中存在的整体性不够、系统性不足、连续性较差、持续性不强等问题。从实证研究的角度为纵深推进国家山水林田湖草生态保护修复探索未来展望，人与自然和谐共进不仅有利于构建人类生命共同体，而且有助于推动人类命运共同体的发展。在全球化趋势不可逆转的背景下，世界各国的联系日益紧密，开始共同努力，追求共同利益，积极构建人类命运共同体。山水林田湖草作为一个生命共同体，是由山、水、林、田、湖、草构成的系统，具有复杂性，系统内的各个要素之间相互联系、相互依存，由此构成的生命共同体，奠定了人类命运共同体的基石。正如恩格斯在 1844 年指出的，作为"瓦解一切私人利益"的共产主义，就是要为实现"人类与自然的和解以及人类本身的和解开辟道路"①。即共产主义社会是实现人与社会、人与自然双重和谐的社会。

---

① 《马克思恩格斯文集》（第 1 卷），人民出版社 2012 年版，第 24 页。

目　录

绪　论 ……………………………………………………………… 1

第一篇　试点成果

第一章　山治体成景 ……………………………………………… 33

第一节　钨矿废弃用地变成新景点 ………………………………… 34

第二节　稀土废弃矿山环境景观治理 ……………………………… 41

第三节　崩岗治理成为我国南方典型示范区 ……………………… 51

第四节　高速路域周边山体修复成景 ……………………………… 62

第五节　城镇周边山地生态化改造 ………………………………… 77

第二章　水退劣保优 ………………………………………………… 89

第一节　建立完善河（湖）长制 …………………………………… 89

第二节　赣江上游及支流系统治理 ………………………………… 100

第三节　保护江河流域水质政策措施 ………………………………… 114

第三章　林提质增效 ……………………………………………… 126

　第一节　围绕低质低效林的成因制定改造规划方案 ……………… 126

　第二节　围绕提高生态屏障能力进行低质低效林改造 …………… 142

　第三节　围绕绿色富民生态产业进行低质低效林改造 …………… 151

第四章　田复垦添绿 ……………………………………………… 166

　第一节　田地复垦治荒 …………………………………………… 166

　第二节　土壤环境污染防治 ……………………………………… 182

　第三节　土地整治潜力挖掘 ……………………………………… 197

第五章　湖管养永续 ……………………………………………… 211

　第一节　水库工程科学运行 ……………………………………… 211

　第二节　生态水库（湖泊）建设 ………………………………… 224

　第三节　水库管理法规制度创新 ………………………………… 248

第六章　草见地补绿 ……………………………………………… 259

　第一节　草山草坡开发 …………………………………………… 259

　第二节　稻田闲期种草 …………………………………………… 271

　第三节　草修复生态景观 ………………………………………… 278

第二篇　案例研究

第七章　保护江河源头林草盛，留住碧水蓝天全域游……………297

第一节　赣江源保护区建设……………………………299

第二节　琴江流域生态保护与修复………………………304

第三节　城乡污染治理…………………………………311

第四节　低质低效林改造………………………………325

第八章　传承文化永葆绿水青山，创新机制统筹生态治理…………333

第一节　传承中央苏区建政文化，推进山水林田湖草生态
　　　　保护修复制度创新……………………………334

第二节　弘扬"红井"文化，提升井塘库在山水林田湖草
　　　　生态保护修复中的地位和作用…………………342

第三节　发展水利命脉，拓展山水林田湖草生态保护修复领域………347

第九章　蓝天白云常在山林田间，清水净土永存绿色动能…………361

第一节　于都县崩岗治理的区域特征……………………362

第二节　废弃钨矿矿山地质环境治理……………………371

第三节　低质低效林改造的"林＋"模式…………………381

第十章　保护滴水寸土草木，绿化山川田野村镇………………389

第一节　打造国家水土保持科技示范园区…………………390

第二节　提高裸露山体生态保护修复水平 401

第三节　提升低质低效林改造优化建设水平 410

第十一章　河清湖碧水净鱼跃，林茂田洁山绿茶丰 420

第一节　生态岸线修复 421

第二节　水库湖泊环境治理 426

第三节　农村垃圾面源污染治理 431

第四节　水源涵养林保护 438

第五节　生态文化提升 445

第十二章　山丘矿区溪涧生态治水，田园塘库沟渠林草共融 452

第一节　龙南县废弃矿区综合治理及生态修复 453

第二节　稀土矿区小流域尾水收集利用处理 462

第三节　低质低效林改造的"龙南方案" 466

第四节　龙南县濂江北岸（石人）综合治理 470

第五节　龙南县桃江流域水环境修复与保护 473

第十三章　永葆山青水绿天蓝土净，赣闽粤港共享绿色福祉 483

第一节　建立项目资金保障机制，严实生态修复保护基础 484

第二节　建立流域统筹协调机制，严明河长制管理职责 488

第三节　完善生态保护修复机制，严守资源利用管控底线 491

第四节　完善生态补偿机制，严密各方利益关系 ……………… 496

第五节　建立生态产业转换机制，严拓绿色发展通道 ………… 499

第六节　建立环境共建机制，严保公众绿色生活 ……………… 503

第七节　建立法规保障机制，严格依法监管监测 ……………… 509

第十四章　显山露水"崇尚礼义"，林郁田葱"江南绿谷" ……… 514

第一节　河湖自然岸线保护与修复 …………………………… 515

第二节　加强生态化河床建设 ………………………………… 518

第三节　建设湿地文化景观 …………………………………… 523

第四节　水土流失管控 ………………………………………… 532

第五节　流域农业面源和村镇点源污染治理 ………………… 537

第六节　废弃矿山生态修复 …………………………………… 541

第七节　重要生态空间生物多样性保护 ……………………… 543

第三篇　系统探索

第十五章　山水林田湖草生命共同体建设的江西举措 ………… 553

第一节　掌握山水林田湖草生命共同体建设的构成规律 …… 553

第二节　掌握山水林田湖草生命共同体建设的理论要点 …… 556

第三节　掌握山水林田湖草生命共同体建设的实践要点 …… 563

第十六章　江西山水林田湖草保护修复的先行探索 …………… 572

第一节　正确把握整体推进和重点突破的关系 ……………… 572

第二节　正确把握生态环境保护和经济发展的关系 ………… 577

第三节　正确把握总体谋划和久久为功的关系 ……………… 583

第十七章　山水林田湖草生命共同体建设在长江经济带
　　　　　　"共抓大保护"中的江西实践 …………………… 588

第一节　做好山水林田湖草生命共同体建设的目标设计 …… 588

第二节　做好绿水青山转化为金山银山的路径设计 ………… 593

第三节　做好打造美丽中国"江西样板"的制度设计 ……… 599

第十八章　江西绿水青山新篇章 ……………………………… 604

第一节　首位担当 …………………………………………… 604

第二节　全面融入 …………………………………………… 614

第三节　系统升级 …………………………………………… 622

附录　生态文明建设的突破口 ………………………………… 629

后　记 …………………………………………………………… 660

绪　论

　　赣州市位于赣江上游，江西南部，简称赣南，为江西省最大的行政区，下辖 3 个市辖区、14 个县、1 个县级市，2019 年末全市户籍人口为 983.07 万人。全市国土面积 3.94 万平方公里，占江西总面积的 23.6%，素有"八山半水一分田，半分道路和庄园"之称。全市平均海拔高度在 300—500 米之间，山地、丘陵占总面积的 80.98%，是典型的山地丘陵区。赣州市地处南岭山地、武夷山脉、罗霄山脉的交汇地带，属于国家生态安全战略格局"两屏三带"①中的"南方丘陵山地带"，是南亚热带和中亚热带的分界线以及珠江流域和长江流域的分界线。因此，保护赣南生态安全屏障，实施赣州市山水林田湖草生态保护与修复工程，是维护我国生态安全屏障的战略需求。实施以提高水源涵养能力、减少水土流失、加强对工矿企业污水排放和农业面源污染的防控与治理为主要目的的流域水环境综合整治，关系着赣南苏区的生态文明建设与可持续发展。2016 年 12 月，我国提出第一批山水林田湖草生态保护修复试点，赣州市进行了申报并获批，正式拉开了全市对山水林田湖草进行整体保护、系统修复和综合治理的帷幕。

一、规划系统化

　　赣州市委、市政府高度重视山水林田湖草生态修复工作，成立了推进工作领导小组和生态保护中心，研究制定了山水林田湖草生态保护修复工作的

---

① 　两屏三带是我国构筑的生态安全战略，指"青藏高原生态屏障""黄土高原—川滇生态屏障"和"东北森林带""北方防沙带""南方丘陵山地带"从而形成一个整体绿色发展生态轮廓。

主要任务、目标和责任分工，编制了项目实施方案（2017—2019 年）。针对赣南存在的突出生态问题，重点推进流域水环境保护与整治、矿山环境修复、水土流失治理、生态系统与生物多样性保护、土地整治与土壤改良 5 大类生态建设工程。在项目规划上坚持生命共同体的理念，以流域为主体，考虑行政单元的相对完整性，在梳理诊断各流域生态环境问题的基础上，分片区、分类型规划布局项目。同时，突出生态功能重要区域和生态脆弱敏感区域，识别生态保护红线、主体功能区、水土流失敏感区、矿山资源及国家稀土规划矿区、各流域及生物多样性保护重要区，合理确定需要优先保护和修复的重点区域，根据生态环境问题的轻重缓急，循序渐进推进生态保护修复项目。

（一）系统构建四大片区

治理与管理单元的划分是实现赣州市开展山水林田湖草保护修复的基础。赣南山区生态系统服务功能以水源涵养功能为主，同时，在生物多样性保护、生态公共产品供给、水土保持等方面也具有显著的生态服务功能，这些生态服务功能的发挥随局地生态系统的不同、自然条件的差异表现出不同的重要级别。按照流域分布具体划分为以东北片区、西北片区、东南片区和西南片区 4 片区为主体，以水土流失敏感区、矿山资源及规划矿区、江河湖库、生物多样性保护重要区等区域为网点的生态保护与修复工程实施架构：东北片区拟开展三大工程，包括赣州城区水环境与水土流失综合整治工程、贡江下游水土流失与矿山环境综合治理工程、赣江水源区综合保护工程；西北片区拟开展三大工程，包括章水源区废弃矿山综合治理工程、章水源区水环境保护工程、章水上游生态廊道与植被提质增效工程；西南片区包含三大工程，有桃江中游水质提升示范工程、桃江上游废弃稀土矿综合整治工程、桃江上游水环境综合整治工程；东南片区有一大工程，包括东南片区流域水环境综合治理工程。此外，还有三个全市统筹推进的整体项目，包括赣州市矿山环境治理工程、赣州市低质低效林改造项目和东江源流域水环境综合治理工程。合计 13 个重大工程（见表 1）。

表 1　赣州市生态保护与修复分区

生态保护与 修复片区	面积（平方公里）	占比（%）	工程数	具体项目数
东北片区	22200.34	56.40	3	31
西北片区	5093.11	12.94	3	10
东南片区	6046.82	15.36	1	9
西南片区	6022.68	15.30	3	8
整体布局	——	——	3	4
赣州市域面积	39413.61	100.00	13	62

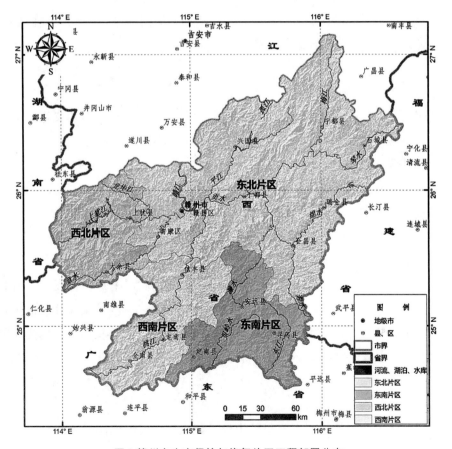

图 1 赣州市生态保护与修复片区工程部署分布

1. 东北片区

该片区主要包括赣州中部、东北部的山地丘陵区域，属于赣江流域，包括兴国县、宁都县、石城县、瑞金市、会昌县、于都县、赣县区、章贡区、南康区、赣州经开区及蓉江新区，面积22200.34平方公里，占市域面积比例56.40%。

该区主要属于省级重点开发区域以及国家级农产品主产区，人口较为密集，每平方公里282人，人均GDP17891元。该区以丘陵地貌为主，平均海拔327米之间，土壤为红壤，森林覆盖率73.45%。该区森林类型单一，以马尾松纯林为主，森林质量低；水土保持能力相对较低，崩岗普遍存在，水土流失严重。

东北片区生态保护修复工程以增强水土保持能力、减少水土流失为重点，同时针对矿业破坏的区域进行修复，主要措施为崩岗治理、水土保持林营造、低质低效林改造、沟坡丘壑土地整治等。

2. 西北片区

该区主要包括赣州西北部的山地区域，属于章水流域，包括崇义县、上犹县、大余县，面积5093.11平方公里，占市域面积比例12.94%。

该区属于国家重点生态功能区，人口相对稀少，每平方公里只有166人，人均GDP 23118元。该区以山地为主，平均海拔478米，山高势陡，森林覆盖率高，达82.71%，生物资源十分丰富，75.5%的区域属于南岭生物多样性保护优先区。该片区钨矿资源十分丰富，是全国钨矿及钨冶炼产品的主产区，矿产开采环境污染问题突出。

西北片区森林覆盖率较高，在涵养水源和维护生物多样性方面发挥了重要作用，同时区内矿产开采集中。生态保护与修复的重点是生物多样性保护和流域水环境修复与保护，针对矿业破坏的区域进行修复，主要措施为森林抚育和森林管护、水源地保护以及矿山地质环境治理等。

3. 西南片区

该片区主要包括赣州东南部的山地丘陵区域，属于桃江流域，包括信丰县、全南县、龙南县，面积6022.68平方公里，占市域面积比例15.30%。

该区属于国家级重点生态功能区及国家级农产品主产区，人口相对密集，每平方公里 212 人，人均 GDP 24083 元。该区以低山丘陵为主，平均海拔 360 米，森林覆盖率 76.13%，39.3% 的区域属于南岭生物多样性保护优先区。该区稀土资源十分丰富，是赣州稀矿的主产区，稀土矿产开采以及导致的水环境问题突出。

西南片区矿产开采环境污染突出，生态保护修复工程的重点任务是针对矿业破坏的区域进行修复。同时，还需加强生物多样性保护、流域水环境修复与保护，主要工程措施为低效林改造、水源地保护以及矿山地质环境治理等。

4. 东南片区

该片区主要包括赣州西南部的山地区域，属于东江流域，包括寻乌县、定南县及安远县，面积 6046.82 平方公里，占市域面积比例 15.36%。

该区属于国家重点生态功能区、东江源头区，在涵养水源和维护生物多样性方面发挥了重要作用。人口稀少，每平方公里只有 156 人，居民的生活水平较低，人均 GDP 16024 元。以山地为主，平均海拔 448 米，山高势陡，森林覆盖率高，达 81.93%，生物资源十分丰富，47.9% 的区域属于南岭生物多样性保护优先区。该区经济水平较为落后，居民生计对自然资源的依赖度较高，定南寻乌矿山开采集中，矿产开采环境污染突出，水环境问题严重。东南片区生态保护与修复的内容包括生物多样性保护、流域水环境修复与保护、生态扶贫等，主要措施为森林抚育和森林管护、水源地保护以及生态移民安居等。

（二）确保三年初见成效

按照财政部、原国土资源部、原环境保护部三部门印发的《关于推进山水林田湖草生态保护修复工作的通知》、江西省生态文明实验区建设要求和赣州市山水林田湖草生态保护与修复工程实施方案，以习近平总书记"山水林田湖草是一个生命共同体"生态系统保护理念为指导，统筹区域内各生态环境要素，系统部署推进生态保护与修复工程，探索建立生态保护修复的长效机制，推动生态环境持续改善，全力确保南方丘陵生态屏障区和赣江、珠江水源区生态安全，为赣州市生态文明建设和绿色发展奠定坚实基础。赣州市山水林田湖草生态保护修复工作三年内初见成效，相关工作走在全国前列。

1.初步建立山水林田湖草生态保护修复工程的科学决策机制

山水林田湖草生态保护修复工程的科学决策是对一个区域即将实施的生态恢复工程进行的全面规划设计。为保证生态保护修复工程能够以科学、有序的方式稳妥推进，需要建立包括保护修复工程规划、监督管理、监测评价、决策分析和政策保障为内容的科学决策机制。对于保护修复工程的规划，建立以政府部门为主导，生态学、社会学、经济学等领域的专家和生态恢复区各级利益相关者参与的互动决策机制。建立生态保护修复监督管护长效机制，开展生态保护修复实施过程的监督，加强对保护修复工程的后期管理，确保保护修复工程的质量。建立动态的监测评价体制，制订生态保护修复监测方案，明确监测指标、评价体系和评价标准。建立决策分析机制，对于监测数据、评价结果反映出的保护修复进程所存在的问题及时作出反馈，对于如何调整保护修复计划作出决策。

2.以生态功能为导向规划和整合生态保护修复工程

改革和完善生态管理体制，建立能够统一领导和调度的生态建设与保护修复机构和在此机构领导下的各部门联合开展生态保护修复的工作机制。在总结既有生态保护与建设工程及政策经验基础上，实施流域（区域）内以及区域间重大生态工程的整合，统筹设计，积极开展分重点、分区域的生态恢复与整治工作。对于特定保护修复工程要以恢复生态系统的主导生态功能作为核心任务，同时发挥生态系统水源涵养、土壤保持、防风固沙、生物多样性保护、洪水调蓄和产品提供等多种功能，从产权管理、价值核算、生态产业化运营和资本化运作、多元化生态补偿等方面提出生态产品实现机制和制度保障。

3.切实构建动态的生态功能保护修复评价体系

生态保护修复是个极其复杂的系统工程，涉及生态、经济、文化等多方面要素，成功的保护修复通常需要很长的时间，尤其是功能层面的恢复。持续性是成功保护修复的必要条件，越来越多的证据表明，很多保护修复工程最初是乐观的，而随着时间的增加恢复结果往往低于预期。因此，有必要对生态功能保护修复进行持续的跟踪评价，对生态保护修复开展恢复前、恢复初期、恢复进程和恢复后的评价。恢复前的评价能够为保护修复措施实施后的评价提供参照，同时也是保护修复规划的重要环节。恢复初期评价能够保证恢复生态系统演替的顺利进行，是保护修复成功的保证。恢复进程的评价是调控恢复生态系统演替轨迹、调整保护修复措施的基础。恢复后的评价是对生态功能保护修复的最终评价，通过总结评价生态保护修复的相关经验，为未来的生态保护修复提供经验借鉴。

4.明确五条工作思路

根据赣州市区域生态系统特征、水热条件及资源利用要求，进行生态保护修复的适宜性分析论证，以保护修复的视角审视生态系统退化与社会经济发展的关系，为科学合理的规划保护修复实践活动提供依据。在大的区域尺度上，根据热量、水分条件和生态区划确定保护修复的植被类型和产业结构，遵从"宜林则林、宜草则草"的适地原则。在小的区域尺度上以自然恢复为主，人工恢复为辅，根据生态系统退化程度、立地条件确定植被的配置结构。

第一，流域治理、突出重点。遵循从山岭到河湖整体保护、系统修复思路，围绕"固好山上土、集净山间水、提升山中林、保护山下田"的目标，统筹考虑区域山水林田湖草共同体突出生态环境问题的综合治理和各要素之间的系统保护。

第二，充分衔接、通盘考虑。将山水林田湖草生态保护修复工程与相关部门、县（区）生态保护工程相衔接，进行统筹考虑，突出重点区域、重点问题，做到一个问题、一个目标、一个工程。

第三，保护优先、自然恢复。根据植被特点和生态恢复能力等，辨识导致生态破坏和生态退化问题的不同原因，尽量采取植被自然恢复的工程措施，避免过多人工干扰和不符合自然规律的生态工程措施。

第四，统筹协调、统一管护。结合江西省纳入国家生态文明试验区要求，在体制机制上做深入探索，将生态保护职能整合到一个部门，实行生态系统统一保护、统一修复和统一管理，有力推进生态系统的集约经营、生态系统服务功能修复。

第五，导向明确、成效显著。突出提升生态系统服务功能、增加生态产品供给、修复退化生态系统、维护生物多样性等方面的成效评估与考核，发挥导向作用。所形成的经验和技术模式，可为其他地区开展生态保护修复提供

绿水青山就是金山银山

借鉴。

二、投入多元化

山水林田湖草生态保护修复是一项投资大、周期长的系统工程，需要不断积极探索，创新筹措资金方式，构建以"政府主导，社会资本和公众积极参与"的资金投入方式，以保障生态保护修复的可持续投入。赣州市为有效推进山水林田湖草保护修复试点实施，构建多元化筹措机制，动员各方力量，形成以政府投入为主体，引导社会筹措资金参与的多渠道、多层次、多元化投资机制。

（一）项目投资估算

赣州市山水林田湖草保护修复试点项目实施方案（2017—2019 年）共安排 13 个重点示范工程，合计 62 个具体项目，总投资约 198.93 亿元。分年投资额估算情况：2017 年投资额约 84.35 亿元，2018 年约 65.22 亿元，2019 年约 49.35 亿元；三年投资额占总体实施方案预算的比例分别为 42.40%、32.79%、24.81%。2017 年最多，2018 年其次，2019 年最少。

表 2　2017—2019 年工程项目资金估算分区汇总表

分区	工程数	具体项目数	投资额
西北片区	3	10	277326
东南片区	1	9	221062
东北片区	3	31	680698
西南片区	3	8	219903
整体项目	3	4	590274
合计	13	62	1989262

该实施方案共分 4 个片区和全市整体布局项目。其中：东北片区主要包括贡江流域，侧重矿山环境修复、水土流失治理等工程，总投资额约 68.07 亿元；东南片区主要包括东江流域，侧重流域水环境治理、矿山环境治理等工程，总

投资额约 22.11 亿元；西北片区主要包括章江流域，侧重废弃钨矿治理与综合利用、土壤重金属治理等工程，总投资额约 27.73 亿元；西南片区主要包括桃江流域，侧重流域水环境治理等工程，总投资额约 21.99 亿元。整体项目包含全市范围的低质低效林改造项目、矿山环境综合整治项目和东江源流域水环境综合治理项目，总投资额约 59.03 亿元。

（二）资金筹措机制

依据赣州市山水林田湖草生态保护修复工程项目实施方案，按照工程项目总投资，筹措所需工程建设资金。统筹各级财政预算安排的环境污染治理、农村环境保护、矿山地质环境治理、土地复垦、水污染防治、生态修复等各类资金，用于山水林田湖草生态保护修复试点工程。发挥财政资金引导作用，通过设立生态基金、运用 PPP 模式、发行绿色债券等方式，吸引社会和金融资本投入山水林田湖草生态保护修复试点工程。

1.加强资金整合

按照"职责不变、渠道不乱、资金整合、捆绑使用"的原则，整合中央、省、市、县等各级财政相关项目资金（其中：中央、省、市项目资金 50 项），统筹用于山水林田湖草生态保护修复试点工程。

中央资金 20 项：赣南等原中央苏区转移支付、东江流域上下游横向生态补偿试点中央奖励资金、重金属污染防治资金、良好湖泊生态保护治理资金、农田水利设施建设和水土保持补助资金、产粮（油）大县奖励资金、低质低效林改造资金、林业补助资金、农业综合开发土地治理中央补助资金、小型农田水利重点县建设中央资金、中央财政农村节能减排资金支持传统村落保护资金、新增建设用地土地有偿使用费安排的高标准基本农田建设补助资金、农村环境连片整治资金、农业资源及生态保护补助资金（对农民的直接补贴除外）、全国山洪灾害防治经费、资源枯竭城市转移支付资金、森林植被恢复费、污水（垃圾）处理设施补助资金、矿产资源补偿费、探矿权采矿权价款及使用费。

省级资金 19 项：江西省流域生态补偿资金、重点生态功能区转移支付资金、赣粤两省东江流域上下游横向生态补偿资金、革命老区转移支付补助、整洁美丽和谐宜居新农村建设资金、省级环保专项资金、省级主要污染物减排专项、省级自然保护区专项、矿山地质环境治理资金、集镇垃圾处理设施补助资金、农业综合开发土地治理省级配套资金、林业资源保护（不含生态公益林补偿部分）、林业产业发展、水利专项（用于水土保持重点建设工程和小型农田水利建设部分）、新增建设用地土地有偿使用费安排的高标准基本农田建设补助资金、污水（垃圾）处理设施省级补助资金、易地移民搬迁资金、美丽乡村建设补助、"一事一议"财政奖补助资金。

市级资金 11 项：陡水湖环境整治资金、整洁美丽和谐宜居新农村建设市级配套资金、农业产业化茶产业发展资金、脐橙接续产业发展资金、水生态文明建设经费、林业发展专项资金、国家水土保持重点建设工程市级配套、农业综合开发土地治理项目市级配套，低质低效林改造市级补助资金、小型农田水利建设资金、森林乡镇建设奖补助资金。

县级资金：县（市、区）财政预算安排用于污染治理、环境整治、土壤改良、生态修复、低质低效林改造等资金。

2. 设立生态基金

创新财政支持方式，以县财政出资为引导，按不低于 1：4 的比例放大资金效益，吸引金融和社会资本参与，合作设立山水林田湖草生态保护修复基金；充分发挥现有产业基金作用，加强与基金管理公司沟通对接，加快基金运作，争取相关基金加大投入山水林田湖草生态保护修复试点工程。

3. 构建绿色金融体系

以设立绿色金融机构、创新绿色金融产品、创新绿色金融服务、健全绿色金融政策为四大重点方向。包括促进绿色信贷产品开发、鼓励发行绿色债券建立绿色金融监管体系、健全绿色金融鼓励政策等。以赣州获批国家产融合作试点城市为契机，抓住国家大力发展绿色金融的战略机遇，通过赣州发投集团、赣州林业集团等与国开行等金融机构合作，发行绿色债券，专项用于山水林田湖草生态保护修复。

4. 扶持 PPP 项目融资

加快开发适应生态保护修复领域 PPP 项目融资特点的信贷产品，落实《国家发改委、国家开发银行关于推进开发性金融支持政府和社会资本合作有关工作的通知》文件精神，要求开发银行加强信贷规模统筹调配，优先保障 PPP 项目融资需求。在监管政策允许范围内，给予 PPP 项目差异化信贷政策，对符合条件的项目，贷款期限最长可达 30 年，贷款利率可适当优惠。建立绿色通道，加快 PPP 项目贷款审批。建立向金融机构推介 PPP 项目的常态化渠道，鼓励金融机构为相关项目提高授信额度、增进信用等级。通过特许经营、投资补助、政府购买服务等多种方式，大力推广政府和社会资本合作（PPP）模式，积极争取中国政企合作 PPP 引导基金支持，吸引社会资本投入，污水处理、垃圾处理等可产生经营性收益的山水林田湖草生态保护修复项目建设要强制运用 PPP 模式。

5. 发挥治理主体作用

加强宣传督察，强化企业主体责任落实，加大企业投入。

6. 引导群众投工投劳

宣传发动群众积极参与山水林田湖草生态保护修复。

7. 建立环境保护基金

重点支持三大行动计划[①]和"十三五"环境保护规划确定的重点项目，尤其是环保领域政府和社会资本合作项目、环境污染第三方治理项目，引导社会资本积极参与到污染防治和环境监管领域。

8. 创新融资担保方式

结合国家关于推进政府和社会资本合作模式的有关要求，开展绿色金融服务试点，研究落实排污权、收费权、特许经营权、购买服务协议项下权益质押等，为环境保护项目提供资金。建立灵活有效的信用结构，切实防范贷款风险。

[①] 为建设区域性金融中心和全省金融次中心，推动赣州市金融业高质量跨越式发展，赣州市政府金融办联合人民银行赣州市中心支行、赣州银保监分局共同启动了"银行机构在行动""资本市场在行动""新型地方金融机构在行动"三大融资服务行动。

9.其他渠道。

（三）资金分配管理

根据《预算法》，财政部、原国土资源部、原环保部《关于推进山水林田湖草生态保护修复工作的通知》和财政部《重点生态保护修复治理专项资金管理办法》等规定，制定《赣州市山水林田湖草生态保护修复专项资金管理暂行办法》，以规范和加强山水林田湖草生态保护修复专项资金管理，提高资金使用效益。专项资金由赣州市财政局会同赣州市山水林田湖草保护建设管理办公室（以下简称山水林田湖草办）负责管理。

1.加强资金监督管理

专项资金用于支持开展山水林田湖草生态保护修复，实行专账核算、专款专用，严禁挤占、挪用、平衡预算。专项资金管理使用遵循坚持公益方向、统筹集中使用、合理规范支出、务求资金绩效的原则，资金分配和使用情况向社会公开，接受有关部门和社会监督。各级财政部门会同同级业务主管部门，加强对专项资金使用、工程进度、建设管理等情况的监督检查，保障资金安全和效益。对存在问题的工程将采取暂停支持等措施，并限期整改；对资金使用出现重大违规违纪，且整改不到位的，由市财政收回专项资金，调整用于其他山水林田湖草生态保护修复项目。专项资金支出涉及政府采购的，应按照政府采购有关法律法规制度规定执行。专项资金支持项目竣工验收合格后，应当及时办理资产交付使用手续，并依据批复的项目竣工财务决算进行账务调整。各级财政部门、各行业主管部门及其工作人员在资金审批工作中，存在下列行为之一的，按照《预算法》《公务员法》《行政监察法》《财政违法行为处罚处分条例》等有关法律法规追究相应责任；涉嫌犯罪的，移送司法机关处理：（1）干预专家实地考察、评审的；（2）擅自超出政策规定范围或标准等，违规分配专项资金的；（3）滞留、截留、挤占、挪用、虚列、套取、骗取专项资金的；（4）超合同违规拨付工程资金的；（5）其他滥用职权、玩忽职守、徇私舞弊等违法违纪行为的。

2.规范资金分配管理

赣州市山水林田湖草办负责组织生态保护修复项目申报，并通过实地考察、竞争性评审等程序确定支持项目，提出专项资金分配方案。赣州市财政局负责复核资金分配方案，报经市政府同意后，会同市山水林田湖草办将资金分配下达县（市、区）财政，并通过市财政局、市山水林田湖草官方网站向社会公开。专项资金补助对象为各地实施的山水林田湖草生态保护修复工程，实施主体为各县（市、区）人民政府。各县（市、区）人民政府根据本地生态保护修复工作需要，按照财政部、原国土资源部、原环保部《关于推进山水林田湖草生态保护修复工作的通知》（财建〔2016〕725号）及市有关要求，梳理本县（市、区）域山水林田湖草生态保护修复工程项目，组织编制实施方案，并报市山水林田湖草生态保护管理办公室申请专项资金支持。

3.强化资金绩效考核

地方各级财政部门会同同级业务主管部门，按职责分工加强对专项资金安排使用情况的绩效评价。评价重点是预算执行情况、工程完成进度、目标任务完成情况，包括生态环境治理改善情况、生态系统服务功能提升情况等，以及工程所取得的社会、经济效益。年度终了后1个月内，各项目县（市、区）对辖区内年度生态保护修复工程资金使用情况进行绩效评价，并形成评价报告上报市山水林田湖草生态保护管理办公室、市财政局进行再评价。评价结果将作为下一年度安排专项资金的重要依据。对专项资金支持、村集体与村民采取股权合作实施的山水林田湖草生态保护修复项目形成的资产，原则上由村集体与村民合作设立的股份制公司共同持有和管护。

三、管理制度化

赣州市在组织领导与体制机制创新上找准着力点，努力促成上下联动、齐抓共管的生态修复试点工作局面。构建"主要领导挂帅、专职机构协调、地方具体实施、专家技术支撑"的试点工作体系，形成了市政府主要领导抓总，分管领导全力调度，部门和县（市、区）扎实推进的协同工作机制；市级层面制定专项资金管理暂行办法、项目管理办法、工程项目预算编制指导意见、资金筹措指导意见、试点工程项目绩效评价办法等一系列制度和办法，各项目县（市、区）结合实际制定相应的制度和办法，让试点工作有章可循。

（一）组织协调制度

赣州市各县在项目实施初期及时成立基层工作组，担任工程的实施监管工作。赣州市下属县级及以下县委、县政府形成"山水林田湖草生态保护修复工程基层工作组"，由县长担任组长，主管副县长担任副组长，成员包括县级财政、环保、水保、矿管、农业、林业等部门及项目涉及的相关乡镇主要领导。该小组重点对县内生态保护与修复工程实施等方面的问题统一监管，协调解决。通过聘请国内相关专家成立"江西赣州市山水林田湖草生态保护与修复工程专家咨询组"，在工程实施过程中提供技术咨询服务。在工程实施的同时积极调动新闻媒体、社会组织和公众广泛参与的监督作用，通过全方位、多层次的监督，建立统一有力的监管体系。积极组织开展生态保护的宣传教育和科学知识普及工作，调动和发挥各类组织参与生态保护与管理监督的积极性。建立山水林田湖草生态保护修复相关管理部门的协调机制和统一监管机制，打破部门分割现状，加强部门联动，形成管理合力；明确各管理部门在生态保护修复工程实施与管理中的职责权限，形成协调统一的工作机制。

（二）合作共治制度

综合考虑赣州市山水林田湖草生态系统特点、南方丘陵地带在国家"两屏三带"生态安全格局中的重要地位、维护生态系统服务功能的紧迫性等，建立以下各类机制以确保生态保护与修复工程的顺利实施。完善横向跨区域共治，坚持谁受益、谁补偿原则，建立多渠道资金筹措机制，完善流域生态补偿机制。引导生态保护地区和受益地区遵循成本共担、效益共享、合作共治的思路，通过资金补助、对口支援、产业转移、园区合作、技术分享等方式建立跨行政区的横向生态补偿机制，共同分担生态保护任务。完善生态公益林补偿机制，实行省级公益林与国家级公益林补偿联动、分类补偿与分档补助相结合的森林生态效益补偿机制。建立森林管护费稳步增长机制，深化林权制度改革，开展重点生态区位商品林赎买等改革。制定排污权交易制度和交易规则，全面落实污染者付费原则，健全排污权有偿取得和使用制度。在一定区域内，在污染物排放总量不超过允许排放量的前提下，内部各污染源之间通过货币交换的方式相互调剂排污量，从而达到减少排污量、保护环境的目的。

（三）绿色发展制度

赣州市政府通过财政贴息，利益共享等方式，为当地的绿色环保发展提供银行方面的支持，为生态保护与修复工程免息贷款，建立合理的绿色发展基金，做生态保护与修复资金的免利投入。鼓励绿色信贷资产证券化，大力发展绿色租赁、绿色信托，设立各类绿色发展基金。设立风险治理基金，把与环境条件相关的潜在的风险治理融入基金的日常业务中，在工程实施中注重对生态环境的保护以及环境污染的治理，注重绿色产业的发展。在环境高风险领域建立环境污染强制责任保险制度，探索建立政府节能环保信息对金融机构的共享机制，支持金融机构加强环境风险识别。完善对节能低碳、生态环保项目的各类担保机制，加大风险补偿力度。建立碳排放权交易制度，健全节能减排和超额购买的机制。在一定区域内发放定额的碳排放指标，节能减排后的剩余额度可以在市场上进行交易，若该区域内碳排放量超额，则超额部分需从市场中购买，让碳排放成为公司的资产负债表的一部分。组建全省第一家碳交易机构——赣州环境能源交易所，探索碳排放权、排污权、水权交易试点。

（四）空间管控制度

按照赣州市的地质地貌、流域等空间特点分类分区制定空间管制措施，引导人口和产业向适宜开发的区域转移，优化生态、生产和生活三生空间。在生态保护修复工程区域范围内，对于符合生态保护区域功能定位的开发建设活动，制订并严格执行环境保护与生态修复治理方案，修复赣州市生态系统功能。推进"多规合一"，健全国土空间开发保护制度，划定并严守生态保护红线，构建以空间规划为基础、以用途管制为主要手段的国土空间治理体系。分类分区制订空间管制措施，引导人口和产业向适宜开发的区域转移，优化三生空间。在生态保护修复工程区域范围内，对于符合生态保护区域功能定位的开发建设活动，制订并严格执行环境保护与生态修复治理方案，全面提升生态系统功能和生态产品供给能力，建立农村环境治理体系，健全防灾减灾体系，完善环境管理制度，健全环境资源司法保护机制，建立环境资源保护行政执法与刑事司法无缝对接机制，加快构建监管统一、执法严明、多方参与的环境治理体系。完善环境保护与经济效益的合理联系。探索建立生态文明建设目标评价考核制度，开展自然资源资产负债表编制、领导干部自然资源资产离任审计和生态系统生产价值（GEP）核算等，加快构建充分反映资源消耗、环境损害和生态效益的生态文明绩效评价考核体系。建立生态保护天地一体化监管平台，监控人为活动，预警生态风险。运用互联网技术，构建生态保护区域内生态监测网络，实施数据信息共享。定期或不定期开展联合执法检查，统一生态保护区域行政执法权限，加强日常巡护，开展例行监测，严密监控违法违规活动，严格执法。建立起源头预防—过程控制—末端治理（损害赔偿）的防治体系，避免陷入"先污染后治理，再污染再治理"的循环怪圈。

（五）项目管理制度

赣州市山水林田湖草生态保护管理办公室（以下简称市山水林田湖草办）是牵头单位，负责项目的申报、评审、推进和建设管理。市本级和各县（市、区）财政、国土资源、矿管、环保、林业等有关部门按照各自职责，做好项目的相关服务工作。

1.项目前期工作

建立项目库。年度实施项目从项目库中择优安排。《江西赣州南方丘陵山地生态保护修复工程总体实施方案（2017—2019 年）》和《分年度实施方案》由具有相应资质的咨询单位或设计单位编制，并达到国家规定的建设要求。

对评审通过的《实施方案》，由市山水林田湖草办报请市政府审定，审定后报省政府批准，批准后报财政部、自然资源部、生态环境部备案。按照批复的《实施方案》，县（市、区）组织编制《实施方案》中项目的工程实施方案或初步设计，并按程序报备。涉及跨县域的项目，由市山水林田湖草办统筹组织。

项目的工程实施方案或初步设计要详细说明项目申请的理由、项目建设内容和规模、项目投资总额、资金筹措方案及落实程度、项目建设进度、项目选址、用地预审、环境效益等。

2.项目建设管理

严格项目管理。在项目实施过程中，建设地点、建设内容、建设规模、质量标准、项目概算的变更必须按程序报经原批准单位审批同意。批准实施的项目必须严格实行项目法人责任制、招标投标制、工程监理制和工程合同制等制度，对项目质量承担终身责任。

3.项目竣工验收

已经完成建设任务的项目，由建设主体提出书面申请，各县（市、区）及时组织竣工验收。申请验收的项目必须具备以下资料：申请验收报告；项目建设工作总结；项目财务决算报告；项目审计报告；项目监理报告；项目实施方案批复；招投标及合同管理文件或政府相关会议纪要；其他需要提供的资料。验收内容主要包括：项目责任状执行情况、项目任务完成情况、资金到位及使用情况、项目投入使用后环境效益情况、财务决算情况、档案资料情况等。所有项目均应按照《档案法》有关规定，建立健全从项目筹划到工程竣工验收各环节的项目档案。项目建成运行后，项目法人要对项目的实际投资效果进行后评价，建立工程项目后期长效管理机制，确保工程项目投资充分发挥效益。

4.项目考核

市山水林田湖草办会同相关行业主管部门加强对工程项目的监督检查，及时掌握建设资金到位、使用和工程建设进展情况，检查中发现的问题，责令整改，并对整改落实情况进行跟踪复查。对工程项目建立跟踪问责制度，每月开展一次项目督查，确保工程按期动工、按期投入运行，确保工程项目建设尽快见效。市山水林田湖草办委托第三方进行项目绩效评估。对项目实施过程中资金控制严格、工程质量优良、按期竣工投产、投资效益发挥较好的县（市、区），在下年度资金项目安排时，予以倾斜。对于前期工作质量不高，不遵循基建程序，不能按期完成的项目，采取暂停支持措施，并限期整改；对项目实施出现重大违规违纪，且整改不到位的，收回项目资金，调整用于其他山水林田湖草生态保护修复项目。各县（市、区）人民政府与市政府签订责任状，明确资金落实、项目进度、工程质量和安全生产。责任落实情况作为下一年度安排资金的重要依据。对于扰乱阻挠项目建设，项目法人应及时向有关地方政府和项目管理部门反映，地方政府和相关部门应及时处置，研究解决。对涉及破坏行为的，依照《治安管理条例》给予处罚；构成犯罪的，依法追究法律责任。

（六）绩效评价制度

为科学评价赣州市山水林田湖草生态保护修复试点工程项目建设成效，积极引导创新实践山水林田湖草生态修复技术路线，建立健全生态保护修复长效管理机制，根据《财政部、原国土资源部、原环境保护部〈关于推进山水林田湖草生态保护修复工作的通知〉》（财建 [2016] 725 号）、《财政部、国土资源部、环境保护部关于印发〈重点生态保护修复治理专项资金管理办法〉的通知》（财建 [2016] 876 号）、《财政部关于下达山水林田湖草生态保护修复工程基础奖补资金预算的通知》（财建 [2016] 991 号）、《赣州市山水林田湖草生态保护修复项目管理暂行办法》和《赣州市山水林田湖草生态保护修复资金管理暂行办法》等，对获得国家重点生态保护修复治理奖补资金支持的山水林田湖草生态保护修复工程项目作为绩效评价对象。

1.绩效评价依据

（1）政府和相关部门支持山水林田湖草生态保护与修复工程项目实施的政策、制度、文件等。

（2）县级或县级以上有关部门制定的项目管理、资金监管、绩效评价制度办法及建设标准、设计规范等。

（3）县（市、区）政府及有关单位与市政府签订的目标责任状。

（4）项目绩效评价基础资料，如项目实施方案、项目施工设计报告、项目招投标文件等。

（5）项目绩效评价佐证资料，如项目资金到位、使用、管理资料，项目实施、管理、完成和运行管护资料，项目竣工审计、验收资料，项目实施体现的生态效益、社会效益、经济效益佐证资料等。

（6）项目技术路线、体制机制等方面研究成果或总结材料。

2.绩效评价内容

（1）项目实施方案中绩效目标完成值。

（2）项目资金筹措及规范管理使用程度。

（3）项目规范实施、严格监管及运行管护程度。

（4）项目预期达到的生态效益、社会效益和经济效益程度。

（5）政策扶持、政策保障制度、创新技术路线及建立体制等情况。

3.评价指标设置

（1）绩效目标主要包括组织保障、资金保障、项目实施、目标效益四部分内容；绩效目标应指向明确、合理可行、具体量化。

（2）具体绩效目标通过项目实施方案等方式进行明确。

（3）绩效评价指标用于衡量绩效目标实现程度、相关工作进展情况以及项目实施后发挥的综合效益情况。绩效评价指标由赣州市山水林田湖草生态保护中心按照实际工作要求研究设置。

4.绩效评价组织实施

绩效评价实行统一组织，分级实施。赣州市山水林田湖草生态保护修复工程推进工作领导小组负责绩效评价工作部署、绩效评价结果评定和绩效评价结果应用。

（1）地方或部门自评。各县(市、区)及有关部门根据绩效评价办法要求，对所辖区域内或职责内的项目开展绩效自评。

（2）市级复核评价。市山水林田湖草中心联合专家、中介机构等第三方专业评价小组进行第三方评价；同时组织市本级政府相关工作人员对工程项目进行现场检查，对各地(部门)自评材料进行复核。

（3）综合评价。综合评价得分为项目最终得分，由市山水林田湖草领导小组综合地方(部门)自评、第三方评价、现场检查等结果形成综合评价得分。综合评价得分 = 地方自评得分 ×10% + 第三方评价得分 ×60% + 现场检查得分 ×30%。

（4）按综合评价得分将项目划分为四个等级：90 分（含）以上为优秀；

80（含）—90分为良好；60（含）—80分为合格；60分以下为不合格。

（5）绩效评价实施后，由市山水林田湖草中心形成绩效评价报告，对绩效评价情况（含评价得分）进行汇总、分析及说明。绩效评价报告报市山水林田湖草领导小组审核，再报赣州市政府审定。

5.绩效评价结果反馈与应用

（1）绩效评价结果由市山水林田湖草中心按照政府信息公开的有关规定，选择通过政府门户网站等方式予以公开，接受社会监督。

（2）绩效评价结果经市政府向各县（市、区）政府和有关部门通报，作为各县（市、区）政府综合考核评价的重要参考。

（3）绩效评价结果作为加强项目管理和差异性奖补资金安排的重要依据。对绩效评价结果"优秀"的项目所在县（市、区），在安排差异性奖补资金时予以适当倾斜。对绩效评价不合格的项目所在县（市、区），予以通报批评，并责令其限期整改，同时少安排或者不安排差异性奖补资金。

赣州市政府在工程实施初期建立工程绩效考核制度，完善目标责任考核及问责制度，在工程实施过程中严格按照制度把关。成立考核工作组，通过引入第三方评估、专家打分和公众调查等方法，建立可监测、可统计的绩效评估指标体系，定期对工程推进及成效进行考核，明确评定结果档次，并向社会公开发布。根据考核评价结果，对保护成效突出的个人、单位予以表彰奖励，对推动生态保护修复工程不力、工程资金使用不合规等问题，实行追责。在全省率先实行生态文明建设领导干部约谈制度，建立领导干部环境损害"一票否决"、约谈问责、终身追究"责任链条"。对推动工作不力的，及时诫勉谈话；对履职不力、监管不严、失职渎职的，依纪依法追究有关人员的监管责任。

四、成效生态化

通过2017—2019年生态保护修复重大工程实施，初步解决了水土流失、矿山环境破坏、水环境污染等影响区域性生态安全问题，努力实现重点区域生态环境明显改善和区域生态环境的全面恢复，生态系统循环能力、生态产品生产能力和生态系统服务供给能力显著增强，构建起比较完善的生态系统保护、修复和管理的体制机制，形成一套可复制、可推广的生态保护修复技术模式。全市完成废弃稀土矿山环境综合治理34.10平方公里，矿山环境得到明显改善；完成水土流失治理1254.21平方公里，治理崩岗3291座（处），水土流失面积持续减少；完成低质低效林改造14.4万公顷，森林覆盖率稳定在76%以上，森林质量和生态功能进一步提升；完成土地整治与土壤改良0.5万公顷，沟坡丘壑土地得到有效整治。13个国考断面水质优良率为98.07%，22个省考断面水质优良率为95%，县级及以上城市集中式饮用水水源水质达标率100%。为筑牢南方丘陵山地生态安全屏障，赣州市为全面建成小康社会奠定了良好的生态环境基础。

（一）绿色产业发展，生态经济同步增长

在高标准发展脐橙产业的同时，打造木材储备基地、优质油茶基地、花卉苗木基地、丰产竹林基地、林下种养基地、碳汇造林基地6大绿色产业基地，构建具有赣州特色，高产、优质、高效、生态、安全的绿色产业体系。采取定向培育、定向利用，建设木材储备基地，培育珍贵树种和中长期用材林，大力发展纸浆林、人造板用材林等原料用材林；积极推进竹林抚育改造，加大竹产品开发力度，加快竹业产业化进程，全面提高竹产业经营水平和综合效益；打造具有南国特色的花卉苗木生产基地，培植壮大油茶，大力发展林下经济，推进林副产品深加工，提高产品附加值和产业核心竞争力；积极探索碳汇交易机制，培育碳汇交易市场，拓展林业投资融资渠道，推动碳汇造林大发展。规划培育木材储备基地22.42万公顷，建设优良种源和苗木基地23个；规划新建优质高产油茶林11.26万公顷，改造低产油茶林10.58万公顷；建成特色花卉培育面积3.62万公顷，绿化苗木培育基地19个；建成毛竹丰产林基地14.45万公顷；规划营造碳汇林基地2万公顷。

1. 积极探索林下经济产业发展新模式

自江西省政府出台"江西省人民政府关于大力推进林下经济发展的意见"以来，赣州市对加快林下种养业发展、全面促进生态产业提高农民收入提出了明确要求。为推进林下经济发展，出台相关文件，大力扶持实施油茶、竹、森林药材（含动物养殖）与香精香料、森林食品、苗木花卉、森林景观利用等林

下经济产业。积极向上争取林下经济种植补助项目，通过政策扶持和资金，拉动林下经济产业发展。积极推广"公司＋基地＋农户""公司＋合作社＋基地＋农户"等模式，采取一次性租赁、返租倒包、土地托管实物分红、土地入股入入社等多种方式，充分整合利用林场、合作社的林地资源，有效解决了公司用工难、贫困户就业难等问题。在引导农民发展林下经济产业过程中，注重典型示范、辐射带动，积极培育了龙南兄弟野生动物养殖场、全南县绿丰生态种植农民专业合作社等一批具有赣州特色的龙头企业、示范基地。通过宣传典型，着力推广先进典型、经验、做法，充分发挥典型引领和示范带动的作用，提升了农民发展林下经济的积极性。大力巩固推进脐橙、柑橘、油茶、毛竹、用材林等特色生态产业升级发展，促进林下经济产业集群建设，更是发展生态绿色经济的新型增长点，既能够充分利用"林改"成果又能实现不砍树也能致富，也是科学经营林地，在农业生产领域创造出来的新生事物。

2.生态保护修复助力脱贫攻坚

在进行生态保护修复工作的同时将扶贫工作纳入工作范围中，积极构建生态扶贫制度。把生态保护修复工程项目与当地居民生计联系起来，将扶贫模式从"输血"转变为"造血"，构建"政府主导＋居民参与"生态保护修复工作模式，结合试点工程和生态补偿资金，构建新的生态扶贫模式，将贫困人口转变为生态保护人口，将低质低效林改造、生态公益林补偿、天然林保护、林下经济发展与精准扶贫深度融合，引导工程造林大户吸纳贫困户务工投劳，选聘有劳动能力的建档立卡贫困户为生态护林员和管护员，鼓励和引导贫困户发展以林下经济为主要特色的林业产业，辐射带动贫困户71260户，贫困人口258474人增收脱贫。全南县吸纳贫困户80人参与造林、抚育等改造工作，务工收入人均800元左右；聘请242名贫困户为生态护林员，按上级补助标准发放每人每年1万元护林管护补助；与贫困户签订天然林停止商业性采伐协议394户，发放资金31.10万元，聘请贫困户管护员56名，确保生态受保护，贫困户得实惠。寻乌县通过政府奖补、银行信贷、合作社和龙头企业等带动措施，带动全县1557户贫困户、辐射带动5184名贫困人口种植龙脑樟、灵芝、铁皮石斛等特色产业，推动产业发展绿色转型，助力贫困户脱贫致富，实现生态保护修复与贫困户收入双提升。

（二）建设生态屏障框架，生态服务功能增强

构建以水源涵养保护片区、水土流失治理片区、环境污染防治片区 3 片区为主体，以交通道路、河渠两岸等 2 线生态廊道为干线，以自然保护区、森林公园、湿地公园、树木园、植物园等 91 点为网点的生态屏障建设框架。重点推进生态保护修复、生物多样性保护、水土流失治理、环境污染防治、生态廊道建设、生态移民安置 6 大生态建设工程。

以维持生态系统健康稳定为重点，着力加强生态保护与修复，建成系统稳定、结构完整的水源涵养、保育土壤和生物多样性保护功能完备的天然屏障；以就地保护为主体、迁地保护为补充、资源管护为基础，构建以自然保护区为核心，湿地公园、森林公园、植物园等为辐射的生物多样性保护网络；推进流域综合治理，促进退化植被恢复，大力推进水土保持林建设和低效林改造，改善林分结构、提高森林质量、增强保持水土功能；加强矿山资源开发及建设项目的监管，加大矿区植被恢复力度，最大限度减少人为因素造成新的水土流失；推进城乡清洁工程，有效控制农药、化肥使用量，综合防治农业面源污染；加强河湖水生态修复治理，着力改善水生态环境，保障水资源安全；加快城乡绿化步伐，全面推进以河渠两岸、交通干线、乡村公路沿线为重点的绿化造林，营造健康、绿色的生态走廊。

根据生态基础保障建设实际，因地制宜，推进配套基础设施、科技支撑体系、监测评价体系 3 项基础支撑能力建设。

加强林区道路、森林防火、病虫害防治、林政执法、技术培训、产品交易和集体林权制度改革配套措施等基础设施建设，提升生态屏障建设和绿色产业发展的支撑保障能力。加强生态保护修复、水土保持整治、农业面源污染防治、水生态环境治理以及绿色产业基地建设等重大关键技术的创新研究与科技攻关，推进生态科技成果产业化，增强生态屏障建设和绿色产业发展的科技支撑能力。加强赣南科学院建设，不断优化地方研究及推广机构体制建设，扩大资源共享交流平台。通过资源帮带引进和吸收一批领军人才和创新团队融入生态建设发展当中，根据赣州市生态屏障建设的特点及重大问题组织科学攻关，动员科技人员参与生态屏障建设，培养生态环境方向的专门人才和科技队伍，提高干部和群众的生态环境的素质。加快成果转换为生产力，大力推广先进适用科技成果，提高综合治理的效益。重视和强化企业在科技创新中的主体地

位，通过采用一系列的财政、金融优惠政策加以引导，调动企业提升生产技术水平和科研公关的积极性，鼓励有条件的企业进行自主创新，研发拥有自主知识产权的高科技环保技术和产品。转变传统的政绩观念，完善企业市场准入制度，合理调整招商引资政策，加大对高新技术和节能环保产业的政策倾斜，不仅下大力气将其"引进来"，关键是做到"留得住"，给高新技术企业和节能环保产业提供良好的生存环境。

（三）推进生态文化发展，建设绿色（红色）旅游圈

构建生态文明宣教平台、红色文化传承平台和民俗文化展示平台 3 大生态文化平台。按照生态文明建设要求，统筹生态保护体系建设，以保护森林植被为主体的景观资源，改善自然人文景观为立足点，推进赣州森林城市建设，建成自然景观富集区，打造"共和国摇篮"与"自然山水风光"红绿相济的文化景观。挖掘生态文化、红色文化、客家文化、宋城文化、堪舆文化（风水文化），大力发展赣州红色经典旅游圈和绿色精粹旅游圈，建成国际知名的森林旅游观光胜地，以生态理念发展文化产业，强化重大历史文化遗址和非物质文化遗产、革命旧址群的保护，加强生态文化宣教基地建设，传播生态文明理念，建设生态文明示范区，铸造红色文化传承创新区，提升赣南苏区生态文化底蕴，促进生态文化建设大发展大繁荣。通过建立生态公园、湿地保护公园和生态科技规划馆等平台，大力宣传生态文化，提倡绿色出行、绿色消费和绿色生产生活方式，提升人们节能环保意识，积极引导全社会树立生态文明理念，并逐步将生态文明理念纳入国民教育内容当中，使其成为全社会的主流思想价值观。

通过实施生态保护修复工程，改善农村人居环境，发展乡村旅游，打造乡村文旅融合新增长极。坚持世界眼光、国际标准、中国特色、高点定位，将以全域旅游为理念的高品质现代服务业融入山水林田湖草生态保护修复规划建设、管理运营的每一个环节，做好"旅游+"与"+旅游"，建设高标准的现代山区休闲系统，构建"山景共荣"的全域旅游创新发展模式。强化生态价值，优化山体植被组合，提升审美体验，引导林果、中草药等经济作物种植，形成山林、农田、花海、村镇等多种景观系列，打造旅游风景道和绿色产业走廊。

　　章贡区借助生态保护修复综合治理工程打造了以火燃村为中心的翡源水土保持示范园、花田小镇生态体验园、火燃村水土流失综合治理工程、祺顺产业示范园和山水林田湖生态工程博览园为主的"五园"生态经济链，通过"五园"的打造既治理了生态环境，又吸引了游客，带动当地服务经济的发展。宁都县结合山水林田湖草生态保护修复工程大力实施农村环境综合整治，打造集森林氧吧、运动健身、休闲观光、采摘美食为一体的生态体验园，建设特色运动小镇和乡村旅游村。开创了"生态治理＋现代农业发展＋集体经济增收"的可持续发展模式，实现生态保护修复与乡村振兴相促进。寻乌县以矿区生态修复成效为依托，同步推进生态旅游、美丽乡村建设，并策划推进稀土矿山公园、稀土博物馆等特色项目建设，与青龙岩旅游风景区连为一体，着力打造旅游观光、体育健身胜地。

五、影响国际化

　　2019 年 5 月，习近平总书记在江西视察时指出："要充分利用毗邻长珠闽的区位优势，主动融入共建'一带一路'，积极参与长江经济带发展，对接长三角、粤港澳大湾区，以大开放促进大发展。"赣州市持续加强生态环境联防联治、东江源水环境共治共保，探索建立多元化生态补偿机制，不断推动绿色产业优势互补，促进生态产品供需结合，与大湾区以及世界各国共享山水林田湖草生命共同体建设成果。

（一）推动世界各国共同发展

　　赣州市用生动的事实践行了习近平总书记在十九大报告中提出的中国已经"成为全球生态文明建设的重要参与者、贡献者、引领者"的宣言。赣州市山水林田湖草生态保护修复的实践深刻地反映了"良好的生态环境是最普惠的民生福祉"。正如美国学者杜博斯（ReneDubos）以法国为例阐述了这个问题："法兰西岛大区的农业区域位于巴黎以北，人类从石器时代晚期就居住在这里，并给这里带来了深刻的变化。在有人类居住之前，这个地区尽是森林和沼泽；若不是人类的到来，这里仍是一片蛮荒。在人类的影响下，这里已经变成了生机勃勃的农田，经过改造的森林和河流、公园、园地、村庄与城镇。虽然历经战火及其他纷扰，该地区一直保持着生态上的多样性。同时，该地区也一直很富庶。从人类的角度看，该地区是越变越好的。较之一直让这个地区处于蛮荒状态，今天的一切对大多数人而言不仅看起来更加赏心悦目，感觉上也更好。法兰西岛大区是揭示人与地球相互关系的一个很典型的例子。该地区的历史发展证明了人类能够深刻地改变地球的表面而又不破坏地球。事实上，人类在与自然的和谐共处中能够创造新的、持久的生态价值。"[1]

中国钨矿产量最大的省份是在江西（赣南）。赣州市稀土产业作为国之重器在世界战略产业的地位进一步巩固。随着工业化时代的到来，自然资源得到广泛的开发，社会经济快速增长，其中稀土资源具有合成新兴合金材料、制作分子筛催化剂、提高植物的叶绿素含量等作用，在军事、冶金工业、石油化工、玻璃陶瓷、甚至农业方面都能起到重要作用，是现阶段社会最重要的资源之一。赣南离子型重稀土矿的开采，不仅解决了国际市场上稀缺稀土元素供需不平衡的问题，而且在高科技的发展和新型材料的开发与应用领域发挥了重要的作用，被誉为世界"新材料宝库"，赣南离子型重稀土矿产资源更是高新科技领域和新型功能材料领域中必不可少的重要成分。

随着世界多极化以及经济全球化的发展，世界各国采取零和博弈、弱肉强食的模式已经不能适应时代发展的要求，而合作共赢成为世界各国的共同追求。人类命运共同体主张合作共赢，在追求本国发展的同时推动各国共同发展，实现成果共享，责任共担。在全球化趋势不可逆转的背景下，世界各国的联系日益紧密，开始共同努力，追求共同利益，积极构建人类命运共同体。在认识山水林田湖草生态保护修复的成果之际，人类正在进行一场防控新冠肺炎疫情的阻击战。人类与微生物间的这场世界之战带来的经验和教训表明，保卫我们的地球家园，迫切需要所有国家作出政治决断，众志成城。各个国家及利益集团亟待重新认识生态危机和环境威胁背后的自然问题。

（二）利用亚行贷款投资

我国积极推进"一带一路"与"亚投行"建设，为沿线国家及世界提供了宝贵的发展机遇，朝着构建"人类命运共同体"的方向积极迈进，其中有赣州

---

[1]　杜博斯著，何维银译：《人性化环境》，外语教学与研究出版社 2004 年版，第 3—6 页。

市利用亚行贷款乡村振兴环境综合治理项目，实施赣州市山水林田湖草生态保护修复。项目主要建设内容有：

1.加强环境管理的机构能力

包括监管与执法、防洪及赣江流域的治理及项目管理，并将推动生态环境监测制度的改革及生态系统治理的协调。（1）加强环境监测与执法制度，包括建立先进的环境管理信息系统，检测设备及相关的机构和技术能力得到提升；（2）支持河流环境治理，包括水质管理及可持续的运行与维护；（3）为改善环境和卫生建立宣传和公众参与平台；（4）建立机构联系及有效的合作机制，为赣州市政府工作人员提供实施支持和能力建设。

2.绿色发展机制的试点

绿色发展重点是几个领域的环境整治，包括减轻污染，推动对环境影响低的经济发展，鼓励发展生态友好型企业和绿色金融。（1）在选择的项目区试点补偿机制，支持可持续绿色发展和流域保护，包括针对减少面源污染的措施；（2）创造有利环境促进和支持生态友好型企业的发展，包括以村为基础的生态旅游及支持性基础设施以及城乡一体化经济发展；（3）通过建立绿色融资机制解决绿色发展金融服务不足的问题，调动私营部门投资和参与生态友好型企业。这些工作将结合长江经济带的其他生态补偿机制进行进一步评价。

3.改善农村垃圾和卫生管理

通过改善选择的乡村的环境基础设施，解决农村卫生、废水和垃圾问题及可持续的运行与维护，解决环境退化问题。（1）完善县域内普惠性的卫生状况，其目的是增加适宜卫生系统的数量，包括公众对集中或分散的排污或非排污管网的使用，这就要考虑最适宜的创新技术及提供服务的方法，可能包含公私合作伙伴关系；（2）完善农村垃圾管理制度及垃圾的回收利用；（3）修建公厕。

4.完善水土保持的做法

在赣江水道及支流通过生态方式采用和引进最佳做法。赣州需要加强环境和生态保护，确保居民的饮水安全，改善人居环境。（1）通过结构性和非结构性方法，防洪和修复河道；（2）荒地植树造林和复垦；（3）水土保持；（4）生态湿地恢复。其他内容包括但不限于支持应对突发疫情的防控能力和防控体系建设的公共卫生项目。

（三）对接融入大湾区

赣州市对接融入大湾区具有区位交通好、政策红利大、功能平台多、产业基础实、通关条件好、营商环境优等独特优势。赣州市将深入推进基础设施"大联通"，深入推进东江源流域生态保护，争取与大湾区共同建立东江流域生态保护长效机制，保护东江一江清水，尤其推动赣粤运河连接长江水系与珠江水系的重要水系沟通工程。依托丰富的红色、古色、绿色资源，实施引客入赣工程，建设大湾区旅游度假首选地、打造大湾区康养休闲胜地、积极融入大湾区旅游合作联盟，筑牢大湾区北部绿色生态屏障。

按照 2020 年交通运输部组织编制的《国家综合立体交通网规划纲要(2021—2050 年)》，赣粤运河北起九江鄱阳湖口，穿越鄱阳湖、赣江干流，经南昌、吉安、赣州入桃江，在赣州信丰县穿越分水岭，到达广东境内浈水，经南雄到韶关北江，沿北江至西江三水河口，规划全长约 1228 公里，建成后全线能够达到三级航道通航条件。实现赣粤运河的联通，要在目前江西赣江、广东北江建设基础上，规划建设江西赣州至广东韶关段三级航道 364 公里，其中江西境内 152 公里，广东境内 212 公里。赣粤运河在江西境内以流经赣江分支之一的贡江为起点，再到贡江分支桃江，到信丰县西河段（从此处开始施工，约 40 公里施工量），从西河处跨越分水岭，到达浈江，并对接广东省的孔江水库，再到北江，同广东省的水系连接。1993 年，交通部长江、珠江水系航运规划办公室在《湘桂运河查勘报告》和《赣粤运河查勘报告》中就指出赣粤运河在技术上是可行的，未发现难以解决的制约性问题。根据当时的踏勘得知，其地形相当平缓，运河分水岭的最大海拔高程约为 205 米，而目前已建成的孔江水库正常挡水位是 195 米，运河分水岭最大开挖深度 10 余米，开挖长度约 5 公里，总开挖土方量介于 200—300 万立方米之间，仅相当于一个中型弯曲河段截弯取直的开挖量。再进一步就高程做分析，与珠江水系的河流进行比较，运河最高的两个梯级孔江水库和深坑，其海拔高程比右江的百色枢纽尚低

30 多米，比红水河中游的岩滩也低近 30 米，从某种意义上说，赣粤运河的建设难度不会比珠江水系上游三个通道的开通困难。

开挖运河最大的特点就在调配水资源，在上游高地建水库，囤积水源，达到自然供水，这就促进桃江水库补水能力的提高。修建赣粤运河最主要是方便联系珠江水系和长江水系。运河有蓄水、排洪、发电、养殖、旅游等功能，大大缩短了长江到珠江的交通距离，改变了中国水路运输的格局，有其重大的意义。赣粤运河建成后，从长江到珠三角的船不必再走上海、浙江、福建等东南沿海地区，可减少 1200 多公里的航程，长江、珠江两大水系直接连通，使我国内河航运最为发达的两大水系得以联系起来，形成长江以南地区南北向的水上交通大动脉。开发赣粤运河，将实现江河直达、江海相通。赣粤运河南与广州相连，北至江西鄱阳湖出长江，溯长江而上，可通达鄂、湘、川、渝；下至长江中游，与京杭运河衔接，可形成京广运河，并与淮河、黄河、海河贯通；再下至长江三角洲，途经长江下游的江、浙、沪等广大的发达地区。由于珠三角地区与内陆多数省份有着密切的经济来往，货物流量大，赣粤运河将成为沟通南北、贯穿东西的水上要道。赣州市将充分发挥绿色生态优势，瞄准大湾区高端市场需求，实施优质农产品供应工程，打造大湾区优质农产品供应基地，以脐橙、蔬菜、油茶、生猪、黄鸡、茶叶为重点，大力发展无公害农产品、绿色食品、有机食品和地理标志产品，推进规模化、生态化、标准化生产，建设一批直供大湾区的优质农牧渔产品供应基地。

赣州市山水林田湖草生态保护修复最重要的成效之一是明确了修复的目标。生态修复时选定的参考生态系统，除了前文所述的规划系统化、投入多元化、管理制度化、成效生态化、影响国际化外，还包括参考山水林田湖草生命共同体的建设结构，以及其发展过程中的任何状态。过去认为生态修复的目标是一组明确可行的生态系统参考指标或某一个参考系统；目前认为环境的随机性和全球变化会导致不确定性，而且生态修复的目标应参考生态系统多个变量及各个变量一定的变化范围。当没有参考时，则从过去存在又可获得的信息和知识中提取正常功能和历史变异范围，生态系统中的生态记忆可以为生态修复提供参考。

第一篇 试点成果

本篇以江西省赣州市为研究案例，从山水林田湖草生态系统完整性、生态系统健康和生态系统稳定性的目标要求，以及规划系统化、投入多元化、管理制度化、成效生态化、影响国际化等五方面出发，对山水林田湖草系统生态保护修复进行初步探讨。从山治体成景、水退劣保优、林提质增效、田复垦添绿、湖管养永续、草见地补绿等六个方面入手，对赣州市山水林田湖草系统生态保护修复的经验进行总结。从生态保护修复工程成效巩固、生态现状调查与评估、退化生态系统保护修复、生物多样性保护格局优化、生态移民与产业升级的有序推动、生态保护与修复典型示范以及一体化信息管理平台建设等方面，总结了山水林田湖草系统生态保护修复的主要做法。改变以往只针对单一对象的局限，将山（山体）、水（河流）、林（森林）、田（农田）、湖（湖泊、水库等）、草（草地)和人类社会等多个生态系统按生态系统耦合原理联通起来，涵盖了区域生物多样性和主要的生态经济社会发展进程。按照生态文明建设要求，山水林田湖草系统保护修复通过保护与修复受损生态系统结构、提高生态系统保护能力、完善区域生态格局，维护和增强生态系统生物多样性、水源涵养、水土保持、养分循环和气候调节等服务功能，实现物质流与能量流循环有序，在对长期或突变的自然或人为扰动保持弹性和稳定性的同时，加强自然生态系统、社会和经济的互补协调，通过维持其较高的稳定性，最终实现生态系统良好的可持续性发展。

第一章　山治体成景

赣州市矿产资源丰富，已发现的矿产达 99 种，已勘查探明的有 64 种，其中黑钨储量全国第一、稀土储量全国第二，素有"世界钨都"和"稀土王国"之美誉，新中国成立后累计开采钨精矿 130 万吨，占全国一半以上；累计开采稀土 25 万吨，占全国中重稀土总量的七成以上。由于历史原因，部分矿产资源开采完后产生了许多矿山地质问题，废弃矿山面积已形成较大规模，工矿废弃地总面积达 8157.75 公顷，基本涉及赣州市的每个县（市、区）。前些年随着各项大型工程的开展，如兴修公路、铁路、高速公路、高速铁路、风电开发等又造成了大量的裸露边坡，使水土流失问题更加严峻，也严重影响生态景观。良好环境与脆弱基础共存、丰富矿产与环境冲击伴生、地理景观与生态退化关联的状况，使得生态建设与环境保护的压力巨大。因此，赣州市在申报山水林田湖草综合治理与生态修复试点项目时，坚持问题导向、精准对标，认定废弃矿山治理项目最迫切、最需要，针对赣州东北片区，尤其是贡江下游地区，有"崩岗"等特殊的水土流失类型，需综合运用山体治理技术等多种措施，项目包括兴国县崩岗侵蚀劣地水土保持综合治理工程、宁都县梅江镇全方位系统综合治理修复项目、于都县金桥崩岗片区水土保持综合治理项目、于都县废弃钨矿矿山地质环境综合治理项目等，完成历史遗留矿山环境综合治理面积 20 平方公里，其中许多"疤点"已变成"景点"，初步实现治理区域内"山、水、林、田、湖、草、路、景"八位一体化推进。

第一节　钨矿废弃用地变成新景点

中商情报网数据显示，2012年江西省钨精矿折合产量累计46494.77吨，占中国开采总量的35.5%，而江西省钨矿山主要集中在赣南地区，大大小小钨矿点有500多处，规模较大的有崇义章源钨业股份有限公司、江西耀升工贸发展有限公司、江西漂塘钨业有限公司、江西大吉山钨业有限公司、江西西华山钨业公司、江西荡坪钨业有限公司等。然而赣南的钨矿山在开采了几十年后的今天，不仅面临着资源枯竭、品位下降，少数矿区已闭坑停产，资源现状不容乐观的问题；而且矿山企业无序开采引发的各种地质环境问题，如山体被挖空、森林植被遭破坏、侵占土地、水土污染、尾沙库溃坝以及地质灾害等，造成了资源浪费和生态环境破坏。因此，赣州市针对大余、崇义、全南、于都等县钨矿山集中分布区域，开展废弃钨矿等废弃矿山综合治理工作，包括实施废弃矿山土地复垦、造林复绿、减少污染物排放、控制水土流失等，设立赣南等原中央苏区废弃钨矿山地质环境治理专项。通过项目的实施，有效减少废弃矿山及周边区域水土流失，改善区域生态环境。

一、废弃矿山治理的演进特征

长期的矿山开采给赣州市的生态环境带来了重大影响，倒闭废弃的矿区多年来成为全国关注的焦点。根据矿业废弃地的来源可划分为四种类型：一是由剥离表土、开采的岩石碎块和低品位矿石堆积而成的废石堆废弃地；二是随着矿物开采而形成的大量的采空区和塌陷区，即采矿坑废弃地；三是开采出来的矿石经各种分选方法分选出精矿后的剩余物排放堆积形成的尾矿废弃地；四是采矿作业面、机械设施、矿山辅助建筑物和道路交通等先占用而后废弃的土地。由于赣州属于山地丘陵地区，工矿废弃地多位于地势较高地段，经常引起山体滑坡等自然灾害，使赣州地区的土壤保持、生物多样性和维持养分循环等支持服务功能不断弱化。水土流失所造成的沙化、贫瘠化和边坡山体的成片裸露，成为赣州山区红壤区的严重环境问题。早期对矿区的改造仅是对废弃场地的改造，这些改造仅限于对工厂、采石场的改造，将其恢复到以前的自然景观。针对全市煤炭、萤石、石灰石及其他金属开采的废弃矿山，开展矿区搬迁改造、受损耕地恢复与重建、受污染耕地土壤改造、安全种植模式研发推广、植树造林、地氟病防治、公共空间塑造与旧建筑再利用、公共基础设施建设等项目建设，有效减少水土流失、降低矿区周边土壤污染、改善生态环境、维护居民身心健康。

自 21 世纪初我国推行绿色矿山建设以来，根据《江西省全面推进绿色矿山建设实施意见》，赣州市出台《钨矿绿色矿山建设规范》，按照"开采方式科学化、资源利用高效化、企业管理规范化、生产工艺环保化、矿山环境生态化"要求，加强了废弃矿山的改造，重点对矿区尾矿库进行综合治理。对堆积坝坡面整治，进行局部削坡，新建坝面、坝肩排水沟，强化坝面护坡和排水设施；增设尾矿坝排渗设施、尾矿库在线监测系统等；对现有排洪隧洞进行补强加固，出口增设消能设施；增设排水井和排洪支洞，同时增设尾矿坝至排水井的公路；加固现有隧洞支护，对排水明渠进行清淤、加固；落实尾矿库初期坝隐患治理和灌浆结顶工程，尾矿库排水井浇灌弧形叠梁，完善老涵洞堵封混凝土强度抽芯取样，砌筑尾矿库排水井挡土墙和尾矿库毛石挡土墙工程；在坝体下游坡面铺一层 50 厘米厚的土层，再在土层上进行植草绿化。对其他矿业废弃地来源及场地上的土壤、水文、植被和破坏方式及社会状况进行分析，然后将各种因素叠加综合考虑，确定矿区的改造计划和采用的工程技术手段，技术上以常规改造技术为主。在改造中，景观设计师的工作只是负责植物种植或一些土地利用方面的咨询。改造计划中有对娱乐用地的考虑，但大部分工作是处理恶劣的场地条件，增加植被，布置简单设施，侧重于改造环境和完善游憩功能，对艺术和文化上考虑较少。

山水林田湖草生态保护修复项目用生态恢复与现代景观设计手段来进行废弃地改造，突出解决对生态环境破坏、景观破损、土地资源浪费等难题。在尊重场地生态的前提下，实现生态与景观并重之路，尊重并科学分析矿山废弃场地的景观特征，采用保留、利用和改造等手段，将场地上典型的景观保留和保护下来，注重矿业历史、遗迹、文化信息的保留与采集。针对采矿活动对自然地貌造成不可避免的改变，以及在其强烈的干扰下形成的开采场地特殊的地形地貌特征，在进行技术改造和生态恢复的同时尝试开发景观的途径，使生态学思想和对环境的普遍关注渗透到景观设计领域，在工业景观设计中，废弃设施的再利用，资源的循环使用，对自然再生植被的保护等都体现了这一点。山水林田湖草生态保护修复项目创造了新的景观形式，为废弃矿山的改造提供了新的改造方案。

二、废弃矿山面貌的根本改观

随着社会经济发展和环境意识的增长，人们已不能满足于把废弃矿山改造仅作为一个简单的工程措施，而是要求在改造废弃矿山的同时，尽量使其有益于环境保护，不但使矿工有良好的视觉感受，而且能改善废弃矿山周边的环境状况，成为新的景观亮点。山水林田湖草生态保护修复项目适应社会和经济的发展需求，从根本上转变了对待工业景观的态度，从以前片面强调它的负面影响到对其人文意义的肯定，使具有悠久开采史的采矿场地形成各自特有的人文景观，共同构成矿山独特的景观资源。矿山废弃地的改造也经历了从单纯的技术性和功能性改造，到综合考虑历史文化价值等方面改造的过渡。如在于都县盘古山、铁山垅、禾丰等地实施的废弃钨矿矿山地质环境综合治理项目，通过场地平整＋拦挡坝＋挡土墙＋截排水工程＋复绿工程，治理废弃钨矿山3个，面积0.72平方公里，有效推动了矿山公园的建设。环境氛围浓厚——采矿设施是矿山公园着重强调的特色景观；参与活动真切——矿井体验是矿山公园的镇园之宝，也是一般旅游区无法克隆的旅游活动；矿山观光精彩——矿洞不同于任何旅游区的青山碧水，而具有独特的景观；科普教育深刻——矿山旅游能给游客实际切身的科普教育，效果明显。

空间优化更新。盘古山矿山公园位于江西省赣州市于都县，距离于都县城约60公里，是于都、安远、会昌三县交界之地，盘古山矿山公园属亚热带气候，矿山标高500米以上，年平均气温18.8摄氏度至20.2摄氏度之间，年平均降雨量1447.2毫米，盘古山之北面与铁山垅黄沙坑口遥遥相望。盘古山钨矿开山于1922年，铁山垅大窝里于1921年开山，中央苏区时期，毛泽东同志亲自组建了以盘古山矿工为主体的红22纵队，中央苏区银行行长毛泽民同志三次来到盘古山，并在铁山垅成立了中国共产党第一家国营企业——中华钨矿公司，建国后两矿山均为中央直属的大型企业，其中盘古山钨矿是中国"四大钨矿"之一。20世纪80年代以来，制订了一系列城市化、公园化、现代化奋斗目标。盘古山矿山公园的整体开发，结合矿山旅游，充分利用盘古山生态与地文景观，深挖文脉，实施主题开发。整合矿山文化、红色文化、盘古女娲文化、森林生态、地质景观、地方传说、民俗风情，分主题策划旅游产品。以矿山旅游产品为龙头，整合盘古女娲文化，带动生态工业旅游，包装和提升盘古山旅游，使盘古山矿山公园成为于都南线旅游带上的点睛之笔以及江西著名的矿山公园。改造后的公园，设计者将许多小空间联系起来，强调现有的形式和结构。矿场上的许多建筑被保留下来再利用，地区间新的步行道和自行车道穿过公园，将工业区和住宅联系起来。从工业景观中的地形、建筑、机械设备中抽象出设计语汇，经过艺术处理，成为公众普遍使用的空间和设施，是空间优化重组、有效利用现有资源和提升地区环境品质的成功实践。

废弃矿山的游憩重组。盘古山矿山公园按照地理位置划分为两部分：北区——铁山垅，苏区红色矿业历史展示园。苏区时矿业历史、工艺情景再现，有红军工棚、矿工主题群雕、红色矿坑、红军采矿工具展示园、红色矿工故事园、矿工戏台等；矿山生活区有矿工客栈、红军餐厅、矿工诉苦台、矿工宣传廊、矿工消费合作社、矿工小院、矿工文化学习园地、矿工夜校等；综合服务区有游客接待中心、停车场、红军医院、矿山医院、中华钨矿公司驻地、毛泽民旧居、财神主题园等；还有背景控制区。南区——盘古山，由盘古山矿山博览园、矿山接待区、山森度假区、盘古文化体验区、矿山控制区五大主题区构成，在空间布局上呈现"一园四区"格局。盘古山矿山博览园包括盘古山钨矿实景博物苑、矿业历史及工艺展、矿山小镇、矿山游乐屋、485地下采矿中段、尾砂坝观光长廊、盘古公园、矿山缆车、观景平台等；矿山接待区包括游客服务中心、生态停车场、旅游厕所、钨金廊、盘古山宾馆、露天体育场等；山森度假区包括山森度假村、山谷漂流、水土娱乐园、农家乐园、野趣园等；盘古文化体验区包括盘古祠、女娲庙、盘古书院、祭天坛、盘古碑林；矿山控制区主要起矿山绿化作用。在改造过程中，原有庞大的建筑和货棚、矿渣堆、烟囱、鼓风机、沉淀池、水渠、起重机等都成为设计的元素，仍旧是公园的基础。这些陈旧的设施是人类历史遗留的文化景观，是人类工业文明的见证。

矿山废弃地的美学发现。工业时代产生了"工业美学"，工业美学的理念来自于工业化生产的形式与方式，它的形态是抽象的几何形体和由高科技构成的力的结构，以及工业材料及肌理效果，它的表现方式是理性与严格的逻辑性。盘古山矿山公园拥有丰富的旅游资源，主要集中体现在钨矿开采史、红色历史、森林、绿色生态、神话传说、地质景观等方面。综合旅游资源特征、资源的地位以及依托资源、客源市场开发的旅游产品等要素，盘古山矿山公园的主题形象建立为"矿山公园的开山鼻祖——盘古山"。钨矿开采观摩，矿洞四通八达，给游客一种另类迷宫的感觉；游览采矿遗址，观摩钨矿的地质形成，观看矿工开采作业，让游客当一回真正的采矿人；钨矿生产观光，游客可了解钨矿从矿石的粉碎到产品形成的生产作业流程，获取相关的萃取、冶炼知识。走近钨，拥抱钨，圆往昔"钨金梦"。矿洞观光游览，了解钨矿的开采、冶炼以及相关事件的发展历程，对古今开矿法及矿工的生产生活进行对比，感受现代社会的文明与科学技术的先进性；钨矿生态度假，通过矿区的生态绿化、环境整治，整个打造钨矿矿区的生态旅游、休闲度假产品；盘古女娲神话历史追溯，了解盘古女娲人文历史，追溯中华人类起源，丰富项目内容。特别是将不同寻常的废弃矿场作为背景，雕塑大地艺术，场地上的采掘设备如传送带、大型设备甚至工人的临时工棚以及破旧的汽车等都保留下来，成为大地艺术的一部分，形成了荒野浪漫的景观，充满艺术气息。正是这些大地艺术每年吸引大量游人到此观光，也为地区带来了生气。

三、废弃地变成景的文化内涵

把挖掘矿业文化作为废弃地变成景的根本。大余县境西北部山脉受燕山期地质构造运动的影响，形成全世界著名的钨矿床，黑钨矿居世界之首，有西华山、荡坪、漂塘、下垄等大钨矿，有400多处星罗棋布的钨矿点，境内矿化面积约30平方公里，大小矿脉有3000余条。矿床矿物类较多、总计有48种，探明总储量110.09万吨，位居全国第二。2017年，西华山钨矿区被列入山水林田湖草生态保护和修复项目，围绕整体保护、系统修复和综合治理的目标，以生态问题治理和生态功能恢复为导向，探索系统治理新途径，实施西华山钨矿区矿山地质环境恢复治理工程，把矿山植被复绿和矿山公园建设紧密结合，废弃矿山治理与生态修复、矿业遗迹保护等相结合，按照"宜林则林、宜草则草、宜用则用、宜填则填"的原则，对矿山废弃地、废弃尾矿库进行植被恢复和造林建设；利用生态修复技术，对因废石、尾矿堆积而破坏或占用的山地及耕地重新覆盖植被，稳定岩土；启动矿山环境治理工作，大力推进绿色矿山试点示范建设。目前，大余县累计完成矿山复绿面积433.33公顷，矿山治理面积320公顷，积极探索"矿山环境修复＋全域旅游"模式，将矿山环境恢复治理和景区文化发展有机结合，最大程度发挥项目的矿山环境恢复与文化旅游融合发展功能。

（一）文化赏析游

我国钨矿最早发现于江西，而第一个发现的钨矿矿区即为赣南地区的西华山钨矿，地处江西省大余县城北西九公里处，是赣南地区钨矿的一个典型代表。大余西华山钨矿发现于 1907 年，钨矿开采始于 1915—1916 年（《中国矿床发现史·江西卷》），是中国钨业发祥地。悠久的开采历史，形成了精深的矿业文化。尤其是 100 多年来的规模开采，使井下采矿坑道纵横交错，上下左右连通，形成一个宏大而复杂的矿井坑道群，矿车铁道形似蛛网，成为神奇的"地下迷宫"，堪称矿业文化经典，其宏大而复杂的采矿坑道系统映射出中华民族深远的文化底蕴，极富研究价值、观赏价值和教育功能，正将其建成集地质科学考察、探险求知、地坑神游为一体的矿山公园。西华山钨矿目前已步入资源枯竭期，矿井为钨矿最为珍贵的遗迹，具有极高的旅游价值。矿区森林资源丰富，有林业用地 10.6 万公顷，森林覆盖率为 76.2%，周边不少乡村分布，是水稻、脐橙、花卉的重要生产基地。西华山钨矿尾砂库库区面积 1.07 平方公里；荡坪钨矿尾砂库库区面积 3.51 平方公里；漂塘钨矿尾砂库库区面积 0.34 平方公里；下垄钨矿尾砂库库区面积 0.24 平方公里。2013 年 4 月西华山钨矿已被列入国家重金属污染防治示范区。

（二）矿山科普游

矿区生态环境修复的目标，不仅仅是植树种草，而是建立一个可以自我维护并运作良好的、完整的生态服务系统，这是矿山公园传达给游客的理念，因此，其以直观的方式向游客展示的内容有：矿产开发的主要过程，矿产开发对地质、地貌、植被覆盖产生的影响，土地利用类型发生的变化，产生的污染物对土壤、大气、水分别产生的影响；该矿开发后周边土壤的理化性质、肥力发生的变化，土壤重金属含量的多少以及生态毒性的大小，已污染农田的多少；该矿开发后周边地区水质情况；该矿的放射性元素及固体尘埃对大气产生的影响；对矿区百姓健康和农业生产的影响；治理后减少污染、保护环境，矿产开采、采选、冶炼技术的革新情况；修复后的土壤理化性质与重金属含量情况，农作物生长情况等。此外，还有土壤修复的常用方法：物理法（包括排土、换土、去表土、客土、深耕翻土、淋洗）电化法、化学法（包括氧化、还原、沉淀、吸附、拮抗法）植物修复法等。其中，植物修复法以其成本低、不破坏土壤结构和不造成二次污染等优点而备受人们推崇。在矿区及周边地区种植超富集植物，不仅修复了污染的环境，还成为旅游特质景观。植物修复技术属于生物修复的范畴，其机理主要是利用植物对污染物进行吸收积累和降解转化。修复植物包括蔬菜、农作物、草本等。游客可对已修复和未修复的土壤和农作物进行采样，亲自检测样品中的有毒物质的含量，了解修复前后的农田和农作物的区别，切身感受环境修复的成果。

（三）废地利用游

针对章水流域钨矿开采严重，废弃钨矿众多，植被破坏严重等突出的生态环境问题，大余县还实施"大余县浮江河流域废石堆（场）环境风险防控与生态修复项目"，主要建设内容包括：矿山道路新建、废石处理处置、地质灾害防控和土壤基质改良、植被重建、植被维护与修复效果监测等，通过工程的实施，完成大余县浮江河流域废石堆（场）新建矿山道路约13.5公里，废石清运约205万立方米，废石处理处置约60万立方米，尾砂约39.9万立方米，有效治理了章水源区废弃钨矿矿山生态破坏和环境污染问题。大余县石雷钨矿陆续完成废石堆综合整治工程、清污分流工程、边坡稳固工程和尾矿库废水净化工程，建立废水循环利用系统，实现了矿区环境治理升级，已告别"晴天一片灰、雨天一路泥"的矿山刻板印象，一片绿意盎然。在治理核心区废弃矿山的同时，核心区外围0.6平方公里的项目建设已纳入了梅关古驿道景区项目建设子项目的庾岭风情园。该项目侧重于生物多样性保护与建设、受污染成林差的树种改造和补植，目前已种植4000余株银杏，红枫和竹柏各千余株，并将矿山景观与生态农业相融合，实现矿山景观和其他景点的联动，形成矿山景观＋生态旅游项目＋民俗体验项目＋特色饮食＋农家乐项目，提升矿山乡村旅游产品内涵，着力打造橘园采摘、民俗风情览赏、乡村生活体验、风物风情旅游胜地。矿山开采、农业发展与旅游产业融为一体，不仅不破坏农业景观的生态结构稳定性和生物链，还增加了景观斑块类型的多样性与层次性，形成人和自然协调一致的独特景观。

第二节　稀土废弃矿山环境景观治理

　　赣州市稀土矿主要分布在海拔 500 米以下丘陵岗地。2011 年赣州市对全市的废弃矿山地质环境进行了摸底调查，调查结果显示，全市废弃稀土矿区有 302 个，稀土矿山破坏面积达 78.13 平方公里。根据 2016 年中国稀土行业调查报告相关数据显示，到 2015 年底，赣州市现有的稀土产业达到规模以上标准的企业共有 68 家。在稀土废弃矿山治理和保障国家生态安全问题上，针对市域范围内的矿山环境采取综合整治，包含赣州稀土矿业有限公司废弃稀土矿山环境综合治理项目、赣州稀土矿区小流域尾水收集利用处理站项目等，建设范围涵盖全市 8 个区县，不仅要求山水林田湖草生态保护修复中有稀土废弃地开展地质环境恢复治理、土地复垦、水土保持和水污染防治等具体治理项目，而且对有条件的废弃地，引入园林规划设计的理念和手法，加大对稀土废弃地生态修复研究的科技投入，在基于生态保护和恢复的基础之上创造具有一定公共设施和人文内涵，传承稀土废弃地的景观特色，既通过对植物、山石、建筑、水体和园路的规划设计及对废弃地的合理规划，营造兼具景观美学、园林意境和生态效益的游览空间，充分提高废弃地利用价值，引入生态旅游模式，建立生态农业、矿山公园、展览馆、运动基地等，发展第三产业，实现废弃地的产业转型。

一、满足生态和游憩双重需要

　　赣南离子型稀土废弃地景观生态恢复首先是重建废弃地的生态植被，在生态植被上可以将植物景观恢复分为地带性植被、经济林建设、景观植物建设三个方向，而植物的选择是植物恢复的前提。由于赣南离子型稀土废弃地的土壤立地条件差，普遍呈酸性，存在重金属元素、铵根离子、稀土元素污染等，因此在植物种类上，坚持选择能适应场地条件的植物，包括抗逆性强、耐干旱贫瘠、成活率高的先锋树种、固氮植物和乡土植物等，进而使当地的土地、植被重新具备相应的生物学功能。结合稀土矿的产业转型，转变废弃地的土地资源利用模式，改为林业、农业用地或进行景观改造，植被恢复不仅具有生态价值，也能发挥其经济价值和社会价值。赣南离子型稀土矿废弃地具有生态平衡和稳定性遭到破坏、生物多样性降低等生态特征，具有景观碎片化、地表景观破坏等景观特征，针对离子型稀土废弃地特有的生态与景观特征，考虑注重植物为主的生态复垦，在满足生态功能的同时，利用离子型稀土矿的景观特性，营造特有的景观类型，满足休闲游憩的功能。

（一）场地自我恢复植被景观

据实地观测得出，人为裸露坡面植被的自然恢复过程时间长达 6 年，在自然植被恢复的前期，并未产生明显的水土保持效果，只有在植被完全覆盖坡面、地表草本植物落叶层出现时，土壤侵蚀才能趋于停止。由于开采稀土矿过程中产生为数不少的人为裸露地面或坡面，水土保持生态恢复宜采用人工生态恢复的方法和技术，即根据生态学原理，利用生态工程措施或生物工程措施等方法，人为地对被破坏的土地进行生态恢复或重建，使被破坏土地在短期内恢复植被和土壤，并达到一定的植被覆盖率和土壤肥力，恢复生产力。同时，以植被恢复为前提，以绿为主，形成与自然协调的植被景观，利用绿色植被，预防和治理水土流失，加强废弃地山体边坡的稳定性，并恢复和改善生态环境与景观环境。

离子型稀土废弃地的产生是人为干扰的结果，停止人为干扰，废弃地在一定程度上能实现自我恢复，废弃地的自我恢复是植被物种竞争、适应环境的结果，通过自我恢复，废弃地生态系统能建立新的平衡。离子型稀土废弃地的植被景观也是其矿业发展历史的见证，在作为科研基地、科教展示、治理示范区等区域可以部分保留废弃地的原有特征，保存其破坏、污染现状，让其实现自我恢复，同时也可以作为科研、观光、教育的良好展示平台。固氮植物的植物根部与某种细菌、蓝藻共生并能固定空气中的游离氮作为养料，从而形成固氮植物的特有优势。离子型稀土废弃地肥沃的表层土被挖掘，尾砂场也是贫瘠缺氮，种植固氮植物能提高植物的成活率，减少化肥的使用，具有较高的经济效益与生态效益。豆科植物根部能与根瘤菌共生结瘤，形成根瘤，具有较强的固氮能力，如黄檀、刺槐、胡枝子、假地豆、猪屎豆等；非豆科植物中有与弗兰克氏菌共生的植物，也有很强的固氮能力，如杨梅、沙棘、胡颓子、赤杨、马桑和木麻黄等。

为景观建设需要，植物选择需要考虑色、形、花、香等方面。乡土植物和先锋植物是最能适应当地生长的植物，一般具有抗性较强、生长快等特点。稀土废弃地的景观生态恢复则首先选择这类乡土植物和先锋植物，在草类恢复情况良好，土壤能适应灌木生长的时候引进灌木植物，然后引进先锋乔木树种，向构建乔—灌—草植物群落结构发展，逐渐形成针叶林、针阔混交林，构建起废弃地的地带性植被景观，此类植物有假俭草、狗牙根、百喜草、香根草、马唐、杜鹃、马尾松等。超积累植物，指的是一些自然生长在金属污染土壤上的植物，它们能够在其不同部位富集异常高的重金属，对吸收土壤中的重金属具有较好的效果。芒其属于稀土元素富集植物，金茅、宽叶雀稗、木荷和油茶属于根部囤积型稀土元素超积累植物，是稀土废弃地生态恢复的优良植物。离子型稀土废弃地的生态恢复实践，应针对不同重金属元素和稀土元素，合理进行超积累植物的选择和使用。色叶植物在园林景观中的应用较为广泛，具有较高的观赏价值，不同植物的叶片具有红色、紫红色、金黄色等色彩，是打造不同季相植物景观的优良植物。离子型稀土废弃地中规划设计乡村水岸林、乡村游憩林、乡村风水林等景观林及疏林草地等景观，应用色叶植物，能营造季相变化的植物景观，丰富景观效果。

（二）边坡绿化植物景观

　　赣南离子型稀土废弃地存在大量的不稳定陡崖、边坡等地形。传统边坡工程防护的主要类型包括水泥防护、浆砌片石防护、水泥网格防护、空心砖防护等多种类型。生物环境工程是利用绿色植物，预防和治理水土流失，加强边坡稳定性，改善废弃地生态环境的一种综合措施。以柔性护坡为主体的生物环境工程以其经济、方便与环境兼容等独特的优势已成为工程建设的重要组成部分。其形式可包括植被防护、植被挡墙、三维网＋植被防护、水泥网格防护＋植被防护、空心砖防护＋植被防护等，形成人工辅助恢复形成与自然协调的植物群落。它不是较大程度地改变立地条件，而是在自然生态系统允许的范围内促进植物的生长发育。它除要求所选植物的生物学、生态学特性适应于自然环境外，还要求其生态功能和创造的景观与自然植物群落相似。

　　与边坡治理纯工程措施相比，通过植物修复稳定边坡是一种更生态、经济和美观的处理方式。由于稀土废弃地土壤贫瘠，耕作难度较大，植被恢复中应该先以草类覆盖，避免出现"青山挂白"，再通过乔、灌、草的混交，引入一些外地优良植物品种，以提高林草成活率。植物群落构建尽量选用乡土植物种类，因为乡土植物的适应性强，能够避免外来物种入侵，对周边植物群落友好；同时考虑稳固边坡能力和增加土壤肥力能力，在此基础上构建出较好的植物群落物种的组合，最终正向演化成稳定的植物群落。实践可行的植物群落结构模式有黑荆林、南岭黄檀经济林治理模式；刺槐、马尾松以及刺槐和紫穗槐混交林，并播种狗尾巴草和草木裤草本模式；桉树、万印度夏豆和宽叶雀稗的混交林模式；在尾砂场边坡、开采区边坡等区域，采用以草促林的快速治理模式，植物选择草本植物、豆科植物和禾本科植物，效果较好的植物配置模式如"胡枝子＋鸭拓草"，常用植物还有马唐、金色狗尾巴草、宽叶雀稗等。

侵蚀控制构筑物主要是由聚丙烯带制成的三维栅格或用金属编成的"石筐"，内部均用碎石充填，铺设在易侵蚀的边坡地带，来达到防止侵蚀的目的，多用于复垦沟渠边坡的保护。然后在坡面铺草皮、植树种草等，将传统的边坡工程措施与生物措施有机地结合起来，形成具有一定的力学、水文学、环境学和美学功能的防护结构。"侵蚀被"是由各种材料木屑、聚丙烯纤维、再利用尼龙、稻草、麦草等编织而成，铺设在土壤层表面防止土壤侵蚀，并能使植物自然地穿过"侵蚀被"而生长。既加强了边坡的稳定性，防止产生新的水土流失，又恢复与改善了生态环境与景观环境。

（三）营造生态景观林

生态景观林营造是实现废弃地生态环境恢复、发展废弃地生态旅游的优良途径。离子型稀土矿区多地处丘陵山区地带，地形特性决定了其废弃地较多的山体、坡地，应用废弃地的再生利用模式，改造废弃地景观，通过植物景观营造，在废弃地山体、边坡种植香花、色叶、观果、茶树植物，营造大片的台地景观林、台地茶园等台地游憩生态景观林。赣南乡村有传统的水岸林、游憩林与风水林，在废弃地中恢复传统的乡村植物景观，充分还原传统乡村自然风貌、展现乡村乡土风貌。做到因地制宜，突出绿化特色，坚持人工造景与自然景观相结合，采用乔、灌、花、草等多种植物绿化，加强对营造植被的后续管理，保证植物的正常生长，进而对恢复型植被景观景象设计，达到"树种多样、四季常青、花草成片、层次分明"的效果。

生态景观林营造必不可少的是植被生态复绿，具体措施主要包含土地复垦实验、植物选择和植物群落构建、植物种类的选择与试种等。桉树是世界三大著名速生树种之一，且有耐干旱、耐瘠薄、适应性强的特点，在一般的废弃矿山治理中应用较广，也是赣南稀土矿治理的优良树种。信丰龙舌、龙南足洞稀土矿治理区中以巨尾桉为主要恢复树种，巨尾桉在稀土废弃地中的生长状况良好，两年生的桉树固土能力最强，构建起了以桉树为乔木的新建植物群落，表明速生的巨尾桉能有效固土、较快重新建立起植物生态系统。

生态景观林营造的同步效应是生态绿化，依植物生态学的自然法则所实施的绿化工程与一般绿化在理论上有所不同，常规的绿化着重于视觉感觉的美化效果，生态绿化则为维护良性的生态循环，使生态绿化后的植物群体与相邻地区互相吻合，起到保护环境、维持自然生态平衡的作用，根据土地的实际情况进行复垦目标的确定，在恢复当地生态环境的同时，带动当地的景观效应。在进行植被的营建工程时，根据当地的自然条件合理地选择植物的品种与类型。在进行植物品种的选择时，最好选用多年生的根部发达并且茎、叶低矮的植物，并且该植物要具备一定的水源涵养能力以及抗旱、耐瘠的性能。同时，还要尽可能多地选取当地的一些品种进行栽植，以提高生态恢复工作的速度。

二、打造稀土矿生态产业景观

赣南离子型稀土废弃地在成为废弃地之前开采稀土矿是其唯一的生产功能，塑造生态产业景观、挖掘稀土废弃的经济功能就是找到废弃地生态改善和工农业生产相结合的土地利用形式。例如，走进赣州市全南县陂头镇李家洞，只见满眼绿意，一排排树木挺拔茂盛，一片片护坡毯郁郁葱葱。让人难以想象，眼前这幅生态美景，曾经是个"光头山"，66.67公顷废弃稀土矿山，曾经满目疮痍。2017年，稀土矿环境治理项目工程开工，治理总面积近2600公顷。经过近3年的场地平整、挡土墙、排水沟、拦沙坝、草皮护坡、植树绿化、环境监测等修复治理，破坏区生态开始复原，呈现出勃勃生机，全南县很多"光头山"都披上了"绿衣服"。

（一）发展生态农业

生态农业复垦是在被破坏的土地上发展和建立生态经济良性循环和协调发

展的现代集约型农业。生态农业复垦不是单一用途的复垦，而是农、林、牧多业联合复垦，且相互促进、全面发展，它是对现有土地复垦技术，按生态学原理进行"装配"的过程，其原理是利用生物共生关系，通过合理配置农作物、动物、微生物，进行立体种植复垦。稀土废弃地植物种类选择的一般原则为：（1）选择适应稀土废弃地立地条件的植物种类，主要是固土能力强、抗污染、耐贫瘠、生长快、适应性强、抗逆性好、成活率高的植物；（2）优先选择固氮的豆科类植物，固氮类植物能有效改良土壤，增加土壤肥力；（3）优先选择原生乡土植物和先锋植物，这些植物适应性强、成活率高；（4）选择适应当地生长的、当地已经广泛种植的、具有较高的经济价值的果树和园林苗木植物。

生态农业以传统农业作为依托，形成生态上低维护、经济上高效益的模式，这种模式在修复废弃地生态的同时可建立起废弃地新的产业，实现废弃地产业功能的转变和农村经济的发展。离子型稀土废弃地发展生态农业是在生态修复的前提下，依据离子型稀土废弃地地形的优劣势，在考虑其经济效益基础上，形成的经济高效益的生态农业，如生态采摘园、生态瓜果园，还可结合特色生态农产品，形成专业化经营，另外还可发展园林苗木基地，是可持续发展的一种模式。信丰龙舌稀土废弃矿区结合信丰的优势产业——脐橙，把废弃地建成优良的脐橙果园，把往日的废弃地变成生机盎然的综合生态农业基地。

生态农业复垦不仅整治废弃的土地，恢复和改善该区的生态环境，而且有利于提高农业生产的综合效益。所种植的农林品种能明显提高土地利用率和土地生产力，显著的景观效果能进而提高经济效益。适合在赣南地区种植、能起到营造景观林效果的色叶植物有枫香、乌桕、鸡爪槭、黄护、南天竹；黄色叶植物有银杏、鹅掌楸、黄山栾树、台湾栾树、无患子、柿树、金叶女贞等；四季色叶植物有红枫、紫叶李、紫叶小檗、红花檵木。种植经济植物是矿山废弃地治理的一种综合利用模式，发展生态果园、建设苗木基地能为恢复治理提供资金，反哺废弃地的景观生态恢复。

（二）发展循环农业

生态农业复垦能够充分合理地利用、保护和增殖自然资源，加速物质和能量转化，为社会创造数量多、质量好的多种农产品，满足人们对农产品不断增长的需要。如信丰"猪—沼—林（果）"模式。该模式是利用腐生生物和养猪产生的猪粪来治理稀土尾砂。在现代生产和管理等技术措施下，大量的腐生生物在稀土尾矿上把猪粪最终转化成活体蛋白和有机肥。腐生生物转化猪粪的同时不停地在尾砂里面搅动，在它们的搅动下有机肥与尾砂发生物理化学反应，形成保水保肥、营养丰富的优质土壤，结合经济林（果）的种植，从而达到综合治理猪粪污染和稀土尾砂、减少水土流失的效果，形成绿色低碳循环生态农业。

依据能量多级利用与物质循环再生原理，循环利用"废物"，使农业有机废弃物资源化，增加产品输出。如龙南"林—果—草"模式，龙南足洞稀土矿区复垦土地引进多种生物物种，采用"山顶栽松，坡面布草，台地种桑，沟谷植竹"的整体布局，建设了经济林、蚕桑、象草三个种植基地，在尾砂利用地上种植百喜草、狗尾草等草本植物，之后种植经济作物松、杉、桑、桃、杨梅、脐橙等，复垦区各种作物长势茂盛，经济效益可观；又如龙南"林（果）—草—渔（牧）"模式，该模式将废弃稀土矿山的山坡整治为林果地和草地，种植松、杉、桉、桑、竹、杨梅、脐橙等经济作物和百喜草、狗尾草等草本植物，山谷和尾矿库则筑坝成库，污水治理后用于鱼类水产养殖，利用山坡种植的草料喂鱼、放牧，同时筑坝形成的山塘水库还可用于农业，形成良好的生态、环境、经济等综合效益。

稀土元素不仅具有增加作物产量、改善作物品质、提高植物光合作用、促进根系活力、促进对矿物质营养元素的吸收等植物生理效应，还具有减轻病虫害、酸雨、重金属、臭氧与紫外线辐射、农药等对植物损害的作用和提高植物抗逆性的环境生态效应。但是稀土元素的这些生理或环境生态效应与其在土壤中的浓度有直接的相关性，呈现"低促高抑"的毒物兴奋作用（Hormesis 效应），即低剂量时对生物体产生有益反应，高剂量时则产生有害反应。稀土元素的 Hormesis 效应使得其在被广泛应用的同时对生态环境，尤其是土壤环境产生了潜在的风险。生态产业复垦是根据生态学和生态经济学原理，应用土地复垦技术和生态工程技术对挖损、压占和破坏的土地进行整治利用，其实质是在被破坏土地的复垦利用过程中发展生态产业。

（三）园区工业用地

定南县富田废弃稀土矿山治理项目通过地形整治、截排水沟和坡面绿化，将废弃稀土矿山综合治理为工业用地。项目于 2017 年 9 月开工，2018 年 10 月竣工，共完成治理面积 55 公顷工业用地，按照《江西省矿山环境治理和生态恢复工程竣工验收办法（试行）》和《山水林田湖草项目管理办法》，对照施工设计图纸，现场查验项目地形整治、坡面绿化、挡土墙等分项工程，查阅项目的设计、施工、监理、监测以及项目管理资料，项目严格按照方案设计完成了施工，达到了设计要求，取得了明显的治理效果，原则上通过竣工验收。

当废弃地靠近重要城镇、交通便利、立地条件允许，面积较大，有危险区域，并且无特别造景需求但有开发利用价值时，可以通过稳固边坡、生态复绿和土地平整把废弃地改造成为具有利用价值的建设用地。如寻乌县对已废弃稀土矿区土地进行平整，开发成工业用地。同时，积极引进稀土精深加工企业落户工业园区，积极开展尾砂利用及产业化技术研究。通过综合利用文峰石排废弃稀土矿山打造工业园区，在节约用地、资源再利用和环境保护方面取得了"一石三鸟"的效果。

龙南县针对废弃矿山的改造利用起步较早，已形成较为成熟和完善的理论和方法，立足"一矿三资源"的优势，打造全产业链，建立一种多层次、多结构、多功能的集约经营管理的循环工农业生产体系，以最小的投入取得最大的经济、环境和社会效益。除了开发利用稀土精深加工新材料产业，做好矿山地质环境恢复治理外，还考虑产业植入，目前废弃矿坑的利用方式有多种："＋农业"，开展种植业或畜牧或水产养殖；"＋生态产业"，形成水库或者湿地；"＋旅游文娱"，形成矿山湿地公园、游乐园、生态农业园等，实现了废弃矿山土地复垦、生态恢复和景观建设的多重效益。

三、提炼离子型稀土矿文化

赣州市对离子型稀土矿这一有半个多世纪开采史、具有规模性的矿山废弃地治理，其景观资源除上述显性的物质层面外，还有隐性的精神层面、矿区对矿业所依托的特殊情感复合物等。悠久的历史造就浓郁的文化底蕴，庞大的稀土废弃地、构筑物、设备设施与金字塔、万神庙一样，都是非语言符号，都记载着文化与人类思想及活动的发展历程。信丰县在龙舌稀土矿尾砂遗迹地建立了全国首家水土流失警示教育基地，在复垦绿化区留出一块废弃稀土矿尾砂遗迹，通过治理前后的直观对比，对宣传生态环保、水土保持、山水林田湖草生命共同体理念起到很好的宣传教育效果。

（一）不断探索的创新精神

赣州离子型稀土矿产资源的开采经历了以下六个发展阶段：（1）发现起步阶段。在 20 世纪 70 年代，离子吸附型稀土矿作为一种新的稀土矿赋存方式在赣南被发现。其矿床具有规模大、埋藏于第四纪残坡积土下的较浅底层、相对含量高、易被置换提取等优点。（2）无序开采阶段。在 20 世纪 80 年代，赣南的稀土开采点就遍布各地。1994 年前，采用池浸开采，主要挖掘表土层和全风化层中的粘土层，通过离子交换提取稀土资源，开采过程中所产生的尾砂堆积成山，全市开采矿点达 2000 多个。1995 年以后在龙南足洞稀土矿试验使用了原地浸矿新工艺。（3）矿业权统一阶段。2000 年赣州市各县区的采矿权相对集中，2005 年成立赣州稀土矿业有限公司，由江西省国土资源厅严格按照标准规划换发稀土矿产资源的采矿许可证，稀土资源凭证开采的时代来临。(4) 行业整合阶段。2003—2007 年期间，赣州市全面停止池浸、堆浸的开采工艺，8 个稀土开采县积极推广原地浸矿技术手段的应用，稀土企业之间并购重组，成立中国五矿稀土（赣州）股份有限公司。（5）矿区规划阶段。2011 年赣州市的稀土资源矿区跻身中国第一批稀土矿国家规划区之一，并把土壤修复作为环保产业发展的重点。2013 年，赣州市被定为全国唯一的稀土开发利用综合试点地区，对赣州原有堆浸工艺下的稀土废弃矿山进行生态恢复。（6）科学开发阶段。贯彻落实习近平总书记 2019 年 5 月 20 日视察江西时关于稀土产业发展重要指示精神，在赣州市成立中国科学院稀土研究院，筹建周期为 3 年，规划用地 66.67 公顷，2021 年 12 月底前将建成投入使用。中国科学院将统筹全院的创新力量、政策和资源，全力支持稀土研究院取得丰硕的科技成果。

（二）稀土开采对生态环境的损害

伴随着新兴技术产业的不断发展，稀土矿产资源需求量不断增加，稀土资源的开发与消耗也与日俱增，同时稀土资源作为非再生的稀缺资源数量在不断减少，导致生态环境遭到严重的破坏，引发生态系统失衡等问题。矿山废弃地是工业发展的负面消极影响，是人类肆意贪婪掠夺自然资源代价的体现。如今这些遗留景观不仅提高了人们爱护环境、珍惜资源的意识，而且使子孙后代都铭记稀土开采对生态环境的损害：(1) 破坏山体。经过开采后的离子型稀土矿区出现大面积的山体破坏。在稀土矿开发及闭坑后，地表植被被剥除，山头被削平，沟谷被弃土或流砂充填，改变了原始地形地貌，形成了大面积裸露采场。(2) 污染水源。稀土矿山的矿石及围岩含有金属硫化物，废石、尾矿等固体废物露天堆放，经过催化氧化、自然风化、降雨淋滤和径流作用，产生大量酸性废水并带有多种金属离子，降低水体 pH 值，威胁水系统生态环境安全。(3) 荒废田地。开采稀土造成矿区水土流失，使土地失去养分，减少土地使用面积。同时，剩余大量的碎石、尾渣等固废物压占土地，经风化、淋滤和渗透等作用富集于土壤，破坏土地结构，致使土壤板结。(4) 生物多样性减少。稀土的开发降低了周围生态系统的多样性，开发过程中产生大量稀土元素和放射性物质，在雨水淋洗作用下随着地表径流在周围土壤中累积，对植物、动物和微生物造成危害，降低生态系统多样性。尤其对矿区周边的生态系统产生不可逆的破坏。从植被破坏、地质灾害、土地破坏、农作物减产和植物释氧量减少、微生物失衡六个衡量因素看，植被破坏本身便会导致植物释氧量的减少以及引发山体滑坡、水土流失等地质灾害，并且土地破坏也会造成农作物减产以及引发各类地质灾害，同时植被和土地的破坏也必然会影响所在地微生物系统的平衡与稳定状态。

（三）废弃稀土矿山的治理文化

赣南离子型稀土矿作为一个矿种，其废弃地具有一般矿区废弃地的共性，又有其独有的特性。赣南离子型稀土废弃地存在的具体问题与稀土矿自身特性、开采方法和开采工艺息息相关。赣南离子型稀土矿的池浸、堆浸及原地浸矿工艺与赣南的自然地理环境和气候环境等外部条件共同作用导致了稀土废弃地的具体问题，因此要运用山水林田湖草生命共同体相关生态修复技术，利用多种工程措施进行联合修复。以废水成因和水质特征为研究重点，制定科学合理、高效稳定的废水处理方案，关注稀土矿山区域地下水污染问题，开展水循环研究；研发矿山废弃地新型土壤改良剂，有针对性地研究不同类型的土壤改良剂，如尾砂废弃地和尾矿废弃地等其他固体堆放场地的土壤改良剂等；合理配置矿山废弃地耕植物种，根据生物群落多样性合理配置多层次、广泛性等易生长的植物，形成层次分明的生态系统。赣南废弃稀土矿山治理已经开展多年，积累了丰富的治理经验：（1）寻求政策支持。赣州市政府通过振兴中央苏区、罗霄山片区扶贫攻坚规划、赣闽粤等原中央苏区发展规划等向上级政府寻求废弃稀土矿山治理上的政策支持。（2）多渠道筹集治理资金。积极向各级财政申请地质环境治理资金，以招商引资方式，鼓励单位和个人开发和治理废弃稀土矿。（3）开发生态经济产业。在治理规划及其实施过程中，充分考虑了同步开发新产业尤其是生态经济产业的可行性。探索出了一套将国家资金、地方政府资金与社会资金捆绑使用的多元化资金投入模式，即在政府优惠政策和治理资金的支持下，由企业承包治理任务并自主结合生态农业、林业、果业、养殖业等生态产业开发，从治理工程承包和新产业开发中获得综合收益回报。

第三节　崩岗治理成为我国南方典型示范区

崩岗是山坡土体在水力、重力等外营力的共同作用下，被切割、崩塌和冲刷形成的"烂山地貌"和"劣地景观"，是一种严重的水土流失形态，是水土保持综合治理最难啃的"硬骨头"。据调查，赣南有崩岗32589座，面积8029.49公顷，广泛分布在全市的18个县（市、区），其中以赣县、于都、龙南、兴国、宁都、信丰、南康、瑞金、会昌等县（市）最为严重。赣南崩岗侵蚀类型主要有瓢形、条形、弧形、爪形、混合型等5种，其中混合型崩岗的分布面积最大。赣南崩岗治理始于20世纪五六十年代，经历了由"重数量"—"数量与质量并重"—"数量、质量与生态并重"的治理阶段，当前步入重视生态景观理念的"山水林田湖草"生态化崩岗治理阶段。2017年实施山水林田湖草崩岗综合治理项目以来，赣州市将政府、群众、环境、发展统筹结合，通过崩岗水土流失综合治理工程措施，拦沙坝、拦土墙等有效阻止了山体大片崩坍和泥沙流失，实现泥沙截留；蓄水池涵养了水源，加快了植被恢复，森林覆盖率提高，生物多样性增加，整个生态链得到良性运行，治理后面貌焕然一新，形成"春有花、夏有荫、秋有果、冬有景"的景象。

一、崩岗治理的发展及生态景观要素的引入

从自然因素看，南方红壤地区广泛分布疏松深厚的基岩风化物（如花岗岩母质），为崩岗发育提供了物质基础；热带、亚热带地区雨水集中且持续时间长，尤其暴雨频发是引发崩岗侵蚀的重要自然因素；昼夜温差变幅较大，促进了岩体本身机械崩解、减少了土体内聚力，而地质构造断裂带进一步为崩岗侵蚀创造了有利条件；南方红壤地貌以丘陵地貌为主，丘陵相对高差较大的特征有利于降雨径流的侵蚀、冲刷。从人为因素看，我国南方地区人口增长迅速，人地矛盾突出，导致农耕活动范围、强度的扩大和土地的过度利用。其表现为过度开垦耕地、樵采和放牧等活动，引起植被迅速破坏和退化，诱化或直接导致崩岗侵蚀的发生和发展。随着工业和城市的快速发展，取沙选矿、挖山取土、建设水库、布设水利设施、基建、围垦、民用取土时，挖下不挖上、不注意水土保持等都易引发崩岗侵蚀的发生。

（一）崩岗治理前、后的景观格局与生态效应

由于特殊的自然条件及历史原因，赣县区曾是一个水土流失大县，全区有水土流失面积780.79平方公里，占国土面积的26.1%。同时也是一个崩岗侵蚀大县，全区有崩岗4138个（处），崩岗面积18.1平方公里，占全区水土流失总面积的2.1%。其中金钩形崩岗群是赣县区崩岗侵蚀最为剧烈、集中连片、崩岗成群区域。该区域有崩岗2474座，占全区崩岗总座数的60%，占总面积的40%，年土壤侵蚀模数高达每年每平方公里85000吨，每年流失土层1厘米左右，有人惊呼为"江南红色沙漠"。崩岗侵蚀造成地形破碎，土层丧失，养分流失，良地变成难以利用的劣地，土走山破烂，肥走田低产，导致生态破坏，危及生态安全，给当地农业生产、人民生活带来极大危害，成为治理"顽疾"，被称为"地质疮疤""生态溃疡""生态毒瘤"。

赣县崩岗防治工作历史悠久，是赣南崩岗治理的"发源地"，早在20世纪50年代即获得由国务院颁发、周恩来总理亲自批示的"叫崩岗长青树，让沙洲变良田"锦旗嘉奖。60多年来，在这面旗帜的激励下，赣县区积极创新水保治理模式，加快水土流失治理步伐，敢啃硬骨头，誓克崩岗侵蚀这一"顽症"，开展了崩岗治理试验示范，积累了许多宝贵经验。但是，早期的崩岗治

理侧重于斑块调整、水土流失治理、农田基础设施建设、耕地面积增加和土地产能提高，缺乏对生态网络与绿色基础设施的规划，未进入以改善生态环境和提升景观效果为主要目标的阶段；实践过程中由于其目标功能、理论依据与技术手段还未成熟，造成了"景观污染"或"千岗一面"现象。近年来，崩岗治理采取工程措施和生物措施相结合的方法控制水土流失。治理崩岗的工程措施主要是采取开截流沟、建谷坊工程、削坡开级工程和拦沙坝工程。生物措施是因地制宜选用合适的植物，人工造林种草，这是一项治本的工作。生物措施与工程措施密切配合，不仅相互取长补短，有效地起到控制水土流失的作用，而且在此基础上重建崩岗的生态景观。因此，以建设生态良田、修复受损土地和改善环境为主线的生态景观型的崩岗治理得到足够的重视。从生态景观的格局评价、生态景观规划与工程设计方面对崩岗治理中生态景观的发展进行阐述，并结合现阶段赣南崩岗治理的实况，提出了考虑生态景观的崩岗治理研究与实践展望。

2017 年度山水林田湖草生态保护修复项目金钩形项目区崩岗治理工程，涉及白鹭、田村、南塘、三溪、吉埠、江口、石芫等 7 个乡镇 19 个村，治理崩岗 700 座(处)，治理崩岗面积 301 公顷，包括崩壁整治工程、水平梯田工程、拦挡截排工程、生产道路工程和植被恢复工程等（其中谷坊 1340 座，拦沙坝28 座，挡土墙 3.4 公里，截流沟 60.6 公里，植物措施 301 公顷）。项目总投资1.05 亿元，其中中央奖补资金 5611.04 万元。工程于 2017 年 6 月启动，10 月全面开工，2018 年 9 月底完工验收。目前一个规模约 400 公顷的金钩形崩岗治理示范园已初具规模，标志着崩岗治理经历了以"水土流失治理、土地综合整治与生态环境景观"为阶段的三级跳，开始迈向以"崩岗治理示范、打造生态田地及乡村休闲旅游"为成效指标和主线的考虑生态景观的"山水林田湖草"的新阶段。

（二）崩岗治理中生态景观规划

崩岗治理的实质是对生态系统的重塑，使崩岗治理由单纯追求外延扩大耕地面积转变为"数量、质量与生态管护"并重的发展模式，朝着"山水林田湖草"的生态化整治发展。生态景观型崩岗治理是以"修复受损土壤，改善生态环境，塑造旅游景观"为主线，以"景观数量、质量与生态管护并重"为发展要求，以"崩岗治理、土地复垦与土地开发"为手段，以"山水田林湖草是一个生命共同体"为政策支撑的致力于打造优化的景观格局与良好生态景观效应的区域生态系统。崩岗治理中生态景观规划以景观生态学和生态安全格局理论为指导，综合考虑区域各要素影响，在宏观尺度上对景观资源优化再分配，打造空间和谐、生态协调与经济高效的生态系统。根据不同类型崩岗特点，采取多种治理模式，宜林则林、宜果则果、宜草则草，因地制宜、因害设防、因势利导，做到总体布局综合化、治理模式多样化、治理措施多元化、林草植被色彩化。在项目的实施过程中，坚持山上与山下同治，治山与理水同步，工程与植物同时，将崩岗、水系、农田、村庄、道路视为一个整体进行统筹规划、统一设计、综合治理，改变过去治理单一、措施单一，就崩岗而治崩岗的做法，按照建精品、创特色、树样板、可复制建设要求；坚持规模治理、集中治理、综合治理，不但要将项目区的崩岗进行全面整治，实现"烂山地貌"变"绿水青山"；坚持高标准定位、高质量建设，努力将其打造成为集崩岗治理、科普宣传、休闲旅游于一体的南方崩岗治理示范基地和国家水土保持示范工程。

崩岗治理中生态景观规划技术旨在解决土地整治中出现水土流失、景观功能退化、土地退化或景观格局优化等问题，在把握研究当前"景观基底与生态功能定位"与"景观格局与生态效应"的前提下，按照"因地制宜、生态优先、生产次之"的分区权衡原则，结合景观生态等理论与 GIS 技术设计出生态景观调整优化模式。根据崩岗的侵蚀特点、发展规律和侵蚀地貌，崩岗可以划分为崩头集水区、崩头冲刷区和沟口冲积区 3 个结构性分区，各区之间存在复杂的物质输入和输出过程，并且伴有能量转化。因此，如果以生态恢复为治理目的，就应该将崩岗侵蚀作为一个系统进行整治，即以单个崩岗或崩岗侵蚀群为单元，坚持生物措施与工程措施相结合，治坡与治沟相结合，对崩头集水区、崩头冲刷区和沟口冲积区分别采取"治坡、降坡和稳坡"的整治办法，疏导外部能量，治理集水坡面，固定崩集体，稳定崩壁，实施分区治理，最终达到全面控制崩岗侵蚀、提升生态效益的目的。

生态景观规划实质是在充分考虑当地的地形地貌、乡土文化、主题景观、地理位置与河流分布等特征前提下，秉承优化配置、合理分布、经济高效、生态和谐和景观美化及与周围景观相协调的原则，对空间资源的一种宏观战略配置。开发利用与生态治理相结合，强调开发利用必须在有效控制水土流失的基础上进行；治沟与治坡相结合，强调治理活动型崩岗，必须对坡面进行治理，根除崩岗继续发展的源头；工程措施与植物措施相结合，做到以工程保生物，以生物护工程；当前治理与后期管护相结合，强调需要加强后期的维护，延长工程措施使用寿命，最大程度发挥工程措施和植物措施的效益。

（三）崩岗治理中生态景观设计

崩岗治理中生态景观设计是对规划的细化，是小尺度上应用景观生态学原理对景观生态规划中生态功能分区的某特定功能的具体工程设计与生态技术配置的实现过程；以因地制宜、提升土地多功能与生态景观服务价值为目的，从微观角度对区域景观组分在选材、元素设计原则、布局与后期生态管护等方面进行谋划；在景观生态化的灌排沟渠系统、生态功能区、低碳道路及生物保育与生态净化设施的设计及布局优化等实践初有成效。根据崩岗类型和特点，对那些相对稳定、但地形破碎较大、形态上为爪形和混合型的崩岗，主要采取"削坡开级＋谷坊＋植树种草"的综合手段进行生态恢复；对那些活动强烈、发育快速、形态上主要是瓢形或弧形的活动型崩岗多采取"坡面径流调控＋谷坊＋植树种草"的综合手段进行防治。在赣县白鹭乡崩岗生态恢复治理试验示范区，"削坡开级＋谷坊＋植树种草"的综合治理手段主要体现在崩壁整治上：人工剥离崩壁局部不稳定土体，将其开挖成多级小台阶，减小崩壁临空面高度，在台阶上栽植胡枝子和阔叶雀稗等灌草；将坡度和缓、面积较大的崩壁坡面修整为反坡台地（在台地内侧开挖一条蓄水沟），栽植油茶等经济林木；在多条沟床的共同出口处就地取材修建简易谷坊（如沙袋谷坊和石谷坊），排水拦沙，巩固和抬高侵蚀基准面；在沟床内和沟口冲积区适当密植南方泡桐、巨尾桉和藤枝竹等经济植物，获取一定的经济效益，提高崩岗治理积极性。

"坡面径流调控＋谷坊＋植树种草"的崩岗生态恢复，其主要目标是减缓其侵蚀强度，防止对下游造成的危害；核心环节是减少坡地地表径流入沟，避免崩岗沟头迭水。具体措施为：运用径流调控原理，在集雨坡面布置截水沟和排水沟以拦截、引走坡面径流，防止崩岗溯源侵蚀；在坡面较大的地方开挖水平竹节沟，并种植阔叶雀稗草种；在沟缘附近4—6米处种植芒萁，加强表土强度，抑制沟缘张性裂隙的发育，同时人工剥离沟头不稳定土体；在沟道出口修筑谷坊或挡土墙，降低泥沙危害。由于此类崩岗相对活跃，设置多级(二级)谷坊；在崩壁基部栽植了攀缘性藤本植物爬山虎以稳定崩壁；在沟谷、沟床栽植南方泡桐、桉树、藤枝竹等植物围封崩口，掩蔽崩壁，以达到稳定崩壁和增添景观的目的。

崩岗治理中生态景观的融入有助于生态田地的打造与生态环境的改善，推动土地整治的生态化升级与"山水林田湖草"政策的实施，从而达到土地资源的空间优化配置，稳定生态景观型生态系统的建立。通过对赣南崩岗治理发展历程与成效的阐述，引出了崩岗治理中加强生态景观理论的重要性。生态景观型崩岗治理是基于在把握崩岗治理前后景观格局与生态效应评价结果的基础上，对区域进行宏观的生态景观规划与微观上某特定功能的具体生态景观工程技术的实施。关注人地协调的土地整治规划模式的发展，致力于生活空间与生产空间生态景观功能提升技术的智能融合。发展集生态、景观、休闲娱乐、观赏游憩与文化于一体的崩岗治理项目。在生态景观工程设计方面，加强景观定量化设计是当前的难点，研发一些统计监测软件去研究景观动态和驱动机制给工程设计提供软件支撑，朝着可视化技术发展，建立景观信息网络。

二、景观型崩岗治理的形式特征

近年来，山水林田湖草统筹治理新模式开始成为生态环境修复的主导思想。而崩岗治理工程作为土地工程的重要分支，同样也是"山水林田湖草一体化"系统的重要组成部分。紧跟国家政策，改进原有设计、施工理念，已形成景观型崩岗治理的显著特征。

（一）景观型崩岗治理的持续性

山水林田湖草修复主要是注重区域生态系统内的山体、森林、草地、河流、土壤、湖泊、生物和人类社会等多要素耦合发展，体现了对区域生态环境的生物多样性和生态系统整体性的重视。在人类工程活动过程中，不仅要注意每个生态环境要素的保护和修复，还要注重生态系统中各要素的协同性，保证生态系统的完整性，构建其良性循环，包括维护和增强生物多样性，维持水土平衡、地下水循环平衡，增强生态系统的抵抗力和自我恢复力，保持自然生态系统的稳定性，实现生态环境资源可持续发展。

以小流域为单元，将原有崩岗侵蚀群整体承包给果业开发大户，开发种植赣南优质脐橙进而产生效益。此种模式的具体步骤和措施为：采用大型机械或爆破（结合人工）的办法对地貌进行重塑，在崩头和崩壁坡度较大、体积巨大的情况下，不整体推平，修成小台阶或反坡台地；崩口冲积区则修整为标准的水平梯田，为果木栽植提供良好的立地基础；在开发初期，统筹考虑山、水、田、园、路优化配置，尤其是配套相关水土保持措施减轻水土流失，修筑挡土墙、道路、排水沟、蓄水池、沉砂池、种草，当地群众对承包崩岗劣地进行果业开发的积极性很高。

反坡台地＋经果林种植的崩岗强度开发性综合治理模式，多适用于混合型崩岗以及大型的弧形崩岗、瓢形崩岗、爪形崩岗和集中连片的崩岗侵蚀群的治理，也适用于交通便利的中型崩岗以及相对稳定型和活动型崩岗。此种模式要求集约开发，充分发挥规模效应，增加单位面积土地的生产力，以获取较大的经济效益，提高区域承载能力。变崩岗侵蚀群为生态果园、茶园或经济林地，尽管初期投入较大，但对耕地资源稀缺的南方红壤丘陵山区不失为一种多赢的举措。据调研，在赣州市将崩岗侵蚀劣地开发为高标准生态脐橙果园和生态茶园较为普遍。

（二）景观型崩岗治理的系统性

崩岗治理工程应加强山水林田湖草系统性理念应用，转变原有的崩岗治理工程的实施、治理理念，不能将土地整治理念仅局限于某一工程区域。因为实施崩岗治理，不仅影响项目整治区内的地形地貌、植被覆盖等，还会影响项目整治区所在地的地域生态环境。所以在崩岗治理工程项目的立项、实施过程中要从地域生态环境系统的角度出发，保护地域生物多样性，同时改善现有自然生态系统，实现生态系统的良性循环。"大封禁＋小治理"崩岗生态治理模式则是最好的成功案例。一般情况下，这种模式适用于偏远地区的相对稳定型崩岗侵蚀群，此类崩岗已经发育到晚期阶段，植被覆盖度达70%以上，生态平衡得到恢复，水土流失基本得到控制。"大封禁"是以维持崩岗的相对稳定状态为目标，利用南方红壤区雨热丰富的特点，在充分发挥大自然的自我修复能力的基础上，进行局部的水土保持措施调控，同时加强病虫害和防火，促进植被恢复。"小治理"是以开挖水平竹节沟的形式对部分水土流失较为严重的集水坡面进行径流调控，在坡面上栽植枫香和胡枝子、在冲积扇等区域栽植南方泡桐等植物，改善植被结构，促进草灌乔结合，促进植物群落的顺向演替，恢复亚热带常绿阔叶林植被，变单纯的蕨类（芒萁）坡地或单纯的马尾松疏林为美化彩化珍贵化混合林坡。

（三）景观型崩岗治理的科学性

加强"山水林田湖草"生态保护修复技术在崩岗治理工程中的应用，特别是在崩岗治理的绿色施工、土壤有机重构、旅游农业建设等方面，对低效或不合理利用、未利用的土地进行整治，提高土地利用效率与产能，逐步实现山水林田湖草生命共同体的建设目标。

1. 崩岗治理绿色施工

贯彻崩岗治理绿色施工原则，在原有施工技术基础上对施工区域的生态环境各要素综合考量，保证有效施工的同时，降低资源利用。在施工过程中除了完成土地复垦之外，还要注意该生态区的河流、植被和生态系统的保护，尽量降低施工对自然生态环境的负面影响。崩岗治理过程中要统筹兼备，项目进行过程中要减少废弃土石方的产生，提高废弃土石方的回收利用效率，实现真正的可持续发展。

2. 实现土体有机重构

土体有机重构是山水林田湖草生命共同体建设的基础，即通过崩岗治理构建多样性生命体存活的有机土壤，填补山水林田湖草生态系统中的重要一环，实现生态环境修复。土体有机重构需要根据土壤的类型和所处环境，选择不同土地整治模式。元素设计原则上，土地平整采用合理分区以减少挖填方，注重表土的收集、保护与回填技术的改进，以节省资金和保护土壤肥力；田块长度走向确保充足的阳光、农业机械田间作业和灌溉效率，宽度保证机械来回节约资源；灌排设施级别设置和密度设置要考虑灌溉的有效面积与输水量，注重缓坡设计、生态孔洞、生态称砌、防渗与生物保育设施设计，道路边坡缓冲带的绿化、路面排水集雨设施的设计，以及生态路面的打造；田地防护工程注重林网密度、有效防护距离、占地面积和林带生态更新技术的运用；注重农村居民点的迁村并点、宅基地调整和基础设施的完善以盘活土地的耕地化或绿地化，坡改梯中灌排系统的布设要防止水土流失，选择交通便利、地理位置较好的崩岗或相对集中的崩岗侵蚀区，将崩岗削成高地平台或推平修建成新农村住宅区，配置好道路等相关公用设施，在崩岗侵蚀严重的区域，通过综合治理，采取统一规划、统一安置的办法，集中建设农村住宅统建区。

3.建立科学生态景观结构

采取上拦、下堵、中间削、内外绿化等多种治理模式全方位蓄水保土，充分利用亚热带优越的水热条件，重建"叫崩岗长青树，让沙丘变绿洲"的乔灌草生态景观系统。

（1）"台地＋经果林"农业结构。对交通便利、山坡坡度较平缓、坡面较长的崩岗，用人工或机械，采取"挖高填低，辟峰平沟，避水固坡，因山就势，环山等高，相互衔接"的方法，将崩岗整治成反坡台地。台地标准为面宽3—5米外侧修筑田埂，埂高50厘米，顶宽40厘米，内侧开挖坎下竹节沟，沟宽、深均在50厘米以上。在台地上种植经果林，在田埂、外坡、道路边坡等地段种植林草。比如，南康市龙回镇采用该模式治理了23座崩岗，增加台地16公顷，并且全部种上了南康甜柚，使昔日"张牙舞爪"的侵蚀劣地变成了经济效益显著的"花果园"。

（2）"工程措施＋林草藤"生态结构。对山坡坡度较陡、坡面较短的崩岗，采取在崩岗顶部开挖竹节水平沟，在崩岗外沿开挖避水沟，对崩塌面采取削坡、建挡土墙等措施，沟底分节修筑谷坊，沟口修建拦沙坝，沟外冲积扇开挖水平沟或修成台地。在崩岗内外采取"乔、灌、草、藤"齐上，高强度绿化，快速恢复植被。既要加强工程措施防止沟头进一步下切，稳定崩塌面，防止泥沙下泄；也要实施林草措施恢复崩岗生态系统，起到正本清源的治理效果。

（3）"梯地＋农作"农粮结构。在坡顶上种植水土保持林，坡面和崩壁上采用机械或爆破方法进行强度削坡，修成梯田后种植果树、茶叶或其他经济作物等。在梯田上修建排水沟及蓄水池，在崩岗沟、崩积锥和沟底种植经济类作物，并在崩岗沟内和沟口修建土石谷坊。在耕地较少的地区，对分布在居民点附近或农地中的崩岗，结合土地整理项目，按照农用地标准，使用机械将崩岗整成梯地后交还农民种植农作物。比如，南康区坪市乡土地整理项目区有11

座崩岗治理后变成了农作梯田，增加旱地面积 2 公顷以上。

三、崩岗治理的景观类型

赣州市与高校和科研院所合作，应用转化多种科研新成果，按照布局综合化、治理多样化、措施多元化、林草植被全覆盖的思路，坚持植物与工程、治沟与治坡、治理与开发相结合的原则，将崩岗、水系、农田、村庄、道路作为一个有机整体进行统一规划设计、综合治理。

（一）变崩岗为生态产业园

崩岗治理设计时根据当地的地形地貌、地域特色进行相应的景观设计。充分考察崩岗治理区的地形地貌条件、土壤质量、适种物种、水系分布、气候条件、文化特色等条件，整合当地的生态文化资源，将土地整治工程与当地生态产业发展紧密联系。对土地资源紧缺、分布在城郊附近低丘缓坡上的崩岗，用机械直接整成平地，并规划好道路和排水沟，在填筑的松土地段建好挡土墙，用平整的土地开办工厂。比如，南康区龙回镇半岭村将一片崩岗群平整后，增加用地面积 20 多公顷，用于建设返乡农民工家具创业园。加强水利工程、环境工程、地质工程、农业工程、生态工程、文化旅游业等多方合作，共同打造高质量的生态旅游农业园。以生态旅游农业园为中心点，各方共同设计、整体规划、协作实施，多专业合作实现生态旅游农业园建设，帮助当地人民脱贫致富，实现社会效益、经济效益和生态效益的共赢局面。

（二）变崩岗为新农村建设区

在实施崩岗综合治理项目过程中，紧密结合乡村振兴战略，将项目治理融入农业农村整体发展中，融入乡村人居环境改善与农民增收，让因局部严重水土流失造成的"大地伤疤"变成美丽家园。坚持以崩岗区的生态问题为导向，以改善区域生态环境为目标，结合当地乡村振兴打造乡村景观建设，依照景观生态学原理，整体重塑地形，建立独特的具有水保生态文化特色的构筑物和园林植物要素，大大增加地表植被覆盖度的同时，消除自然灾害隐患，改善生态环境，美化乡村风貌。

（三）变崩岗为生态旅游区

对城镇周边、靠近旅游景点的崩岗，依托周边旅游资源，将崩岗治理与生态旅游相结合，把崩岗、水系、农田、村庄、道路作为一个有机整体进行统一规划设计、综合治理，打造成集生态休闲、旅游观光、科普教育于一体的水保生态示范园。选择距离城市较近，交通便利的崩岗侵蚀地，通过削坡平整，修建拦沙坝、挡土墙、排洪沟、道路，以及配套种植红豆杉和樱花等珍贵树种，因地制宜把治理崩岗与生态旅游建设有机结合起来，建设成集休闲度假、体育运动休闲、疗养及旅游观光等为一体的生态旅游休闲胜地。比如，于都县探索崩岗治理与周边开发利用相结合，坚持物尽其用的原则，打造长征史诗生态体验园。

近年来赣南对崩岗侵蚀的研究较多，总结了大量崩岗治理技术和模式，取得了很好的治理效果，大大减少了崩岗数量。但由于崩岗侵蚀的长期性和特殊性，崩岗治理将是一个长期的历史任务，在开展山水林田湖草综合治理过程中，要以改善环境、保护资源、修复生态、再造景观为原则，围绕"山体基本修复、坡面逐步绿化、地质灾害有效治理、生态环境显著改善"的总体要求，加快对重点区域、重点线路两侧的崩岗治理，将"环境修复＋全域旅游"[①]作为基本目标，将山体环境恢复治理和景区旅游发展有机结合，最大程度发挥项目的社会、生态、经济效益。

---

① 赣州市委、市政府于 2017 年印发了《赣州市发展全域旅游行动方案（2017 年—2019 年)》，提出大力发展全域旅游，以积极策应高铁时代的到来，促进旅游业快速发展。全域旅游是指在一定区域内，以旅游业为优势产业，通过对区域内经济社会资源尤其是旅游资源、相关产业、生态环境、公共服务、体制机制、政策法规和文明素质等进行全方位、系统化的优化提升，实现区域资源有机整合、产业融合发展、社会共建共享，以旅游业带动和促进经济社会协调发展的一种新的区域协调发展理念和模式。全域旅游发展模式下，旅游产业的规划不能仅是单一的目的地旅游，在充分借助目的地全部吸引物要素的基础上，需融入各行各业，用全域旅游的理念规划提升旅游发展，为游客提供全过程、全方位的产品体验，真正发挥"旅游书"的作用。

第四节　高速路域周边山体修复成景

在赣州市全面推进山水林田湖草生态修复保护之际，高速路（高速公路、高速铁路）建设也同时在全市突飞猛进地发展，这些大型建设项目，在建设过程中不可避免地对沿线造成一定程度的生态破坏和环境影响。突出表现在丘陵山区，已建成的高速公路两边都或多或少有一些因挖方或填方形成的坡面，有些地方裸露的岩石在公路两边成了极不协调、有碍观瞻的大大小小的"疤"，暴露的母质更成了公路上"飞沙走石"的来源，还有在路基边坡及其他开挖裸露面，将受到水土流失的威胁。因此，如何在高速路建设期间尽快恢复生态与环境，从而最大限度地减少水土流失等问题的发生就显得特别重要，甚至已经成为人们关注的热点问题。

一、高速路域环境的时代要求

随着社会经济发展和环境意识的增长，人们已不能满足于把高速路仅作为车辆快速运输的一个简单的工程设施，而是要求在建设高速路的同时，尽量使其有益于环境保护，不但使乘客和驾驶员有良好的视觉感受，而且能改善高速路沿线的环境状况，成为新的景观亮点。围绕旅游体验，让公路建设选线从"以快为主"向"以美为先"转化，可以提升交通沿线生态景观、文化景观、乡村景观的风景质量，让旅游道路与美景相伴，充分发挥风景道作为"生态路、景观路、旅游路、文化路、产业路、致富路、共享路"的复合价值。

（一）生态修复工作的理论基础和制度保障

所谓生态修复，就是应用生态学的知识对施工中被破坏的土地植被进行修复，进而可以使当地的土地、植被重新具备相应的生物学功能。在进行高速公路建设过程中的生态修复工作时，将生态学作为相应的理论基础，通过应用生态学的相关理论，对已经受到破坏的植被、土壤以及自然景观等进行相应的修复工作。近几年来，伴随着国内科技水平的不断提高，应用于生态修复工作中的修复办法也逐渐增多，并且相关方法经过大量的试验后已经取得了较好的效果。

1.建立健全管理制度，明确生态修复与环境保护目标

赣南高速路域大多处于山区，沿线植被茂盛，原生态较好。正是在这样的压力下，高速路的建设者自始至终对生态修复与环保工作高度重视，建立健全环保工作的组织机构和工作目标，请设计方系统进行了景观设计，明确提出"不破坏就是最大的保护"的理念，并将生态修复与环保的目标、责任写入了招标文件，明确了施工方和监理方的环保责任。

2.应用动态设计理念，营造高速路与自然和谐统一的效果

项目业主组织设计、施工、监理等几方，对每一处的边坡绿化方案进行会审，结合周边环境、坡体特征确定边坡坡率和绿化防护方案，做到一坡一设计、一处一景观。赣南高速路隧道较多，而洞门是隧道景观设计的重点，为确保洞门与周边环境的协调，项目业主专门聘请了景观设计公司对洞门景观进行综合设计，同时聘请工程咨询单位对原设计洞门形式逐一进行优化。采用"零开挖进洞"的施工方案，避免隧道洞门的大开挖。为减少对山体原植被的破坏，高速路的隧道进洞方案基本上都采用了零开挖进洞，即采用长管棚超前支护方式，在尽可能缩小开挖范围情况下进洞，有效地保护了洞口周边的生态环境。对于已具备生态修复条件的施工段落要求承包人及时修复，可进行绿化施工的边坡也应及时施作，一方面力求工程验收之前绿化及生态恢复的效果能充分显现，另一方面也可有充分的时间来根据绿化的效果进行局部方案调整，经过各方的共同努力，全部路域基本上做到了条件成熟一处绿化修复一处，在路基工程量完成50%时边坡绿化与生态修复工作已完成了总工程量的80%，既美化了环境又有效地防止了边坡冲刷与垮塌。

3.施工场地的清理与修复

针对施工过程中产生的弃土、弃渣、混凝土废料、临时支档设施以及产生的生活垃圾等，项目业主要求承包人上报具体的场地清理时限，基本上要求在桥梁下部结构完成后的半个月内将施工现场清理完毕，做到场地平整，上覆薄层耕植土，对于处于河道中的工程，要求将河道疏通顺畅，并彻底清除位于河床内的污染物，以免在丰水期污染河水。对于拌和站和生活区，要求在工程完工后及时拆除设备，并清除硬化砼层，再覆盖根植土，使其具备复耕条件；对于弃土场、弃渣场，首先在选址上就要结合地形地貌慎重选择，尽量减小对环境的影响，同时对每处弃土（渣）场都要配套设计生态恢复方案，在弃土完成后及时进行恢复，原则上要求做到场地平整，上覆30厘米以上的耕植土，达到复耕条件。为督促承包人认真落实各项环保及生态修复方案，项目业主加大了专项奖罚力度，出台多项阶段性奖罚措施，从进度和质量两个方面加强控制，实现全线生态修复工作的稳步推进。

（二）高速路域裸露山体覆绿原则与治理方法

赣州市通过对高速路周边裸露山体修复治理的现状分析、进展情况、存在问题的调查研究，提出了对裸露山体的治理原则与治理方法。

1. 治理原则

（1）谁破坏谁治理、谁主管谁负责的原则。此后，因工程实施造成植被破坏的业主单位，应同步实施覆绿工作，防止水土流失和地表裸露，主管部门做好督促检查。

（2）先设计后施工原则。不论工程建设项目或土地整治等都要先做好规划作业设计，报相关部门审核批准后才可组织施工。

（3）综合执法机构，统一执法原则。市林政、水政、城管、运管、国土监察等具有执法职能的机构，齐抓共管、互相配合，从重、从快、从严打击各种破坏生态、造成水土流失的行为。

（4）责任追究原则。对于落实覆绿工作效果不显著的单位，一律从严追究相关单位主要领导及单位责任，责令其实施生态恢复措施。

2. 治理方法

（1）传统的工程护坡方式。传统的护坡方法包括挡土墙护坡、干砌块石封闭护坡、浆砌块石棱形网格护坡、三合土灰浆抹面护坡等，均属于工程护坡的范畴。其优点是护坡能力强，但一次性投资大，难以恢复自然植被，不利于生态环境的保护，在外观上较为单调生硬，多数情况下与周边景观不协调，与目前生态园林城市发展的趋势不适应，因此，上述工程护坡方法有一定的局限性，只作为局部特殊处理。

（2）生物护坡方式。常见的生物护坡形式有直铺草皮、铺设草坪植生带、液压喷播等，主要特点是能快速形成覆盖，防止水土流失。直铺草皮是把草坪直接铺植在坡面上，可以迅速形成地面覆盖，杂草少，景观效果好。草坪植生带中有木质纤维、草坪种子、保水剂等，铺植后既覆盖了坡面，防止水土流失，又固定了种子，防止种子被水冲走，而且杂草少，造价低于直铺草皮的方法。液压喷播法是把纸浆、木质纤维、保水剂、胶结剂、水、染料、肥料、草坪种子等混成浆状，通过专门的高压喷播设备喷到坡面上，必要时在上面覆盖无纺布，防止水分蒸发。草籽通过喷播层得到水分，发芽出苗，形成草坪，该方法适合大面积的公路护坡工程。

（3）生态优化技术。化整为零，坚持降低坡度、减小坡长，力争降低地表径流冲刷，增加表土附着力的原则，将原有的单一坡面自上而下改造成多个小坡面和作业平面组成的复合坡面，为植被恢复创造基本条件。遵循适地适树原则，选取护坡能力强，适应当地土壤、气候条件的树种科学栽植，选用适合本地气候条件的草种，以禾本科与豆科植物草种为主，掺和一定数量的当地灌木种子混合施用，最终达到修复植被的目标。坡面整治，即清理坡面开口线以上原始边坡的接触面，以铲除原始边坡上植物枝干为准，此部分作为工程与原始坡面的植被结合部；清除坡表面的杂草、落叶枯枝、浮土浮石等；击入锚钉，铺设金属网。视具体情况以击入坡体后稳定为准击入锚钉，按设计的锚钉规格、入岩深度、间距垂直于坡面配置好锚钉后铺设镀锌勾花铁丝网；配制由砂壤土、水泥、有机质、植被混凝土绿化添加剂（A—B菌）混合组成的植被混凝土基材；用混凝土喷射机采用干式喷浆法施工，从坡面由上至下进行喷护，先基层后表层，进行喷植；在喷播结束后的头两个月日常进行植物浇（洒）水工作，对局部出芽不齐和没有出芽的坡面要进行补植，并加强苗木病虫害防治，有针对性地采取治理措施。以上几种植物护坡方法的应用条件是坡面上必须有一定厚度的土层，以保证植物发芽出苗后能正常生长，对于裸露岩面则不适宜。也有的地方用攀缘植物覆盖地面，对于粗质岩坡来说这种植物绿化效果非常好，虽然其对有土层的边坡固土能力比草本植物差，但这种植物覆盖的方法造价低廉。

（三）裸露山体治理与环境建设成效显著

赣州市山水林田湖草生态保护项目实施以来，结合治理水土流失，对高速路开发建设中采石取土等造成的山体缺口进行了治理，分别对高速公路出口、裸露山体进行植被恢复，采用削坡、平台修复、局部加固、客土喷播等技术进行生态修复，裸露山体的综合治理取得了初步效果。

1.高速路域坡面覆绿

高速路两旁采用生态护坡植被砌块技术。砌块由生长床体、护框、种植槽、植被层、种植物组成，生长床体的四周边护框，生长床体的上平面低于护框的上平面呈内凹形，在生长床体上构成植被层，护生长床体与护框截面积的内壁相吻合构成一整体的砌块，生长床体上设置至少1个以上种植槽并贯通生长床体。此技术设计科学，结构合理，生态修复可降低运行成本，改善环境，恢复生态，增加自然和谐美感。对主要公路路肩两侧加密栽植常绿乔木侧柏、女贞等，边坡栽植灌木夹竹桃、红叶石楠、金边黄杨等或花草白三叶、美人蕉等，增加森林生态景观。对公路两旁裸露陡坡进行栽植爬山虎等藤状植物或喷播草种等或铺植草坪进行覆绿措施。高速路绿化是一项综合性的自然学科，它与生态学、环境学、生物学、美学、自然地理学和路桥工程及历史、文学、艺术等都有着密切的关系。故在公路设计之初，应对原有生态环境予以调查，在规划设计时，除保证公路性能外，还要考虑与附近建筑物、生活环境的协调及与自然生态的维系均衡，这些都是公路工程计划和绿化工程必须考虑的重要问题。

2.裸露坡面生态修复技术完善

由于高速路建设中会产生为数不少的人为裸露地面或坡面，水土保持生态修复宜采用人工生态修复的方法和技术，即根据生态学原理，利用生态工程措施和生物工程措施等方法，人为地对被破坏的土地进行生态恢复或重建，使被破坏土地在短期内恢复植被和土壤，并达到一定的植被覆盖率和土壤肥力，恢复生产力。同时，以植被恢复为前提，以绿为主，恢复形成与自然协调的植被景观，利用绿色植被，预防和治理水土流失，加强路基边坡的稳定性，并恢复和改善道路沿线的生态环境与景观环境。目前，赣州市已见的有关公路建设中的水土保持生态恢复技术有土地复垦技术、生物环境工程技术和路域景观恢复工程技术等。

3.水土保持生态恢复初见成效

高速路建设区的水土保持生态恢复一般包括路基边坡（上下边坡）的生态防护、中央分隔带和立交区等区域的绿化以及其他地表遭到破坏需要恢复植被的土地。路基是高速公路的主线，是公路建设的主体工程。通常修筑路基都需要填挖方，挖方形成的路堑或填方形成的路基，边坡裸露，表层几乎无植被覆盖，地质不稳定，在降雨、风力和重力等外力的反复作用下，极易发生水土流失，严重时甚至发生坍塌。路基边坡的生态防护一般与高速公路主体工程同时设计与施工。中央分隔带及立交区匝道等实施绿化恢复植被，除保持水土、恢复生态环境外，还有维护道路交通安全的作用，因此可选用狗牙根、百喜草、宽叶雀稗草种以达到稳定和绿化高速公路边坡的目的。3—6月份播种的草种能在短期内形成有效覆盖，当年覆盖率可达95%；狗牙根＋百喜草混播组合草种生长好、绿期长、密度大，对边坡的稳定和防冲效果最佳，可减少土壤侵蚀。

二、山区路域环境的持续治理

赣州市高速路建成通车，带动了山区公路建设事业的不断推进，大大改善了山区农村居民的生活水平，但是与此同时，山区公路域的环境问题也给山区居民的生存环境带来了巨大的影响。必须对山区公路特别是路域裸露山体边坡地质灾害进行防治，为山区农村居民的生命财产安全提供保障。

（一）山区公路边坡地质灾害治理

将传统的边坡工程措施与生物措施有机地结合起来，形成具有一定的力学、水文学、环境学和美学功能的防护结构，既可加强公路边坡的稳定性，防止产生新的地质灾害，又可恢复与改善公路沿线的生态环境与景观环境。

1.山区农村公路边坡地质灾害防治的重要性

赣州市是典型的暴雨型地质灾害易发、多发区，地质灾害主要发生在主汛期,以群发性、突发性的小型崩塌、滑坡、泥石流和地面塌陷为主,地域上多分布在变质岩、花岗岩分布的丘陵山区和覆盖型岩溶区,集中强降雨是主要诱发因素,傍山切坡建房、铁路公路、开矿等工程建设开挖坡脚、堆填加载和蓄水排水等引发地质灾害的人为因素,给山区居民的生命财产安全带来了巨大的威胁,必须落实山区公路边坡地质灾害防治工作。

通过山区公路边坡地质灾害防治工作的落实,能够降低公路边坡地质灾害发生的概率,为山区居民的生命财产安全提供保障。山区公路区别于其他公路建设的主要一点就是其地质结构的不稳定性,常会因为地质灾害的发生,导致山区居民的安全受到威胁,而通过公路边坡地质灾害防治的落实,就能够有效降低地质灾害的发生概率,为居民的安全提供保障。

山区公路边坡地质灾害防治工作的落实也是推动交通事业科学化发展的必然途径。交通事业想要科学化发展与进步,首要的原则要求就是安全性,而山区公路边坡地质灾害就是公路安全事业发展的主要隐患,因此必须通过防治措施的落实,保证交通运输事业发展的安全性,避免地质灾害问题的发生。

2.山区公路边坡地质灾害的主要类型

山区公路边坡地质灾害并不是单一的灾害问题,包含了多种灾害类型,现阶段山区公路边坡地质灾害的主要类型包括以下三个方面:

(1)滑坡灾害。滑坡是山区公路边坡地质灾害中较为常见的灾害类型,其发生原因主要是由公路两侧的山体、岩体在重力的影响下,沿着软弱山体出现大面积下滑的情况,导致山体滑坡出现的主要原因就是由于山体稳定的斜坡结构造成的,即可能以整体崩落的形式下滑,也可能以分散崩落的形式下滑,具有较大的危害。滑坡不仅会对公路产生较为严重的破坏与影响,更会对山区产生严重的安全威胁,是破坏性极大的地质灾害类型之一。

(2)泥石流灾害。泥石流灾害多发生于山区的沟谷结构之中,具有灾害爆发速度快、流动速度快的特点,泥石流的破坏性几乎是毁灭性的,不论是山区公路结构抑或山区农村,一旦发生泥石流,都将受到毁灭性的打击。泥石流发生的原因主要是由于山区沟谷中大量地表径流的流动而导致的一种自然地质灾害,在泥石流中,含有大量的石块、泥沙等等,在流动过程中会具有巨大的冲击力和破坏力,并且流动速度极快,会对居民产生极为严重的生命安全威胁。

(3)崩塌灾害。主要是发生在山区公路两侧的陡峭山体上,山体上体型巨大的岩块和土块在长期的雨水侵蚀以及风化作用影响下，其结构稳定性不断下降，结构中产生了大量的裂隙，一旦受到外力影响，就会导致崩落情况的发生，进而沿着山体下滑、倾倒。而在山区公路建设中，往往会对山体结构产生一定的影响，导致崩落灾害较为容易发生，雨水冲刷以及振动等，都会造成崩落现象。崩塌灾害的破坏力也极为强大，不仅会对公路和山区居民的生命安全产生巨大威胁，也会对公路的附属设备造成巨大的危害。

3.山区公路边坡地质灾害防治

针对现阶段山区公路边坡地质灾害的主要灾害类型，在山区公路边坡地质灾害防治措施落实过程中，必须采用科学化的方法，对山区公路的边坡地质灾害进行防治，提升居民和公路的安全性。

（1）滑坡地质灾害防治。主要的措施就是修建排水沟、截水沟、盲沟、渗沟以及排水孔等，将山体的地表水和地下水进行排除，降低滑坡的发生概率。在地表水的排水沟修建中，排水沟的主沟方向要与滑坡方向保持一致，通过汇集水流的方式，将山体地表水排出滑坡区域，降低滑坡的发生几率。也可以通过圆形的截水沟，将山体地表水进行拦截，将地表水限制在滑坡区域5米以外。而山体地下水排除过程中，则可以采用盲沟、渗沟以及排水孔等，降低山体地下水水位，避免地下水对山体结构的冲击和侵蚀，提升山体结构的稳定性，进而降低滑坡的可能性。

（2）泥石流地质灾害防治。主要就是拦截与排导。设置排导槽和渡槽对泥石流进行排导，主要是应对小型和中型泥石流，一般槽体设计为 V 型或者半圆形，将泥石流引导出去。并且在排导槽的出口设计中，还要注重加固技术的应用，避免因为泥石流的冲击力造成排导槽的结构被破坏；修筑拦沙坝有效拦截泥石流，保护公路和山区居民的安全。在拦沙坝设置中，拦沙坝的高度要在 5 米以上才能够保护沟床的作用；通过树木种植的方式，起到泥石流的抵挡作用，降低泥石流的冲击力；通过大量的林业树木栽植，提升山体结构的稳定性，进一步降低山区公路边坡地质灾害发生的概率。

（3）崩塌地质灾害防治。主要就是通过锚固和挂网喷护的方式进行处理，锚固就是通过喷射混凝土的方式，使锚杆、锚索以及钢筋网等在山体结构中产生支护作用，将岩土体自身的支护能力最大程度上发挥出来，提升山体结构的稳定性，但是由于混凝土的喷射问题，会导致山体的植被生长条件被破坏，对自然环境有一定的影响。山区公路边坡崩塌地质灾害也可以通过挂网喷护的方式对山体的岩土块进行加固,实现对崩塌灾害的防治。与此同时,也可以采用危石处理的方式,将山体较为突出的岩土块和危坡处理掉,进而降低山体崩塌情况的发生概率。

(二)公路路域环境整治

公路是国家交通运输体系中的关键部分,也是国家基础设施建设的重点。公路作为物质流通的主要通道,促进区域社会经济发展,但伴随道路建设也出现诸多生态环境问题,如加剧景观破碎化、汽车尾气排放导致的高环境污染等。公路防护的目的一方面在于保护其物质运输功能,另一方面在于缓解道路对环境的生态影响。在公路建设的过程中,防护设计非常关键。随着生态文明建设的深入推进,在公路防护设计的过程中要充分考虑生态防护理念,使公路的防护设计在整体上呈现出生态价值,满足绿色环保理念,推动公路运输与生态环境和谐化,为驾驶员营造更加优美的行驶环境和自然的环境空间,使其产生走在山水间的感觉。

1.公路基础设施整治

严格按照各等级公路基础设施工程技术标准和规范,全面排查和整治公路路基、路面、排水系统、防护工程、桥梁、隧道、交通安全设施、环境保护设施、通信监控设施等方面存在的不足,保障其处于良好的技术状态。等级公路各项技术指标不能达到最低技术指标要求的应尽快改造,确保技术性能达标。以行车安全防护为导向,大力实施危桥改造工程和生命安全防护工程,完善安全防护基础设施,完善通航河道跨越桥梁通航标志设施,提升公路桥梁、高路堤、临水临崖路段和隧道公路基础设施的安全防护等级。

2.公路路面环境整治

整治各类违法占路经营、摆摊设点行为,清除各类占道堆积物,国省道两侧100米内严禁设立过磅设备。清理规范公路两侧的散装货物集散地和建设工地,出入口要实行硬铺装和水冲洗,散体物料运输车辆须冲净车身车轮,采取密闭措施确保物料无洒漏脱落后才能进入公路行驶。

3.公路沿线标志标线和交通安全设施整治

开展路域范围内道路交通标志标线和穿越公路行人过街设施使用情况排查，对存在安全隐患的立即整改。完善和规范公路标志设置，增设展示地域自然、人文景观、公路服务设施和宣传交通安全文明等行业统一标志标牌，全面优化美化公路出行人文环境。对公路沿线非统一标志标牌，包括在平交路口两侧设置、在路内以跨路门架、铁塔等形式占用设置、在路外擅自设置或未按规范要求设置，以及弯道内侧设置明显影响行车视线的，必须依法拆除或迁移；对经许可设置但已破损陈旧的，责成设置者限期刷新整修。对路域范围内居民房屋、围墙等设施上的广告、非公路宣传标语进行覆盖或清理，对公路沿线误导行车或影响视线的商业性广告标语要进行覆盖或拆除。

（三）公路周边环境整治

在过去很长的实践中，公路周边环境都是利用大量的草本植物种植实现的，基本都是利用人工种植的方式完成。随着社会进步与时代的发展，公路防护设计理念发生重要的改变，如今已经开始大量使用灌木植物来替代草本植物，对公路周边的自然生态系统的具体功能进行有效修复，使公路能够与自然环境融为一体，从而使人与自然更加和谐。

1.交叉路口整治

平交道口及接入口设置要规范，平交道口要保证视距良好、间距合理、无遮挡视线的障碍物，干线公路要设置警示标志和道口标柱，支路要设置减速让行或停车让行标志，明确主路优先通行权。干线公路之间、干线公路与其他县道的交叉道口要设置指路标志，各类标牌与交叉口的距离要符合国家标准；道路接入干线公路的交叉口要进行硬化，硬化长度不少于30米；乡道道口处要设置减速带。公路沿线各企事业单位包括工程施工单位、厂矿企业、废旧品收购点、垃圾填埋场、沙石集散场等要负责做好开设道口的硬化和卫生保洁工作。对公路沿线的加油站、商业店铺等倚路经营的非公路设施，以及与公路平行的场院，在不影响行车视距的前提下，要通过隔离墩或连续绿化平台实施有效隔离，做到出入口与公路搭接规范。

2.过乡镇村庄路段整治

公路过乡镇、村庄路段要严格按照有关规划和管理要求，综合治理公路两侧新建集贸市场、厂矿企业、学校、开发区、住宅等，做到路宅分离、建设规范。加大街道景观环境整治力度，进行必要的亮化、绿化和美化。对穿行乡镇、集镇、人员出入密集的村庄等高速公路桥涵、人机通道通行状况进行全面摸排，确实不能正常通行的，立即整改清理，确保行人、摩托车（电动车）不进入高速公路。穿行乡镇、集镇、人员出入密集的村庄和企事业单位的国省干线必须加装路灯照明设施。对废弃建筑物、破旧建筑物尽量予以拆除，无法拆除的做好遮挡、清洁、粉刷工作。清理乱贴画、乱吊乱挂现象和破旧牌匾等，达到整洁、大方、美观的效果，结合道路升级改造及大中修工程，统一规划乡镇、村庄段排水设施，满足公路和市政排水需要。

3.公路建筑控制区整治

对各等级公路、公路用地、桥下地面及公路建筑控制区内的违法建筑、违章搭建、违法地面构筑物（含公墓、围墙、水泥硬化地等等）依法全面予以拆除，全面整治修复公路排水系统。查处和清理公路两侧、桥梁上下游、公路隧道上方和洞口外等安全保护区内的违法采矿、采石、取土、采砂以及其他违法作业行为，规范公路沿线加水站（点）和修理厂的管理。

4.山体道路生态改造优化

为纵横交错的公路披上绿装，不仅对改善公路自然风貌、恢复生态平衡有着重要作用，而且公路本身也需要绿色植物的平衡和调节，尤其公路的美化建设离不开绿色植物的衬托，用绿色的乔木、灌木、草合理覆盖公路两侧的边坡、分隔带及沿线其他裸地，同时利用公路两侧原有的天然生长的乔木、灌木及花草，通过适当的修饰可建成一条人工与自然相结合的风景迷人的公路线，绿色植物能增加公路建筑艺术效果，丰富公路景观。

（四）山区公路防护设计

公路生态防护设计的关键在于对所选择与使用的植物进行高效培养与栽

种，结合公路工程所处的自然环境特点，以及公路工程周边的生态缺陷，精准化地选择植被种类及类型，使得公路防护设计与周边自然环境相协调。

1. 草本植被设计

生态防护理念下要求山区公路防护设计竭尽全力地确保草本植物的种植稳定性。为了实现这一要求，应该在草本植物中所在的岩石坡面上增加土层。传统理念指导下山区公路防护设计实践中，无论是三维植被网还是固土网的覆土厚度基本上都是 5 厘米，但是就实际情况来看，这一土层的厚度是不能全面保证草本植物生长或者存活的稳定性的。基于此，在恢复、重建或者新建山区公路过程中的防护设计时，要将覆土的厚度增加到 10 厘米左右。另外，在设计的过程中也要注意固土木条的厚度设计，为了满足 10 厘米厚度的覆土要求，应该选择长度为 3 厘米、宽度为 8 厘米、高度为 11 厘米的木条。与此同时，由于固土的木条是随岩质路堑边坡水平固定形成的固土围堰，所以在间隔上也要格外注意，间隔应该定在 1 米，并且需要利用铁丝或者锚杆对其进行有效的固定。在选择木条间隔回填土的时候，尽量选择地表的熟土，同时也要根据公路所在位置的地质条件、气候条件等来正确选择草本植物的类型。在草本植被设计的过程中，需要集中关注一个问题，即在栽种草本植被的季节必须要在当地雨季来临以前完成表土填充。

2. 边坡防护设计

基于生态设计理念的山区公路边坡设计一定要凸显美观性与实用性。以降水强度比较小的山区公路边坡设计为例，边坡设计应该主要选择植被，借助植被的根系来固定边坡的土壤。另外，植被侧根具有加筋效果，有利于公路边坡土体结构的稳定性以及强度。在设计实践中，植被不仅具有美观性以及经济性的特点，还可以发挥净化空气、美化环境等环境保护功能。所以，在山区公路边坡的设计过程中，设计者可以将植被防护技术作为边坡防护技术的主体，完善植被防护技术在应用中的便捷程度。在实践中，由于地质环境不同、气候条件不同，应该选择适应本地区实际情况的植被进行边坡设计。

3. 绿地景观设计

山区公路绿地景观设计应该满足层次分明、色彩丰富的需要，为了达到这一设计目的，在山区公路的匝道内部或者向阳背风的地方，可选择一些宿根花卉或者树木进行栽种。栽种的方法可以采用自然式的配置方法以有效避免城市园林绿化景观设计中存在的问题，需要事先做好相关的灌溉设施建设。为了满足山区公路绿色景观生态防护设计层次性分明的需要，可以通过对植物群落所在的地形进行起伏处理，以草本宿根植物以及草地花卉植物作为设计的基础，也就是将其作为主要栽种的植物，也可以选择常绿树种以及花灌木，如云杉等，作为特殊景观设计，通过此种设计方式，可以有效改善山区公路边的绿色景观配置，使得绿地景观色彩丰富，以缓解驾驶员视觉疲劳，形成景观随着车辆的移动而变化的效果。对于山区公路服务区和互通区的背风向阳位置，可采用植被恢复和花卉重建来提高其生态防护的设计效果。在进行树木配置的过程中，应该遵循少而精的原则，确保山区公路绿色景观整体上呈现生态化景观效果。

（五）公路生物环境工程的作用与特点

传统的公路边坡工程防护的主要类型包括水泥防护、浆砌片石防护、水泥网格防护、空心砖防护等多种类型。公路生物环境工程是利用绿色植物预防和治理水土流失，加强公路边坡稳定性，改善公路路域生态环境的一种综合措施。其形式可包括植被防护、植被挡墙、三维网＋植被防护、水泥网格防护＋植被防护、空心砖防护＋植被防护等。

1. 公路生物环境工程的作用

（1）保障交通安全——与公路工程措施结合：减少水土流失和边坡崩塌，加强边坡稳定性；防眩、诱导视线、线形预告（中央隔离带、立交区）；生物隔离。

（2）景观美化：增进道路和沿线景观的协调、提高行车舒适性。

（3）环境保护：增加对道路废物，尤其是温室气体（二氧化碳）的吸收，改善道路环境。

（4）降低公路建设成本：部分代替圬工工程，减少公路养护费用。

（5）适当增加经济效益。

2.公路生物环境工程的特点

公路生物环境工程是利用绿色植被，预防和治理水土流失，加强公路边坡稳定性，改善公路路域生态环境的一种综合措施，与常规庭院绿化相比具有其独特性。首先庭院绿化主要侧重于有关视觉感观的美化，所使用草树强调其形态优美和花果的观赏价值，植物群落单一，对外界环境变化敏感，缺乏与自然的协调能力，其建植成本费用高，管理维护水平也高。而公路生物环境工程是一种环境保护技术，目的是促进生态系统的恢复，创造良好的人类生存环境。其任务是人工辅助恢复形成与自然协调的植物群落，因此不是较大程度地改变立地条件，而是在自然生态系统允许的范围内促进植物的生长发育，除要求所选植物的生物学、生态学特性适应于自然环境外，还要求其生态功能和创造的景观与自然植物群落相似。因而，它应属生态绿化之范畴，是一项遵循植物演替规律所实施的绿化工程。

（六）道路修建绿化优化

道路修建绿化，是基础设施建设最现实的，也是最迫切的。在高速路建设中，绿化是其很重要的组成部分，即便在山林中修建乡间林荫花道、步行小径，滨水休闲步道，山体休闲便道，方便连接山体之间、山体与村庄、山体与周边道路，完善整体区域道路系统，也尽可能做到优质高效、降低成本，在植物生长期内应尽可能做到绿化效果显现快、管护简单又容易。

1.道路绿化

最常见的方法是在道路两边栽植较高大的行道树；在道路中间设置分隔带，并栽植灌木以形成绿篱。

（1）中央分隔带。在赣南地区，常见的方法是选用速生的灌木作为主栽树种，再在株间间植开花灌木或草本植物，在分隔带两边辅栽草本植物。不论选用哪种植物、哪种栽植方式，都力求见效快、效果好。

（2）行道树。选用的植物品种和规格、栽植方式都非常丰富，但有一点要求是一致的——成排成行。通常情况下都是选用较高大的常绿乔木树种作为其行道树的主栽树种。有的还选用株间间作灌木、间作花草的方法来提高绿化效果。

2. 立交桥（平交道）绿化

真正能体现一个城市在高速公路绿化上的特色，是在立交桥或平交道上。因此，各地都把工夫用在此。不惜投入大量的财力和人力，真正做到了精心设计、精心施工。

（1）设计优化。就是对这类大面积的绿化场地以建植草坪为主，乔木和灌木用得很少，只作为零星点缀。对这类绿化，应结合立交桥（平交道）的造型，进行多元化的绿化设计。如选用观赏价值较高的小乔木和灌木在场地内作造型；用开花的灌木和草本作造型；在不影响行车视线的地块，用有较高观赏价值的高大乔木树种作小片造林；用矮化的开花灌木和高大的开花乔木在整个立交桥（平交道）内作点缀布局，以实现立交桥（平交道）绿化、美化的有机结合。

（2）施工及保护优化。一方面施工监理加强责任心，另一方面施工单位认真负责，使工程质量得到保证。栽植树种时，关键是植树穴的规格要相对大一些，并要保证用足够的腐殖土回填。除正常的管护外，很重要的一点就是做好防范人畜破坏的工程保护，即防止公路两边的行道树、中央分隔带的绿篱、立交桥（平交道）的草坪和大小树木被人为破坏（拔树、偷树、摘花、折枝）或被牲畜践踏、啃食。

3. 挖填方护坡的绿化

填方护坡，特别是填土方量多的护坡，仅靠嵌入少量条石的裸露护坡，是无法起到有效护坡的作用的。一是水土流失现象严重；二是坡内易积水，夯实的护坡易松散、易渗水，更易导致暴露出的石块风化，最终使路基受损。所以，填方护坡的绿化也应是高速公路建设中的组成部分。

（1）边坡植被选择。高速公路护坡的目的是防止边坡的土壤侵蚀，保护公路设施，修复美化及改善沿线生态环境，因此植被选择应遵循经济、实用、长效、美观的原则，选择适合当地土壤、气候条件以及根茎发达、分生能力强、密度大的植被，其可迅速形成致密的植物群落，大大减少雨滴的冲击能量，致密的叶片可拦截雨水，减少地面径流，降低水的侵蚀，达到保持水土的目的。根系直接关系到固土能力，根系分布越深，固土效果越好，可选择抗性强、耐旱、耐瘠薄、抗病能力强、后期管理简单的植物，实行多个品种混合播种，深根性与浅根性混播，高的与矮的混播，小灌木和花草混播。

（2）弃、取土场的植被恢复。弃、取土场是路堑工程施工中植被破坏最严重的地方之一，其特点为：裸地面积大，地形复杂，土质差（弃土含大量复杂成分，如石、水泥、杂物及一些化学物质），土质疏松，有些地方形成的坡面太高太陡，这些地方应采用以种植树木（木本植物）和灌木为主、植草辅助的方式来恢复植被。树木与灌木的根扎入土壤中比草深，有更好的固土作用，适当植草，在树未长大之前可起到先期对坡面的防护作用；树木长大后，能有效挡风、挡雨、避荫保水，控制较陡峭边坡的土壤侵蚀，有效防止水土流失，几年以后能形成较好的景观效果。

（3）排水。防止土壤侵蚀和水道淤塞的一个主要方法是控制暴露土壤和边坡附近的水流量、水流方向及水流速度。开挖排水沟，以阻止水流进入关键区域；并采用多条水沟分流的方法，使水流变小；在排水沟中设置各种消耗水流冲刷能量的天然材料，如木棒、草束、石块以及植物的结合体，减缓水流；在排水沟中设置混凝土耗能结构，以阻缓奔涌的水流，从而减少下游地区土壤侵蚀，构筑沉淀池，以便在水流进入下游水道之前，使其中所含的淤泥、污染物及路上垃圾淀出。

路域景观恢复工程技术运用景观生态学原理，预测公路景观组成元素及受其影响的土地变化特点，结合公路建设与营运的特点，设计恢复型植被景观。不仅可以恢复公路沿线的自然环境，净化空气、降低噪音，改善公路沿线的生态环境，达到绿化美化公路的景观环境，而且还可以防止暴雨对路基边坡及其道路周边地区的击溅冲刷，从而控制水土流失。以恢复植被为主的水土保持生态修复，恢复了公路沿线的植被景观，绿化美化了公路环境，随着公路的延伸，青翠的绿化带将成为一道亮丽的风景线，建立起一种人类与自然相互作用和相互协调的方式。

第五节　城镇周边山地生态化改造

赣州市为建设省域副中心城市、赣粤闽湘四省通衢区域性中心城市、"一带一路"重要节点城市，推进市中心城区（章贡区、南康区、赣县区、赣州经开区、蓉江新区）五区一体化，县（市）着力拓展城镇空间发展，其中相当一部分工程要利用山地，甚至处于风景名胜区，工程建设与环境保护的矛盾很大。如山体开挖、削坡开级、隧道开凿、架桥修涵、高挖低填、弃渣堆放等工程活动都将造成大量土石方流动，在侵蚀营力作用下易产生水土流失。为了弥补城镇建设中对山地的不良影响，着力提升生态亟须恢复区山地质量，赣州市作出《关于提升生态亟须恢复区森林质量的实施方案》等重要决策，突出强调对自然环境的保护，实行开发建设与生态改造优化并举。

一、山地生态环境建设

要求自然山地既承担着重要的区域生态循环功能，也成为自然景观开发的物质载体，结合全市低质低效林改造，因林施策、科学经营，切实做好治山理水、显山露水文章。

（一）山地城镇建筑优化

由于赣州市多山，山地城镇是城市建设和乡村城市化必然出现的发展形态，按照"希望在山、潜力在山、出路在山"的理念，通过着力推进城镇建设、基础设施、工业发展、教育事业、旅游项目、公园、招商引资等项目建设用地上山，有效解决了城市规划发展、保护耕地和基本农田建设之间的矛盾，拓展了城市发展空间，探索了山地发展新路。为了防止规模失控、环境破坏和发展性质最终异化为"山地房地产"，因此遵循"控制"而非"催化"的原则，在制定激励机制的同时，更注重开发控制和运用"减法"思维，强化规划管理、保障公众利益。

1. 需求与范围匹配

在全市范围内进行土地调查统计，对现有城镇周边缓坡地进行踏勘、统计，按照森林、水源、地质等要素进行甄选，划出森林保护区、水源保护区、地质灾害避让区，在此基础上划定可建设的坡地范围。针对采区形成的荒山荒坡，因地制宜划定类属，有些不适宜建设的荒山荒坡，以植被恢复再造生态。与之对应，在对全市范围内现状城镇建设用地空间进行梳理，按照人口规模、环境容量可允许的发展空间，对现状建成区布局的合理调整、完善基础设施配置、实现城市空间集约化的基础上，结合发展时序，核算出对土地空间的实际需求量。通过以上对山地建设用地的总体规模和范围的厘清与界定，使供应与需求相匹配，保护环境，避免无序开发和管理失控。

2. 法律法规保障

启用林长制、河长制的运作模式，协同土地、规划、民政、环保、水务、林业、农业等政府部门，对行政区划、规划区范围，林地、山地、水体与可建设用地范围之间重新作出适应性调整，使可建设用地在法律上可能存在的权属问题得到有效解决，为审批管理和长期的使用维护打好法律基础。城镇上山范围，除了村庄、林地等用地，极有可能触及原先建盖的"小产权房"业主的利益。本着尊重历史、尊重私产、减少社会矛盾的立场，顺应土地政策的优化，同时适当调整完善其中不合理的部分（如密度过大、公共设施配套不全等），予以小产权房合法地位，使这一长期处于法律模糊地带但又客观存在的建设活动得以纳入可控的城镇建设管理体系。

3. 规划技术研究与产业引进政策

规划技术人员充分研究确立山地城镇形态如带型结构布局、树枝状道路网络、单元式基础设施配套等，以减少挖填方、提高道路畅达度、降低基础设施配套成本。在基础设施配套和建筑设计、生态环境方面，积极倡导推行生态策略，运用现代技术手段，在资源供应、使用、回用、垃圾处理等各个环节，建立循环回用系统，建立建筑物内循环及物种生态体系，尽量利用可再生资源，减少有限资源的损耗。对于工业项目，着眼于产业类别的调控，积极引进研发型、生物制药等类型的产业，其低污染、低耗能、对环境要求较高的性质，更能适应山地项目建设。政府在投资和运营方面给予税费减免等优惠，提高招商吸引力。山地城镇建设，影响最大的是原住地居民的传统生活、生产模式。无论迁建还是改造，应充分尊重原住地居民的意愿，不必强迫"农民进城"。在不愿意迁建的地区，为居民提供足够的居住改造空间和完善的医疗、教育等公共设施配套，保证居民公众参与的权利，提高居民参与城镇化建设的积极性，实现"就地城镇化"，使农民和市民一同享受城镇化发展带来的好处。

（二）裸露山体生态环境改造

赣州市城镇周边裸露山体主要成因有两种：一是建筑工程建设等对山体的破坏所形成的边坡，这类裸露山体坡面短，坡度较小，局部有残留土壤，岩石裂缝多，比较容易恢复植物生态；二是开山采石对山体的破坏形成的裸露山体，其对城市景观破坏较大，裸露山体高度从5—50米不等，多为不规则的裸岩坡面，坡度大，无土壤覆盖，岩石裂缝少，植被生态恢复难度很大。特别是分布于城市出口的裸露山体严重破坏了地表结构，不仅影响了生态景观，同时也极大破坏了城乡生态环境，极易引发生态环境恶化，亟须治理。

1.破损山地生态改造

由于人为活动范围的扩大，自然山地常常遭到生态破坏，有些山地因为进行过度的经济开发而忽视生态环境，不合理开发及原有山体的土壤侵蚀，造成山地林木成活率低，植被受到破坏、景观重复建设等一系列问题，影响了原有山地环境的生态稳定，导致生态植被生长不均、水体污染、生态效益欠佳，甚至出现生态系统的恶化。生态化改造是指通过建设生态景观斑块、绿色廊道，增加生态景观的多样性，并结合区域的产业发展方向，优化生态景观，提升生态品质。在满足保护自然环境或者野生动植物的前提下，从事对环境和文化影响较小的开发活动，能对当地经济发展起到促进作用。采取就地保护、拟自然覆绿的原则，增加植物的多样性，营造自然生态的植物生态廊道，为动物、微生物提供生境。生态化改造应结合本地的自然环境、气候地形条件，突出当地地域特色，因地制宜地选择当地植被进行种植，提高植被的成活率。充分利用自然气候、地形、当地材料，构筑亲切宜人的空间。针对生态亟须恢复区自然条件和功能需求合理设计林种、树种。坚持以培育乡土阔叶树种资源为主，科学调整树种结构，形成树种多样、层次分明、生态功能稳定的特点，充分展现不同区域山地的生态特色。

2.废弃采石场覆绿

石材矿山开采过程中先进机械设备的应用，使石材开采速度大幅度提高，加快了城乡建筑行业的发展，但大量废弃石料也随之不断增多，废弃料逐步堆积成一个又一个裸露山体，不仅破坏了生态环境，同时也给当地居民的生产和生活安全带来了重大隐患。机械化大规模开采石材矿山所用时间较短，且会迅速堆积大量废弃石料。其主要特点：一是石材弃料场具有弃料岩石个体大，基本无表土，石块空位不稳固，坡度陡、落差高等特点，在整治过程中难度非常大；二是在石材弃料场上恢复植被不易成活，难以达到改善环境的目的。对石材弃料裸露山体进行撤坡改造，使之成为梯形复合坡面，降低坡度、延伸坡长，客土覆盖后栽种乔、灌、草，全面养护，可以达到恢复植被、改善生态环境的目的。

3. 工业园区覆绿

对工业园区范围内的已开挖山体的未利用部分进行全面覆绿。主要覆绿方法技术，是通过种植植物，利用植物和裸岩土体的相互作用对边坡表层进行防护、加固，使之满足边坡表层稳定，恢复被破坏的自然植被。在高陡裸露山体利用植物自身的垂吊生长或攀缘习性，以遮掩裸露山体，而达到垂直绿化、美化环境的效果；将土壤与有机基材、粘接剂、保水剂、肥料及植物种子等按一定比例混合后充分拌匀，利用客土喷播机将其喷射到坡面形成植物生长的土壤层，待植物种子发芽、成坪后，对边坡有效保护，并达到快速复建生态植被的目的；根据边坡地形、地貌、土质和区域气候特点，在边坡表面覆盖一层纤维网材料，并按一定的组合种植多种植物，通过植物生长活动达到根系加筋、茎叶防冲蚀的目的，从而使坡面形成繁盛的植被覆盖；用浆砌片石在坡面形成框架，在框架里铺填种植土，然后喷播植草。在坡度较缓的各种强风化岩石边坡，采用工厂生产配制的栽培基质加黏合剂压制成砖状土坯，加入草、藤类植物，形成长满絮状草根的绿化草砖，将草砖装入过塑网笼砖内，形成绿化笼砖，施工时用锚钉将绿化笼砖固定在岩质坡面上，达到即时绿化效果；在修整好的边坡坡面上拼铺正六边形混凝土框砖形成蜂巢式网格后，在网格内铺填种植土，再在砖框内栽草或种草；在三维植被固土网垫上填充土壤和砂粒，将草籽及表层土壤牢牢护在立体网中间，达到防护边坡的目的。

二、山地生态化改造项目案例

赣州市榕江新区田园综合体山体，以修复改造山地生态系统为基础，以优化山地景观为目的，初步探索出山地生态化改造的方法。

（一）山地现状简析

赣州市榕江新城地处云贵高原向广西丘陵过渡的边缘地带，山地特色明显。位于中亚热带南缘属亚热带季风气候区，冬夏季风盛行，春夏降水集中，四季分明，气候温和，热量丰富，雨量充沛，酷暑和严寒时间短，无霜期长，年均气温18.10摄氏度，年降水量1200多毫米，年平均日照1300多小时，空气质量优良。

1.山地地形概述

项目所涉山体共有8座，山峰主要集中在场地西南部。山体总面积共18.9万平方米，山顶标高在140—160米左右。山地地形变换丰富，西侧山峰起伏变化多样，东侧一枝独秀，东西两侧山峰夹成两处谷地，两条泄洪渠道南北向流经谷底。山间分布零星建筑，山地中散落零星水塘、洼地。

2.山地植被现状

山地植被覆盖率较高，局部较为浓密、郁闭度较好；植被以松树类（马尾松）、构树、香樟、竹子为主，其中马尾松林占比70%。植被林木品种单一，缺乏生态稳定性；阔叶树尤其是色叶树种较少，缺少林相特色；林下植被杂乱，疏密不均，地被植物缺乏，局部区域林下裸露较为严重，缺少观赏性。山林植被群落组成多样性和稳定性较差，病虫害抵抗能力差，容易爆发季节性病虫害，例如马尾松松毛虫虫害。现状土壤肥力较低，土壤保水能力差，局部风化严重，出现斑秃、板结现象。

3.山地水体现状

山地内分布大大小小的水塘几十处，大部分为降雨自然形成的坑塘，水体不流动，易受外界环境影响而造成水质差、蚊虫滋生。

（二）田园综合体建设构架

赣州市榕江新城是未来发展的市级主中心，榕江新区南部村庄区域位于榕江新城东南侧，其规划目标是以花卉、苗木种植和交易为主，果蔬种植为辅，塑造城市近郊现代农业示范作用，建设产品的交易平台，提高区域的人气，构建城市近郊的现代农业示范区。

该项目区范围的山体位于南部村庄区域内中心位置，即榕江新区田园综合体。榕江新区田园综合体地块范围内包括村落建筑、水塘、山林地、农田、部分村镇厂房等。交通以通往村镇的水泥硬化路为主，乡间小道以泥土地形式的田埂路为主，城市主干道纵二路南北向穿过。植被主要集中在河道两侧、山林及村庄建筑周围；农田以稻田、果园为主，占场地面积较大。场地内建筑分布较为散落，主要集中在山脚处，建筑风格以红砖、灰瓦、白墙的二、三层现代风格建筑为主，局部保留祠堂等老建筑。

该项目区介绍的山地，位于田园综合体内，是项目开发的一部分。山地的生态化改造不仅要进行生态修复，也要根据田园综合体开发需求，实现山地利用的品质提升。

（三）山地生态化改造内容

山地生态改造主要分林地、现状宅基地、山体现状、水体的改造优化以及山地生态品质提升等方面，其中林地以不占或尽量少占用为原则，林地占用比例不大于2%。

1. 山体生态改造优化

增加阔叶植物，与现状马尾松林形成针阔混合林。阴向山体以常绿林为主，阳向山体以落叶尤其是色叶林为主，丰富林相；林下结合乔木疏密配置耐阴地被及观花灌木。在密林区域，梳理上层乔木，移去胸径小于8厘米长势差的乔木；移除死株、病虫害植株；根据植物生长空间补植、替换式种植乔木。在疏林区域，选择性移除下层杂木区，保留生长良好的小苗及灌木；下层无植物区域，补植耐阴灌木地被。

2. 林木生态化改造

首先是以生态保育、林相优化打基础。生态保育，即对现状植被进行梳理，原地保留表现性状良好的植株，对较大规格乔木进行原位保留或结合景观以及建筑进行保留性移植。生态抽稀、补植，将现有绿带中过于浓密处的上下层植物进行生态抽稀,以满足植物正常生长所需空间。增加樟树、无患子、枫香、赣南竹等阔叶乔木和竹类,以及樱花、本地桃等观花乔木,增加上层乔木植物多样性;结合景观规划种植大规格乔木本地榕、樟树等。对于现状林带缺失处进行拟自然生态林带恢复、重建,以增加植物的多样性、丰富动物鸟类微生物生境;提供动物鸟类活动的绿色通道。补充色叶树种、观花树种、落叶树种,丰富山地林木色彩。其次是林下激活、景观提升。利用高大乔木为背景,丰富林下植被,种植耐阴、繁殖快、管理简单的适生植物,如八仙花、蜘蛛兰、杜鹃、玉簪、石蒜等观花地被,形成林下花海,增强植物景观观赏性。兰花、三七、董草、八仙花、葱兰等耐阴观花地被可以有效解决树荫下光照弱、病虫害多等综合因素造成林下裸土杂草等问题,达到后期低密度管理养护。增加鸟嗜花灌木类,吸引鸟类,为其生活活动觅食提供生境和生态通道,结合植物群落多样性,生物防治植物病虫害。

3. 山地生态品质提升

山地生态改造优化,配合田园综合体"乡村旅游"开发的需求,进一步提升具有当地特色的山地生态品质。林下空间梳理,依托山林乔木,建造山林树屋,提供儿童亲近自然的机会。利用地形自然起伏和空间变化,建立户外拓展训练基地,为团体提供户外拓展训练场地。利用空旷场所,为学校、公司提供集体活动场所。在山地开放空间设置娱乐设施,开展山林徒步、户外烧烤、山林营地等以郊游、娱乐、研学为主题的旅游休闲活动。

4. 水体生态化利用

结合场地内自然落差,构建对多层级的蓄水体净水系,通过自然植被和林中雨箱对雨水进行合理的收集、净化、调蓄。对山地池塘进行水体净化,增加水生植物群落,建造山体湿地景观,将季节性池塘改造为湿地海绵和雨水花园。依托自然水塘,建造亲水平台、临水木屋临水步道,打造美丽水岸、活力水岸。对水塘岸线优化,通过驳石改造现有驳岸为生态型驳岸,种植水生植物,净化水体的同时美化岸线,丰富水面空间,利用现状天然水塘和植被综合营造临水绿色廊道。结合现状,将相邻水塘整合为一个大水面,小型洼地或是小水塘则改造为雨水花园,实现生态与景观观赏性共存。

5.山地土壤改良和地形修整

在风化土壤、肥力不足区域施加基肥或添加营养土，以此弥补土地贫瘠对植物生长的不良影响，使绿化尽快见效。根据现场实际情况选择垃圾堆烧肥、堆沤蘑菇肥或其他基肥。土壤优化改良也可以采取局部换土，根据置换土壤深度不同，选择不同类型植物。不同植被的换土深度为：乔木不小于1.5米，灌木不小于0.9米，地被花卉草坪不小于0.5米。根据山体地形针对性施策，采用林下局部花坛式、围合式换土，局部分段设置挡土墙等形式调整山体坡地，围合种植空间，防止水土流失。坡地陡峭［坡度（非垂直断面）大于1∶3］处设置阶梯式挡墙，分层围合种植空间；坡地平缓（坡度小于1∶3）处，局部置石以固化土壤，或林下围合式换土种植；山体垂直断面处，依山势修建挡土墙，美化山体断面的同时保证安全性。

三、山地生态化改造目标

通过典型分析和研究，落实生态化改造路径，实现山体生态覆绿、景观优化，使自然环境和人文活动相统一，乡村旅游和生态保护相统一。以山地林地、建筑道路、水体山坡为研究对象，多维度地进行生态化改造，提升生态品质，实现山地自然环境的生态可持续性发展。同时结合上位规划山地开发要求，为打造生态旅游、农业科研等郊野生态产业，提供自然环境的有利支撑，进而实现保护地域自然风光，促进经济健康发展，维持郊野生态稳定和激活当地人文活动的结合和发展。

（一）裸露山体治理与开发利用

有些裸露山体的治理可以与城市建设和土地开发利用相结合，处于市区和城镇内及其周边的裸露山体，根据其分布的地理位置、地形地貌、裸露山体的特征，可通过工程美化（如浮雕、叠水）使其成为观光景点。对于绿化难度较大的岩壁，可以结合一些游乐设施的开发来进行治理，增添新的旅游资源。

1. 清除危岩

对于裸露山坡上的危岩，在治理前宜进行适当清理，以避免坠落危及人和破坏树木、草皮影响绿化效果。

2. 规范采石点

政府应控制自发性的采石，开山采石应该以科学的规划，采取疏堵结合的方式，为避免影响城市环境，采石地点不应在市区主干道附近，并依法进行严格管理。

3. 乔灌优先，乔灌草藤结合

裸露山体缺口治理模式可以为"稳定边坡、理顺水系、改善景观、生态修复"，在开发建设项目裸露边坡防护、废弃裸露山体缺口边坡绿化治理实践基础上，提倡尽量少用混凝土、浆砌石，大力推广乔灌草藤近自然立体绿化护坡新技术。

（二）裸露场地复垦

裸露山体的整治是一个长期的过程，需要持续的投入和长效的管理机制，更重要的是通过治理裸露山体问题，探索出自然资源开发利用和生态环境保护之间相协调的机制，合理开发，科学利用，提高裸露山体的综合有效利用率。

1. 草地复垦

在一些工程建设的临时用地中，草地比重不是很大，而且所占草地被作为料场使用，所以草地土壤的理化性质变化不大，其主要的污染物为被废弃的大量施工垃圾。在对草地进行复垦时，可以利用机械把施工垃圾清理出来，就近利用凹地进行掩埋，同时深耕土地。草地复垦不是最终目的，而是为了改良土壤，即使是最终用途，也应与放牧、绿化种草相结合，使土地得到有效利用。

2. 林地复垦

结合当地的地理位置、气候特征，可优先选择干旱、耐贫瘠的乡土植物。

在进行大规模种植前，可以对平整处理过的复垦地采用以种草为先导。由于刚刚平整后的土地肥力低下，马上种植不仅产量不高，而且造成资金浪费。利用生物技术，在复垦区大量种植豆科类草本植物，可以改善土壤的肥力和结构。冬整春造，即冬季挖坑，春季植树，是非常行之有效的方法。冬整即采用穴坑整地或梯田整地，穴状整地往往是直接挖穴配土，且多布成鱼鳞状，故称之为"鱼鳞坑"。配土种植即是在穴坑中填入部分土壤，一般情况下多采用半换土达到缓苗保墒的作用。不仅能使原草本植物与土壤充分反应，加快腐殖质的形成，而且土壤经过一冬的熟化以及雨雪水的渗透，有利于保墒、新植物幼苗生根缓苗和树木成活。在种植方式上，应选择适宜的种植方式，其中保苗工作至关重要。目前大多采用培土栽植、带土移植和沾泥浆种植，这些方法均能在短期内局部改善立地条件，在根系和客土之间起缓冲作用，有利于树木成活和生长。实践证明，对落叶乔、灌木应采用培土栽植，对于草本植物一般采用拌土播撒。这样采用以乔木为主、乔灌结合的复合生态结构，可以明显提高生态效益，同时能增加土壤水分含量，降低地表温度，减少风蚀量，从而在复垦区有效地建立起新的生态系统。

3.滩涂地复垦

在现场调查中发现，滩涂地只是被大量混凝土废弃物所占用，土壤的理化性质变化不大。故在复垦时，应利用机械把混凝土倾倒物推埋于河床两边，以保持河道畅通。同时为了防止雨季河水对河岸的侵蚀，利用侵蚀控制构筑技术，由金属丝编成"石筐"，内部均用碎石充填，铺设在河床两边，作为护岸，使复垦土地得以保护。在对土地进行复垦时，根据实际情况，采用相应的方法，如对料场复垦时，由于该地处于河流上游，为防止对下游水环境的影响，应在河床两岸种植芦苇等水生植物或灌木植物以达到固沙护堤的作用。

（三）山地生态化目标

山地建设中被破坏的土地恢复植被后，可有效地控制水土流失的发生；土壤和植被在它们演化的过程中形成互为条件、共同兴衰的生命功能体；植被的水文—机械效应与土壤的土力学和水理性质结合，使两者形成具有一定抗蚀功能的功能体。

山水相依，江河溪流穿绕山间，串联城乡聚落田野，形成江岸发展格局，造就山水环绕之势；光影林草，通过生态抽稀、生态补植、土壤修复，构建大绿量的山体林草，丰富植物空间的光影变化，形成光影林草；林荫绿廊，种植林下植被，修建景观步道，构建植物绿廊、山间休闲和娱乐空间；亲人湖岸，通过河湖水库修整，梳理水域两侧绿带，优化水岸植被结构，结合水体营造水岸花廊，丰富水面空间；多彩空间，根据山水林田湖草生命共同体建设的要求，配合相关产业发展，营造丰富多彩的绿色空间，增强人与自然的互动，丰富生态体验。

在充分发挥山地优势的前提下，发展有利于环境保护的生态产业，带动低碳经济的发展，大力发展新兴综合性生态产业，发展生态旅游和休闲康养产业，发展特色林果生产、加工及营销等，实现将生态资源转换为经济资源，在保护山地生态环境的同时促进山区经济可持续发展。

第二章　水退劣保优

赣南是江西母亲河——赣江的源头，也是被香港同胞称为"生命之水"的东江的源头之一。因此赣南被国家定位为"我国南方地区重要生态屏障"。赣南作为江西省重要的水源涵养区、生态环境保护与恢复的核心区，其生态环境状况是整个赣江流域生态系统赖以存续的基础，也是确保整个鄱阳湖流域生态系统健康的前提条件。坚持以水资源保护与水污染防治为重点开展山水林田湖草生态保护修复，不仅对维持东江、赣江流域水量足质优显得特别重要，而且在我国南方地区具有鲜明的代表性和示范性，对实现国家长江大保护战略意义重大。

第一节　建立完善河（湖）长制

根据国家首批山水林田湖草生态保护修复试点项目实施方案，开展流域水生态保护与修复的规划设计，突出河（湖）长在流域综合管理中的地位和作用。加强河（湖）长在流域综合管理中的水生态保护职能，从流域层面建立管理协调机制和考评指标体系，建立公示制度和奖惩机制；补齐行业短板，从赣南经济社会建设和流域综合管理需求出发，从管理体制、机构职责、基础工作等方面补齐水利行业生态短板，加快传统的水利建设管理向更加突出保护的综合管理转变；构建水生态红线框架体系，建立并完善水生态区划体系，研究提出流域主要河、湖水生态红线划定方法，从水生生物、栖息地、水文情势、水质等多个方面实现从结构到功能的全过程水生态保障。

一、建立河（湖）长制的重要背景

2016 年 12 月 11 日，中共中央办公厅、国务院办公厅印发了《关于全面推行河长制的意见》，要求全面实施河长制。江西省于 2015 年高位推动"河长制"实施，2016 年提出打造"河长制"升级版。赣州市根据国务院印发的《关于实行最严格水资源管理制度的意见》《实行最严格水资源管理制度考核办法》，全面实施最严格水资源管理制度；落实江西省委省政府《关于全面推行河长制的实施意见》，全面跟踪督导赣江上游河长制工作；在全面建立从村级河长、乡级河长，再到县级河长、市级河长的市县乡村四级河长体系，流域面积 10 平方公里以上河流管理实现全覆盖的基础上，全市创新实施"湖长制"，加强湖泊（水库）保护管理，形成由河长、湖长对其责任水域的水资源保护、水域岸线管理、水污染防治和水环境治理等工作予以监督和协调，督促或者建议政府及相关部门履行法定职责，解决突出问题的机制。

（一）河网密布责任大

赣江以章、贡二水在章贡区汇合而得名，古代传说以"赣巨人"而名水，主源为贡水，发源于石城县横江镇（现已单独设立赣江源镇）洋地石寮崠，自南向北纵贯江西全省，流经赣州、吉安、宜春、南昌等县（市、区），至南昌市分 4 支注入鄱阳湖，与江西省的抚河、信江、饶河、修河等来水汇集，经九江湖口进入长江。赣江主河道全长 766 公里，是鄱阳湖水系第一大河流，长江的第二大支流。赣州市境内赣江长度 45 公里（自章贡区八境台至赣县区尧口），河流落差 11 米，平均坡降 0.24‰。赣江在境内处北纬 24°30′—27°10′、东经 113°55′—116°35′，流域面积 3.64 万平方公里（包括由湖南、广东、福建省流入的流域面积 1016 平方公里），约占赣江总流域面积 8.12 万平方公里的 44.8%，流域形状近似侧面开口的马头形，全市 18 个县（市、区）基本属于赣江上游区。赣州市以上为上游，称贡水，长 255 公里；赣州市至新干县城为中游，长 303 公里；新干县城至永修县吴城镇为下游，长 208 公里。赣江流域面积 8.35 万平方公里、占江西省总面积的 51%，流域内以山地丘陵为主，属亚热带湿润季风气候区，气候温和，雨量丰沛，四季分明，光照充足，多年平均气温 17.6 摄氏度，多年平均降水量 1626.8 毫米，降水主要集中在 4—6 月，是江西省重要的供水来源，基本属富水区。

赣州市内有 9 条较大支流，分别为犹江、章水、梅江、琴江、绵江、湘江、濂江、平江、桃江。其中犹江、章水汇成章江，区域内其他 7 条支流汇成贡江，章、贡两江在章贡区相会而成赣江，属长江流域赣江水系。另有百条支流分别从寻乌、安远、定南、信丰流入珠江流域东江、北江水系和韩江流域梅江水系。赣江年平均流量 867 立方米／秒，其中贡江 669 立方米／秒。章江最大洪峰流量 5060 立方米／秒，最枯流量 16.2 立方米／秒；贡江最大洪峰流量 6520 立方米／秒，最枯流量 33 立方米／秒。在水资源中，地表水资源为 327.53 亿立方米，地下水资源可动量为 79.13 亿立方米，占河川总流量的 24.46％。境内温泉 53 处，除章贡区、南康区、赣县外，其余 15 县（市）均有分布，以寻乌 14 处为最多。水温最高 79 摄氏度的有 1 处，出水量最大的为崇义县分水坳温泉（50 升／秒）。部分温泉水开发用来旅游、养殖、洗涤等。

赣州市位于赣江上游，是以暴雨洪水为主要自然灾害的地区。暴雨型洪灾时有发生，直接损毁民房、农田、水利、交通、通信等设施。2016 年全市平均降雨量为 2260 毫米，比多年同期均值偏多 43％，为历史最大。实测径流量 581.17 亿立方米，全市径流年内分配不均衡，汛期（4—9 月）实测径流量为 336.64 亿立方米，占全年径流量的 57.9％，非汛期径流量为 244.53 亿立方米，占全年径流量的 42.1％。赣州市河川径流量补给主要是降水，属雨水补给型。区域内除了暴雨、洪涝等自然灾害外，还有干旱、低温、阴雨、崩岗等气象灾害和地质灾害，尤其是干旱、低温和地质灾害影响大、损失重。伏旱发生率达 80％—90％，一般持续 30—50 天，最长达 80 天以上。

（二）保护水源贡献大

从维护生态系统稳定的角度看，赣州市是鄱阳湖湖水水量的重要补给区，是长江和珠江流域下游的一个重要水源产水区，对江西北部赣江流域、广东东部东江流域的生态系统都具有明显的水气调节作用，该区域河网、水库以及水资源的稳定对维护周边地区的水生态安全，尤其是下游地区的生态系统稳定性具有重要的作用。如 20 世纪 80 年代开始成功实施的"山江湖"工程，赣南始终发挥着江西绿水青山的源头作用，和赣江的其他支流以及鄱阳湖共同构成了一个互相联系、互为依托的大流域生态经济系统。

2018 年，赣州市关停禁养区内畜禽养殖场 558 家，限养区内 512 家规模养殖场增设配套粪污处理设施；38 个乡镇圩镇、22 个市重点村庄污水处理设施投入使用，315.37 公里河道得到综合治理。2018 年，全市实现了重点断面劣 V 类水全部消灭，87 个重要水功能区达标率 96.6%，赣江、东江出境断面水质达标率 100%；全市通过增绿扩绿，活立木蓄积量较上年度净增长 397 万立方米，达到 13856.9 万立方米，森林质量明显提升。赣州市为呵护源头清水，坚持从源头上发力、从治污上破题，大力实施流域生态修复及赣江、贡江、章江、东江流域综合整治等工程，兴建人工浮床、生态浮岛，促进水环境质量持续改善。近年来，全市关闭和搬迁可能影响环境的企业 2500 多家，拒绝"三高"项目 3100 多个，实现了赣州市河流水域面积保有率达到 3.7%，市管河流自然岸线保有率达 90%，重要水功能区水质达标率达 91%，地表水达标率达 80% 以上，集中式饮用水源地水质达标率达 93% 以上的目标。

（三）生态环境压力大

长期以来，由于源头区域特殊的生态环境功能与地理区位，为了保护好赣江的饮用水源，不能进行广泛开采，资源优势无法转化为经济优势，经济发展受到极大限制，人民群众生活水平较低。如赣江源石城县、东江源寻乌县财力均十分薄弱，源头区域生态环境保护和建设投入的紧迫性与地方政府财力有限性之间的矛盾十分突出。即使到了近几年，随着苏区振兴及赣南的科技进步，贡江和章江流域的经济取得了长足的发展，但由于历史、人口、资源、发展方式等多种因素的影响，赣南以稀土、钨的开采和冶炼为主的矿业，以脐橙开发为主的果业，以大型养猪场为代表的养殖业等产业的发展都处于对环境压力最大的起步阶段。

频繁的工农业活动使赣江上游面临森林生态功能下降、水资源承载力不足、湿地面积和功能减弱、生物多样性遭到破坏等生态环境问题。对比 2015 年和 2016 年的监测数据，可以发现，氨氮超标是影响赣州市地表水水质的主要因素，而矿山开采、企业废水超标排放、生活污水是造成氨氮超标的主要原因。尤其是稀土矿产资源的开采造成大量的废石场、尾矿场、废渣堆，不但占用和污染大量的土地，下雨的时候，湿透的废矿会流出富有重金属的浸矿液，重金属离子等对周围的水系有着极严重的影响，导致地下水、地表水的重金属含量超标，造成水体污染。这些受到污染的水资源，不仅破坏了当地人们的生存环境，也带来了巨大的生态问题，后续治理工程难度非常大。各类污染如不能得到有效治理，赣江流域将面临水质型缺水。

以空气质量、酸雨频率、水质断面三个指标来衡量水生态问题，具体情况为：

（1）空气质量。2016 年年初部分时段以及四季度的冷空气影响偏少，雾霾天气出现频繁，且每一轮雾霾持续三至五天，甚至更长。2016 年的臭氧、细颗粒物以及可吸入颗粒物三个监测指标的浓度较 2015 年均有不同程度的上升，同时空气优良率也有所下降。其中，2016 年环境空气质量为优的天数较 2015 年减少了 19 天，良的天数减少了 6 天，轻度污染与中度污染的超标天数增加了 28 天。

（2）酸雨频率。赣州市一直属于国家酸雨控制城市之一，803 厂降水监测点共采集降水样品 110，降水 PH 值范围为 3.87—5.93，降水年均 PH 值为 5.06，酸雨频率为 91.8%。与 2015 年相比，803 厂降水监测点酸雨频率由 66.3% 上升为 91.8%。

（3）水质断面。2016 年赣州市的地表水断面出现了较大变化，全市地表水共出现了 25 次超标，I—III 类水质断面比例为 95.8%，其中劣 V 类水质断面所占比例为 3.4%，全市地表水总体水质为优，全市地表水断面主要超标污染物均为氨氮（出现 25 次超标）。局部地区水生态问题日趋严重，已成为继水旱灾害、水资源短缺、水污染之后，人们广泛关注的另一个重要水问题。

二、河（湖）长制组织体系与法制基础

赣州市按照行政区域设立省级、市级、县级、乡级总河长、副总河长；按照流域设立河流河长；跨省和跨设区的市重要的河流设立省级河长。各河流所在设区的市、县（市、区）、乡（镇、街道）、村（居委会）分级分段设立河长，建立与流域结合的"河长制"组织体系。向社会公布市级"总河长"、市级负责河流"河长"及 18 个县（市、区）和赣州经开区党政负责人担任各辖区内"河长"的名单，针对赣江上游河流分布特点和水资源保护面临的形势，明确河长的责任。河长办公室建立"河长制信息管理平台"，通过河道网格化分级管理，整合现有各种基础数据、监测数据等信息，面向不同岗位河长、河

段长、河道管理员、河道保洁员以及社会公众提供查询、上报和管理的系统，并以手机 APP 等便捷应用助力工作，为河长治水提供智慧"大脑"。该平台有管理端、河长版、公众版及相应的手机 APP（寻河通），具有巡河、督查、问题处理、社会监督、水质通报、水质实时监测、实时雨情、实时水位等多种功能，并与防汛系统无缝连接。综合赣州市的自然生态条件、环境资源状况、重点污染领域、社会发展诉求等因素，针对赣州市生态环境建设应重点关注的水资源保护与水污染防治、土壤环境保护和土壤污染防治、矿产资源保护与矿山生态环境恢复治理、森林资源与生态保护等领域，赣州建立了一批符合本市特点、具有赣州特色的地方性法规。

（一）构建水污染防治和水资源保护法规体系

根据《江西省实施河长制湖长制条例》，制定完善《赣州市河长湖长工作制度》《赣州市河长制湖长制市级会议制度》《赣州市河长制湖长制信息工作制度》《赣州市河长制湖长制工作督办制度》《赣州市河长制湖长制工作考核问责办法》《赣州市河长制湖长制工作督察制度》六项制度，围绕章江、贡江、赣江及梅江、绵江、琴江、桃江、犹江和陡水湖等主要江河和饮用水水源，开展生态立法工作。《赣州市饮用水水源地保护条例》于 2019 年 12 月 1 日正式施行。同时加强法律法规和监管能力建设，提高环境执法能力，避免边建设、边破坏；强化监测和科研，提高区内生态环境监测、预报、预警水平，及时准确掌握区内主导生态功能的动态变化情况，为生态功能保护区的建设和管理提供决策依据。结合中央、地方制定出台的生态环境保护管理的决策部署，制定完善生态文明考评、自然资源资产产权管理、生态补偿、污染物排放许可、环境监管和案件审理等制度，进一步将水生态系统保护纳入流域工作中统筹考虑，将国家的水生态保护与修复相关政策落到实处。逐步完善自然资源法规体系，确立法治在自然资源开发利用与保护中的核心地位，合理开发利用资源，满足可持续发展需要。

（二）实行生态环境保护综合执法

赣州市积极探索生态保护体制创新，安远、会昌、大余等县率先在全省成立了生态执法局（大队），整合林业、水利、生态环境、自然资源等部门执法要素和执法力量，实行统一指挥、统一行政、统一管理、综合执法，为山水林田湖草保护修复试点项目实施提供了强有力的保障。2019年3月，《江西省深化生态环境保护综合行政执法改革实施意见》出台，将生态环境综合执法纳入政府行政执法序列，正式组建生态环境保护综合执法队伍，标志着赣州市生态综合执法改革创新做法得到肯定并在全省全面推开。会昌县在推进山水林田湖草生态保护修复试点过程中，将贡水上游石壁坑水库县城及周边乡镇居民饮用水水源地保护项目的工程实施与生态综合执法有机结合。生态综合执法大队通过常态化巡查执法，共拆除库区范围内畜禽养殖场75家，栏舍面积21708平方米；打击非法捕捞51起，查处破坏渔业资源行政案件9起；遏制违法采砂18起，制止破坏河道行为28起，有效遏制了库区周边生态环境的破坏行为。试点项目采取建隔离防护网、视频监控、增殖放流、水生植物净化等工程和生物措施净化提升饮用水水质。在生态综合执法和生态保护修复试点项目实施的共同推动下，石壁坑水库饮用水水源地水质由原来的近Ⅳ类水提升为如今的Ⅱ类水，群众直接体验到了生态保护修复带来的生态福祉。

（三）健全生态环境保护检察长效工作机制

赣州市在采取一系列对水系水源污染集中整治行动的同时，通过开展水资源保护和水污染防治领域执法，建立健全长效工作机制，形成常态化的监管巡查网络，明确相关法律责任。在市检察院率先设立生态环境保护检察处，将生态检察工作延伸到刑事、民事、行政检察各个环节，主动引入恢复性司法理念，在依法办案的同时，要求对破坏的生态进行修复，实现司法效果和社会效果的有机统一。至2018年年底，赣州市生态环境保护检察处依法批准逮捕117人，提起公诉379人，责令违法行为人补植复绿493.33公顷；在水资源保护专项行动上共立案监督16件次，督促关停涉事企业8家，取缔非法采砂点11个，督促征缴水资源费530余万元，为山水林田湖草生命共同体建设保驾护航。开展流域水生态监测与评价工作，将水生态监测与评价作为流域综合管理常态化经常性任务。建设流域水生态监测站网，形成规范化的流域水生态状况调查评价滚动机制；提高水生态监测信息集成管理及应用能力，开发流域水生态信息库；基于OA智能管理系统建设，形成监测信息采集、传输、存储、信息资源管理与共享等完整的水利信息化体系。

三、河（湖）长制的运行原则和基本特点

赣州市全面落实"河长制"，市、县、乡、村四级设立河（湖）长 5513 名、巡查员或专管员 3843 名、保洁员 13831 名，上下联动、齐心协力，运用新技术和新方法，做好工业污水排放、生活污水净化、面源污染治理、城市黑臭水体治理等各项工作。村级河长、湖长每周巡河巡湖不少于一次，重点巡查工矿企业生产是否非法排污等，水资源保护重点是水资源开发利用控制、用水效率控制、水功能区限制纳污制度是否得到落实；河湖岸线管理保护重点是否存在侵占河道、围垦湖泊、侵占河湖和湿地，非法采砂、非法养殖、非法捕捞，违法占用水域、违法建设、违反规定占用河湖岸线，破坏河湖岸线生态功能的问题。

（一）基本原则

把河长制、湖长制作为流域生态管理制度的重大创新。河长、湖长不仅对河流、湖泊中的水体健康负责，也对河湖空间及其水域岸线健康负责。各级党政负责同志必须扛起保护流域自然资源和生态环境的重任，在水源管理体制完善或创新的过程中，遵循生态、效率和协调原则，通过水陆共治、综合整治、系统修复，改善河湖生态环境，实现河湖功能永续利用。

1.生态原则

坚持用"三条红线"意识来指导水资源开发与保护工作。首先是用水资源开发利用控制红线来管控年用水量；其次是以用水效率控制红线督促提高工农业用水效率，使农业灌溉水有效利用率和城镇工业用水计量率达到 53.5% 和 90%；最后用水功能区限制纳污红线来要求水质达标率，使重要河湖水功能区的水质达标率达 80%，各地主要饮用水源地水质必须达到国家规定标准。以切实改善关系到公众身体健康的水环境质量为出发点，实施以控制单元为基础的水环境质量目标管理，深入落实《水污染防治行动计划》，落实控制单元治污责任和河长制，加强饮用水源地的保护，实施小流域污染综合治理，优先保

护良好水体，大力整治城市黑臭水体，实现集中式饮用水源地水质达标率中心城区稳定在100%，各县（区、市）城区稳定在100%，地表水主要监测断面水质达标率已有考核断面稳定在98%以上。

2. 效率原则

在水源保护管理体制构建中以效率作为基本目标，通过加强河长制的决策能力，增加对专门化系统的组建、合并与强化的体制，真正赋予水源保护机构以决策权、监督权、协调权和执行权，使其能够担负起统一管理的责任，保证管理的效率。在全面实施河长制保护河道、提升水质的同时，赣州市还全面推行林长制，建立市县乡村组五级林长制管理体系，从源头全覆盖，强化森林资源保护、提高森林质量、改善生态环境，通过全面推行林长制，因地制宜、因山施策、系统保护。安远等县从生态综合执法入手，逐步实施河长制林长制一体化，让河长林长协同管理江河和森林。

3. 协调原则

河长制在保证管理效率的前提下，从制度上明确各管理部门的具体职责与权限，明确各部门行使职权的行政程序和行为范围，以协调各部门在水源保护管理中的关系。确保水源保护管理机构在水源管理体制中处于核心地位，水源内的各区域性环境保护部门、水利管理部门以及渔政渔港管理部门、航道管理部门等均是协管部门，各部门在法律赋予的职权范围内进行管理。同时，还必须接受统一管理部门的宏观调控，通过制定有关法律法规，解决好管理体制的协调问题，以保证管理目标的实现。针对赣南稀土矿区尚不具有完善的排水设施及污水处理厂，大量污水未经处理直接排入周边水体，从而造成水环境的严重污染，水体不能保持原有的形态和功能，阻碍矿区经济建设发展的问题，全面推进废稀土矿山环境治理，消灭劣V类水。立足污染河流的污染源分布、种类、性质、河流水文和地理特征等现状污染源及产业结构，对污染河段进行沿程断面布控，开展水质水量同步监测。赣州市水文局根据区域污染源及产业结构，调查分析污染河流的污染源分布、种类、性质、河流水文和地理特征等现状，对污染河段进行了沿程断面布控，开展水质水量同步监测，确定污染物削减治理着力点，针对性开展削减治理，避免多端寡要。从出境断面总量控制倒推污染物消减量，采取"控源—截污—治理—管理"的工作方案，加强污染物治理的针对性，降低了矿区环境治理成本，并已取得初步成效。该经验做法可为责任单位在规定时间内用较低成本解决流域污染问题提供参考借鉴。

（二）运行特点

按照山水林田湖草是一个生命共同体的理念，区域水源分配是一种利益分配，分配的核心是如何协调利益分配。对一个流域来说，其水源在多个行政区域分配是一个多方参与的利益冲突问题。水系是一个由自然界很多的生物及其生物的食物链组成的生态系统，其中还有很多陆生生物及空气的质量会影响水源的水质，如水源处森林覆盖率及其保护程度，水源地农业生产结构，湿地及草地保护程度，工业污染排放（包括固体废物、液体废物及废气）等。在进行水源管理时，解决各地方利益冲突，推进水源管理体制改革，应当将流域水系统作为一个整体来考虑，实行按流域统一规划、监督和管理，建立强有力的流域水源统一管理模式。

1. 坚持突出小流域生态环境保护

以小流域为基本单元，实施分区域、分阶段、分类别综合治理与保护，实施精准管理，建立"一河一档案"，加强"一河一监测"，实行"一河一对策"，系统推进赣州市水污染防治、水生态保护和水资源管理。在章江流域、贡江流域和东江流域选择 36 个典型小流域（如会昌汉仙湖、桃江、瑞金绵江河、会昌湘江等），开展小流域环境综合治理示范工程建设，重点包括水土保持综合治理工程、农村环境整治工程、废弃矿山生态整治工程、河道清淤清杂工程、污水截流工程、水体生态修复工程及生态公益林建设工程等。

（1）赣江源头保护区、东江源头保护区、赣江和东江主要支流主要水质监测断面达到 II 类水质的河段、湖库等水体，加强区域水环境保护，制定水环境清洁长效管理机制，开展生态环境安全评估，制定实施生态环境保护方案，积极组织申报国家良好水体保护资金。

（2）赣江和东江主要支流 III 类水质河段，针对化学(生化)需氧量、氨氮、总氮、总磷等指标出现超标的水体进行综合整治，实现区域内国家和省水质监测断面水质稳定在 III 类水标准以上。

（3）重点对赣江和东江主要支流水质低于 III 类标准的河流、城市黑臭水体等，以小流域为基本单元，加大力度对化学需氧量、氨氮、总磷、重金属及其他影响人体健康的污染物开展针对性综合整治，重点整治稀土开采、重金属企业污染、种植业面源污染、养殖业畜禽粪便污染等，建立全市水环境保护生态屏障。

2. 坚持突出产业结构与布局优化

立足于赣江上游生态保护的"三区"（维护自然区、限制干扰区和集约发展区）划分，树立空间梯度开发理念，集聚利用要素资源，推动中心城市及特色强镇优先发展环境友好型产业，使赣州成为加快发展的突破口和产业经济的集聚地，适当开发周边优势特色资源，形成以重点城镇为中心的资源综合开发体系；立足资源区位特色，调整农业结构，拓宽农民就业领域，发展生态产业，主动融入区域协作体系，强化招商引资和合作交流功能，逐步构建传统产业优化提升和新兴支柱产业培育壮大并重的新型产业发展体系，增强"生态城市"的产业支撑能力。

首先，抓好沿江合理工业布局，避免对城市构成一定威胁。由于城市基础设施建设严重滞后，源头区域内生活垃圾、生活污水未经过处理直接排入水体，一些企业将未经处理、含有 COD 和氨氮的污水直接排入贡江、章江及其支流，对赣江整体水质影响极大，南康区、章贡区、赣县区已被划定为重金属污染防控国家重点区域。

其次，纠正不合理开发建设对生态环境造成的负面影响。过去工业区大规模低丘平整，山沟填埋极易引发水土流失；同时占用自然的行洪排涝区域，不利于城市防洪安全。经过地形地貌分析，赣州低丘平整须留出 6%—8% 的低洼地空间用于排涝行洪。

最后，加强涉水工程对水生生物影响评价审查及补救措施审批管理。积极推进源区转产转业，将生态保护与精准扶贫相结合，通过资金奖补、就业扶持、社会保障等措施，确保"转得出、稳得住、有保障、不返贫"。在科学评估水生生物资源和水域生态环境状况以及经济社会发展需要的基础上，另行制定产业发展管理政策。

3. 坚持突出生态科技创新

生态修复是一项科学性、社会性很强的科学工程。从科学性出发，突出规划先行、科技育林（草）、生态监测、自然恢复，通过生态修复试点工程的实施和建设，增强当地干部群众的生态意识，主要表现为产业准入意识、产业结构调整和生产生活方式的转型，引导农民走出"靠山吃山、靠水吃水"破坏环境的老路；从社会性出发，发挥政府协调作用，强化部门配合协作，广泛发动各界人士参与生态修复，选用经济、实用的污染综合控制技术，以化学固化、土壤淋洗、电动修复为代表的物理化学技术和以植物提取、植物挥发和植物稳定为代表的植物修复技术，完善环保、水保设施，积极探索生态修复保护技术。

（1）鼓励生态环境保护科技项目申请。加大政策扶持力度，鼓励和支持有条件的单位和个人申报科技攻关项目，积极开展生态环保先进适用技术研发、论证与推广应用工作。

（2）开展生态环境保护先进技术研发。设置专项资金，针对赣州市坡地果园水土流失和面源污染、农村生活污水污染、矿山低品位矿渣污染、耕地土壤重金属污染等突出的环境问题，研发污染防治先进技术。加强污染防治技术研发激励机制建设，调动各方积极性和主动性，充分发挥相关企业、社会机构的作用。

（3）大力推广生态环境保护先进技术。加大对使用生态环保先进适用技术的政策支持力度，在补偿、奖励等专项资金的立项上对应用先进适用技术的单位和个人予以优先考虑。推进生态环保先进适用技术推广应用新机制建设，按照"政府引导、市场主导、自主创新、因地制宜"的总体要求，加快政产学研用平台建设，充分发挥各方优势，实现信息共享，充分发挥相关企业、社会机构的作用，充分调动各方积极性和主动性。

第二节　赣江上游及支流系统治理

赣州市河流众多，水网密布，全市集雨面积为 10 平方公里以上的河流有 1028 条，总长度 16626 公里，其中集雨面积在 100 平方公里以上的河流有 128 条，总长度 4992 公里，既是一个多条江、河组成的源头地区，也是一个多元的社会—经济—自然生态复合系统，具有水源涵养、水土保持、洪水控制等生态功能，对整个流域特别是中下游地区具有广泛和深远的影响。但一些地方河流管理缺失，防洪与供水功能衰减，正逐步改变河流的水文特性及生态特征；在部分人口密集的江河源区，由于对水资源缺乏有效保护与过度开发利用造成了河道天然径流枯竭，水体自净能力减弱，从而导致河流断流、水质恶化、水生物种类锐减等生态问题。

一、全面部署赣江上游及支流治理

赣州市从生态环境保护的角度系统研究和整治赣江上游及支流，并选择部分典型区域、河流开展强化生境源头防控，从抵御特大洪水造成的洪涝灾害，防止大规模开采造成严重水土流失，强化水资源保护与水污染防治等方面入手，综合治理推进生态环境保护与修复。

（一）赣州中心城区水域综合治理

贡江、章江和赣江穿绕赣州城市，并将赣县、南康、上犹等城市串联起来，形成"三江六岸"的山水发展格局。赣州的储潭、汉潭和欧潭是重要的水口和生态保护区域，加上外围的罗霄山、九连山和武夷山，造就了赣州的山水环绕之势。为保护赣州"三水绕三山，三龙会三潭"的山水格局，例如古之八景台能眺望"赣州八景"，曾经由于四周建设用地无序蔓延，特别是沿江工业发展，使得景观视线杂乱不佳，"储潭晓镜"已经消失。而欧潭的水口山也被建设用地占用，储潭所在区域被大量工业用地占据。这些都已纳入特色修复保护范围。

针对赣州城区人口密集、工业集中分布，生活污水和工业污水排放量较大、区域水土流失严重的问题，为保障城区饮用水源并提升流域水环境质量，综合治理城区水环境，开展 5 个具体项目，包括章贡区沙河镇生态保护和修复综合治理项目、赣县区桃源河段生态修复工程项目、南康区镜坝镇镜坝村333.33 公顷土地整治工程项目、赣州经济技术开发区横江河—杨梅河—刘家坊河流域水环境综合治理工程项目、蓉江新区潭东镇湖泊环境综合治理项目等。主要建设内容包括生态防洪堤、护岸、河道清淤疏浚以及巡河道路；建设湿地公园，构建河岸自然—人工缓冲带、生态截污工程等人工生物治理与自然修复措施，沿河两岸配套建设污水管网及垃圾收集设施等；清淤工程、环湖周边绿化工程、堡坎工程、道路工程，建设配套生物治污工程净化水质以及新建周边农村生活污水处理和垃圾转运站、农田薄膜等废弃物收集池等设施，通过水环境综合治理，实现城区水环境质量全面提升，饮用水源水质得到保障，流域水质不低于水环境标准，中心城区饮用水安全得到有效保护。

赣州市针对河流主干道河道淤泥堵塞，河内物种单一化，河岸两岸生态护堤残损，工业污水违规排放与居民生活污水不合理排放，以及相关森林植被破坏、不合理农业生产方式引起水土流失等问题，疏通河道、清理河床约 80 公里，护岸与堤防加固 150 公里；建立健全 200 座流域垃圾处理设施，延伸污水收集管网近 350 公里。针对河流支流，完成流域内环境整治 54 平方公里，生态修复 80 平方公里，水土流失整理 130 平方公里，改良土地 2333.33 公顷，实施古树名树保护 150 棵。至 2017 年 8 月赣州市城区水域治理投资 15 亿元，章水、贡水质量显著提升，赣州市环保局监测结果显示，2018 年上半年贡水峡山水质为 Ⅱ 类水，而上一年同期监测显示为 Ⅲ 类水或 Ⅱ 类水；同期，章水大余城郊断面水质在不断改善，前者由 Ⅲ 类水提升为 Ⅱ 类水。

（二）赣江水源区治理

东北片区主要属于贡江流域，贡江是赣江的主要支流，加强赣江源头的水源区建设、自然保护区建设和水环境整治非常重要，赣州市开展 3 个山水林田湖草生态保护修复具体项目，综合保护赣江水源区。项目包括兴国县紫色页岩土地开发整治项目、宁都县生态屏障建设项目、江西赣江源国家级自然保护区片区山水林田湖生态保护和修复工程等。建设内容主要是：生态屏障建设，包括生态系统保护边坡绿化，造林更新，农村面源污染防治及崩岗治理等；水土保持，包括经果林，封禁，小型水保工程，沟渠，护岸护坡等；水环境整治，新建生态堤防，建设生态护岸，恢复湿地植被，建设污水管网，整治河道，清理河道及河岸垃圾（清淤），实施河心洲、支流口改造，配套建设拱桥、路涵、雍水堰、巡河路、木栈道和下河道路以及给排水等，赣江水源区水质得到改善，生态系统服务功能整体提升。

加强赣江源头的水源区建设、自然保护区建设和水环境整治。包括瑞金市绵江河流域片区山水林田湖生态保护和修复工程、会昌县贡水上游饮用水源地保护工程、会昌县小密乡小密村废弃矿山生态保护和修复工程、赣江源头石城县琴江河流域（温坊至长江段）生态功能提升工程等具体项目。以绵江流域治理为例，绵江是贡水源头之一，发源于日东垦殖场，自北向南流经瑞金市稀土矿区和水土流失高发区。瑞金市黄柏、九堡等乡镇 3 个废弃矿山，开展绿化植被、消除地震灾害隐患等环境综合治理项目。瑞金市瑞林、大柏地等乡镇 6 个水土流失高发点修建降坡、挡土墙、护坡、排水沟、绿化，综合治理水土流失面积 65 平方公里；综合治理水土流失高发地形崩岗 50 座，总投资 1.5 亿元，涉及总人口 15 万人。赣州市环保局监测结果显示，2018 年上半年绵江绵水大桥断面水质为Ⅲ类水，水质稳步提升。

（三）贡江下游治理

东北片区尤其是贡江下游地区，是水土流失极严重区域。该地区有"崩岗"等特殊的水土流失类型，因此综合运用崩岗治理技术、水土保持、低质低效林改造、自然林地保护等多种措施，开展 4 个具体项目综合治理水土流失，项目范围包括于都县、兴国县等区县。

建设内容包含兴国县崩岗侵蚀劣地水土保持综合治理工程、宁都县梅江镇全方位系统综合治理修复项目、于都县金桥崩岗片区水土保持综合治理项目、于都县废弃钨矿矿山地质环境综合治理项目等。主要建设内容包括：治理废弃钨矿山 3 个，面积 0.72 平方公里；崩岗侵蚀防治、水土流失综合治理、低质低效林改造、土地整理、水利等基础设施。营造水土保持林、经济林，修复退化林，实行封禁治理，建设水土保持科学试验基地（含科普交流中心），示范小流域提升治理，建水土保持科技示范园等。建立比较完善的水土保持崩岗综合防护体系，有效控制水土流失，改善农业生产条件和生态环境。

以梅江流域治理为例，梅江发源于宁都，由于都县白口镇汇入贡江。梅江流域治理集中于老溪村、长木村等生活污染较为严重的梅江镇村落，水土流失治理约 3333.33 公顷，崩岗治理 20 处，建立污水处理设施 3 座，公厕 30 座，生活垃圾处理设施 10 处，村庄道路绿化 80 公里，地下排污管道 5 万米，雨水沟渠 8 万米，河道沟渠清淤 28 公里，新建防洪堤 40 公里，生态护坡 56 公里，河道绿化 56 公里，土地整治与土壤改良 466.67 公顷。总投资约为 3 亿元，涉及人口约为 3 万人。赣州市环保局监测结果显示，与治理前 2017 年上半年相比，2018 年上半年梅江江口水质稳定且高出Ⅱ类水，Ⅲ类水绝迹，Ⅰ类水随雨水季节不间断出现。

（四）章水源区治理

针对章水上游生态环境保护和流域生态系统质量提升需求迫切的问题，在崇义县实施"崇义县大江流域过埠镇生态功能提升与综合整治项目"，主要建设内容包括：河流生态廊道保护与修复、农业面源和村镇点源污染治理、环水有机农业示范、水土保持综合治理、流域生态安全调查与评估等，通过工程的实施可有效保护章水上游生态环境，实现章水源区生态系统服务功能的综合提升。

针对章水流域钨矿开采严重、废弃钨矿和稀土矿众多、植被破坏严重等突出的生态环境问题，在大余县分别实施"大余西华山钨矿区矿山地质环境恢复治理项目"（治理面积 3.42 平方公里）和"大余县南安镇新华村滴水龙废弃稀土矿治理项目"（治理面积 0.8 平方公里）2 个重点项目，主要建设内容包括：地质灾害治理、矿山环境治理、地形地貌整治、截排水工程、草本工程、矿山（地质）遗迹保护与修复工程、矿山地质环境监测工程等，通过工程的实施有效治理章水源区废弃钨矿和稀土矿山生态破坏和环境污染问题，改善章水上游环境质量，提升章水水环境质量。

针对章水上游陡水湖生态环境保护需求迫切的问题，在上犹县实施"上犹江陡水镇河段综合治理、水源涵养项目"，主要建设内容包括：陡水镇圩镇南湖沿线防洪堤及护岸、绿化工程建设，陡水月仔至铁扇关生态护岸、清淤疏浚、水源保护、水土保持、污水治理及污水管网、农村面源污染整治等，通过工程的实施有效保护章水上游陡水湖生态环境，保障下游地区用水安全。上犹江为章水最大支流，阳明湖是上犹江流域最大的水库湖泊，阳明湖是下游章水、章贡水系生态系统健康与否的关键。阳明湖污染治理集中于渔民上岸、关闭养殖场和消除农村生活污染。渔民上岸指将生活在阳明湖渔船的捕捞渔民异地搬迁安置，使其不再从事渔业捕捞，降低湖泊渔业资源生存压力，同时增殖放流，提高鱼类种类的多样性，促进渔业资源恢复，推动渔业生态系统的健康可持续发展。赣州市环保局监测结果显示，2018 年上半年上犹江江口断面为 Ⅱ 类水；赣州市县级集中式饮用水水源地基本情况监测结果显示，上犹江上犹县水厂断面水质为 Ⅰ 类水，与 2017 年上半年相比较，水质明显改善。

（五）濂江流域治理

濂江是贡水的源头之一，对濂江上游人口密集区的安远县欣山镇进行全面系统综合治理，确保濂江上游流域生态环境得到改善、经济社会得到发展。将汇入濂江水的安远水、城南水、湖碧水、修田水等四条河流，实施河道整治11.9公里、河道疏淤2.4公里、河堤加固4.8公里，新建涵管10座、箱涵4座、抬水堰3座；对南门桥至无味塔的1.8公里江河道进行生态护堤、河堤复绿、河床清淤等；濂江流域江村上角、黄屋、南巷、新老圳北、膏排村等建立污水收集系统10公里，实现生活污水无公害处理；山体复绿100公顷；从地形整治、截排水工程、林草措施等方面，深入水源地废弃矿山整治100公顷；推广绿色农药、病虫害生态防控800公顷，废旧农膜回收20吨，实现农业面源污染治理；开展饮用水源头治理，生态移民近300户、1000多人。总投资4.5亿元，涉及人口6万多人。赣州市环保局监测结果显示，与治理前相比较，治理后濂江水质量更为稳定，无论是枯水期，还是丰水期，水质常年保持为Ⅱ类水。

（六）桃江流域治理

桃江发源于全南县，流进信丰县，在赣县区龙舌咀村汇入贡水。桃江水污染主要来源于信丰县安西镇的畜禽养殖、废弃稀土矿山、农业水土流失和城镇生活污水等。针对桃江上游水土流失严重、畜禽养殖和脐橙种植面源污染严重、水环境质量急需改善等突出的生态环境问题，在龙南县和全南县实施"龙南县桃江流域水环境修复与保护项目""龙南县濂江北岸（石人）综合治理项目""全南县桃江流域小慕河生态治理修复项目"3个重点项目，主要建设内容包括：滨湖湿地进行修复和保护、农业面源污染治理、土地治理和平整、黑臭水体治理、清淤防护、植被恢复、河湖水系连通、河湖岸带生态防护和建设等，通过工程的实施有效提升桃江水质，改善桃江上游流域环境质量，保护生态系统和生物多样性。建立桃江流域畜禽养殖废水、粪污净化系统，对120家生猪规模养殖场猪栏进行高床节水养殖改造，添置刮粪机、积污池等硬件设施。对农业土地进行整治，建立化肥减量增效核心示范区5000亩，推广水肥一体化2.5万亩，增施有机肥2.5万亩；完成水土保持林3.6平方公里，经果林2.1平方公里，封禁林24.3平方公里。

针对桃江中游水土流失严重、废弃稀土矿山污染、畜禽养殖和脐橙种植面源污染、水环境质量急需改善等突出的生态环境问题,在信丰县实施"信丰县安西片区山水林田湖生态保护和修复项目",项目主要建设内容包括流域水环境保护治理、水土流失治理、矿山环境恢复治理(治理废弃稀土矿山 44 个,面积 2.13 平方公里)、生态系统与生物多样性保护、土地整治与土壤改良等,通过工程的实施有效提升桃江水质,保护桃江中游流域生态系统和生物多样性。

针对桃江上游废弃稀土矿众多、植被破坏和水土流失严重、水环境质量急需改善等突出的生态环境问题,分别在龙南县和全南县实施"龙南县废弃矿区综合治理及生态修复项目"和"全南县北线片区废弃稀土矿环境治理项目(治理废弃矿山 9 个,面积 2.1 平方公里)"2 个重点项目,主要建设内容包括:挡堵墙和拦挡坝修建、截排水沟建设和废水治理、河道清淤、废弃矿山土地整治、边坡防护、土壤改良及复绿工程、湿地保护、废弃矿山地质公园建设、矿山环境监测等。推广废弃矿山修复治理工程,完成土地复垦面积 400 亩,造林复绿面积 2100 亩,水土流失整治面积 400 亩,自然资源与文化遗产保护面积 20 平方公里。生态修复桃江湿地公园,滨江绿道、排水排污设施、生态防洪等,构建城镇生活污水治理体系。总投资 8.4 亿元,涉及人口 9.5 万人。赣州市环保局监测结果显示,桃江龙南自来水厂断面、桃江江口断面水质趋于改善,2018 年上半年各月份均为 II 类水或 I 类水,III 类水基本绝迹。

(七)东江流域治理

赣州市内东江源头为寻乌县、会昌县、定南县、安远县,东江源区因为长期的矿山开采导致了严重的植被破坏和水土流失,威胁东江水源水质。因此,开展流域水环境治理、废弃稀土矿的综合治理、生物多样性保护等 4 个具体项目建设,包含"安远县濂水流域(欣山镇)全方位系统综合治理修复项目""安远县生物多样性保护项目""定南县富田稀土废弃矿山地质环境综合治理工程""寻乌县文峰乡柯树塘废弃矿山环境综合治理与生态修复工程"等具体项目。主要建设内容包括:废弃矿山综合整治,建挡土墙、砌排水沟、修复边坡、客土覆填、植草固土、植被恢复、防止水土流失;治理废弃稀土矿 3 个,面积 5.56 平方公里;对周边村庄土地推广测土配方施肥技术并进行土壤改良以及生物多样性保护等。东江流域治理项目集中于生活污水治理、农业污染治理、矿区治理、工业污染治理、饮用水源保护、生态保护修复等，总投资 6.2 亿元。赣州市环保局监测结果显示，2018 年上半年东江斗晏电站断面水质改善明显，均为Ⅱ类水和Ⅲ类水，Ⅱ类水占比为 33%，与 2017 年同期相比，Ⅱ类水占比提升了近 10 个百分点，有力地提升了东江源头水源涵养功能。

二、推动流域生态补偿与协调机制

赣州市建立流域生态补偿先试区，通过对保护生态环境资源的行为进行补偿。首先，江西省政府和广东省政府签署东江流域上下游横向生态补偿协议，约定两省本着"成本共担、效益共享、合作共治"的原则，以流域跨省界断面水质考核为依据，建立东江流域上下游江西、广东两省横向水环境补偿机制，实行联防联控和流域共治，形成流域保护和治理的长效机制，确保水环境质量稳定和持续改善，2017—2019 年赣州市获得东江流域生态补偿资金 15 亿元；其次，与全省共建共享省域内生态保护补偿机制，赣州市获得省域内流域生态补偿补助资金 28.7 亿元；最后，建立市域内上下游生态补偿机制，2019 年 5 月，赣州市印发了《赣州市建立市内流域上下游横向生态保护补偿机制实施方案》，章江流域、贡江流域和东江流域的 24 个断面所涉的 18 个县（市、区）建立了上下游横向生态补偿机制，明确补偿主体和责任，科学确定补偿范围，规范补偿标准、用途，根据流域生态保护需要，依法依规整合各类补偿资金，统筹用于流域性受损生态的补救和修复，增强补偿措施针对性，提高资金使用效益，建立健全生态补偿机制。

（一）完善国家中央财政补偿机制

东江是中国具有代表性的饮用水源型河流，源头在江西省赣州市寻乌县的桠髻钵山，发源地涵盖寻乌、安远和定南三县，经粤北流入广东，每年水资源量约为 29.2 亿立方米，是珠江三角洲经济圈相关大城市以及香港特别行政区的重要饮用水水源，占港岛用水量的 70% 以上。由于东江源水量稳定、水质好，一直是东江源区、深圳及香港饮用水的重要水源地。

2002 年国家环保总局组织专家进行实地考察，将东江源区确立为以水源涵养为主导功能的国家级生态功能保护区建设试点区，要求在通过涵养水源、保持水土、净化水质等提高生态服务水平的同时，也使源区得到生态服务建设项目的适当补偿。在东江源区尝试建立东江流域生态补偿基金，同时中央政府加大对东江流域上游地区的财政转移支付力度，通过项目进行补偿。在政府层面，跨省流域生态补偿机制由中央政府建立，东江是跨越江西和广东两省的典型流域，因此中央财政政策是调整整个社会经济的重要手段。在中国当前的财政体制中，专项基金和财政转移支付制度对建立流域生态补偿机制具有重要的作用。特别是国家实施积极财政政策以来，先后安排实施了退耕还林、珠江防护林工程、农业综合开发、以工代赈、农村沼气等一系列项目，明显改善了东江源头区域的生产生活条件和生态环境。

2012 年《国务院关于支持赣南等原中央苏区振兴发展的意见》明确指出，要加强生态建设和环境保护，增强原中央苏区可持续发展能力，大力推进生态文明建设，正确处理经济发展与生态保护的关系，坚持在发展中保护、在保护中发展，促进经济社会发展与资源环境相协调。2016 年 4 月，江西、广东东江流域横向生态补偿试点纳入《国务院办公厅关于健全生态保护补偿机制的意见》。2016 年 10 月，江西省、广东省签署了《东江流域横向生态补偿协议》，标志着东江流域横向生态补偿机制正式建立并启动。

（二）完善省级财政补偿机制

江西省对东江源区进行项目补偿和税费减免政策补偿。省内地区层面上的补偿模式主要是，江西省政府加大对源区三县在生态环境保护方面的财政转移支付，增加预算内和国债项目投资安排份额。江西省在节能工程项目、生态工业园项目等资源高效利用项目、林业生态建设项目、水土保持工程项目、生态农业及新农村建设项目、矿山生态环境修复和环境保护、城镇环境保护工程投资方面对东江源区进行倾斜。同时在税收方面对东江源区 3 县进行部分减免，尤其是对源区产业结构调整过程中发展生态农业、高科技产业以及资源节约型生态产业予以所得税、增值税（省内分成部分）、营业税、土地使用费等实行有限期的减免政策，以帮助源区实行产业转型。现在建立东江源区实现生态补偿，强调"改造自然"转变为强调"尊重自然"，环境生态保护进入一个以维护人（农）民生活、生产及环境等权利为主要原则和依据的新阶段。

（三）建立流域协调机制

建立东江源区跨行政区域的生态补偿机制的基本原则是"立足当前、着眼长远、遵守法律、形式多样、增加水量、保证水质、互利互惠、实现双赢"。随着大亚湾经济区的建立，境内外一致看好粤赣两省合作、建立东江源区生态环境补偿机制。而"下游补偿上游"也被视为解决东江源水质保护问题的突破性做法。两地的实质性举动也较多，逐步建立责权统一的生态补偿行政责任制度。明确生态补偿的主体、标准和重点领域，建立国家、地方、部门协调机制，明确监督、管理责任。通过机制建立，明确流域功能定位、各行政单元责任和义务，变行政单元各自的发展而导致偏利、偏害为互惠、和谐多赢，体现生态公平与正义。

建立环境管理制度及生态补偿的市场化机制。积极帮助上游地区加强自身发展能力，在上游地区建立"绿水青山就是金山银山"的转换机制，帮助上游地区的经济发展进入良性循环。积极探索多种补偿途径，例如利用广东省资金、技术和管理优势，结合东江源区相对低廉的土地劳动力资源优势及果业基地优势，大力发展生态农业、生态果业，以优质果业基地带动果品加工、包装、运输和销售服务一条龙产业链条的形成，提高源头区域的产业发展能力，帮助上游地区的发展进入良性循环。赣江流域的下游南昌等地以水资源补偿的名义向赣江源区投资，进行合作兴办绿色生态环保产业，有效解决江河源区发展权的实现问题。

建立生态补偿机制，通过科学计量，用财政转移或改"费"为"税"等具体方法实现科学补偿。进一步加大环境与资源税征收力度，积极探索水权转让机制。为确保源头地区的水资源保护投入，在东江源头上下游地区之间建立水权交易市场，东江每年向珠三角输水 29.2 亿立方米，粤港受益地区应按标准支付给东江源头地区合理的补偿资金，这将使东江源区生态保护的建设资金可以持续得到支持。同时，提高生态公益林补偿标准。

三、推进江河源区保护特色创新

环境问题往往是和贫困问题相伴而行的。东江源头区域上游的安远、寻乌县是国家扶贫开发工作重点县，定南是省级贫困县。贫困不仅导致人口的过快增长，而且与环境破坏相互影响，形成了"贫困——人口增长——环境破坏"的恶性循环。印度高级法官乔·德赫端曾指出："贫困是生态恶化的首要原因，贫困不堪的社区不得不开采已有的资源以便满足自己的基本需求。随着生态系统开始恶化，贫困地区受到最大的伤害，因为他们无力负担采取必要措施来控制生态恶化。"既然生态破坏是经济因素造成的，因此解决生态破坏问题应从经济方面入手，通过配套的经济政策，建立生态保护机制，促进上游地区经济发展，保护生态不受破坏。

（一）力争生态保护与建设项目的资金投入

针对东江源区存在的环境与发展制约因素、上下游社会经济发展状况和跨省界的生态补偿性质，从以下几方面力争东江源区生态保护与建设的项目资金投入。

（1）国家、广东省和江西省共同实施《江西东江源国家级生态功能保护区建设规划》的生态建设，发展重点工程（生态林建设工程、水土保持工程、矿山生态恢复工程、生态农业工程、防洪和饮水工程、农业面源污染综合防治工程、生态旅游工程、生态移民工程、生态环境预警监测与信息管理体系建设工程）以及其他生态保护和环境整治工程，资金渠道以财政转移支付为主。

（2）国家对源区实行税收优惠、扶贫和发展援助。

（3）国家协调广东省对源区提供技术和发展援助（包括项目支持），与源区开展经济合作。具体包括环境友好型和劳动密集型产业转移和项目合作建设、异地开发、矿产资源开发技术研发、可持续果业开发、劳动力培训和提供就业机会等。将项目支持作为重要的生态补偿方式，以弥补源区的发展机会损失。

（4）广东省设立生态保护鼓励基金，对源区环境友好式生产方式（包括农业和工业）给予资金鼓励。

（5）江西省政府在源区开展"环境友好社区""环境优美乡镇"评比创优活动。

通过加大资金投入从根本上解决赣江源区人与自然、环境之间的不和谐问题，实现源头区域由"靠山吃山"向"养山就业"转变，引导当地农民走产业就业富民的道路，奠定生态修复坚实的基础。全市还建设了琴江水利风景区等一批特色生态旅游景点，依托江河源头山川知名优势，吸引外来资金投资生态旅游。通过对旅游设施的完善和旅游环境的整治，促进了景区生态环境的全面修复，并着力发展以果业观光为主的农业生态旅游。大力实施农民知识化工程，对项目区农民进行免费就业培训，增强农民的产业技能、务工技能和创业技能，并积极组织输出到长珠闽地区或县工业园区就业，通过生态移民等方式，减轻人口对生态环境建设的压力，拓宽农民就业渠道，建立生态产业扶持机制。

（二）扬长避短，建立生态服务产业区

东江源头区域涵盖江西寻乌、安远、定南三县，面积3502平方公里，约占流域总面积的十分之一，是国家级生态功能保护试点区。东江源流域从上游至下游依次划分为寻乌控制单元、安远控制单元和定南控制单元，优先控制单元为寻乌、定南控制单元，重点监控点是寻乌县石排下游、定南下历河砂头下游。东江源污染源主要来自城镇生活污水、工业点源和农业生产面源污染。农业面源污染是影响东江源水环境质量最广的主要污染源；城镇集中活动加剧了区域生活生产排污污染，是影响寻乌水马蹄河和定南水下历河下游水环境质量的主要污染源；工业生产的点源污染严重，大多未经处理，携带重金属污染，极具潜在危害，是影响寻乌保留区至赣粤缓冲区水环境质量的主要污染源之一。而重点监测点的污染来源具复合性，受到农业面源污染与工业点源污染的协同侵袭。针对东江源水环境污染源的这种现状，在加强取缔小规模无序企业、规范规模矿产企业的废水废物排放及其净化处理，以及控制农业面源污染排放量等治理措施的同时，创新源区保护途径。

基于江西东江源区生态环境现状以及源区群众对发展的迫切需求，东江源区充分发挥自身优势，建立生态服务产业区，实现源区保护与发展双赢。在市场经济的大环境下，深处偏远区位的特殊生态功能地区，以传统的发展模式是无法赶超一般地区的。因此，东江源区按国家主体功能区划要求，生态功能区作为限制开发区，突出水源涵养的主体功能和生态价值，促进区域增长方式的转变。以生态服务功能价值为基础，协调区域经济发展、保护生态系统，实现合理利用和保护生态环境资源的目的。

江西东江源区三县，森林覆盖率达到80%以上，比相邻的广东省高出23个

百分点，比江西全省高出 20 个百分点左右；这里多年平均降水量 1600 毫米／年，水资源总量 60 亿立方米；源区河网密布，平均河流密度 0.72 公里／公顷；源区还有丰富的生物多样性，优美的自然景观。源区充分发挥这种优势，通过生态服务市场化，即通过市场机制将原来游离于市场之外的、无偿享用的某些生态效益纳入市场，进行交换，从而为生产者带来收益；通过优质水资源涵养产业、生态林业产业、生态旅游服务产业、生物多样性服务产业、森林碳汇市场等生态服务产业致富；改造现有产业发展模式使其生态化；借鉴国外已有成功的典范模式建设东江源生态服务区，充分体现经济、社会越发展，其价值越大的特点。

（三）东江源头重点治理的"寻乌方案"

寻乌县为东江发源地，85% 的面积都属于寻乌水流域，境内河网密布，水力资源相当丰富。据统计，全县共有大小河流 547 条，河道总长 1900 公里。较大的河流有寻乌河、晨光河（水金河）、罗塘河，其中寻乌河和晨光河属东江水系，罗塘河向北流入会昌的湘水，属赣江水系。寻乌河发源于三标乡三桐村的桠髻钵山，境内河道长约 120 公里，自北向南贯穿全县，流经三标、水源、澄江、吉潭、长宁、文峰、南桥、留车、龙廷 9 个乡镇，于龙廷乡斗晏村渡田出口，汇入东江。寻乌县在广东、江西两省签署的《关于东江流域上下游横向生态补偿的协议》框架下，利用专项补偿资金加强流域污染常态化治理，力求长期保持良好的生态环境。在山水林田湖草生态保护修复中，先后实施文峰乡柯树塘和涵水片区 2 个废弃矿山综合治理与生态修复工程，总投资约 6 亿元，治理修复面积 14 平方公里，复绿 933.33 公顷，在治理后的废弃矿区建起工业园、光伏电站，种植经济林果，变"废"为"宝"。

推行全景式策划。寻乌县坚持规划先行、统筹推进，通过公开招标选定湖南大学设计研究院编制的《寻乌县山水林田湖草项目修建性详细规划》，县委、县政府印发的《寻乌县山水林田湖草生态保护修复项目实施方案》，作为全县山水林田湖草生态保护修复试点的纲领性指导性文件，确保试点工作不跑偏、不走样。在统筹推进上大胆革新，致力打破原来山水林田湖草"碎片化"治理格局，消除水利、水保、环保、林业、矿管、交通等行业壁垒，统筹推进水域保护、矿山治理、土地整治、植被恢复等工程，实现治理区域内"山、水、林、田、湖、草、路、景、村"九位一体化推进。

实现全要素保障。寻乌县对山水林田湖草项目实行要素保障"三优先"，即：项目用地优先保障、项目配套资金优先保障、人员力量优先保障。在资金保障上，文峰乡柯树塘和涵水片区废弃矿山综合治理与生态修复工程项目，除中央补助资金7353万元以外，整合东江上下游横向生态补偿项目资金17263万元，石排废弃稀土矿矿山地质环境治理示范工程项目资金9518万元，以及低质低效林改造项目中央补助资金993万元，县财政拨付2000万元用于设立生态基金，按不低于1∶4比例选择合作银行筹措资金8000万元，通过引进企业社会资本3926万元参与共建等方式来筹集项目资金，通过整合林业项目、涉农资金、国家生态功能区转移支付资金等筹集资金10947万元。在人员保障上，专门成立县山水林田湖草项目办公室，由县发改委牵头推进，并从相关单位抽调多名优秀干部集中办公，全力推进山水林田湖草生态保护修复试点工作。

做到全域性治理。全面落实河长制等管理制度，县域内73条流域面积10平方公里以上河流的水文信息、高清地图在管理信息系统里实现全覆盖，并据此建立"河流目录"，内容包括河流概况、流经地点、存在问题以及解决对策，为"一河一档""一河一策"的治水模式提供信息、技术支撑平台。积极探索实践南方废弃稀土矿山综合治理"三同治"模式。一是山上山下同治。在山上开展地形整治、边坡修复、沉沙排水、植被复绿等治理措施，在山下填筑沟壑、兴建生态挡墙、截排水沟，确保消除矿山崩岗、滑坡、泥石流等地质灾害隐患，控制水土流失。二是地上地下同治。地上通过客土、增施有机肥等措施改良土壤，平面用作光伏发电，或因地制宜种植猕猴桃、油茶、竹柏、百香果、油菜等经济作物，坡面采取穴播、条播、撒播、喷播等多种形式恢复植被。地下采用截水墙、水泥搅拌桩、高压旋喷桩等工艺截流引流地下污染水体至地面生态水塘、人工湿地进行减污治理。三是流域上下同治。上游稳沙固土、恢复植被，控制水土流失，实现稀土尾沙、水质氨氮源头减量。下游通过清淤疏浚、砌筑河沟格宾生态护岸、建设梯级人工湿地、完善水终端处理设施等水质综合治理系统，实现水质末端控制。上、下游治理目标系统一致，确保全流域稳定有效治理。

东江源、赣江源多数位于赣州市山区经济相对落后、人民生活相对贫困的国家限制或禁止开发类型区，也是贫困县和贫困人口集中分布区。尽管所有贫困县都已摘帽，但江河源头地区仍承担着建设和保护生态环境的巨大负担，禁止和限制开发政策进一步限制区域资源开发和经济发展，流域上下游地区社会经济发展水平的差距不断拉大，严重影响上游地区保护生态环境的积极性，增加上游地区生态环境保护的压力。在江河源头区域实施生态补偿是建立和完善赣州流域生态补偿机制的核心内容，已成为赣州先试区解决区域社会经济失衡、保护流域水资源生态安全问题的重要手段和迫切需要，尤其以东江源国家级水源涵养功能区这一典型跨行政区域的江河源头地区为对象，研究江河源头区域生态补偿依据和补偿主体识别机制，探索补偿主体和对象的确定原则、方法，并对东江源区生态保护与生态补偿方案和运行机制优化设计，对于建立和完善我国流域生态补偿机制具有典型意义。

第三节　保护江河流域水质政策措施

加强顶层设计、整体规划布局与联动协调能力，增强对全流域水资源、水生态、水环境的整体保护与修复的能力；对已有规划的水生态保护与修复措施落实部署，对已有规划方案细化深化，编制水生态保护与修复专项规划；制定相关标准和规范，增强水生态保护和修复工作的指导依据和标准制约；完善水生态监测评价体系，增强流域尺度上的整体布局，形成统一的监测方法体系、定量的评价方法和指标；加强水生态保护科技支撑，增强流域内水生态保护与修复科研能力和成果应用转化能力，加强平台、设备等建设，逐步改变对水利工程的生态影响和减缓措施相关研究薄弱的状况。加大水生态保护与修复的探索力度，不断改变技术试点工作分散、不系统、碎片化的现象；建立适应性管理机制，对已实施的涉水工程中的水生态影响进行持续监测、效果评估和改进反馈。

一、岸上控制污染

水污染防治重点是排查入河湖污染源，工矿企业生产、城镇生活、畜禽养殖、水产养殖、船舶港口作业、农业生产等是否非法排污、污染水体。水环境治理重点是否按照水功能区确定的各类水体的水质保护目标对水环境进行治理。水生态修复重点是否在规划的基础上实施退田还湖、退田还湿、退渔还湖,恢复河湖水系的自然连通,是否进行水生生物资源养护、保护水生生物多样性,是否开展水土流失防治、维护河湖生态环境。

(一)控制工矿污染

在所有生产矿山建立与生产规模相适应的"三废"处理和回收设施,防止破坏面积和程度进一步扩大。对区域内已关闭稀土矿遗留的采矿作业场地以及峤美山钨矿、定南县钨矿等老钨矿,主要采取修建污水处理工程、挡土墙、拦沙坝、塘坝、谷坊、排水沟等工程,平整改良土地,铺盖客土,恢复植被。

1.结构减排

综合考虑全市对招商引资和新建项目需求相对迫切,结构减排着重于产业结构调整,并限制高污染企业的引入,具体包括制定和提高工业企业的准入标准,制定奖惩相结合的环保管理长效机制,杜绝高污染、强后遗症、低附加值、不利于赣州市产业结构调整的项目在赣州市境内落户启动。工业废水污染防治逐步转变为以全过程治理为主、末端治理为辅的方针,从源头做起强化污染物控制,由浓度控制转为总量控制,根据环境容量调整工业布局和工业类型、制订污染物排放总量限额。原稀土矿区浸矿液流失入渗污染地表水,矿区尾水未经处理或处理还未到位,是定南县龙迳河和濂江流域地表水污染的主要原因。由于原稀土矿区矿点多、范围广、废水收集难度大,污染具有长期性和隐蔽性,污染物入河量还受降雨影响,具有不确定性的特点。高氨氮浓度废水一旦流失,扩散后难以追踪,更无法收集。因此,污染的控制更应该从源头做起,一方面,在地质条件不允许自然收液的情况下采用人造底板收液措施;同时,实时监控收液巷道内母液中稀土及氨氮含量,如达到可回收利用的指标,则加以收集利用,对原地浸矿场下游地表水与地下水进行监测,若发现氨氮超标,将水回收做生产用水循环利用。

2.工程减排

赣州市主要的超标污染物是氨氮,其次是化学需氧量和生化需氧量。稀土矿山开发、生活污水和农业面源是涉及污染指标的主要排放大户。针对稀土矿山开采,加强开采新技术和新模式工程建设,同时加强工程建设综合治理废弃稀土矿山。由于末端治理技术很难有效地控制不同来水量情况下的污染，考虑在污染物入河量贡献率大的矿区源头设立矿区尾水处理站，将矿区范围流域内入河的混合废水全部纳入集中处理达标后予以排放。从过去的以城市生活污水和工业点源污染治理为主向城镇乡村生活污水协同治理以及面源污水治理转变，特别是重视在工矿区、垃圾沿河堆放等方面通过工程建设对污水排放进行治理，对绿化过滤带工程、生态滞留沟渠工程、人工湿地工程、水体净化工程、能源开发工程、富营养化消减以及废弃物资源循环等的生态景观工程技术措施尽可能进行整合，服务于水资源保护与开发利用。

3. 管理减排

加强工业企业特别是矿山及其工业企业的监管。对矿产资源开采实行总量调控，严格矿山准入条件，大力整治非法采矿，在提高资源回收率的同时，减小环境压力。加强对不法排污行为的高压态势，对明知故犯、恶意排污的企业，一律停业整顿，并给予高额处罚，要求企业切实保证废水达标排放。转变管理思路，从以前的重视一次建设向建设和运营并重转变，特别加强污水处理设施运行过程中的监管力度。针对部分地区特别是工矿区污水处理设施接受率低、运行效果不佳等特点，制定相应的激励机制，鼓励这些地区接受并有效利用相关设施。实践证明，污染生态景观工程建设和最佳管理措施是优化农村能耗结构、减少污水排放。实际上，污染的复杂特征说明依靠单一的技术往往无法满足处理效果，因为污染是由多种污染源和污染组分组成，且具有时空变化和尺度变化特征。因此，为了解决污染问题，赣州市从系统全局的观点出发，研究开发科学合理、经济适用的系统性方案，在实现工矿污染管控的同时，实现工矿废弃物资源的再生利用，推广生态环保先进适用技术。

（二）控制农业面源污染

在赣州全市开展农业面源污染综合治理，建立健全农业面源污染监管机制，有效削减农业面源污染量。从农田排水的"水量、水质、迁移路径"三方面控制种植业污染物入河量。水量方面，大力发展节水农业，提高农田沟塘蓄水量，减少排放量，提高灌溉用水效率。水质方面，加强农村污水的生态处理工程和农村生活垃圾的收集与处理，积极推广农业清洁生产技术，对农田施用化肥实施测土配方，鼓励使用有机肥，全面推广新型控释肥，逐步提高肥料利用效率；迁移路径方面，针对河流水系复杂、沟渠不畅、水质污染等状况，对流域内农业灌溉沟渠、农村塘坝系统以及库区排水灌溉工程进行生态化改造，通过水系整治、沟渠连通、水源补充、底泥清淤等措施，促进水体流动，减少农村面源污染，降低水体内源污染，改善河道水质。在保证沟渠正常水利功能的同时构建生态沟渠，利用现有农灌体系中的池塘，串接构建多塘系统，对农田退水实施调蓄和净化，拦截农田面源污染。

因地制宜建设城镇垃圾、污水处理工程，治理生产、生活污染，以提高农村地区人民的生活水平和环境质量为目的，使水资源开发利用和水环境保护并重，结合农村的资源优势、地理特点和经济发展状况，加强水的高效利用；积极推动污水处理设施的建设，实施农村废物的资源化和能源化。通过推广有机肥施用量和测土配方施肥技术，利用秸秆资源实施"沃土"工程，改进施肥方法，提倡化肥深施，不断改良土壤，提高土壤自身保水保肥能力，减少化肥和农药的使用量。在果业开发方面，坚持先规划、后开发的原则，积极推广"三保一防"（保水、保土、保肥、建防护林）和"山顶戴帽"等科学种植方法，有效防止水土流失和水污染。

实施农村面源污染管控的生态循环框架模式，创新农村面源污染管控基本理论与关键技术，并对减少农村面源污染、提高农村污水资源再生水利用率的主要途径进行探索，提出简便、经济、易于操作、高效、可持续和生态友好型的关键技术。针对农村面源污染主要来源包括农村污水、农业种植、畜禽养殖和水产养殖等特点，联合设计组成一个新的生态循环系统，作为农村和集中居住区控制面源污染的战略框架，该系统属于廉价、易于运行操作、高效、可持续和生态友好型的。在固—液分离处理系统内，污水得到处理、再生利用，通过不同的途径(灌溉、水产养殖、饲养场冲洗)实现循环利用，农村废弃物(居民排泄物、牲畜粪便、鱼塘沉积物、作物秸秆等）可以作为厌氧发酵和沼气发电的原材料，沼气可用于农村照明、取暖、生活和发电，沼气残渣可用作肥料，从而减少化肥的施用量，提高有机农业产品。

（三）发展循环农业

强化污染综合整治，调整产业结构，优化产业布局，转变经济增长方式，大力发展循环农业。通过走高新技术和循环经济之路，实施环保生态工程，减轻养殖业和农业面源造成的水体污染和生态破坏。通过推广"猪—沼—果"工程，对畜禽粪便等实行综合利用，减少养殖业对河水的污染。建设果业开发污染人工湿地综合治理规划工程，通过建设湿地立体生态系统吸收和降解地表径流中农药、化肥污染，并以导流措施和湿地沉淀方式等控制水土流失，同时结合源头区域"柑橘种植优势区"的特点，建设畜禽养殖—果业开发生态经济循环圈。

赣南在大力推广的"猪—沼—果"工程中，针对该模式运行过程中出现的成本高，养殖效益低、循环受阻或中断的情况，利用生物链的加环作用，引进优良饲料作物美国籽粒苋，组成果园新的立体层次，建造果园多层空间生态位，促进良性循环的新模式，即利用果园株行间隙（果树滴水线以外）种植籽粒苋，用作青饲料喂禽畜，发展果园养殖业，禽畜粪便入沼气池产生沼气，提供生活能源，产生的沼肥（发酵肥）再返回果园为果树、经济作物补充肥料，如此形成一个周而复始的良性生态循环。

按照"资源化、无害化、生态化"的原则，利用资源化治理工程和配套措施处理规模化畜禽养殖有机污染，扶持大中型能源生态型和能源环保型工作。对规模化畜禽养殖污染源，要求建设污水处理设施，如间歇进水间歇好氧活性污泥废水处理法处理工艺等，加强排污监控。对散养畜禽污染源，在源头区域改良、新建和推广标准化"猪—沼—果"模式。运用种养结合的循环经济、生态经济理念，根据区域环境容量合理调整和优化畜禽养殖结构、布局和规模，划定禁养区（不准规模化养殖畜禽的区域）和限养区（实现畜禽污染物总量控制的区域），按建设项目有关规定和规划定点要求规范养殖场建设，对现有养殖场(户)污染进行综合治理，推行清洁生产和生态化养殖，实现废物减量化、无害化、资源化和生态化的目标。

二、水岸生态连通

赣州市地处江西上游，河流在汛期和非汛期水位变化较大，在变水位情况下，堤岸建设的安全性与堤岸生态恢复、水岸连通、景观营造、景效持续的有机统一十分重要。河道综合治理已发展为需要融合水利、排水、生态及景观等多个涉水专业为一体的系统性工程。依据河岸带的实际情况，提出适用于当前城镇河道综合治理的技术路线，系统地处理好防洪排涝、河道蓝线布置、生态堤岸选择、初期雨水拦截、截污与堤防关系及水污染防治等关键问题，为保障城区饮用水源、提升流域水环境质量，对城区水环境综合治理，使河道更科学、合理，为适用于城镇化地区的开发建设，对需要恢复和重建的河岸带采取以下几种方式。

（一）河岸复绿

赣州的河流丰富，沿河大部分的城镇也是依河而建。随着全市城镇化的不断推进，防洪成为依水而建的城镇中的重点安全工程。由于城镇人口的聚集和延展，防洪标准不断提高，最高的已达到了百年一遇。而大多数防洪工程提标改造后变成了一堵阻隔城市与水的墙，人们与水的关系不再密切，绿色的河岸换成了灰色，柔软的草坡驳岸变成生硬的混凝土挡墙。山水林田湖草生态修复保护河道治理项目以绿色发展理念为指导，使固化河岸带逐渐向"生态友好"转变，堤防不仅仅是防洪，还有承担景观、绿化的功能。在防洪安全的前提下，使僵硬的防洪堤重新彰显活力，使被阻隔的空间得到连通，恢复人与水的亲密关系。

1.建设自然原型河岸带

主要是在河岸线中坡度较缓、水力冲刷小的岸线进行。这种河岸带只需要进行合理的植被种植，保持岸线自然的状态就可以保证河岸线安全。靠近河流内侧选择淡竹、刚竹、水竹、黄竹、楠竹、麻柳等植物，靠近河流外侧选择垂柳、麻柳、水杉、洋槐、香樟等树种。河流外侧按1米单行列植，株距3—4米，沿河低级台阶边缘内1米单行列植或丛植，株距2—3米；较宽台阶采用自然式丛植布局。

2.建设自然型河岸带

主要是在河岸带中坡度相对较陡、冲刷相对严重的岸线进行。这种河岸带以种植植被为主，并需乔灌草相结合种植，同时采取一定的工程措施，例如设置天然石材、木材护底，在坡脚采用石笼、木桩或浆砌石块等护底，并往上筑建一定坡度的土堤，斜坡种植植被。植物类型与自然原型河岸带基本相同，包括绿化隔离带、乔草防护带、灌草湿生带、挺水植物带和浮叶、沉水植物带五个部分，其中灌草湿生带和挺水植物带因地制宜或带状分布，或交错块状分布。

3.建设人工自然型河岸带

主要在河岸带中地质条件差、坡度很陡、冲刷力大的岸线进行。这种河岸的堤防在建造重力式挡土墙的同时，采取台阶式的分层处理。即在自然型护堤的基础上，再用钢筋混凝土等材料进行加固。通过采取针对性的护岸工程降低治理河段的水面线，使得行洪更加通畅，保护沿河的农田及房屋。在河道修复和重建挺水植物带，进行补植或块状或带状改造。植物选择土著挺水植物如芦苇、蒲草、孤获、慈姑等；湿生植物修复和重建配置的树种主要包括落羽杉、水杉、池杉、河柳、枫杨，间种美人蕉、节节草、灯芯草、旱伞草、水葱或其他本地开花草本植物。对河道中底质条件良好、风浪小的开阔河湾和缓水区，选用本地适生的土著沉水植物如苦草、金鱼藻、海菜花、竹叶眼子菜、殖草等和土著浮水植物如睡莲、野菱、芡实、苦菜、槐叶苹等进行重建，恢复河流生态系统，增强河流自净能力，丰富生物多样性。

（二）河道保洁

重点实施江河两岸居民集中的河道保洁，解决上游水土流失和生活垃圾直接入河造成的河道淤积；工农业生产直接排污造成的河道污染；杂草丛生占据河道，导致河床堵塞缩窄行洪断面；部分受冲河段河岸崩塌。参照生态清洁小流域建设导则，河道治理措施以清淤疏浚和防冲保护为主，充分发挥河道的自净、溶解、纳消能力，主要以生态格网护岸为主，草皮护坡为辅，尽量保持河道自然景观。既有对河道及其周边区域进行全面、集中的废弃物清理，以清理河道内长期"存储"的固体废弃物，还有在局部废弃物污染严重的区域进行必要的消毒，以防止相关疾病传播的废弃物集中清理项目，也有组织专业队伍定期对河流水面及其周边区域的废弃物进行清理和集中处理，减少污染物对水体的污染，并保持良好水体景观、打造洁净水源的水面日常保洁项目。

1.持续加强船舶港口污染防治

推进港口船舶污染物接收、转运和处置设施建设，加强危险品船的进出港、作业审批和监管，加大船舶污染专项整治和执法检查力度，推进船舶结构调整，积极推进液化天然气（LNG）等清洁能源在水运行业中的应用，加强港口码头垃圾、废水及作业扬尘整治。

2.持续开展侵占河湖水域及岸线专项整治

清查非法挤占水域岸线用地；科学编制岸线利用规划，落实规划岸线分区管理；加强河道管理，维护河流水域秩序；加大执法力度，严厉打击非法侵占水域岸线行为；加大对河流弃土、弃渣违法行为查处力度。

3.持续开展非法采砂专项整治

加强涉水涉砂矛盾纠纷排查，严厉打击非法采砂行为，继续做好河道（库区、湖区）的联合巡查和协商联动机制，形成打击违法涉水事件合力。

4.持续开展非法设置入河湖排污口专项整治

按照《取水口、排污口和应急备用水源实施方案》要求，对入河湖排污口进行整治，对清查的非法入河湖排污口督促整改或依法取缔，完善相关手续。

5.持续加强城市黑臭水体治理

指导各地采取控源截污、垃圾清理、清淤疏浚、生态修复等措施，加大城市建成区黑臭水体治理力度。

（三）生物多样性恢复

充分利用现有河流的微地形、地貌条件进行水生生物多样性的恢复。主要是沿河道至河床沙滩方向依次种植沉水植物、浮叶植物、挺水植物和湿生植物，恢复和重建比较完善的河流植物群落结构，恢复河流生态系统功能，利用河流内基质、水生植物和微生物之间的物理、化学和生物三重协同作用，通过过滤、拦截、吸附、沉淀、离子交换、植物吸收和微生物分解等作用来实现对水体的高效净化。在植物群落结构恢复的过程中，充分考虑动物栖息地和湿地景观的要求，在充分实现其生态效益的前提下，营造良好的生物栖息环境和湿地景观，提高生物多样性。

1.生态绿化过滤带工程

是指靠近河岸区域在一定的范围内将某种植物和土壤基质相结合的区域生态工程,是按照一定的设计,建设生态植被,用来处理附近区域内的片状污染径流。生态过滤带通过减缓径流流速、控制悬移质泥沙、延长拦截时间和提高拦截量,实现过滤和消减径流泥沙与其他污染物之目的,具有十分明显的优势。绿化过滤带生态景观工程用来控制农村面源污染,包括污染的复杂过程控制、泥沙和其他污染物控制、作物营养吸收、土壤污染控制、污染物的微生物降解以及污染物转移和污染物定位修复。基于合理的设计和运行维护,过滤带工程能够对浅层水流和片流中的污染物(尤其是富营养化)消减取得满意的效果。就工程建设和运行而言,生态过滤带的适宜宽度为6—9米,可以根据需要拦截的污水排放量,经分析确定取上限或下限。

2.生态沟渠工程

农田沟渠是化肥使用过剩的重要消减通道,作为特殊的生态系统,可以起到湿地和河流的双重作用,促进氮营养消减。沟渠中丰富的氮营养储量对植物和其他生物量起到了保障作用。但是,沟渠承担着将大量农田生态系统中的污染物运移到承纳水体的任务,从而严重影响了地表水的循环、水化学特性和生物组成。因此,农田沟渠不仅对农业面源污染起到沉积作用,而且还有河湖氮污染源的输送作用。植物选配是生态沟渠系统建设中最重要的设计参数。大生物量的合理水分供应是消减农业污染的基础。在具体的修复和重建过程中,对现有长势良好的沉水植物、浮叶植物、挺水植物和草甸以保护为主,防止人为破坏,在此基础上,进行部分补充和景观营造。在居民点比较集中的区域和农业生产用水排入河流的入口附近,进行以降解污染和净化水质为主导的"生态过滤型"沟渠生态系统建设。生态滤场是将水体生物处理过程和悬浮物去除过程结合在一起的水处理工艺,它可去除水体中的有机物,可通过水中氮的硝化和反硝化除氮污染物质。根据工艺设计的要求,它可和水中活性微生物一起,用于水体的深度处理。生态滤场的构建,可缓解水体富营养化及提高水体透明度。设计湿地生态滤场水深60—70厘米,坡降比5.0。在部分地段池底自下而上分别设置0.2米厚的黏土层、0.6米厚的细碎石和0.1米厚的覆土层。植物种类选择以芦苇、香蒲为主。在芦苇等挺水植物前、后分别配置浮萍等浮水植物和苦草等沉水植物。

3.河流湿地修复与恢复工程

在对河流湿地进行严格保护和保育的基础上，根据微地形地貌条件，对现有的河流湿地中的江心洲、河滩地进行必要的修复和恢复，在局部河段种植水生植被，以恢复河流湿地的生境复杂性和生物多样性，提高河流的自净能力，打造多样的河流湿地景观。既有选择河道内面积较大、不影响行洪的滩涂进行森林沼泽恢复与重建，选择池杉、水杉、枫杨和乌桕等乡土树种，以及一些浆果树种，按照专业森林沼泽造林设计的河道滩涂森林沼泽恢复项目；也有选择河道内面积较大、不影响行洪的滩涂，按照矮围的方式进行草本沼泽恢复与重建，草本植物可以选择芦苇、菖蒲、香蒲和荷花等乡土植物的河道滩涂草本沼泽恢复项目；对于江心洲类型的滩涂，营造深水、浅水、沼泽、滨水直至旱生的适合不同鸟类栖息和觅食的岛屿生境序列，表现形式可采用同心圆圈层方式布局，由外往里依次是深水—浅水—湿生植物环—灌木环—乔木环—人工岛，构建不同鸟类适合的生态位，在树种的选择上，可以适当增加一些鸟类喜欢的浆果树种。同时，营造高低不等的不同树丛、灌丛和草丛，吸引水禽来此栖息。

三、水中环境修复

按照"查、测、溯、治、管"的入河排污口管理思路，推动构建"水环境—排污口—污染源"的全过程管理体系。统筹水资源、水环境和水生态，着力实施水中环境治理与保护。加强江河湖泊重点水域生态系统修复、综合治理，以濒危水生生物为重点，在产卵场、索饵场、越冬场和洄游通道等关键生境实施一批生态系统保护和修复重大工程。

（一）恢复重要水域自然生境

加强水生生物栖息地保护和修复，严格执行自然保护地和生态保护红线相关规定和要求，合理规划涉水工程建设项目，逐步恢复赣江及重要支流自然生境，实施贡江、章江、东江等河流的生态修复示范工程，消除已有不利影响，恢复原有生态功能，满足水生生物最基本的栖息繁衍需求。通过河流形态修复、深潭浅滩营造、去地表硬化、人工鱼巢建设等措施，修复河道内、岸边带栖息地，恢复河流自然生境。围绕小流域污染治理，赣县区开发应用植物——微生物联合修复技术、原位固化稳定化修复技术构建生态修复基地，探索形成生态清洁型小流域污染治理新模式。石城县扎实推进"清河行动"，大力开展非法采砂查处、禁养区推出、垃圾和污水处理、水库人放天养等行动，使境内各条河流、水库水环境质量保持较高水平，两岸植被郁郁葱葱、流水清澈见底，构成一幅美丽的河道画卷。

（二）科学开展增殖放流

针对赣江流域水生态问题及影响因素，开展流域洄游通道恢复，建设赣江流域过鱼设施决策支持系统，持续推进实施赣江干流及重要支流连通性恢复工程。根据水生生态系统结构和水域生态容量，制定科学有效的放流规划，科学确定增殖放流种类、规格、数量和时间，开展标记放流和跟踪评估技术研究，建立健全放流效果评估机制。加强对增殖放流苗种供应单位的管理，建立供苗单位黑名单管理制度，强化源头监管，确保苗种质量。加强社会公众和团体参与增殖放流活动的科学引导和规范管理，严控无序放流，严防外来物种入侵和种质污染，提升放流效果。开展珍稀特有水生动物人工繁育技术研究，加大珍稀特有、重要经济水生动物的增殖放流力度。持续开展渔业资源保护专项整治。严厉查处电、毒、炸鱼等非法捕捞行为，继续推行春季禁渔制度，规范落实渔业资源增殖放流，加大保护区监管力度，确保全面完成保护区退养禁捕工作任务，并实行常态化管理，有效保护渔业资源及其生境。规范水库湖区养殖行为。

（三）强化生境源头防控

各级政府及有关部门加强对水电、航道、港口、采砂、取水、排污、岸线利用的规范管理，统筹处理好开发建设与水生生物保护的关系，涉及水生生物栖息地的规划和项目依法开展影响专题评价，对已批复的相关流域开发规划，从生态保护优先角度出发，进行修订和完善，流域河流应根据鱼类生存与繁衍需要，保留适合水生生物栖息繁殖的天然河段。加强赣江水域污染防控，开展赣江水域生态环境监测和预警，及时处置各类突发污染事故，严格依法查处各类污染事故。各有关部门建立健全协调联动机制，禁止在各级各类水生生物保护区水域新建排污口，已建的排污口要确保达标排放，建立排污台账，逐步减少重要水域排污口的排放总量，加大污染治理力度。依法清理饮用水水源保护区内违法建筑和排污口，推进各县（市、区）特别是赣州市中心城区备用水源或应急水源建设。

赣州市河流生态修复成功案例表明，拟自然理念是推进河流生态修复的重要指引。采用生态的技术和模式开展河流生态修复，将修复后的河流再次归还给大自然，充分利用大自然的稳定性、平衡性、抗干扰性和自净化功能，统筹实现防洪、抗旱、生态、景观、人文等多方面目标，对推进我国河流生态修复事业具有重要指导意义。

第三章　林提质增效

　　2016 年，赣州市委、市政府作出用 10 年时间改造 66.67 万公顷低质低效林的重要决策部署，主要解决政府造林政策和合适的生长林地，通过树木生长最基础的成因治理，挖掘林地隐藏的潜力因素，提高林区生产力，调和林区经济利益和生态利益，促进可持续发展和资源尽其用。实践证明，对低质低效林的优化改造既是适应山水林田湖草生命共同体时代政策的需求，也是建设森林和谐生态的必然要求。经领导示范点建设、2015—2016 年小规模实施，特别是 2017 年度作为全市山水林田湖草生态保护修复的重点项目之一全面铺开以来，赣州低质低效林改造工作取得了一定成效，为全面、精准提升森林质量，增强森林生态功能奠定了良好基础。

第一节　围绕低质低效林的成因制定改造规划方案

　　低质低效林是指受人为因素的直接作用或诱导自然因素的影响，林分结构和稳定性失调，林木生长发育衰竭，系统功能退化或丧失，导致森林生态功能、林产品产量或生物量显著低于同类立地条件下相同林分平均水平的林分总称[1]。通常，低质林是指经济效益低的林分，低效林是指生态效益特别是水土保持生态功能低的林分，低效林一定是低质林。这样的林区森林生态环境被严重破坏，林木储蓄量少，而且因为长期被粗放经营管理，导致其林区林分结构

---

① 国家林业局：《LY/T1690—2007 低效林改造技术规程》，2007 年。

简单，山区的树数量和质量均每况愈下。

一、突出低质低效林的历史成因和基本特点

赣州地处南岭山地、武夷山脉和罗霄山脉交汇地带，是我国生物多样性富集区。赣州市植被类型属我国东南部原生型常绿针叶林、针阔混交林及阔叶林，是我国中亚热带向南亚热带植物区系的过渡地带。植被和森林资源方面，赣州市是我国商品林基地和重点开发的林区之一。植物区系具有种类繁多、成分复杂、起源古老等特点，保留了大量的第三纪植物区系，是古老植物种属的"避难所"，是东亚植物区系的发源地之一，还是我国特有植物珍贵树种较多的地区。森林资源丰富，是国内杉木、湿地松、毛竹、脐橙、油茶等经济林的重要生产基地。

（一）历史成因

历史上的赣南是个森林茂密山清水秀的地方，建制于汉高祖六年、繁荣于两宋时期。西晋末年，长达 18 年的"五胡乱华"和"八王之乱"让中原沦为兵戈之地，士民纷纷南迁。其中一部分迁移到江苏，再顺赣江而上，来到赣南地区，成为第一批"客家先民"，给赣南带来了先进的中原农耕文明的曙光。在宋朝时还因森林翁郁存在瘴毒现象的赣南，清朝乾隆年间后局势平稳，出现了生产发展的繁荣景象。但是，由于赣南地貌以山地丘陵为主，人多地少的生存矛盾突出，从清代开始，大量山地被开垦种植杂粮和经济作物，森林过伐、植被破坏、生态失调，特别是因水土流失加剧造成严重旱涝灾害频繁发生，迫使地方官员保护水土的观念越来越强，早在道光年间赣南就开始有了对山地采取监督保护的措施。

毛泽东同志早在 1930 年《兴国调查》一文中就指出当时苏区水土流失的严重性。兴国，位于赣南贡江中下游，宋代以当时的年号"太平兴国"而得名。三面环山，一面靠江。按说，这里应该是山清水秀的鱼米之乡。然而，在第二次国内革命战争时期，国民党为了消灭共产党，大肆实行"石过刀，草过火，人换种"的"三光"政策，这里的青山也没有躲过毁灭的厄运。由于特殊的自然条件和战争、过度开荒、砍伐薪柴等人为因素影响，导致兴国县水土流失曾

经十分严重。1980 年 10 月，世界著名水土保持专家、英国皇家学会佩雷拉·查理斯爵士到兴国实地考察后惊呼这里是"中国江南沙漠"。

新中国成立初期，赣州被列为木材调运重点地区，为此修建了森林铁路，专门外调木材。1958 年的全国大炼钢铁运动，千军万马上山砍柴烧炭，毁灭性地砍伐森林；随后的三年自然灾害，为了解决温饱不惜大片毁林开荒，包括在 70 年代人口增长迅猛，赣南都不例外地伐林垦荒，致使森林面积持续减少。长期过度采伐，导致森林面积锐减，生态环境不断恶化。"赣南山区的许多山头至今一片荒凉、寸草不生、水土流失、植被破坏，到了令人触目惊心的程度，人们惊叹兴国要'亡国'，宁都要'迁都'。"香港媒体报道，1980 年赣州市水土流失面积达 12102 平方公里，分别占全市总土地面积和山区面积的31% 和 40%。1983 年，国家把兴国县列入全国八片水土保持重点治理区之一。随后，赣南 18 个县（市、区）先后被列为全国水土保持重点治理区。国家持之以恒的大力支持，为赣南水土保持生态治理建设注入了强劲动力。植物措施作为水土保持三大措施之一，与工程措施、农耕措施组成有机的水土流失综合防治体系。

（二）基本特点

低质低效林的形成主要是由于人为活动的影响、缺乏精准的林区目标定位、缺乏正确的林区经营管理方式等，导致一些地方存在"远看青山在，近看水土流"的生态特征，林分结构不合理、森林生产力低等问题突出。自 20 世纪 80 年代初期赣南开始植树绿化，1985—1994 年 10 年间，赣州市荒山造林的面积为 95.77 万公顷，主要以马尾松为主，直至 2014 年，本地区的森林覆盖率已达到 76.23%，但在当时造林方式基本采用飞机播种和"一锄法"，后续对树苗的管理以封山育林为主，缺少树苗抚育工作，再加上较差的立地条件等客观因素，直接形成了数百万公顷以马尾松为主的低质低效林。

赣南森林资源存在以下特点：一是针叶林多，阔叶林少。全市以马尾松、杉木、湿地松为主的针叶林面积占 74%，阔叶林及针阔混交林只占 26%，生物多样性差，涵养水源、保持水土能力也相对较差。二是中幼林多，成过熟林少。全市林分面积中，中幼林面积占 88%，而生态效益相对高且稳定的成、过熟林面积仅占 12%，全市森林年龄结构比例严重失衡，生态防护效能偏低。

三是森林生产力低。全市林分单位面积蓄积为 43.95 立方米 / 公顷，低于全省 49.2 立方米 / 公顷的平均水平，仅相当于全国水平 85.95 立方米 / 公顷的 51%，森林的生态效益难以得到全面发挥。加快低质低效林改造既是促进赣南经济社会可持续发展的战略举措，也是促进人与自然的和谐的重要课题和极为重要的一环；既是大力提升森林质量的重要途径，更是大力提升生态建设成效的重要保障。

在赣南森林资源中，尤其突出的是马尾松林，占赣南林分总面积的 70%，它为建材、人造板、包装箱、松香等林产工业提供大量的木质资源。马尾松林也是赣南森林生态系统退化的一个主要树种，调查发现，蓄水功能降低、物种多样性明显下降、群落结构不稳定和病虫危害增多、气候调节功能衰退、地力条件明显下降等都是退化特征的明显表现。因此马尾松林的提质改造，对恢复和完善赣南森林生态系统具有代表性的作用。根据实践经验发现，如与阔叶树混交营造混交林，能发挥两者的混交效益，且马尾松林宜改造成多树种结构的阔松混交林。但是，混交林的最后成功还要考虑成熟林分群落结构的合理配置。低质低效林的改造，就是要紧扣重点区域森林美化彩化珍贵化和生态宜居乡村建设，优化林分结构，提升森林和生物多样性，增强森林对火灾和病虫害的抵抗能力，达到改善森林景观，提高森林生态效益、社会效益和经济效益的目标。

（三）历史转折

20 世纪 80 年代起，赣州市先后开展了马尾松、杉木等针叶用材林培育技术及马尾松飞播林改造技术研究，在混交林营建及水源涵养林建设等方面取得了较好的研究成果。完成的《马尾松用材林速生丰产技术标准》在全省发布实施。多年的研究试验，积累了丰富的低效林改造和建设经验。在总结"十年绿化赣南"的基础上，大力创新技术，编制实施低产低效林改造技术体系，主要开展荒坡及残次林造林、抚育试验以及低效马尾松飞播林补阔工程，通过科学抚育大力提升林分质量。

赣州市高度重视低质低效林改造在生态文明建设中的地位与作用，特别是国务院《关于支持赣南等原中央苏区振兴发展的若干意见》出台后，市委市政府按照全面谋划和部署生态屏障建设的总体要求，大力推进低质低效林改造工作。2014 年在全省率先启动了低质低效林改造试点工作，建成 41 个市、县两级林业局领导示范点，改造面积 1400 公顷，由此撬动全市筹措改造资金 1143 万元，辐射改造低质低效林 3.03 万公顷[1]；2015 年，市政府办公厅下发了《关于开展低质低效林改造提升森林质量的实施意见》，明确了目标任务、基本原则，确定了改造对象、实施重点和改造方式，制订了保障措施，全市低质低效林改造工作全面推进。

2016 年，李克强总理考察赣州，对赣州市开展低质低效林改造给予明确支持，并做出重要指示。为贯彻总理指示精神，全面、重点、有序、科学推进低质低效林改造工作，赣州市林业局组织技术人员对全市低质低效林现状进行了补充调查，编制了《江西省赣州市低质低效林改造规划》，赣州市委、市政府印发了《赣州市 2016—2017 年度低质低效林改造实施方案》，明确 2017 年度全市完成以马尾松为主的低质低效林改造任务 4 万公顷。经第三方机构核实结果表明，2017 年度，全市实际完成低质低效林改造面积 4.55 万公顷，占计划任务的 113.7%。

二、突出低质低效林改造的总体要求和基本程序

根据《中国南方（赣州）重要生态屏障建设与绿色产业发展总体规划(2013—2020 年)》，构建以水源涵养保护片区、水土流失治理片区、环境污染防治片区 3 片区为主体，以交通道路、河渠两岸 2 线生态廊道为干线，以自然保护区、森林公园、湿地公园、树木园、植物园等 91 点为网点的生态屏障建设框架，重点推进生态保护修复、生物多样性保护、水土流失治理、环境污染防治、生态廊道建设、生态移民安置六大生态建设工程。推进流域综合治理，促进退化植被恢复，大力推进水土保持林建设和低效林改造，改善林分结构、提高森林质量、增强保持水土功能。

（一）明确基本要求

林业用地范围广、面积大，是赣南的一大资源优势，开展低质低效林改

---

[1] 赣州市林业局：《赣州市林业发展"十三五"规划》，2015 年。

造,创新林业发展路径是前提。在低产林规划时,一定要结合每个县的林业特色产品,探索建立以采集利用叶、花、果、枝为原料的产业基地,以促进边远山区经济发展,带领山区人民脱贫致富。要契合林农需求,合理搭配经济价值较高的树种,生态与经济相兼顾,提高农户的积极性,这样规划的低改项目才有生命力,才能落到实处。

1. 政府推动,社会参与

相比国有林地,集体山林经营管理更加粗放,是低质低效林的主要分布区和实施改造的主战场,而集体林权制度主体改革完成后,大部分集体山林已分山到户,林农拥有广泛的自主经营权,对其山林实施林分改造,更需要农户的参与和配合。要认真研究制定宣传计划,采取多种形式,重点宣传低质低效林改造的必要性、紧迫性和生态共享理念,从思想认识上激发农户的主动性,各级政府按照属地负责制,充分发挥乡镇、村组干部作用,采取有力措施,做好林农群众思想工作,解决低改用地难问题。大力宣传实施低改是政府投入、林农受益,造林后所得收益归林农所有,使林农愿意拿出低质低效林地实施低改。整合相关涉农涉林资金,研究出台配套支持政策,充分调动农户的能动性;深化集体林权制度改革,放活林地经营权,推动林地合理流转,建立健全新型林业经营体系,培育新型林业经营主体,吸引和鼓励社会力量积极参与低质低效林改造,并确保其合法权益。

2. 因地制宜,务求实效

充分尊重自然规律,坚持生态优先、因地制宜、适地适树,做到宜造则造、宜补则补、宜改则改、宜抚则抚。坚持科学造林、推广良种良法,既要立足当前绿化的现状,也要考虑长远发展的需要,坚决杜绝移植大树和毁林重造,严禁在生态亟须恢复区内炼山、全垦作业,不搞好大喜功、"一刀切"形象工程。创新参与模式,将低改与脱贫攻坚紧密结合,用好扶贫和低改项目资金,优先安排贫困村、贫困户林地改造,积极吸纳贫困户参与低改整地、造林、抚育、护林等工作,让贫困户通过投工投劳增加收入。创新经营主体,充分发挥国有林场技术力量强、营造林经验丰富的作用,大力支持国有林场流转林地实施场外造林,通过技术服务参与低改,大力推广国有林场主导项目实施和担当管护主体的建设模式。创新林地管理模式,鼓励有条件的地方对通道沿线、县城周边、饮用水源地等重要生态区域开展政府赎买或置换林地，并统一实施低改。着力推进示范基地建设，及时推广示范经验，提高森林经营水平，确保改一片、活一片、示范一片。各县（市、区）政府主要领导和分管领导各挂点建设一个示范基地；各县（市、区）林业部门主要领导、乡（镇）主要领导各挂点建设一个面积 13.33—20 公顷的示范基地。通过示范带动，建设一批可推广、可复制的示范样板基地。

3.科学设计，突出特色

针对生态亟须恢复区自然条件、功能需求合理设计林种、树种。坚持以培育乡土阔叶树种资源为主，科学调整树种结构，形成树种多样、层次分明、生态功能稳定的特点，充分展现不同区域森林的生态特色。结合立地条件，科学采取更替、补植、抚育、封育四种改造方式，促进森林生态系统正向演替。更替改造优先选择在火烧迹地、疏林地，遭受森林火灾、严重病虫害的林地，受冻害的桉树林以及不适地适树导致林木生长不良的低质低效林中进行。补植改造主要选择在郁闭度小于 0.5、因土壤瘠薄导致林木生长不良、林下植被稀少的林分，特别是生态功能弱的马尾松低效林中进行，采取补植乡土阔叶树措施，培育针阔混交林。抚育改造主要选择在对密度过大、林木分化严重、生长量明显下降的林分进行，采取砍杂、抽针留阔、抽针补阔、垦复、施肥等措施实施森林抚育，调整林分密度、结构。封育改造主要选择在郁闭度小于 0.5 的低质低效林、疏林地或有望培育成乔木的灌木林地，且立地条件及天然更新条件较好、通过封山育林可以达到较好改造效果的林分中进行。

（二）明确目标任务

根据《低效林改造技术规程》（LY/T1690—2007）之低效林评判标准，结合《江西省低产低效林改造规划（2014—2020 年）》和《江西省 2013 年森林资源补充调查成果资料》，将赣州全市低质低效林划分为 16 个类型，合计106.20 万公顷，其中，乔木低质低效林 88.09 万公顷[①]。通过对这些低质低效林的提质改造，保护、恢复和重建森林生态系统，构建区域生态安全体系，从而

---

① 赣州市林业局：《江西省赣州市低质低效林改造规划》，2016 年。

建设完善的森林生态系统。

1. 主要目标

赣州市以全面提升森林质量，巩固南方地区重要的生态屏障为目标，结合全市低质低效林改造，因林施策、科学经营，精准提升生态亟须恢复区森林质量。坚持森林资源保护优先，珍贵树种培育和木材战略储备建设并重、改善生态脆弱区条件、强化森林景观基础实施建设，助力全域旅游。到2022年完成生态亟须恢复区森林质量提升任务0.51万公顷，实现全市森林林相结构更合理、珍贵木材资源更丰富、生态屏障功能更完备。

2. 重点任务

全面改造高铁、铁路、高速公路沿线两侧第一层山的低质低效林，着力改造昌吉赣、赣深高铁，京九、赣瑞龙、赣韶铁路沿线低质低效林，确保修复因建设昌赣、赣深等高铁赣州段，赣瑞龙、赣韶等铁路赣州段两侧形成的裸露山、临时建设占用的废弃地以及疏林地、火烧迹地、废弃矿山等生态问题突出、亟须恢复区域的森林生态环境，提升厦蓉、兴赣等高速公路沿线低改景观绿化水平。在保护现有森林植被的基础上，对瑞金共和国摇篮等周边区域树种结构单一、病虫害严重的低效林地、疏林地、火烧迹地、裸露山实施林相改造，恢复提升生态防护功能。结合乡村振兴及农村环境综合整治等工作，通过森林抚育经营、低效林改造等方式，逐步恢复提升乡村周边森林质量。对城镇、村庄周边森林实施美化建设，加强对缺株断带、残破的林相进行补植修复，并充分利用四旁闲置地，开展森林乡村建设，既提高森林质量，又提升景观效果。

3. 责任主体

各级政府高度重视低改工作，将低改纳入重要议事日程，加强组织领导，认真研究部署，精心组织实施。各级党政主要领导亲自抓，分管领导具体抓，层层签订责任状，分解落实年度低改任务。各县（市、区）人民政府主要负责同志为第一责任人，切实担负起低改的主体责任。市低改领导小组成员单位充分发挥职能作用，履行好工作职责，财政部门负责统筹资金，加大对低改的支持；交通运输部门和铁路部门分别负责高速公路隔离栅栏内、高铁、铁路地界内的绿化提升工作，并为高铁、铁路、高速公路沿线两侧的低改提供施工便利；林业、果业、矿管等部门加强对油茶、果业、矿产资源开发的监管，落实生态开发措施，水保、矿管等部门加强高速公路、高铁沿线水土保持、废弃矿山、采石场治理工作，合力提升通道森林质量。坚持高标准推进项目建设，挖大穴、施大肥，栽植1—2年生壮苗，3年内每年抚育2次并施追肥，主要通道等重点区域要按照"三化"要求实施改造。落实低改用地，帮助造林大户、企业依法依规租赁林地，或引导林农以林地入股与企业、大户合作实施低改，所得收益按股分成。积极探索以村为单位，组建林业合作社，以股份制形式把林地集中起来，统一规划、统一改造、统一经营。完善林长制队伍规范化、管理制度化、监管信息化建设，认真执行省、市林长巡林工作制度，进一步做好护林员队伍整合监管和选（续）聘工作，做好管护山场、管护人员、管护资金"三整合"，切实发挥"两长两员"源头监管作用。

（三）明确实施步骤

坚持规划先行、科学布局，结合森林资源实际，合理编制生态亟须恢复区森林质量提升项目规划，将建设任务、技术措施精准落实到山头地块。在明确项目建设布局的基础上，采取循序渐进、分步实施的方法逐步推进。

1. 编制建设规划

全面开展生态亟须恢复区森林资源调查摸底，结合实际编制森林质量提升项目建设规划。围绕主要目标和重点任务，将建设任务分解落实到乡（镇）村和山头地块，并明确项目建设范围、资金预算与筹措、种苗需求与保障、科技支撑与服务、成效监测与评价办法，做到统筹规划、合理布局。坚持因地制宜，采取山顶点缀、山腰成片、山脚连线，点、线、面结合方式，相对集中连线连片推进，着力提升生态亟须恢复区森林的质量效益。根据不同的立地条件，在全面保护现有阔叶林的基础上，以乡土阔叶树种为主，注重乔灌草花果搭配，着力构建群落结构稳定、层次感明显的针阔混交林。对通道临近区域、居民集中地附近、立地条件相对较好的地段，选择1—2种生态效益高又具有较好经济价值的乡土树种，如山乌桕、南酸枣、马褂木、檫木、银杏等，集中营造片林或林带。造林用苗要优先设计容器苗和当地苗圃培育的良种壮苗。

2.规范作业设计

作业设计是项目施工的规范性文件，编制项目作业设计首先应详细调查小班立地因子、林分因子、经济社会因子等，并要求现场初步设计造林树种及相关技术措施，以体现区域特点、树种特性及改造目的等；其次，技术设计应分别改造类型细化所有工序的施工操作节点、方法、质量要求，并设计相应的施工模式图，同时，还应根据小班的立地条件、林分状况和经营目的，在作业设计表（图）备注说明各小班的树种混交方式与栽植位置、苗木类型（裸根苗、容器苗、土球苗）与规格要求、抚育施肥次数与数量等关键技术措施，只有将技术措施具体深化到了小班，作业设计才具有可操作性。各地根据省、市下达的年度建设任务，按照省林业厅有关技术要求，科学制定项目作业设计。针对不同培育目标、不同用地类型(林业用地与非林业用地)、不同实施部位(山脚、山腰、山上部)，确定适用的营造林技术模式与措施，并将造林树种、林地清理、造林密度、整地方式与规格、苗木规格与数量、栽植、施肥、抚育等具体技术措施细化落实到每一个小（细）班，着力提高作业设计的针对性和操作性。

3.精心组织实施

各地根据森林质量提升项目化管理要求，按照招投标程序确定项目施工单位和监理单位，签订施工合同、监理合同，并严格执行合同，加强施工全过程管理。各级林业主管部门强化技术服务，施工期间组织管理人员和专业技术人员包片、包区、包山头地块，开展日常技术指导与质量监督检查，对不符合质量标准的工序要及时责令返工，严格落实各项质量保障措施，确保建设任务按时保质完成并取得实效。充分发挥生态护林员作用，加大巡山护林力度，严防人畜破坏、森林火灾的发生，巩固改造成果。加大高速公路、高铁沿线乱砍滥伐违法犯罪行为查处力度。加强森林防火和林业有害生物监测防治，确保森林资源安全。充分发挥市低改技术专家组作用，加强全市低改督导，针对重点工作、关键节点开展定期和不定期督导，并将结果通报全市，保障项目建设顺利推进。切实落实一周一调度、一月一通报、一季度一督查制度，跟踪督导低改工作。建立相应工作推进机制，及时上报工作进度、有关信息和材料，加强对乡（镇）政府、村委会的督导，充分发挥乡（镇）政府和村委会在低改中的作用，对在项目推进过程中工作不力、造成不良影响的单位和个人按有关规定进行严肃问责。继续将低改工作纳入现代农业攻坚战和科学发展综合考评的重要内容。对考评得分靠前的县（市、区），由市政府评为全市低改工作先进单位，予以通报表彰，并给予奖励。

三、突出低质低效林改造的总体特征和成效评价

按照保护优先、自然恢复为主的原则，以饮用水源保护和水土流失治理为重点，形成"源头防控—综合治理—后续管护—有效利用"的总体特征。源头防控是指在山顶开展封山育林、退果还林、低质低效林改造，划定禁开区、禁养区、生态移民区，实现生态自我修复和水源涵养。综合治理是指在山坡防治水土流失，严控果业开发，建立果业开发先审批后开发制度。后续管护是指在开展村庄环境整治，门前屋后绿化等基础上，落实管护机构、资金和责任，确保"治理一片、见效一片、受益一片"。有效利用是指利用良好的生态环境，适度开发观光景点，并将水土流失治理与产业发展相结合，发展生态农业，拓宽农民致富渠道。其中最关键的是谨防重走"重造轻管"老路，切实加强后期抚育。

（一）低质低效林改造的总体特征

围绕全面精准提升森林质量和效益，紧扣重点区域森林美化彩化珍贵化和生态宜居乡村建设，坚持生态优先、统筹兼顾，突出重点、依次推进，造管并举、科学改造原则，结合脱贫攻坚、乡村振兴发展、长江经济带生态保护等工作，全面推进低质低效林改造，构建健康稳定、优质高效的森林生态系统。因林因地制宜，适地适树和注重改造效果。根据不同低产林类型，选择适宜的改造方式；根据不同低产林林地的立地条件，选择适生的优良树种；根据不同的改造方式和树种设计相应的营造林技术措施与方法。充分利用赣州行之有效的传统森林培育的经验（尤其是杉木营造的经验），培育杉木等速生丰产用材林，并将最新科研成果应用在栽培上，定向培育短轮伐期工业原料用材林和速生丰产用材林，集约经营，科学管理，追求改造活动的最佳经济效益和良好的生态效益。

1. 改造系统化

针对章水是赣江的主要支流，保护章江水质对下游地区的用水安全非常重要，以及章水上游生态环境保护和流域生态系统质量提升需求迫切的问题，分别在大余县和崇义县实施"江西大余章水国家湿地公园项目"和"崇义县重要生态空间生物多样性保护工程"，主要建设内容包括：湿地恢复、水土保持综合治理、科研监测、防御灾害、区域协调、基础设施建设、生物多样性保护廊道建设、重要生态空间生态移民工程、人工林改造及退耕还林、齐云山国家级自然保护区鸟类迁徙通道观测站建设等，通过工程的实施有效保护章水上游生态环境，实现章水源区生态系统服务功能的综合提升。尤其是部分低改林地布局散乱的问题得到初步解决。在坚持相对集中布局的原则下，根据群众意愿、生态区位、示范宣传效应等综合因素，统一规划、规模布局，优先选择群众积极性高、贫困农户较为集中的低质低效林地；生态区位重要且相对集中的区域，如水土流失严重等生态脆弱区、生物多样性保护区、饮用水源地、城镇屏障防护林等；宣传示范效果好的地段，如铁路、高速公路、国省道等通道沿线，城区、乡镇、村庄周边，人口较为集中的林区等；连片遭受松材线虫病、黄龙病等严重病虫危害及火灾、冰冻等自然灾害地区。以就地保护为主体、迁地保护为补充、资源管护为基础，构建以自然保护区为核心，湿地公园、森林公园、植物园等为辐射的生物多样性保护网络。

2. 要素功能化

针对桃江上游水环境质量急需改善、生物多样性保护有待加强等生态环境问题，在全南县实施"全南县森林公园生物多样性保护项目"，主要建设内容包括：①植物多样性恢复重建：开展省级梅子山森林公园、若湖塘森林公园生态补偿，林地植物多样性恢复重建426.67公顷。②水土流失治理：综合治理18平方公里，营造水土保持林5.4平方公里，经果林0.3平方公里，禁封治理12.3平方公里，坡面水系工程30公里，小型蓄水保土工程36座，护岸护坡1公里。③宣教平台建设：开展植物多样性的普查，植物数据库构建，出版园区植物普及图书。④林业有害生物防治设施建设：修建区域性药剂药械库1个，病虫害综合防治等病虫害发生面积666.67公顷，设置病虫害观测站6处。⑤森林防火能力建设：建设林火远程视频监控系统2套，火灾观测点6处。⑥监测评价体系建设：建设森林资源动态监测体系 2 套。

纠正了个别地方树种选择较单调的问题，开始多角度综合考虑慎选造林树种。以往有些县（市）大规模设计枫香、木荷两树种，林农难以接受，个别小班地块仅安排 1—2 个树种，综合效益难以发挥。现在适地适树前提下坚持以下原则选择树种：以乡土阔叶树种为主，慎用未经引种驯化的外来树种；与林业精准扶贫、产业发展相结合，优先使用群众喜欢、经济价值较高的树种，如南酸枣、红锥、黄檀、花榈木、观光木、银杏、杨梅、柿树、板栗等；与乡村振兴、乡村风景林建设相结合，优先使用具有地域特色、景观效果好的树种，如火力楠、山乌桕、山樱花、楠木、马褂木、黄栀子、梅花、含笑、山茶等；与森林防火林带建设相结合，提升防火功能，如火力楠、米老排、樟树、油茶等。总之，在生态效益优先的同时，造林树种应多样化并充分兼顾社会、经济和景观效益。

3.效果持续化

各地根据所处位置和功能需求的差异，进一步形成许多赣南低质低效林改造模式和成效。近三年来，累计完成主要通道沿线低质低效林改造面积 5.03 万公顷，打造了一批低改示范样板林。坚持多层次、多渠道加大对低改资金的投入，积极完善多元化的低改投入机制。纳入国家防护林建设、省级低改等项目的，按照国家、省专项补助标准补助。各地加大资金投入，提高补助标准，并按照每亩改造任务不低于 200 元的标准筹集县级配套资金。按照脱贫攻坚规划，统筹整合生态建设项目资金、财政涉林扶贫项目资金用于低改。同时，积极鼓励引导社会资金、各级金融机构贷款向低改项目建设倾斜。坚持造管结合，全面加强低改后续管护。加强对新造林和幼林的抚育管护工作，落实管护主体，建立管护机制，将管护责任落实到山头地块，确保新栽树木成活率。低质低效林地普遍土壤瘠薄、肥力较低，后期若不加强松土施肥、除草砍杂等抚育管理，势必沦为新的低质低效林。为避免重造轻管，作业设计必须设计当年抚育及幼林抚育措施，造林后必须连续抚育三年以上，并加大后续抚育资金投入；除核实面积、成活率等通用验收标准外，将幼林生长量增列为验收合格的约束性指标，间接考核施工方有关苗木、施肥、抚育等质量保障水平；改变造林当年兑付资金占大头的习惯做法，提高后期资金支付比例；加强监管，将施工监理责任期限顺延至整个建设期，避免后续抚育监理缺位。以维持生态系统健康稳定为重点，着力加强生态保护与修复，建成系统稳定、结构完整的水源涵养、保育土壤和生物多样性保护功能完备的天然屏障。

（二）低质低效林改造的核心理念

以山水林田湖草是一个生命共同体的理念为指导，选择生物学特性与造林地相适应的树种来造林。首先对造林地的地力条件进行分类和评价，同时要对不同树种生物学特性和优良种源的分布及其对本地的适用性进行全面深入的认识，才能实现真正意义上的适地适树。为维护合理的林分水平结构，造林初植密度和经营密度的控制与调节，是造林培育过程中的关键问题之一。营造混交林是技术必选项，因为通过混交林的营造，能在地上空间形成层次分明、高厚度的林冠层，及与地下层中巨大的根系网共同形成一个完整的垂直结构系统。这个垂直结构系统对独特的森林气候的形成，土壤结构的改良，土壤肥力和森林生产力大大提高，生态和社会效益的发挥有着不可替代的重要作用。

1.按立地条件分类别定目标

对于立地条件较好且造林作业难度不大的区域采用更新造林，营造马尾松纯林、松杉混交林或松阔混交林等；对于地势较陡且有马尾松等用材树150—225株/公顷的片区，采用封山育林人工促进方式。对于立地条件较差且主要由人为干扰导致的低产低效林采用封山育林，封山育林可结合补植、补播、全砍重造等进行改造，也可单独进行，经过封育而成长起来的多为混父复层林，结构稳定、防灾抗灾能力较强。基于赣南现况，将马尾松林提质改造成以阔叶树种为主要种群的阔松混交林，是构建合理赣南森林林分结构的重要内容之一。

2.按树种分层次定模式

对杉木低产低效林主要采用更新造林或补植补造，可采用杉枫混交模式实现低改；对于主要树种是马尾松、柏木、阔叶的低效林，通过补植落叶、速生阔叶树种以改善林地条件，增加易腐枯落物数量，调整林分的树种结构和层次结构，从而提高林分抗逆能力和生产能力。补植时伐除原有生长不良的林木，根据原有林木的分布格局成行或成团栽植，同时保护原有的乔、灌树种和草本植物。对于位于山顶、山脊等土壤瘠薄的林地，采取乔灌混交，并通过育林、保灌、护草以促进群落的进展演替。对低产竹林的改造主要采用母竹苗栽植，做到"深挖穴、浅栽竹、下紧围（土）、上松盖（土）"，干旱季节覆盖杂草。

3. 按改造地块面积大小分档次定对策

对33.33公顷以下低产林分推行全面皆伐，严禁择伐，避免人为造成低产林分的再一次增大。根据赣南多年的林分择伐经验，林分中的优势木被择伐后，由于管护措施跟不上，留下来的多为由劣质林木、畸形木、长势衰弱林木组成的低产林分，造成人为低产林分的增大。只有皆伐后按照林农的意愿改造为经济效益高的林种，实行集约化经营，才能杜绝以改造为名而加剧林地破坏的现象发生。对面积大于500亩的地块采取择伐方式，但要避免"拔大毛"。

4. 按产业规划要求分特色定工程

各县（市）都有自己的产业规划，可以将本次低改融入产业规划中，也可以把低改作为天然林保护工程中对公益林的一种改造方式。发挥各县（市）特色，赣南各县（市）都有其自身的特色，有的县（市）有丰富的旅游资源，在该县（市）低改树种的选择上就考虑选用色叶树种，并考虑混交，以增加观赏性；有些县（市）本地的劳动力少，工价高，在低改方式的选择上就考虑采取补植、封山育林等对劳动力需求相对少的方式。多树种搭配和混交在集约培育目的材种的同时，还安排好在景观层次上的多树种搭配和在林分层次上的混交林培育。

5. 按林区民众脱贫致富分户要求定树种

尽量使用乡土树种，赣南的立地条件非常适合林木生长，千百年来通过物竞天择，一些树种已成为赣南的当家树种。在本次低产林改造中，要尽量利用乡土树种。这一方面可以尽量避免有害外来物种的入侵，另一方面可以节约成本，做到经济效益和生态效益的统一。

（三）低质低效林改造的评价程序

低质低效林改造的中心内容是重建人工生态系统，让其逐渐向地带性森林生态系统发展，最终目标就是要保护低改后的自我持续性状态，这就要求建立一系列的生态系统可持续发展的指标体系，然后对低改前后的变化进行长期监测和对比，并对低改效果进行合理有效的评价。评价应该有明确的切合实际的低改目标，正确地选择参照系以及清晰和定量化的评价指标和标准。

1. 低改达标水平的确定

低改评价首先需要定义低改的达标水平。低改的目标描述为帮助退化的、受损的、破坏的生态系统恢复的过程。低改的目标包括恢复退化生态系统的结构、功能、动态和服务功能，其长期目标是通过恢复与保护相结合，实现生态系统的可持续发展。低改目标水平既清晰又有较现实的可操作性，这对于评价恢复很关键。当然，低改目标依赖于所考虑的地区或生态系统目前状况的优先评价。通常基于实现不同的生态需求来选择恢复的目标，比如恢复生态系统健康和恢复当地的环境。低改的目标应以退化的地段为出发点，以参照系的状态为归宿点。通过对赣州森林的研究，当前生态恢复目标是恢复森林植被，遏制生态环境恶化和提高农业生态环境质量。

2. 参照系的选择

为了反映低改的生态目标和评价这一目标实际达到的程度，参照系的选择很重要，通常运用参照系信息来定义恢复的目标，从而确定恢复地段的恢复潜力，评价恢复的状态，总结出的参照系主要用来明确恢复的目标，为恢复地段的设计提供模板，建立加速恢复监测的框架。参照系的状态可以代表所损生态系统干扰前的状态或没有受干扰的当前状态。通常有许多不同的方法来定义参照系状态。参照系信息也可能由生境的历史信息组成，或由参照系目前的数据组成。比如，天然林分的残余或天然恢复的地区经常作为参考点。通过实测不同林龄次生林恢复演替阶段群落的各指标特征值与老龄林进行比较，得出不同林龄次生林的恢复现状。在对恢复对象进行深刻的生态理解基础上，确定参照系，并从中提取能表征恢复生态系统特征的指标。包括与参照系相比，具有相似的多样性和群落结构、乡土物种的存在度、为长期稳定性需要的功能群存在度、具有持续繁殖种群能力的自然环境、正常的功能、景观的完整性、潜在干扰的消除、对自然干扰具有弹性、自我维持性等等。

3.退化森林生态恢复的评价

从生态系统健康的角度评价恢复状况是一条非常重要的途径。它包含了对复杂生态系统功能状态与维持能力以及被人类活动损害程度进行的评价，通过建立兼顾社会经济价值和生态保护的双赢策略来管理和开发生命支持系统，这样既可保持生态系统的健康，又可使其免于遭受更严重的损伤。生态系统健康是衡量生态系统功能特征的隐喻标准，是评价生态系统状态的一种方式。受损生态系统的恢复重建虽然是一种动态过程，但在某一研究时刻的表现实际上也是生态系统的一种特定状态。在进行退化森林生态系统恢复状态的评价时可借鉴类似生态系统健康的指标（比如对照参考群落提高物种和结构的相似性）或降低退化的指标（比如侵蚀、盐度或土壤压紧、非乡土物种覆盖），建立恢复评价方法进行定量评价。

第二节　围绕提高生态屏障能力进行低质低效林改造

特殊的地理位置及气候条件使赣南成为生物多样性富集区，堪称"生态王国""绿色宝库"。山水林田湖草生态保护修复有利于进一步巩固赣南在我国南方的重要生态地位。开展生物多样性保护工程，保护赣南生态环境，满足生物多样性战略需求，对维护区域生物安全具有典型代表意义。如在崇义县齐云山国家级自然保护区等重要生态空间实施的山水林田湖草生态保护修复工程有：①生物多样性保护廊道建设工程。构建生物多样性保护廊道，以及生态保护网络，维护自然生态系统平衡稳定。实施生物多样性保护廊道勘界定标，以及集体土地租赁项目、生计替代项目、生态补偿项目。②重要生态空间保护与生态移民工程。新建过埠镇、思顺乡等安置点房屋400栋（套），共计约4万平方米，迁出地土地平整32000平方米，恢复迁出地的生态环境。③重要生态空间人工纯林改造及退耕还林工程。实施马尾松纯林改造及退耕还林工程125公顷；退耕还林面积40公顷。④国家级自然保护区基础设施建设工程。建设各类建筑物总面积共计6000平方米，各种野生动物笼网面积3000平方米以及其他配套设施；齐云山国家级自然保护区鸟类迁徙通道观测站及配套设施建设工程。

一、发挥国有林场的示范作用

赣州市现有林地面积306.67万公顷，现有31个森林公园，面积14.5万公顷；全市现有自然保护区54个，总面积26万公顷。国有林场自诞生之日起就肩负着绿化祖国、保护国土生态安全的重任，多年来广大国有林场干部职工始终忠诚绿色使命，充分发挥国有林场技术力量强、营造林经验丰富的作用，进行大规模造林绿化和森林资源经营管理，逐渐将国有林场打造成为全市生态功能最完美、森林资源最丰富、森林景观最优美、生物多样性最富集的区域之一，成为全市群众全体国民巨大的公共产品和宝贵生态财富。

（一）改革国有林场管理体制

改革前，国有林场主要以过日子为主，山场采伐后重造轻管甚至不造，逐步形成森林资源质量差、低质低效林面积多、中龄林长势差、经济与生态效益极其低下的国有林现状。20世纪90年代以后，由于森林资源剧减、人员多、债务重等众多因素，国有林场进入了"基础设施不如农村、自主经营不如农业、生活水平不如农民"的困境。管理体制是影响国有林场发展的一个重要因素，建立符合生态建设和市场经济要求的国有林场管理体制是国有林场发展的必然要求。自2011年启动国有林场改革以来，将全市原有116个国有林场整合重组为51个，其中生态公益型林场34个，商品经营型林场17个；经营总面积46.55万公顷，其中生态公益型林场面积33.73万公顷，商品经营型林场面积12.82万公顷。

国有林场积极探索改革发展之路，多元化经营，加快非公有制经济发展。生态公益型国有林场严格按公益事业单位管理，执行国家对事业单位的管理政策。已经核定编制的生态公益型国有林场人员经费和机构经费全额纳入同级人民政府财政预算。生态公益型国有林场各项收入纳入同级财政预算管理，实行收支两条线。建立与新的管理体制相适应的财务管理制度和会计核算办法。对于财政确实有困难的部分市县，则通过地方转移支付和申请中央转移支付统筹考虑加以解决。逐步建立公益林的社会补偿机制，初步将生态公益型国有林场界定的国家生态公益林全部纳入国家补偿范围，提高生态公益林补偿标准。商品经营型国有林场主要从事商品林和其他产业经营，全面实行企业化管理，按照市场机制运作，通过适当的资产重组改制为企业，不再列入事业单位系列管理。按照"产权清晰、权责分明、政企分开、管理科学"的原则，建立现代企业制度，探索促进商品林发展的投融资机制，便利林木和林地使用权抵押，在兼顾社会效益、生态效益的前提下，自主经营、自负盈亏，在市场竞争中求发展。

组建以国有林场职工为主的营造林专业队伍，大力推广国有林场为项目实施和管护主体的新型建设模式，对国有林场承接项目建设的，优先安排项目，优先落实奖补资金。创新经营主体，积极吸纳社会力量参与项目建设，鼓励造林大户、公司企业、林业合作社依法依规通过转包、租赁、转让、入股、合作等形式流转林地发展珍贵用材林，提高林地收益。创新结合方式，将项目建设纳入低质低效林改造同步实施，支持贫困村申报项目建设并予以优先立项，鼓励贫困户以林地等资产或劳力资源参与项目建设，增加收入。

拓宽发展空间，场外造林形式多样。国有林场充分发挥自身优势，把以速丰林为主的商品林基地建设作为实现林业跨越式发展和加快林场经济结构调整的突破口来抓，走资源扩张型道路。国有林场利用资金、技术和管理等优势，充分挖掘社会上还存在的部分荒山和低产林地，采用租地、联营等方式进行场外造林。场外造林使许多林场的森林资源大幅度增加，经济实力快速增长，并对社会造林起到了带头、示范和推动作用，已由单一的国有经营向多元化经营形式转变，形成了跨地域、跨所有制的营林新机制。

（二）培育林场森林资源

国有林场高度重视森林资源培育，以速生丰产林、木材战略储备林为建设重点，大力培育森林资源，林场森林资源质量有较大幅度的提升。出台相关配套政策，像农民经营农地一样，实施凡造即补，凡改就补，提高林农发展林业的积极性，让林农和林场得经济效益，国家得生态效益。森林资源培育既是维护生态安全的重要保证，也是保障全市木材供给的重大战略任务。

着力加强林场森林资源保护和建设。坚持严管林的原则，加强林木、林地资源的保护，将发展速丰林作为国有林场资源培育的切入点，大力发展周期短、见效快、效益高的速生丰产用材林，增加国有林场森林资源总量。严格实施好生态公益林项目。国有林场公益林严格遵循"生态优先、严格保护、分级管理、科学经营、合理利用"的原则，加强公益林建设质量和资金使用管理。生态林场严格执行森林资源保护制度，现已不再砍树和进行林地开发，转为全力做好森林资源的培育和保护工作，利用各种措施坚决制止乱砍滥伐。加强对江河源区实施公益林、退耕还林、沿江防护林、生态果园、生态经济林的管理，全面实施封山保护、封禁治理措施，保护生态修复区的林木、林地、植被。

做好森林防火和林业有害生物防治工作。将护林防火作为林场资源保护工作的头等大事来抓，全面落实防火措施，加强防扑火队伍建设。同时定期上报监测森林病虫害情况并及时采取有效措施，防止林业有害生物扩散，确保森林资源的安全增长。林业有害生物是"不冒烟的火灾"，坚持"预防为主、科学治理、依法监管、强化责任"的方针，加大防治力度，保证森林资源安全。通过加大巡护、组建半专业扑火队，加强与林业执法部门沟通，强化森林资源监管手段，使森林资源更加安全。

（三）高效配置国有林场生产要素

国有企业改革的方向是要建立现代企业制度，在林场建立现代企业制度，实现管理的科学化，建立起适应市场经济需要的、科学的、现代化的企业管理模式，特别是注重提高国有林场一把手的经营管理能力和水平。培育林产品市场，充分利用优良品质的林产品，拓宽市场，降低成本，采取有力的促销手段，在市场竞争中取胜。合理配置林业生产要素，推进国有林场向效益化、高度化和合理化方向发展，做到科学合理高效配置林业生产要素。

精准制定森林采伐政策，充分提高林地使用价值。林木采伐是实现林业生产力的重要途径，是社会关注的焦点和热点。从赣南森林系统中的中幼龄林情况来看，没有及时抚育间伐与未及时抚育的中幼龄林，在林分密度、郁闭度上形成了鲜明对比，没有及时抚育间伐的郁闭度只有0.8，甚至0.9，导致下层林生长顶端枯梢，逐渐衰弱，甚至枯死林，逐渐成为"麻杆林""小老头林"，导致林分健康状况差和林地生产力下降。因此及时补植、伐间、补造等对调整种组成，提高有林地质量，培育成较高生产力有着不能忽视的作用，在森林经营活动过程中，中龄成林抚育间伐一定要在日常工作中加以强化。改商品林林木采伐许可证制度为备案制，林业经营者要在采伐林木时凭有效的权属手续直接向林业主管部门申请备案，免去一切林木采伐许可的盖章设计等手续，材料齐全的当场出具备案回执，林业主管部门能通过林木采伐备案掌握森林资源采伐数据，便于森林资源的监督检查，造林的积极性提高，森林资源才会越采越多、越采越好。

国有林场以森林资源为依托，与二三产有机结合，产业规模逐步扩大，产品质量和档次不断提高。龙南县九连山林场充分利用本地无污染、适合发展特色农业的优势，发展有机蔬菜 100 公顷，紫芯红薯 66.67 公顷，鲟鱼养殖近 10 公顷，年产值达 8000 多万元，有机稻种植 66.67 公顷，还推动了花卉苗木、中草药种植等产业发展。全南县小叶岽生态公益林场建设中药材基地 1333.33 公顷，重点种植草珊瑚、灵芝、铁皮石斛、苦木、山香园、厚朴、钩藤、杜仲、黄精等，发展养殖乌龟、刺胸蛙、石斑鱼、山螃蟹、白鹇、中华鲟等特种养殖业，为林场发展注入新的经济增长点。依托国有林场宝贵的林地资源，大力发展国有林场商品用材林、经济林、森林食品、森林药材、野生动物繁育等种养业，加大工业原料林基地、商品用材林基地和经济林基地建设力度。以提高资源利用率为核心，改造和提升第二产业。把粗加工与精深加工有机组合，使有限的木材资源最大限度地增值，发展森林食品加工、森林药材加工等为主的绿色产业。以改善森林景观、提高文化品位为核心，大力发展第三产业，尤其是森林旅游产业。

二、发挥林草结合的促进作用

实施山水林田湖草生态保护修复的实践表明，实行林草结合，只要针对不同的树木选择好适宜的草种，采用科学的方法进行种植利用，就可获林茂草丰。林间放牧可防止林下有机物过多积累、酿致火灾，并有利于抑制啮齿类动物过分繁衍，既有利于护林防火，也可适当生产牧草和草食动物。比如，值得我们借鉴的是，美国的天然草地有 1/3 在林区，因而林丰草茂，成为林业部门的重要经济来源之一。

（一）建立以草促农、促牧、促林机制

疏林下种植适应性强的优质牧草可增加林草生态系统中植物资源的多样

性，植被覆盖度得到明显提高，改变了林木的生长条件，从而促进其生长，林木米茎和林分郁闭度都明显提高。目前赣南约有各种幼林面积 20 万公顷。这些幼林已经过人工改造，特别是果木幼林地大都已整成梯田式旱地，且坡度较小，土层深厚，杂草得到控制，并施入大量肥料，有的还配备灌溉设施，为种草创造了极为有利的条件。

多年来这些幼林地的空隙除部分种植了花生、豆类、蔬菜等作物外，还有相当一部分没有得到利用，如果利用幼林间原种植优良牧草，对发展养殖业将起到重大的作用。多年来，一些严重水土流失的地方，采用的治理方法主要是植树造林、封山育林，这一措施在一些立地条件好的地方已见成效，但有一些立地条件差的地方，由于土层薄、水肥条件太差，新栽的树大多难以生存，即使成活，多年还是"小光头"，这就是一些地方年年造林不见林的原因所在。在这些立地条件差的地方必须要用科学的方法先种草，待草种好，保住水肥，培肥地力后再造林。从过去惯用的"乔灌草"改为"草灌乔"的治理方针，其治理效果要好得多。

赣州市废弃矿山生态系统定位是站在寸草不长的侵蚀地上开展植被重建。在进行本底调查的基础上，采取工程措施与生物措施相结合但以生物措施为主的综合治理方法，选用速生、耐旱、耐瘠的草种、桉树、松树和相思树，重建先锋群落，然后配置多层多种阔叶混交林，发展经济作物和果树，在后期进行多种群的生态系统构建时，更注意构建种类的选取，注重采用豆科树种与其他阔叶树混交。林草之间既竞争又相互影响，由于所栽种的豆科植物有较强的固氮能力，在很贫瘠的土地上有快生速长的特点，因而与其他树（草）种混栽后能较快地改变生态环境，在一定程度上也促进了其他树（草）种的生长。因此利用豆科树种与乡土树种混交，是一种有效的造林种草途径。

（二）建立林草畜生态共进机制

过去实行林草结合，一些人误认为，草与树生长在一起，会争光热、抢水肥，影响树木的生长，有损于造林的效果。因此，曾出现过全垦造林，全垦抚育，把树下的草铲光挖尽的现象。实际并非如此，至于放牧危害树木的问题，通过科学管理，是完全可以控制的。幼林种草不但不会影响树木的生长，而且还会促进树木生产。从光热角度而论，大多数饲草生长的高度在 1—1.5 米以下，主要利用的是土表的光热，而树木高达数米，利用较高空间的光热，二者不会产生矛盾。实行林草结合是否获得成功，关键在于具体实施时选择好适宜的树种和草种，掌握好林草间作的栽培技术。造林周期长，见效慢（一般需 5—8 年方能成材），而种草周期短，见效快，当年种植当年开始受益。

林草畜是一个生态系统整体，在稀疏林下种植牧草，光照强度和土壤水分得到改善，对牧草种植生长有益，每公顷年产干物质 4200—4500 公斤。有的在郁闭度低的疏林林下能成功种植生长的牧草品种，牧草生物产量较对照差异均达到极显著水平（P<0.01），其中以多年生高秆禾本科桂牧 1 号象草生长最好，生物产量最高，折合亩产达到 2605.3 公斤，可养殖 0.91 头黄牛单位，增加养殖收入 2000 元，说明在稀疏林下种植优质牧草能获得较好的生物产量和经济效益。

结合生态系统中林草能同时起到保持地表温度稳定的作用，林下草层植被对地表温度有着最直接和显著的影响。赣南退耕还林林下种植皇竹草生态效益十分明显，在夏季（7 月）林下较林外空旷地低 2.9℃，极端最高温低 1.7℃，极端最低温高 2.5℃，林下最高最低温的温差较林外空旷地小 4.2℃，说明林下较林外空旷地气温相对平稳。牧草种植成坪后的小区植被综合盖度达 98% 以上，经高温季节测定百喜草小区林内地表温度较林外最高降低了 2.4℃，再次是桂牧 1 号象草小区温度降低 2.0℃，林草对地表温度的影响主要取决于生态系统中林草两者对地表形成郁闭的程度。草能调节地面温湿度，能有效地促进树木生长。

疏林下种植适应性强的优质牧草可增加林草生态系统中植物资源的多样性，植被覆盖度得到明显提高，改变了林木的生长条件，从而促进其生长，林木米茎和林分郁闭度都明显提高。饲草除牲畜利用外，还有大量的根系和枝叶凋落腐烂在土壤中，通过微生物的加工、转化、利用变成有机肥料；同时豆科牧草还能固氮，为树木生长增加肥源，从而促进树木的生长。从地下根系分布而言，绝大部分饲草的根系分布在 20 厘米以上表土层，而树木的根系大部分扎在 20 厘米以下表土层，它们各自吸收不同土层的水肥。这种以空间生态位多层次利用为主的方式，不但具有较大的产出和经济效益，而且也产生了较高的生态防护效益，特别是凸显出"草"在林中的地位和作用。

（三）建立林草结合的导向机制

利用幼林间种草，林草结合，从人工草场发展到人工林场（果园），近期利用牧草发展养殖业以增收、保持水土，增肥地力，促进树木的生长，远期经营树木。这样农民不但有近期利益，而且还有远期利益，经济、生态效益都显著。

1. 科学推进林草结合

以全新的科学理念、科学举措、科学模式指导和支撑工程建设。根据社会经济发展实际和对生态建设的现实需要，充分认识和把握林业建设和生态治理的科学规律，优化建设内容，把生态保护修复以及扩大草植被面积作为重要建设内容。要统筹考虑经济林建设和水资源的关系，根据区域水资源情况开展生态建设，大力发展抗旱、节水和雨养形式的经济林。针对赣南脐橙果园开发中普遍存在的严重水土流失、土地利用率低下、短期效益少等问题，采取以间、套种草、饲、经济作物为主要手段的水土保持措施，栽种"百喜草"，设置"山边沟"，引入美国籽粒苋发展养殖业，开展立体经营，形成果——苋——猪——沼——果良性循环。

2. 推动林草结合高质量发展

发挥科学技术在林草结合中的重要作用，因地制宜，根据区域原生态系统架构开展生态治理，注重林草结构的多样性，乔灌草结合、多树种结合，大力发展混交林、异龄林、复层林，提高林草系统的稳定性和生产力。据测算，人工栽植的百喜草比本地野草生物量高几倍至十几倍，由于其具有分蘖力强，根系发达、耐寒、耐干、耐瘠、耐践踏的优良特性，护土能力很强。百喜草采用坡壁或"山边沟"种植，均起到了很好的护坡作用。雨后，可见顺坡而下的径流基本澄清。还有果园栽种印度豇豆、大叶猪屎豆、小叶猪屎豆、木豆、肥田萝卜等绿肥均适应在花岗岩侵蚀劣地种植，可迅速覆盖地表，控制水土流失，见效快、收益大，在无灌溉或干旱严重情况下，能正常生长并兼获较高鲜叶产量。

3. 充分调动社会各方面力量

在加大国家投入的基础上，制定出台相应的配套优惠政策和激励措施，吸引社会资金投向造林种草。积极鼓励社会各方面力量以各种形式参与林业建设，激发林草结合活力。果园种草对于人多地少的赣南来说由于其有一定经济收益，已成为一种普遍接受和采用的传统复合经营模式。把草和经济作物进行合理组配、安排，兼顾植物种群在时间序列和空间序列上的互补、互利关系及其保持水土、改良土壤的主要功效，根据果园土壤流失状况采取分不同阶段、不同特点，有针对性地分类治理经营，配置不同植被组合的方法，实现果园全年有植被覆盖。

三、发挥湿地生物多样性的基础作用

赣南有湿地高等植物76科152属276种。湿生植物是指适宜生长于湿地驳岸、沼泽湿地或临水区域，植株基部不常被水体淹没，但土壤水分含量为饱和，或对高水分含量适应能力强的植物类型。这类植物满水时水生，露水时陆生，对水位环境的适应性比较强，但不适应长期在淹水环境中生长。赣南的野生湿地植物种类繁多，资源丰富，但分布星散，各个种的数量多寡悬殊很大，在应用过程中不能对其资源采取掠夺式开发，同时应加强对湿地植物物种特性及生存环境的研究，了解生长发育的规律及对环境条件的要求，科学地、有计划地开发利用。

（一）加强湿地植物引种、驯化和扩繁

在赣江两岸、上犹江的水位落差小的水库（如南河、仙人坡、罗边）、水淹湿地、人造湿地等建立湿地植物引种驯化基地，变野生种为栽培种，变资源优势为商品优势，集中收集、驯化、繁殖观赏价值高的种类，并进行生长发育、开花结实和繁殖规律及其生态适应性的研究。发掘和引进具有冬季观赏性（常绿）的湿地植物新品种，如石菖蒲、西伯利亚鸢尾等，以及研究如何创造湿地植物越冬生长的条件等。通过杂交育种培育优良新品种，对引种、驯化栽培成功的品种，逐步应用于园林绿化中。

（二）加强野生湿地植物经济价值的研发

在赣南的野生湿地植物中，很多种类都具有一定的经济价值，药用植物如

薄荷、水葱、菖蒲、灯芯草等；水生蔬菜如蕹菜、水芋、水芹菜、荸荠、菱、莼菜等；淀粉植物如水稻、芡实等；蜜源植物如千屈菜等；饲料植物如凤眼莲、菰、皇竹草等；纸料植物，如芦苇、皇竹草等。要加强对这些湿地植物的开发、利用研究，充分发挥它们的经济价值。

（三）加强湿地植物基础科研

通过对湿地植物的生理、生态、种类的选择，合理的配置以及功能的多样性及资源化的研究，逐步解决当前人工湿地植物品种单一、群落结构简单、种间搭配不科学、冬季观赏绿量不足、植物残体污染环境等问题，同时加强湿地绿化、美化和环境保护功能和湿地景观的管理等。

在实践中，充分运用生物多样性保护原理，在土地平整、村庄整治及未利用地开发等过程中对区域内的生物多样性加以就地保护，尽可能维持田、林、溪、渠、塘等生态系统功能，并通过采取合理的工程技术措施设置人工生物生境，尽量避免或减少对整治区域生态系统的扰动，从而为当地生物提供稳定的栖息空间和生存环境，以满足被保护物种生存与繁衍的需要。

第三节　围绕绿色富民生态产业进行低质低效林改造

低质低效林改造让赣南大地山川披绿，也为绿色富民生态产业发展带来了无限可能。赣州市紧紧围绕林业"扩量""提质""增效"做文章，坚持把低质低效林改造作为精准提升森林质量的切入口，积极引导林农在低效林地上种植经济效益较好的树种，提高森林"含金量"，实现增量提质增效；努力把脐橙、油茶等培育为优势特色产业，把低质低效林改造作为山区群众增加收入、促进林业产业结构调整、发展壮大农村经济的重要支柱。

一、发挥脐橙种植的样板作用

1980 年中国科学院南方山区综合考察队对赣南遥感航测，并得出这样的结论："赣南发展柑橘气候得天独厚，应成为我国柑橘商品生产重要基地。"时任中共中央总书记胡耀邦专门为发展赣南柑橘产业作出批示。赣州市适宜脐橙种植区域30万公顷，其中最优区13.33万公顷，另外还有13.33万公顷高排田，具有丰富的种植脐橙的山地资源。1500多年前，南北朝刘敬业在《异苑》中记载："南康有奚石山，有柑橘、橙、柚。"至北宋年间，柑、橘、橙、柚等果树已经蔚然成林。在清朝年间，赣南脐橙是下方官员进贡给朝廷的水果之一，深得雍正帝喜食。1971年，信丰县安西园艺场从湖南邵阳引种156棵"华盛顿脐橙"，1974年开始结果，1975年3月参展"广交会"，得到了外贸界、香港商界的高度评价，在香港试销价格为每公斤36港元，高于美国产脐橙。赣州从华中农业大学引种纽贺尔等8个脐橙品种试种成功。1990年11月，赣州科技部门组织专家对项目进行验收和成果鉴定，现场测产达到亩产2964.18公斤，为当时国内同类研究的最好成绩。2003年2月12日，农业部正式发布《优势农产品区域布局规划（2003—2007年）》，将赣南列入赣南湘南桂北优势产业区，成为我国重要的鲜食脐橙生产基地。2017年，赣州市脐橙种植面积达10.33万公顷，占世界的17.2%、全国的44.7%；产量108万吨，占世界的11.3%、全国的39.6%，种植面积、年产量居全国第一。

（一）提高种植水平，建设生态果园

赣州的山地以第四纪红壤为主，兼有少量紫色土和山地黄壤，土层深厚，具有良好的土壤条件，稍加改造就可以建成高标准的脐橙果园。红壤土具有土层深厚，土质偏酸，有机质含量较低的特点，适合脐橙生长。大量的浅丘坡地，为赣州发展规模化鲜食脐橙基地提供了条件。赣南地形为千枚岩风化母质红壤土，土层深厚达1米多深，疏松透气，土中更含多种微量稀土元素。稀土对果实色素的形成，对提高糖分、维生素C和香气的含量，提高脆爽度和耐贮藏性等方面，起到了其他矿物质营养元素不能代替的作用。赣南属典型的亚热带湿润季风气候，春早、夏长、秋短、冬暖，四季分明，雨量充沛，光照充足，无霜期长，9—11月昼夜温差大，雨热同季，极利脐橙栽植。春季多雨，温暖湿润，有利脐橙生长开花结果；秋冬晴朗、干燥少雨，昼夜温差大，极利脐橙果实糖分积累，具有脐橙种植的气候条件。

1.严格脐橙种植的开发秩序

针对果园规划和建设的不规范、不科学直接破坏当地生态环境，引发植被破坏、土壤退化、水土流失等诸多生态问题，例如，有的果农选择在坡度较高的坡地进行开发，且没有建设森林防护带、绿化隔离带，导致水土流失严重；有的果农则没有建设相应的排洪沟等排水设施，不利于排水和降低果园水位，导致土壤肥力流失，土地退化。现在已有了严格的开发秩序。首先是选择优良品种。经过数十年的试验、驯化和比较，赣南筛选出适合南方温暖湿润气候种植的纽贺尔、朋娜、奈维林娜等优良品种。之后在具体生产实践中，又因纽贺尔无论在果形、颜色，还是风味上均优于朋娜和奈维林娜，而被广大果农青睐，成为主栽品种。纽贺尔脐橙的面积占脐橙总面积的88%，朋娜、奈维林娜分别只占8%和3%。其次是在果园建设审批上对开发主体的资格进行严格审查，以防假借种植脐橙和建设果园的名义，进行砍树毁林、非法采矿等犯罪活动，避免无序开发，破坏生态环境。在建设新的标准化果园的同时，加快老果园的升级改造。调整果园内部种植结构，如在脐橙种植区内发展比例适当的猕猴桃等品种的同时，按照"山顶戴帽、山腰种果、山脚穿裙"的生态标准来建设标准果园，实现果园综合效益的同步增长，达到增加果园植被覆盖度，提高土地利用率，改善果园生态环境的目的。以上措施初步改变了赣南脐橙果园建设和生态建设不同步，生态建设步伐落后于果园建设进程的状况。

2.提高脐橙种植的技术水平

对土壤肥力低下的新开垦果园，全年种植1—2茬绿肥，以改土保水为目标，间、套种肥田萝卜、紫云英、印度豇豆、猪屎豆、木豆等抗性强，耐干耐瘠的绿肥。对立地较好，土壤已有所改良的果园则采取秋冬种绿肥、春夏种经济作物的方法，在果树行间垦出带状地块，种植各种矮秆经济作物（花生、大豆、西瓜、甘薯、油菜、蔬菜、烟草等），形成果——绿肥——经济作物模式。

在果树株间间种经济作物，形成果——草——经济作物模式，即在坡度较大的果树带间进行坡壁种植或采取便于机械化操作又兼水保功能的"山边沟"种植百喜草。山边沟是为截留径流而设计的梯形断面水保措施。在果园内，沿等高线一定间隔距离设置外高内低的反坡断面，在面上栽植"百喜草"并兼作果园管理用车道，如此形成果树带加草带的生物篱笆。同时，在果树株间空隙间种经济作物，使园基本为植被覆盖，可有效防止水土流失，改善果园小气候，促进果树生产，其丰富的草资源还能为养殖业提供优良饲料。针对赣南新垦果园水土流失量大，土壤肥力低下的特点，所采取的果园立体种植综合治理模式，由于加入了绿肥、草和经济作物，改变了传统果业的单一栽培方式，使果园群体内部各生物种群，结构布局更趋于合理化，增加了绿色植物的覆被面积。

在强度淋溶的土壤上，牲畜在维持果业生产方面的作用将是关键因素，猪、牛、小牲畜在肥力循环方面起着关键性作用，即发展养殖为果园提供有机肥源，果园隙地种植饲料、绿肥、鲜草为养殖提供物质基础，特别是利用牲畜粪便经厌氧发酵生产沼气，可以为果园提供生活能源和照明，减少环境污染。沼液、沼渣返回果园，又可有效防止果园土壤退化，维护地力，改良土壤，提高肥效，还有利于减少病虫害。正是果园各生物种群之间的这种互补互利关系形成的良性循环促使了恶劣环境向良性转化。

（二）依靠科技进步，推广应用新技术

赣州市建成了国家脐橙工程技术研究中心、检测中心，开展了162项课题攻关，一举解决了脐橙产业品牌价值低、产业化程度低的问题。至2017年，赣南脐橙品牌价值陡升近15倍，名列全国初级农产品类地理标志产品品牌价值榜榜首。赣州着力加强科技成果在生产中的配套和推广应用，真正发挥科学技术在果园生产中的支撑作用，系统地加以组织推广，加速科技成果商品化、产业化进程；加强对果园技术人员的培养和引进，采取多途径、多形式的培训，建设高素质的专业技术人才队伍，加快果园科技成果推广步伐。

1.推广果园机械化等栽培技术

借鉴国内外的先进种植经验和果园管理经验，结合赣南实际气候地形等自然条件，探索推广适度矮化密植、果园机械化等栽培模式，降低人工成本，提高果农收益和果园的机械化水平，推动赣南脐橙产业进一步朝规模化、产业化、现代化方向发展。

2.脐橙水肥一体化滴灌系统运行管理

滴灌是一项集节水、节肥、省工、增效等优点于一体的灌溉技术。目前已广泛应用于赣州市果树、苗圃、大棚蔬菜等经济作物生产。运用水肥一体化技术，不仅为作物及时补充大、中、微量元素提供了便利，还可以避免水肥流失。滴灌系统设计时要充分考虑作物类型、生育状况、需水时期、供电条件、劳力调剂等制约因素，一个滴灌系统在其每年的灌溉期内可能有各种各样的变化，只有科学、合理地进行运作，才能最大限度地发挥其精准、高效、节水和节肥的作用。

（1）精心规划种植滴灌作物。在同一滴灌系统中，作物种类及其比例将直接影响轮灌的操作。如果滴灌系统服务的是赣南脐橙或其他单一作物，则可根据设计要求以有利的方式进行滴灌；若种植的作物不同，如赣州市南康区朱坊乡兴红水肥一体化示范区既种植了大面积的脐橙，又种植了一定面积的沙田柚，则灌区操作中应区别对待，做到同灌区尽量栽种同一种作物，以利统一管理、运行。

（2）精确设计滴灌作业参数。在果园滴灌系统的设计中，脐橙需水量的高峰期必须以轮灌作业的分组和各种作业参数为基础，不能轻易更改每个设置的分组和操作参数。如兴国县古龙岗镇曾繁禄山地脐橙水肥一体化示范区，脐橙结果至成熟期，每产出1公斤果实需水量约400公斤，操作中应按各分组及作业参数来计算出精确作业时间，不能为节省时间而人为随意改动作业参数，避免造成系统运行异常或损坏等后果。

（3）精细管理滴灌灌水定额。赣南脐橙种植区大多以山地丘陵为主，各条带坡度有显著差异，不同生长期日耗水强度会有所不同。此外，所需灌溉补给的强度与生长期间降雨量和地下水补给条件息息相关。因此，合理确定脐橙整个生长期的灌溉系统设计及各阶段的灌溉定额是十分必要的，对实现各生长期的精确灌溉有重要意义。

（三）加强管理，防治黄龙病

2012年，赣南脐橙产业种植面积11.88万公顷，总产量125.09万吨。受黄龙病影响，2017年赣南脐橙产业种植面积降为10万公顷，产量降为105.2

万吨。赣南脐橙以农户个人开发经营为主，果农的经济收入极为有限，这就导致脐橙果园在道路、排水等基础设施方面投入有限，果园的建设标准较低，建设质量不高，加之地方政府财力有限，对脐橙果园的建设投入不足，从而使自然灾害预警、病虫害监测等脐橙产业配套设施不完善。脐橙果树抵御干旱、冻害等自然灾害的能力较弱，抵御危险性病虫害等技术风险的能力不强。2013年赣南脐橙黄龙病暴发，不仅导致当地脐橙产业惨重损失，还引起水土流失、土壤退化等一系列环境问题。自 2015 年以来，赣州市内仅信丰县就砍伐病树 40 余万株，折合脐橙种植面积近 666.67 公顷，脐橙产量减少约 3360 万斤，直接经济损失达 8064 余万元。更令人担忧的是，由于柑橘黄龙病病原能侵染各种柑橘类植物，将对柑橘种质资源的保护构成严峻威胁。

柑橘黄龙病是危害脐橙果树健康生长的主要病虫害。一般果园发病 3—5 年内，发病率可高达 70%—100%。柑橘黄龙病具有暴发性强、传播速度快、危害性大等特点，一旦检疫防控措施不严格，且该病传播危害暴发条件成熟，受害柑橘园将会遭到毁灭性打击。柑橘树的经济寿命未感染前可达几十年，乃至上百年，在受到柑橘黄龙病危害之后，柑橘树寿命大大缩短，仅 10 年左右。柑橘黄龙病被称为脐橙的癌症和瘟疫，可防可控不可治。由于对柑橘黄龙病防控的艰巨性和长期性估计不足，病虫害监测预警机制不完善，果农自身对黄龙病的防范意识较低等因素，要动员广大果农全力砍除或治理柑橘黄龙病树，防止病虫害进一步传播，努力减轻黄龙病对脐橙产业的负面影响，努力挽救果农经济损失。

努力提升病虫害监控和预警水平。柑橘黄龙病防控不同于一般病虫害防控，没有经济允许水平，发现一株就要及时采取强制性扑疫措施。因此，在防控时必须采取行政措施与技术措施相结合的办法，植物检疫部门积极作为，建立宣传培训体系普及黄龙病防控知识，建立病虫监测体系科学防控媒介昆虫，建立疫情普查病源清除体系及时铲除病树切断毒源，建立检疫监管体系从源头上控制病害传播扩散，建立防控示范体系来展示防控效果提高防控积极性，提升整体防控水平，从重视脐橙苗木质量入手，从脐橙苗木的源头防治黄龙病等病虫害。各级地方政府部门要强化脐橙苗木市场的监管，构建无病毒脐橙苗木繁育体系；开展优良品种、单株的大田群体选优工作，发掘具有自主知识产权的优良品种（单株），提高脐橙品种自身的抗病虫害能力。黄龙病的诊断主要依据典型的黄梢和叶片斑驳症状，特别是在每年的 10—12 月秋梢成熟以后，是症状表现的最适期，可根据当年秋梢叶片的斑驳症状来诊断田间的黄龙病病树。要加强对果农的技术培训，强化果农对黄龙病等病虫害的防控意识，提高果农对病虫害的处理能力。

坚持"山水林田湖草"的生态建园理念，严禁果农在坡度较高的山地上建造果园，对正在开发的果园要进行植被绿化，构建森林防护带，以保持水土，防止土地退化。牢固树立黄龙病可防可控的理念，将黄龙病防控纳入常态化管理，实现黄龙病危害可控。通过完善脐橙病虫害防控的相关政策法规，借助法律和制度的力量，明确防治黄龙病等病虫害的执法主体，落实防治脐橙黄龙病的主体责任。

二、发挥油茶开发的带动作用

赣州市是江西省油茶主产区之一，栽培历史悠久。但是，20 世纪 80 年代实行改革开放后，农村大量劳力转移到沿海广东、福建等地打工，农村所剩劳力对油茶林管理粗放，各地油茶林荒芜的现象呈上升趋势，特别是赣州市在 1984—1994 年灭荒造林，大面积进行飞播造林和封山育林，一部分油茶林被马尾松林取代了。进入 21 世纪以来，随着人们对油茶多种功能的认识增多，以及油茶综合利用技术和系列产品研发水平的提高，油茶林面积减少的现状不断改变，许多地方都出现了种油茶的热潮。

（一）巩固提高老油茶林，开辟油茶发展新路

2016 年，赣州市油茶林面积达 17.07 万公顷，其中老油茶林面积为 11 万公顷，已实施低产林改造面积 3.13 万公顷，新开发的高标准、规模化、集约化高产油茶林 6.07 万公顷。到 2020 年，新造高产油茶林 2 万公顷，改造低产油茶林 1 万公顷，使全市新造高产油茶林面积达到 9 万公顷，实现年产茶油 10 万吨，茶油精深加工率达到 80%，茶粕、茶壳等利用率达到 80%，形成有市场竞争力的油茶精深加工系列产品，打响"赣南茶油"品牌，油茶产业综合产值达到 120 亿元以上，油茶产业已培育成赣南林业支柱产业和精准扶贫特色产业，辐射带动林农 15 万户以上。

1. 新造高产油茶林

按照"适地适树"的原则，选择交通便利、面积相对集中连片的无林地、低质低效林地，使用油茶良种壮苗新造高产油茶林。在新造高产油茶林中连片 66.7 公顷以上的基地有 89 个，连片 300—666.7 公顷的基地有 9 个，连片 666.7 公顷以上的基地有 5 个。油茶林已覆盖全市 18 个县(市、区)，其中兴国、赣县、上犹、于都等 4 县（区）油茶林面积均超过 1.33 万公顷。

2. 改老低产油茶林

对现有老油茶低产林采取清理林地、密度调整、整枝修剪、深挖垦复、蓄水保土、合理施肥、病虫防治、劣株改造等措施，提高油茶单位面积产量。

3. 创新经营模式

各地在充分尊重农民意愿的前提下，结合实际、分类指导，积极探索创新油茶产业经营模式。一是"五统一分"模式。实行政府引导，以村、组为单位组织农户组成油茶专业合作社，成立理事会，把分到户的林地集中起来，根据油茶建园要求"统一规划、统一整地、统一购苗、统一栽植、统一抚育、分户经营"，建立油茶产业示范基地。基地建成后，按农户承包的林地面积划块实行"分户管理和收益"。帮助贫困群众解决农业产业发展中的资金、技术、销售等难题。确保农户"种得上，管得住，能致富"。二是以林地入股组成"公司＋基地＋农户"模式。引导农户与油茶企业合作造林，林农以林地入股，公司负责投资和经营管理，林农成立理事会，代表农户与公司联络协商，并监督公司经营管理和收入分配。三是以扶贫资金入股组成"公司＋基地＋贫困户"模式。政府整合扶贫资金作为贫困户发展油茶的股金，股权登记至扶贫和移民服务中心，委托企业新造高产油茶林，企业负责种植和经营管理，贫困户按股份参与分红。四是"回购返租"模式。由政府整合产业扶贫资金，回购企业或大户已挂果的高产油茶林，建立油茶精准扶贫示范基地，股权为国家所有，登记在扶贫办下属公司，按贫困人口数将受益权分配给贫困户，实行股权和受益权分离，并将回购的油茶林返租给企业或大户经营管理，贫困户按所持收益股份参与分红。

（二）积极筹措资金，保障产业高效发展

油茶树一次栽种，多年受益，从栽种到第4年开始挂果，8年以后可进入长达50年的高产、稳产时期，收益期可达80年，经济效益非常可观。据测算，油茶第5年可产茶油10公斤/亩，第8年起稳产达到30公斤/亩。按稳产期30公斤/亩，现行茶油销售价格每公斤80元计算，油茶每年每亩产值可达2400元，除去肥料、农药等成本600元左右，每亩纯收入可达1800元，是名副其实的"铁杆庄稼"。但同时油茶生长周期长，回报周期也长，造林需要4年才有收入，6年才能收支平衡。新种油茶初期投入大，有的企业常在茶林未产果前资金链断裂，无法正常运营。因此各级政府在给予积极引导的同时，适当安排良种、营林等补贴，结合产业精准扶贫，尽可能增加对油茶造林、抚育的资金扶持，整合有关涉农资金，加大油茶基地的基础设施投入。

（三）强化科技支撑，推进产业健康发展

由政府出面整合高校、科研所、企业技术资源，建设国家级油茶产业工程研究中心，引导科技人员投身到油茶适用技术、工艺设备、产品研发中去，攻克产业发展亟须的共性技术。推广良种壮苗，严格执行油茶种苗生产经营许可证、种苗质量检验合格证、出圃种苗标签等制度，做到"四定三清楚"，即"定点采穗、定点育苗、定单生产、定向供应"，"品种清楚、种源清楚、销售去向清楚"，坚决杜绝非良种苗木上山造林。切实加强种苗市场监管，严格按《中华人民共和国种子法》等法律法规规定，把好油茶种苗质量关。推进技术创新，大力推广油茶新品种和丰产关键技术，扶持赣州市林业科学研究所建设改造好经江西省林业厅2017年2月公布的最新油茶主栽和配栽品种采穗圃。加快油茶科技研发，在油茶重点县（市、区）建立高产示范林，改善油茶资源质量，提高单位面积产量。确保油茶造林一片，成林一片，高产一片。提升基层一线的科技服务能力，针对县乡一级的林业技术推广服务人员极度匮乏的状况，政府加强引导或转变部分职能，充分发挥县乡林业工作站技术人员的地域优势，通过培训和人才引进，大力提升技术水平，在服务林农生产时能够做到常规技术到位、灾害预警及时、需求上报迅速、信息传达准确。

（四）保护生态环境，推动产业绿色发展

油茶新造林既要满足高标准、高质量，又要注重生态环境保护，避免出现造林地"裸露"。油茶是虫媒、异花授粉树种，帮助传粉的昆虫主要有地蜂、大分舌蜂、中华蜜蜂、小花蜂、黄条细腰蜂、果蝇、肉蝇、麻蝇和峡蝶等。调查发现，不少县市为打造连片"油茶产业基地"，动辄几百公顷甚至上千公顷，不惜毁林造油茶，大规模集中连片开发，种植前习惯炼山全垦，山顶"不戴帽"，山脚"不穿靴"，破坏了原有的生态环境，致使油茶授粉的昆虫减少，授粉不够，往往满山的油茶花开得很茂盛，但似乎油茶果又不像开的花那么多，主要原因是授粉不足，影响油茶产量。大规模成片种植油茶还造成水土流失、土地逐渐被污染等破坏当地生态环境的问题。针对上述问题，应充分利用火烧迹地、采伐迹地、疏林地等新造油茶林，禁止毁林造林、破坏阔叶林等情况发生；禁止在坡度 25 度以上、土壤瘠薄、生态脆弱和生态区位重要的地方开发种植油茶，做到"山顶戴帽、山腰种茶、山脚穿裙"，防止水土流失；合理施肥，严格控制使用化学合成的肥料、除草剂、杀虫剂等化学物质，防止土壤板结和污染生态环境。虽然油茶抗干旱和抗病虫害能力较强，但一旦遇有诸如柑橘黄龙病那样暴发性病害则不能对症而治，带来的后果有可能是毁灭性的。赣南危害油茶的主要病害有：油茶软腐病（半边疯病）、油茶炭疽病、油茶茶苞病、油茶煤污病等。最主要的病害当属油茶软腐病，其不受树龄的影响，大树小树都会发病，有的叶片先感病，随风传染，连片受害，有的先烂根后枯干甚至整棵死亡；危害油茶的害虫可分为蛀干害虫、食叶害虫、地下害虫三大类。蛀干害虫主要有蛀茎虫、黑附眼天牛（即油茶蓝翅天牛）等；食叶害虫主要有小绿叶锰、油茶尺蠖、绿鳞象甲、日本卷叶蚁、茶卷叶蛾、叶甲等；地下害虫有铜绿异丽金龟和黑翅白蚁等。目前危害最大的虫害是天牛类，如蓝翅天牛，以幼虫蛀害枝干，常绕食茶树基部皮层一周，然后钻入干心为害，油茶树被害处形成多个肿瘤，轻则生长不良，重则易折断或枯死，对油茶树长势及产量影响极大。目前油茶种植企业对某些病虫害尚无有效的防控措施。

（五）加强油茶综合利用技术和系列产品研发

利用现有的油茶产业综合开发工程研究中心、国家油茶科学中心赣南试验站、油茶产业综合开发协同创新中心等研发平台，联合中南林业科技大学、江南大学、国家储粮工程实验室、国家粮食局科学研究院、中国林业科学研究院亚热带研究所等单位，开展油茶品种选育及健康经营、产品加工及质量检测与机械设备、茶油精深加工及衍生产品、医药保健品等方面的系列研发。以江西齐云山油茶科技有限公司、江西友尼宝农业科技开发有限公司等企业为龙头，推行规模化、高档化、多样化综合加工利用。

1. 果壳加工

可粉碎通过粘合高压制作成上等的胶合板材，粉碎通过技术处理制作成无污染无副作用的生物胶，采用多联产技术进行生物质能发电、制成活性炭、可溶性肥料，加工成为食用纤维素，生产各种食用菌等。

2. 茶油加工

可生产加工成食用油，食用油又可加工成各种功能油，还可以加工成医药用油，研发医药保健品。

3. 茶饼加工

可提取茶皂素，用于配制化妆品、洗发液、洗衣皂粉，也可制作成肥料回馈自然或制作成鱼饲料、海产品饲料，另外利用茶饼中的毒素制作药物防治白蚁效果较佳。

4. 油茶花加工

可制作食用色素和食用防腐剂等。

当然，可研发的产品远远不止上述这些，需要在开发中不断发现，在发现中延伸开发。

三、发挥林分结构的提升作用

优质森林的基本条件是采用良种用于育苗造林，构建合理的林分结构。赣南森林生态的健康发展，首先要从培育林木良种着手，统一建立良种繁育基地，推广宣传造林中确保使用良种，从而取得良种遗传的附加值。因此，要研究母树林采种的划定，主要树种结实规律，无性系种子园和现代化的种子库营建，包括疏伐、水肥管理、促进提早结实等技术的采种基地的科学经营管理是良种选育工作的重中之重。为贫瘠的土壤和干旱山地筛选出耐贫瘠和抗干旱能力强的树种是建立健康森林生态系统的关键。在此基础上，为营造混交林筛选出灌木和伴生树种。换言之，实地调查那些地力条件差但生长情况良好的乡土树种，将它们收集起来建立数据库。根据对赣南森林的现场调查，在优先选择楠木、红豆杉、桂花、杨梅、木荷等乡土树种及一些阔叶类造林树种资源外，发展以下林业产业强化林分结构的提升作用。

（一）发展竹产业

以崇义、大余、上犹、宁都等县为重点，对现有低产毛竹林实施抚育改造，建设笋、竹高产林示范基地；以崇义、大余、上犹、章贡区等县（区）为重点，新（改、扩）建竹建材、笋加工和纸浆造纸龙头企业。兴国、于都、赣县、南康、会昌、安远、信丰、龙南、定南、全南、瑞金、寻乌、石城等县（市、区），通过改造低产毛竹林，建设毛竹笋材兼用林；同时大力发展丛生竹，培育纸浆原料林。

建设竹林示范基地。在重点发展县（市）和重点发展乡镇大力改造低产竹林，加强丰产竹林示范基地建设，鼓励农民在房屋"四旁"空闲地大力种植丛生竹。加强竹林道路建设，推进竹林采运机械作业，降低竹林经营成本。加强笋用竹林高效节水灌溉设施建设，推行集约化经营，提高经济效益。支持建设竹产业市场信息体系，提高竹产品营销组织化程度。培育、引进龙头加工企业，扶持现有龙头企业做大做强竹加工产业。引导和鼓励企业引进和创新技术，开发新产品，提高产品质量和附加值。

到 2020 年，建设笋用和笋材兼用林基地 0.6 万公顷，总面积达到 1 万公顷以上；改造和抚育低产毛竹林 2 万公顷（不含笋材兼用林），总面积达到 8 万公顷。培育 1—2 个全国知名竹产业品牌，竹材深加工率达到 80%，竹产业年产值达到 100 亿元以上。把竹产业培育成林业重点产业和精准扶贫特色产业，辐射带动林农 5 万户以上。

（二）发展森林药材与香精香料产业

以瑞金、会昌、兴国等县（市）为重点，建设中药材规范化种植基地，辐射带动其他县（市、区），推进全市生物制药产业发展。以全南、会昌、安远、定南等县为重点，大力发展草珊瑚、黄栀子、金银花、铁皮石斛、枳壳、黄精、罗汉果、粉防己等中药材。同时，因地制宜发展灵芝、茯苓等菌类药材。以上犹、宁都、龙南、赣县、定南、大余、会昌、崇义等县（区）为重点，依托动物养殖企业，辐射带动周边区域大力发展动物药材养殖产业。以宁都、寻乌、会昌和全南、龙南等为重点，大力发展龙脑樟和桂花香精香料产业，辐射带动周边区域参与发展。同时各地因地制宜发展山苍子等传统香精香料产业。

培育良种壮苗。在瑞金、会昌、兴国等中药材培植重点县（市），建立森林药材苗圃，培育森林药材优质种苗；开展香精香料植物种质资源建设，筛选适宜赣南山地发展的优良品种。建立种植基地。选择立地条件较好、交通相对便利且较集中连片的林地，建设灵芝、铁皮石斛、草珊瑚、黄栀子、金银花、枳壳等药材种植基地；在每个县（市、区）各筛选1家国有林场或龙头企业和林业专业合作社，建设面积集中连片33.33公顷以上的示范基地。推进药用野生动物养殖。依法引导发展药用野生动物养殖产业，重点发展蛇类、梅花鹿等。

到2020年，实现新增灵芝、茯苓、铁皮石斛、草珊瑚、车前子、金银花、黄栀子、枳壳、罗汉果等森林药材种植面积1.2万公顷以上，年产量达到8万吨以上，药用动物养殖规模突破2000头，药用蛇类养殖规模突破30万条；新增龙脑樟种植面积0.13万公顷。力争产业总产值达到50亿元以上，其中森林药材种养产业产值达到35亿元以上，香精香料产业产值达到15亿元以上，辐射带动林农15万户以上。

（三）发展森林食品产业

依托现有南酸枣产业龙头企业，以崇义、会昌等县为发展重点，辐射带动赣县、信丰、龙南、全南、定南、于都、宁都、瑞金等县（市、区）发展南酸枣产业。以崇义县为重点，辐射带动安远、寻乌等果业大县，利用废弃果园种植刺葡萄发展葡萄酒产业。以崇义、龙南、全南、定南、寻乌、赣县、兴国、宁都、石城等县（区）为重点，发展蕨菜、黄花菜、马齿苋、山芹菜、野葱、野蒜等森林野菜培育和采集产业。利用山区森林植物资源丰富的优势和老百姓传统经营习惯，在全市各县（市、区）山区发展食用菌培植和养蜂产业。利用丰富的森林饲料、林地资源和优良森林环境，推广成熟的养殖技术，在全市各县（市、区）发展牛、羊、三黄鸡等家禽家畜和野生动物养殖。

建立规模化种植基地。结合资源禀赋、发展基础、传统习惯，以及当地确定的发展重点，建立规模化种植基地。创建"绿色生态"品牌，引导龙头企业利用好森林食品固有的"绿色、生态、安全"的特性，引进新技术，开发新产品，提升加工附加值，提高森林食品市场竞争力。

到 2020 年，新增森林食品种植面积 3333 公顷；3 年合计林下养殖三黄鸡等家禽 9000 万羽以上，牛、羊、香猪等家畜及野生动物 28.5 万头（只、羽）以上，增养蜜蜂 4.2 万箱以上，林下养殖新增利用林地 11.87 万公顷以上；森林食品产业产值达到 42 亿元以上，辐射带动林农 15 万户以上。

（四）发展苗木花卉产业

以章贡、赣县、南康、上犹等县（区）为中心，发展绿化苗木产业基地，建立苗木花卉交易市场；以全南、大余、兴国等县为重点，建设特色苗木花卉基地；以信丰、安远、崇义、宁都等县为重点，辐射带动寻乌、定南、瑞金、于都、会昌、石城等周边县（市），建设用材林良种苗木基地。

加强基地建设。打造七大花卉苗木产业基地，即以章贡区、赣县区、赣州经开区等中心城区为主的绿化苗木基地；以信丰、安远、崇义县为主的良种苗木培育基地；以上犹县为主的桂花苗木基地；以大余县为主的金边瑞香基地；以全南县为主的梅花基地；以兴国县为主的杜鹃花基地；以市林科所、兴国县、宁都县为主的油茶良种苗木基地。按照"品种良种化、产品标准化、生产专业化、栽培容器化、设施现代化、品牌国际化"的产业发展标准，推进产业标准化建设。

到 2020 年，新增苗木花卉面积 2000 公顷，使全市苗木花卉面积达到 2 万公顷、苗木花卉产业综合产值达到 60 亿元，辐射带动林农 15 万户以上。

（五）发展森林景观利用产业

提升森林景观质量。结合低质低效林改造工作，在森林公园等重要景区，开展林相改造，补植观赏树种，美化森林景观。加强重点景区基础设施建设。对森林公园和有条件的国有林场大力开展旅游基础设施建设，打造一批森林旅游示范景区。同时利用"森林赣州"品牌，加大国家 A 级景区创建，建立一批森林体验和休闲康养基地，培育一批"森林庄园""森林人家"旅游示范点，开发一批公众参与性强、文化体验性大的森林文化旅游目的地。开展森林旅游品牌创建。加大宣传推介力度，开展"森林旅游＋互联网"建设，形成线上线下宣传态势，促进网上森林旅游产品分享，做好乐山乐水和显山露水文章。

打造 4 条旅游精品线路，即崇义阳明山、上犹阳明湖、上犹五指峰、大余梅关森林生态旅游精品线路；信丰金盆山、龙南九连山、安远三百山森林康养＋客家文化精品线路；宁都翠微峰、会昌会昌山、石城通天寨、以及瑞金、于都、兴国等县（市）森林旅游＋红色旅游精品线路；赣州峰山、通天岩森林旅游＋宋城文化精品线路。争创 3 个森林旅游示范县，即创建石城、崇义、大余森林旅游示范县。开展森林特色小镇试点建设，在安远、崇义、会昌县各开展 1 个森林特色小镇建设试点，辐射带动美丽乡村建设。以全市 51 个国有林场和 30 个森林公园为基础，建设 150 处森林旅游目的地和 17 处森林体验与森林养生基地，新设立森林公园 4 处（其中新增国家级森林公园 2 处、省级森林公园 2 处），创建省级示范森林公园 4 处，完成森林风景资源林相改造 0.67 万公顷以上。

2020 年，赣州市林地面积为 3019669.08 公顷，林地覆盖率 76.8%。全市种植枫香、木荷、山乌桕、南酸枣等乡土阔叶树 4800 余万株。改造区域阔叶树比例达 30% 以上，针阔混交比例达 45% 以上，森林活立木总蓄积量净增长 397 万立方米，达 13856.9 万立方米，林木单位面积蓄积增长 2.15 立方米 / 公顷，达 54.13 立方米 / 公顷，树种结构趋于合理，林分结构明显优化，生态屏障功能进一步凸显。

第四章　田复垦添绿

　　赣州市受地形地貌特征的影响，耕地数量总体较少，受生态环境约束，宜耕后备土地资源有限，且分布零散、区位偏山偏远、开发难度大，既是我国农田规模偏小、耕作条件较差、抛荒现象较多的丘陵山区之一，也是我国矿山损毁地、独立工矿损毁地、交通运输损毁地、工程建设施损毁地、水土流失以及自然灾害损毁地较多的地区之一，更是较早开始耕地可利用空间扩展、生产能力提高及生态环境改善等方面实践和研究的地区之一。特别是在田地生态保护与修复方面，通过开展土地平整、土壤改良、灌溉与排水、田间道路、测土配方施肥、增施有机肥等措施，进行高标准农田建设，全面提升农田质量，从根本上改善贫困山区农业生产条件，提高耕地质量和土地产出效益，为山区坡耕地退耕还林还草和生态移民搬迁安置创造条件。同时，通过配套建设农田防护林网，增加山区的造林绿化面积，有效改善生态环境，通过配套完善农田灌溉设施，实施滴灌、喷灌等高效节水灌溉技术，提高灌溉水利用率，增加生态供水，促进田地生产力提高。大力推进废弃、退化、污染、损毁土地的综合治理、改良和修复，优化城乡用地结构布局，高效利用土地资源，实现光、热、水、土资源的优化配置，努力提高资源的利用效率。

第一节　田地复垦治荒

　　赣州市作为南方红壤区的典型区域，其水土流失综合治理取得了显著成效，许多治理模式能够成为区域水土保持的"样板"，起到示范和辐射作用。

特别是将坡耕地控水保土保肥、坡地果园雨水资源高效利用低侵蚀低污染、崩岗生态治理等技术与工程实践、政策引导互相有机融合，形成治理技术集成与政策配套组合的模式。自 2017 年至今，赣州市推进南方红壤区生态保护与修复、稀土矿等矿山环境治理以及全面复垦废弃工矿用地，适度开展废弃工矿用地复垦与综合利用试点，加大历史遗留损毁土地复垦力度，及时复垦水毁耕地等自然灾害损毁的土地。在保护耕地、保护生态环境的前提下，积极开展低丘缓坡综合开发利用试点，制定优惠政策，鼓励利用低丘缓坡资源进行精品果园建设。整治抛荒耕地，耕地利用率提高，全市主要干道沿线抛荒耕地基本恢复生产。通过实施造地增粮富民工程、农村土地整治示范建设等重大项目，强化土地整治实施监管和考核评价，加强土地整治队伍建设，提升土地整治科技支撑能力，夯实土地整治基础，为山水林田湖草生态保护修复提供了极为宝贵的经验。

一、在水土流失治理中保田造地

据史料记载，我国水土流失治理可以追溯到西周初期。山区农民为利用沟道进行农林业生产，很早以前就开始闸沟垫地、打坝淤地，对水土流失实行坡沟兼治、综合治理。新中国成立以来，赣南积极开展大规模的水土流失治理工作，坚持全面规划、综合治理、集中治理、连续治理的原则，水土流失治理取得了显著的经济效益与生态效益——在控制过度干扰自然引起水土流失的同时，保田造地保证农、林、果、茶、牧、渔等生产事业的发展。

（一）耕地水土流失及其防治措施

赣南丘陵山区耕地面积 32.73 万公顷左右。长期以来，赣南广大丘陵山区农业主要以单一的种植业为主，种植业中又以粮食作物为主。由于种植结构单一，导致坡耕地用养失调，用地作物多，养地作物少，再加上对坡耕地的投入减少，致使地力逐渐减退。由于坡耕地缺乏投入和改造，耕作粗放，广种薄收甚至耕地闲置。从目前赣南水土流失的防治措施看，可将防治耕地水土流失的各项技术措施，大体分为水土保持耕作措施、坡改梯工程措施和林草生物措施。

1.水土保持耕作措施

在坡耕地上特别是缓坡耕地上，推行各种水土保持耕作措施，能拦截地面径流，减少土壤冲刷，增加粮食产量。水土保持耕作措施可分为两大类：一类是以改变地面微小地形，增加地面粗糙率为主的耕作措施，如等高带状种植、水平沟种植等；另一类是以增加地面覆盖和改良土壤为主的耕作措施，如秸秆覆盖、少耕免耕，间、混、套、复种和草田轮作等，在具体采用某种耕作技术措施时，注意它的适宜区域范围、适宜条件与要求，如等高带状间作，适宜条件与要求是：坡度在25度以下，坡愈陡作用愈小；坡度愈大，带愈窄，密生作用比重愈大；带与主风向垂直；可作为修梯田的基础。

2.水土保持坡改梯工程措施

梯田是改造坡耕地的一项重要措施，它可以改变地形坡度，拦蓄雨水，防治水土流失，达到保水、保土、保肥和增产的目的。梯田按田面的纵坡不同，可分为水平梯田、隔坡梯田、坡式梯田和反坡梯田。

（1）水平梯田。梯田的田面呈水平，各块梯田将坡面分切成整齐的台阶，是高标准的基本农田，适宜种植水稻和其他旱作、果树等。在人多地少的地方，多修建水平梯田，修一块成一块，一劳永逸。

（2）隔坡梯田。在坡面上将1/2—2/3面积保留为坡地，1/2—1/3面积修成水平梯田，形成坡梯相间的台阶形式，这样从坡面流失的水土可被截留于隔坡梯田上，有利于农作物生长，梯田上部坡地种植牧草和灌木，形成粮草间种、农牧结合的方式，修建隔坡梯田较水平田省工，隔坡梯田相当于拦蓄了2亩坡地的径流。

（3）坡式梯田。顺坡向每隔一定间距沿等高线修筑地埂而成的梯田，依靠逐年翻耕、径流冲淤并加高地埂，使田面坡度逐渐减缓，终成水平梯田，所以这也是一种过渡形式。坡耕地修建成坡式梯田，是一条改造坡耕地较好的途径，具有广泛的适用性，具有投入少、进度快，既能保水保肥又能稳定增产的特点。

（4）反坡梯田。田面微向内侧倾斜，反坡一般可达20度，能增加田面蓄水量，并使暴雨过多的径流由梯田内侧安全排走，适宜种植旱作与果树。坡改梯田是治坡措施中的永久性工程措施，推广应用面广、价值大，应继续坚持不懈地搞下去，但梯田的类型、规格等可因地制宜。

3.坡耕地水土保持林草生物措施

陡坡耕地是赣南水土流失最严重的地方，解决这一问题的根本措施就是退耕种草种树。陡坡地退耕种植林草，不但可治理水土流失，生态效益好，而且其经济效益也比种植农作物的效益高得多。实践证明，在生态脆弱地带大力发展果业，不仅是一种生态治理措施，更是一种农民生产生活措施，很好地解决了水土流失治理与水土资源配置及高效利用、农民就业机会增加与收入提高及生活质量改善、乡村振兴与区域可持续发展、产业升级与精准扶贫及全面建成小康社会等一系列问题。通过赣南红壤低山丘陵区水土流失治理与生态产业结合驱动要素演变过程、耦合关系、协同途径的系统治理，形成了生态—生产耦合的服务功能提升技术、高值特色生态产业技术与景观优化设计技术，明确了区域水土流失治理、资源配置和生态产业耦合机制及其协同途径；对不同生态经济耦合方式下的土地利用方式、生态产业规模、类型和布局等参数进行优化设计，并结合当前经济、社会、政策进行情景分析和评价，提出了赣南红壤低山丘陵区生态—经济协调发展型的优化治理模式；综合评价水土流失治理与产业布局、农民增收的有机结合模式，确定治理模式的实施条件和适宜推广范围，形成可持续的生态产业与服务功能提升价值链，创新生态—生产功能协同提升适应性管理机制，构建区域水土流失治理与生态富民相结合的管理对策，提出生态—生产耦合的区域水土流失综合治理系统方案。

（二）创新水土保持土地利用技术

赣南水土流失治理最显著的成就之一，就是累计人工种植脐橙达13.33万公顷，形成了世界上规模最大的脐橙种植基地，极大地推动了当地水土保持生态建设。大面积集中连片的脐橙林封沟，植被覆盖度提高到70%以上，土壤透水性比荒山增加1.3倍，蓄水效益达到75%—85%，减蚀效益达到80%—90%，土壤侵蚀模数由每年2万—3万吨/平方公里控制到0.5万吨/平方公里以下；有效地拦截了沟道内的粗泥沙，形成了"地上一把伞，地面一层毡，地下一张网"的保护网络，成为红壤丘陵的绿色护卫者。

1. 前埂后沟＋梯壁植草＋反坡台地技术

结合坡地开发的坡改梯工程，构筑坎下沟、前地埂，并在地埂、梯壁上都种植赣南混合草籽进行护壁处理，实行果（脐橙、甜柚等）＋草（狼尾草、棕叶狗尾草、雀稗等）间作，以达到保护水土的效果。

2. 竹节水平沟＋乔＋灌＋草技术

在水土流失山区开挖竹节形水平沟，通过开挖竹节水平沟和生物措施合理配置，可以起到很好的蓄水、保土、保肥的作用，配套乔、灌、草的立体防护以达到保持水土的目的。

3. 坡面雨水集蓄技术

结合坡地农业产业开发，按照坡面水系建设，合理布设"三沟"（截水沟、引水沟、排灌沟）、"二池"（蓄水池、沉砂池）、"一库"（塘库）等小型集雨水利工程，就地拦截强降雨，对雨水进行蓄集，减少径流，增加补灌抗旱水源，做到排水有沟，集雨有池，蓄水有库，水不乱流，泥不下山，发挥"小工程、大示范、高效益"的保土蓄水作用。

4. 顶林—腰果—底谷（养殖）立体治理

通过构建"山顶戴帽（水保林等水源涵养林）、山腰种果（脐橙、油茶等经果林）、山脚建池（塘坝）、水面养鸭鹅、水中养鱼"的模式，把养殖业和种植业等有机地结合在一起。

5. 封禁＋补种＋管护生态修复治理

赣南地区高温、多雨、无霜期长，植被自然恢复能力强，生态修复成为水土流失区恢复植被最有效、最经济、最科学的选择。因此，在小流域水土流失强度小、植被条件较好的区域推行"大封禁，小治理"，即实行封山禁采禁伐、封育保护，依靠大自然的自我修复能力恢复植被；在重点治理中补植林草措施，抚育施肥。

针对赣南红壤低山丘陵区水土流失综合治理中土壤和植被的生态功能提升需求，围绕侵蚀退化土壤肥力提升和植被结构改善，揭示侵蚀土壤碳氮转化机理，研发坡耕地养分增容与提质增效技术、林果地土壤结构改善与生物活性协同提升技术、崩岗与林下水土流失区等侵蚀劣地土壤增碳与生物多样性调控技术。针对区域植被恢复的立地条件、生物多样性现状及其景观格局特征，评估人工辅助下植被恢复的限制因子；筛选适应不同侵蚀立地条件、不同恢复阶段和不同营林目标的乡土物种，并开展规模化建植试验；研发崩岗及林下水土流失区的先锋植被促育和快速恢复技术，在群落和景观尺度上进行结构与格局的优化，发展复合生态林业模式，形成侵蚀退化红壤肥力与植被生态功能提升的综合技术体系。

（三）把握水土流失综合治理的发展趋势

在赣南红壤坡地开发果园以及果园套种十分普遍的情况下，为了探索控制水土流失的有效途径，寻找最佳的开发模式和耕作方式，研究水土流失发生过程、演变规律，建立水土保持效应的评价指标和体系，提出并完善南方红壤坡地水土资源优势、控制土壤侵蚀的理论体系和技术规范。

1. 把握区域水土流失演变规律

针对赣南红壤低山丘陵区水土流失分布广泛，局地崩岗发育严重，利用遥感反演和异源观测数据融合的水土流失动态评价方法，阐明水土流失演变的自然和社会关键驱动因子；建立高分辨率卫星影像、无人机航空摄影与野外调查相结合的崩岗识别与监测技术体系，揭示赣南红壤低山丘陵区崩岗的分布规律和地带性特征，揭示气候、地质、地貌、土壤、水文、植被等环境因子对崩岗空间分布规律的影响；研究现有典型水土流失治理措施和模式对水土流失演变的作用—响应机理，探讨水土流失治理与生态服务功能的互馈关系；建立多因子耦合的水土流失防控区划指标体系，借助数理统计方法及不确定理论和模型优化指标权重，构建赣南红壤低山丘陵区水土流失防控区划技术体系，提出区域水土流失优化防控区划方案，为赣南红壤低山丘陵区水土流失科学治理和生态系统服务功能提升提供依据。

2. 水土保持措施空间优化配置

针对赣南红壤低山丘陵区水土资源空间匹配特点、不同侵蚀退化生态系统特征和生态功能提升需求，结合区域资源特色和生态产业发展需求，以优化水土保持措施空间布局和生态功能提升为目标，研发生态高值特色农林产业开发中的水土流失治理技术，构建结构和功能优化的坡地农林复合开发水土流失治理技术，提出坡面、流域及区域水土保持措施空间布局优化技术，集成水土流失控制——植物功能发挥——产业高效发展的适应技术体系，构建生态——生产功能并重的高效开发型水土流失治理技术模式。针对林下水土流失等严重侵蚀区，研究其生态系统退化特点，综合权衡林下水土流失侵蚀规律、土壤肥力与植被退化特征等因素，提出退化生态系统恢复重建的总体思路与技术策略，评价林下水土流失现有防控技术的适宜性，结合土壤肥力提升、植被恢复等关键技术，筛选、集成适合红壤低山丘陵区的林下水土流失区生态防护综合治理技术体系。

3. 水土保持生态功能提升

围绕社会发展对红壤低山丘陵区水土流失治理的需求，开发水土保持措施空间布局优化与生态功能提升技术，通过研发关键技术、优化景观布局、发展优势产业，实现生态建设从水土流失治理向生态服务功能提升，从单纯植被覆盖率增加向结构改善和生态效益提高转变，实现生物多样性丰富、生态系统结构完整、能量流动物质循环畅通、资源利用高效的发展目标。项目基于水土流失治理关键制约因子识别、时空演变规律解析，提出面向生态服务功能提升的水土流失优化防控区划方案，将为区域分区治理方案的制定和实施提供科学依据；研发的技术应用和推广机制，可为政府管理部门制定水土流失治理与生态产业发展策略、实施科学综合决策提供支持。

在山水林田湖草生态保护修复项目实施中，水土流失综合治理不仅突破了原有的思路框架，而且在继承优良治理经验基础上，根据国家经济社会发展要求，使水土流失综合治理更好地满足我国广大民众对生产田地、居住环境和生态条件不断提高的需求。具体项目以生态——生产功能优化为核心，阐明区域水土流失演变规律及其关键驱动因子，研发集成地表径流调控、土壤肥力提升、植被可持续恢复、水土资源协调和景观结构优化为一体的治理技术体系，发展区域特色生态产业技术，形成兼顾生态服务提升与民生改善的区域水土流失综合治理模式与管理体系。

二、崩岗"五位一体"造田垦荒

崩岗是红壤区最为严重的一种水土流失现象。根据南方 7 省（区）的普查资料统计，赣州市共有大、中、小型崩岗 13.91 万个，崩岗总面积 620 平方公里，经过多年的治理和试验研究，赣南总结出了有效治理崩岗的技术方法，概括为"上拦、下堵、中间削、内外绿化"，即在崩岗顶部布设水平沟、排洪沟，防止水流进沟，控制沟头溯源侵蚀，在崩岗中段，修建挡土墙、拦沙坝和谷坊群，提高局部侵蚀基点；崩壁修建成水平阶，植树种草，稳定陡壁；在崩岗下游修建拦沙坝，防止泥沙下泄危害农田、河道。然而这些治理只是把崩岗大致分为"上、中、下"三个部分，并未考虑到崩岗科学的构成要素，以及各个要素之间物质能量的流动情况，因而不能从根源上对崩岗进行有效治理。为此，赣南在之前综合治理基础上总结出崩岗"五位一体"系统性治理措施，以指导崩岗治理的实践。

（一）集水坡面的治理——截流排水固土防冲

集水坡面有一定的坡度，所以降雨易在此汇集产生地表径流。坡面是崩岗继续发展的源头，要防止崩塌则必须减小径流冲击崩壁的动能，最常用的方法是减小集水坡面的长度和集水面积，即在崩岗顶部或崩岗外缘 3—5 米处布设截流排水沟，拦蓄并向安全区域排走径流。截流排水沟作为一道阻隔集水区与崩岗体的屏障，缩短了径流在集水坡面上流动的长度，也就减小了径流冲击崩壁的动能。同时，截流排水沟的布设还能减少径流在崩壁顶部的下渗，从而防止崩壁吸水过度而增加重力势能导致崩塌。

若崩岗集水区面积大、降水多，截流排水沟可多布设几条，以保证排走一定频率的暴雨径流。有的集水区地形复杂不适合挖掘排水沟，通常采用鱼鳞坑造林代替，鱼鳞坑可以分散径流，同样起到减小动能的作用。坡面防治体系要能够最大限度地减少崩岗集水区汇集的径流流入崩岗体内，尽量排走或就地入渗和利用，从而阻隔崩岗崩塌的能量来源，同时也能提高崩岗坡地的抗旱能力。

在实施工程措施的同时，需要对植被覆盖较低的集水区配合生物措施共同治理。集水区因受到地表径流的集中冲刷，表土流失殆尽，土质贫瘠，母质或心土裸露，一般植物很难生长。所以，应选择根系发达、喜干旱耐贫瘠、适应性强、抗逆性强的植物种类进行造林，例如芒草、马唐、鹧鸪草、胡枝子、山毛豆、相思树、马尾松、杉树等，建立乔、灌、草混交多层覆盖的立体防护体系，同时采取封禁措施，增加地表植被覆盖率，增加雨水入渗，减少地表径流，达到减小冲击崩壁能量的目的，充分发挥固土防冲作用。

（二）崩壁的治理——降坡稳坡修筑台阶

崩壁具有坡度大、不稳定的特点，所以经常发生崩塌，防护难度非常大。治理崩壁的关键在于降坡稳坡，即通过人工干预减小崩壁位置的坡度从而降低崩壁崩塌的风险。根据地形、崩岗形态、崩岗所处的侵蚀状况和崩壁的稳定程度等要素，因地制宜，对崩壁进行打穴、削坡开梯、修筑崩壁小台阶等人工降低崩壁坡度的处理后，径流冲击崩壁的动能相应减小，不仅能够达到稳定崩壁的目的，而且削坡修筑一定宽度的台阶也可为植物的生长创造立地条件。与此同时，台阶上还应修建蓄水和排水设施，确保植物生长有充足的水分且能及时疏导台面上多余的径流，以降低崩岗土体因吸水过量，重力势能增加而产生二次崩塌的风险。

崩壁陡峭，立地条件差，植物难以生长，尤其是在时有崩塌发生的崩壁上，更难进行造林活动。在对崩壁进行削坡开梯等降坡稳坡工程措施后，台阶为植物生长提供了立地条件，但阶面基本为心土和母质层，应换成肥土并施基肥，可选择葛藤、大翼豆、蟛蜞菊等抗干旱耐贫瘠的藤蔓型植物，以提高崩岗的植被覆盖率。为保护台阶坡面，还可以覆盖黄麻土工布。在水平台阶截流缓冲的作用下，植物也能更好地生长，树冠上覆以抗风雨、树根下扎以固台阶，相互辅助从而达到稳定崩壁和恢复生态的目的。

对于削坡后土质过差林草实在难以生长或不适合削坡开梯等工程措施或崩壁已处于稳定状态的崩岗，可以采用营养杯育苗移植的方法，选择耐旱、耐瘦瘠、立地条件要求不高的荷木、桉树、大叶相思、油桐等速生树种，并混种当地的大芒草、葛藤、五爪金龙等草藤植物，乔、灌、草、藤一齐种。由于大芒草、葛藤、五爪金龙根须多，萌芽力强，盘根错节，耐践踏，生长迅速，因此在林木中混种此类植物，可以改善气候条件和林地环境，其残根落叶又可增加有机质，起到改良土壤、促进林木生长的作用。

（三）崩积堆的治理——固定崩积堆建台面

崩积堆具有坡度较大、土质疏松、结构性差、抗侵蚀能力弱等特点，是崩岗发生二次侵蚀的主要部位，二次侵蚀使崩壁土体转化为泥沙，崩壁土体物质再分配进而加重崩岗的危害程度。若是比较小型的崩岗，配合种植适当的植物能很快使崩积堆稳定下来；若是大型崩岗，侵蚀严重并且崩积堆面积较大，可依据崩积堆的坡度与受侵蚀状况进行削坡治理或整地治理。

对坡度平缓的崩积堆边整边夯实，修整成反坡式、梯级短、台面窄的台阶，能快速稳定崩积堆。台面既是种植面又是横坡导水沟，反坡式梯级有利于径流下渗，使植被有充足的水分进行生长同时又能排出多余水分。削坡开梯的崩壁和崩积堆还需根据实际情况设置1—2条纵向排水沟，以集中导出梯面多余径流。对坡度较大不适宜削坡的崩积堆则进行整地，填平沟道，降低崩积堆的坡度从而让其稳定，避免受到雨水的冲击发生二次侵蚀。崩积堆的治理与崩壁的治理有许多相似之处，在治理过程中应紧密结合各类措施同步进行，在节省人力、物力、财力的同时达到最好的效果。

生物措施对稳定崩积堆起到重要的作用。适宜该部位种植的植物须具备根系发达、抗干旱贫瘠能力强、耐掩埋等特点，如香根草、麻竹、藤枝竹等，适当密植可作为植物绿篱，能有效防止降雨侵蚀形成沟道从而稳定崩积堆。在进行削坡的崩积堆上实施台面合理间种乔木灌木、外侧坡面种草的生物措施。

（四）沟道的治理——切断物质运输通道

沟道作为连通崩岗体系与外部大系统的通道，运输来自集水坡面的径流，以及径流冲刷集水坡面、崩壁、崩积堆携带的泥沙，下切与淤积交替进行。要阻止泥沙流出形成洪积扇或沿水流流到下游掩盖农田、毁坏水利设施，就要在沟道处阻隔物质的运输，最常用的措施是谷坊。除了在崩岗总出口处修建大谷坊，还要在崩岗的支沟沟口逐级修建坝高在5米以内的谷坊，不仅可阻挡水和泥沙向外界运输，控制崩岗的继续发展，防止泥沙毁坏下游农田及水利工程，而且可抬高沟床，被拦截的水和泥沙还有利于植被、作物的生长。修建谷坊后可把沟道、崩壁、崩积堆一同逐步开发为台地，种植植物和农作物以快速恢复崩岗。

沟道在来自集水坡面的径流冲刷下母质裸露、土壤贫瘠，植被生存条件十分恶劣，伴随着水流大量的泥沙也被冲刷到下游，沟底的下切加剧了侵蚀。级级修建谷坊后可以拦截大部分沙和水，使该部位水分条件较好，且沟床得到了固定，改善了植被的生存条件，因此可根据实际情况在淤积土上种植香根草带，同时种植果树、大相思叶和竹类等根深、耐掩埋的植物，从而增加植被覆盖，拦截泥沙，提高土壤抗侵蚀能力。

（五）洪积扇的治理——生物措施固沙防泄

洪积扇的治理关键即利用生物措施固沙，防止洪积扇上的泥沙继续向下游移动掩埋农田或淤塞河道。对于该部位应以生物措施为主、工程措施为辅。洪积扇地势较为平坦，堆积的土壤土质疏松，质地较粗，以细沙、粉沙与粗沙为主，养分贫瘠但水分条件较好，可以构筑多道生物屏障——香根草带或糖蜜草带固定拦截泥沙，同时种植耐旱耐贫瘠的竹类；若洪积扇上立地条件较好，则可以采取以草先行、乔灌草相结合的种植办法。必要的情况下，在崩岗集中的沟道下游、肚大口小、基础坚实的地方修建高度为5—8米的拦沙坝、挡墙和排水设施，以迅速控制泥沙下泄对下游的威胁。在修筑拦沙坝或挡墙后，其上部不断淤积出的较平坦的土地可逐步开发利用，经过一些改良措施可作农田耕种。

崩岗作为一个由集水坡面、崩壁、崩积堆、沟道和洪积扇组成的生态系统，各部分之间存在着复杂的物质输入与输出并伴随着能量的转化。雨水作为外界输入动能的载体，降落到集水坡面上并沿其流动形成径流时，重力势能转化为动能，冲刷地表土体，形成跌水，冲击崩壁，同时径流下渗增加了土体的势能，造成崩壁崩塌，基底加深，使崩岗不断向纵深扩展。坍塌的崩壁在沟底堆积形成崩积堆，由于崩积堆结构松散、无植被保护，因此极易遭受降雨冲击和径流冲刷，导致崩积堆受到二次侵蚀，径流携带大量泥沙流出沟道，同时沟道受到径流的侵蚀不断下切加深，泥沙最终在洪积扇沉积或被排到附近的河流、水库甚至农田中。结合崩岗系统物质运输和能量流动特点，切断各个要素间的联系，工程措施与生物措施相结合，因地制宜、因害设防成为"五位一体"治理的关键。

三、遏制耕地抛荒稳定粮食生产

耕地作为土地资源中最为宝贵的自然资源，是农业发展之要、粮食安全之基、农民立命之本。耕地质量与国家粮食安全、生态安全和社会稳定密切相关，是重要的生产、生活、生态空间，也是促进社会经济可持续发展的物质基础。一方面，当前人均耕地不足、优质耕地少、耕地后备资源不断减少是我国基本的土地国情，这使我国耕地质量管理和耕地保护一直面临着较大的压力；另一方面，一直以来，我国农业生产始终坚持高投入、高产出的生产模式，耕地质量状况堪忧、基础地力不断下降、耕地退化面积大等问题严重。因此，着力加强耕地数量、质量和生态"三位一体"管护制度，提高耕地质量管理和建设水平工作刻不容缓。

（一）确保耕地基础地位稳定

随着赣南城市化进程的加快，工业和城市占用土地快速增加，导致耕地面积不断减少。同时，农村劳动力不断流向城市，各地农村出现了土地抛荒日益严重的现象，不仅造成土地资源的极大浪费，而且增加了赣南的粮食安全隐患。

1.农地抛荒的主要特点

农地抛荒可分为显性抛荒和隐性抛荒。显性抛荒是指除自然灾害等不可抗拒的外部因素外，由于土地承包经营者主观方面的原因，造成耕地没有种植农作物而闲置的状态；隐性抛荒指尽管耕地已经利用，表面上未处于荒芜或闲置状态，但经营者投入资金、技术、管理和劳力不足，对土地未充分利用。据对赣南调查的情况，现阶段耕地抛荒主要呈现出以下几个方面的特征：一是丘陵、山区、离城较远的地区抛荒较严重。在赣州市章贡区周边农村基本没有农地抛荒的现象。这些地方处于主城区近郊，土壤肥沃、交通便利、灌溉方便，耕作条件较好，土地收益相对较高，因此农民不愿将耕地抛荒。就其他边远山区县的情况来看，尽管有的丘陵地区土地并不十分贫瘠，但由于土地的耕作成本较高（如旱地），许多地区交通不便，农业基础设施较差，种地的收益大大低于从工或从商的收益，因此大量农民外出务工，导致从事农业生产的劳动力严重不足。尤其山区田地抛荒后，林草生长茂盛，生态环境改善，飞禽走兽数量增加，野猪野兔泛滥，严重影响农民种植庄稼，靠近林区的地块基本绝收，农民不得不弃耕。由于山区土地较贫瘠，有的土地完全不适宜耕种，这些地区农业基础设施普遍较差，灌溉等得不到保障，土地的产出率很低，加之地处偏僻，交通不便，农产品的商品化程度很低，农民种地的收益无法提高，因此农地抛荒严重。二是旱地抛荒多于水田。由于旱地的耕作成本（尤其是投入土地的劳动量）一般高于水田，而经济收益往往又低于水田，因此，在农村劳动力大量流入城市的情况下，农业劳动力显得十分不足，很多地区的农民为了保证基本生活口粮的需要，优先耕种水田，将旱地全部或部分闲置抛荒。三是季节性抛荒多于常年性抛荒。在抛荒耕地中，季节性抛荒所占比例较大。从赣州市范围看，各地水田种植两季改为一季的现象非常普遍，冬闲田利用率低，造成季节性抛荒比例较高。四是社会经济型抛荒日益严重。社会经济型抛荒主要指由于社会制度、相关政策与经济条件等因素的变化而导致的农地抛荒。

2. 农地抛荒的根源剖析

一方面，尽管随着城市化进程的加快，耕地资源在不断减少，土地的稀缺性越来越突出，但是，在我国农村现行土地制度下，按人头分配土地，耕地被小块分割，每个农民拥有小块耕地，实现规模化经营比较困难，导致耕种土地的边际收益小于边际成本，因而出现了农民将本来就少的土地抛荒的矛盾现象。由于土地上的劳动生产率很低，导致农业的比较收益很低，因而越来越多的农民选择外出务工，直接影响到农民种田的生产积极性，这是耕地抛荒的根本原因。不仅农村土地单位面积报酬率低，而且人多地少的矛盾突出。另一方面，耕地条件差形成抛荒。部分乡镇村山大沟深，交通不便，有的水利设施基础薄弱，抗灾能力差，受自然条件制约程度大，增加了农业生产的自然风险程度，影响了农民耕种的积极性。特别是一些零星、分散、偏远、瘠薄的"冷水田""烂泥田"，耕作条件和基础设施太差，投入多产出少，农民不愿耕种，造成耕地抛荒。农民种地的机会成本很高，因此许多农民选择弃田从工或从商，在劳动力短缺而无力耕种的情况下，只好将耕地抛荒。

（二）确保耕地面积和质量稳定

赣南进行山、水、田、林、路、村综合治理，立足于各项措施相互配套，致力于各方力量有机整合，从根本上扭转了工作上零敲碎打、力量分散，治理措施单一、收效不大的问题，具有标准化、规模化、高效化的显著优势，在实际工作中发挥了极大的试验示范、辐射带动作用。在继续加强山洪地质灾害易发区等水土流失严重地区重点治理基础上，着力抓好坡耕地水土流失综合治理、崩岗综合治理、水土保持植物资源建设与开发利用、湖库型水源地泥沙和面源污染控制等重点项目建设，实现水土资源的高效利用和有效保护。在坡改梯、坡面水系、沟道治理、农田生产道路和特色产业发展等方面加大投入力度，促进山丘区产业结构调整，实现粮食增产、农业增效、农民增收。

1. 加强农林复合经济区口粮田建设

赣南农林经济复合区往往是退耕还林的重点区域，往往存在粮贵了种粮，果贵了栽果的问题，同当前农村普遍不存隔夜粮的问题结合起来，这些非粮食主产区的口粮田建设问题非常重要。然而口粮田必须遵循因地制宜、因势利导和保护生态的原则，就赣南大部分山区条件而言，针对水稻生产利用的土地整治，以适应中小型机械作业为主，对土地平整度的过高要求显然是不合时宜的，当然，毁林开荒、破坏生态、过度垦殖等更应明令禁止。从山区的资源禀赋和生态特性来看，无论从时间或空间角度出发，山地条件下的土地整治和资源利用必须与资源禀赋的结构特性相匹配，充分提高国土资源的利用效率，保护生态环境，适度控制种植业，大力发展草牧业和林业。

2. 提高农业生产力水平

引导农民积极采用农业科学技术，实行科学种田，将传统的精耕细作与先进的生物技术相结合。努力改善农业生产条件，尤其应当搞好以水利为重点的农业基础设施建设，改革管理体制，加大农业基础设施的管理和保护力度，保证农业生产遇旱能灌、遇涝能排。同时，要采取综合治理措施，提高耕地质量，改造中低产田，提高中低产田土的生产水平。通过土地的流转和集中，不仅能够将抛荒的土地有效地利用起来，而且能够促进农地适度规模经营，提高土地产出率，从而增加农民收益。各地政府要充分发挥在农村土地流转中的引导和管理作用，积极探索土地流转的有效途径，制定和完善土地流转的有关政策，建立健全土地流转机制，为土地流转创造良好的外部环境，加快土地流转步伐，促进土地流转健康、有序进行。

3.系统推进土地质量建设工程

土地质量建设工程包括土地整治工程、农田水利工程和田间道路工程。土地平整工程主要是坡改梯、改良土壤；农田水利工程主要是疏通排水体系，保障农田灌溉，布局蓄水池；田间道路工程主要改善道路的通过性及完善道路通达。这些工程措施增强了农田的抗旱防灾能力、控制农田水土流失、改善生产条件、提高灌溉保障能力和排水条件、提升农田基础地力等，支撑农田粮食生产稳产、高产的能力。特别是通过构建高标准农田建设措施与生态系统服务功能间的关系框架，结合可调控的障碍因素，确定不同区域高标准农田建设主导方向，进而提出生态型高标准农田建设分区方法及调控措施。

（三）确保粮食面积和产量稳定

实行农地抛荒责任追究制度。将耕地资源的利用和保护纳入地方政府目标管理，各地可根据耕地抛荒的程度、所造成的后果以及承包方应负的责任，具体研究制定适当的经济处罚办法，促使承包方保护耕地资源，制止土地抛荒现象的蔓延。赣州市人民政府发布《关于切实抓好粮食生产工作的通知》（赣市府办字〔2020〕14号），要求紧盯粮食生产目标任务，落实县、乡、村、组的具体责任人，抢抓时机把面积全面落实到户到田块，确保全市粮食播种面积达到50.06万公顷、总产量达到51.8亿斤以上。

1.抓实抛荒耕地恢复种植

压紧压实遏制耕地抛荒属地责任，由县（市、区）负总责，推进有条件的抛荒地全面恢复种植水稻。实行耕地地力保护补贴与农民保护耕地责任相挂钩，对弃耕抛荒超过两年(含两年)的，暂停该承包户耕地地力保护补贴发放，待复耕后重新纳入补贴范围。鼓励村集体组织集中流转抛荒耕地，采取托管服务、代耕代种等方式，流转给有耕种能力的农户、合作社或经营主体耕种。对耕地立地条件好的，引导农户应种尽种、种满种尽，努力扩大种植面积。对于灌溉条件和水源较好区域，不遗余力种水稻，确保宜种尽种；对于易旱易涝区域，或已出现因灌溉不便、水源不足而抛荒耕地，积极发展再生稻、节水抗旱水稻、玉米或红薯等粮食作物，作为水稻生产的有效补充。规范有序开展耕地集中流转，或以代耕代种形式，将分散的耕地统一发包到大户种植，形成规模种植效益。

2.主攻品质产量，推动粮食高质量发展

大力推广"株两优39""株两优538"等一批品质好、产量稳的优质稻品种，示范推广籼粳杂交稻、再生稻和晚稻早种品种，扩大优质稻种植比重，组织种植户与加工企业对接，推进订单种植和收购。坚持绿色高质高效导向，大力推广集中育秧、绿色防控等高质高效增产技术，着力提高粮食产量。鼓励推广"中稻＋再生稻"、稻油轮作等节水抗旱栽培模式，引导农民增施有机肥、种植绿肥、秸秆还田，培肥耕地地力，充分利用富硒资源调查成果，发挥富硒土壤资源优势，规划建设一批富硒粮食基地，扩大富硒区域粮食种植面积。加快制定富硒粮食生产技术规程，推进富硒大米标准化、规范化生产，推动粮食产业转型升级，带动种粮农户增收增效。

3.强化社会化服务，提高农民种粮水平

针对劳动力不足问题，支持各类新型经营主体、社会化服务组织与小农户对接，组织农机作业，为种植主体提供机耕、机插等配套服务。鼓励成立土地托管合作社，通过代耕代种、联耕联种、统防统治等形式，推进粮食适度规模经营和集约化生产。鼓励各地出台扶持政策，积极培育粮食生产大户，力争全市3.33公顷以上规模种粮大户达到1000户以上，大户种粮面积达到1.33万公顷以上。继续实施贫困户种粮扶持政策，强化主体联结带动作用，保障贫困户获得稳定收益。产粮大县奖励资金确保不少于20%的资金用于发展早稻生产。强化补贴资金监管，加快耕地地力保护补贴资金的拨付进度，及早发放到户。坚持"谁种植补贴谁"的原则，及时将稻谷补贴资金落实到种植户。优化农机服务，引导农民使用"江西农机补贴APP"，便利申请办理农机购置补贴。全面落实稻谷最低收购价政策，完善农业保险、水稻保险等，降低粮食生产风险，保护农民种粮收益。

第二节 土壤环境污染防治

赣州市提出了以旱涝保收高标准农田建设为重点，大力推进高标准农田示范县建设；以改善农村生产生活条件和促进土地节约集约利用为目的，积极稳妥推进以土坯房改造为主要内容的农村建设用地整理；以有效利用土地和改善生态环境为出发点和落脚点，加快土地复垦；适度合理开发利用土地后备资源，提高全市土地利用率；积极开展低丘缓坡综合开发利用试点，有效减缓建设用地对耕地占用的土壤环境保护战略任务。同时从创新运行机制、加快制度构建、加强实施管理、落实资金保障、稳妥推进土地流转、强化土地整治精品工程的示范作用、加强土地整治技术支撑体系建设等方面提出了土壤环境保护的实施措施。

一、推进重金属污染防治

赣州市废弃矿体和尾砂中含有大量的重金属和有毒有害元素，随着降雨淋溶不断扩散至周围土壤、地下水和地表水环境中，造成重金属污染。矿业活动特别是矿山露天开采，破坏了矿区原有的水土保持设施和地表植被，矿石采选产生的大量废弃物也占用了大面积的堆置场地，破坏了堆置场所原有的生态系统，导致矿区周围土壤侵蚀程度增加。赣州市矿产资源特别是有色金属资源丰富，矿山开采、冶炼以及与之相关的化工、电镀、电池等行业发达，重金属污染企业众多，污染类型多样。以上问题虽然经过多年治理，但仍存在重金属产排污监管不到位、管理体系不完善，重金属环境质量监测点位分布不科学，历史遗留问题突出等诸多问题。全市重金属污染程度和空间分布格局不清，缺少统一的调查结果，迫切需要全市高度重视重金属治理和监管。

（一）土壤环境综合治理

赣州市以国家《土壤污染防治行动计划》（以下简称"土十条"）为指导，认真贯彻落实省委"土十条"的要求，编制《赣州市土壤污染防治工作方案》，以改善土壤环境质量为核心,以防控土壤环境风险为目标,以保障农产品质量和人居环境安全为出发点,坚持预防为主、保护优先、风险管控,突出重点区域、行业和污染物,实施分类别、分用途、分阶段治理,建立健全土壤污染防治体系,促进土壤资源永续利用。

1. 开展耕地土壤调查,保护农用地土壤环境

"当前,我国土壤环境总体状况堪忧,部分地区污染较为严重。"这是国务院于 2016 年 5 月 31 日印发的《土壤污染防治行动计划》中开头的一句话。原国土资源部地质调查局于 2015 年发布的《中国耕地地球化学调查报告》显示,我国有 232.53 万公顷重金属中、重度污染或超标耕地。同样,赣州市农田土壤也不同程度地受到重金属污染。据计算,全市矿山采矿总面积 7.23 万公顷,矿业活动占用和破坏土地、山地面积约 0.48 万公顷,造成水土流失面积达 0.24 万公顷。面对农田土壤污染日趋严重的趋势,赣州市及时采取措施,在已开展的土壤环境质量试点监测以及各县(市区)耕地土壤环境质量调查的基础上,扩大范围继续开展土壤污染状况详查,划分农用地土壤环境质量等级,制订土壤环境监管制度,建立重要农产品产地土壤环境质量档案。将耕地土壤环境质量达标率不低于现状值作为土壤环境安全底线严格管控,应用先进的农田土壤重金属污染修复技术开展治理和修复,重点加强污染土壤(耕地和场地)的风险防范和安全利用,实现受污染耕地安全利用率和污染地块安全利用率均达到90%以上。

2. 强化环境监管,切断土壤污染来源

严格控制林地、草地、园地的农药使用量,禁止使用高毒、高残留农药。完善生物农药、引诱剂管理制度,加大使用推广力度。加强对重度污染林地、园地产出食用农(林)产品质量检测,发现超标的,采取种植结构调整等措施。按照科学有序原则开发利用未利用地,防止造成土壤污染。拟开发为农用地的,有关县(市、区)人民政府组织开展土壤环境质量状况评估;不符合相应标准的,不得种植食用农产品。各地要加强纳入耕地后备资源的未利用地保护,定期开展巡查,依法严查向滩涂、沼泽地等非法排污、倾倒有毒有害物质的环境违法行为。加强对矿山等矿产资源开采活动影响区域内未利用地的环境监管,发现土壤污染问题的,及时督促有关企业采取防治措施。以保护耕地和

饮用水水源地土壤环境、严格控制新增土壤污染，提升土壤环境保护监督管理能力为重点，强化工矿企业生产、危险废物处置、污泥利用、电子拆解、肥料农药农膜等使用的环境监管，切断土壤污染来源。

3.开展重点区域污染土壤综合治理

严格执行相关行业企业布局选址要求，禁止在居民区、学校、医疗和养老机构等周边新建有色金属冶炼、焦化等行业企业；结合推进新型城镇化、产业结构调整和化解过剩产能等，有序搬迁或依法关闭对土壤造成严重污染的现有企业。结合区域功能定位和土壤污染防治需要，科学布局生活垃圾处理、危险废物处置、废旧资源再生利用等设施和场所，合理确定畜禽养殖布局和规模。加强重点区域农村土壤环境综合整治，以畜禽养殖业为突破口，推行生猪清洁养殖和生态养殖。加大污染治理投入，推进污染治理工程重大示范项目建设。统筹考虑土壤与大气、水污染综合治理，减少二次污染。

（二）重金属重点示范区和历史遗留污染防治

根据全市重金属污染企业众多、污染类型多样、影响严重的特点，针对重点区域重点行业，开展重金属污染源综合防控建设。在赣州市大余、崇义、章贡区、赣县、南康、兴国、定南、龙南、全南、上犹、于都、安远等地开展重点示范区及历史遗留重金属污染防治等项目，主要包括产业淘汰退出、污染源综合治理、矿山环境综合整治、流域水环境综合整治等。支持建设于都盘古山等重点区域重金属污染防治工程，重点包括废水、废气等污染物处理设施升级改造、清洁生产建设等。通过配合其他重金属防控工程实施，降低重金属污染，改善生态环境。

1.开展重金属污染防治区划，有效控制重金属污染

积极开展全市重金属污染防治工作，全面排查重金属污染物排放企业及其周边区域环境隐患，摸清重金属污染情况，建立监管台账，确定重点防控区域（流域）、行业、企业和高风险人群。开展全市重金属污染防治区划，建立完善的重金属污染防治体系、事故应急体系和环境与健康风险评估体系，有效控制全市重金属污染。全面整治历史遗留尾矿库，完善覆膜、压土、排洪、堤坝加

固等隐患治理和闭库措施。重点监管尾矿库的企业要开展环境风险评估，完善污染治理设施，储备应急物资，加强对矿产资源开发利用活动的辐射安全监管，有关企业每年要对本矿区土壤进行辐射环境监测。

2.加快重点防控区重金属污染综合防治项目的实施

被列入国家重金属污染防控重点区域的崇义县、大余、赣县、章贡区，遵循治旧控新、分区分类、整体推进的原则，按照源头控制——污染治理——环境监管——民生保障——能力建设的思路全面开展重金属污染防控工作，认真落实已获得 2015—2017 年国家资金资助项目的实施，2017 年底项目已全部完成，通过验收。全面建立和健全区域重金属监测、预警信息平台，扎实推进污染综合治理项目，严厉打击非法小矿产加工厂，全面推进重点企业清洁生产审核，加强现场监察执法能力建设，以小流域和区域为重点，推进重金属污染土壤环境生态修复与综合治理，区域内重金属污染得到有效控制。

3.加强非重点防控区域重金属污染普查与防控

在赣州全市范围内针对土壤重金属污染严重、污染程度和空间分布格局不清的问题，分区逐步开展土壤重金属污染普查工作，为降低重金属污染、改善生态环境提供材料依据。以"赣州市重金属污染调查"数据为基础，重点针对未列入国家重金属污染综合防控区的县（市、区），开展全市土壤重金属污染区划与风险评估，摸清重金属污染情况，结合国家颁布"土十条"，形成重金属污染防治项目库，加强重金属污染防治。

（三）开展区域土壤污染治理与修复

农田土壤污染主要分为内源性污染和外源性污染。内源性污染是指农业生产和农村生活自身造成的污染，主要包括化肥污染、农药残留对农产品的污染、农用塑料的影响、畜禽养殖业造成的污染。外源性污染主要集中在城市和工矿区附近，主要是长期的矿山开采、金属冶炼和含重金属的工业废水、废渣排放造成的土壤污染，或因气候变化、环境污染导致的酸雨增加，土壤酸化等。外源性污染虽然没有内源性污染面大，但是极易造成局部地区的极端生态环境问题，危害性极大。与水污染和大气污染相比，农田土壤污染具有一定程度的不可逆性，而且涉及来源多、范围广、隐蔽性强、不易监测、控制难度大等问题。采矿地的生态重建应以恢复生态学作为它的理论基础。先用物理法或化学法对废矿地生态系统进行处理，消除或减缓尾矿、废矿对生态系统恢复或重建的物理化学影响，再铺上一定厚度的土壤。若矿物具有毒性的，还须有隔离层再铺土，然后种上植物。对废矿地或其他污染造成的退化生态系统的植被恢复，还要注意如下几个方面的问题。

1. 明确治理与修复主体

按照"谁污染，谁治理"原则，由造成土壤污染的单位或个人承担治理与修复的主体责任。责任主体发生变更的，由变更后继承其债权、债务的单位或个人承担相关责任；土地使用权依法转让的，由土地使用权受让人或双方约定的责任人承担相关责任；责任主体灭失或责任主体不明确的，由所在地县级人民政府依法承担相关责任。

2. 有序开展治理与修复

结合污染程度将农用地划分为三个类别，未污染和轻微污染的划分为优先保护类，轻度和中度污染的划分为安全利用类，重度污染的划分为严格管控类，以耕地为重点，分别采取相应管理措施，保障农产品质量安全。各县(区、市）以影响农产品质量和人居环境安全的突出土壤污染问题为重点，制定土壤污染治理与修复规划，明确重点任务、责任单位和分年度实施计划，建立项目库。实施城乡环境质量提升和发展布局调整，以拟开发建设居住、商业、学校、医疗和养老机构等项目的污染地块为重点，开展治理与修复，在大余、崇义、南康、龙南等县（区）污染耕地集中区域优先组织开展治理与修复；其他县根据耕地土壤污染程度、环境风险及其影响范围，确定治理与修复的重点区域。

3. 提高化学改良和有机废物应用水平

化学改良主要是指化学肥料、乙二胺四乙酸（Ethylene Diamine Tetraacetic Acid，EDTA）、酸碱调节物质及某些离子的应用。速效的化学肥料易于淋溶，收效不大，缓效肥料往往能取得较好的效果。在管理方便的情况下可以少量多次地施用化学肥料。EDTA 主要被用来络合含量高的重金属离子，使之对植物的毒害有所减轻。研究还发现，金属阳离子的毒性可由 Ca^{2+} 的作用而趋于缓和，富钙废弃物中许多金属的毒性是属于低强度的。钙离子的存在也会减轻铬酸盐的毒性，这种作用不依附于 pH 值变化和可溶性现象。酸性较高的基质，可以施放大量石灰石渣滓，熟石灰或含白云石的石炭等予以中和，这样往往能取得满意的效果，碱性废物如发电站灰渣可用于改良酸废土。对于碱性基质，可以施用硫磺、硫酸亚铁及稀硫酸等。近期的一些研究还发现，磷酸盐能有效地控制伴硫矿物酸的形成，因而，磷矿废物亦可用于改良含酸废弃地。有机废物的应用，污水污泥、泥炭、垃圾及动物粪便等富含 N、P 有机质，它们被广泛地应用于改良矿业废弃地并起到多方面的作用：首先它们富含养分，可以改善基质的营养状况；其次它们含有大量的有机质，可以螯合部分重金属离子缓解其毒性；再次这些改良物质与基质本身便是一类固体废弃物，这种以废治废的做法具有很好的综合效益。实践证明，污水污泥等往往比化学肥料的改良效果要好。

二、建立土壤污染预防机制

赣州市以稀土、钨等国家战略性矿产资源持续开发为目标，合理调控开发利用总量，落实稀土、钨开采总量控制要求，健全矿产资源开发利用管理制度，完善矿产资源有偿使用制度，合理有效开发矿产资源，并严格执行矿产资源规划分区管理制度。采矿企业或其他类型工业企业在制定发展规划、设立生产场地时，应进行环境影响评价，对土壤可能造成污染的企业或项目，进行土壤污染影响专项评估。

（一）大力开展绿色矿山建设工作

充分发挥信丰县嘉定镇龙舌村绿色矿山建设、赣县区阳埠乡绿色矿山建设、全南县南迳镇黄云村绿色矿山建设等矿山成功修复示范作用，推进废弃矿山生态修复在全市推广。主要包括建立较完善的绿色矿山标准体系和管理制度，研究制定绿色矿山建设扶持政策；优化全市矿山总体布局，推进以稀土、钨、萤石为主的绿色矿山建设；加强"三区两线"（重要自然保护区、风景名胜区、居民居住区、重要交通干线、河流湖泊）历史遗留问题废弃矿山生态恢复与综合治理，实现矿山企业与地方和谐发展。

实施赣州市共伴生矿及尾矿资源综合利用工程。通过实施一批共伴生矿及尾矿资源综合利用项目，发展壮大一批相关企业，新增约3259万吨的处理能力，同时辐射周边地区，实现赣州市共伴生矿及尾矿资源综合利用建设目标。

实施赣州市重点工业行业清洁生产工程。该工程指导赣州市稀土、钨等有色金属冶炼、矿山开采、化工、小家具制造等重点行业采用清洁生产技术，大幅削减污染物产生量和排放量，推进一批重点行业企业清洁生产技术改造项目建设。

（二）建立完善的责任认定制度

完善落实党政同责和"一岗双责"制度，把"环境质量只能更好、不能变坏"作为全市各县市区党委政府环保责任底线，明确责任主体、责任目标和责任范围。自然资源部门依据土地利用总体规划、城乡规划和地块土壤环境质量状况，加强土地征收、收回、收购以及转让、改变用途等环节的监管。各级环境保护部门加强对建设用地土壤环境状况调查、风险评估和污染地块治理与修复活动的监管。建立自然资源、环境保护、城乡规划等部门间的信息沟通机制，实行联动监管。强化环境保护、农业、规划、建设、土地等部门职责，加强土壤污染防范监测能力建设。加强对城区、园区企业污染场地和农村地区农药包装废弃物回收处理、废弃农膜回收利用以及工矿用地土壤环境管理、监测、治理，形成具有实际操作性的措施和规定。明确乡镇（街道）和村（居）民委员会对本辖区内土壤污染预防工作责任，引导村（居）民协助政府开展有关土壤污染防治工作。

制定和落实政府与重点监管行业企业签订污染防治责任书政策。在全市选择典型区域建立示范区，以矿山开采、重金属冶炼等重点监管行业企业为对象，制定政府与企业签订污染防治责任书政策，并予以落实和实施。严格认定土壤污染事故的责任主体，使土地使用者有责任防治土壤污染，有效促进土壤污染治理工作进行。

按照"谁开发谁保护，谁破坏谁治理，谁投资谁受益"的原则，落实废弃矿山环境综合治理责任。有关企业加强内部管理，将土壤污染防治纳入环境风险防控体系，严格依法依规建设和运营污染治理设施，确保重点污染物稳定达标排放。造成土壤污染的，应承担损害评估、治理与修复的法律责任。逐步建立土壤污染治理与修复企业行业自律机制。落实环境污染责任保险，贯彻落实环保部、保监会《关于开展环境污染强制责任保险试点工作的指导意见》，鼓励涉重金属、石油化工、危险化学品运输等高环境风险行业投保环境污染责任保险。加强环保部门、保险公司、保险监管部门之间的信息沟通，建立准确、畅通的信息交换渠道。

（三）加大立法执法力度

以新的《中华人民共和国环境保护法》《中华人民共和国大气污染防治法》等国家环境保护法律法规为基础，制定土壤、大气、水污染防治等环境保护地方性法规或政府规章。

1.完善生态环保地方政策法规

结合赣州市环境污染实际需求，出台矿山开采环境管理方面的地方性法规或政府规章，制定《赣州市矿山开采环境管理条例》《赣州市土壤污染防治工作方案》《耕地承包经营与污染治理改革方案》等管理制度文件。适时完善排污许可、饮用水源保护、地下水污染防治、危险化学品环境管理、环境监测等方面的配套制度。

2.健全环境标准规范体系

制定出台《赣州市家具制造业大气污染物排放标准》《赣州市源头保护区的水污染特别排放标准》，出台《赣州市果园面源污染防治技术指南》和《赣州市污染场地修复工程验收技术导则》等一批技术规范。将土壤污染防治作为环境执法的重要内容，充分利用环境监管网格，加强土壤环境日常监管执法。严厉打击非法排放有毒有害污染物、违法违规存放危险化学品、非法处置危险废物、不正常使用污染治理设施、监测数据弄虚作假等环境违法行为。开展重点行业企业专项环境执法，对严重污染土壤环境、群众反映强烈的企业进行挂牌督办。改善基层环境执法条件，配备必要的土壤污染快速检测等执法装备。提高突发环境事件应急能力，完善各级环境污染事件应急预案，加强环境应急管理、技术支撑、处置救援能力建设。

3. 强化生态环境综合执法机制

建立健全跨区域、跨流域环境联合执法督查协作机制。强化环保部门与公安机关联合执法，积极探索开展"环保警察"队伍建设试点工作，推动环境执法力量向基层、向郊区和城乡结合部倾斜。针对损坏群众健康的突出环境问题，出重拳保障群众基本生存环境。加大执法、处罚力度，严厉查处企业超标排放、偷排偷放行为，对造成严重后果的直接责任人和相关负责人依法给予行政或刑事处罚，提高处罚震慑力。重点整治现有产业集中区域落后企业和不达标企业。统一执法力度，规范执法程序。

（四）加强环境监测监察能力建设

推进公益诉讼、行政拘留、环境刑事案件办理等工作协调，实现环境行政执法与刑事司法有效衔接。积极探索开展设立环保法庭，实行环保行政、刑事、民事案件"三审合一"，实行环境案件专属管辖试点工作，积极开展环境公益诉讼。推动开展环境损害司法鉴定，对造成生态环境损害的责任者严格实行赔偿制度，依法追究刑事责任。落实执法责任制，发挥人大、政府检察机关、司法机关、社会公众等的监督作用，强化对执法主体的监督，对有法不依、执法不严、违法不究、徇私枉法、以罚代管、只罚不管等行为，依法追究有关单位和执法人员的责任。

1. 加强核与辐射环境监测管理

按照《全国辐射环境监测与监察机构建设标准》中对地市级的要求填平补齐核与辐射监管和应急处置的人员机构、监测和应急处置仪器设备，并通过计量认证，切实建成符合要求的辐射环境监测与监察机构；对辖区内放射源实行GPS 定位在线监控，严防丢失、被盗；针对辖区内铀矿山较为分散，监管难度大的问题，对铀矿山闭矿后地面环保设施运转实施在线监控；加强对辖区内的铀矿闭矿后地面环保设施运转、伴生放射性矿开采、稀土冶炼分离、放射性同位素和射线装置核技术应用、输变电、广播电视和移动通信等辐射建设项目的日常监督管理，做好废弃放射源送贮、稀土废渣处理、电磁辐射信访投诉调处、辐射类项目审批服务工作，消除辐射安全隐患，避免辐射突发事件。

2.加强核与辐射安全管理

针对铀矿开采，防止误入、误采和非法盗采；加强铀矿外围环境指标监控，发现超标及时向上级政府或有关部门报告。对其他使用放射源单位应取得辐射安全许可证并备案，涉及放射源的建筑和人员应进行严格的验收和资格审查。控制城乡电磁辐射综合场强，确保将城乡特别是人口集中居住的城镇、重点控制区场强控制在国家标准限值内，如果发生超标需对引起超标的辐射源进行改造、迁移或拆除。新建的电磁辐射源如移动通信基站、变电站等，必须先进行环境影响评价，经审批后才可以开工建设。

3.加强环境监测监察标准化建设

依据《关于省以下环保机构监测监察执法垂直管理制度改革试点工作的指导意见》《生态环境监测网络建设方案》《全国环境监察标准化建设标准》《全国环保部门环境应急能力建设标准》等相关文件，开展环境监测监察标准化建设和环境应急能力标准化建设工作。针对环保机构监测监察执法垂直管理，市监测站和市监察大队统一规划和调整全市环境监测、监察和执法工作机构在各个县（市、区）的整体布局，同时按照国家相关标准，对队伍和装备建设的要求，进行相应的填平补齐。特别重视配齐车辆和便携式监测、执法等便携式移动装备，提升移动监测和执法能力。

（五）提升土壤环境信息化管理水平

利用环境保护、自然资源、农业农村等部门相关数据，建立土壤环境基础数据库，构建土壤环境信息化管理平台。借助移动互联网、物联网等技术，拓宽数据获取渠道，实现数据动态更新。加强数据共享，编制资源共享目录，明确共享权限和方式，发挥土壤环境大数据在污染防治、城乡规划、土地利用、农业生产中的作用。发布农用地、建设用地土壤环境质量标准；完成土壤环境监测、调查评估、风险管控、治理与修复等技术规范以及环境影响评价技术导则制定修订工作；修订肥料、饲料、灌溉用水中有毒有害物质限量和农用污泥中污染物控制等标准，进一步严格污染物控制要求。

1.建设数字环保

围绕赣州市环境保护信息化重点目标，建立环境信息化平台，包括基础硬件平台和应用软件平台两大部分。基础硬件平台主要是搭建虚拟化平台；应用软件平台包括开发综合办公系统、污染源监控系统、污染源一厂一档系统、环境质量监控系统、GIS 综合应用系统、辅助决策等 22 个应用系统，初步形成赣州数字环保基础框架。继续深化加强信息化环境应急指挥中心、环境监控中心、环境管理信息中心、政务大厅等项目建设，构建赣州市生态环境大数据平台，推进数据资源全面整合共享，加强生态环境科学决策，创新生态环境监管模式。

2.建设地表水环境自动监测网络

建立全市主要河流及重要饮用水源地水质自动监测网络，在主要河流的市界县界断面，市、县级的重要饮用水源地水质监测断面建设水质自动监测站。

3.建设土壤环境监测网络

在全市 18 个县（市、区）范围内建设市、县级土壤质量监测网络，并确保在土壤质量例行监测点位实行污染物监测。

三、修复退化农田生态系统

赣州市大规模发展脐橙种植等果业的同时，也使农药和肥料使用量大幅度增加，果业使用的农药、化肥量约占全市使用总量的 30％以上，加剧了土壤、水环境中的氨氮、总氮、总磷和重金属污染。不少地方为了缓解人口激增与土壤锐减的矛盾，农业均以高产量和高利润为目标，耕作强度高，单一种植、持续耕作及农产品的持续输出，使养分回归土壤的正常生物地球化学循环遭到破坏，致使土壤肥力不断衰减甚至丧失。

（一）退化农田生态系统的理化修复

虽然土地作为一种自然资源，具有位置的确定性和面积的有限性，但通过社会活动的投入，平高填低、取坎埋坑、挖除裸石、回填土壤，可在一定程度上改变原有地形地貌，使乱石横亘、沟坑遍布、荆棘载途、杂草丛生不可利用或利用程度较低的复杂地形得到改善，扩大地块面积。尽管土地总面积未发生多少改变，但可利用土地面积的增加和利用方式的改变，使大量低效率利用土地得到合理开发，土地的使用价值提升。

1. 物理修复

主要采用排土、客土及深翻等方法。当污染物囿于农田地表数厘米或耕作层时，采用排土（挖去上层污染土层）、客土（用非污染客土覆盖于污染土上）法，可获理想的修复效果，但此法需丰富的客土来源，排除的污染土壤还要妥善处理，以防造成二次污染，因此只适用于小面积污染农田。在污染稍轻的地方可深翻土层，使表层土壤污染物含量降低，但在严重污染地区不宜采用。

2. 化学修复

结合土壤污染状况详查情况，根据建设用地土壤环境调查评估结果，逐步建立污染地块名录及其开发利用的负面清单，合理确定土地修复方法。一是添加抑制剂。此法能改变有毒物质在土壤中的流向与流强，使其被淋溶或转化为难溶物质，减少作物的吸收量。一般施用的抑制剂有石灰、碱性磷酸盐、硅酸盐等，它们可与重金属（如铅、铬等）反应生成难溶性化合物，降低重金属在土壤及植物体内的迁移与富集，减少对农田生态系统的危害。二是控制农田的氧化还原状态。大多数重金属形态受氧化还原电位（Eh）影响，改变土壤氧化还原条件可减轻重金属危害。水稻在抽穗至成熟期，大量无机成分向穗部转移，保持淹水可明显减少水稻籽粒中隔、铅等含量。在淹水还原状态下，部分金属可与 H_2S 形成硫化物沉淀，降低金属活性减轻其污染。

3. 微生物修复

微生物在土壤中物质和能量的输入输出中扮演着非常重要的角色，是物质循环链上的重要环节。它能够活化土壤有机与无机养分，分解有机物释放养分，增加养分的有效性。对应于当前土壤中出现的板结、酸化、盐渍化、土壤贫瘠、地力衰竭等问题，其原因是肥料在土壤中长期积累、残存，得不到有效分解和营养转化，养分的释放和转化正是靠微生物。微生物通过代谢过程中氧气和二氧化碳的交换以及分泌的有机酸等酸性物质，促进土壤中微量元素的释放及螯合，有效打破土壤板结，促进团粒结构的形成，并能改善土壤的通气状况，促进有机质、腐殖酸和腐殖质的生成。对应于当前土壤中出现的通透性不强、保水保肥性差、地力差等问题，正是受土壤中的团粒结构、有机质、腐殖酸和腐殖质的影响，而这些物质的形成又离不开土壤中微生物的作用。

（1）微生物改良土壤

微生物活性剂是将仔细筛选的好氧和兼氧微生物加以混合，采用独特工艺发酵制成的微生物活性剂，以光和细菌、放线菌、酵母菌和乳酸菌为代表。微生物活性剂在农业方面具有改良土壤、促进作物增产、提高作物品质、减少农药与化肥用量的功效。现有90%的土壤为腐败型土壤，微生物活性剂的使用，尤其是粉状微生物活性剂能明显改善土壤生物性能，土壤肥力也随这些有效微生物的大量繁殖而逐渐发生变化，最终演变为有利于植物生长的发酵土壤。排入农田的生活垃圾中有机腐败物质约占45%—55%，这部分有机质经微生物活性剂发酵成为一种有机肥反哺土壤。微生物活性剂还能减少农药使用量，从而减少农药在农副产品中的残留量，减少由于大量使用农药而造成的土壤、水质污染。将畜禽粪便转化成无害化的微生物有机肥，控制了农业生产中的恶性污染循环。

（2）微生物农药

用微生物杀虫剂取代化学农药防治昆虫（昆虫的病原体）和杂草。对昆虫致病的真菌大约有100余种。通常用于有害生物防治的主要有：白僵菌(Beauveria bassianca）对抗科罗拉多甲虫金龟子，绿僵菌（Metarhizium anisopliae）对抗生长在甘蔗上的沫蝉，蜡蚧轮枝菌（Verticillium lecanii）对抗温室中的蚜虫和白粉虱。苏云金芽孢杆菌（Bacillus thuringiensis）是成功用于生产实践的商品性微生物杀虫剂。当微生物形成孢子时，孢子和大量的蛋白质结晶释放出强的毒素，被昆虫的幼虫吸收，幼虫在吸收后30分钟到3天内死亡。苏云金芽孢杆菌品种丰富，包括了对抗鳞翅目双翅目和甲虫的特异性品种，其优点是有选择性毒性，对人和有害生物的天敌无毒。真菌病原体也被用于杂草防治。

（3）微生物肥料

通过构建特定微生物与植物的互利共生关系，来改善植物营养或产生植物生长激素促进植物生长。如根瘤菌肥促进根瘤菌在豆科作物根系上形成根瘤，以固定空气中的N素，改善豆科植物的氮素营养；固氮菌肥能在土壤中和许多作物根系互利合作，固定空气中的氮，为植物尤其是贫瘠土壤上生长的植物提供氮素营养，还可以分泌激素促进植物生长；复合微生物肥料含有两种或两种以上的有益微生物，彼此之间互不拮抗，能提供一种或几种营养物质和生理活性物质。由此减少了化学肥料的使用，有利于退化农田生态系统的恢复。

（二）农艺修复技术

赣州市根据土壤污染状况和农产品超标情况，安全利用类耕地集中的县（市、区）结合当地主要作物品种和种植习惯，制定实施受污染耕地安全利用方案，采取农艺调控、替代种植等措施，降低农产品超标风险。

1.少施化肥，多种绿肥

合理使用化肥，协调好高产和优质施肥与环境的关系已经成为关注的热点。不同化肥在重金属含量和化学性质方面存在很大的差异性，对土壤中重金属数量和有效性产生的影响也是各不相同。在一些肥料中含有重金属，长期使用导致土壤遭受重金属危害，而且施入土壤中化肥通过改变土壤的 ph 值改变重金属的生物有效性，影响作物对重金属的吸收，因此，在科学施用化肥的同时多种植绿肥，利用栽培或野生的绿色豆科植物，或其他植物体作为肥料。豆科作物和绿肥，如紫云英、苜蓿、田菁、绿豆、蚕豆、大豆和草木樨等的固氮能力很强，非豆科植物如黑麦草、菌丹草、水花生和浮萍等都是优质的绿肥作物。种植这些绿肥可以增加和更新土壤有机质，促进微生物繁殖，改善土壤的理化性质和生物活性，防止农田生态系统的退化，或加快已退化农田生态系统的恢复。

2.秸秆还田

实施秸秆综合利用示范工程，对各县(市、区)产生的秸秆进行综合利用，主要包括秸秆生产食用菌、生产有机肥、固化成形燃料、清洁制浆、生产生物饲料、秸秆气化、秸秆代木、秸秆纤维原料等形式。秸秆还田是提高秸秆利用率的一种重要方式，秸秆被土壤中的微生物分解之后形成腐殖质类有机物，提高土壤中有机物的含量，增加土壤的团粒结构，改善土壤的板结形状，协调土壤中水肥、气热等生态条件，同时还可以提升土壤中微生物的含量和土壤酶的活性，从而为根系生长创造良好的土壤环境，提高作物产量。秸秆还田后对土壤重金属的环境行为和生物有效性产生显著影响，秸秆在分解过程中产生各种有机酸和糖、含氮类物质，这些物质可以和重金属发生络合反应，生成稳定的化合物，从而改变土壤中重金属的存在形式，减少重金属对农田土壤的危害。需要注意的是，秸秆在腐熟过程中会产生大量有机酸，导致土壤 pH 值下降，因此，需要向田间施入适量的生石灰调整土壤 pH 值。

3. 深松作业

深松作业是一种新兴的保护性耕作技术。利用深松对农田土壤重金属污染耕地进行深翻，将土壤混合均匀，降低土壤中重金属浓度。这种修复技术适合那些土壤重金属背景值较低或者土壤底层重金属浓度较低的污染耕地。通过深松深翻等作业将聚集在表层土壤中的重金属分散到更深的土壤层中，达到稀释重金属的目的。通过对土壤进行深翻作业，可以显著降低土壤溶质，调节土壤蓄水能力，加速土壤中有机物腐熟过程，提高土壤中有机物含量，同时还可以提高土壤中全氮、全磷和全钾的含量。深松作业应该和增施有机肥结合起来，这样一方面能够改善土壤结构，另一方面还能够促进土壤中矿物质风化，提高立地水平，促进根系生长，形成有效的耕作层，最终促进作物生长。

（三）生态修复技术

生态修复技术，指的是借助生态技术降解、清除、转化、吸收农田土壤中的重金属污染物，以达到恢复生态效应、净化环境的目的。这就要求不断探索与创新，努力研发出科学、环保、高效的修复技术，从而有效解决农田土壤重金属污染问题。

1. 控制土壤水分调节土壤 Eh 值

土壤 Eh 值即氧化还原电位，氧化还原反应强度的指标。土壤中有许多氧化还原体系，如氧体系、铁体系、锰体系、氮体系、硫体系及有机体系等。在一定条件下，每种土壤都有其 Eh 值。这个数值对土壤中变价重金属活动有着很大的影响，可以改变重金属价态和存在形式，并且影响作物根系吸收重金属的能力，降低土壤中重金属的危害。污水灌溉是土壤中重金属含量增高的一个重要因素，要保证灌溉水质量，重金属和有机污染物含量过高的水不适合作为灌溉水源。

2. 利用生石灰调节土壤 pH 值

在土壤中很多重金属都是以阳离子形式存在，这部分重金属具有迁移性大、生物利用性高、危害大的特点，而在土壤中添加生石灰，能够对土壤 pH 值进行调整，促进重金属生成碳酸盐、氢氧化物沉淀，从而降低土壤中重金属的含量，减少作物对重金属的吸收。在使用生石灰调整土壤 pH 值过程中，应该结合土壤类型和土壤性质合理使用生石灰，但不适合连续多次大量使用，否则会影响到土壤生态平衡和农作物健康成长。

3. 植物稳定修复技术

植物稳定修复是生物修复技术中的一种形式，其具有修复效果好、无二次污染、操作性强、成本较低等优点。植物稳定修复技术，是借助很强的耐重金属的植物有效降低农田土壤中重金属的移动能力，从而减少重金属在食物链中富集的机会。植物稳定一般借助根部转化、沉积、积累重金属的方式，或者借助根部表面的吸附能力将重金属固定下来，从而大大减小了重金属扩散到周围环境及下渗到地下水中的风险系数。植物根部产生的分泌物可有效改变周围的环境，可改变 As、Cr、Hg 的形态与价态，减弱这些重金属的毒性与移动性。当前，用红麻、荠菜、纤维大麻、五节芒、荻、芦竹、芦苇等经济植物修复被重金属污染的农田土壤，具有很大的环境效益与生态效益。

第三节　土地整治潜力挖掘

赣州市丘陵山地占土地的比重较大，盆地较少，丘陵面积占土地总面积的比例为 61%，山地面积占赣州市土地总面积的 21.89%，在群山环绕中也孕育着 50 个盆地，盆地面积占赣州市土地总面积的 17%。境内土壤类型多种多样，地带性土壤为红壤；土壤类型多样，有红壤、黄壤、紫色土、水稻土、潮土、暗黄棕壤、粗骨土、黑色石灰土和山地草甸土 9 个土类，细分 16 个亚类、88

个土属和 303 个土种。受东南季风之惠,水热条件丰富,生物循环活跃、动植物资源丰富,自然条件优越,加上较多的山、丘、岗等土地资源和比较紧张的人地关系,从客观和主观两个方面都促进了该区农林复合经济区生态复合系统的发展。土地整治潜力在于以农林复合经济区口粮田和高标农田(精品果园)建设为基础,根据红壤区的资源特征,解决粮食主产区建设与非主产区建设、生态退耕与耕地开发、崩岗治理与冷浸田建设和低质低效林地改造等问题,使农林复合生态系统成为一种新型的土地利用方式。

一、建设农林复合经济区高标准农田

赣州地处农林复合经济区、红壤区和生态脆弱区,推进高标准基本农田建设、妥善处理生态与发展的矛盾、化解农地与林地的利益冲突是促进和谐社会建设的重大举措。农林复合生态系统在综合考虑社会、经济和生态因素的前提下,将乔木和灌木有机地结合于农牧生产系统中,具有为社会提供粮食、饲料和其他林副产品的功能优势,同时借助于提高土地肥力,控制土壤侵蚀,改善农田小气候来保障土地资源的可持续生产力。对比其他土地利用系统(如单作农田生态系统、森林生态系统),农林复合系统具有多样性、系统性、复杂性、集约性、稳定性和高效性等特征。

(一)土地利用特点

赣州市地貌四周群山环抱,断陷盆地贯穿其中,以低山、丘陵和盆地地貌为主,最高海拔 2061 米,在海拔 500 米以下的丘陵地区形成红壤;在海拔 500—800 米的低山地区形成黄红壤;在海拔 800—1200 米的中低山地区形成黄壤;在海拔 1200 米以上的中山地区形成暗黄棕壤或山地草甸土。这种地形破碎、坡度大、高低悬殊、起伏显著的地貌特点,为侵蚀的发生提供了有利的条件。赣南成土母质以花岗岩为主,第三纪红砂岩、紫色页岩等沉积岩类也有广泛分布。花岗岩矿物成分以长石为主,垂直节理发育,容易风化,常常形成深厚的松散状风化壳;红砂岩、紫色页岩胶结物以铁、钙、镁质为主,性质松脆,紫色土色深易吸收太阳光热,热胀冷缩作用频繁,物理风化强烈,风化成砂砾含量较多的土壤。全市土地垂直分布差异十分明显,由低到高分布为红壤—黄红壤—黄棕壤—山地草甸土的垂直变化的规律，因此赣州市的土壤地域性分布规律仍然十分明显。

1.耕地偏少，林地比重大

从赣州市土地利用类别可以看到，赣州市耕地资源十分有限，人均耕地不足 0.04 公顷，比全国平均水平少 0.067 公顷左右。赣州市农用地面积 3540511.04 公顷，占土地总面积的 89.94%；建设用地面积 347568.40 公顷，占总面积的 8.83%；其他土地面积 48226.92 公顷，占总面积的 1.23%。耕地面积 437082.19 公顷，占土地总面积的 11.1%；园地面积 129173.98 公顷，占土地总面积的 3.28%；林地面积 2917841.26 公顷，占土地总面积的 74.13%。土地类别中只有林地高于全国人均占有数，其余土地利用类别均低于全国人均占有数。

2.建设用地比重较小，其他用地还有开发空间

从赣州市土地利用结构可以看到，全市土地利用结构以林地、耕地为主的多样化土地利用类型，两者加起来占土地总面积的 85.23%。建设用地占土地总面积的 4.57%，其他用地虽然还有一定的开发空间，但随着人口自然增长和各种开发建设用地的增加以及生态退耕，人地矛盾十分尖锐。

3.用地分布相对集中，生态农业发展潜力巨大

从赣州市土地利用布局可以看到，耕地和建设用地的分布相对集中，为因地制宜地制定工农业发展规划创造了条件。通过一系列的土地整理活动，建设加强农业基础设施，可有效促进新时期高效农业、现代化农业的建设，进而实现农村生产发展及村容村貌改善，加快赣州市农业现代化进程。

山水林田湖草生态复合系统是红壤丘陵岗地区值得推广的一种土地利用方式，它将农林牧渔等各业在时间上和空间上结合起来，以便获得生态上、经济上有益的相互影响，其根本目标在于保持土壤肥力，改善生态环境，达到可持续利用土地的目的，而不是谋求在某一时间内获得最高产量。农林水复合系统利用多年生乔木和灌木根深冠大的特点，当其与农作物结合后，可在地上、地下、时间、空间上使自然资源得到更合理和更充分的利用。木本植物的根系可将地下深层的养分通过物质循环吸收到地表，供一年生农作物

吸收利用。在红壤地区农林复合系统中，经济林木和经济作物混交间作类型无论是在系统的数量上还是在规模上都占有很大的优势。茶叶、水果、药材、鱼类等是该区常见的和主要的农林水复合系统物种组成成分。该区典型的农林水复合生态系统有林茶游复合系统、桑基鱼塘系统、果粮间作类型和丘陵岗地农林水复合系统，其中以赣南水土保持创立的"顶林、腰果、谷农、塘鱼"模式最为典型。

（二）土地利用存在的问题

随着社会经济的快速发展，建设占用耕地的数量越来越多，耕地面积递减，人地矛盾日益尖锐，农用地特别是耕地保护压力巨大。可开垦为耕地的后备资源短缺，且大部分分布在经济落后、交通不便的深山区，开发利用难度大。

1.耕地面积递减，耕地保护压力增加

截至 2015 年底，全市仅剩 15260.08 公顷其他草地及 1280.01 公顷内陆滩涂可开发为耕地，分别占 2015 年度其他草地和内陆滩涂面积的 27.19% 和 24.84%，加之其他草地多位于山区，连片面积小及部分内陆滩涂受到行洪要求制约，赣州市的宜耕后备土地资源严重缺乏，易开发、质量好的优质耕地后备资源越来越少，对耕地的补充能力有限。

2.土地利用结构不尽合理，分类用地内部矛盾有待协调

在已利用土地中，园地只占 1.12%，大量的低丘山岗未能得到充分利用，林地利用中，也存在林种结构单一、经济林种比重小的现象，林业经济效益不高。因此需对土地利用结构进行合理改造，协调各类用地的内部矛盾。

3.土地资源开发相对潜力较小，利用水平较低

赣州市建设用地内部挖潜力度不够，建设用地未得到充分合理的开发利用。赣州市土地利用水平亟待提高，粗放式的土地利用仍然存在，需杜绝低效不合理的土地利用方式，土地综合效益有待提高。

（三）高标准农田建设潜力

根据土地复垦潜力调查分析，赣州市土地复垦潜力在"三分建、七分管"，土地整治后的管护是确保农田效益长久发挥的关键，特别是花了很大代价建成的旱涝保收的高标准农田，建后保护与养护是确保长久发挥效益的重要问题。一是管控性保护制度不健全。高标准农田建成后面临着三大调整利用风险，即建设占用、农业结构调整、农业附属设施占用，当前没有对建成的高标准农田实行特殊保护政策，导致建成后被占用、调整利用方式等情况不时发生。二是激励性保护措施不完善。"一年建、两年坏、三年变回了老模样。"这是农民对建后高标准农田缺乏管护的生动描述。农田渠系、道路等具有"点上损坏、全程没用"的特点，对建后的工程设施管护缺乏资金支持、补贴政策、奖励措施，出现了个别工程损坏直接导致农业减产的情况。三是配套管护措施不到位。目前农田建设项目普遍存在重建设轻管护的现象，部分县（区）对建成的高标准农田管护存在无人员、无资金、无机制等情况，导致一些农田建好使用一段时间后，要么渠被堵，要么电不通。

然而，高标准农田建设措施是由多项措施构成的，其中最常见的是工程措施和生物措施。以造林种草为主的生物措施，并不随着工程的总体竣工而结束，即使是能较快发挥水土保持效益的植草措施，也需要2—3年的时间才能发挥其应有的水土保持作用；而以造林为主的生物措施则需要至少3—5年才可能开始逐渐地发挥出应有的水土保持功能、产生应有的生态效益。在这些生物措施充分发挥其水土保持作用的前后，需要一定时间段的养护和抚育管理，才能保证这些措施长期、稳定地发挥水土保持作用。有些工程措施也是如此，例如，水平梯田修建完工后也需要不断对其进行养护和维修，才能使其稳定地发挥水土保持效益。目前在小流域综合治理中，基本不涉及综合治理工程完成后的养护维修措施、抚育管理等费用投入，这直接影响到治理工程措施体系的综合效益是否能够稳定、持续地发挥。

如何做好高标准农田建后管护难题，石城县进行了有益的尝试。该县结合"谁受益、谁管护"和"市场化运作与政府补助相结合"的原则，建立了以项目为管护主体的长效机制。由项目区所在乡（镇）督促管护主体对建成后的高标准农田建设项目进行常态化管护，实行专人聘用管护模式，明确管护标准，落实管护资金，县财政按每亩6元的标准，安排项目年度管护资金，并列入县财政预算。

二、土地分区整治优化用地结构

针对区域自然条件及发展水平，结合高标准农田建设的"集中连片、设施配套、高产稳产、生态良好"等基本要求，从生境质量、土壤保持、碳固持和食物供给4个方面对赣南生态服务及耕地质量现状进行评估。根据自然地理特征、地形地貌、城市发展规划、土地整治潜力分布、土地利用特征与限制因素、土地整治主导等方面，以乡镇为单位，将全市分为中部中心城市发展区、西部中低山地区、中部丘陵盆地区、北部山地丘陵区和南部山地丘陵区5个土地整治区。通过工程技术等措施，实现耕地质量优良、农田集中连片、基础设施配套、生态景观格局合理和空间布局稳定等建设目标。

（一）中部中心城市发展区——生境质量提升主导型

该区域包括章贡区、赣州开发区全域、南康区城区、赣县城区、上犹县城区以及城区周边临近的12个乡镇，面积为1830平方公里。区域四面群山环抱，地貌属河谷平原，地势西高东低，是赣州市经济最集中的区域，也是全市的经济、政治、文化、教育中心。区内耕地质量好、耕地等别较高，基础设施条件基本完善，交通区位条件较好，但由于是城镇发展集中区，区域生境质量较低。这一区域高标准农田建设重点以生境营造为主。通过生态型建设措施实施，改变土壤水分、日照时长、风环境等小气候因子，为生物群落营造适宜的生存条件。本区城镇分布密集，是全市城镇人口和工业企业的集中区，也是赣州城市群建设的重点发展区域，因此本区土地整治的关键是要处理好城镇及工矿业发展、耕地保护和生态建设三者的关系。

该区域土地整治主要方向是科学引导城市有序发展，协调好城市扩展与郊区基本农田保护之间的关系，加强存量建设用地整治，积极整治"城中村"，疏导不适合在城区发展的职能，充分挖掘旧有工矿用地潜力，大力盘活存量土地，优化区域城镇、工矿用地布局，提高城市和工矿企业用地集约利用水平；鼓励农民直接进城，将农民变为市民，将区内的农村土地纳入城市整体开发和规划管理体系，与城区作为一个整体进行规划整理；鼓励规范开展城乡建设用地增减挂钩试点，探索适合赣州市的增减挂钩模式，促进城乡一体化发展和布局优化，弥补建设用地增量不足，实现经济、社会和生态效益统一。

　　山水林田湖草生命共同体建设把城镇与农村作为一个有机整体，实现城镇与农村经济、社会、生态、人口、资源、环境协调发展，这对土地整治提出了更高的要求。土地整治的任务不仅是提高耕地质量、增加耕地数量和改善农业生产环境，还要为农村各类新增建设提供必要的用地保障，以及为城乡居民生活提供良好的生态环境。通过"田、沟、路、林、渠、村、城"的统筹整治，既要改善农田生产条件，为农业现代化建设奠定基础，提升农业机械化和经营的规模化，为释放农业劳动力、推进城镇化进程创造条件，同时，又要改变传统"松、散、乱"的农村居民点布局，统一规划、迁村并点，促进新型农业社区建设，切实改变农民的生活环境。要通过农村土地整治，协调土地利用与社会、经济、生态的关系，以实现区域土地资源利用的经济效益、社会效益与生态效益的综合目的，保证土地整治对山水林田湖草生命共同体建设的促进作用得到充分发挥。

（二）西部中低山综合整治区——土壤保持—生境质量服务提升主导型

　　该区域位于赣州市西部，包括崇义县、大余县以及除东山镇、黄埠镇以外的上犹县辖面积为484904.24公顷。区内属山地丘陵地貌，山峦起伏，沟壑纵横，地形差异主要山体为罗霄山脉南的诸广山脉及南岭山脉的大庚岭。区内林地较多，森林、高山阜场、水利资源丰富，境内为赣江支流上犹江、章水等河流发源地。区域水利设施差、土壤肥力低、低产田面积大、水土流失严重、生态环境脆弱。本区矿产资源丰富，有钨、锡、铅、铜、铝、铋、稀土等矿藏，以钨、锡矿为主，由于矿山开采，对地表植被和土地造成了严重破坏，主要限制条件为山洪冲刷、水土流失、环境污染、土层浅薄、土壤肥力低下等。因此，本区要结合土地利用调控方向，加大生态建设和保护，实施以农用地整理和矿山废弃地复垦为主的土地综合整治。

　　该区土地整治的主要方向是以恢复山区生态保育功能为主，开展农用地整理和矿山废弃地复垦，对重点地区实施生态移民，鼓励人口外迁，对遗留的废弃农居点实施整治复垦；加强矿产资源管理，严格执行矿产资源规划和土地利用规划，积极开展矿山废弃地复垦，恢复植被，禁止乱开滥挖无序开采，改善矿山生态环境；全面规划、因地制宜，突出生态环境保护，加强水利设施配套建设，解决灌溉水源；增强抗旱能力，合理布置地面渠道，增施有机肥和氮肥、磷肥，保持土壤养分平衡，加速土壤熟化；改坡地为水平梯田，减少水土流失。

山水林田湖草生命共同体建设与土地整治相结合，可以改善耕地质量、增加耕地数量，并使地块整合，促进土地规模化、集约化经营和农业的振兴，同时完善农业基础设施，为现代农业及农业产业化发展提供平台。通过"造地增粮富民工程"，以项目区域为基础，项目区的农户把土地经营权流转到村经济合作组织，再由经济合作组织统一租赁给现代化农业科技生产企业经营，实行产业经济，发展现代农业，走集约化、品牌化、高效化生产经营之路。

（三）中部丘陵盆地综合整治区——食物供给—碳固持服务提升主导型

该区域位于赣南中部，以赣州盆地为中心辐射，范围包括除中部中心城市发展区范围外的赣县、南康区、瑞金市、信丰县、于都县和会昌县六个县（市），面积为1469608.77公顷。区内地形坡度较低，海拔小于300米。境内水资源丰富，包括赣江主要支流上犹江、章江、桃江、贡水等河流。耕地肥沃，有许多水库塘坝，农田有效灌溉面积较高，农作物种植以水稻为主，农村经济以种植业为主，旱地开垦程度高，受季节性降雨的影响，区内有旱有涝，农田基础设施建设较好，是重要的农业生产区。主要限制条件为洪涝和干旱。

该区土地整治的主要方向是以建设旱涝保收高标准农田为重点，健全蓄水和排灌系统，大力营造水土保持林，保持水土、改良土壤、培肥地力，提高防洪、抗旱、排涝、治渍标准，扩大旱涝保收面积减少灾害损失；积极开展城乡建设用地增减挂试点，加强"空心村"整治、农村危旧土坯房改造力度，优化区域城乡居民体系，提高农村建设用地集约节约利用水平。

在改善城市环境的同时，也对农村生态环境进行综合治理，基本形成城乡生态环境高度融合互补、经济社会与生态协调的山水林田湖草生命共同体安全格局，让城乡保持人与自然和谐相处。首先，通过土地整治，提高农业综合生产能力，为生态退耕提供条件；其次，土地整治中，采取小流域治理、防风治沙、退耕还林还田还湖和农田水利设施建设等各项措施，可改良土壤和改善农田小气候，提高绿化覆盖率，保持水土、美化村庄，提高农业景观生态系统稳定性和弹性；最后，土地整治还能重塑新的景观。总之土地整治能保持和提高农村土地生态功能，也能帮助改善城市生态环境从而有效的推进城乡生态一体化发展。

（四）北部山地丘陵综合整治区——食物供给—生境质量—碳固持服务提升主导型

该区域位于赣州市东北部，包括石城、宁都、兴国三个县，面积为884699.00公顷，是赣州市主要粮食产区。地貌以丘陵为主，河谷平原次之，主要山体为零山山脉及武夷山脉的北段。境内为赣江支流平江、梅江、绵江等河流发源地，水利资源较丰富，为水土保持和主要农业区。由于境内多为山地丘陵，水土流失较为严重，主要限制条件为水土流失、干旱、洪水冲刷等。区内未利用土地资源丰富，宜耕后备土地资源17180.9公顷，占全市宜耕后备土地资源总面积的38%。

该区土地整治的主要方向是以旱涝保收高标准农田建设为重点，全面规划、因地制宜，实施土地平整，加强农村基础设施和田间水利工程设施建设，完善蓄、引、提、排工程建设，减轻洪涝和干旱的威胁；培肥治水，改造低产田，加强水土保持工作，控制和减轻水土流失；积极引导区内荒草地、盐碱地等未利用地资源开发。

山水林田湖草生命共同体建设是推进乡村振兴发展的基础，通过乡村振兴战略规划的实施使城乡居民共享基础设施，获得公平和公正的发展机会。要加强农村基础设施建设，加快城市各项设施向农村延伸，实现城乡共建、共享、互补、互动、联网。土地整治有利于完善农村基础设施建设，是改善农村生产生活条件的有效途径。利用土地整治的平台能有效地解决农村交通、通电、通信等问题，以及改变农村脏、乱、差的面貌，将农村打造成美丽的田园，拓展农村发展的空间，推进新型城镇化从而缩小城乡差距。

（五）南部低山丘陵综合整治区——水源保持—生境质量服务提升主导型

该区域位于赣州市南部，包括龙南、定南、全南、寻乌、安远五个县，面积为914083.51公顷。地貌以山地丘陵为主，海拔200—1000米。境内为赣江支流桃江、湘江、镰水等河流发源地，植被覆盖好为主要林区，以次生林居多，草场、矿产、水利资源丰富。全区水利设施差，土壤肥力低，低产田面积大，水土流失严重。本区矿产资源较为丰富，有稀土、钨、煤、石灰石、大理石、膨润土和铁矿等矿产资源，其中以钨、稀土矿为主，由于矿山的开采，生态环境受到了一定程度的破坏，存在地表塌陷与山体滑坡等生态问题。主要限制条件为水土流失、环境污染、土层浅薄、土壤肥力低下等。

该区土地整治的主要方向是生态环境保护、土地复垦和旱涝保收高标准农田建设。要全面规划、因地制宜，突出生态环境保护，加大废弃工矿用地复垦，加强基础设施建设，建立雨水集蓄利用体系，改善土地利用条件，搞好农业开发；发展脐橙、草菇、红瓜子、萝卜等特色经济作物，培肥治水改造低产田加强水土保持工作，控制和减轻水土流失改善生态环境。

三、土地整治与山水林田湖草生态保护修复的结合点

山水林田湖草生态保护修复对农业用地的需求主要有耕地、湖泊（水库）及林草地等几种地类。首先，随着赣州市人口的不断增加，粮食需求量也会不断增加，进而导致对耕地需求增加；其次，赣州城乡发展一体化需要湖泊、水库、池塘等提供生态功能、改善生产生活环境等；最后，全面建成小康社会需要林草地保护土地资源维护生态平衡，提供更多的林农畜产品等。

（一）粮食安全和生态安全

粮食安全是一个国家发展的最基本保障，也是推动山水林田湖草生命共同体建设的必要基础。赣州市作为一个传统的产粮大市，必须保证有充足的耕地，充分保障粮食安全。随着赣州山水林田湖草生态保护修复的推进，农业用地必须承担人民生活水平的不断提高，城镇化、工业化推进速度的加快，经济发展、社会对粮食等主要农产品的快速增长的需求这一重大责任。而且，大部分工业生产的原材料都来源于农业生产，需要一定的农业用地来保障。

做到生态环境保护和粮食安全相互促进，这就要求提升生态文明水平，因此对如何保证发展用地需求、保障粮食生产安全、保护生态环境提出了更大挑战。土地整治规划既要充分考虑发展用地需求，也要给农业留下更多良田保障

粮食安全，还要留下天然、地绿、水净的美好家园。保护耕地是为了解决今天和明天的吃饭问题，而保护生态用地及其他用地的生态质量，则是为了保障明天和后天的生存和发展。

当前赣南实行的耕地保护和退耕还林是一对矛盾的统一体。一方面，退耕还林与耕地保护是一对矛盾，退耕还林的实施必然以减少耕地数量为代价；反过来，耕地保护也必然制约退耕还林规模的扩张和推进。另一方面，二者又是辩证统一的。耕地保护为退耕还林的基础和前提，只有在保护好基本农田，确保粮食产量的前提下，才能谈得上退耕还林；退耕还林又反过来为耕地保护提供了生态保障，有利于提高保有耕地的质量和综合生产力。耕地保护和退耕还林均要做到因时制宜、因地制宜、因势制宜，根据国民经济总体发展形势，各地的经济、气候、资源、环境、人口等实际状况，采取突出重点、分区保护、分类指导，以促进不同地区土地利用结构的合理调整，充分发挥不同地区土地资源的比较优势。

（二）挖掘土地生产潜力

赣州市具有一定的土地整治数量、质量和生态潜力。赣州市可整治农用地规模为 359915.13 公顷，农用地整理可新增耕地面积 9546.71 公顷，平均新增耕地率为 2.65%，整治后耕地质量等级可提高 1.03 级，数量潜力较高的区域主要集中在北部和东北部地区；农村建设用地可整理规模为 15373.41 公顷，可减少建设用地面积 7326.70 公顷，可补充耕地面积 6400.03 公顷；宜耕后备土地资源可开发总规模为 43720.22 公顷，可补充耕地面积 39133.53 公顷；可复垦土地总规模为 4613.36 公顷，可补充耕地面积为 1513.34 公顷。根据土地复垦潜力调查分析，赣州市土地复垦潜力的构成主要有农村居民点损毁地、城镇损毁地、矿山损毁地、独立工矿损毁地、交通运输损毁地、水利设施损毁地以及自然灾害损毁地七大部分。这些理论上的宜耕后备资源分布零散、区位偏远、开发难度大、成本高且质量普遍偏低，即使全部得到开发，也难以满足耕地占补平衡的需求。因此，要突破瓶颈，保障国民经济发展建设用地、实现耕地占补平衡和土地可持续利用，积极探索赣州市耕地占补平衡的新途径。

赣州市农业基础设施薄弱，耕地总体质量偏低。由于赣州市特殊的地形地貌，山地、丘陵比重大，使得境内耕地分布零散，破碎化程度高。此外，由于受我国城镇化、工业化进程的加快，农民的第二、三产业收入比重较大、土地产出效益较低等宏观因素影响，农民的耕地保护意识不强，抛荒、弃置土地等现象较为普遍。这些土地利用限制因素与高标准农田建设标准形成鲜明对比，未来赣州市高标准农田建设，以及建立规模化、集约化和机械化的现代农业生产体系的任务十分艰巨。要充分运用"新增园地用于耕地补充"政策，将赣州坡度在25度以下的精品果园建设纳入粮食安全与耕地保护体系，创新耕地占补平衡新途径，达到促进土地利用方式转变，提高农民经济实力，推动农用地向更宽领域节约集约利用，破解耕地保护与各类各项建设项目推进的矛盾。

冷浸田是红壤区的一个主要中低产田类型，以地下水位高、长期冷浸渍水、土温低、潜育层深厚、还原性强、有毒物质多、产量低等为主要特征。冷浸田具有耕作难、产量低，效益差、抛荒多和治理难度大的特点。冷浸田耕层糊烂，耕作不便，而一旦排干水分，易形成宽大裂隙，漏水严重。水稻返青迟、分蘖少，后期贪青徒长，故而产量低，常年单季稻亩产 300 公斤，双季稻年产 500 公斤左右，其增产潜力很大。冷浸田多分布于左右，其增产潜力很大。冷浸田多分布于山垄谷地、丘陵低洼地，分布相对偏远，耕作不易，集约化经营程度低，加之生产资料成本增加，生产效益低，不少冷浸田已发生抛荒。传统工程措施治理有开"四沟"、排"四水"，虽然效果明显，但由于一些区域沟渠阻塞严重，使整治效果大打折扣，未能从根本上解决长期以来存在的"投入少、项目散、发展慢"的问题。当前冷浸田改造利用应树立大粮食、大农业、大生态的观点，通过现代农业工程措施与农技措施，有效挖掘冷浸田生产潜力。需要统筹协调排水挖潜与蓄水防旱矛盾，提高丘陵山珑冷浸田水的综合利用效率。

（三）有序整治"空心村"

作为一个传统的农业山区，赣州市长期以来形成了"依田而住、逐水而居、沿路而建"的零乱分散的农村居民点布局，也导致了赣州市农村建设用地比较粗放的现状。农村危旧土坯房改造是赣南苏区振兴发展的一件大事，是帮助困难群众实现"安居梦"的重大民生工程，更是群众热切期盼的民心工程。为改变农村基础设施落后、房屋建筑落后，有较多的危旧土坯房存在，农民生活条件亟待改善的现状，多年来结合推进新农村建设、新型农村社区建设，加大

"空心村"和土坯房改造，提升农村建设用地效率。为解决耕地细碎化现象造成赣南的耕地资源浪费，破坏田块形状规则度，极大降低农田设施和农机的生产效率，严重阻碍农业适度规模经营，挫伤农民粮食生产积极性等问题，通过土地整治项目调整田块权属和规划田间土地资源有助于改善耕地细碎格局，消除耕地利用不合理对农业机械生产效率的负面影响，推动农业适度规模经营。但如何精准评估整治区域内耕地利用格局和产权分布、服务权属调整和工程设计，以实现土地整治项目最大效益，依赖于耕地细碎化评价及田地"三权分置"政策的支撑。山水林田湖草生命共同体建设，消除了自然资源要素的行政隔阂，促进了土地、资金、劳动力等生产要素在工农之间、城乡之间的正常流动。一方面，本着统一规划、统一设计、节约集约用地的要求，积极开展农村居民点整治，引导农民向中心村镇集中居住，从而加快增减挂钩试点，优化了城乡建设用地结构布局，促进城乡土地之间的置换流通。另一方面，通过土地整治项目，促进大量城市资金流向农村，加速城市带动农村发展，工业反哺农业，促进了资金这一重要生产要素在城乡之间的流通。此外，通过土地整治，加速了农业产业化发展，大大提高了农村劳动生产率，促使劳动力流向城市。

随着社会经济的全面发展，农村经济条件和农民收入水平有了较大提高，农民的就业门路拓宽，收入渠道增多，生存发展空间更为广阔，对土地的生存依赖性逐渐降低，尤其是在工业化和城市化进程中，大量农村富余劳动力集中向城市转移，而其名下的土地和宅基地未整合流转。此外，随着社会经济发展和农村生活条件改善，目前尚在农村生活的农民几乎全部建造新宅，农民居住条件大为改观，然而新宅已建，老宅未拆，弃用的老房屋及其附属的院落、道路、晒场等多年荒芜或者利用低效，除导致乡村景观破败外，还致使土地低效利用和可耕地资源浪费。而这些居民住所周边的土地绝大多数都地势平坦，土层深厚肥沃，气候和交通条件良好，废弃甚为可惜。但对于这类土地的整治利用除了相关部门的组织力度和资金投资外，尚需相应的制度上的探索。随着城乡社会经济的发展和人口的增加，土地负荷会越来越大，粮食和生态问题会更加突出，农林水用地矛盾将日益尖锐。那么在维护生态平衡的前提下，开发多大面积的水库山塘、建设多大规模的林地或植被才能满足人与自然协调发展对生态环境的需要，促进区域农村经济的协调、持续发展，这不仅是一个理论问题，而且对于山水林田湖草生态保护修复工作具有重要的指导意义。

赣州市运用"斑块—廊道—基质"的景观结构理论，揭示了农村土地综合整治区域内乡村景观中农田、村庄、防护林带、溪流、坑塘等具有重要的生态学意义。如"斑块"中农田、林网等具有重要的生态涵养功能;"廊道"则是连接各斑块的线状地物,如乡村道路、林带、沟渠等具有连通、为生物提供栖息地等功能;"基质"是景观中分布最广、连续性最大、连通性最好且在景观中起着控制作用的景观要素,具有重要的美学功能。农村土地综合整治是对一定区域土地资源及其利用方式的再组织和再优化过程,是一项复杂的系统工程。伴随着大规模的农地整理、未利用地开发、村庄及工矿废弃地复垦等一系列活动的实施,往往会引起区域内原有的斑块、廊道和基质景观的显著变化。因此,需要从建设乡村生态文明视角出发,基于景观生态学原理,对乡村生态景观的恢复在大、中尺度上,必须要考虑土地利用的系统性、整体性,充分考虑可能引起的生境破碎化,针对区域内具有生态功能的景观必须加以保留、恢复甚至要通过人工设置生物生境等措施来实现景观的多样性和完整性,从而实现土地整治与景观生态的和谐发展。

第五章　湖管养永续

　　赣南水资源丰富，但降水时空、地域分布不均，洪旱灾害频繁。建设水库工程十分必要而且有利条件多，尤其降水多和地形起伏适于修筑水利工程。水库是指人造的湖泊，而规模较小的则称为水塘、塘坝和蓄水池。然而，在解放前赣南既无一个天然湖泊，又无一座人工水库。解放后水利部门开始修建水库，在 20 世纪 60 年代末和 70 年代初达到高潮，全市每 40 平方公里就有一个小型水库。在 2011 年中央 1 号文件明确要求加快水利改革发展之际，赣南水库有 1004 座，塘坝 77582 座，其中 701 座处于不设防状态。农田灌溉工程总灌区 15126 个，其中万亩以上灌区 39 个，电井 512 眼，泵站 2333 座。从利用率看，这些灌溉用水利设施应用率不到 45%，全市 18.9% 的农田没有灌溉设施或配套设施不全。到 2017 年，赣州市建立完善山洪地质灾害监测预警预报系统，实施城镇防洪工程 65 个，新建堤防 226.06 公里；完成加固病险水库 786 座，实施 73 处中小河流治理项目，治理河长 218.3 公里；新建寻乌太湖、兴国塘澄等 5 座中小型水库，小型农田水利重点县建设实现全覆盖。围绕新时代的发展需求，将人工水库更名为湖泊的例子越来越多，尤其是城郊水库多已被划定为饮用水源地，或用于开发度假、休闲、旅游和游乐项目，将水库等自然资源优势与地域文化元素融合，打造自然生态、功能丰富、贴近生活的水环境。

第一节　水库工程科学运行

　　水库是一条或多条江、河、溪流组成的区域。库区生态系统是一个多元的社会—经济—自然复合系统，具有水源涵养、水土保持、洪水控制等生态功能，对整个流域特别是中下游地区具有广泛和深远的影响。随着国家对水生态文明建设的重视，赣南山区水库的建设利用和管护保养已经成为水利工作中的重点。保护好这些水库，确保其科学运行，修复其生态内涵，已成为打造生态赣州的重要前提和基础工作。

一、加强水库工程建设管理

针对现阶段水库管理制度中存在的问题，水行政管理部门积极加强与其他部门的合作力度，进一步完善管理体制，提高水库管理水平。建立并完善水库管理法规，明确条例及细则，统一指导、协调水库安全管理的技术及管理体系；严格遵守国家管理制度，并由地方政府对其管理工作进行严格监督管理；水库中所有成员明白自身职责，并按专业管理工作者要求进行水利管理活动；通过实施水库行政首长年度目标考核管理，实现从"没人管"到"有人管"的转变；通过建立联席会议制度，发挥部门协调联动效能，实现"多头管"到"统一管"的转变；通过建立官方湖长与民间湖长，发挥公众参与和社会监督机制，实现"管不住"到"管得好"的转变。

（一）严格执行"四制"等制度

水库工程建设采取项目法人制、工程监理制、合同管理制及工程招投标制等制度，确保做到"公平、公正、公开"，避免了工程建设管理过程中以权谋私、违法乱纪行为的发生，建立工程质量由施工单位保证、监理单位控制、质量监督部门督查相结合的质量保障体系。通过抓"四制"、抓准入、抓督查等方法，着力推进水利基础设施质量建设。坚持做到计划管理程序化、资金管理规范化、质量管理标准化、监督管理经常化、检查验收制度化，严格执行和落实工程建设相关制度，确保工程建设质量。充分利用新闻媒体，在电视台、政府网站上公示项目计划、投资规模、建设内容，并及时公示项目招标过程和结果，通报项目建设的进度、质量、项目督查评比的结果等，接受社会监督，形成全方位、网络化水利工程建设监督管理体系，确保建设项目做到质量安全、资金安全、干部安全和生产安全。

在水库管理中加强水库生命周期内安全管理工作，掌握水库安全运作规律，主要是不同时令（如夏季暴雨洪灾、冬季河水冻结等情况）、不同环境对水库运行带来的影响，对水库质量安全情况做出详细评估，并将其贯穿在水库工作的设计、建设、维护管理的整个过程中，对可能出现的自身安全问题、环境安全问题进行全面分析，并结合多专业学科制定相应解决措施，保证水库在运作周期内稳定运行。明确水库所属管护主体及主要责任人，对水库运行情况等重要参数进行有效归档，为水库日常利用、管理工作提供可靠依据；定期组织有关管理人员、技术人员进行技术培训及安全教育，提升相关人员的综合管理素质；配备专门管理人员并提高其应有的待遇，配齐交通和通讯设备，增置必要的水情观测与测报设施，对水利设施的安全运行做到最有效的保障。

为适应我国筑坝建设已经走在世界前列，水利水电发展面临更复杂建设环境、更高安全要求、更严格环境约束的新形势，大力推动水利水电发展创新。尤其要求直接从事工程建设和运行管理一线的科技工作者，更善于运用创新思维，把新方法和新技术推广于实践，在实践中总结出经验，把经验上升为理论，不断解决水库发展中出现的各类问题，及时给水库的工程管理和运行提出更高的要求，为适应和满足水库工程运行管理的需要，强化工程管理，落实各项规章制度。规范操作，科学调度水库工程，在水库《防洪预案》的框架下，做好水库工程渡汛安全和下游防洪保护对象的行洪安全等防汛工作。加强水库蓄水管理和供水调度工作，充分发挥水库工程的经济效益。

（二）做好水库日常管理和巡检工作

对日常管理和巡检水库的管护主体进行统一管理，落实相应的水库管理行政职责；聘请专业技术人员组建专门的水库利用与管理小组，对辖内的所有水库进行科学的利用及专业的管理。乡、镇、村一级管理机构制定日常管理和巡检计划，并严格按照管理要求和依照巡检计划对水库结构、运行等进行有效检查。行政主管部门实时掌握区域水文变化及堤坝运行状态，及时发现水库利用与管理工作过程中存在的漏洞和问题，并安排专业人员进行处理。

在充分利用现有水文站网的基础上，逐步建成覆盖库区、站点布局合理、监测项目齐全、技术装备先进、工作环境优美，集水文生态监测、科学研究、学术交流、科普宣传、人才培养为一体的现代化水生态监测与保护研究基地，建设具备良好的工作与科研条件的保障环境，提升库区的水生态监测能力和水生态保护能力。

站网监测引入卫星遥感、航天遥感、雷达、无人机等先进手段，开展水文、水质、地下水、泥沙等水生态全要素监测，运用空间网格化、流域分布式管理模式，对现有的站网进行完善、调整、补充和设计，打造"空、天、地"立体化水生态监测站网。监测成果一方面纳入水利行业内部管理运用，另一方面通过 APP 等信息化平台提供给库区各级政府部门与公众参考了解。

（三）发挥农村塘坝系统的作用

在强调水库、湿地、水源涵养地、森林等生态屏障建设的同时，重视塘坝的生态屏障功能。赣南农村塘坝星罗棋布，遍布全市各区域，绝大多数都布局在小区域的汇水区，既发挥了对水资源的调蓄功能，又形成了江河湖库流域的第一道屏障。发挥塘坝数量众多的优势，结合其周边绿化工程，塘坝不仅具有调蓄水资源和调节小气候的生态功能，更为重要的是极大削弱了农业面污染强度。对于农村塘坝，要因地制宜地实施退耕还塘还坝工程，逐步恢复坑塘水面面积。积极开展"门前塘"整治工程，并且与各地土地整治工程互相结合，禁止土地整治项目通过填埋坑塘来增加耕地，确保不同区域空间的坑塘系数和坑塘数量不降低。调查登记现有或者能够扩建成农村当家塘的水塘数量，充分考虑水塘的灌溉面积、蓄水能力和生态拦截等因素，编制实施塘坝修复规划，有计划地恢复坑塘水面面积，改善坑塘生态环境状况，恢复坑塘水面生态系统功能，有效恢复完善农村塘坝体系。

（四）提高快速处理突发情况的能力

在水库利用与管理工作过程中，不可避免地会遭遇各类突发情况，针对这些问题必须要有完善的处理措施予以应对。为了避免在水库大坝发生突发安全事件或减少损失，应提高水库管理单位及其主管部门应对突发事件能力，降低水库风险，及时编制《水库大坝安全管理应急预案》。通过建立完善的防灾减灾应急预案，对水库及其周边的各种水文、气象等条件进行有效监测，在出现异常情况的时候能够及时发出预警信息，以便及早安排人员、物资进行有效转移或及时进行防洪调度，在综合考虑水库周边区域安全的基础上明确应急预案的实施细节，相关内容简单、明了，便于落实。对广泛分布的小型水库加大投入，将其利用与管理过程中涉及的资金纳入预算，确保各类应急事件处理的物资供应。建设完善的交通、通信设施，联合交通部门对水库周边道路进行修缮、重建，确保水库能够与交通干线进行顺畅连接，如遇灾祸能够保障救援人员及时到位，及时供应抢险物资。协同通讯部门购置必要的通信设备，确保现场通讯顺畅，及时将各类信息传递出去。

明确水库大坝突发事件的类型。水库大坝突发事件是指突然发生的，可能造成重大生命、经济损失和严重社会环境危害，危及公共安全的紧急事件，一般包括：①自然灾害类。如洪水、上游水库大坝溃决、地震、地质灾害等。②事故灾难类。如因大坝质量问题而导致的滑坡、裂缝，渗流破坏而导致的溃坝或重大险情；工程运行调度、工程建设中的事故及管理不当等导致的溃坝或重大险情；影响生产生活、生态环境的水库水污染事件。③社会安全事件类。如战争或恐怖袭击、人为破坏等。④其他水库大坝突发事件。

高度重视突发事件的可能后果分析。充分估计突发事件发生的可能性，科学划分预警级别。①突发溃坝事件后果分析。如水库溃坝，可能发生的水库溃坝形式为大坝瞬时横向局部一溃到底，形成溃坝洪水，直接导致下游村庄及耕地、两岸低洼地带严重受灾，相关道路交通中断，直接威胁下游人员生命及财产安全。②突发水污染事件后果分析。因水库的特殊性，其担任防洪灌溉及人畜饮水等重要任务，如上游工矿、企业污水直接排放，排放标准严重不达标，则会对水库水质造成严重污染。如果水质遭到污染，下游粮田将会绝收，会直接影响下游饮用水质。对饮水造成严重后果。

（五）妥善解决水库移民问题

从赣南水库移民的情况看，农村改革前因兴建水库而引起的较大数量的、有组织的人口迁移往往涉及整村、整乡社会经济系统重建，因而更具复杂性。特别是已建水库受当时政治、经济等多方面因素的影响，水库移民安置存在安置补偿标准低、安置方式单一等问题，尽管中小型水库相对大型水库在移民安置和生态环境等方面影响较小，但由于数量较多，水库移民安置遗留问题仍较为突出。有些地方只着眼于当时的任务，对安置地的各种条件状况没有进行周全长远的考虑，有些安置点连温饱需要都没有解决，更不用提发展了。而大型水库这方面的问题就更加突出，如1957年国家"一五"计划156项重点工程之一的上犹江水电厂建设，移民搬迁后由于环境容量不足，安置区各项设施不配套，功能不全，"移民"变"渔民"甚至一度成为"水上漂"，直至近几年水库渔业整治，渔民的居住困难、上岸就业等问题才得以解决。

在落实移民安置具体措施上，按照国家相关政策和法规，贯彻开发性移民方针，坚持国家扶持、政策优惠、各方支援、自力更生的原则，正确处理好国家、集体和个人之间的利益关系，采取前期补偿、补助和后期生产扶持等多种办法，妥善处理安置好移民的生产和生活。移民的安置去向应结合当地产业结构和农业结构调整，首先考虑就地后靠，调剂土地，开展库区周围水产养殖，发展第二、三产业，多渠道安置移民。通过各项综合措施使库区移民生活水平达到或超过原有的生活水平，保证移民区经济的发展，人民生活水平有所提高。

水库移民工作是一项特殊的系统工程，其特殊性主要表现在不仅与社会、经济、人文、地理等系统工程有关，更重要的是水库移民工程，要让在水库内居住的人搬迁到新址生活。首先，强有力的政府是移民安置工作成功的关键。移民安置工作涉及政府的许多职能部门，一宗大型水库的移民安置相当于重建一个小规模的社会群落，从头到尾贯穿着大量的群众性的组织动员教育工作，又有大量的行政管理工作。政府在水库移民安置中发挥主导作用，统筹规划，在移民安置的过程中充分调动各方力量，在移民安置过程中提供可靠的管理和正确的引导。其次，在移民安置工作中要以民生建设为重点。水利水电工程建成后形成的水面和消落区，由工程管理单位统一管理开发利用；在服从水库统一调度和保证工程安全的前提下，应当优先组织移民开发利用。在水库投入运行后，应建立移民遗留问题准备基金，由项目法人妥善解决不可预见的移民遗留问题。通过多种途径加快恢复和发展移民经济，提高移民的经济效益，加大对发展移民经济的扶持力度，发展多种产业，缩小移民与安置点周边居民的经济差距。经济发展了，生活水平才会相应提高，才能使移民"迁得出，稳得住"。最后，政府要加强文化建设，注重发挥文化的作用。文化具有维系社会稳定的重要功能，可以促进社会的和谐与发展。政府要千方百计增进移民与安置点民众的文化交流与融合，以文化作为情感维系的纽带，加强文化的认同感和归属感，促进共同文化的发展。

二、优化水库水资源配置

水库是拦洪蓄水和调节水流的水利工程建筑物，存在的基本前提是库中要有水。部分流域内水库电站众多，对当地经济社会发展起到了积极地促进作用，但一些水电站因下泄流量不足造成部分河段在部分时段内河道减水、脱水甚至干涸，一定程度上影响了河流的正常生态功能，部分水功能区水质不达标造成流域内群众的生产生活供用水困难，针对以上问题，开展流域水量统一调度，以切实保障江河主要支流和重点湖库基本生态用水需求，深化河湖水系连通运行管理，实施大中型水库群联合调度，增加枯水期下泄流量，确保生态用水比例只增不减，保障生态流量。同时，涉及国家和地方重点保护水生野生动物和珍稀濒危物种分布区域等有特殊用水要求的河段，专题论证确定其生态流量。

（一）建立健康水库运行机制

关键是要像对待生命一样对待水库（湖泊），像保护眼睛一样保护水库（湖泊）；实施水库（湖泊）健康评估，实行最严格的生态环境保护制度，突出水库（湖泊）生态功能建设，拟订水库（湖泊）重点水污染物的排放总量削减和控制计划，制定污染治理措施和污染源整治计划，加强源头控制。统筹治理工矿企业污染、畜禽养殖污染、水产养殖污染、农业面源污染、船舶港口污染。严格水功能区监督管理，完善入水库（湖泊）排污管控机制和考核体系，优化入河湖排污口布局，严控入河湖排污总量。推进退渔还湖、退田还湖、控源截污、生态修复等综合治理措施，实现水库（湖泊）保面（容）积、保水质、保功能、保生态、保可持续利用的"五保"目标。

严格控制赣江及主要支流小水电、引水式水电开发。组织开展摸底排查，科学评估，建立台账，实施分类清理整顿，依法退出涉及自然保护区核心区或缓冲区、严重破坏生态环境的违法违规建设项目，进行必要的生态修复。全面整改审批手续不全、影响生态环境的小水电项目。对保留的小水电项目加强监管，完善生态环境保护措施。严格用水总量指标管理，健全覆盖市、县行政区域的用水总量控制指标体系，完成跨省江河流域水量分配，严格取用水管控。严格用水强度指标管理，建立重点用水单位监控名录，对纳入取水许可管理的单位和其他用水大户实行计划用水管理。

开展水利水电工程水生态影响后评估。在新时期流域大保护适应性管理的要求下，对现有水利水电工程生态环境影响的后评估需求更为迫切，通过开展水利水电工程水生态影响后评估，一方面能及时发现问题、总结经验，逐步完善保护措施体系，为后续开发提供参考；另一方面能实现生态环境保护工作的统筹协调、系统规划、全面指导和监督，确保措施有效实施。

（二）发挥水库的防洪作用

修建水库是为了蓄水防洪发电补给水源。水库防洪是利用水库防洪库容调蓄洪水以减免下游洪灾损失的措施。水库防洪一般用于拦蓄洪峰或错峰，常与堤防、分洪工程、防洪非工程措施等配合组成防洪系统，通过统一的防洪调度共同承担其下游的防洪任务。赣州市用于防洪的水库有单纯的防洪水库及承担防洪任务的综合利用水库，也有为溢洪设备无闸控制的滞洪水库及有闸控制的蓄洪水库。一般水库都是综合性运用的水库，防洪是其综合性运用目标之一，水库用于防洪，主要是用来调蓄洪水，即起滞洪、缓洪或蓄水的作用，从而可以有效地降低水库大坝下游的洪水位。20 世纪 80 年代初，开始引进防洪非工程措施的概念，加强了非工程措施的建设。赣州已建设水情、雨情报汛站，利用计算机等高科技手段观测、预报洪水。

赣州市到 20 世纪末已初步建成具有一定基础的防洪体系，在抗御实际发生的历次洪水中发挥了重要作用。21 世纪，赣州市在防洪措施方面加强和完善防洪工程措施与防洪非工程措施的密切结合，加速推广高新技术，尽快实现防洪措施的信息化、数字化，不断完善水文、气象测报手段，提高洪水预报和调度的水平，使防洪工程体系发挥更大作用。提高防洪工程的运行管理水平，在保证防洪安全的前提下，充分发挥防洪工程的除害兴利和环境生态等综合效益，为水资源可持续利用做出更多贡献。努力保持各河流的自然畅通，对洪水进行疏导和分流，减少洪水的冲击作用，保护城市、乡村和人民的安全，不受洪水的灾害。同时还积极地保护湿地和湖泊，发挥其缓解洪水的作用。各水库绝对不能盲目地蓄水，应做到科学蓄水、精准预测、疏导分流、积极防洪。

在确保防洪安全的前提下尽可能地发挥水库的最大效益，做好流域群防洪调度工作。一是严肃纪律，落实责任。各工程单位必须严格执行《赣州市水库水电站防汛管理实施意见》，严格执行已批准下达的度汛方案，严格执行调度命令；各工程管理单位明确岗位责任人，每项工作都有执行的措施，同时上级部门加强对下级部门的督促检查，确保各项工作落到实处；二是熟悉基本情况及强化水库报讯工作。各水库调度人员既熟悉工程的基本情况，更熟悉上下游工程、社会经济情况，如河道在建工程、库区的移民高程、河道的安全泄量、洪水传播时间等，要及时、准确、全面地做好水库报讯工作；三是强化值班，加强监测预警，及时开展洪水预报。加强对水雨情的实时监测，密切关注水库水位的变化，与水文等部门建立信息沟通机制。完善洪水预报和调度系统，增强联调的科学性，及时超前做好洪水预报，从本地实际出发，特别是当流域平均降雨量达 30 毫米时，主动、及时做出洪水预报和洪水调度方案，提出调度建议报上级防指批准，并严格执行由有调度审批权防指批准的调度命令；四是加强险情隐患排查，做好应急保障措施。各工程管理单位进一步加强大坝、泄洪设施、启闭设备、消能设施、监测预警设备等排查，及时消除险隐患。加强防汛抢险队伍，储备抢险物资，修订完善水库防洪预案，做好应急保障工作；五是加强联络，达到信息共享。各水库及时准确通报水雨情信息和水库出入库流量，当出库流量发生变化时及时向下游水库和有关防办通报；加强县与县、县与水库、水库与水库之间的信息沟通交流；洪水预报成果及时向有关防办和水库管理单位通报，确保信息共享与迅速协调联动，达到社会效益、企业效益和经济效益的统一。

（三）发挥水库的灌溉作用

由于赣州市的自然地理条件和气候特点，每年汛期常常遭受暴雨的袭击，造成洪、涝灾害。而在一年中的其他季节往往少雨干旱，不能满足农作物生长的需要，对农作物的正常生长十分不利，甚至形成严重的干旱灾害。从农作物的生理、生态需要来看，土壤中水分状况如何，对根层土壤中肥、气、热的状况有直接的影响。当根层土壤中水分过多时，土壤通气不良，深层渗漏量大，将导致土壤中的肥分、矿物质等随渗漏而流失，甚至造成渍害和土壤退化。当根层土壤中水分过少时，不仅土壤中的肥分不能被溶解为溶液，不易被作物根系所吸收，还会造成农作物体内水分、养分不足而凋萎、干枯直至死亡。只有当农作物对根层土壤中的水分需要能获得必要的满足时，才能使农作物正常地生长，并能使其他的农业增产措施较充分地发挥作用。因此，人为地对农作物进行必要的灌溉、排水，对土壤含水量进行人工调节，是农作物获得丰收所必需的工作。

调蓄河水及地面径流以灌溉农田的水利工程设施包括水库和塘堰。当河川径流与灌溉用水在时间和水量分配上不相适应时，需要选择适宜的地点修筑水库、塘堰和水坝等蓄水工程。蓄水工程内的水量和水质要满足灌溉用水的需要。为确保水库安全，应根据国家规定的设计洪水标准，修建溢洪道，加固大坝，不断进行检测，及时做好维修和管理工作，并继续完成各项配套工程，以充分发挥蓄水工程的效益。引水灌溉时要注意：合理进行库水调度，充分发挥灌溉效益；采取水库分层取水和其他升温措施，满足作物生长对水温的要求；做好水库上游的水土保持工作，防止泥沙淤积库内，以延长水库使用寿命；禁止生活污水和工业有毒废水排入水库，防止水质污染。

灌溉制度对灌溉管理工作具有指导作用，但是灌溉制度的实际操作受天气和水源状况等偶然因素的影响较大，必须根据灌区当时的天气、土壤和作物状况做出修正，其灌水定额和灌水时间不能完全按事先拟定的灌溉制度决定。例如，雨期来临前的缺水可采取小定额灌水；有霜冻或干热风危害的征兆时可提前灌水；起风时可推迟灌水，以免引起作物倒伏。在作物需水关键期要及时灌水，而其他时期则可根据水源等情况灵活处理。随着水利水电工程设计要求的逐步提高，长系列灌溉制度作为灌溉制度设计的一种方法，是制定流域规划、灌区水利规划及灌排工程规划设计的重要组成部分，对灌区规模、渠道断面尺寸、工程量及工程投资等具有指导性，可使灌区规模及投资的确定更加科学合理。在灌区旱作物中采用长系列灌溉制度设计，是进行水资源优化调度方案、制定最佳配水、调水计划，确定渠道设计流量的重要依据，同时，长系列灌溉制度设计应用使灌区规模、投资等更加科学合理。小型水库灌溉系统治理制度主要有政府强制决策、用水户协会的联合决策和农民用水户的操作决策三种基本类型，但每种制度都有明显的弊端，只有三种制度有机结合，建立一个政府、用水户协会和农民的合作嵌套分层治理制度体系，才能有效实现小型水库灌溉系统中的制度创新。

三、构建水库保护管理体制

赣州市切实加强组织领导，建立联席会议制度，将水库水环境专项整治工作列入对市县政府水利改革发展考核内容，建立了责任追究制度。对组织不力、措施不落实、水库水环境问题得不到有效解决的，按照有关规定追究相关责任单位和责任人的责任。从理论上讲，水库功能的多样化决定了管理部门的多样性，没有任何一个部门可以完全胜任将水库的所有功能全部纳入管理的任务，必须有权限与职责的划分，但关键还在于转变水库保护观念，实现从"管理"到"治理"，从"单一式执法"到"整合式执法"，这就是以全新的理念来构建水库保护的管理体制。

（一）建立水库统筹监管体制

与河流相比，水库通常有多条河流汇入，水库保护需要与河流统筹推进；水库边界监测断面不易确定，落实保护责任较为困难；水库水域岸线及周边普遍存在种植养殖、旅游开发等活动，极易导致无序开发；水库水体流动相对缓慢，极易遭受污染且治理修复难度大，水库生态的特殊性、水库问题的严峻性以及水库保护的复杂性，都要求水库保护必须建立一个统筹监管体制机制。如赣州市八境湖库尾建有八境湖橡胶坝电站，橡胶坝的调蓄作用影响水库的水生态功能，主要表现在河流自然属性发生异变，在局部形成非流动的死水水域；章江上游还建有龙潭、上犹江、油罗口3座大中型水库，对其下游径流、洪水有一定的调蓄作用；库区下游的万安水电站对库区也有一定的顶托作用，从而影响库区的水生态功能。根据山水林田湖（水库）草是一个生命共同体原理，它们之间互为依存，又相互激发活力。因此其中的任何一个"成员"不健康，该共同体的运行就会受到重大影响，甚至出现整个生态系统失衡。而水资源在生命共同体中是最活跃的因素，作为其重要载体的水库承担着维护生态系统健康的职责。在对受损的水库生态系统进行修复时，必须要综合考虑水库生态系统各类组成要素的差异性，通过因类施策，提高修复的可行性和成效性。

首先，确定水库保护的行政主管部门。根据《水法》规定，水行政主管部门是水资源的综合管理部门，水库作为水资源的一部分，其管理体制设置当然应符合《水法》的规定。将水行政主管部门设立为水库保护的主管部门，也是各地方水库管理的共识，这其中既有上位法的规定，更因为这种规定符合水库保护的客观规律：水库保护的核心是水，包括水量和水质；水量是水质的基本保障，水库容量保住了，一定的自净能力才得以存在；水量和水质管好了，渔业养殖才有良好的场所，水库通航才有良好的条件，湿地生态系统才有了水域保证。从这个意义上说，水行政部门对水库的管理是其他部门进行专项管理的前提条件，从而坚持塑造健康自然的河库岸线，完成水库（湖泊）控制区和保护区范围的划界，开展勘界立桩、水域岸线登记，依法划定水库（湖泊）保护与管理范围，科学划分岸线功能区，强化分区管理和用途管制，保护河湖水域岸线，开展划界确权，探索水库（湖泊）网格化管理，保护水库（湖泊）的生态环境系统。

其次，按照水库的分类和功能保护目标，确定不同类型重要水库的专门保护体制。以一库一法形式特别授权相关主管部门进行综合性管理，如对重要饮用水源保护区授权环保部门牵头，对重要的湿地保护区授权林业部门牵头，对重要的养殖水体授权农（渔）业部门牵头等。同时，确定特别授权部门与一般管理部门的水库保护权限、职责以及与相关部门协调的基本程序。按照《水污染防治法》《渔业法》《土地管理法》《森林法》《河道管理条例》等法律、法规，环境保护、建设（规划）、农（渔）业、国土资源、林业、交通运输、旅游等部门对于水库保护的相应管理权限进行具体列举，明确集中管理体制下的职能分工原则与权限范围、协调性原则以及协同执法的基本程序等。

最后，创新水库管理制度。如利用水景观发展沿湖餐饮业是赣南利用水库的一种普遍形式。目前，这种水库利用方式不仅在许多城镇及城镇周边存在，而且正在向广大农村蔓延。由于缺乏相应的管理规范，各种餐饮污水直接向水库排放，使水库污染日益严重。赣州市在水库保护中注意到这一问题，针对无序开发餐饮业造成水库污染的现状，建立了水库餐饮限制制度。规定在水库控制区内和水库沿岸的经营餐饮许可证制度、沿湖餐饮污染物排放许可证制度，禁止经营者向水库排放有害餐饮污水和固体废弃物，向水库排放无害废水也应取得排污许可证；规定沿湖餐饮业主的环境保护义务与责任。

（二）加强库区管护体制

要求在实施山水林田湖草生态保护修复项目中，针对水库建设基础比较脆弱、周边生存环境亟须改善等问题，加强对水库保护工作的领导，落实责任，强化措施，修复水库生态系统，恢复水库自然和谐，为赣江上游区域乃至全流域的生态安全和经济社会可持续发展奠定基础。

1. 生态河流廊道修复

初步统计，赣江主要干支流水利水电工程已建、在建及规划建设过鱼设施40余座，以减缓工程建设对水生生物的阻隔影响。水库在每年3—5月份实施针对"四大家鱼"自然繁殖生态调度试验，对"四大家鱼"自然繁殖起到了积极的促进作用。对大中型水库消落区修复和河流生境再自然化等问题开展有关生态修复的有益探索与实践。河流廊道是众多生物的重要栖息地，为鱼类、昆虫、候鸟等提供了休息和觅食场所，要在重要生物的栖息地和鱼类产卵场等建立生态保护区，维持生物多样性。河流廊道同时也是泥沙的传输通道，因此要加强滨河带生态建设，在不影响河道防洪排涝等功能的情况下实施生态护坡工程，在河道内、河堤上有选择地种植水生、陆生植物，修复河流廊道生态系统，有效拦截地表径流污染。在推动废弃矿山环境修复过程中，按照系统修复的思维，探索出一套山上山下、地上地下、流域上下游同治的模式。创新稀土尾水治理技术，在探索治理稀土矿区尾水过程中，充分考虑地质环境和地域污染因子，引进行业领先的稀土尾水治理创新技术——单双级渗滤耦合技术，有效改善矿区水环境质量，构建起结构科学合理、功能完善的生态系统序列，充分发挥河流廊道的生态功能。

2. 库区湿地建设

在对库区湿地进行严格保护和保育的基础上，根据微地形地貌条件，对现有水库湿地中的江心洲（岛）、河滩地进行必要的修复和恢复，在局部河段种植水生植被，以恢复库区湿地的生境复杂性和生物多样性，提高库区的自净能力，打造多样的库区湿地景观。河道滩涂森林沼泽恢复，选择河道内面积较大、不影响行洪的滩涂，进行森林沼泽恢复与重建。树种可以选择池杉、水杉、枫杨和乌桕等乡土树种，以及一些浆果树种。营造方式按照专业的森林沼泽造林设计。河道滩涂草本沼泽恢复，选择河道内面积较大、不影响行洪的滩涂，进行草本沼泽恢复与重建，也可以按照矮围的方式进行草本沼泽恢复与重建，草本植物可以选择芦苇、菖蒲、香蒲和荷花等乡土植物。

3. 江心洲（库中岛屿）生境序列建设

对于江心洲（库中岛屿）类型的滩涂，可以营造出深水、浅水、沼泽、滨水直至旱生的适合不同鸟类栖息和觅食的岛屿生境序列。表现形式可采用同心圆圈层方式布局，由外往里依次是深水—浅水—湿生植物环—灌木环—乔木环—人工岛，构建不同鸟类适合的生态位，在树种的选择上，可以适当增加一些鸟类喜欢的浆果树种。同时，可以营造高低不等的不同树丛、灌丛和草丛，吸引水禽来此栖息。

（三）强化水库周边管护体制

严格岸线保护。实施赣江主要支流岸线保护和开发利用总体规划，统筹规划赣江主要支流岸线资源，严格分区管理与用途管制。落实河长制、湖长制，编制"一河一策""一库一策"方案，针对突出问题，开展专项整治行动，严厉打击筑坝围堰等违法违规行为。推进赣江主要支流两岸城市规划范围内滨水绿地等生态缓冲带建设。落实赣江主要支流岸线规划分区管控要求，组织开展赣江主要支流岸线保护和利用专项检查行动。

严禁非法采砂。赣江主要支流严格落实禁采区、可采区、保留区和禁采期管理措施，加强对非法采砂行为的监督执法。2019年，组织跨部门联合监督检查和执法专项行动，严厉打击非法采砂行为。2020年，建立赣江主要支流非法采砂跨区域联动执法机制。

强化自然保护区生态环境监管。持续开展自然保护区监督检查专项行动，重点排查自然保护区内采矿（石）、采砂、设立码头、开办工矿企业、挤占河（湖）岸、侵占湿地以及核心区缓冲区内旅游开发、水电开发等对生态环境影响较大的活动，坚决查处各种违法违规行为。

第二节　生态水库（湖泊）建设

赣州市有"赣江水塔"的美誉，这就决定了赣州的水库（湖泊）保护必然有着不同于其他地方的"市情"与"库情"。赣江和贡江均发源于赣州市，从维护生态系统稳定的角度看，赣州的水库是鄱阳湖水量的重要补给库，是长江和珠江流域下游的一个重要水源蓄水区，对江西北部赣江流域、广东东部东江流域的生态系统都具有明显的水气调节作用，该区域河网、水库以及水资源的稳定对维护周边地区的水生态安全，尤其是下游地区的生态系统稳定性具有重要的作用。因此，加强水库（湖泊）生态功能，对维护赣州市周边区域及东江下游地区东莞、深圳、香港等地区的水量水质安全具有重要意义。在实地考察中，我们也发现了赣州市因"库多"而特有的与水库直接联系的一些生产方式和生活方式，除了赣州的农业生产为"需水型"——如水稻生产、水产养殖外，还有与水库紧密联系的生活方式——水上旅游、临水建筑等，充分发挥水库（湖泊）生态功能。

一、水库（湖泊）健康养殖

众多的水库（湖泊）为水面及库区周边养殖提供了便利条件。多年来，赣州市积极推行水库养殖，水中养鱼、水面养鸭、库区周边养猪等水库立体开发，为推动当地农业经济发展发挥了积极作用。然而，水库养殖承包人为追求利润最大化，过量投喂饲料，甚至投喂化肥和人畜粪便，同时库区周边养殖污水未经处理直接排入水库，导致水库水质受到不同程度的污染。因此，在逐渐加大对水库资源的利用强度、创造巨大财富的同时，注重克服排放污水、过度开发、工程建筑等人类活动改变水库生态系统的结构，维持水库生态系统服务功能。为解决水库养殖污染问题，全面取消水库网箱养鱼和库湾投饵养殖，坚持"以鱼养水、以鱼净水"的原则发展人放天养水库渔业，促进水库的旅游、交通、渔业等多功能综合开发利用。

（一）水库渔业的主要特点

水库对渔业生产有良好的作用。水库蓄水后，一方面吸纳了流域汇流带来的"污染物"，另一方面原来流动的水体滞留在库内，这些变化使得库区鱼类生长环境发生了变化。水库渔业既可充分利用库内大体积水体流速慢、滞留时间长的有利因素，如有利于悬浮物的沉降，使水体的浊度、色度降低，库内流速慢，藻类活动频繁，呼吸作用产生的 CO_2 与水中钙、镁离子结合产生 $CaCO_3$ 和 $MgCO_3$ 并沉淀下来，降低水体硬度等方面的有利影响；又可克服库内水流流速小带来的不利影响，如降低水、气界面交换的速率和污染物的迁移扩散能力，使得水库水体自净能力比河流弱，库内水流流速小，透明度增大，利于藻类光合作用，坝前储存数月甚至几年的水，因藻类大量生长而导致富营养化等。由于水库水面显著扩大，水库的捕鱼量比调节前的同一河段上的捕鱼量增加了许多倍。水库还为内陆水体养鱼业开发优良品种创造了条件。大多数水库对增加当地的渔业资源具有重要的意义，同时能够大力带动池塘健康养殖、稻渔综合种养、大水面生态养殖、循环水养殖等生态健康养殖模式，实现"以鱼控草、以鱼抑藻、以鱼净水"，推动水产绿色发展。

1. 科技增产效果明显

水库渔业以投饲放养为主，不仅实现水产品的有效供给，提供就业岗位，鱼的粪便和残饵可以提高土壤肥力，促进农作物的生产，减少化肥的使用量，使营养物质在水库养鱼—农业灌溉这个人工系统中得到充分利用，具有良好的经济、社会和生态效益。大水面水域资源对于内陆省份来说，都是渔业生产的主要场所。大水面是水生态系统的重要组成部分，鱼类等水生生物是人类重要的食品和蛋白来源，其胆固醇低、易消化，含有丰富不饱和脂肪酸 DHA、EPA、硫酸软骨素和虾青素，具有抗氧化、软化血管、降低心血管发病率、防癌抗癌等功效，食用水产品，有利于改善营养结构，增进身体健康。渔业是低耗粮的养殖业，对粮食并不富有的我国，优先发展水产品养殖是促进粮食安全的重要国策之一。水产养殖生产的空间主要是池塘、水库、湖泊、河流等区域，不与粮食争耕地，不与畜牧业争草场，在农业各产业中，效益比较高。大力发展水产养殖业对缓解人多地少的矛盾、增加农（渔）民收入、优化产业结构有着重要意义。赣州市通过实施现代产业技术体系研发示范工程、渔业科技入户示范工程、新型渔民科技培训工程，推广池塘健康养殖技术、大水面增养殖集成技术、网箱集约化生态养殖技术、流水高产高效养殖等十项实用技术，水产品总产量、渔业经济总产值、渔业产值、渔业人口人均纯收入等综合指标实现稳定增长。

2. 水生生物资源养护有效推进

为恢复水生生物资源数量和种群，大力开展水生生物增殖放流，鱼类生长过程直接或间接地摄取利用了水生态系统内的氮、磷、碳等元素。据测算，捕捞或生产 1 吨水产品，可从水体中捞出氮 36 公斤、磷 9 公斤。大力发展低碳水库渔业，推进山区渔业建设，可促进水域生态系统的修复和生态环境的改善，以及对富营养化水体的有效治理。进一步开展水生生物本底调查，构建湖泊鱼类种群结构，建立鱼类种群结构数学模型，构建水生生物监测大数据平台，提高湖库智能化、信息化管理水平，加强水生植物多样性保护，扩大水生植物、水培蔬菜种植规模，打通湖库水体氮磷输出通道有重要的现实意义，应继续推进大水面生态渔业从关注捕捞量向生物多样性保护、水生生态系统修复转变。

3. 渔业功能不断拓展

随着渔业技术的进步和模式的创新，在广泛的生产实践中，成功地总结出"净水渔业、保水渔业、湿地渔业、文化渔业"的新技术和新模式，渔业已从传统经济、数量效益型向环境友好型、质量效益型转变，渔业的净水、保水、生态修复和文化功能不断显现。库区渔业已成为渔业经济新的增长点和解决库区移民生产安置的重要途径；车水捕鱼、水库渔节、游钓渔业与传统文化相结合，成为当地旅游经济新亮点和增长点；以大水面增殖捕捞为主要方式的"保水渔业"是水源地水质安全的重要保障措施；种养结合、湿地渔业逐步成为湖泊、农业湿地生态修复工程的首选内容。渔业功能已从解决"菜篮子"供应拓展到农民增收、旅游观光、库区移民就业、生态治理和文化传承等方面。

（二）不同养殖模式下的发展特征

近年来，经过积极发展探索，赣州市发挥渔业净水、抑藻类、固碳等生态功能，协调好生产与生态的关系，涌现出阳明湖等产业升级、生态保护、品牌建设、文化传承各方面相得益彰的水库渔业发展模式。大水面生态保护与渔业发展实现基本融合，渔业在水域生态修复中的作用明显提升，大水面生态渔业管理协调机制趋于完善，优质水产品比重显著提高，产业链有效拓展延伸，形成一批管理制度完善、经营机制高效、利益联结紧密的生态渔业典型模式，基本实现环境优美、产品优质、产业融合、生产生态生活相和谐的大水面生态渔业发展格局。

1. 电站水库渔业

将库区生态环境和生物多样性保护放在首要位置，对养殖品种、养殖方式、范围和规模进行严格的管理和限制，结合土著鱼类驯养繁育、苗种生产工作，加大本流域、本江段自然分布的鱼类增殖放流和增养殖力度，发展电站水库渔业，创建地理标志品牌，实现库区渔业的可持续发展。依据环境容量，严格控制投饲网箱的规模和容量，通过生态网箱的改造，加强鱼类排泄物的收集处理，提高饲料利用率，种草种菜减少氮、磷排放等措施，推动电站库区渔业的高质量发展。针对新建成的电站库区地处边远山区，水陆交通、渔政码头、通信、电力等基础设施建设滞后，发展面临缺资金、缺队伍、缺装备的局面，以及综合管理硬件、软件相对滞后的矛盾，着力开发库区宜渔水域的物流运输、渔政执法、苗种供应、技术等诸多方面的服务。以空间规划为依据，科学合理设置大水面生态渔业必要的设施，统筹协调大水面渔业生产与航运、水生态环境及鱼类生殖洄游等方面功能。

2. 饮用水源水库保水渔业

以法律法规为依据保障大水面生态渔业发展空间，统筹环境保护与生产发展，对于法律法规明确禁止发展渔业的区域，严禁发展大水面生态渔业，对允许发展大水面生态渔业的区域，准确把握政策要求，合理发展生态渔业，防止一刀切、不加区分地禁止所有渔业活动。由于受饮用水源地保护条例的限制，赣南大多数饮用（备用）水源均禁止一切渔业活动，有的地方政府出台了更为严格的保护措施，用铁丝网围起来，把水源"保护区"变成了"无人区"。有的地方为了减少蓝绿藻的压力，放养一些鲢鱼、鳙鱼，以渔控藻，形成了一定的捕捞产量。执行长江流域重要水域禁止"生产性捕捞"的有关规定，针对以特定资源利用、科研调查和苗种繁育等为目的的捕捞，制定专门办法进行专项管理。除自然保护区的原住居民可开展生活必需的传统捕捞活动外，禁止在饮用水水源一级保护区和自然保护区开展捕捞生产。在明确种群动态、资源补充规律的基础上，探索开展定额、定点、定渔具渔法和定捕捞规格的精细化管理。生态环境、农业农村等部门按职责分工加强监测和执法监管，对造成水域污染的行为依法追究责任，维护大水面良好的水域生态环境。加强大水面生物多样性保护，增殖渔业要严格按照《水生生物增殖放流管理规定》对苗种场和放流品种进行监管；用于增殖的亲体、苗种等水生生物应当是本地种，要选择遗传多样性高且来源于放流湖库或临近水体的优质亲本培育苗种，禁止使用外来种、杂交种、转基因种以及其他不符合生态要求的水生生物物种进行增殖，严防种质退化和疫病传播。

3. 灌溉型水利水库渔业

灌溉型水利水库是赣南水库养殖的主要场所。主要以投饲高密度养殖为主，养殖品种以青、草、鲢、鳙、鲤、鲫等大宗淡水鱼为主，也有部分罗非鱼、加州鲈等名优鱼类。水库渔业以投饲放养为主，不仅实现水产品的有效供给，提供就业岗位，鱼的粪便和残饵可以提高土壤肥力，促进农作物的生产，减少化肥的使用量，使营养物质在水库养鱼——农业灌溉这个人工系统中得到充分利用。有的地方以发挥渔业生态功能为导向开展增殖渔业，按照水域承载力确定适宜的放养种类、放养量、放养比例、捕捞时间和捕捞量。增殖渔业的起捕要使用专门的渔具渔法，最大限度减少对非增殖品种的误捕，确保不对非增殖生物资源和生态环境造成损害。要严格区分增殖渔业的起捕活动与传统的对非增殖渔业资源的捕捞生产，原则上禁止在自然保护区的核心区和缓冲区开展增殖渔业；在饮用水水源保护区、自然保护区的实验区，可根据资源调查结果合理投放滤食性、肉食性、草食性的当地土著品种，发挥增殖渔业的生态功能，实现以渔抑藻、以渔净水，修复水域生态环境，维护生物多样性；在水产种质资源保护区，增殖渔业的起捕活动应在特别保护期以外的时间开展。针对库区渔业还处于分散的家庭经营模式，组织化、标准化、规模化程度低，参与国际国内市场竞争的能力十分有限的问题，着力解决农民参与大市场、大流通的途径。

（三）库区养鱼转型升级

赣州市制定《养殖水域滩涂规划》（2018—2030 年），在科学评价水域滩涂资源禀赋和环境承载力的基础上，科学划定各类养殖功能区，合理布局水产养殖生产，稳定基本养殖水域，保障渔民合法权益，保护水域生态环境，确保有效供给安全、环境生态安全和产品质量安全，实现提质增效、减量增收、绿色发展、富裕渔民的发展总目标。

1.转型的基本原则

完善重要养殖水域滩涂保护制度,严格限制养殖水域滩涂占用,严禁擅自改变养殖水域滩涂用途。依法开展水域、滩涂养殖发证登记,依法核发养殖证,保障养殖生产者合法权益。

(1)科学规划,因地制宜。根据水域滩涂承载力评价结果和水产养殖产业发展需求,形成养殖水域滩涂开发利用和保护的总体思路,合理布局水产养殖生产,科学编制规划。

(2)生态优先,底线约束。保护水域滩涂生态环境,将饮用水水源地、自然保护区、种质资源保护区等重要生态保护或公共安全"红线"和"黄线"区域作为禁止养殖区或限制养殖区,设定发展底线。

(3)合理布局,转调结合。稳定淡水池塘养殖,鼓励发展"人放天养"等生态养殖模式,支持设施养殖向工厂化循环水方向发展,鼓励发展稻渔综合种养,实现养殖水域滩涂的整体规划、合理储备、有序利用、协调发展。

(4)总体协调,横向衔接。将规划放在整体空间布局的框架下考虑,规划编制与《土地利用总体规划》相协调,同时与城区、交通、港口、旅游、环保、农田保护等其他相关专项规划相衔接,避免交叉和矛盾,促进区域经济协调发展。

2.基本功能区划

养殖水域滩涂功能区分为禁止养殖区、限制养殖区和养殖区。

(1)禁止在饮用水水源地一级保护区开展水产养殖;禁止在自然保护区、国家级水产种质资源保护区核心区域开展水产养殖;禁止在县域内国有大中型水库围湖围库修筑养殖设施开展水产养殖;禁止在港口、航道、行洪区、河道堤防安全保护区等公共设施安全区域开展水产养殖;禁止在有毒有害物质超过规定标准的水体开展水产养殖;法律法规规定的其他禁止从事水产养殖的区域。

(2)限制在饮用水水源二级保护区、风景名胜区、国家级水产种质资源保护区实验区域等生态功能区开展水产养殖,在以上区域内进行水产养殖的应采取污染防治措施,污染物排放不得超过国家和地方规定的污染物排放标准;限制在重点河道等公共自然水域开展水产养殖;法律法规规定的其他限制养殖区。

(3)池塘养殖区、山塘水库养殖区和其他养殖区。池塘(农户在责任田、山地自挖修筑的池塘）养殖包括普通池塘养殖和工厂化设施养殖等，山塘水库（指各乡村集体所有的山塘水库）养殖包括网箱养殖、围栏养殖，其他养殖包括稻渔综合种养和低洼盐碱地养殖等。

3.加强水库渔业管理

为保护水库水体质量和生态环境，维护渔业生产正常秩序，上犹县出台了《关于加强上犹江流域各大水库渔业管理的通告》，就加强水库渔业管理的有关事项作出规定。

（1）严禁向上犹江流域各大水库及河流倾倒垃圾、废渣、有毒物质或超标排放废水、废液等破坏水库渔业资源和生态环境的活动。

（2）严禁未经批准在库区从事水产养殖活动。经依法取得养殖证的水域的使用权和承包经营权受法律保护，任何单位和个人不得侵犯。严禁偷钓、偷捕、抢夺他人养殖的水产品；严禁破坏他人养殖水体、养殖设施及干扰他人正常渔业生产秩序。

（3）小（二）型以上水库须实行生态养殖。不得使用无机肥、有机肥、生物复合肥等进行水产养殖。

（4）在上犹江流域各大水库从事渔业捕捞生产的单位和个人，应当依法申请领取捕捞许可证。未经渔业主管部门许可，任何单位和个人不得在库区从事捕捞活动。

（5）从事渔业生产的船只（含垂钓船只）必须按规定登记、检验并遵守渔业船舶管理规定。

（6）严禁在上犹江流域各大水库及河流使用电鱼、毒鱼、炸鱼、灯光捕鱼等破坏渔业资源的方法进行捕捞。未经渔业主管部门批准，严禁使用圆罾、定置网、挂网、地网、纱布网、拖网、拦江网、拦河罾等网具捕捞。

（7）每年3月1日0时至6月30日24时为禁渔期，全县各大水库、河流等公共水域实行禁渔制度。阳明湖(上犹区域)、南河湖禁止一切捕捞(含垂钓)活动。组织赛事活动的，须经县人民政府有关部门批准。

（8）划定阳明湖（上犹区域）营前库湾、龙门库湾，南河湖大桥至陡水大桥之间为垂钓区域（具体区域以实地标识为准）。严禁用仿生饵、活饵垂钓，严禁垂钓、捕捞鳙鱼、鲈鱼、翘嘴鱼、花鲢鱼等依法取得经营权企业投放的鱼种，严禁在规定区域外垂钓。

二、发展水库休闲垂钓业

休闲垂钓是人们对美好生活向往的方式之一，是渔业人的奋斗目标。"一竿钓出大产业"是赣南水库渔业转型升级的重要方向。人们畅游于水库的山水间，来了不想走，走了还想来，是传统渔猎文化的主要表现形式。随着经济社会的发展，居民生活水平的提高，城市居民渴望回归自然、亲近自然的消费需求日益迫切，休闲渔业应运而生。休闲垂钓、钓鱼运动已成为渔业产业转方式、调结构的重要抓手，成为产业扶贫、产业富民、农旅融合的重要选择，成为丰富城乡居民物质文化生活、实施乡村振兴战略的有效途径。

（一）休闲渔业发展类型

进入新时代以来，随着人们的生活水平不断提高，消费范围已不局限于人为环境，休闲娱乐进入寻常人家，对无公害、绿色、天然食品的渴求，使得崇尚自然蔚然成风。一些水产养殖户和养殖企业利用水库独特的区位优势和现有渔业资源，开始从事养殖与垂钓兼有的渔业生产。特别是近两年，一些养殖区域拓展休闲内涵，拉长产业链，与其他行业巧妙地结合，给休闲渔业增加了新的内容，其经营地大多分布在县城周边水库，投资主体有村集体、个人合股、工商企业、城乡居民个人，以县内投资为主，也有县外资金注入。纵观全市的休闲渔业，大致可以分为以下几种类型。

1. 养殖垂钓型

这是从养殖渔业发展而来的类型。利用小型水库、池塘等水面以养殖为主，配备一定的设施，开展垂钓业务的休闲渔业，其特点是投入成本少、见效快、风险小，是现有休闲渔业项目中最为普遍的一种，分布范围最广，休闲垂钓旅游者到溪、沟、河、池塘、湖泊等水域进行以垂钓为主要活动形式的休闲活动。由于垂钓是在户外的亲水环境中进行，它迎合了城市人回归自然、休闲娱乐的心理需求，提高了城市人休闲文化的品位，从另一个侧面圆了都市人的绿色梦，同时亦丰富了生态旅游的内涵，具有相当大的发展潜力。

2. 专一垂钓型

专门从事垂钓休闲，不进行养殖，垂钓鱼全是成品鱼，大多从外地调入。以垂钓品种为核心，按照垂钓者的喜好，同一品种，规格越大越受欢迎；不同品种，品种越新越讨人喜爱。在夏季垂钓期间，有条件的场户可适当补放一定数量的罗非鱼、淡水白鲳等热水鱼类。对垂钓者来说，除了享受垂钓的乐趣外，垂钓品在自己食用的基础上，还可送给亲朋好友，因而大规格的鲤鱼、鲫鱼、草鱼以及优质的黄颡鱼、罗非鱼、淡水白鲳等不仅体色鲜艳，而且外观优美，深受垂钓者喜爱。但垂钓基地的生态环境都本着和谐、自然、安全、方便的原则，按照休闲游乐、享受生态的理念，立足当地特色资源、加强养殖基地、餐饮、客房等设施的高品位建设，做大规模、提升品位、形成品牌，同时引导农家乐搬离湖面，实现岸边经营，加强排污管理，保护水域不被污染。

3. 综合休闲型

将垂钓与餐饮、体验、旅游有机结合在一起，一举多得。这种类型的休闲渔业既能给群众假日旅游、休闲提供好去处，又能给钓鱼爱好者一个垂钓场所，可以满足群体中个人不同的要求，体现人与自然的和谐，也有利于带动相关产业的发展，经济效益和社会效益较为明显，具有良好的发展前景，典型例子如阳明湖库区京明度假村、金海渔村等。

（二）休闲渔业发展前景

休闲渔业是利用人们的休闲时间、空间来充实渔业的内容和发展空间的产业。休闲渔业把游钓业、旅游观光、水族观赏等休闲活动与现代渔业方式有机结合起来，实现第一产业与第三产业的结合配置。休闲渔业不仅仅限于钓鱼一项，它已经发展成为一个集钓、采、捕、观赏、品尝以及交通、旅馆、餐饮相结合的新兴产业，其休闲性、娱乐性、生态性和文化性令越来越多的都市人着迷。作为一种新兴休闲方式，休闲渔业给城镇居民节假日生活增添了休闲娱乐的好去处，使他们走出拥挤喧嚣的都市，回归自然，尽享取鱼之乐、食鱼之美。尤其赣南还具有丰富的渔业文化资源，为水库渔业的发展注入了丰富的文化内涵。大力发展休闲渔业，把赣南打造成全国乃至世界的休闲渔业目的地，成为赣南旅游业转型升级的重要抓手。

1. 区位优势明显

由于受空闲时间的限制以及收入水平等因素影响，目前一般居民家庭喜欢短期城郊休闲消费。与外出旅游相比，城郊休闲游具有距离短、花费少、有效休闲时间长的优势。特别是上犹县既有近在县城的仙人湖又有较远的罗边湖、南河湖、陡水湖、龙潭湖，这种条件在赣州市其他地方也都在不断创造，同时还有相当数量的库湾，十分适合发展"短、平、快"式的库湾休闲渔业。所有的大中型水库交通便利，社会治安状况良好，能为垂钓爱好者提供舒适的社会环境。

2. 自然资源丰富

赣南具有水体资源优势、土著鱼类资源优势、自然气候优势、历史传统文化优势，具备打造成世界级休闲垂钓目的地的前提条件。山上苍松翠柏、库中碧水清澈，游人乘船玩于水上、尽情享受青山环绿水、绿水映青山的自然风光。如赣南树木园坐落在陡水水库滨岸，四周绿水环抱，山林郁郁葱葱，恰似水中的一颗翡翠，林海中的一颗明珠，还有民族风景苑、仙人湖两岸，无一不是休闲旅游垂钓的好去处。目前力求通过科学规划、合理布局，树立红线思维，留足生态空间，以长江大保护、不要大开发为前提，围绕乡村振兴规划，把赣南打造成世界级休闲垂钓目的地和游钓天堂。

3. 市场需求旺盛

随着社会经济迅速发展，居民收入不断增加以及生活方式的改变，旅游休闲活动逐日兴起。首先，度假娱乐拓宽了垂钓空间。现在中国每年节假日110多天，几乎占了一年的1/3，这为人们提供了充足的休闲时间，不少城镇居民把垂钓娱乐作为日常休闲的重要内容，使垂钓业日益看好，垂钓市场不断拓宽。其次，收入提高，拉动了垂钓消费。随着中国社会经济迅速发展，国民收入显著增加，全国各地掀起垂钓热，异地垂钓也变得相当普遍。再次，作为渔业发展中的新领域，垂钓旅游业产值为常规渔业产值3倍以上，显示出迷人的"钱"景。垂钓旅游业把休闲、娱乐、旅游、餐饮等行业与渔业结合为一体，提高了渔业的社会、经济和生态效益，并逐步成为现代渔业的一个支柱产业，市场前景十分广阔。一些地方还准备建设国际垂钓中心和豪华游钓场，适合普通游客的休闲垂钓中心、垂钓俱乐部、娱乐广场等项目来满足不同顾客的需求，垂钓旅游业必将是渔民致富的新路。最后，垂钓旅游业是渔业现代化、农民增收的重要途径。环境宜人、丰富无污染的水利资源，是大力发展垂钓旅游业的基础。在渔业资源日趋衰退，渔民收入下降的情况下，发展垂钓旅游业可以有效地保护渔业资源，保证生态平衡，满足人们旅游观光娱乐需求，增加渔民收入，提高渔业经济效益，是一种值得大力推广的渔业经济发展新思路。

（三）出台相关制度

政府及有关职能部门对休闲垂钓业给予各方面的支持和优惠。水产主管部门主动联合工商、税务、卫生等部门，对休闲垂钓基地的品种、质量、价格、餐饮、娱乐、住宿等经营项目，根据其不同特点制定出整套相应的经营管理规章制度，使之有章可循，以有序地开展经营活动。乡镇政府从渔业增效、渔民增收和全面建设小康社会的大局出发，为发展当地休闲垂钓业加强宏观管理，做好服务工作。出台相关制度，规范垂钓活动行为，保护垂钓者和经营者的权益，处理可能发生的纠纷，其他在水上交通、治安、食品卫生、人身安全、排污等方面也予以规范，为休闲渔业的持续、稳定发展创造一个良好的生产环境。

1. 全面实施钓鱼许可制度

钓鱼是人类有史以来就存在的行为方式。赣南的主要江河水库均列为一级水源生态红线保护范围，各湖库保护条例中没有明确规定禁止钓鱼行为，这为发展全域休闲垂钓产业提供了法律依据。借鉴发达国家把捕捞与休闲垂钓区分开的经验，建立健全钓鱼许可制度，通过开展水生生物本底调查，摸清自然水域的鱼类资源、种群结构，在加强生物多样性保护的前提下，划出一定的水域面积，新建钓鱼和放生平台，允许人们在规定的范围内休闲垂钓。通过办理钓鱼许可证，对钓鱼爱好者进行关爱水生生物、共建和谐家园的科普宣传和生物多样性保护、休闲垂钓知识培训，使人们懂得钓鱼是对鱼类自然资源的索取，需交纳一定资源补偿保护费（许可证收费）；再通过建立完善渔获物的限制制度、投入品的控制制度，规范其休闲垂钓行为，并对渔获物进行统计，为增殖放流提供科学依据。

2.建立完善年度捕捞限额制度

根据对每个水域进行水生生物本底调查，弄清鱼类资源数量和种群结构，对渔船网捕和休闲垂钓实施限额管理。严格按照《渔业捕捞许可管理规定》要求，实施船网工具控制指标管理，实行捕捞许可证制度和捕捞限额制度。

3.建立投入品的控制制度

传统的台钓、岸钓、库钓、野钓需要钓饵、窝料、小药，对水质和渔获物质量安全会造成影响。必须建立完善投入品控制和监管机制，鼓励开展路亚、飞蝇钓，规范使用绿色钓饵，限制使用窝料、小药。按照能量质量守恒定律，在投入品与渔获物的氮磷保持平衡的情况下，不会对水质造成影响。

4.建立渔获物的限制制度

休闲垂钓的目的是娱乐、放松身心，不是为了获得水产品。为了杜绝钓鱼作为捕鱼的行为，必须建立渔获物限制制度，即根据该水体的鱼类资源数量和种群结构，对钓鱼爱好者渔获物的大小、规格、数量进行限制管理。

5.加强立法，强化渔业行政执法

在建立健全上述制度的基础上，加强立法，明确执法主体和处罚措施，强化渔业行政执法，加大打击无证钓鱼、无序钓鱼、疯狂钓鱼、毒鱼、电鱼等行为的力度，将休闲垂钓纳入法治化轨道。

三、营造以水库为主体的城乡水环境

赣州市在确保城乡用水安全的基础上，从挖掘水库作为景观载体的潜力入手，探索以水库为主体构成城乡水环境的途径与方法，摆脱其仅仅作为水利基础设施的传统思维模式，将水库规划与建造范围推进到滨水开放空间以及整个水环境营造中，使水库由功能相对单一的水利基础设施转变为水环境构成的主体之一。山水林田湖草生态保护修复项目从整体和宏观的层面进一步密切了水库与城乡水环境的关系。在人工支撑系统，水库为城乡供给自来水及工农业用水，有助于发展水运交通、利用水利发电、能源生产等；在社会经济系统，水库主要产生由湿地引发的一些相关产业和企业（如渔业、旅游业、污水处理企业），提供部分人就业等；在居住系统，通过水库湿地提高社区生态环境质量、美化社区环境，影响社区人们的生活方式等；在文化休闲系统，水库提供教育基地、科研基地，湿地景观多样性给人们提供休闲旅游、接触自然的场所；在生态环境系统，水库主要为调节城乡小气候、净化空气、缓解城市热岛效应、处理城乡污染物、提供动植物栖息地、增加生物多样性等。

（一）形成以水库为主的供水体系

赣州都市区中心城市区域面积为 2236 平方公里，中心城市区域分为四个片区，即中心片区、赣县片区、南康片区、上犹片区，中心城市的城镇人口为 210 万人，预计到 2030 年为 300 万—310 万人。根据赣州城市发展与水安全关系，从水量、水质、工程技术、产业发展、生态环境、机制建设、运营主体等方面进行赣州城市水安全建设，既能保证赣州城市的水安全，也能保证城乡社会经济生态的可持续发展。

采用优质水库水源，提高供水水质。采用章江上游的上犹江流域陡水湖水源，其水质标准为 I—II 类，优质的水源再加上先进的净水工艺，赣州中心城市的饮用水水质将会得到进一步提高，因而从上犹江水库引水对全面提高城市和乡镇供水水质，保障居民身体健康，具有十分重要的意义。章江和贡江城区段为开敞式、流动性、多功能水域，原有赣州中心城市各厂沿江分散独立的取水口，水质污染风险发生概率较高。对于赣州中心城市而言，各水厂分散独立的沿江取水口，发生水质突发污染的风险性很大，同时，随着城郊产业布局的发展，更加大了突发水污染的概率。章贡两江下游取水在无大型调蓄设施的情况下，河流径流量无法满足规划水量需求。只有将取水口上移，寻找较大调蓄能力的调蓄水库，才能确保原水稳定供应，满足赣州市城市发展的规划需水量。

实施上犹江引水工程，使赣州中心城市供水系统形成多路径联网的供水系统格局，保证城市供水的安全、可靠，增强了城市供水的抗风险能力。上犹江引水工程符合赣州市"建立多水系多水库联网供水，管网供水互为补充，全面改善城市饮用水质量，提升城市饮用水抗风险能力"的水源体系建设思路。该工程满足了赣州中心城市用水量增长的需求，工程采用了优质水源，提高了供水水质，提升了城市供水系统应对突发污染的安全程度，强化了集中式饮用水水源地管理，是惠及民生的重大工程。

（二）完善库区环境保护

将城市河湖（水库）建设纳入城市建设和发展的统一规划，综合治理，进行河湖清淤、生态护岸、美化堤防加固，增强亲水性，使城市河湖成为水清岸绿、环境优美、风景秀丽、文化特色鲜明、景色宜人的休闲、观光、娱乐区。综合赣州市的自然生态条件、环境资源状况、社会发展诉求等因素，提出赣州市水库保护应重点关注生态库岸带建设、河流库区湿地建设、森林资源与生态保护等领域，建立一批符合赣州特点、具有赣州特色的地方性项目。

1. 生态库岸带建设

围绕生态库岸带建设，制定建设目标，按照"重点明确，以河划区，分类指导，逐步实施"的原则，规划并确定库区河湖两岸一定范围内的林地为生态林业区域，给予重点整治和建设。

（1）生态河堤技术。综合生态效果、生物生存环境以及自然景观等因素，建造一个适合动物与植物生存的仿真大自然的保护河堤。生态河堤的最大优势在于能够为各种生物提供栖息和繁衍的环境，进而增强水体的自净化能力。生态河堤可以预防洪水和干旱，可以调节水量，保证水库区生物的多样性。目前，赣州市正在对生态环境被破坏的水库进行仿真大自然的改造，建设仿真自然的河流已经成为河流生态环境的发展趋势。

（2）生物缓冲带技术。生物缓冲带是指利用永久性植被拦截污染物或者有害物质的条状带、受保护的土地。它的内容丰富，治理环境的效果非常显著。在建设缓冲带时，充分考虑生态效果、景观效果、经济效益等方面的问题，使生态环境和经济能够和谐发展。在水库的周边种上一片有一定高度的绿色树木，利用树木的强大根系来加固水库岸边的土壤。加固之后的土壤能够增强对水浪的抗击能力，可以阻挡泥沙以及污染物进入水库，很好地控制了污染源。在选择树种的时候一定要慎重，要结合当地的气候、土质以及物种结构的影响。

（3）生物联合修复技术。赣县区在项目实施过程中开发应用于河岸带生态修复工程的功能内生菌——植物联合修复多重金属污染土壤的新方法，研究了7种适用于湿地生态修复的水生植物的生长状况，通过植物——生物联合修复技术、原位固化稳定化修复技术构建生态修复基地，探索形成了生态清洁型小流域污染治理新模式。

2.水库水体水域修复

对水库和湿地全面实施生态保育和生态恢复建设。水库由于库底泥沙长期淤积导致湖水逐渐变浅，加之水库里的矿物营养丰富，促使水生生物疯长，出现富营养化问题。针对水库出现的这些问题实施综合治理，进一步加强水库与河流、湿地的连通性，加速水体置换，增强水库自净功能。开展入库支流前置库和河口生态湿地建设，保护和恢复原有湿地系统，对湿地进行湿地植被恢复，建设生态渠道湿地系统，对生态渠道进行清淤、护坡及绿化，在湿地沿岸全程截污及建设生态护岸，科学实施退田还湿，稳步增加湿地面积；加强水源涵养区生态保护，保障湿地的水源供给，逐步恢复湿地生态系统的功能。生物栖息地是生物个体、种群和群落生存繁衍之地，它为生物提供了必要的生存空间、食物和水，同时也是候鸟迁徙的理想路线，必须要对其现状和环境受威胁程度调查，通过消除污染威胁、恢复水生物，严格管控污染，以满足不同生物生存需求；加大水生生物自然保护区建设以及水产种质资源保护区保护力度，对珍稀濒危水生生物开展跟踪观测和科学研究，采取就地保护和迁地保护两种措施进行必要保护，加强水生生物多样性保护。通过构建完善的湿地生态系统，修复水禽栖息地等措施，为水生生物提供良好的栖息地，保护和恢复生物多样性。

3.库区周边森林资源保护

水库蓄水运行后，由于水域面积的增加，森林面积和蓄水与之前相比有所减少，在空间上承担的绿化功效降低。解决这类问题，就是要从根本原因入手，减少了多少森林面积就增加多少森林面积。对于修建水库占用原有河道两边森林，将绿化带增加的宽度和沿河道轴线方向上断面的宽度保持一致，或者将水库及河道周围的森林区域向外扩张与沿河道轴线方向上断面宽一样的宽度，保证动物有同样面积的栖息地，并且给珍稀植物尽可能一样的生存空间。采取生物措施（即发展水保林、经济果木林、种草和封禁治理等）和工程措施（即修建山塘、挖水平沟和截水沟、修筑水平梯田等）治理水土流失；采取人工造林、疏林补植、封山育林等措施培育森林资源，改变林种、树种结构，提高森林质量。通过实施国家生态公益林、长（珠）防护林、退耕还林等林业重点生态工程和营造短周期采伐利用工业原料林，果园戴帽山造林、迹地更新等尽快恢复森林植被、改善生态环境，满足人们生产、生活对竹木产品的需求。采取分级管理的方式，进一步明确各级政府和林业主管部门的工作职责，对林地划定等级，分区管理、分级保护。对沙化严重区域、水土流失区域严格生产活动审批，禁止相关单位和个人在区域范围内实施可能加剧当地林地生态环境恶化的行为。加强对因勘查、开采矿产资源可能破坏林地生态行为的监督管理，对已经获得勘查、开采许可的单位和个人，也要加强常态化巡查，并明确要求勘查、开采活动结束后必须将受影响区域内林地生态环境恢复原状。通过条例重点明确破坏林地生态环境的法律责任，对盗伐、变卖、故意损毁林木资源、破坏林地生态的给予顶额处罚，构成犯罪的，依法追究刑事责任。持续加大非法侵占林地、破坏湿地和野生动物资源等违法犯罪的整治力度。完善森林资源管理监督检查机制，开展生态公益林年度检查验收和生态公益林补偿效益监测工作，加大对非法侵占林地、破坏湿地和野生动物资源等违法犯罪的打击力度，全力维护林区、湖区安全稳定。

（三）形成以水库为主体的水利风景区

坚持"水利工程是建设水利风景区的重要依托"的理念，将水利风景区建设作为基本目的融入水库综合治理、湿地恢复、水利基础设施建设等水体工程项目中来，充分利用水利工程项目多、覆盖广的优势，着力开展水利风景区建设。积极鼓励符合申报条件的水利工程项目向省、部进行推荐、申报水利风景区。目前，全市共拥有会昌汉仙湖、赣州三江、宁都赣江源、瑞金陈石湖、崇义上堡梯田、石城琴江6家国家水利风景区，拥有崇义阳明湖、安远东江源、宁都竹坑水库、大余丫山、全南桃江源5家省级水利风景区。

1.水库型水利风景区的特点

和一般风景区相比，水库型水利风景区工程建筑气势恢宏，大坝泄流磅礴，科技含量高，人文景观丰富，观赏性强，景区建设结合工程建设和改造、绿化、美化工程设施，改善交通、通信、供水、供电、供气等基础设施条件。

注重核心景区建设重点加强景区的水土保持和生态修复，同时，结合水利工程管理，突出对水科技、水文化的宣传展示。

（1）以水为主体，以水文化为主题。赣南山水资源丰富，水文化积淀深厚；山因水而灵，水得山而幽。水是水利风景区的主体，所有的水利风景区都是以水为重要景观和环境背景的载体。保护水、保护水生态，是水利风景区的立身之本。但是，水库的面积和体积会随着季节的变化而变化，有时变化的幅度非常大，这势必影响水利工程的运营和水利风景区的旅游开发。还有水体的流动性，使水利风景区与周边山地联为一体，与上游集雨区域联为一体；水体的下渗性，使水体又与地下的一定空间联为一体。这些将使水利风景区的旅游开发和文化创新变得更加丰富多彩。反之，缺少水，没有水景支撑，水利风景区不复存在；水不美，水量不大，水利风景区也难以维持；如果只有水，除了水还是水，那不过是一片汪洋。因此，水利风景区不但要有水，还要有优美的环境，要有文化。要以水文化为主题，做强做大水文化产业，才能把水利风景区建设好、经营好。

（2）与水利工程相辅相成。水利风景区因水利工程而形成，因水利工程雄伟而壮阔；水利工程因水利风景区的旅游开发而增加收益，因旅游风景区开发效益的提高而扩大知名度；水利科学知识、水文化观念和认识，也因为二者的和谐双赢而得到普及。但是，水利风景区的旅游开发必须以水利工程安全为前提，在水利风景资源开发的全过程中，工程安全是"高压线"，必须放在首位。在大坝、溢洪道上不能建房，在大坝内坡不得修建码头，凡危害工程安全的旅游设施都要一律无条件拆除。

（3）产权关系清晰灵活。和一般风景区不同，水利风景区不仅包括水体，还包括相当部分的陆地。一般说来，水体部分通过征地已变成国有土地，由水务部门管理；陆地部分是农村集体所有，经营和使用由农民个人说了算。为保证其开发顺利，必须充分考虑到水利风景区是一种非常特殊、非常复杂的旅游吸引物和旅游目的地特性，在规划原则与要求、规划内容与深度、规划的审查和实施等方面，充分体现出这些特性。应探索适应新时代要求的开发、管理模式，采用"三权分置"等政策法规处理好土地产权关系，推动水利风景区的发展。

2.水利风景区开发多元化

水利风景资源是指水域（水体）及相关联的岸地、岛屿、林草、建筑以及观光、休闲、娱乐设施等对人产生吸引力的自然景观和人文景观，其范围既包括水体水域及其周边的土地，也包括水利工程、水文化及其生物资源等。水利风景区的开发目标多元化特点决定了水利风景区开发建设将涉及多个领域、多种专业，包括水利工程、环境保护、风景旅游、景观规划、建筑设计、绿化造林等，具有多重复合的跨学科特征，常需多学科的协调合作。

新时代的水利建设强调在生态文明思想指导下，更多地从长远和大局、资源的可持续利用出发，统筹考虑水资源及土地的综合利用，功能及内涵有了很大拓展，已从单一的水利工程扩展到风景保护、生态建设和娱乐利用等诸多方面。因此，以风景资源为依托的水利风景区的开发目标具有多元特点，主要包括：水利工程安全、防汛供水保障及水资源保护、自然与景观资源保护、生态环境修复、自然景观美学塑造、空间环境品质提升、旅游观光组织、娱乐休闲与科普教育功能等。

水库型水利风景的建设带动与其密切相关的5种类型水利风景区有：①湿地型。湿地型水利风景区建设以保护水生态环境为主要内容，重点进行水源、水环境的综合治理，增加水流的延长线，并注意以生态技术手段丰富物种，增强生物多样性。②自然河湖型。自然河湖型水利风景区的建设尽可能维护河湖的自然特点，可以在有效保护的前提下，配置以必要的交通、通信设施，改善景区的可进入性。③城市河湖型。城市河湖除具防洪、除涝、供水等功能外，水景观、水文化、水生态的功能作用越来越为人们所重视。④灌区型。灌区水渠纵横、阡陌桑图、绿树成荫、鸟啼蛙鸣、环境幽雅，是典型的工程、自然、渠网、田园、水文化等景观的综合体。景区可结合生态农业、观光农业、现代农业和近年兴起的服务农业进行建设，辅建以必要的基础设施和服务设施。⑤水土保持型。可以在国家水土流失重点防治区内的预防保护、重点监督和重点治理等修复范围内进行，亦可与水保大示范区和科技示范园区结合开展。

3.水利风景区规划引导

规划引导是通过确定若干准则或规定，控制和指导水利风景区的开发和建设。它代表着风景区开发的意图和目标，体现了开发建设的方针和策略。规划引导是基于资源现状和可行性研究的结果。其内容形式为一系列原则性和纲领性条文，用于指导、审核和检验规划的思路、概念及方案。

（1）因地制宜。以建设山水林田湖草生命共同体为基础，构建起注重水安全、水景观、水文化、水经济协同发展的健康模式，形成科学的水文化。在经济较发达的区（县），一方面结合城市河湖水环境的综合治理、水生态环境的修复和生态景观河道建设，多规划、建设一批方便于群众近水、亲水的休闲性质的水利风景区，做好近城地区的湖、库自然山水资源的综合开发利用与保护，形成城、郊、乡，点、线、面相结合的水利风景区布局；在经济发展潜力大的县，沿江、沿河结合文化、旅游风景资源价值较高地区的开发，有重点地建设一批水文化品位较高的水利风景区；在经济欠发达的县，选择部分国家大中型水利工程，结合工程的修建和生态修复，建设一批生态效益显著、经济联动性强、社会影响较大的水利风景区。在全市逐步形成以重要江、河、湖、库、渠为主体框架的水利风景区结构，并根据各地区、各流域的景区资源丰富程度、环境保护质量、开发利用条件和管理水平的高低，合理安排水利风景区的布局。

（2）严格规划。以党和国家生态文明建设方针、政策、法规和当地社会经济发展战略为基础，与水库工程建设规划和设计、山水林田湖草生态保护修复项目相适应，与其他相关规划相衔接，坚持以水库工程为依托，以旅游资源为内容，以市场需求为导向，以旅游产品为主体，保障水利风景区经济社会和生态效益的协调和可持续发展；采用的勘察、测量方法与图件、资料，符合国家标准和相关技术规范；技术指标适应水利工程和旅游业发展的长远需求，并具有适度超前性；突出水利风景区特色，注意宣传和普及水科学知识，使人们能够更好地了解水、热爱水、保护水、利用水；编制内容和深度根据水利部颁布的《水利风景区管理办法》的有关规定，结合当地城市发展规划，符合一般风景区旅游规划要求，注重园林科学技术最新研究成果的应用，水利风景区开发规划应分总体规划和详细规划两个层面，但对于大型水利风景区，可以根据需要将详细规划进一步分为控制性详细规划和修建性详细规划两个阶段进行编制。

（3）科学运营。水利风景区分为水库型、湿地型、河湖型、灌区型等类型，具有各自的资源特色和空间构成。水利风景区范围，尤其是游览区的范围和边界，应根据资源状况和地形地貌特征、旅游功能和活动区域要求以及相应的基础服务设施来确定，应有利于保护水利工程安全、水生态和地区生态，维护自然风貌和历史景观的连续性和完整性；对规划范围内及其外围保护地带进行资源条件和环境条件的现状调查，作出分析和总体评价，为水利风景区规划提供基础依据。

以景区所依托的水域（水体）为依据，根据水利风景资源构成为特征，结合外部环境和地域条件，确定水利风景区的性质、规模，突出风景区的类型、特色和游览功能；保护现有的水利风景资源，包括工程设施、水体水域、陆地水岸、山体植被和遗址遗存等，在保护的基础上进行分类甄别，采用保留、改善或更新等不同方式加以利用；进行旅游容量分析和游客规模预测，确保风景区生态环境质量，并满足游览心理容量和旅游接待服务设施的需求；从工程、生态、游憩和服务等功能需求出发，进行用地资源合理配置和分区规划，尤应注意近水土地的保护和利用，并解决好局部、整体和环境的协调关系，调整好功能与空间的适配关系；通过景观视觉与意象感知分析，组织整体空间结构与序列，调控点、线、面等景观结构要素，配置远中近景，强化主题，弘扬特色，遮蔽不良景观，提升和完善视觉景观质量。

根据风景资源特色和景观空间类型，并按照景观多样化、丰富化特点，精心设计景区景点，确定游览项目，组织游憩活动，安排游览路线和游程；配合功能和用地布局构建内外交通系统，解决好外部道路的通达性，区内线路布置应考虑观赏游览需要，注重通达效率与道路美学相结合；按照总体规划要求设置配套服务设施，确定建筑的性质、功能、数量和位置，并对建筑体量、高度、色彩和风格方面进行合理控制，以与周边山水自然环境相协调；基础设施包括给排水、供电、通信等配置，在满足基本需求外，做到禁绝污染，维护生态环境，避免破坏风景和不利景观影响的建设行为；根据总体规划，通过保护自然植被和提高绿化覆盖率，保护生态系统和动植物多样性，维护风景资源和自然美学价值，提升环境品质，创造健康舒适的旅游条件。

（四）开发建设新水库

从地质学看来，湖泊（水库）是转瞬即逝的水体，它最终总是要被淤泥充塞而消失。然而，从人类社会发展的现实看，水库工程是国民经济基础设施的重要组成部分，是我国国民经济和社会发展的重要物质基础，保障水库工程建设的稳定发展，是经济稳定、持续、健康发展的需要。水库建设作为国民经济的基础必须保持与经济和社会的协调发展，必须满足不同时期经济社会发展对水库建设工程的要求。随着我国经济的快速发展，国家对民生越来越重视，并加大了对基础设施的投入，同时，水库工程的需求量也日益增加，人们对水库工程提出了更高的要求与标准。因此，这就要求各级政府在进行水库工程项目建设前必须对其进行经济评价，从水库工程建设对国民经济的影响着手分析水库工程项目的可行性。同时，还要不断改进水库工程项目建设的经济评价技术，充分利用当前先进的建筑技术，并结合施工企业的具体实际情况，努力提高水库工程项目的经济评价水平，进而为施工企业最终实现经济效益和社会效益提供可靠保障。

1.流域水资源条件

赣州市四周山峦重叠、丘陵起伏，溪水密布，河流纵横。地势四周高中间低，南高北低，水系呈辐辏状向中心——章贡区汇集。境内大小河流1270条，河流面积14.49万公顷，总长度为16626.6千米，河流密度为每平方米0.42千米。多年平均水资源为336.52亿立方米，人均占有量为3900立方米，大于全省人均量，比全国人均2300立方米高出70%。多年平均径流量达325亿立方米，蕴藏着丰富的水力资源。

据资料统计，赣南水能理论蕴藏量达216.2万千瓦，占江西省理论蕴藏量的31.7%，全市可开发的水电装机为158.6万千瓦，占江西省可供开发量的26.0%，其中小水电可开发量为58.6万千瓦，占江西省小水电可开发量的26.6%，全市理论年发电量189.39亿千瓦/小时，平均理论水能密度55.3千瓦/平方公里。虽然有一批开发条件优越的电站已经建成投产或正在兴建，但仍有许多调节性能好、淹没损失小、投资省、效益大的规划电站等待人们去开发。

赣江及其支流上的一系列水利工程大都位于流域下游地区，且多为径流式电站水库，流域控制性和具有较好蓄水能力的水利工程少，对天然径流的调蓄能力不高。且区域内水利工程调控天然径流的能力较弱，渠系水利用系数低；此外还有相当一部分小型水库、山塘、水陂、干支渠为病险破损工程，相对滞后的农田水利设施依然是农村经济发展的制约因素，影响农业生产、农民切身利益、水资源有效利用和国家粮食安全，进而影响农业现代化的发展。脐橙、茶油等"山上农业"及蔬菜、葡萄等"田间经济农业"对高效节水项目的需求更加迫切。

2. 坚持科学规划布局

综合分析流域和区域经济社会发展、城镇化水平提高和乡村振兴对防洪减灾、水资源开发及生态环境保护的要求，统筹考虑流域或区域内大中型水库建设情况，研究确定水库的建设方向、规模和布局。赣南以供水为主的水库充分考虑防洪要求，以及生态环境保护和水资源配置的要求；以水能资源开发为主的水库兼顾防洪、供水等综合利用功能，充分发挥水库的综合利用效益。水库建设根据国家政策和发展战略重点，在符合流域综合规划的前提下，以现有水利工程体系为基础，合理进行布局。

(1) 坚持规划先行、充分论证。建立健全流域规划体系，加强流域管理。水库建设符合流域规划，统筹考虑防洪、供水、发电、生态与环境保护等方面的综合利用要求，合理布局、科学规划。水库建设项目的决策要科学化、民主化、程序化；设计方案优化比选、科学布局，提出水库建设的方向、目标、主要任务、总体布局和建设重点，以适应经济社会发展对防洪安全、供水安全和生态安全的需求；在项目论证和设计方案优化比选中，广泛听取专家、群众和相关行业的意见，按基建程序做好项目前期工作和审批工作。

(2) 坚持生态保护、协调发展。水库建设应尊重自然规律，把生态保护放在重要位置。充分考虑水资源条件，尤其重视水库建设对生态与环境的影响，避免对河流生态与环境带来重大不利影响。按照水资源可持续利用的要求，统筹协调防洪减灾、水资源利用与保护、改善生态环境等多方面的要求，协调好各方意见，处理好近期与长远的关系，实现水库综合效益最大化。

(3) 坚持量力而行、突出重点。根据建设的需要和投资可能，远近结合、突出重点，统筹合理安排水库建设。优先安排旱涝灾害多发区，对保障区域防洪安全、供水安全、粮食安全和生态安全作用突出，有助于缓解地区水事矛盾的重点大中型水库建设，确保工程建设质量，充分发挥投资效益。

(4) 坚持依靠科技创新，提高建设、运行和管理水平。充分运用现代科技成果，不断提高水库建设的规划、勘测、设计、施工、运行、管理等各方面的技术水平，为水库的合理建设、安全运行、科学调度和全面发挥效益奠定基础。特别是在大坝安全方面，重点开发地质勘探、防渗与基础处理、坝体安全监测、施工质量监理、水情信息网络、防汛调度等方面的先进技术，全面提高水库建设质量和安全运行水平。

3.建立多元投入机制

水资源是一个可再生的自然资源，但是对水资源不同的使用方式会产生不同的效果。按照环境资源理论来分析，水资源在使用、保护、更新等活动过程中，会消耗人类的大量劳动，从而构成了环境资源的价值。马克思说过："经济的再生产过程……总是同一个自然的再生产过程交织在一起的。"[①] 在人类从事经济活动时不仅需要花费劳动力资本和生产资料，同时也要投入环境资源，在计算最终产品的价值时，既要考虑生产要素成本，也要考虑环境成本，这就是环境价值的具体体现。由于水资源等生态资源具有环境价值和公共物品等属性，所以它们具有许多诸如治理的滞后性、生态问题的外部性矛盾、社会关系处理的复杂性等特点。为了使水库可持续发展，使投入补偿的机制能够贯彻执行，就要坚持国家投入主导的方式，通过货币财政政策转移支付流域上游的居民，同时由政府建立生态补偿专项基金等。

（1）国家是水库建设的投资主体。赣南大多数水库及源头地区常常是经济相对贫困的地区，同时也是重要的生态功能区。水库下游为经济相对发达的城市地区（跨行政区域或在同一行政区域内）。源头地区被赋予生态保护的重任，但因发展权的限制和长期贫困，很难单独承担此重任。这就需要建立一种投入机制，由国家和下游地区帮助源头区域以一种可持续的方式来建设保护好水库，实现流域上下共同受益、共同发展的目标。

水库是公共产品，现代政府的一个重要职能就是提供公共产品和服务，因此，政府应是水库建设重要的头单人。赣南水库区建设对维护国家生态安全具有重要意义，它不仅关系到香港和珠江三角洲地区的发展，也关系到国家的稳定和发展，其补偿应以国家中央政府及国家相关部门为主，统一规划，由国家主导建设。按照"谁受益谁补偿"的原则，库区政府也应承担库区的生态环境建设。更主要的是赣南库区目前经济比较落后，不可能有更多的资金用于生态环境建设；再加上水库建设的外溢性和收益回报的长期性，这就要求国家必须是生态环境建设主要的投资者。

国家通过财政拨款与补贴、政策优惠、技术输入、劳动力职业培训、提供教育和就业等多种途径对水库建设给予补偿。目前库区最需要国家"输血型"

---

① 《马克思恩格斯文集》第 6 卷，人民出版社 2009 年版，第 399 页。

的补偿，从长远考虑，也应注重"造血型"补偿。库区政府本身可以在国家政策补偿下，通过收取一定的资源环境税用于库区的生态环境建设。

（2）设立补偿专项资金。进一步整合现有省级财政转移支付和补助资金，从水资源费、农业发展基金、排污费、土地出让金等专项资金中提取一部分资金纳入补偿专项资金之中，形成聚合效应。相关部门按原资金使用渠道并结合生态补偿的理念制定和调整资金使用管理政策，结合年度环境保护和生态建设目标责任制考核结果安排项目，以体现对重要水库和生态功能区的扶持以及对区域、流域生态环境作用的项目支持。

（3）实行税收奖励。鉴于库区县（市）为保护生态限制和禁止新上有关项目，影响了经济发展步伐，为生态建设作出了巨大牺牲，考虑对库区县（市）上划省级的税收给予一定比例的奖励，或对这类县（市）因生态保护导致地方财政收入的减少，每年按该年全市地方财政收入的平均增幅或全县前3—5年的平均增幅进行补差。由于库区矿业大县为国家财政作出了积极贡献，应从库区县（市）征收的矿产资源补偿费中返还部分用于库区县（市）生态保护和建设。

第三节　水库管理法规制度创新

除了实施必要的工程建设修复和管理手段外，行之有效的水库管理法规制度也是重要手段，包括建立完善水库环境污染联防联控机制和预警应急体系，建立健全跨部门、跨区域突发环境事件应急响应机制和执法协作机制；加强流域环境违法违规企业信息共享，构建环保信用评价结果互认互用机制；组建水库流域环境监管执法机构，增强环境监管和行政执法合力；统一实行生态环境保护执法，从严处罚生态环境违法行为，着力解决水库流域环境违法、生态破坏、风险隐患突出等问题；强化排污者责任，对未依法取得排污许可证、未按证排污的排污单位，依法依规从严处罚；加强涉生态环境保护的司法力量建设，健全行政执法与刑事司法、行政检察衔接机制，完善信息共享、案情通报、案件移送等制度。

一、健全水库法规体系建设

赣州市结合本地水资源生态保护实际，围绕章江、贡江、赣江及梅江、绵江、琴江、桃江、犹江等主要江河水库，制定具体的保护措施；对国家水污染排放标准中已有规定的，力争制定严于国家标准的地方排放标准；对热点和重点水利问题如农田水利建设和最严格的水资源管理制度等进行完善，从而有效提高政策法规制度的科学合理性。

（一）全力推进水利依法行政

各级水利部门权责分明，依法制定水务管理工作的政府权力清单，落实水利发展规划要求，切实履行自身职能。建立健全水利民主决策机制，对于关系民生的热点水利问题，保证广大群众能参与决策，专家学者可以建言献策，风险评估科学合理，由社会主体共同商讨决定。水利部门要通过政务栏、官方网站等形式加强水务公开，便于群众了解和监督。引导群众建言献策，鼓励群众通过多种渠道举报水库生态环境违法行为，接受群众监督，群策群力、群防群治，让全社会参与到保护水库行动中来。鼓励有条件的地区选择环境监测、城市污水和垃圾处理等设施向公众开放，拓宽公众参与渠道。新闻媒体充分发挥监督引导作用，全面阐释水库保护修复的重要意义，积极宣传各地生态环境管理法律法规、政策文件、工作动态和经验做法。

（二）实行水利执法巡查制

不断提升基层水利执法力量，积极调解涉水矛盾纠纷，提高群众满意度，降低群体性事件发生率。对于重大水库违法案件实行挂牌督办，责令限期解决。坚持铁腕治污，对非法排污、违法处置固体废物特别是危险废物等行为，综合运用按日连续处罚、查封扣押、限产停产等手段依法从严查处。各级执法部门响应执行水库岸线用途管制制度，严禁各类经济建设项目违法挤占河湖流域的自然岸线，对于非法占用水库岸线的项目须严令退出。对于一些涉及河流的建设区域以及生态脆弱区定期进行环境监测和风险预警，同时开展对水库岸线划定工作，明确水库资源管制的空间范围，加强对水库自然岸线的监测管理，积极落实国家退耕还湖、退养还湿政策。

（三）实行预警和紧急处置制度

水库和人民生产生活健康密切相关，必须建立预警和危险事件紧急处置制度。当出现危害或可能危害水库，并对民生引起或可能引起重大危害时，必须紧急启动并实施应急行动。赣州市关于水库保护的规章制度调控中对此特别关注和重视。同时，还规定基于公平原则，为了不以牺牲后代人满足其需要的能力来满足当代人需要，水库应当得到有效管理。在水源保护和管理中，将流域水库系统作为一个整体来考虑，在整个流域生态系统的基础上采取行动管理水源。全面按流域综合开发管理、评价和预测水源的质和量；保护水库水源、水质和生态系统；确保水库水源的供应和卫生；注意研究气候变化对水库的影响，有关流域生态系统重点关注长期可持续地开发和利用水库水源以及污染对水源的长期影响，监测水库水源状况，鉴别危险，评估计划采取的行动的可能后果，为资源使用者提供便利的咨询等。

（四）建立湖长制工作督察制度

深入开展生态环境保护督察。将水库保护修复攻坚战目标任务完成情况纳入中央生态环境保护督察及其"回头看"范畴，对污染治理不力、保护修复进展缓慢、存在突出环境问题、生态环境质量改善达不到进度要求甚至恶化的地区，视情况组织专项督察，进一步压实地方政府及有关部门责任，杜绝敷衍整改、表面整改、假装整改。建立完善排查、交办、核查、约谈、专项督察"五步法"监管机制。提升监测预警能力，开展天地一体化库区水生态环境监测调查评估，完善水生态监测指标体系，开展水生生物多样性监测试点，逐步完善水生态环境监测评估方法。制定实施库区排污口监测体系建设方案。落实水环境质量监测预警办法，对水环境质量达标滞后地区开展预警工作。完成库区岸线生态环境无人机遥感调查，摸清库区岸线排污口、固体废物堆放、岸线开发利用、生态本底、企业空间分布等情况。

（五）建立水库信息公开制度

积极运用报刊、网络数字平台等媒介宣传水库法规，让群众更好地了解水法规内容。对水利规范性文件进行审查和备案，同时要依法对社会公开（法律规定保密内容除外），利于群众了解和参与监督。定期对水库规范性文件进行清理，及时公布继续有效、确认失效和决定废止的水库规范性文件。继续加强水库综合执法能力，建立起市、县两级水库执法体系，加大水库监察队伍建设，对水库执法人员定期进行培训考核，为其配备必要的办公和执法设备，全面强化水库管理能力。定期公开国控断面水质状况、水库环境质量达标滞后地区等信息。地方各级人民政府及时公开库区生态环境质量、"三线一单"划定及落实、饮用水水源地保护及水质、黑臭水体整治等攻坚战相关任务完成情况等信息。重点企业定期公开污染物排放、治污设施运行情况等环境信息。建立宣传引导和群众投诉反馈机制，发布权威信息，及时回应群众关心的热点、难点问题。

二、建立水库资源保护责任制度

国家层面的法律主要有《水污染防治法》，省级层面有《江西省生活饮用水水源污染防治办法》等，赣州市落实《水污染防治法》及其《细则》，提出了具体办法和措施，进一步明确水库资源开发利用与生态保护责任，加强对库区水环境质量的监督监测，落实行政区域考评责任制。结合中央、省制定出台的生态环境保护管理的决策部署，制定完善生态文明考评、自然资源资产产权管理、生态补偿、污染物排放许可、环境监管和案件审理等制度，建立最严格的水资源管理制度。

（一）库区饮用水源保护基本制度

饮用水源是一种公共资源，它不同于一般私人物品，不具有消费上的排他性。饮用水源的这种特性，会引起需求与供给无法自动通过市场机制相互适应的问题。并且，由于饮用水源是一种流域资源，它具有整体流动的自然属性，以流域为单元，水量水质、地上水地下水相互依存、上下游、左右岸、干支流的开发利用、治理互为影响。饮用水源虽然从生态系统上看是一个完整的系

251

统，但其干支流、上下游特别是有的水库归属于多个行政区域，形成实际上分割管辖的现象，因而需要对饮用水源的公益性进行重新认识，完善集中式饮用水源地保护管理的法规、条例及办法，通过法律手段对水源地进行严格管理，以切实有效地保护饮用水源。

1. 饮用水源水质标准制度

水质是水体质量的简称，它标志着水体的物理、化学、生物特性及其组成状况，它是水体环境自然演化过程中和人类在集水区域内活动程度的反映。目前，城乡居民通过水库作为集中式饮用水源获得饮用水的比例正逐年增加，应对这种饮用水源积极进行保护。

2. 饮用水源水质监测制度

饮用水源水质监测是指运用物理、化学、生物等科学技术手段，对反映饮用水源状况的各种信息、现象进行监测、测定的活动。它是执行饮用水源保护法律法规、标准和进行饮用水源监督管理的重要技术手段和依据。要加强对饮用水源水质检验，按《饮用水标准检验法》规定建立水质检验室，负责检验饮用水源的水质并进行质量监督和评价。

3. 饮用水源保护区制度

集中式饮用水源卫生防护地带的范围和具体规定，由给水单位提出，并与卫生、环保、公安等部门商议后，报当地人民政府批准公布，书面通知有关单位遵照执行，并在防护地带设置固定的告示牌；对不符合本标准规定要求的集中式饮用水源的卫生防护地带，由给水单位会同卫生、环保、公安等部门提出改造规划，报当地人民政府批准后，责成有关单位限期完成。赣州市饮用水水源划分为一级、二级、三级保护区，其中一级保护区为取水点上游5000米至下游500米，二级为一级保护区以外上游10000米至下游1000米，三级为二级保护区以外的饮用水河道及其他应急水源地周边5公里连通水域。在保护区范围内，明确不同等级保护区的水质监测频率，重点监控水源保护区内的植被保护情况、污染物排放情况、有毒有害物品放置情况、河滩污染物情况以及与水源保护无关的建设项目、船舶行驶、鱼类养殖、经营娱乐、挖沙洗涤游泳等其他可能污染水体情况，进一步明确监督管理的有效方式和监管主体，特别是明确各级政府和水利、环保、供水、城管、卫生等部门单位的责任，定期组织力量到水源保护区开展实地巡查，并明确相关的法律责任。

（二）建立水资源保护责任制度

赣州市由市、县（市、区）、乡镇（街道）党政主要领导担任行政区域"总河长"，其他市、县领导担任辖区内各条河流"河长"，落实基层党委、政府以及基层组织水库生态环境保护管理责任，解决部门之间职能不清、责任不明、监管不力等问题。对陡水湖（阳明湖）等主要的饮用水水源保护区，尝试将原本主要适用于城市管理领域的综合行政执法试点拓展到水资源保护领域，并以法规授权的形式，赋予中心城区主要饮用水水源陡水湖管理区饮用水水源行政管理职能，依法集中行使管理权。在饮用水源保护过程中，对于违法者，不仅规定其应承担的民事责任和行政责任，而且更多地以刑事责任和刑事制裁为最后的保障，已成为饮用水源保护的一个新趋向。

1.完善民事责任制度

水源保护法中的民事责任制度，是指单位或个人造成水源污染侵害公共利益而应承担的民事方面的法律责任制度。它属于环境民事责任的一部分，是特殊的民事侵权责任。其与传统的民事责任有明显不同，主要表现在：

（1）承担民事责任构成要件不同。传统民事责任的构成要件有4个，即行为的违法性、损害结果、违法行为与损害结果有因果关系、行为人有过错。由于传统的民事责任以侵权行为具有违法性为必要条件，行为人只对违法行为承担责任。但在环境侵权行为中，却经常地存在"合法"行为损害他人人身或财产的情况。据此，在饮用水源保护法中，明确损害结果、违法行为与损害结果之间有因果关系。这两个构成要件，是承担其民事责任的绝对必备要件，而行为具有违法性、行为人有过错，则是承担其民事责任的相对必备要件。这样，强调保护饮用水源的法定义务，强调侵权行为不以违法性为前提，而以侵权损害的客观性，作为承担民事责任的要件。

（2）责任形式不同。传统民事责任采用过错责任原则，以行为人主观上的故意和过失，作为承担民事责任的必要条件。但在水源保护中，由于侵权行为的特殊性，应采取无过错责任原则。在法律中规定：凡受到饮用水源污染损害的单位和个人，都有权要求依法赔偿损失，而不论"污染者"有无过错。并且，承担民事责任的方式，除了赔偿损失，还应包括停止污染侵害、排除污染妨碍和清除危险等，以切实保护饮用水源。

2. 完善行政责任制度

饮用水源保护法律中的行政责任制度，是指行为人违反了水源保护法的有关行政义务或者实施了某种具体的、轻微的尚未构成犯罪的环境违法行为所应承担行政制裁的制度。目前，对于违反者，水源保护法中都规定了其应承担的行政责任。

（1）行政处罚。是指国家特定的行政机关给予犯有违反水源保护法的行为，但又不够刑事惩罚的单位或个人的一种制裁。根据我国《行政处罚法》的规定，行政处罚的种类有警告；罚款、没收违法所得、没收非法财物；责令停产停业；暂扣或吊销许可证；暂扣或者吊销营业执照；行政拘留以及法律法规规定的其他行政处罚。在水源保护法中应采用补救性措施和惩罚性措施相结合的方式，规定罚款、责令停业或关闭、责令限期治理或拆除、责令改正等行政处罚，且应根据行为人违法的形式以及造成或可能造成危害的程度，分别规定轻重不同的处罚标准，以做到处罚有法有度。

（2）行政处分。是指国家行政机关、企业、事业单位按照行政隶属关系，根据有关法律法规，对犯有违法失职行为尚不够刑事处罚的所属人员的一种制裁。其行政处分的种类可参照《国家公务员暂行条例》所规定的行政处分执行，具体包括：警告、记过、记大过、降级、撤职、开除等。饮用水源保护专门机构和其他机构的人员，如对饮用水源保护不利，也应依此规定进行制裁。

3. 完善刑事责任制度

水源保护法律中的刑事责任制度，是指行为人因违反水源保护法律的规定，严重污染水源，造成了人身伤亡或公共财产严重损失并构成犯罪所应承受刑事法律后果的制度。在水源保护中运用刑法这一"最后的手段"体现了现代水法发展的一个显著的特点。

《刑法》对环境犯罪实行的是过错责任原则，追究的是行为犯，这就使许多严重的环境污染事故得不到严肃处理，更发挥不出其刑罚处罚的独特威慑力。在水源犯罪中，虽然不乏故意实施法律明令禁止的行为的人，但大多数人是因为盲目追求经济利益，忽视环境效益的结果，加之目前公民的饮用水源保护意识不强，对环境问题的作用机理也不十分清楚，对于生产经营活动所可能产生的危害水源的后果缺乏清醒的认识。此外，在刑法理论中犯罪构成主观方面还有两个因素，即犯罪目的和犯罪动机，而在水源犯罪中，犯罪目的和犯罪动机都不十分明确，且犯罪动机可能与其行为的社会危害性不一致，难以反映犯罪人的主观恶性程度，但从水源保护的要求出发，必须加强对水源犯罪的处罚，因此，对水源犯罪实行无过错责任原则有利于案件的起诉和审判。由于水源污染案件十分复杂，往往涉及复杂的科学技术问题，要证明加害人主观上有过错是十分困难的。在这种情况下，如果坚持过错责任原则，要求提出有关污染者有无过错的证据，就必然使受害人陷入不利的境地，同时也会放纵危害水源的行为，造成更大的损害。相反，如果实行无过错责任原则，就有利于案件的起诉和审判，只要他实施的行为造成了水源的污染和破坏，构成犯罪时，就要负刑事责任。由此，在水源保护法中，规定刑事责任实行无过错责任制度，强调侵权损害的客观性，不仅体现了国家对水源犯罪的重视，而且更强有力地保护了水源。

三、建立水库健康考核制度

将水库健康的主要指标纳入地方政府经济社会综合评价中，各级政府部门主要领导对区域内的水库健康充分重视，并且实行逐级负责制度，从社会经济效益和生态效益两方面综合考虑修复措施。社会效益是指通过生态护岸和生态渠道建设，提高水库景观活力，加强河流、水库与湿地的连通性，对于调节水量和延缓洪水起到一定作用，实现河流、水库与湿地等相互交替的生态效果，为增强城市防洪能力，确保群众安全和社会经济发展提供重要保障，营造一个良好的水库生态环境。经济效益是通过对污染治理、水库生态修复和水生物保护等措施，有效改善水库水质，提高人们饮用水水质和农产品品质，促进沿岸生态农业发展。生态效益指恢复生物多样性和调节周边的小气候，形成良好的水库生态系统，通过水库健康运行实现生态环境改善和河湖资源永续利用，促进经济社会持续稳定发展。

（一）按流域管理水库水源制度

以流域为单位对水库水源进行综合管理是水文地理和生态科学发展的结果，现代水法发展的一大趋势就是实行按流域管理水源。以流域为管理单元，研究流域内水库、沿岸带、水体间的信息、能量、物质变动规律，包括流域形成的历史背景和发展过程，流域景观系统的结构、功能、变化，流域生物的多样性，流域内干、支流的营养源以及利于水系的环境容量等问题，把减少防洪等其他自然灾害的破坏程度作为水库工程的主要应用作用之一。首先，加大自身生态环境的建设力度，根据实际情况，提高水库工程的整体综合应用水平。并利用灵活科学的手段，对可能发生的问题进行有效的预测和处理，将非工程和工程措施有效合理地进行整合，加大后期水库工程的管理力度。其次，应用多元化和综合性已成为水库工程水资源的主要发展趋势，解决人们日常生活、工业生产、农业耕种等方面的用水问题一直以来都是水库工程的主要功能，在提倡培养人们的节水意识、减少水资源浪费的同时，充分引进先进的灌溉技术，提高水库工程本土资源的可利用效率。最后，不断拓宽水库工程的整体应用领域，使水库工程在很大限度上为国民经济的发展提供保障，最大限度上满足人们日常的需求，特别是加大水库工程在旅游等其他方面的应用，建设良好的生态环境成为旅游可利用资源的主要支柱，将生态、社会、经济效益内容充分地结合起来，提高水库工程的整体应用水平。

（二）库区土壤环境保护制度

按照统筹山水林田湖草系统治理要求，库区土壤环境保护采取生态修复区、生态治理区、生态保护区的空间格局布设治理措施，三个区对应着流域从远山、高山到浅山、村庄，再到库区河流沟道的递变，存在着水土流失、农业面源污染、村庄人居环境不良以及河沟道水生态退化等不同类型问题，针对以上问题，因地施策地布设坡地水土流失与面源污染防控措施体系、村庄污染削减与人居环境提升措施体系以及河沟道修复措施体系，形成从上游到下游、从岸上到水域的综合治理措施体系。

1.建立土壤污染防治预防工作机制

即在采矿企业或其他类型工业企业在制定发展规划、设立生产场地时，就进行环境影响评价，对土壤可能造成污染的企业或项目，进行土壤污染影响专项评估。强化环境保护、农业、规划、建设、土地等部门的职责。

2.加强土壤污染防范监测能力建设

加强对城区、园区企业污染场地和农村地区农药包装废弃物回收处理、废弃农膜回收利用以及工矿用地土壤环境管理、监测、治理，形成具有实际操作性的措施和规定。明确乡镇（街道）和村（居）民委员会对本辖区内土壤污染预防工作的责任，引导村（居）民协助政府开展有关土壤污染防治工作，通过动员广大人民群众积极参与生态环境保护，及时发现和防止各类污染事件发生。

3.制定科学合理的土地利用政策和规划

以红壤丘陵典型区东江源为重点，采用 RS 和 GIS 软件技术，利用遥感影像解译，获取研究区不同时段土地利用数据，研究库区土地利用变化特征，揭示红壤丘陵区土地利用与覆盖变化的时空格局，为协调区域人与地可持续发展、制定科学合理的土地利用政策和规划提供依据。

（三）库区矿产资源保护制度

赣州作为一个稀土、钨、石灰岩资源比较集中的地区，曾存在对各类矿产资源开采监管乏力，随意开采行为造成非常严重的土壤和水资源污染的情况，为此，全市采取了前所未有的治理措施，进一步强化库区污染防治措施的落实力度，明确污染区域协调问题，明确协调主体，建立污染区域联防联控平台，明确各参与方及其权利、义务和责任配置，形成区域内统一的政策体系。

1.修订完善赣州矿山保护治理文件

对赣州市人民政府制定出台的《关于加强矿山地质环境保护和治理工作的意见》，通过地方立法的形式进行完善，在内容上更加丰富、要求上全面具体，

257

操作性、权威性也得到加强，特别是在部门职能界定、前期预防、跟踪监管、治理技术、恢复标准、法律责任等方面明确相关规定，加强了矿产资源开发利用和矿区生态环境的治理修复。

2. 制定赣州矿产资源开发利用法规

制定《赣州市矿产资源开发利用条例》，以地方性法规的形式明确钨、锡、铂、稀土等矿产资源开发利用中的权、责、利关系。矿产资源开采必须执行严格的审批登记和许可开采制度，采矿权人领取采矿许可证后，在规定的时间内进行建设或生产，必须在许可规定的开采范围和期限内从事开采活动，必须采取合理的开采顺序、开采方法和选矿工艺，确保开采回采率和选矿回收率达到矿山设计要求。辖区内所有开采矿产资源的行为，应当采取科学、安全、合理的新工艺、新方法、新技术，禁止破坏、浪费资源和污染环境。

3. 明确矿区生态环境恢复治理责任

赣州市在制定矿区生态环境治理法规时，要求行政监管部门和采矿权人注重矿区环境损害的事前预防工作，矿产资源开发利用专项规划中包括资源储量情况、开采布局、开采方案、选矿方案和矿山生态环境保护措施及其费用等内容。明确所有因矿产资源开采活动造成的矿区生态环境恶化的问题，均由开采行为实施人承担修复责任，负担所有恢复治理工作产生的费用。恢复治理工作必须制定科学的施工方案，并报行政主管部门批准后实施，受损环境恢复治理施工活动完成后，还要报请行政主管部门验收。

第六章　草见地补绿

草是人类最重要的生活资料，也是最重要的生存环境之一，人类的生存与发展都与草息息相关。以草为主的土地，我们称为草地。赣南有称为草山草坡的草地约 200 万公顷。受益于南方地区的气候条件，草山草坡的各类草地一般雨量充沛、光照充足，适宜牧草生长，除作为草地畜牧生产的基地外，还是江西主要江河的源头。20 世纪末，国家先后在于都等县市试点了草山草坡开发示范项目和综合利用项目，探索出山区在加快天然高山草地开发配套养畜的同时，重点加强人工草地建设，调节旺淡季饲草余缺矛盾的路子，初步形成了"立草为业、以草养畜"的发展模式。

第一节　草山草坡开发

草也称为草本或草本植物，是茎内木质部不发达的植物，旧时把竹称为"不秋草"，符合分类科学。青草、野草、茅草、水草、花草、草原、草坪的"草"都是指草本植物。已被人类驯化培育的草称为庄稼和蔬菜。草有时特指用作燃料、饲料的稻麦类的茎叶，如草料、柴草、稻草。鲜草养畜、枯草种食用菌、花草美化环境。

一、天然高山草地演替

从南方地区裸露岩石植被的自然演替可以看出：随着群落演替继续向前发

展，首先是一些一年生、二年生草本植物以个体的形式在苔藓群落中出现，以后逐渐增加取代了苔藓群落，多年生植物开始出现，在多年生草本发育到一定阶段时，一些喜光的灌木出现，并与高草混生而形成"高草灌木混生群落"，以后灌木大量增加成为灌木群落，继而，阳性乔木树种出现并逐渐形成森林。至此，林下形成郁蔽环境，使耐阴树种得以定居。阴性树种增加，而阳性树种因在林下不能更新而逐渐从群落中消失，林下生长耐阴的灌木和草本复合群落即形成。此时，旱生生境因群落的作用而形成中生生境。其中，地衣、苔藓植物阶段时间最长，木本植物阶段次之，草本植物阶段较快。根据调查，即使在赣南亚热带气候条件下，这个过程最少也要50年以上，绿色植被就是在这样强大应力下发生植物物种的变迁。

（一）赣南草地类型及其特点

赣南具有得天独厚的气候条件，雨量充沛、热量资源丰富、无霜期长，对牧草生长发育和夺取高产极为有利，草地资源是南方草地畜牧业的强项，高产牧草地每亩产草量可达20吨以上，这是发展南方草地畜牧业的最大优势。根据赣南地境条件与植被分布的差异，可将赣南丘陵山区草地划分为五大类：

低中山草丛类面积4.7万公顷，占草地总面积的29%。主要分布于海拔800米以上的山体上部，生境冷凉多湿、云雾多、日照较少。土壤多为山地淡黄泥土与粗骨黄壤，土层厚60—100厘米，pH值5左右，表土层有机质2.4%。植物群落主要由芒、金茅、野古草等多年生高中禾草组成，伴生杜鹃、乌饭树等灌木。草本层高84—100厘米，覆盖度达95%，平均亩产鲜草895公斤，21.2亩载一个黄牛单位。此类草地草层茂密，营养价值较高，但由于受地形条件的限制，道路崎岖狭窄，目前利用的难度较大。

低山丘陵疏林草丛类面积10.8万公顷，占草地总面积的54%。山质为黄壤或红壤，土层厚75厘米左右，pH值4—5.5，表土层有机质2%。植被群落中，乔木以阳性的针叶树种马尾松、杉为主，林冠郁闭度0.1—0.3，林下有秘木、算盘子、盐肤木、杜鹃、红裂稃草、芒、细毛鸭嘴草、白茅、长画眉草、芒其等。草层高50—120厘米，覆盖度45%—80%，平均亩产鲜草608公斤，25亩载一黄牛单位，可作放牧割草地实行混牧林经营。

低山丘陵灌木草丛类面积1.9万公顷，占草地总面积的9.5%。主要分布于海拔 800 米以下的温暖湿润地段，坡度通常超过 25 度。土质以红壤为主，pH 值 4.5—5，表土层有机质 1.6%，植被盖度 60%—90%，灌木层高在 1.2 米以下，以杜鹃、糙木、乌饭树、毛药红淡、广东胡枝为优势种，草本主要有芒、小金茅、野古草、芒萁等可含灌木和草本平均亩产鲜草 469 公斤，50 亩载一个黄牛单位。宜放牧山羊、鹿等家畜。

低山丘陵草丛类 4.6 万公顷，占草地总面积的 23%，主要分布于海拔 800 米以下距居民点较近的地段。红壤或黄壤，土层厚约 60 厘米，有机质 1.5%，pH 值 4.5—5。以芒、五节芒、野古草、白茅、鸭嘴草、知风草、桔草、芒萁等为草被优势种，草层高 45—90 厘米，覆盖度 60%—80%，平均亩产鲜草 572 公斤，35 亩载一个黄牛单位。宜建立改良草地。

附属草地类是我国南方农区的一种特殊类型，主要指插花于农用地或林间的零星小片草地，常与农业、林业用地面积重合。这些地段临近居民点，常受到农民农事活动的影响，土壤水分与肥力条件良好，牧草再生力强，适口性好，是目前农村养牛的主要放牧地。全区面积 2.12 万公顷，占草地总面积的 10.6%。植被主要由中湿生中矮禾草组成，优势种有假俭草、狗牙根、白茅、马唐、薄草、鸭嘴草、牛筋草、雀稗、狼尾草等。草层高 25—60 厘米，覆盖度 85%—95%，平均亩产鲜草 927 公斤，14 亩载一个黄牛单位。

（二）赣南原始高山草地开发

20 世纪 90 年代中叶，赣南一座沉睡了千万年的原始深山天然草场终于被唤醒，这就是全国首创个人集资开发的于都屏山牧场，海拔达 1312 米，山腰是遮天蔽日的原始森林，山顶是一望无际的高山草原，高低起伏的草地延绵数十里，品种以金茅、黄背草、四脉金茅、芒为主，面积超过 0.33 万公顷，是江西第一、南方第二大天然高山牧场。作为江西省草地畜牧业高山草地开发利用模式中的典型代表，于都屏山牧场在开发高山草地资源的同时，还极力保护了原始森林不受侵害的原始自然的历史风貌。先后被列为国家农业部南方草山草坡综合利用示范工程，并获扶持资金 300 万元。2006 年，正好是牧场成立 10 周年，全国南方草山草坡综合利用现场会在牧场召开，为牧场 10 周年庆典增添光彩。有了雪中送炭的政策，牧场加快了转型升级的步伐，逐步打响了"高山青草奶"这一品牌。

1.赣州市名优产品

尽管"高山青草奶"稳居赣南市场,但屏山牧场在乎的不仅仅是有限的自身利益,而是致力于带动周边农户致富,甚至撬动于都县、赣州市乃至全省的养牛和奶制品加工的发展。为带动农民养牛,屏山牧场采取"公司+农户"的经营模式,积极发挥企业的龙头作用,在资金、选种、饲养、防疫、繁殖等方面对农户进行扶持帮助,并与其签订收购合同,形成"风险共担、利益共享、互相依存、共同发展"的合作关系。为解决养牛户鲜奶难卖的问题,屏山牧场在饲养区设立了挤奶站;为打消养牛户的心理顾虑,牧场又建立起风险基金,为他们提供饲养风险保证。该场引进澳大利亚工艺技术和设备生产的屏山鲜牛奶、高山青草饮料系列产品,凭着山高林深,空气好、无污染、无激素、营养全而得到国内外畜牧专家的认可。屏山牧场经过六年的努力,就成为赣州市最大的鲜奶供应商,"高山青草奶"也成为赣州食品业的一个知名品牌。

2.江西省休闲农业示范点

屏山牧场不仅有草丰美、牛肥壮的高山牧场盛景,还有极为罕见的天然盆景树带和河西走廊断壁墙、保存完好的原始森林、气势磅礴的瀑布飞泉、香火缭绕的金莲山寺庙,以及南方罕见的降雪等景观。气候具有春早、夏长、秋短、冬迟的特点,盛夏最高气温29摄氏度,有"天然空调"之美称。《于都县志》记载:"屏坑山,旧名龙山,为县内最高峰,山麓四周百余里,皆山石层垒而成,山高如屏,坑沟纵横,有奇禽异兽。"由此可见屏山自古以来就是雄伟、幽深、险峻、奇特、秀丽的胜地。又有相关专家评价,屏山海拔900米以下是九寨沟风光,900米以上则是北国草原风光,整座山体把南方的高山雄姿与北国的草原风光有机地融为一体,颇具旅游开发价值。对此,屏山牧场在稳步发展高山草地畜牧业的同时,大力开发养蜂售蜜、水果采摘、红色文化传承、《七彩屏山》实景晚会等休闲产业,将屏山打造成为一个集放牧、观光、避暑、野营、狩猎和寻幽探险于一体的高山草原公园。2014年1月,屏山农场被评为"江西省休闲农业示范点"。

3.江西省首座高山风电厂

屏山牧场在长期的高山草场牧养作业中,发现了绿色风能的潜在价值,于是促成了江西省首座高山风电项目，总投资 5 亿元，建设规划装机规模为 48 兆瓦，每年可为 8.5 万户家庭提供清洁电能。

多元的发展给屏山牧场带来了新的契机。于都县有草场面积 6.67 万公顷，水草丰美，农民历来有养牛的传统。县委、县政府专门成立了牛业办公室和奶牛协会，为奶牛业的发展制定了一系列优惠政策：稳定开发权属，对于租赁、承包草山草坡养殖奶牛的，按照"谁开发，谁所有，谁受益"的原则，对经营者落实经营权属，颁发许可证，经营权 50 年不变；对养牛户搭建牛棚免征临时用地审批费和竹木育林费；对养奶牛户实行以奖代补，农民购买奶牛每头奖励 800 元；安排专项贷款，缺资金的农户购买奶牛，农户在自筹 20% 的资金存入银行后，由银行解决 80% 的贷款；对农户购买奶牛给予 1—2 年贴息；筹措奶牛生产风险基金，化解奶牛养殖过程中的风险，保护奶农的切身利益；免费供给种草养牛的牧草种子；对奶农饲养奶牛生产的鲜奶以保护价（奶农与奶业公司签订合同）予以全部收购。除对奶牛业的发展给予政策倾斜，增加投入外，还积极推广普及种草养牛的实用技术，提高农民种草养牛的科技水平。如：成立由专职畜牧技术人员组成的示范区技术服务站，负责示范区内的奶牛疫病防治、人工授精等技术；举办技术培训班，为群众搞好技术培训和技术指导；成立示范区奶牛协会，维护奶农的合法权益、宣传优惠政策、传播技术和信息。

（三）草山草坡牧草种植初具规模

21 世纪以来，赣南牧草种植面积呈现出显著增加趋势，到 2013 年种植面积已达 32.47 万公顷，比 2001 年增加了 21.53 万公顷，增加了 197%；其在全国牧草种植面积的比重也由 2001 年的 9.7% 上升到 2013 年的 23.4%；亚热带天然草地是地带性植被——常绿阔叶林逆行演替的次生植被，因此，它会因人为活动的影响，如草地改良、封山育草等培育活动或开荒种地、铲草皮积肥、割草为薪等破坏性活动，而顺逆向演替徘徊。赣南一度因为毁草开荒和山地垦殖经营不当，部分草地已被破坏造成裸露与水土流失。然而，赣南的水热条件好，无论天然草地的培育改良还是建立人工草地，都容易见效。据飞播、人工种草试验与各县草地资源调查，已初步摸索出赣南可供驯化推广的优质野生牧草有假地豆、野葛、鸡眼草、狗牙根、假俭草等。从外地引进矮柱花草、三叶草、黑麦草、苏丹草、象草、墨西哥玉米等良种，大部分生长良好，获得优质高产。

1. 牧草品种繁多，生长期长，适口性好

赣南气候温暖湿润，适宜多种牧草生长繁育。据采集的牧草标本初步统计，全市有天然牧草397种，分属89个科，其中禾本科74种，占18.6%，菊科38种，占9.6%，豆科36种，占9.1%；其他科249种，占62.7%。牧草返青期为二月中旬，4月上旬开始为牲畜饱青期，11月上、中旬以后为枯草期，全年青草期长达8—10个月，牲畜饱青天数达210天以上。

2. 草地产量高

赣南大部分草地具有中质高中产的特点，各类草地平均亩产鲜草600公斤，高者达1363公斤，优良中等牧草在75%以上，一至三等草地占总草地面积的85%。牧草营养期干物质平均粗蛋白含量豆科、菊科、萝科都在20%以上，禾本科在12%左右，草地营养类型基本上属于"碳—氮"型。其中低湿地、低中山与疏林草地土壤湿润，牧草青绿，营养价值较高；荒山草坡土层薄而板结，牧草粗硬，豆科牧草比例仅为2%。

3. 载畜潜力大

赣南全区草地毛面积161万公顷，可利用面积100万公顷，相当于农田面积的三倍。其中，万亩以上的连片草地56处，共6.4万公顷。草地载畜量608068头黄牛单位，根据传统养畜经验与目前利用的秸秆推算，可养160684头黄牛单位，草地与秸秆两者的理论推算共可载畜768752头黄牛单位，而全市现有牛羊等草食家畜饲养现状折合426388.2头黄牛单位，尚有养畜潜力342364头黄牛单位。如能将天然草地略加改良，在现有牲畜的基础上翻一番是毫无问题的。

二、草山草坡开发趋势

赣南地区开发利用草地资源发展草食家畜是一件经济而有效的生产途径。农业现代化的程度将因草和草地的参与而与日俱增。其通过家畜为人类提供

肉乳、脂肪、毛皮及其他需要（热能、动力、肥料等）；还为人们提供旅游观光、运动及娱乐的场地，也为人类保持一个良好的生存环境。草地上的植物、家畜、野生动物和微生物共存于同一环境之中，彼此间相互适应、相互依存，以绿色植物为基础，在它们之间进行着物质的生产、能量的流动、水的运转、营养物质的循环等过程。草地生态系统中的生产者主要为高产优质牧草，消费者主要为优良高产的家畜，加之应用草地生态学原理和现代草地培育和管理技术，物质和能量流失少，人类获得的物质和能量多，开展牧草育种，草地改良，建立人工草地，使其草地生态系统成为高效、稳定、持续发展的生态系统。向系统输入营养物质和促进再生产的种质资源，并补充系统内缺乏的营养元素，加之景观生态学原理的应用，合理配置草地生态系统与陆地景观建设，从而使草地生态系统既有很高的经济效益，又具良好的生态景观效益。

（一）赣南天然草场的保护利用

随着山水林田湖草生态保护项目的实施，草地与人类生产生活的关系日趋密切，草和草地与农业各个分支的结合也更加广泛。草地与农业的结合，给农业生态系统以新的面貌。草地与粮田结合，称为草田轮作，既增加了土地的生物量，也提高了经济效益；草与果树结合，建成果草系统，如果园里种草养鹅，草地的收入每年可超过传统农业的大田收入；更为人所熟知的是草地与牧业结合，建成高效、持续发展的现代草地畜牧业系统。保护天然草场是实现"人与自然和谐相处"的重要途径，对天然草场的保护程度也是衡量山水林田湖草生态保护修复成果的标志。对赣州市来说，保护和建设天然草场就是保护赖以生存的生态屏障，这是实现社会经济可持续发展必由之路。只有保护好草原，才能实现防风固沙、防石固土、涵养水源、调节气候、改善生存环境的目标，只有以此为基础，才能保证草牧业的可持续发展。

赣南高山草场为山地黄壤，土壤母质多为风化花岗岩，土层较厚，有机质含量高，磷含量丰富易固定，不易被植物吸收。在人工草地建植初期，采取多施有机肥和尿素的方法来促进牧草生长和提高产量，但效果不明显。后期进行施肥试验探讨氮、磷、钾不同搭配用量和磷的不同用量对牧草生长发育的影响，结果表明：施用磷肥（钙镁磷）对新建的人工草地有明显的增产效果，在增施磷肥的情况下，氮、钾肥才能更显著提高牧草产量。磷肥是影响牧草产量的最大限制因素，特别是对促进牧草早期生长发育的作用更加明显，无论是出苗、分蘖（分枝）、株高都明显优于不施磷肥的处理。对白三叶的影响十分显著，草层平均高度提高27.5%，分枝数增加75%。禾本科多年生黑麦草的株高提高5.6%，分枝数无明显差异。根据试验结果和生产实践，每公顷应至少施钙镁磷肥750公斤，然后增施尿素或钾肥、复合肥，对牧草有明显增产作用。磷肥是提高草地产量的限制因素，在缺磷地区和尚未熟化的新垦山上建植人工草地应重施磷肥作基肥。应根据本地区土壤条件通过科学试验来决定肥料种类及用量，才能经济有效地建立人工草地和改良草地。

赣南天然草场的发展，未来要注重生态效益与经济效益相结合，要切实保护好天然草场资源，加强草地建设，合理开发利用，严禁违法开垦和违法征占草原。同时，草地保护建设也必须立足于农牧民增收和促进地区经济发展的大目标，要千方百计鼓励和支持农牧民通过草原保护建设来增加收入。这样，天然草场资源的发展才具有可持续性，农牧民才能真正从保护天然草场中获得实惠。实现天然草地的合理利用，使天然草地发挥其生态功能，是实现生产功能与生态功能合理配置的基础。

（二）天然草地合理利用技术

赣南天然牧场在成立初期就对整个草场进行了规划设计，根据地形和山势划分了放牧小区，面积数百亩至千亩以上不等，其中有奶牛放牧区、肉牛放牧区和山羊放牧区等。规划小区时尽量使小区内有自然水源和蓄水山塘，专门供牲畜补料和饮水时用。每个放牧小区在向阳避风处，建筑了简易栏舍，供牲畜冬季遮风避雨。小区间用石墙隔开，石墙也是围栏，可防止牲畜走散和用于轮牧，各小区之间修筑了便道，将各个小区联通起来，便于人畜行走和运输。由于规划建设合理，多年使用证明，无论是牛群出牧、晚归，还是补料、饮水，以及轮牧转换小区、运输、行走等都非常方便。初建草地生长发育不充分，尚处于不稳定状态，生长第1年要严格控制轻度利用和适时停牧，每次利用率不应超过30%。坚决实行划区轮牧，使草地有休养生息之机，避免过早退化。

1.退化草地封育技术

针对退化草地，通过建设围栏或禁止放牧等措施，免除草地继续受到家畜的干扰，依靠其自然修复能力，逐步提高草地生产力、多样性和稳定性。迄今，草地封育是最有效的退化草地恢复技术之一，也是其他恢复技术实施的前提。

2.划区轮牧技术

该技术是保护与利用相结合的、有计划的放牧利用技术；该技术使得牧场有一个休息恢复的时期，是天然草地合理利用的中心环节。

3.季节性休牧技术

该技术包括春季休牧和秋季休牧。其中春季休牧是指每年牧草返青期（4月下旬—6月中旬）禁止放牧，使退化草地得以休养生息。秋季休牧是指每年秋季牧草进入结实期（8月中旬—9月中旬）停止放牧，使牧草的种子得以成熟入土，以维持草地土壤种子库具有充足的种源。

（三）赣南草地发展的主要特点

在搞好草地建设的同时，科学合理地利用草地，根据全市饲草料的总产量确定牲畜饲养量，以草定畜，做到草畜平衡。实行计划放牧，大力推行季节畜牧业，根据草地类型，确定适宜的放牧强度和放牧时间，维持草地的再生能力。同时充分利用夏秋牧草丰茂、营养丰富的季节优势，做到夏秋多养畜，冬春少养畜，防止草地掠夺式经营。同时充分利用饲草料资源丰富、交通便利、市场信息较灵、经济实力较强等有利条件，积极开发草产业和秸秆资源，建立优质饲草生产基地和舍饲育肥生产基地。

1.建立农林牧结合的草地生产体系

根据赣南丘陵山区草地与农田、森林交错分布的特点，决定了草地资源的利用需农牧结合、林牧结合。如疏林草地，林木成材需25—30年，林业部门从10年林龄时开始间伐，这就可以考虑在间伐前种植固氮牧草，以割草利用为主，以 2 公顷疏林草地载一头黄牛单位推算，每公顷每年可产肉 41 公斤，赣南现有可利用疏林草地 56.27 万公顷，望获得肉类 2.3 万吨。同时每公顷森林生长量年平均仍可达 3 立方米。赣南有宜草果园 6.67 万公顷，园内土壤肥沃，地势平坦，种植牧草与放牧条件好，以 1 公顷载一头黄牛单位计算，可养牛 65000 头。

2.经营形式应灵活多样

赣南草地资源的分散性和多样性，决定了畜牧业生产应以分散经营为主，只有千家万户的家庭畜牧业和集体小群畜牧业才能充分利用高度分散和插花分布的各种类型的草地资源。居民点稀疏区域的万亩以上连片草地，可采取乡、村经营，国、乡联营等形式；靠近生产生活区的零星分散草地，应采取专业户的经营方式，并在此基础上，因地制宜有计划有步骤地建立各类畜产品基地。

3.加强草地改良与建设

根据草地蛋白质营养水平偏低的特点，必须补播豆科优良牧草，逐步改变天然的草群结构。地境条件较好的谷地 15 度以下的缓坡地可采取半垦、带垦或全垦播种，同时将插花于草地间的小片低产田和冬闲田退耕返牧，逐步建立各种类型的人工草地。在开发利用草地的同时，必须注意固土保水，注意与水土保持紧密结合起来，如围栏轮牧、合理载畜和草场更新等，以防止草场退化和水土流失。

三、建设人工草地

于都屏山牧场是赣南实施国家南方草山草坡开发示范项目的单位之一，在建设人工草地方面具有很强的代表性。其他赣南牧场结合项目实施对屏山人工草地建植技术，通过对地面处理、播种方式、草种选择、草地施肥等技术环节进行广泛借鉴，获得了不少经验。

（一）牧草品种选择

选择适宜的草种和保证全苗是高山草场建植人工草地成败的关键。选择草种要根据当地的气候条件和利用目的，针对需解决的问题进行选择。赣南牧场具有优越的发展畜牧业的自然条件，但也存在一定的缺陷，主要是草种单一，缺少豆科牧草（以禾本科草为主），有一段时间的枯草期（12月至翌年3月），产草量偏低（年均产量12800公斤/公顷）。因此，在引进选择牧草品种时，主要根据赣南牧场的气候自然条件，选择引进枯草期短、适应秋冬生长、产量较高的温带牧草品种。采用小区试验和大面积建植相结合，进行多年、多点的引种筛选试验，主要观察引进的栽培牧草的产量高低、再生能力、适应性和越冬、越夏表现。最后确定多年生黑麦草、白三叶、鸭茅为牧场高山草场建植人工草地和改良草地的主要品种。苇状羊茅、牛尾草、红三叶、球茎前草，可作为建植人工草地和改良草地的搭配品种。这些栽培牧草均为温带型牧草，都适应赣南海拔1000米以上的温暖湿润、冬天不冷、夏天不热的气候，再生能力强，晚秋至春季生长茂盛，夏季几乎无枯草期，一般生产条件下平均666.7平方米（亩）产鲜草2000—3000公斤。以这些牧草建植的人工草地和改良草地可以弥补赣南天然草场的缺陷，确保牧场四季供青放牧利用。另外，还确定了赣选1号黑麦草、苏丹草、杂交苏丹草、矮象草、玉米等适应山脚沟谷滩地、农田种植。这些牧草产量高、平均666.7平方米(亩)产4000—5000公斤以上，可作为一年生高产割草地的当家品种，适宜青贮和青饲。

（二）人工草地建植方法

建植人工草地是一项技术性很强的工作，建植方法主要有地面处理、整地、播种、施肥管理。具体要求是：消灭草地原生植被并破坏其再生能力，不使垦地上种植的牧草或作物受到野生植物的影响，把草根翻到下面去，使地表有较厚的疏松的土层，便于播种并使牧草后期生长发育良好，使土壤潜在肥力逐渐释放，排除土壤过多的水分或创造土壤的蓄水条件。在地势平坦而雨水又充足的地方采取这些技术可以迅速建立人工草地。但在山高坡陡而降雨又多的高山牧场采取这些技术，特别是地面处理、整地技术就需十分小心谨慎，以免造成大面积水土流失。针对高山牧场地形和地面植被情况，选择典型地段先进行小面积的地面处理、整地、播种方式的试验研究。在山高坡陡多雨的山区，地面处理和整地应慎重，不宜采用机械全垦。屏山牧场的实践表明，在高海拔、坡度大、交通不便、石头多的地方建植人工草地不宜采用机械作业。同时也发现：

（1）人工翻挖整地如果坡地土壤整得太细，其出苗情况还不如挖穴和不动土处理，原因是播种后如遇下雨，土壤顺流而下形成纵向小沟，种子随土一起被冲刷下来，而雨水又使地表板结不利出苗。如地面翻挖粗糙，形成许多小坑，不仅可以缓和雨水对土壤的冲刷，而且种子落入小坑内也不会被雨水冲走，地表也不易板结，有利于牧草出苗。（2）利用除草剂清除原生植被效果很好，草枯焚烧后播种，牧草出苗情况也好，但需加强后期管理。（3）在草地建植初期，如地面处理效果不理想，野草生长很快，但通过几次掌握分寸的轻牧，可利用栽培牧草再生能力强、生长期长、几乎无枯草期的特点，使栽培牧草逐渐形成占优势的草层，抑制杂草的侵害。（4）动土和不动土对新建草地的禾本科和豆科牧草比例也有一定的影响。在人工草地建植初期动土整地有利于禾本科牧草生长，不动土有利于豆科牧草生长，但地面不处理，对两者都不利。

（三）草场类型的确定

用于放牧应建立多年生禾、豆科混播草地，牧草种类以3—4种为宜，禾、豆比以4∶1或3∶1为好，为弥补淡季青饲料不足和做到青饲料周年均衡供应，也应建立一年生高产割草地。赣南牧场肉牛、山羊、奶犊牛、育成牛均在山上常年放牧，产奶母牛开产后转到山下舍饲，因此根据屏山牧场生产特点，必须在山上建植多年生人工草地，在山下建植一年生割草地，实行集约化生产。由于屏山牧场高山上虽然天然草场面积大，但牧草种类单一，产量较低，有一定的枯草期，而屏山牧场的高山气候温和湿润，适宜温带型多年生牧草生长，所以在山上建立以豆科与禾本科牧草混播的多年生人工草地既是生产的需要，又符合屏山的气候特点。同样，在山下建植一年生割草地也是保证青饲料周年均衡供应，满足奶牛舍饲和提高牛奶产量的需要。经过试验，屏山牧场高山草场建植多年生人工草地的混播组合为白三叶＋多年生黑麦草＋鸭茅，因为单播的禾本科牧草草地营养水平较低，对氮肥需求量大。屏山牧场在1997年底单播的多年生黑麦草试验草地，因肥料跟不上，仅1年后就明显衰退，而单播的豆科牧草草场，虽然营养较丰富，但用于放牧则存在潜在的危险，奶牛、肉牛、山羊过量采食会发生瘤胃脸胀事故。一个有良好比例的豆科、禾本科混播草场，营养较为平衡，目前的混播组合仍不理想，应增加混播组合中牧草的种类，或建植不同牧草组成的混播草地，以提高混播草地的产量和营养水平以及利用年限。山下沟谷滩地和农田主要利用赣选 1 号黑麦草、苏丹草、杂交苏丹草、矮象草、玉米等轮作，进行集约化生产，建立高产割草地。

以上这些有一定比重草地和草食动物参与的农业系统，统称为草地农业系统，他们构成了农业生态系统的多样化，这是生态系统的进化。草地农业生态系统具有强大的生命力，不但提高了抗灾减灾水平和农业生产的稳定性，也是草地生态建设的必由之路。

第二节　稻田闲期种草

据初步统计，在赣南约有 46.67 万公顷的稻作水田"一年只种一季"，稻田每年 10—11 月晚稻收割后至翌年 4 月（时间长达 120—140 天），除一部分地种植绿肥、小麦、油菜等作物外，每年还有约 50 万公顷的稻田季节性休闲，造成稻田资源利用率低。而赣南气候条件、地理条件、生态环境都有利于亚热带牧草和较耐寒的热带牧草的生长。长期以来，赣南草产业发展严重滞后于畜牧业的发展，随着现代农业的发展和农业经济结构战略性调整的进一步深入，农村开发草地资源养殖草食畜（禽）的积极性日益提高，牧草产业发展有巨大的潜力，尤其需要扩大稻田冬季闲期种草，推行粮草轮作，扩大肥料、饲草的来源。

一、稻田闲期种草养畜

赣南很多丘陵山地土壤相对贫瘠，栽培油菜等冬季作物产量低，效益不理想，冬季多闲置。种植黑麦草等耐瘠、抗寒、耐酸、适应性强、抗病虫的牧草，是丘陵、荒地的先锋草种。冬季青绿饲料缺乏，如能利用丘陵冬闲地种植黑麦草，可解决部分青绿饲料缺乏问题，对牛、羊、鱼、鹅等养殖增效大有作用。

（一）有效缓解饲料粮短缺压力

历史上赣南耕地超七成为中低产田，种植传统作物存在产量低而不稳、生产效益较差的问题，多个地方的实践证明，通过草—田轮作不仅可以显著提高单位土地面积的干物质产量，而且具有提高土壤肥力、减少病虫害、改善土壤物理性质、降低含盐量等改良中低产田的作用。充分利用冬闲和夏秋闲田种植一年生牧草，不仅能充分利用土地，提高复种指数，而且还可以为牛羊提供优质饲草；同时残留在土壤中的大量根系可增加土壤有机质，改善土壤结构。利用冬春耕地种植一年生黑麦草，一个冬春后，种草比不种草区耕地土壤有机质增加30%，后作水稻可增产10%左右。豆科牧草根瘤菌如同土壤中小型"氮肥加工厂"，种1公顷豆科牧草年留在土壤中纯氮平均为82.8千克，相当于180千克标氮，可使粮食作物增产15%—20%。据测算，1头牛年排粪尿9100千克，相当于134千克标准化肥的肥效，这样，通过牧草过腹还田又可稳定粮食产量，降低生产成本，提高种粮的比较效益。由于牛、羊均是吃草为主的家畜，通过实施草—田轮作制度，利用部分中低产田发展人工种草养畜拥有巨大潜力。例如，中（晚）稻—黑麦草和早稻—晚稻—黑麦草—紫云英混播等种植模式不仅为畜牧业提供优质牧草还有利于水稻的长期稳产高产。

（二）粮草轮作提高资源利用效益水平

赣南采用黑麦草、紫云英和白三叶三种牧草组成5种播种模式，探索粮草轮作的草种选择和具体栽培技术，旨在为粮草轮作提供理论依据，为草食畜牧业的发展奠定基础。冬季休闲田种草不仅可以有效地利用自然资源，增加青饲料产量，减少水土流失，减轻农业环境污染和优化土壤结构、培肥土壤，并且能促进农区畜牧业的发展，增强农业生态系统的稳定性使农业生态系统高效、持续运转。在扩大皇草和矮象草、桂牧一号象草等高产禾本科牧草的基础上，近年在荒山荒坡上种植葛藤既可提供优质蛋白饲料又可防止水土流失保护生态环境。对于农户来说，拥有的稻田面积很少，因而种植水稻年收入不高，土地有规模化流转的趋势，水稻种植大户增多。牧草种植饲养肉牛虽然经济效益可观，如一户农户饲养20头牛的年收入在5万元左右，但所需要的耕地面积较大，适合于拥有大面积荒山荒坡的农户采用。多年生牧草矮象草和葛藤可在荒山坡种植，不仅为草食动物提供饲料，还有水土保持的生态效益。黑麦草和紫云英则与水稻轮作，不占用良田，当玉米种植在稻田时则需要占用农田。在传统的种草养鹅、兔、山羊、肉牛和奶牛继续发展的同时，种草养猪也在逐步推广。由于利用草菜茎藤等植物饲料养猪可提高母猪的繁殖性能，增强种猪体质，提高对日益复杂的疫病的抵抗力，提高猪肉的品质和销售价格，可降低猪的饲养成本，因而许多农户对种草养猪的积极性有了很大的提高。

（三）稻田冬季休闲期种草养畜的效果显著

扩大开发利用稻田休闲期种一季牧草，推行粮草轮作，乃是赣南发展草业的重要途径之一。投资少、周期短、用途广、效果好，且潜力大。开发利用稻田冬季休闲期种一季黑麦草，种植方法简便易行（按种绿肥作物红花草子方法进行），每公顷田一年生黑麦草种子 30 公斤撒播，做好常规抽沟排水，播后30 天和 70 天趁雨天每轮、每次追施 200 公斤尿素，在短期内每公顷可获 6000吨优质鲜饲草。开发利用稻田冬季休闲期种一季黑麦草不但在冬季和早春牲畜饲草缺乏期间能够供给大量的饲草，而且对后作水稻的生长发育和产量都有显著的效果。

稻田冬种黑麦草明显改善了稻田土壤的理化性状，试验区的土壤有机质含量、全氮、全磷、全钾、有效氮、有效磷、有效钾和土壤微生物总量分别比对照区提高了 27.04%、29%、3%、11%、26%、57%和 37.8%，特别是土壤速效养分和土壤微生物总量的增加幅度较大，其中，土壤有机质含量、全氮含量、有效氮含量、微生物生物量和转化酶活性分别比对照区提高 20.11%、19.40%、77.73%、53.05%和 66.68%。

稻田冬种黑麦草使水稻各生长发育性状和产量都得到了不同程度的改善，其中地上部生物量、地下部生物量、叶面积指数、有效分蘖数、成穗率和结实率分别比对照区提高 38.4%、21.2%、6.9%、21.2%、10.0%、4.9%和 1.0%，颖花退化率则降低了 3.10%，种草区的水稻产量比休闲区增产 7.9%—14.6%。

二、新型稻田种草方式

现在提倡的粮草轮作与 20 世纪 50 年代推行的"草田轮作"不同，过去的草田轮作，是根据土壤学说，种草是单纯为提高土壤肥力、为粮食生产服务的。粮食是主体，草则处于从属地位。种植一季豆科作物或绿肥作物，一般只作压青处理，增加土壤耕作层有机质及其他养分含量，不产生直接有用的产品。现在提倡的粮草轮作，是必须把种草作为一个多用途、多功能的重要资源加以利用，最大限度地发挥草的生物优势，使其在发展畜牧业、渔业、扩大肥源、培肥地力、保持水土、美化环境、提供工业原料、解决能源等方面发挥作用。利用稻田冬季休闲期种一季黑麦草加紫云英，比单种黑麦草收效更好。由于黑麦草在冬季抗寒耐湿能力比紫云英强，生长快而健壮，对紫云英起了防冻保暖、安全越冬作用，到春季紫云英生长加快，二者同步生长，相互竞争，从而能充分利用空间，提高光能利用率，使两者的青草产量、营养成分及改善土壤理化性状、培肥地力方面都比单纯种紫云英或单纯播黑麦草要好。随着生产结构调整的推进，赣南出现多种新型的土地利用模式，以及与这些新模式相配套而组合成的新型种植方式。

（一）生态立体高效种养新模式

种草养鹅，是根据鹅的生物学特性，最大限度地挖掘鹅的生长潜力。除部分鹅粪排入鱼塘之外，其余则投入沼气池，与适量农作物秸秆一起厌氧发酵，产生的沼液沼渣是优质高效的有机肥料，如用于种植农作物，每亩相当于使用16公斤标准化肥。用种出的草养鹅，再用鹅粪养鱼、产沼气，沼气用来做饭、照明，鱼塘泥、沼液沼渣用作牧草底肥，各个环节紧密相连、有机结合，始终保持物质良性循环。这就构成草—鹅—鱼—沼气高效生态农业种养模式。该模式投资小、见效快，物质循环利用，无污染物排放，凡是养鱼的地方均适宜发展这一模式。鹅为草食性家禽，个体大，食性较杂，抗病力强，极有发展潜力。种草养鹅作为一种节粮型的畜牧养殖项目，具有周期短、投资少、效益高的优点。优质牧草的营养价值较高，是养鹅重要的饲料来源，利用牧草可以节省粮食，降低饲养成本。此外，通过种草养鹅生产的鹅肉无污染、无药物残留，属于绿色健康无公害产品，有利于人体健康，符合当前人们崇尚绿色消费的需求。

（二）稻/草—鹅模式的经济效益显著高于稻/麦模式

改冬季种小麦为种牧草饲养菜鹅，效益递增明显。其中，冬种牧草饲养菜鹅所增效益占该模式全年新增效益的 80% 以上。冬种牧草与种小麦相比，减少了全年农药、除草剂的使用量，从而降低了生产成本。另外，稻／草—鹅模式可为农田提供大量优质有机肥（鹅粪及鹅舍垫料），减少了水稻的化肥用量，进一步降低了生产成本，提高了水稻产量。

（三）稻／草—鹅生产模式对田间杂草的控制效应

由于冬季种植黑麦草养殖菜鹅，需要不断地收割牧草，因此田间的杂草也一同被割除；同时，黑麦草生长旺盛，对杂草也有一定的抑制作用。在这种稻／牧草复种方式下，来年冬季的田间杂草，仅来源于黑麦草田中侥幸结籽后落入田间、或部分多年生杂草、或通过风从其他田块传入、或因土壤耕翻将积存于土壤深层的杂草种子翻到土表等途径，这些杂草种子的生长势一般较弱，在小麦的旺盛生长下受到抑制，因此，田间几乎看不到杂草。

稻／草—鹅农牧结合生产模式的社会、经济、生态的综合效益显著，并可以显著减少除草剂、农药等化学物质的施用，从而降低土壤中有毒化学物质的残留，是一项高效可持续的农业生产技术。大力推广稻／草—鹅模式，不仅能显著提高农业效益，增加农民收入，而且能促进农业生产结构的全面调整。

三、种草养畜产业化

尽管在赣南稻区，农户有水稻栽培、牧草种植和鹅饲养的经验，但把稻／草—鹅作为一个有机整体，构建成一个农牧结合的耦合系统，技术上需要种植业和畜牧业的相关部门紧密合作。在该模式大面积推广之前，应对一些关键技术，如优良的牧草品种和菜鹅品种的选育以提高种鹅的产蛋率技术系统耦合技术等作进一步研究。同时在推广过程中，应根据不同地区的实际情况分别走大规模专业化生产和小规模分散生产的模式，通过政府、企业或专业农户的组织，形成稻／草—鹅产业化生产链，以降低市场风险，提高农产品附加值。

（一）草牧业生产必须适度规模

综合考虑山地条件下草牧业生产的各种限制因素，只有立足于各自的实际情况，合理配置土地、劳动力、资金和技术等资源要素，开展以家庭为基本单元的家庭牧场式生产管理，进行与资源相匹配的适度规模的养殖生产，才能实现效益目标。规模化养殖固然具有生产效率高、规模效应明显、竞争力强等诸多优势，但在山地条件下，适度规模的家庭牧场才最符合山区的实际情况。其实家庭牧场并不抵触科学管理与新技术的应用。所谓家庭牧场就是以一定规模草地为基础，以恢复草地生态系统，提高家畜生产力和保持稳定增长的经济收入为基本原则，能够采用精细化系统管理方式抵抗外来风险（自然灾害和市场风险）的自主生产经营的适应性经营管理单元。因此，针对山地和丘陵地区的资源特征，适度规模的家庭养殖和规模化集约化养殖应同时存在，相辅相成，才能充分有效地利用各种自然和社会资源。就赣南普遍情况而言，山区农村的家庭规模大约是4—5人，2—3个劳动力，可耕地面积约0.67—1.33公顷，草山、草坡2—2.67公顷，在此土地基础上，进行一定程度的整治，每户的耕地和有效草地面积可达3公顷左右，以其中70%种植优质人工牧草，实行划区轮牧，另外30%土地种植短期饲料作物，用于冬春干旱季节补饲。根据当地气候资源和草地生产力，其饲草生产可满足50只能繁母羊或10头能繁母牛的饲养需求。如果劳动力素质相对较高，饲养管理精细，不发生疫病或其他事故，每年的经营收入应在8万—10万元。这种适度规模的草牧业生产适合于夫妻二人或一个家庭2—3个劳动力的经营管理能力，在目前的山区农村具有较为普遍的代表性，对于小型家庭牧场的起步和建设有一定参考价值。家庭牧场的生命力所在就是"适度"，其主要特征为家庭经营、适度规模、市场化经营、企业化管理。提高牧草饲料生产的组织化程度是推进牧草产业化进程的关键。一是积极培育和扶持种植大户，充分发挥他们的示范、辐射、带动作用，带动牧草饲料作物的规模化种植和优质品种的连片种植，提高牧草种植的稳定性；二是积极发挥草畜工作者的技术优势，加强技术指导和培训，不断推广新的牧草种植模式，实现标准化生产；三是积极引导和培育农民专业协会等形式的农民合作化组织，发挥其在产销衔接、信息技术服务、组织销售、协调销售价格等方面的作用，促进规模化、产业化生产。

（二）种养结合实现生态循环利用

种植业与养殖业相结合的生态农业模式谓之种养结合，种植业为养殖业提供饲草料，养殖业为种植业提供肥料，二者相互促进、相得益彰。从现代草牧业的角度理解，应该是建植人工草地、种植优良饲草料与家畜养殖相结合，相对于传统畜牧业，种养一体化的循环经济模式通过将种草养畜有机结合起来，形成完整的产业链，能够有效解决家畜粪便污染与草地有机肥缺乏、优质饲草料生产与家畜饲养需求等矛盾，降低饲草料生产成本，提高经营效益，是改善农村生态环境和摆脱养殖业效益低的有效措施。而传统养殖业作为农业的附属产业，其饲草来源主要为农作物秸秆、糠麸等，这些农副产品营养价值低、粗纤维含量高、适口性差，不仅自身饲用价值低，还会降低动物对其他饲料能量、蛋白质等营养物质的消化利用率。农作物秸秆饲养动物的负面作用已为大众所熟知，长期以来惯用的秸秆加精料的饲养方式因妨碍动物生长性能正常发挥和畜类产品质量，已被逐步抛弃。种草与养畜结合的家庭牧场，饲草料在自有土地上种植，生产成本低且品质优良，有效地扩大了养殖业的效益空间。现代动物生产中，饲草料成本是影响生产效益的主要因素，平均占总生产成本的50%—80%，表明养殖业的生产成本在很大程度上取决于饲草料价格的高低，家庭牧场式经营正是通过种植饲草料、降低饲草料成本来提高牧场经营效益的。依托农业的良好政策平台，在实行种粮补贴的同时，适当实行种草补贴，可大大提高农民种草养畜的积极性，扩大冬闲田及荒地的人工牧草种植，促使牧草饲料生产规模化的形成，促进农村的草食畜禽发展。

（三）提高牧草饲料产业化水平

在不断提升草食畜禽产业化发展的过程中，必须大力加快牧草饲料产业化的发展，促进草产品规模化生产。饲草产业的发展是草食畜产业化发展的前提，是物质保障。赣南结合雨水多、牧草季节性分布的实际情况，在积极研发高产牧草半干裹包青贮技术，开发青贮饲草产品的同时，按照"扶优、扶强、扶大"的原则，鼓励和支持饲草饲料加工企业，以重点项目和品牌为纽带，以技术改造和新产品开发为动力，采取联合、兼并、控股等方式，扩大优势饲草饲料产品的生产规模，将牧草饲料生产与养畜和草畜产品的生产加工紧密结合，实现产业化经营，促进牧草生产、家畜饲养和草畜产品的生产加工流通。在继续大力发展流通型龙头企业，引导企业组建流通合作组织的同时，采取引进、联合、必要时政府参股等方式，用新技术、新设备、新工艺武装现有企业，培育规模化、专业化商品基地和大型草产品加工龙头企业，开发一些科技含量高的产品，提升产品质量和加工档次，培育品牌和名牌产品，为畜牧业的现代化提供物质保证。结合养畜禽的实际，积极推进冬种牧草的区域化、规模化开发。草食畜禽的饲养需要常年供应青草，养殖户最难解决的就是冬季青草供应不足的问题，因此，要抓住规模养殖企业及专业大户缺青草料的实际情况，积极开展四季供青的牧草栽培模式，向养殖大户提供技术服务，建立牧草生产基地。通过实行农田耕地季节性承包和采取"农户＋基地＋公司"的模式，鼓励龙头企业以定向投入、定向服务、定向收购等方式，发展产业化经营，与农民建立稳定的合同关系和利益共同体，促进规模化生产。同时，积极探索统一供种、集中连片种植的有效形式，为提高优质牧草青饲料的生产能力积累经验。另外，在发展秋冬牧草种植、种草养畜时，更要有组织有计划地进行规模化开发，只有通过规模化开发，才能形成市场、形成优势，才能确保高速取得成效。

赣南草牧业作为我国南方草牧业的一个缩影，也是一个古老而又全新的学科与产业，在历史的长河中，草牧业由原始的草原狩猎业、传统的草原游牧业、近代的草地畜牧业，到现代的草地农业。草牧业是以草为基础进行生产、加工、经营、保护、管理的生态、经济和社会型产业，承担着生态、经济和社会等多种功能。因此，它是现代农业的重要组成部分，是农业科学的一个分支学科。它本身以农业科学理论为基础，又与生态学、自然地理学、环境科学和社会经济学相融合，形成了一个独具特色的学科领域。伴随着中国农业科学的发展，草牧业由小变大、由弱变强，已发展成为一个极具活力的朝阳产业；草学学科也相应地不断发展，学科内涵不断拓展，架构日臻完善，已成为目前农业科学中最为活跃的学科领域之一。

第三节　草修复生态景观

随着生态文明理念的深入推进，草的生态作用与景观效果受到越来越多的重视，这也就给草的种植提出了更高的要求，最好能够选择护水土保持效果好、生态效果好的品种。根据当地的气候特点，选择适宜的草种或者草种组合，满足工程安全防护的基本要求，这也是草种选择的决定性因素，所选择的品种尤其要能满足防雨水冲刷的基本要求。事实上，草皮之所以具有良好的防护性能，主要是通过水文效应与根系力学效应来实现的。具体来说，水文效应就是草皮的地上部分、地下部分甚至是枯落物都可能共同产生良好的作用，从而有效截留降雨，减少雨水对坡面的腐蚀，最终有效减少基质的流失；而根系力学效用则是指根系通过对坡面所起到的加筋作用、锚固作用与支撑作用，三种效用共同发力，可以提高抗拉能力以及抗剪能力，并最终增强边坡稳定性。另外，所选择的草种要与周边环境相符、相协调，不要过于突兀，尤其是所选择草种的色泽、叶片的粗细程度以及保绿性等方面，尽量选择抗病性强、不易于长杂草的观赏品种。

一、观赏草的生态特点

随着社会的进步与发展，对护坡草皮提出了更高的要求，不仅仅要具有良好的防护性能，同时也要符合相关的生态要求。水库堤坝选用的生态护坡措施之一就是采用植被混凝土护坡，这主要取决于其生态特点：具有良好的透水性，可实现自由排水，故堤体及坡面都具有高度的安全性；连续孔隙可设计性强，反滤效果极好，不会发生管涌及土沙等颗粒流失现象。植被混凝土护坡不仅能够较好地满足堤坝安全防护的相关要求，防止堤坝因雨水冲蚀而破坏；同时也能收到良好的植物美化效果。在选择物种的时候，既考虑护坡的防护作用，又兼顾其生态群落稳定性。

（一）植被混凝土草种配比

植被混凝土是一种用于水利工程边坡（如滨水岸、河道、大坝、水库、蓄水池等）生态治理和防护，并考虑环境因素的新型技术，其能保持完整的水生态沟通系统，水生态环境修复能力强。水库堤坝传统的混凝土边坡防护模式、浆砌石逐渐被新型的植被混凝土生态防护技术取代，采用植被混凝土生态护坡技术进行植物护坡后将很大程度上改善生态环境、美化环境。在植被混凝土生态护坡中注意选择合适的草种配比。它是将粗骨料、水泥、水（少量）及CBS 植被混凝土绿化添加剂 A、B 按一定的比例范围进行配合，然后搅拌、浇筑及自然养护之后，便可得到表面呈米花糖状并有大量连通、细密孔隙的多孔质混凝土，其最大特点是存在大量单独或连续的孔隙，拥有一般混凝土所不具备的多种功能。因此，该混凝土在生态及环境保护等众多领域都受到了广泛的关注。

1. 观赏草的特点

观赏草是在护坡工程园林绿化造景应用中，除草坪草外，以叶丛、茎秆或花序为主要观赏部位，可广泛用于各种生境造园的禾草或类禾草植物的统称，除禾本科外，常见的还有莎草科、灯心草科、花蔺科、香蒲科等植物。从赣南城乡建设中可以看出，观赏草的内涵和范围是在不断拓展的。观赏草与草坪草的主要区别在于观赏草具有立面效果，能展示植物的自然美，且不耐践踏和高强度刈剪。观赏草是一类形态优美、色彩丰富，以茎秆和叶丛为主要观赏部位的草本植物。作为一个新兴的植物应用分类，观赏草如今已经在绿化工程、景观工程、生态治理工程等领域崭露头角。观赏草具有极高的观赏价值，其作为一类新型的园林造景材料，不仅具有广泛的生态适应性和低管护成本特性，而且能很好地展示出动感和韵律美，其株型、线条质地、花型花色、叶质叶色均与其他园林植物有着明显区别。随着人们回归自然意识的深化和审美情趣的变化，观赏草将在美化和保护人类环境中发挥越来越重要的作用，也是今后园林景观种植设计的发展趋势之一。

2. 草种的选择

根据与赣南气候性相符的基本原则，对几个草属进行比较分析的结果是：(1) 狗牙根草属：该草属须根细小柔韧，根茎相对较短，固土性能也相对要差一些，不能很好满足安全防护的要求。(2) 画眉草属和野牛草属：这两种草属的杂草多，保绿性和生态性效果相对较差，不符合上述第三个基本原则。(3) 地毯草属：这一草属的耐高温能力强，对土壤的适应性较高，但是与狗牙根草属一样，固土性能不突出，保绿效果也不是很理想。(4) 假俭草属：具有较强的适应性，根须也相对发达，固土性能良好，保绿性能良好，耐修剪，抗病虫病害能力也较为理想，可以说基本符合草种选择的几个基本原则。(5) 结缕草属：该草属具有耐阴、耐热、耐寒、耐旱、耐践踏的生长习性，土壤适应性良好；须根发达，固土护坡性能良好；绿色期较长，保绿性和景观性尚可；耐修剪，不容易染病虫害。综上所述，可以假俭草属和结缕草属为优选草种。

3.护坡效果管理

采用中华结缕草作为护坡品种以后，护坡效果如下：第一，该草有强大的地下茎，根系较为发达，形成不破裂的成草土，其叶片密集、覆被性好，具有很强的护坡与护堤效益，是一种极为良好的水土保持植物。经过重大的暴雨袭击，均没有发生雨水侵蚀破坏的现象。第二，中华结缕草叶片较宽厚、光滑、密集，在每年白蚁防治检查中，未发现有白蚁落巢，有较好的白蚁预防作用。第三，中华结缕草具有较强的抗践踏能力，同时耐修剪、抗杂草力强、抗病性好，可粗放管理，易于维护；另外，该草叶舌带一圈纤毛，呈条状披针形，可减少游人在坝坡上坐玩，起自我保护作用。最后，草皮坚韧光泽且富有弹性，绿色期较长，景观效果好。

虽然中华结缕草基本符合草种选择的几个基本原则，但是日常的科学化管理还是必需的。具体来说，主要是需要做好浇水、修剪、施肥、杂草清除、病虫害防治等几项基本工作。（1）浇水：并非次数越多越好，主要是要做到浇水充分。（2）修剪：主要是为了美观，因此修剪要勤，修剪的高度要严格控制。（3）施肥：要定期施肥、施足肥、施肥要科学、合理。（4）病虫害防治：采用农业防治的方法，效果理想，同时也不会有过多的药物残留。（5）杂草清除：杂草清除要及时、全面。

（二）观赏草混凝土护坡的景观特点

随着现代社会对园林低养护要求的提高，越来越多的园林设计工作者加大了观赏草的应用。作为一个新的植物应用分类，观赏草逐步被大众所认知。它虽然叫草，但只说明其属于草本植物，完全不同于常规草坪概念。其分类充满了不同高度的竖向变化：植株体量最小的不过5厘米，可以类比草坪；体量最大的超过4米，能替代灌木，甚至小乔木。作为草本植物，其生长速度快，叶面积越大，有效光合作用就越多，生长越快。巨大的叶面积（通常讲绿量），在同等的资金、时间投入下，观赏草可以获取最大的绿量效应。

1.生态护坡景观

在水域治理领域，除了通过水生植物吸收水中富营养外，更重要的是构建可持续的自然生态系统。这里的自然生态系统包括了鱼类、昆虫、鸟类等生物链的综合因素。为了构建这样的自然生态系统，首要任务是必须形成有效自然驳岸体系。在常规的水利项目中，考虑到丰水期和枯水期的水位落差，以及护岸的稳定性，往往只能牺牲生态效应，利用浆砌块石、插板桩、木桩、水泥桩等结构形式构建护坡系统。这样直接导致水系与陆地完全割裂，无法形成统一的生态过渡系统，水体被禁锢，进而导致水质的进一步腐坏。

由于观赏草在同体量下，根系固土能力是乔木的6倍，所以其具有较强的固土功能，在坡比为1∶3的土坡护岸情况下，不做硬质护岸处理，简单进行景观置石以初步稳定结构，然后种植观赏草，通过利用观赏草发达的匍匐根系进行坡岸固土。许多水环境与水土流失综合整治河道治理项目完工以来，坡面完好，无水土流失迹象，景观效果极佳，形成较完善的生态链系统，鱼虾、昆虫、两栖生物、鸟类等相继而来。对于水位落差问题，由于很多观赏草具有水陆两生的优势，还有部分可短期耐水淹，所以不论在丰水期还是枯水期，整个岸线均自然和谐、浑然天成。赣州市区有的河道肉眼能见度已达到水下1.5米，这在主城区周边河道中极为罕见。此项目也成了赣州市水利的特色项目。

2. 柔化界面景观

观赏草最具表现力的部分是其线型的叶面。在水库大坝中到处充斥着人为的几何线条、钢筋混凝土的硬质界面，大量缺乏边界植物柔化生硬的界面。观赏草线型的柔性叶面刚好与之相配，可形成刚柔并济的景观效果。第一，为大坝景观增加动感。观赏草飘逸如发的特质可以令景观焕然一新。当清风拂过，观赏草柔美线条更是展现无遗，阵阵草波随风舞动，增加了动感景观，也增加了与观赏者之间的互动。第二，作为立体绿化中不可或缺的主要元素。随着推进水利工程生态化建设，立体绿化越来越被重视，其中坝顶绿化更是一大重点。首先观赏草的竖向变化丰富，体量上可以取代小乔木，同时覆土厚度可以控制在20厘米以内，很好地解决坝顶承重问题；其次发达的匍匐根系抓地力强，地上植株柔软，不受风的影响，很好地规避了大风造成的安全隐患。第三，彩化是绿化中的亮点和点睛之笔。要充分依靠色叶乔木和开花灌木，因地制宜利用花坛花境，扮靓水库大坝景观。色彩丰富是观赏草的最大特点，观赏草系列具有红、橙、黄、绿、蓝、紫、黑、白和杂色等各种颜色。大多数观赏草的颜色虽不及花朵那样醒目，但着色均匀，其柔和的色彩在成线成片聚集的时候，是一种天然的色彩添加剂。观赏草的颜色以其叶色来表现，持续时间长，有的更是长达全年。特别是秋冬季，部分观赏草在秋季开始挂穗，直至冬季。挂穗形态、颜色各异，季相变化明显，是秋冬季景观的很好补充。

3.消落区种草养鱼景观

赣南山丘水库消落区面积大，大中型水库一般都有几十亩，多的几百亩。在消落区种草，景观效果显著，前景十分广阔。在草的品种选择上，除具有前文所述特点外，还特别要具有耐湿、耐寒性较好的功能，否则难以收到好的成效。这样的草种可选用黑麦草、紫云英、旗草、白三叶。种植方法是先将地按种油菜、小麦等作物一样耕翻耙整，开沟排水（严防积水），每亩施土杂肥（猪、牛粪与火土灰混拌）1000—1500 公斤，撒施在土上作基肥。于 9 月 20 日至 11 月 10 日混播黑麦草＋白三叶，或旗草＋紫云英，撒播行播均可。行距 30—40 厘米，播后加盖薄土，如遇干旱时要及时抗旱。出苗后根据生长状况及时施肥。在入冬前再加盖一层薄猪粪渣以保暖防冻。到翌年 3 月气温逐步上升，几个草种都进入生长旺季时，再适量追施。4 月开始，南方均进入雨季，库内水位逐步上升，此时，黑麦草、旗草正处于拔节抽穗期，紫云英、白三叶也都处于现蕾开花期，都是割青最好时期。随着库内水位上升草遂被水淹没，水温增高，鱼活动能力增强，库内的鱼自然来草地自由采食，不需人工割青。消落区种草，投资少、周期短、产出高，省工省地，不与其他作物争地，且种植技术简单，确实是解决山塘水库养鱼缺料的一条捷径。

（三）观赏草在边坡生态修复中的作用

缺乏植被覆盖的裸露边坡具有极大的不稳定性，需要种植根系发达和生长紧凑的植物材料对坡面予以有效防护和稳定。很多观赏草种类就其生态习性而言，可以作为护坡绿化材料。特别是一些自播型的观赏草，如垂穗草、野牛草、百喜草等表现尤为突出。这些观赏草适应性强，耐旱、耐贫瘠，它们发达的根系能在土壤中形成庞大的网络，从物理结构上能阻止土壤往坡下移动，它们繁茂的枝叶能有效覆盖坡面，从而减少水土流失，实现固土护坡的效果。同时，具有较高观赏价值的观赏草还可将坡地治理和绿化美化有机结合起来。

1. 观赏草在边坡中的配置方式

观赏草除满足固土护坡的生态功能外，其独特的观赏特性还可给坡地带来丰富的色彩和动感。通常可以在整个坡面上种植一种观赏草以形成迷人的群体景观，如高山芒可以基本保持常绿，株形优雅；而柳枝稷的品种 "Haense Herms"，夏季叶色翠绿，秋季泛红，冬季则一片金黄，单植均能极大地丰富坡面景观。若将不同质地、色泽的观赏草配置在一起，或结合耐旱的一年生或多年生植物，如露子花、水苏、景天类种植，则可形成色彩缤纷的景观。如将狼尾草与羊茅类混植，可以在坡地上营造出流水般的效果，为坡面增添雅致与动感。

2. 推荐护坡应用观赏草种

在建造护坡植被中已应用的观赏草种类有多种须芒草、垂穗草、野牛草、百喜草、拂子茅属、赖草属、多种乱子草、柳枝稷、劣狼尾草、白草、裂稃草属的、黄假高粱、碱生鼠尾粟、香根草、弯叶画眉草等。

3. 急需选择根系庞大固坡能力强且抗旱的品种。

赣南一般选择近两年广东常用的百慕大草、黑麦草、糖蜜草、高羊茅 4 种护坡草进行根系生态特征和干旱胁迫实验，为边坡生态复绿工程筛选最适宜的品种。

二、不同区域草种配置

在充分掌握包括观赏草在内的不同造景植物材料的生物学和生态学特性的基础上，根据立地条件和造景目标，按照群落生态学原理和景观配置的艺术手法，筛选出适合当地的不同观赏草，以及观赏草与其他园林植物的配置模式，以实现景观美丽、投入最低、功能完善、群落稳定的目的。

（一）滨水区域分类配置种草

观赏草作为过渡带进行栽植，能起到引导和连接不同景观的作用。在水陆交替的空间种植观赏草，可以将水体和陆地自然地连成一体，不仅能柔化岸线，打破水岸僵硬的线条，而且使水体与周边景物过渡自然，充满自然的韵味。其草种选择和种植面积的大小应视过渡带的性质和风格而异，结合岸线、地形布局，做到疏密有致、有宽有窄、有断有续。常用的过渡带观赏草种类有：蒲苇、矮蒲苇、花叶芦竹、柳枝稷、花叶芒、细叶芒、菲白竹、菲黄竹、鹅毛竹、阔叶箬竹、石菖蒲、金叶石菖蒲、狼尾草、日本血草、沿阶草等。

1. 驳岸

水体驳岸大致可分为硬质驳岸和自然式驳岸两种类型。对于硬质驳岸，通过巧妙应用观赏草，可以实现柔化岸线，使之充满生机和自然之美。而对于形式多样的自然式驳岸，种植观赏草不仅能增加水景趣味，丰富景观，而且有利于减轻水流对驳岸的冲刷，减少岸线土壤流失。在进行驳岸种植设计时，其品种组合、种植面积的大小应视驳岸性质、风格而异，结合道路、地形、岸线进行配置，尽可能避免缺少变化的等距离种植。用于驳岸种植的观赏草一般适合选择中高型耐水湿的种类，常用的有蒲苇、柳枝稷、斑叶芒、细叶芒、菲黄竹、菲白竹、鹅毛竹、石菖蒲、狼尾草、日本血草等。

2. 水边

水景在园林中构成一种独特的、耐人寻味的意境。水生植物、湿生植物是园林水景的重要造景素材，园林中的各种水景都离不开植物的搭配，需要借助植物来丰富景观。观赏草颇具野趣，十分适合自然种植的形式，可应用于池塘、溪流，或大面积的水体及其驳岸的绿化，如芒、芦竹、蒲苇等，与其他植物巧妙配置，可以营造出富有诗情画意的植物景观。一些水生或喜湿的观赏草种类如木贼、水葱类、香蒲、灯芯草等，可以直接栽植在浅水中，不仅生动自然，还可起到净化水体的作用，形成优美的水生植物景观。还有一些观赏草如芦苇、露兜等具有极强的抗逆性，可水陆两栖，非常适合建造从浮水到挺水再到陆地的过渡植物带。水边植物主要是为了丰富岸边景观视线，增加水面层次、突出自然野趣。通常水边适合选择株形优美或花序美丽的高大观赏草，采用孤植或丛植的方式植于水体周边节点处，根据节点性质、地位及功能作为点缀或标志。也可用各种耐水湿的观赏草与其他湿生植物进行合理组团配置，相得益彰，以增强观赏效果。常用的水边观赏草种类有：斑茅、斑叶芒、细叶芒、芦竹、蒲苇、田茅、荻、河八王等。

3. 水面

水体中种植挺水型的水生观赏草，可以弱化水面与周边景物的突然过渡，大大强化水面的纵深感。平直的水面通过配置各种直立状的观赏草，可以丰富水体的立面景观，增添野趣，同时，直立向上的观赏草与平直的水面一横一竖，也非常符合艺术构图上的对比规律，更能展示水面空间宁静与优雅的韵味。水体景观种植设计时，控制水面植物与水面面积的比例最为关键。通常至少需要留出2/3的水面面积供人们欣赏植物的倒影。因此，在种植像芦苇这类靠根茎繁殖扩展的观赏草种类时，要设计挡板或种植池限定其生长空间，以免快速繁殖拥塞水面，影响景观效果。适合水面应用的观赏草种类主要有水葱、花叶水葱、金线水葱、旱伞草、细叶莎草、菖蒲、花叶菖蒲、木贼、香蒲、细叶香蒲、水烛、芦竹、花叶芦竹、银边卡开芦、金边卡开芦、芦苇、茭白等。

（二）观赏草在旱景园林的应用

近年来随着淡水资源短缺问题的日渐突出和节水型城市建设的迫切要求，可持续旱景园林正成为一项全新的建设趋势，其核心内涵是利用耐旱的植物资源，在很少灌溉甚至不灌溉、完全依靠天然降水的情况下，利用无公害建植管理技术建造可持续的生态景观效果。而种植抗旱性强的观赏草是实现旱景园林的主体，如在风景园林设计中兴起的"草甸景观"和"自然式种植"，就是混合使用观赏草和多年生花卉植物来营造富有天然草地特性的自然景观，取代需要精细管理的草坪，尤其在大型公开空间或多种组合景观中，能为鸟类、昆虫和其他野生动物提供季节性的憩息地，却不需要特别的养护管理。

在旱景园林种植设计中，也可将耐旱性强的观赏草与抗旱的乔木或灌木种类进行合理搭配，形成层次较丰富的植物景观。一般应结合当地的立地条件，以筛选应用本地乡土植物为主，这样往往收效更好。观赏草与多年生花卉混合建造草场式旱景园林时，根据景观性质定位不同，其配置比例也有差异，一般的指导原则是60%的观赏草和40%的其他植物。旱景园林常用的观赏草种类有须芒草属、垂穗草、发草、草原鼠尾粟、鸭茅状摩擦禾、黄三齿稃、金发草、狼尾草、斑茅、画眉草、野古草、黄背草等。

观赏草种类繁多，叶色、花序多样，且大多姿态潇洒飘逸，成片种植更是成为一道独特景观，与其他植物搭配，其质朴的特性给人以亲切真实感。赣南一些公园就因其大量应用的观赏草而成为公园的特色，其观赏草种类应用丰富，种植形式多样，或成片种植观赏，或丛植路缘草坪，或与其他景观搭配成景，极富自然野趣。观赏草因其自然、野趣的观赏价值逐渐被大众所接受，且应用广泛而多样，其观赏期长，从春季的淡绿到冬日的金黄，极大地丰富了园林色彩。

（三）观赏草在岩石园的应用

岩石园是以岩石及岩生植物为主，有的还包括沼泽、水生植物，还有的展示高山草甸、碎石陡坡、峰峦溪流等自然景观。岩生植物通常选择植株低矮、生长缓慢、节间短、叶小、开花繁茂或色彩艳丽的植物。一些观赏草种类符合以上特性，其纤细的叶形和精致的花序可与岩石的硬质表面形成对比，且色彩丰富，能产生比较理想的景观效果。

1.观赏草在岩石园中的配置手法

观赏草在岩石园的配置中除色彩、线条等景观设计要素外，还应满足其对光照和土壤湿度等方面的要求。一般较高大的冷季型观赏草种类可以结合常绿的松柏类植物作为岩生植物的背景，丰富竖向景观层次，维持岩石园的秋冬季景观。蓝羊茅等色彩艳丽的观赏草是岩石园很好的调色植物，常用作岩石园的底色。岩石园的自然式小道，可选择低矮的匍状观赏草如卷叶苔草等种植于边缘和石块间，使之充满自然野趣。而耐旱性强的观赏草则适合在碎石坡的岩石缝隙中种植，以株形和色彩取胜。岩石岭的溪流处，可选用木贼、灯芯草、狼尾草、日本血草、金色苔草等观赏草因形就势组景，在溪流石隙旁或丛植、或散植，与水景构成自然而生动的画面。

2.观赏草和岩石的科学配置

山林中的岩石和各种园林小品是造园的重要景物，在我国古典园林中素有菲黄竹、菲白竹、箬竹等与山石配置的例子。观赏草与山石的配置，能掩饰其斧凿之痕，丰富山石的层次和景观，烘托山石的形态美。选用一些丛生或匍状观赏草，如蓝羊茅、细叶苔草、芒尖苔草、丝叶苔草、云雾苔草等种植于置石的石缝间，可增添小景的自然之态。岩石的水平位面在视觉上对一些直立的观赏草具有衬托作用，叶片低垂或拱形的观赏草如细茎针茅、弯叶画眉草、狼尾草类则可用于强调岩石的硬质性，为岩石岭增添一份自然情趣。

3.岩石园应用的观赏草种

适于岩石园应用的观赏草主要有：蓝羊茅、紫羊茅、金色苔草、卷叶苔草、日本血草、细茎针茅、花叶芦竹、细叶芒、弯叶画眉草、新西兰亚麻、木贼、多种狼尾草、灯芯草等。

三、草业生态经济前景

赣南气候温暖、土地肥沃、水热条件好、无霜期长、淡水资源丰富，能种草的土地范围广、面积大，发展种草具有得天独厚的自然条件，无论是生态景观、还是经济效益前景都十分广阔。

（一）山塘水库种草

现在农民对山塘水库种草发展节粮型养殖业欲望很高，潜力还很大，但普遍严重缺乏饲草，特别是每年6月以后，气温升高，高温和干旱使本地草大部分枯黄老化，鱼不能食用，尽管大部分渔场种了一些草，但因种草面积小，远远不能满足鱼对饲草的需要。

1.山塘水库种草养鱼优势明显

赣南山塘、水库和鱼池的堤岸及空闲隙地多，面积大，如全部利用起来种草，既可减少堤岸的泥沙流失，减轻淤积，又可以解决养鱼饲草不足。其优点是：①生长快、产量高，如进行间作，产草量则更高；②品质好，干草中粗蛋白质含量高；③鱼适口性好，这些草鱼均喜食，且无毒无害，食用安全；④抗逆性强，有较好的耐高温、干旱和贫瘠的功能；⑤适应性广，在红、黄、沙壤土中均可生长良好；⑥多年生，再生能力强，除紫云英、黑麦草外，都可一次种植多年利用；⑦病虫害少，一般都不需打药防治病虫害；⑧密封地面快、覆盖强度大，拦截泥沙能力强，都是南方目前很好的水保植被；⑨栽培管理技术较简单，农民易掌握；⑩投资少、周期短、产出高。

赣南山塘水库虽在地形、土壤、气候等自然条件有差异，但大体上可划分为消落区种草、荒山堤坝种草、幼林间种草等三个不同类型种草区。在这三类区域内其土壤肥力、坡度等自然条件都有很大的不同。因此，必须根据各个类型特定的自然条件结合各个草种的生物学特征特性，因地制宜进行草种的选择。从赣南近100个草种中筛选出一批能适合赣南山塘水库种植的优良草种，如岸杂一号绊根草、象草、鸡脚草（鸭茅）、扁穗牛鞭草、黑麦草、紫云英等。

2. 水库荒山、堤坝（外侧）种草

水库区内荒山由于植被破坏，水土流失严重，目前这类地方土坡大多贫瘠，且坡度大、土层薄，保水保肥性能极差，加之大部分都属于红壤土，而这类土壤本身的特点是旱、瘠、酸、板、蚀，是赣南目前进行种草、造林难度最大的地域之一。在草的品种上不但要具有能耐高温、干旱和贫瘠的功能，而且还要有密封地面快、覆盖强度大，能快速防止水土流失，否则，不但种草效果欠佳，而且还会加重水土流失的强度。目前，能在这类土壤中生长较好的草种有岸杂一号绊根草、象草、扁穗牛鞭草等。草产量的高低主要取决于栽培管理的好坏，尽管自然条件差，只要草种选得准，栽培管理技术掌握得好，就可获得成功。

3. 库区种草配套养鱼

饲草地最好选择距离养鱼池、沼气池和养猪圈较近的地块，选择的饲草地要求土地平整施肥、灌溉方便。塘埂较宽大的也可在塘埂上种植饲草，以节约土地，方便管理，利用预留的饲草地或塘埂种黑麦草、小米草、苏丹草等，主要用于养鱼、喂猪。牧草每次在收割后，要进行一次灌水追肥，以提高牧草产量，施追肥以施沼渣、沼液或发酵后的猪粪为主。同时在牧草生长过程中，要根据情况进行必要的除草防虫管理。

由于各种原因，赣南鱼用饲草品种单调，淡季尤为突出，特别是主要鱼用当家草种苏丹草，品种出现严重退化，产量下降，病虫害增多。因此，加快鱼用饲草的研究和推广已是赣南发展草业重大课题之一。需要尽快推广一些产量高、品质好、抗病能力强的优良草种，如矮象草、杂交象草、狼尾草、扁穗牛鞭草等草种，发展一些先进的牧草高产栽培新技术，用优质饲草为主饵料饲养出的优质鱼，不但鱼的品质、体型、味道好，产品在市场上很受消费者欢迎，而且种草养鱼具有成本低、周期短、经济效益高等特点。因此，应大力发展种草配套养鱼，加快鱼用饲草品种的更新换代，促进渔业生产发展，切实解决鱼用饲草奇缺矛盾。

丘陵冬闲地种植黑麦草高效栽培的技术要点一是精心整地，二是细心播种，三是抓实田间管理。当黑麦草长到 80 厘米左右高时即可收割。割青时按前短后高的要求留茬，第 1—2 次留茬高 3—4 厘米，以后留茬高 5—6 厘米。一般肥水条件好和温度适宜时，黑麦草每隔 18—25 天可收割 1 次。越冬前 13—16 天不可割草，应留苗高 45—50 厘米，有利草株蓄积较多的有机物，提高其抗寒、抗冻能力。干旱时，每隔 7—10 天浇 1 次水。雨天或雪天，常到田间巡视，发现积水或堵沟现象，要及时清沟排水。

（二）道路景观中的应用

观赏草在柔化道路硬质景观上有很好的效果，如将一些叶片柔软的观赏草种植在道路的边缘，它们下垂的叶片遮盖了部分的路沿，从而使道路的直线被打破而变得模糊，也增添了园路的自然趣味。为达到步移景异的观赏效果，造景时可结合道路的宽窄和周围环境的变化，选用叶色鲜艳或花序独特的观赏草种类如苔草类植物，沿着道路的曲折走向交替种植，用植物不同的叶色、株形、季相等组合成高低错落、色彩丰富的路缘景观，与周围景物有机衔接起来。一些生长较缓慢的观赏草可以清晰地勾勒出道路线形，引导游览路线。

1.配置形式

道路绿地一般分为分车绿带、行道树绿带、交通岛绿地和路侧绿地。观赏草在路缘配置时一般应注意两点：一是要与其他植物巧妙搭配，占有适宜的总体比例；二是不宜选择株形太高大的观赏草种类，以免遮挡视线，构成安全隐患。调查发现，赣州市城市道路中的观赏草多应用于交通岛绿地和分车绿带，交通岛中多以花境的形式出现，分车绿带中则以少量丛植的方式进行配植。其中，花境的形式表现效果更好，与小乔木、灌木、草本花卉植物组合搭配，层次分明，四季景观兼顾，成为道路中的一道美丽景观。但总体而言，道路绿地观赏草配置形式单一，没有将种类丰富、姿态各异的特性充分展示。路缘配置的常用观赏草有：苔草、金边阔叶麦冬、石菖蒲、天蓝草属、矮麦冬、麦冬、黑麦冬、狼尾草、芒草等。

2. 分车绿带、行道树绿带与路侧绿地

赣州市城市道路中分车绿带、行道树绿带与路侧绿地，目前多是乔—灌—草、乔—灌或者乔—草组合形式，且行道树多是种植大叶榕和香樟，大叶榕落叶期短，根系发达，香樟为常绿树种，两种植物覆盖率都很高，其林下需种植耐阴性植物。观赏草中如石菖蒲、吉祥草、玉簪、花叶菖蒲、银边草等都可以配植，其种植方式可片植、可丛植并与其他植物搭配。在道路转角处，由于阳光相对较好，且绿化面积相对较大，观赏草中如斑叶芒、细叶芒、大花萱草、百子莲、澳洲朱蕉、蓝羊茅等种类是不错的选择，可与其他植物丛植做花境，或者成片种植打造纯粹景观。

3. 交通岛绿地

交通岛这类绿地由于阳光充足，故可选择的观赏草品种较多，如蒲苇、花叶蒲苇、花叶芒、斑叶芒、晨光芒、白美人狼尾草、紫叶狼尾草、粉黛乱子草、玲珑芒、细茎针茅、柳枝稷等，种植方式以花境的形式呈现效果较好。其中，芒类观赏草尤其适合应用于其中，高度、色彩适中，既不遮挡行人视线，也不会影响视觉观赏。

（三）观赏草用作地被

地被植物通常是指那些自然生长高度或经修剪后的高度在100厘米以下，下部分枝贴近地面，能较好地覆盖地表，形成一定的景观效果，并具有较强扩展能力的植物。草坪是传统意义上最常用的地被，但要保持理想状态需要较多的附加能量投入，包括刈剪、施肥、浇水、杂草和病虫害控制等。而一些植株低矮、枝叶繁茂、绿色期长、扩展能力和适应性强、管理粗放的观赏草，可作为优良的地被植物应用，他们能创造出完整统一、如地毯一样的绿色景观，并

能大大降低管护成本。

1.地被应用观赏草种

将观赏草作地被应用时，应充分考虑周围环境的温度、光照、水分、土壤等生态因子，遵循"适地适草"原则，进行合理配置。在阳光充足的大面积开敞区域，可选用喜光的低矮观赏草种类成片栽植，以突出植物的群体美，并烘托其他景物，形成美丽的景观。或采用叶、花序色彩变化丰富的观赏草，如绒毛草、西伯利亚臭草等，与宿根花卉及亚灌木搭配成色块组成的图案，显得构图严谨、生动活泼而又协调自然、色彩丰富。也可通过斑叶、常色叶观赏草，如金叶苔草、蓝羊茅等，以小面积丛植点缀的方式来弥补单一种类观赏草大面积种植时的单调感。在品种之间的搭配应用上，将同属植物混植在一起，或性状相近的植物在株形、叶色、高低上进行配置，同样可形成独特的植物配置特色。需要注意的是，在大面积应用暖季型观赏草作地被时，应结合栽植冷季型观赏草或其他常绿地被种类，或以宿根花卉进行混植点缀，以调节色彩单调和植物枯萎后的衰败之势。

在光照条件较差的阴性环境（如密林、建筑遮阴处等），常选择耐荫和耐贫瘠性较强的观赏草作为基调成片种植，以量取胜，点缀季节特征显著的花灌木，并求得与上层乔木在色彩和比例上的协调，共同构成富有特色的林下景观，体现植物配置的自然美。也可将观赏草与其他地被植物混植，使其四季的景和色彩分明。同时林下地被配置时，还应结合考虑树木的季相特点，如落叶树下，可选用冷季型观赏草作地被，秋末至初夏，它们旺盛生长并有效覆盖地面，盛夏满树浓荫时，冷季型观赏草已处于休眠状态。而一些植株虽然较高，但枝叶繁茂，能很好覆盖地面的观赏草，如狼尾草属、拂子茅属、芨芨草属，它们开花后具有较高的视觉位（1—2米），作为地被的同时发挥着灌木的生态效益，例如，成片种植于北美鹅掌楸疏林下的东方狼尾草，轮廓分明，花序呈粉红色，为林下景观增添一份动感和生机。

在用观赏草取代草坪时，还有一种情况需要特别指出，就是对于游乐区或其他高践踏强度的场地，因绝大部分观赏草不具备草坪草的耐践踏性，必须设置汀步石或其他手段供人们穿过观赏草种植区，否则，观赏草在这类区域应少用或不用。

2.观赏草与园林小品的配置应用

选用低矮的细叶观赏草，如苔草属、天蓝草属、沿阶草属植物，种植于台阶、步石的间隙，或列植于几何形的块石之间，用于软化石块的硬质线条，可以极大地丰富视觉效果。一些生长较缓慢的观赏草可以清晰地勾勒出园路线形，引导游览路线。为达到步移景异的观赏效果，造景时可结合园路的宽窄和周围环境的变化，选用叶色鲜艳或花序独特的观赏草种类如苔草类植物，沿着园路的曲折走向交替种植，用植物不同的叶色、株形、季相等组合成高低错落、色彩丰富的路缘景观，与周围景物有机衔接起来。在一些园林小品的旁边或周边，选择种植叶色、花序突出的观赏草，如金知风草、金叶石菖蒲、多种乱子草等，可增强小品、活跃色彩，形成视觉焦点。但需要注意的是，观赏草与园林小品配置应达到烘托景物、丰富景观效果的目的，在观赏草材料的选择上应对株形、株高、色彩、花序等全面考虑，同时，还应重视与其他植物的合理搭配。

3.观赏草用作过渡带和隔离带

观赏草作为过渡带进行栽植，能起到引导和连接不同景观的作用。如在树林与草地之间种植观赏草，可以产生良好的林草过渡效果，在建筑物旁通过巧妙配置株形独特优雅的观赏草，作为硬质建筑与草坪之间的过渡带，能构图均衡、丰富，冲淡建筑的生硬感。观赏草作为过渡带种植，其草种选择和种植面积的大小应视过渡带的性质和风格而异，结合林缘线或岸线、地形布局，做到疏密有致、有宽有窄、有断有续。常用的过渡带观赏草种类有：蒲苇、矮蒲苇、花叶芦竹、柳枝稷、花叶芒、细叶芒、菲白竹、菲黄竹、鹅毛竹、阔叶箬竹、石菖蒲、金叶石菖蒲、狼尾草、日本血草、沿阶草等。高大的观赏草可用于确定边界、营造空间、隐藏不雅景观和为人们户外休憩创造隐蔽环境。与传统的绿篱相比，观赏草的生长和成型更迅速，如巨芒草在一个生长季就可达到 3 米以上。观赏草形成的隔离屏障的另一优势是，当它们在风中摇曳，发出的沙沙声能有效消除交通和周边的噪声。一些叶片锋利的观赏草，如芒属植物、斑茅、蒲苇等用作天然屏障，能非常有效地遏制人们的穿行。用观赏草建造隔离带，一般适宜选择株体较高大的种类密植（间距 0.6—0.9 米）。但需要注意的是，绝大多数观赏草在冬季的屏障作用都会减弱，因此，要保持永久性的屏障效果，观赏草可以与木本植物或夏季开花灌木配置，以取得混合屏障作用。

赣南山水林田湖草生态保护修复的实践证明，"草"是生命共同体的重要组成部分，草与人类结下了不解之缘。山脉、水体、森林、田地、湖泊、草丛是不同的生态环境，它们看似互不关联，却能形成一个完整的生态。山依水而生，树靠山而长，草种在山上、水中、林下、田里、湖边都旺，生态环境之间实际存在着千丝万缕的关系。草都是生态产品，近几年关于草的话题也逐步成为生态环境的热点，草的项目也放在生态环境的治理和修复之中，赣南的草山草坡、草产业正在展现新的风貌。

第二篇　案例研究

2016年12月，赣州成为首批国家山水林田湖草生态保护修复试点市。按照财政部、原国土资源部、原环境保护部联合印发的《关于推进山水林田湖生态保护修复工作的通知》精神，在"山水林田湖草是一个生命共同体"理念的指导下，赣州市在全域范围开展山水林田湖草生态保护修复试点工作。在推进工程落地过程中，尤其注重发挥县（市、区）一级的作用，既坚持以山、水、林、田、湖、草和产业共同体作为规划对象，做到工程布局和设计的整体性、系统性和综合性，也落实以统筹各部门资金、创新建设机制的规划理念，做到工程治理措施与生态问题结合，更实现了以建设集田园风光、农耕文化、生态休闲多功能于一体的百姓富、环境好、生态美的乡村振兴目标。在赣州市下辖18个县（市、区）中，亮点纷呈、各有特色，结合各地生态保护修复实践，从生态保护红线、矿山系统修复、生态系统功能恢复、生态补偿等方面，就如何提升生态保护修复水平，使之与区域经济社会发展相吻合，推进实现人与自然和谐共生进行了多维度探讨。创建了以发展生态产业、保育生态环境和建设生态文化为特征，融污染防治、清洁生产、产业生态、美丽乡村和生态文明五位一体的生态县（市）建设模式。综合考虑生态建设措施的相似性等因素，本篇只选择了有代表性的8个县（市）予以介绍。

第七章 保护江河源头林草盛，留住碧水蓝天全域游

——石城县山水林田湖草生态保护修复研究报告

石城是江西母亲河——千里赣江的源头县，位于赣闽两省四市的交汇处，东接福建三明市宁化县，南抵福建龙岩市长汀县及本省瑞金市，西毗赣州市宁都县，北靠抚州市广昌县；南北径长 71.8 公里，东西纬宽 53.7 公里，全县总面积 1581.53 平方公里；境内"八山半水一分田，半分道路和庄园"，山水林田湖草生命共同体要素齐全。

——山。石城县地处武夷山中段主脉，境内群山环抱，峰峦相望，并以其地"山多石，耸峙如城"而得名。石城县东南部与福建省交界之武夷山脉主峰高达 1000—1388 米。县境最高峰鸡公崠海拔 1389.9 米。西北部山地为广昌南部花岗山地南延部分，山体高度一般为 350—500 米，个别山峰高达 700 米。武夷山主脉呈北东至南西绵延石城东部，形成了一道天然屏障。

——水。石城县境内水系发育，河流密布。全县有大小溪河共计 140 条，其中集雨面积在 20 平方公里以上的 25 条，全境河流总长 1099 公里，河网密度为每平方公里 0.69 公里。水资源主要包括地表水和地下水资源。水电资源充足，蕴藏量 5.4 万千瓦，目前仅开发 25%。全县地表径流总量达到 17.4 亿立方米，人均水资源占有量达 5662 立方米，分别较江西省、全国平均水平高 27.7% 和 157%；单位面积产水量达 110.05 万立方米 / 平方公里，分别较江西省、全国平均水平高 26.8% 和 267.8%。

——林。石城县属于中国东部湿润森林区，亚热带常绿阔叶林带。全县林地面积 126570.17 公顷，占国土面积 80.03%，无林地面积 13470.17 公顷，占

国土面积 8.52%。林地中，有林地面积 113100 公顷，森林覆盖率 76.1%。疏林地 2376.6 公顷，无立木林地 1364.6 公顷，宜林地 1830.2 公顷。有林地中，乔木林地 104915.1 公顷，竹林 4271.8 公顷。

——田。2015 年石城县土地总面积 156740.39 公顷，其中农用地面积为 146004.11 公顷，占土地总面积的 93.15%；建设用地面积为 5549.07 公顷，占 3.54%；其他土地面积为 5187.21 公顷，占 3.31%。全县种植业主要以粮食作物为主。粮食作物包括稻谷、大豆、红薯、杂粮等，其中水稻播种面积占粮食作物总面积的 85% 以上。经济作物以白莲、晒烟、烤烟、油菜和花生为主，辅助以西瓜、蔬菜、甘蔗、食用菌、中药材、花卉、荸荠、席草等。

——湖。全县有中小型水库 47 座，其中中型水库 1 座、小（一）型水库 9 座、小（二）型水库 37 座，重点山塘 120 座。水库合计控制流域面积 165.34 平方公里、坝址多年平均流量 14246.45 万立方米、总库容 4253.7 万立方米、有效库容 2936 万立方米、调洪库容 960 万立方米、设计灌溉面积 0.3 万公顷。

——草。全县有天然草地约 8.17 万公顷，如位于高田镇胜江村境内，与广昌塘坊乡交界的八卦脑，主峰海拔 1226 米，其高处不长树木，而清泉却终年不竭，杂草丛生，盛产各种药材，当地居民称"八卦脑八面都是宝，盛产黄连和甘草"，现为石城县养牛基地。

石城县下辖 6 镇 5 乡，全县户籍人口 328223 人，其中非农人口占总人口的 15.9%。石城县属于中亚热带季风湿润气候区，日照充足、无霜期长、降水丰沛，其显著特征是四季分明、雨热同季、温和湿润。2015 年城区空气环境质量较好，良好以上天气比例较高，主要污染物年均浓度值保持稳定，均优于国家二级标准。二氧化硫、二氧化氮、可吸入颗粒物年均浓度值分别为 0.031 毫克 / 立方米、0.026 毫克 / 立方米、0.037 毫克 / 立方米。全年共监测 350 天，空气质量良好以上天数 342 天，占 97.7%；轻度污染 8 天，没有中度污染和重度污染。但受地形及海陆区位关系等影响，县境年均温度及降水量存在区域差异，总的来看，温度与海拔关系密切，在降水量方面，东多西少，南多北少，自东南向西北呈减少趋势。多年来，石城县采取建设国家级赣江源自然保护区，列入全国水土保持改革试验区、粤闽赣红壤国家级水土流失重点治理区等多项防治并举措施，全力推进水土保持生态文明建设，特别是自 2016 年赣州市被列入全国首批山水林田湖草生态保护修复试点地区以来，积极探索解决新时代山水林田湖草生态保护修复及共同体建设问题，取得了显著成效。

第一节　赣江源保护区建设

赣江源国家级自然保护区地处武夷山脉西坡南端，地跨江西省石城县和瑞金市，东南与福建省长汀县相毗邻，地理坐标为东经116°15'01″—116°29'06″，北纬25°56'30″—26°07'42″。总面积16100.85公顷（其中石城10758.75公顷，瑞金5342.1公顷），保护区核心区面积5491.8公顷，缓冲区面积3493.6公顷，实验区面积7115.45公顷。赣江源国家级自然保护区属森林生态类型自然保护区。其主要保护对象为：中国东部中亚热带、特别是武夷山脉各种常绿阔叶林群丛的集中分布区；若干个大面积的结构完整、更新良好的珍稀濒危植物原生种群；一批国家重点保护动植物；赣江优质水的重要水源地。

一、从建管理站到设赣江源镇

河流源头就是河流最初具有表面水流形状的地方，有地表水源头和地下水源头之分。地表水源头为河流河槽集流的起点，是山坡上槽流曲线与坡流曲面的交汇点，而地下水源头就是泉水，终年都不会干涸。赣江的源头由上洞河、石寮河、泮田河汇聚而成，地下水源头是一个名为"石泉1"的泉眼，位于几块大石的下方，海拔1110.8米，仅比地表水源头所在位置低15.6米，溪流瀑布随处可见。赣江源头地处中亚热带，具有典型的亚热带湿润季风气候特点，年平均气温17.5℃，全年无霜期246天，年均日照数1942小时，年均降雨量2100毫米。其周边主要水流有石阔河、樟坑河、珠玑河、小姑河等，水质都达到了国家I类水质标准，水源十分丰富。赣江源自然保护区内地形较为复杂，沟壑纵横，溪流瀑布随处可见，主要瀑布有龙潭瀑布、龙门瀑布、赣江源头第一瀑、马尾水瀑布等，且各具特色。

赣江源自然保护区内古木参天、林海连绵、千峰竞秀、万壑摇翠、绿涛碧浪、一望无垠。据考察，核心区、缓冲区、实验区的森林覆盖率均在90%以上。保护区森林植被丰富，基本为原生植被，林相好，林木蓄积量大。阔叶林是这里的主要林分，占总面积的 60% 左右，且多为常绿树种，优势树种主要有：栲、丝栗栲、红钩栲、青钩栲、闽楠、泡花楠、红楠、柯、黎蒴栲、拟赤扬、杨梅，少量散生的松、杉等。在阔叶林中，散生一些珍贵树种如珙桐、香榧、三尖杉、半枫荷、肉桂等。下层林下树种有四照花、鹿角杜鹃、赤楠、黄瑞木、枫荷梨、乌饭等。林分内光照较弱，地被植物稀少，地上多为枯枝落叶，形成深厚森林土，阔叶林以下是大片的竹林，约占这里林地面积的30%。高山矮林基本为天然植被，人为影响小，主要因特殊环境如风大、光照强、雪压、土壤瘠薄等因素造成。竹林主要分布在低海拔处，少部分成片生长侵入阔叶林中约海拔 1000 多米的山上。这里野生动物活动频繁，种类也较多，所调查的种类有野猪、水鹿、鼯鼠、白鹇、竹鸡、蟒蛇等，鸟类、蛇类非常丰富，是这片林区的主要动物资源。常年温暖湿润，雨量充沛，降水量年平均在 2000 毫米以上，年平均气温一般在 17.3℃，夏天最高 37.6℃，冬天最低在 −6.8℃。区内土壤主要是由花岗岩、石英岩和紫色页岩发育而成的黄壤、黄红壤、红壤及紫色土构成，很多地方由于长年有森林植被覆盖成为深厚的典型森林土壤层。赣江源自然保护区属丘陵低山地区，山地约占总面积的 89%、水流约占 3%，为中亚热带潮湿气候。这片地区还处于华南地层区，所处的鸡公寨及其周围地区是新构造运动抬升而形成的中低山地，故保护区内群山连绵起伏、错落有致。由于受地质结构的控制，这片地区的地貌分布较有规律，地势东南高西北低，由东向西南倾斜。

为了保护赣江源头的自然资源，有效地保护赣江源水质不受污染和森林生态系统不受破坏，维持赣江源物种的多样性，石城县林业局于 1980 年成立鸡公寨自然保护区（面积为 768 公顷）；1990 年又成立野生动植物保护管理站；1998 年再建立赣江源县级自然保护区，还成立县赣江源自然保护区管理站，站址设洋地林场，实行两块牌子、一套人马。同时，将洋地林场、横江林场、罗家林场的部分国有山林，及原洋地乡、横江镇、小姑乡的部分集体山地一并划入赣江源自然保护区；2004 年建立石城县赣江源省级自然保护区；2007 年石城县赣江源省级自然保护区与瑞金市赣江源自然保护区合并，对自然保护区的范围和功能区进行调整，并将保护区内的 4 个国有林场进行转产，对 11 个行政村约 1.1 万人口移民搬迁，并更名为"江西赣江源省级自然保护区"。2013年 6 月经国务院批准为国家级自然保护区以来，赣江源严格按照《森林和野生动物类型自然保护区管理办法》，在保护区边界处设立禁牌，增设护林人员，加强管护工作，严禁乱捕乱采野生动植物和砍伐林木等人为破坏活动，对在自然保护区内的规模生猪养殖场、分散养殖场进行全面整治，拆除保护区生猪养殖场及多家分散养殖户；全面排查整治赣江源自然保护区小水电站，保护区核心区、缓冲区的 5 座水电站中的桃花、乌石下、石溪 3 座小水电站已全部拆除整改到位，另 2 座已解网并拆除厂房。经江西省人民政府批准，2018 年 5 月 23 日，省民政厅正式批复同意石城设立赣江源镇，同意从横江镇分出赣江源、洋地、迳口、泮别、桃花、石溪、瑞坑、洋和、友联、秋溪、罗云等 11 个村委会设立赣江源镇，镇政府驻地设秋溪村，国土面积 108.24 平方公里，其中保护区面积 80 平方公里，总人口 2.14 万人。

二、从两县（市）分置到融为一体

赣江源自然保护区位于石城县和瑞金市的交界处。解放初，江西省水利部门将瑞金市境内的日东河—绵江—贡水定为赣江之源，并将瑞金境内武夷山脉黄竹岭定为赣江源头。1983 年 8 月南昌职业技术师范学院地理系学者安阳同志因教学需要，偕同瑞金县有关部门的人员实地考察，发现赣江源主流并非来自黄竹岭。为了寻找真正源头，他们沿日东河溯流而上。次日进入石城县洋地乡上土段村石寮屋场东北，发现日东河水从此地枯枝败叶中渗出，确认赣江从此发源，否定了赣江发源于黄竹岭之说。他实地考察后得出结论："赣江发源于石城县境内的武夷山南段石寮崠"。1995 年版《江西省志》中《江西省水利志》记载"赣江以赣州以上为上游，以贡水为主，自石城县石寮崠河源全赣州市全长 255 公里。""贡水主流在会昌县城以上又称绵江，瑞金县城以上分壬田河与黄沙河二源，主河源在壬田河，壬田河又分为南北二源，均来自武夷山西麓高山岭间，北源起源于石城境内的大坑里，南源起源于石城境内南端的石寮崠。"2000 年，江西省由人事、水文、测绘、地质、林业等方面专家组成的"赣江源科学考察小组"，在考察后经省科技厅评审后确定"石寮河为赣江的源河，石寮河 1 号泉为赣江源头。"此点位于东经 116°21'40″，北纬 25°57'48″，该区域自然资源所有权为石城县所有。经多部门调查石寮河流域面积 4.235 平方千米，其中石城县境内为 2.585 平方千米，瑞金境内 1.65 平方千米，即在石城县的部分占总面积的三分之二，在瑞金市的部分占总面积的三分之一。

赣江源（瑞金）自然保护区位于江西省赣州市东部。地理坐标为东经

116°03′—116°20′，北纬25°52′—26°06′。属武夷山脉南端，东与石城县赣江源镇交界，南靠福建的长汀县，西连瑞金市的叶坪乡和壬田镇，北接石城县龙岗乡。地质属华南地层区，仙人湖崬及其周围是新构造运动抬升而形成的中低山地。由于地质结构的控制，地貌分布较有规律，境内峰峦起伏，层峦叠嶂，地势为东南高西北低，由东向西南倾斜，最高峰仙人湖崬，海拔1138.3米。成土母岩主要为花岗岩、石英岩和紫色页岩发育而成的黄壤、黄红壤、红壤及紫色土。黄壤分布在海拔1000米以上仙人湖崬、岭脑崬、赣源崬、寨背崬等地带；黄红壤一般分布在海拔600—1000米的低山地带；红壤及紫色土分布在600米以下的中丘地带，土壤肥力中等，呈中性或微酸性。区内具有典型的亚热带湿润季风气候特点，年平均温度是17.3℃，7月最高气温38.5℃，1月最低气温—4℃，年无霜期为246天。年均日照时数1942小时，年降雨量2100毫米。保护区内主要有上洞河、石寮河、龙兴河、黄竹河，其中上洞河、石寮河汇集形成赣江发源地及源头汇水区，水质清澈透明，没有污染，达到国家有关地面水Ⅰ类水质标准。

2014年，瑞金市成立赣江源自然保护区管理局，在2001年将日东林场和日东乡范围内的1.9万公顷山林划为自然保护区，2007年升格为省级自然保护区。区管理局先后组织全国各类专家100多人次进行科考，历经省林业厅、国家林业总局、国家环保局专家多次评审，加大科普教育宣传力度，有效提升群众生态保护意识，严厉打击破坏生态违法行为，在上述扎实保护工作的基础上，大力争资争项筹集资金，完善区内基础设施建设，按照"一流的水质，一流的空气，一流的生态环境，一流的人居环境，一流的绿色生态保护和建设机制"的目标要求，使保护区内的动植物种类和数量大幅增加。目前，瑞金片保护区森林覆盖率高达95%，有国家重点保护野生植物南方红豆杉、伯乐树、异形叶玉叶金花、福建柏、金钱松、香榧、中华结缕草等19种，有国家重点保护野生动物蟒、云豹、豹、水鹿、水獭、穿山甲、草鸮、虎纹蛙等26种，正逐步成为保护高效、布局合理、设施完善、管理科学、运营灵活的多功能、多效益森林生态系统类自然保护区。

三、从自然保护区到建设生命共同体

按照建设山水林田湖草生命共同体的要求，赣江源国家级自然保护区科学规划布局完善保护设施。除了建设防火隔离带、自然保护区三区勘界工程、交通要道永久性宣传碑牌，在进入保护区路口兴建检查岗亭，24小时轮班对进入保护区的人和车辆进行登记检查，完善森林防火应急预案，层层签订森林防火责任状，杜绝森林火灾的发生之外，国家在赣江源区域先后安排实施退耕还林、天然林资源保护工程、长江防护林工程、小流域治理、农业综合开发、扶贫开发、以工代赈、农村沼气、国家重点生态公益林管护等一系列项目，以工程项目投资的形式支持源区生态建设，这些工程项目的实施，极大地改善了源区的生态环境状况，在较大程度上缓解了生态建设资金缺乏的困难。

赣江源头周边独特的地理环境、复杂多变的地形地貌以及湿润性气候，都使这片区域有着良好的生态环境，且生物类型多样，堪称"动植物王国"。赣江源自然保护区内的植被垂直分布明显，从上往下主要是以松柏为主的针叶林，过渡层为以松杉与阔叶壳斗科植物为主的针阔混交林、竹林、阔叶林、灌木林、山顶草甸，还有成片分布的原生榉树群落，在江西省乃至全国都较为罕见。保护区内目前已查明的高等植物有78科145属，包括国家一级保护植物伯乐树、异形叶玉叶金花、南方红豆杉、珙桐、银杏等；野生动物资源也十分丰富，有国家一级重点保护动物云豹、蟒蛇等，还有国家二级保护动物穿山甲、虎纹蛙等30余种，已成为植物的王国、动物的天堂。赣江源犹如人的血脉，在高山大地间川流不息地奔走，浇灌一方土地，滋润一方百姓，群山连绵起伏，树木郁郁葱葱，环境优美，空气清新，是一座"天然氧吧"，氧离子含量达每立方厘米10万个单位，在全国实属罕见，目前已成为一个集追根寻源、生态观光、科学考察、自然探险为一体的旅游胜地，迷人的景致构成了一幅令人心旷神怡的秀美画卷。

赣江源自然保护区内不仅有良好的生态环境，其最高峰鸡公崬上还有独特的气候现象。天底接林海，空中有行云；溪边照影行，人在行云里。在鸡公崬上江西与福建的交界处，每到冬天，福建那边一旦出雾，江西这边必然下雨；到了春天，江西这边只要出雾，福建那边必会下雨。倘若江河好则当地的环境好，而环境好则万物生长茂盛。这些，都是与天时、地利、人和密切相关、相辅相成的辩证统一关系。

第二节　琴江流域生态保护与修复

琴江河是石城县主河道，发源于县境内北部金华山，经大由乡折西北出县境入宁都县境与梅江汇合。境内河道除西北部罗溪、白家礤河流入宁都梅江，南部水庙溪、沿江河、上洞溪流入瑞金市绵江河外，其余均汇入石城县境内主河道——琴江河。从经济学的视角看，流域既是由分水岭所包围的特定区域，又是组织和管理国民经济，进行以水资源综合开发利用为中心的重要空间单元，构成经济管理体制的基本单位。为改善河流水质，进一步落实地方政府对本辖区环境质量负责的法律责任，石城县把琴江河纳入"河长制"这项流域环境保护基本制度。从 2016 年推行河（湖）长制以来，由各级河长带头负责，积极谋划河流管理保护措施，扎实做好辖区河流环境保护工作，实现了从区域到流域、从河流到山塘、水库的责任网络全覆盖。完成了河流名录的登记，编制了"一河一档、一河一策"，为加强河湖管护奠定了坚实基础，全县水环境质量始终保持高水平，跨界断面水质均达Ⅲ类水以上标准，流域内水功能区水质、主要饮用水水源地、乡镇跨界及县域出境水质达标率均达 100%，均高于全市平均水平，2018 年度河长制综合考评名列全省第一。

一、建设流域生态保护与修复示范区

琴江在石城县境内全长 90.4 千米，控制流域面积 1469 平方千米，多年平均流量为 51.4 立方米 / 秒。境内支流密布，主要支流有岩岭河、大琴河、石田河、罗陂河、横江河、秋溪河。因降水量的年际、年内和地区间的不均衡，造成水资源量在年际、年内和地区间分布的不均衡。尤其是随着县内一些有污染排放的企业如造纸厂、化工厂、采矿厂的相继建成与投产；森林采伐及水土流失，农村洗涤水、化粪池水等生活污水的排放量不断增加；城镇人口的剧增，生活垃圾及污水越来越多，生活污水未经处理便直接排入河道，造成地面水污染等，琴江河（温坊至长江段）的自然环境和生态平衡逐渐遭到破坏。虽经多年治理，但仍然存在生活污水直排、河道两岸农田化肥农药面源污染、堆砂场洗沙产生的废水直排、农产品加工废水直排河道或街道等问题。河道滩涂、河库水面保洁不彻底，毒鱼、电鱼、网鱼现象较严重，乱挖、乱采、乱堆、乱排等"四乱"现象突出。在流域水资源的开发利用过程中，水质的优劣影响着水资源的功能，同时也决定了水资源的利用价值，如果流域上游地区提供的水资源水质越好，其在下游的功能就越多，水资源的可利用价值也就越大；如果上游地区所提供的水资源水质越差，其在下游的功能越少，水资源的可利用价值也就越小，有时甚至会成为废水而完全丧失利用价值。因此，迫切需要进一步将水生态系统保护纳入流域工作中统筹考虑，将国家的水生态保护与修复相关政策落到实处。

（一）河湖管理顶层设计

为了解决新时期复杂的水问题，推进水生态水环境整体改善，维护河流健康生命，石城县重点在河湖管理的顶层设计上取得突破。按照"水安全保障——河道统筹、系统治理，确保防洪安全；水环境营造——截排入河污水，利用滩地湿地活化水体提升水质，河道污泥垃圾全部清除；水生态保护——保护生态功能和生态系统的完整性，改善湿地生物栖息环境；水景观塑造——展石城胜景，谱琴江水韵；水经济支撑——挖掘景点价值、旅游硬件对接"五统一理念，大力推进水生态保护与修复工作，不仅对县境内琴江及支流和周边部分林地为主体的湿地公园进行生态修复，保护生物的多样性，融合优美的湿地景观，将翠绿的森林景观，恬静的乡村田园景观于一体，拓展生态旅游内涵，还通过沿线20年一遇防洪标准建设保护了游客集散中心等河岸公园，206国道、356国道及村道等沿线路网，燕首大桥、花园大桥及石马大桥等跨河桥梁，温坊拦河坝等水利设施，县污水处理厂和长江村的重要建筑。坚持"短安排"和"长打算"相结合，实施控污、增湿、清淤、绿岸、调水"五策并举"，饮用水、地下水、流域水、黑臭水、污废水"五水同治"，推动琴江流域水生态环境整体改善，让琴江水量丰起来、水质好起来、风光美起来。

（二）水岸同治项目奠基

为了让琴江沿岸风光美起来，石城县通过绿化、河道景观化、河流生态化等措施，实现水岸同治、标本兼治的目的，积极争取上级部门项目支持，加大项目整合力度，逐步建立水生态保护长期、稳定的投入保障机制。2017年第一批山水林田湖草生态保护修复试点项目中的琴江流域（温坊至长江段）生态保护与修复工程完成投资13849万元，琴江河干流累计完成清表19.8万方，土方开挖17.35万方，土方填筑81.5万方，石笼护脚19360方，石笼挡墙2920立方米，石笼护坡8100平方米，抛石固脚90100方，清淤103000方，植物纤维毯86000平方米，草皮护坡48000平方米，钢筋混凝土箱函2个，生态草沟1650米，波纹管埋设200米。古樟河段已于2018年全部完工，完成清表6611.44立方米，土方开挖23963.18立方米，土方回填21556.86立方米，土方填筑7243.22立方米，抛石固脚2956.3立方米，干砌石护坡1844.12立方米，砂砾石垫层842.42立方米，铺草皮33943.6平方米，土工网垫26003.5平方米。围绕打造全国知名生态休闲养生旅游目的地的目标，突出河道清澈、景观自然、功能保障等重点，加快建设城北滨江公园、城南湿地公园、琴江一河两岸30公里主题景观长廊等独具魅力的水文化景观。

（三）治水治污源头管控

为了让琴江水质好起来，石城县从治水先治污、水动力重构、提高污水排放标准三个方面发力，为改善琴江水质"保驾护航"，大力推进城乡污水处理、城乡供水一体化、城乡垃圾处理一体化及琴江河南北端及上下游9乡镇防洪工程等项目建设，切实保护赣江源头水生态环境。近几年共计安排水环境保护整治相关项目8个，总投资近20亿元。污水治理方面，基本完成了小溪河、西外河、小西河等三条河流配套污水管网的整治维修加固工程，常态化开展管网巡查；2018年城区新建配套污水管网约8公里，完成县城污水处理厂一部一期工程；在全县53个村庄、圩镇实施了生活污水处理建设；城乡垃圾处理实现一体化，11个乡镇农村生活垃圾治理全部移交给石城首创环保有限公司，农村生活垃圾无害化处理率达97%以上并通过省级验收。县财政出资338万元，收回屏山镇征鹏坑、大由乡大塘水库经营权，确保水源点安全。

（四）河畅库满节水优先

为了让琴江水量丰起来，石城县坚持治标与治本兼顾、近期与远期结合，通过节水优先、退还被挤占的河道生态用水、洪水资源化利用等措施，让河流动起来。推进工业项目生产方式绿色化，发展绿色低碳经济，提高企业准入门槛，加强企业污染防控技术，从源头上减少污染排放，形成河流治理与生态富民、产业发展、旅游休闲相结合的最美岸线。启动县城供水取水口上移至岩岭水库和小松大昌坝城市应急备用水源工程建设，结合旅游开发，以水为媒，依托石城山水资源，促进全域旅游文化发展。稳定全县湿地总面积1919.74公顷，保证日东水库、大塘水库、坝口拉沙坝、红色水库、岩岭水库、大创水库、小坪湖水库、塘台至珠坑输水河、琴口河等湿地水质稳定。加强对区域水、生物等自然资源用途管制，完善水资源管理制度等。加强城乡生态环境设施保护，加快森林城市、省级文明城市、省级卫生城市创建工作，加快推进"严户型、整院落、拆败房、禁'十乱'、美乡村"工作，逐步把全县农村建成宜居、宜业、宜游的秀美乡村；加强历史文化名镇名村和传统村落、传统民居保护力度，着力推进中心村建设，构筑城乡融合的森林生态绿地网，把山、水、林、田、湖、河等生态元素融入城市建设，使山水城融为一体，让居民望得见山、看得见水、记得住乡愁。

二、建设生态农业与健康产业发展先行区

"中国白莲之乡""中国烟叶之乡"的石城农业，在稳定发展烟莲稻传统农业，大力发展蔬菜、脐橙、翻秋花生等特色农业的同时，也使农村生产生活污水产生的无机盐逐渐损害土壤质量，造成农产品"亚健康"生长等新问题出现。而全县农田水利工程设施仍显老化，农业灌溉用水得不到保障，抗御自然风险能力差，农业仍处于靠天吃饭，对农业面源污染治理能力弱等老问题依然存在。而农业是石城县支柱产业，主要以白莲、烟叶为主，其中有95%的农户种植白莲，种植面积达0.47万公顷。通过建设集石城乃至赣州地区的主要农业产业于一体的现代农业科技示范园、提升基础设施、打造优质脐橙基地、无公害蔬菜基地、苗木花卉基地、白莲基地等为重点，结合养生养老产业，吸引广东、福建等发达地区的游客在此休闲养老，拓展采摘、科普、认种认养、休闲垂钓等项目，提供绿色生态农产品，促进生态农业和大健康养生养老产业的发展，形成全省生态农业与健康产业结合发展的先行示范区。

（一）强化农业面源污染减排与治理

石城县在系统开展农用地土壤污染防治、水生动物保护、畜禽养殖污染治理、水产养殖污染治理、农药化肥污染治理、农作物秸秆综合利用、农村生活垃圾和污水处理等专项行动的同时，通过建设一批重要农产品产区病虫害安全用药示范区，严格落实目标总量控制和环境容量控制，降低主要污染物排放量，减少生产生活对水、空气和土壤造成的污染；加强畜禽规模养殖场配套建设固体废物和废水贮存设施，并按《畜禽养殖业污染防治技术规范》HJ／T81—2001（国家环境保护总局）进行治理。到2017年，全县畜禽规模养殖场配套建设固体废物和废水贮存设施比例达到92%，主要农作物肥料偏生产力（PFP）达到1.3公斤，化学农药用量增量达到−1.0%，主要农作物病虫害绿色防控覆盖率达到75%，主要农作物病虫害专业化统防统治覆盖率达到35%，生物农药和高效低毒低残留化学农药使用比例达到45%，病死畜禽无害化处理率达到99%。

（二）严防土地污染

石城县以保护耕地和饮用水水源地土壤环境、严格控制新增土壤污染和提升土壤环境保护监督管理能力为重点，有针对性地开展保护和治理。积极开展主要土壤污染区域、耕地、集中式饮用水源地土壤环境质量评估和污染源排查，农用地土壤环境得到有效保护，土壤污染恶化趋势得到遏制，土壤环境质量得到改善。加强对矿产资源勘查开发的统一规划和管理，提高矿产资源综合利用水平，按照国家、省、市统一部署，开展第三轮矿产资源规划编制工作。坚持并秉持"节约资源就是保护生态"的发展理念，积极支持矿山企业加大技改研发力度，不断提高资源节约集约和综合利用水平，提高矿山回采率。支持铌钽矿、砚石用板岩、饰面用石材、萤石、钾长石、煤等矿山通过复垦还绿、绿色矿山建设等方式，引导和鼓励社会资金投入矿山环境治理。加强矿产资源开发监测管理，推进"一张图"管矿，加强矿产资源和矿山环境保护执法监察，坚决制止乱挖滥采。积极推进矿产资源整合，重点加快推进采石场及含锂资源矿山的整合工作。加大矿山治理恢复力度，实施历史遗留废弃矿山地质环境恢复治理工程。加强钽铌矿、海罗岭矿矿山环境治理等矿山污染防治，控制源头，禁止批设易污染矿山企业，对资源量小、服务年限短，同时又对周边生态环境影响较大的矿山企业，在其采矿许可证到期后不再予以延续登记；强化监管，督促矿山企业优化加工工艺、有效处置废石尾矿；加强治理，查处纠正矿山污染行为，消除对环境的危害。

（三）加强大气污染防治

石城县加大对园区企业的整治力度，推进工业园区废气治理工作，加强对烤烟、化工、重金属生产企业排污监管力度，强化企业自我监测及政府监督，逐步提高重点污染企业污染物在线监测水平，有效减少二氧化硫和粉尘排放。全面整治燃煤小锅炉，调整能源结构。强化机动车污染防治，加快淘汰黄标车和老旧机动车辆。完善县级空气质量自动监测网络，将重污染天气纳入县政府突发事件应急管理。严格按照国家节能减排要求，建立健全节能减排工作责任制和问责制，完善节能减排统计、监测和考核体系。引导建立低碳生产生活方式，大力开发和推广低碳技术，努力实现向低碳社会转型。积极发展循环经济，加大节能减排项目建设力度，淘汰污染严重的生产项目，禁止高能耗高污染项目建设，提高新建项目能耗、资源限额、污染排放强制性门槛。在燃煤锅炉改造、建筑节能、绿色照明等领域实施一批节能减排重点工程。推广先进适用的清洁生产技术，积极开发清洁发展机制项目。加强对各种自然资源的保护管理，形成节约型生产方式、交通方式和消费方式。推进矿产资源潜力评价和深度找矿，整合重点矿产资源，实施战略储备，发展精深加工，提高综合利用率。严格执行新上项目节能评估制度，推广高效节能照明产品和节能控制技术。倡导社会循环消费，加快城市生活污水再生利用设施建设和垃圾资源化利用，努力实现废弃物的资源化、减量化、无害化，实现资源利用、环境保护和经济社会的协调可持续发展。

三、建设生态资产管理与生态补偿制度创新探索区

认真落实《全国主体功能区规划》要求，加强对空气、水源、气候等自然要素的资产属性管理，将生态产品生产与农产品、工业品和服务产品生产置于同等地位，为转变资源管理方式、协同生态效益与经济效益开辟

新视角。

（一）恢复重要水域自然生境

加强水生生物栖息地保护和修复，严格执行自然保护地和生态保护红线相关规定和要求，合理规划涉水工程建设项目，结合"清河行动"，先后开展侵占河道岸线、企业污染、渔业资源、非法采砂等专项整治，2018年开展河道巡查370余次，调处水事纠纷案件20余次，现场打击处理非法采砂20余次；收缴电鱼工具9套，处罚电鱼、毒鱼案件10起，增殖放流数量达450万尾。出台《全县畜禽养殖污染专项整治行动实施方案》，划定畜禽养殖禁养区、限养区、可养区，将县城及乡镇饮用水源地列入禁养区范围予以保护，并积极开展专项整治活动；拆除沿河禁养区养猪场165处、养鸡场4处，全县48座水库已退出饲料养殖47家。开展水葫芦清理专项整治，对辖区内河道、水库、岸边、护坡等地水葫芦采取机械和人工协作的方法，雇佣运输车、竹排、打捞船等，投入人力560余人次，资金15万余元，清理水葫芦249吨，有效遏制了水葫芦的生长蔓延，防止了水葫芦流向下游。

（二）加大环境执法力度

在水环境执法方面，开展"散乱污"、水源地等专项整治工作；进行重点建设项目、重点工业企业专项检查，开展化工企业污染防控、饮用水水源地环境保护、环境安全隐患排查整治、工业污染源全面达标排放等16个专项行动执法检查，全面打击环境违法行为。2018年实施责令整改97起；行政处罚12起，罚款98.9万元；查封扣押5起；停产整治3起，关闭搬迁污染企业2家。严格落实整改，完成小水电站流域规划环评报告编制，小水电站全部设立生态流量公示牌，编制全县电站"一站一策"整改方案；下发总河长令对全县水库水环境及白莲剥壳机污染进行集中整治。在全县乡镇河流跨界断面、重要水功能区均设置水质监测点，每月对水质监测点进行检测并通报水质变化情况，并由县环保局、县水文站牵头，联合制定《石城县水质恶化倒查机制》，切实加强监测分析和水质核查，为倒逼河库管理责任落实提供依据。

（三）生态补偿制度创新

在推进生态资源管理、创新生态补偿方式方面，探索从保护好源头资源提出制度创新内容，成为全省生态资产管理与生态补偿制度创新探索区的样板。重点探索赣江流域跨县（市、区）生态补偿机制，推动建立地区间横向生态补偿制度；探索建立以绿色生态为导向的农业补贴制度，加快推进化肥、农药、农膜减量化以及畜禽养殖废弃物资源化和无害化。建立"以县为主、乡镇为辅、省市奖补"的经费保障机制，深入推进自然资源资产产权管理和用途管制制度、资源有偿使用制度、资源环境承载力监测预警机制等体制机制创新；不断健全体现生态文明要求的考核评价机制，以及生态环境源头保护、损害赔偿和责任追究等制度，形成有利于生态文明建设的制度保障和长效机制。

第三节　城乡污染治理

石城县以城乡环境整治为抓手，以农村污染治理、城乡居住环境改善为重点，以打造生态秀美乡村样板为目标，实施农村人居环境整治三年行动计划，积极推进城乡人居环境综合整治。2017 年第一批山水林田湖草生态保护修复试点项目中的农村污染治理工程完成投资 2800 多万元，完成大畲村、前江村、江背村、古樟村、化园村、长江村污水处理站的建设，完成配套污水管网建设约 8.2 公里，其中古樟村、花园村污水管网已接入县污水管网系统。完成高标准农田工程治理 58.67 公顷，浇筑水沟 4600 米，修筑机耕路 4200 米。积极开展"净空、净水、净土"等环境整治行动，并建立"一季度一监测一调度"的长效工作机制，全力推进城乡垃圾治理和污水治理。

一、城乡垃圾处理

城乡生活垃圾除了包括蔬菜残叶、瓜果烂皮等之外，还包括废旧电池、塑料袋、饮料瓶、快餐盒等各种固体废弃物，也包括生活污水。由于城乡人口众多，自然会产生大量生活垃圾，而绝大多数的农村生活垃圾并未得到有效回收，而是被人们随意丢弃，这些垃圾既包括难以降解的塑料，还含有诸多有毒有害物质，当它们进入河流，会危害水下生态环境；当它们被燃烧，所产生的有害物质进入空气中，导致空气质量恶化；当它们被掩埋，会造成土壤环境恶化，因此农村生活垃圾成为面源污染的主要来源之一。这些物质的不恰当处理使得农村环境时常处于脏、乱、差之中，与广大人民追求美好幸福生活的愿望和目标极不协调。

（一）转变思路

开展城乡生活垃圾一体化管理工作是保护生态环境的关键环节，也是提高广大村（居）民生活质量、关系广大群众切身利益的惠民工程。新中国成立以来，石城县经济社会建设取得了较大的进步，但环境保护能力发展却相对滞后，生态保护基础设施建设不足。近年来尽管全县基础设施投入力度不断加大，农村垃圾处理的各项设施正逐步完善，但总体建设仍滞后于经济社会的发展，综合处理能力相对较弱。因此迫切需要在实施山水林田湖草生态保护修复试点项目过程中，构建以生态为基础、乡村振兴为主体、加强环保能力建设为主旋律的乡村发展格局。

1. 高度重视

为解决与人民群众息息相关的民生问题，石城县于 2017 年率先在全市实施城乡垃圾一体化治理改革。统筹考虑生活垃圾和农业废弃物利用、处理，建立健全符合农村实际、方式多样的生活垃圾收运处置体系。基本完成非正规垃圾堆放点排查整治，实施整治全流程监管，严厉查处在农村地区随意倾倒、堆放垃圾行为。

2. 思想引领

以精神文明建设为抓手，加强农村思想道德建设，繁荣农村文化生活，促进乡村移风易俗，显著提升农村居民素质。大力推进农村厕所粪污处理或资源化利用，推进城乡公共场所厕所清洁行动，大力推进"厕所革命"，建设无害化卫生厕所。推进县城建成区"两违"整治和农村超高超大乱搭乱建专项治理，坚决打好拆违"歼灭战"。推进农村"空心房"整治，开展农村民房庭院整治，整治提升交通沿线村点建筑立面，抓好新村点整治。

3. 全县统筹

石城县从提升"保卫蓝天战"的战略高度出发，将全县 1581 平方千米国土作为一个整体，通盘考虑，把城区和农村环境治理、人与自然的和谐与可持续发展纳入国民经济与宏观决策中，从单纯注重城区环境卫生转到城乡并重、统筹规划、综合治理，从乡镇各自为政的局部环境卫生治理转变到协调一致的城乡环境卫生整体治理，形成了城乡生态环境卫生一体化大格局。

（二）建章立制

实现生态环保不仅需要道德力量的软约束，更需要政府和相关部门出台必要政策，制定相关制度来进行硬要求，提供制度支撑。多年来，石城县坚持把建章立制工作放在首要位置。

1. 政策制度创新

坚持高起点、全方位，规划编制生态建设方案，建立完善目标考核机制、奖惩机制，创立农村卫生管理制度，并形成长效机制，使生态环保工作有法可依、有章可循，保证了城乡生态环保一体化顺利步入轨道，并取得了很大成效。

2. 治理体制创新

在过去一段历史时期，石城县农村生活垃圾治理以乡镇为单位，实行属地管理，单兵作战，虽耗费了大量的人力、物力、财力，但圩镇村庄环境卫生不容乐观，曾出现了多处陈年垃圾和多个非正规垃圾堆放点，农村人居环境受到污染和破坏，以致在多个已建成的美丽乡村的田间地头看到废弃的农膜和各类农药包装废弃物。通过公开招商引资的方式实施市场化运作，引进第三方公司——由北京首创环境控股公司与石城县城投集团公司合资成立的石城县首创环保有限公司，由该公司对全县城乡生活垃圾统一进行清扫、收集、运输、无害化处理，将全县 11 个乡镇 131 个行政村及赣江源自然保护区生活垃圾清扫保洁、清运和无害化处置工作推向市场化，取缔了 11 个乡镇的简易垃圾场，清除了近千处的陈年垃圾，农村生活垃圾处理市场化已实现了全覆盖。通过实施城乡生活垃圾一体化综合处理，全县生活垃圾无害化处理率达到100%。城乡环境卫生面貌得到好转，可视范围内基本实现无白色垃圾、无占道堆物、无污水横流，缩短了城乡环境卫生的差距，全面改善了乡镇环境卫生面貌，同时也改善了县域投资环境、旅游环境和村（居）民生活环境，为创建省、国家卫生城市发挥了重要作用。

3.建设目标创新

随着农村农业农民生产和生活方式的改变，农村环境污染类型越来越复杂。因此，农村环境污染治理投入需求较大，目前基本是政府财政投入，无法有效保障各类环境污染治理。石城县随着城区框架的拉大逐步扩大环卫保洁覆盖范围，将一些新建道路、公园广场、工业园全部纳入保洁范围。加强重点部位的保洁力度，新接管了城区"三小河"、琴江河、振兴大道、高速公路延伸段的保洁任务，保洁面积由2011年的86.5万平方米增加至现在的257万平方米；同时，为解决城乡结合部、无物业小区的垃圾清运问题，先后在这些薄弱区域的道路出入口新增加了集装箱垃圾箱、轮式垃圾桶，实行了垃圾定时定点收集清运制度，定期集中力量清除城区内"垃圾堆"、"废土山"现象，确保县城垃圾卫生死角得到根治，真正实现了城区环境卫生保洁工作达到全覆盖、无缝隙管理、无卫生死角的目标。

（三）兴建网络

建立"纵横到边、覆盖全县、责任到人、监管到位"网格化管理举措，实现了片区、乡镇、行政村三级网格管理履责的监管机制，构建了一个以"乡镇为面、行政村为网、自然村为格、巷道河流为线、重点区域为点"五位一体"全覆盖、无盲区"的农村生活垃圾治理网格管理模式，秉行"健全组织、加大投入、改善设施、完善制度、强化管理、严格督查"的工作思路，规范生活垃圾的清扫、收集、转运和填埋工作。

投资10亿元建设城乡垃圾一体化综合处理项目，投资11亿元建设城乡（新城区）污水处理设施项目，建设沼气池18000多座，在琴江河保护核心区投放500万尾鱼苗。仅2017年，县城就新增污水管网10公里，并完成约5公里污水老管道和约 150 个检查井的清淤工作，县城污水收集处理率提高到 85% 以上。全县 4 个水功能区和主要饮用水水源地水质达标率均为 100%，乡镇跨界及县域出境水质达标率为 100%，赣江源断面水质稳定在 Ⅱ 类以上，自然保护区内水质更是稳定保持在 Ⅰ 类。县城空气质量优良率为 100%，连续 4 年荣登"中国百佳深呼吸小城"榜单。

项目公司参照省环卫工作定额配备人员及设备，按照环境卫生设施标准进行设置，对全县以及城区农村清扫保洁服务系统分别进行投资和建设。对全县清扫保洁工作进行统一规划、科学配备环卫从业人员、逐步改造或淘汰陈旧设备并根据需要配备先进高效设备。基本构建了"村收集、镇转运、县处理"的城乡垃圾一体化处理模式。"村收集"即清扫保洁组负责全县生活垃圾清扫保洁，宣传和指导农户庭院生活垃圾清扫，10 个乡（镇）、131 个行政村的 740 名保洁员在各自村组进行公共区域清扫保洁。"镇转运"即转运车队合理规划运行线路 14 条，日行程累计 1600 余公里，负责全县 420 处垃圾桶集中存放点生活垃圾收集和转运工作。"县处理"即县生活垃圾填埋场负责全县生活垃圾 100% 无害化处理。垃圾进场需经过可视检查、称重计量、定点倾倒、摊铺压实、清杀除臭、密闭覆盖等环节。

二、城乡污水处理

坚持"农村治污，规划先行"的要求，聘请专业设计单位科学编制农村生活污水专项规划，以城乡区域统筹为原则，将美丽乡村示范区、精品村、中心村、历史文化村落等村庄的生活污水纳入重点治理规划，与村庄农田、农村建筑、生态空间、产业布局等紧密结合起来，将污水处理建设有机融入村庄。并把污水处理设施下沉至地下，地面铺上绿色草皮，与周边环境融合起来，打造成小型绿地公园。农村污水处理涉及的土地虽然占地面积不大，但因建在农村，很容易越过红线侵占基本农田。为避免这种现象发生，石城县组织县乡两级国土部门和乡村干部全程参与选址，在不占用基本农田的基础上，科学合理选址。在完成选址后进行公开公示，充分征求当地群众意见建议，对影响群众生产生活和出行的组织另行再选，保证污水处理设施建设不占耕地、不碍出行、人人满意。

坚持"因地制宜、分类指导、节约简便、注重实效"的原则，采取集中与分散相结合的处理模式。在人口规模较小的村庄，实行人工湿地处理模式；在人口规模较大的村庄，采取高负荷地下渗滤污水处理模式。充分发挥高负荷地下渗滤污水处理技术的优势有土地利用率高，日处理 1 吨污水设施仅占地 2 平方米；运行能耗低，电耗一般小于 0.1 度 / 吨污水，建设投资与 CASS 工艺（Cyclic Activated Sludge System，是周期循环活性污泥法的简称）相近，机电设备简单，维护简便，故障率小于 1 次 / 年，无需专业人员维护和值守；无二次污染，仅沉淀池有少量沉淀物排放，无异味、无噪声，不滋生蚊虫；出水水质好，该技术流程包括了"厌氧＋好氧＋兼氧"处理过程，出水水质可达城镇污水处理厂一级 B 类排放标准（GB18918—2002），且出水水质稳定；系统运行稳定，几乎不受气候条件影响，可以人为调节渗滤系统内部的温度，即使在寒冬气候条件下也能保持很好的处理效果；可二次利用，项目建成后，可将地面建成一个开放式休闲场所，不仅美化了自然环境，还可供当地居民休闲，凸显了人与自然之间的和谐。

坚持"分类统筹、分步实施"的原则，对村级污水处理系统按轻重缓急分步实施，有序推进项目建设。对一些景区所在村庄、贫困村、人口生活密集村等村庄，优先安排项目建设。同时在改造排水管网时，注重农户化粪池防渗改造及洗涤用水的收集和排水沟渗漏处理，尽可能减少对新农村建设已铺设地面的破坏。石城农村污水处理建设不仅改变了人们对污水处理的错误看法，而且大大改善了农村的生产生活环境，促进了农村社会和谐发展。一是环境更美丽。城乡生活污水处理的最直接效果就是环境条件的改善，改变了以往污水横流、苍蝇乱飞的脏乱差现象，减少了入河污染物的排放负荷，提升了区域环境质量。特别是采用高负荷地下渗滤污水处理技术，通过居民区生态环境的综合治理，处理池地面新建小型绿地公园，改善了农民的人居环境，提升了生活品质。二是资源更节约。在农村地区，处理后的生活污水可作为灌溉用水或其他用途使用，可以节约淡水资源。农村环境条件的改善，可以降低与污染有关疾病的传播，减少由此引起的经济损失。同时农村污水处理系统耗能较少，采用厌氧分解工艺，大大减少后期污水处理投入，节约管理维护成本。三是社会更和谐。农村生活污水处理既提高了水资源的重复利用率，缓解水资源供需矛盾，又促进了农村邻里和谐相处，提高群众的获得感和幸福感。木兰乡小琴村有两户农户一前一后居住，以前一直因为污水排放问题多次吵架闹别扭，污水管网接通后，从根本上解决了污水流向及污染问题，打破了多年不和的尴尬局面，促成两家握手言和。

三、环保能力建设

石城县针对县内大小工业企业 200 余家、大小养殖场近 30 余家、监管对象点多面广而全县环境监察技术装备和监控手段落后，环境监察人员严重不足难于适应新形势下环境监察工作的现状，充分调动全县工业企业多个行业的积极性，把上百种污染因子尽可能控制在源头。

（一）严控新建工业污染项目

工业污染方面，因为目前尚无公开的工业污染数据，现有研究多用工业增加值作为工业污染的代理变量。工业增加值是工业生产过程中新创造的价值，在同样指标水平下，工业产出可以侧面代表工业污染的一般状况，在横向比较中有一定参考价值。在克服环境监测设备缺乏、环境监测能力有限、监测自动化程度低、人员偏少、及时准确捕获环境监测信息难度大的同时，完善环境应急监测能力、加强环保监管手段，以往主要通过投诉举报和执法检查来发现环境污染问题的现象得到改观。项目建设严格按照环评审批程序办事，环评制度成为建设项目的"必修课"。

（二）建立农村环境治理体制机制

全面推进农村清洁工程，推广农村垃圾无害化处理，推进农村户用沼气和养殖小区沼气建设。开展低碳农村社区建设试点，形成农村综合环境治理的长效管理机制和保障机制。加强工业企业环境整治，有效治理废物、废水。加强矿山生态环境治理，加快开展矿区损毁土地复垦、恢复利用和绿化，以及矿区废水、废物的综合治理。加大环保投入，加强环保能力建设，提高环保监察、监测水平，抓好城市空气质量改善工程。加快"以气代煤"和"以电代煤"步伐，改善城市能源结构，淘汰高能耗、高污染的企业，提高城市大气环境质量，使城区空气质量稳定达到国家二级标准。完善城镇环保设施，新（改）建县城、乡镇垃圾填埋场，建设县城废旧物资回收集散加工中心，加强乡镇污水处理厂建设。坚持不懈抓好小流域治理，主要河流水环境综合整治、重金属污染防治专项整治。琴江镇大畲村农村生活污水处理点，综合考虑通天寨景区坐落该村，按照旅游前景及规划，将建设温泉度假酒店，景区扩容和游客数量将增加等，所以大畲村污水处理点占地面积和污水收集容量远远大于现实需要，能够满足景区发展需要，促进当地旅游业发展，提高当地居民生活质量，推动乡村振兴。

（三）增强生态绿色发展力

石城县按照"精致县城、秀美乡村、特色景区、产业集群"和全域旅游发展思路，突出"绿色生态山水"和"休闲养生文化"两大主题，立足客家文化、丹霞景观、山水生态与田园风光特质，发展以文化体验、生态度假和乡村休闲为主题的旅游活动，积极发展生态旅游产业。优化调整畜禽养殖布局，推进养殖生产清洁化和产业模式生态化，加强畜禽粪污资源化利用，加强畜禽养殖环境监管，加强水产养殖污染防治和水生生态保护，推广"畜—沼—果"、"畜—沼—蔬"、"畜—沼—药"等循环利用模式，推进畜禽粪便资源化利用，对未关闭的养殖场（小区），已配套粪污无害化处理设施。针对蔬菜水果等农药残留、畜禽抗生素滥用等问题，以及病死猪无害化处理和屠宰环节私屠滥宰存在的风险隐患，进行"拉网式"排查，从源头上消除农产品质量安全隐患。以合作社为引领，积极试验扩大薏仁、翻秋花生特色产业，引导发展槟榔芋、紫薯、竹荪、山地鸡、番鸭、罗汉果等，构建"一村一品"、"一乡一业"特色农业发展新格局。实施莲田养鱼工程，扩大鳗鱼、棘胸蛙等特种水产养殖规模。突出抓好林产品精深加工，积极发展花卉苗木、毛竹等绿色产业。大力推广"猪—沼—果"养殖模式和节水减污技术，实现生态养殖。鼓励农民新建沼气池，推行"三池合一"（沼气池、化粪池、有机垃圾分解池），引导农民推行"猪—沼—果""猪—沼—鱼"等生态养殖模式，走出一条"养猪产沼、沼液养园、沼渣肥田、种养平衡"的循环生态发展之路。据统计，2018年全县油茶种植面积达0.67万公顷，脐橙0.27万公顷，速生丰产林1.33万公顷，发展沼气池1.2万座。

1. 全面推进流域周边水土流失治理

2017年第一批山水林田湖草生态保护修复试点项目流域周边水土流失治

理工程已完成投资约 659 万元，项目建设任务已全面完成（含林草抚育部分），共计完成水土流失综合治理面积 15 平方公里，其中营造水土保持林 150 公顷，封禁治理措施 1350 公顷(其中补植面积 275.54 公顷，封禁管护 1074.46 公顷)，修建沟渠 11384.3 米（其中水平竹节沟约 8915 米，排水沟 2248.3 米，排洪沟 221 米），治理崩岗 2 个、谷坊 3 个，修复山塘 1 个、护岸工程 1 处。形成一批以山水林田湖草生态保护和修复工程为载体，以琴江河流域周边水土流失治理项目为重点的生态治理精品工程。许多昔日的洪水沟和荒山秃岭，如今是规范有序的水系、生机盎然的林草、错落有致的果园、玉带环绕的农路、绿树掩映的家园。

2. 切实做好项目前期规划设计工作

在流域周边水土流失治理工作中，石城县坚持预防为主、保护优先的指导思想不动摇，坚持"系统治水、协同治水"的方略不动摇，坚持自然恢复与人工修复相结合的工作思路不动摇。

3. 充分肯定水土流失治理的巨大成绩

由于自然及历史人为因素，石城县水土流失面积最大时期（20 世纪 80 年代初）达 506 平方公里，占全县国土总面积 31.99%，水土流失问题严重制约了经济社会的发展。针对石城水土流失较严重的问题，1980 年代初全县持续掀起了水土流失治理热潮，实行以生物治理、工程措施和农业技术措施互补，以煤代柴等方式，创出了一条"以草灌先行，草灌乔结合，以封为主，封造营结合的治理水土流失"新路子。至 2000 年，全县共开工治理 22 条小流域，治理水土流失面积达 473.59 平方公里，综合治理程度达 89.7%，水土流失面积减少 1.02 万公顷，投入资金 9736.59 万元，建立防护工程 584 处，复垦废弃土地 106.96 公顷，保护水土流失治理成果 331.51 平方公里，查处水保违法案件 59 起。2000 年，石城被国家水利部、财政部授予"全国水土保持生态环境建设示范县"荣誉称号。

4. 时刻牢记水土流失治理的曲折历史

石城境内的水土流失分别受自然因素和人为因素的影响。1986—1988 年，全县通过组织群众开展植树种草等封山育林措施后，境内的水土流失呈下降趋势。1989—1992年，由于全县水土保持经费减少、封山育林管护力度松弛、乱砍滥伐现象卷土重来，以及随着经济发展和开发、建设项目等人为破坏植被，造成水土流失现象加剧，使刚刚得到治理的水土流失山地又遭到破坏，水土流失面积迅速上升，至1992年，全县水土流失面积已达5.02万公顷，占山地总面积的43%（其中重度0.92万公顷、中度1.68万公顷、轻度2.43万公顷），土壤侵蚀量达270多万吨约364.5万立方米。1993年，石城被列入全国八片水土保持重点治理区实施二期工程后，在认真实施好重点治理工程的同时，加强了预防监督执法工作，有效地制止了一方治理多方破坏的现象，水土流失治理成效凸显，水土流失面积大幅度下降。至2000年，全县八片水土保持重点治理镇二期工程范围已覆盖木兰、小松、高田、丰山、长天、观下、珠坑、横江、龙岗、大由、屏山等11个乡（镇），治理水土流失面积437.59平方公里，其中水土流失面积减幅较大的有小松、木兰、高田、丰山、珠坑、屏山、龙岗等7个乡（镇）。2000年，全县仍有4万公顷水土流失面积亟待进一步治理。

5.根本治理水土流失的危害特征

据调查，石城境内39座小（一）型水库有效库容淤塞严重，有些山塘已被淤平，致使雨季无库蓄水、旱季无处饮水，每年流失的砂石达270余万吨，且在山洪的作用下，这些流失的砂石分别注入域内的各大小河流，导致琴江河中、下游沙洲遍布。至2000年，琴江河床位已平均淤高2.5—2.7米。境内水土流失危害的主要表现是：在城镇，城郊基本农田不断减少，破坏城市环境，影响市容市貌，淤积江河湖库，淤塞城市管网，影响防洪安全，有的还诱发滑坡，给人民生命财产和经济造成极大的损失和隐患；在广大农村，则造成瘠化土壤、吞食农田、淤塞库塘河道，造成水利设施效益下降，减少水源涵养，加剧面源污染，影响供水安全。从全县环境建设来看，水土流失导致土地退化，削弱生态系统调节功能，加剧生态恶化，极易造成滑坡、塌方，加剧扬尘、水污染影响公共安全，恶化人居环境，影响投资环境，制约区域经济发展。水土流失严重区域形成贫穷——粗放垦伐——水土流失——更贫穷的恶性循环。

在进入21世纪以来的20年中，历届县委县政府始终把水土保持生态建设作为政治责任、第一责任融入全县经济社会发展的全过程，纳入各级党政部门核心职能。党政"一把手"为治理工作第一责任人。县4套班子领导每人挂钩一个重大生态建设项目。县委、县政府把水土保持作为年度考核一项重要内容，与各乡镇党政、有关部门一把手签订责任状。突出流域综合治理，提升位于琴江（温坊至长江段）河畔的县城品位，打造宜居环境为主题，通过营造水保林、实施封禁措施，使流域内水土流失得到有效控制，植被覆盖率明显提高，涵养了水源，减轻了地表冲刷，促进了流域生态系统的良性循环。治理后的琴江河，河道、岸地、植物、园路、灯光、建筑等融为一体，并与现有自然景观、人文景观、湿地有机衔接，相互衬托，乔灌草相互交映，园路小品精巧点缀，赋予文化创意的人行廊桥，充分展现了地域特色，突出了生态和谐的特点，让居民更好地与水为伴，感受水的韵味、秀美和风情。

二、强化施工管理，确保工程建设质量

建立工程建设管理、生产建设项目监督等一系列制度，督促监理单位切实履行职责，对施工单位开展定期及不定期现场检查，对小型水利水保工程施工过程、林草措施穴状整地标准、苗木规格、苗木抚育施肥等重点环节进行重点检查，为提升治理成效提供了有力保证。

（一）创新多元化投入工程建设的模式

以国家水土保持重点建设工程为载体，不断优化水土保持生态治埋领域政策机制，确立了"政府主导、群众主体、社会参与"的工程建设模式，建立多渠道、多元化的投入机制，积极引导民间资本参与水土流失治理，出台了对县水土保持生态示范园建设的扶持政策以及对横江河项目区实行"以奖代补"的奖扶政策，创新项目监管机制，大力推行项目建设公示制、产权确认移交制和资金使用报账制等制度，制定了《石城县水土保持工程管护制度》《石城县水土保持工程验收办法》，采取了治理大户先建后补、以奖代补和招投标选择专业施工队伍等多种项目建设方式，为提高工程建设质量，确保治理效益持续发挥提供了坚实保障。以创建国家级水土保持科技示范园为目标，撬动民间资本2000多万元，建成了集生态治理示范、观光旅游、科普宣传、科学试验、技术培训等多种功能于一体的石城县水土保持生态示范园，带动周边47户贫困

户通过山地入股、利润分红、劳务打工等多种方式实现脱贫致富,每年实现产业收入 100 多万元,带动就业 80 余人,园区已获市级示范园称号,通过了省级初审,并达到国家级示范园标准。

(二)探索生态优先和民生优先统一模式

让水土保持生态治理成为助力经济社会发展的新动能,坚持开发治理和生态保护并重、山上治理和山下治理兼顾的治理思路,以小流域为单元,着力推进实施水保"七个一"工程,即"打造一批精品小流域,扶持一批治理大户,培育一个支柱产业,创建一个国家级科技示范园,建设一批水土保持生态示范园(点),打造一批水土保持生态示范村,致富一方百姓",将水土流失治理与新农村建设、秀美乡村建设、精准扶贫、旅游强县等各项中心工作紧密结合。切实做到科学规划、因地制宜,合理布设水土保持林草措施、工程措施和农业措施,让项目区实现"山清水清、粮丰林茂、产业兴旺、生态宜居"的治理局面,使水保工程成为广受干部群众好评的"民心工程",打造了屏山胜利水保新村、横江罗云水土保持示范村等一批示范工程,发展了脐橙、油茶种植产业,培育了一批治理大户;以乡镇水土流失治理项目为载体,打造龙岗旺龙湖水土保持生态示范园等 5 个示范园(点);以水生态文明村创建为契机,建成琴江镇大畲村、大由乡大由村等 2 个水生态文明村。

(三)探索源头治理的治本模式

以江河源头和主要交通干线两侧为治理单元,实施"封、改、造",扩大森林面积,调整森林结构,提高森林质量,遏制水土流失,加快林业生态修复,增强森林综合防护功能。建立科学、有效的公益林管护机制,使石城主要河流源头及两岸、森林公园、大中型水库、赣江源琴江河湿地周边等重点区域的生态公益林得到有效管护;完善生态公益林补偿机制,逐步提高生态补偿标准。加大地方公益林建设力度,鼓励有条件的地方全面实施封山育林,封育期停止商业性林木采伐;建立面向社会的森林生态效益市场化补偿机制;建立生态公益林检查验收制度,完善公益林档案管理,探索生态效益综合评价方法,提高管理水平和效率;采取封山育林、补植补造、抚育等措施,提高生态公益林质量,增强森林生态服务功能。大力开展江河源头水源涵养林的建设，营造涵养水源的优良阔叶树种，保护天然阔叶树林，继续实施天然阔叶树零采伐。加大矿山治理恢复力度，实施历史遗留废弃矿山地质环境恢复治理工程；加强钽铌矿海罗岭矿矿山环境治理等矿山污染防治，控制源头，禁止批设易污染矿山企业，对资源量小、服务年限短，同时又对周边生态环境影响较大的矿山企业，在其采矿许可证到期后不再予以延续登记；强化监管，督促矿山企业优化加工工艺、有效处置废石尾矿；加强治理，查处纠正矿山污染行为，消除对环境的危害。

三、优化工程后续管护，确保治理成效得到保护

石城县水保局与各村村委签订管护合同，明确了管护范围、管护职责及管护工作考核标准，在项目各项措施完成后，由各村安排专人对区域内的水保设施落实管护工作，县水保局对管护工作开展定期检查，待年度考核通过后支付管护经费，为巩固治理成效提供了坚实保障。

（一）生态优先，将保土与增收结合

把传统的"山顶戴帽子、山间缠腰带、山脚穿靴子"和创新种植业相结合，既做到了有效防止水土流失，又为当地农民增收开拓了"新路子"。充分合理开发利用耕地资源和山地资源，继续做优做大烟、莲主导产业，培植壮大生猪、油茶、果业和蔬菜优势产业，加快发展观光农业、乡村旅游潜力产业，稳定农业产业格局。不断壮大以脐橙、油茶为主的山上产业。把观光农业、创意农业、休闲农业、乡村旅游和绿色生态农业作为水土流失治理的潜力产业来抓，因地制宜做好规划，引导有序建设，成为人居环境改善的基础工程。在布局上，坚持山、水、林、草、景、田、湖、园、路、村"十位一体"综合治理，生物措施、工程措施和耕作措施配套实施，使项目区水土流失得到有效控制。小流域建设在减轻水土流失的同时，促进了治理区生态环境的巨大变化。经过治理提升了水土资源保障能力，不仅对促进当地农业增产、农民增收和农村经济发展发挥了重要作用，而且水土保持生态服务功能在营造城市宜居环境、加强科技示范、支撑城镇化建设进程、助推旅游业发展等经济社会协调发展中实现了重要的保障作用。

（二）联防共治，完善生态补偿机制

水土保持工作作为山水林田湖草生命共同体建设的重要内容，在开展创新摸索的过程中，逐步建立和完善各项机制制度，让各项改革举措实现常态化开展，特别是在水土保持项目建设管理、水土保持工程后续管护、水土流失治理奖补政策、生产建设项目日常监督管理、行政执法人员监督管理、绩效考核机制等关键环节，建立行之有效、可操作性强的制度体系。推进流域生态补偿，争取开展以水环境质量、森林生态保护成效为核心的横向生态保护补偿制度试点工作。探索实施生态彩票、生态债券等生态类债券试点工作，让广大生态保护者都是生态环境的股东。探索建立公益林收购与补偿政策，实施开展石城县县级生态公益林补偿试点工作。对部分生态地位较为重要区域，属于商品林区的，探索政府征收或赎买的方式，制定符合市场、拥有者、消费者利益的补偿标准。建立耕地休养生息补偿制度，对按规划要求休耕、轮作和调整种植结构的农业经营者予以适当的粮食或现金补助，合理确定补助标准，保证种植收入不减少。率先建立新型农业经营主体信用档案，对经营期内造成耕地质量降低的农业经营者，限期要求其开展相应措施恢复地力；对考核期内未实现耕地质量提升的，限制其享受各项支农政策。

（三）长效管理，明确综合监管任务

围绕《水土保持法》和《江西省实施〈水土保持法〉办法》的贯彻实施，提出综合监管建设内容。重点从以下四个方面入手，逐步建立健全与生态文明建设要求相适应的综合监管体系。一是健全水土保持监督管理机制。加强监督管理工作领导，构建和完善水土保持政策与制度体系，建立水土保持工作部门协调机制，明确政府各部门水土保持主要职责，建立水土保持监督管理的公众参与机制。同时，重点建立规划管理、监测评价等一系列制度。二是落实水土保持监督管理任务。明确并全面落实水土保持规划、水土流失预防、水土流失治理、水土保持监督检查及水土保持监测工作任务；建立规划实施政府目标责任制和考核奖惩制度，强化水土流失重点预防区域保护和管理，加强水土流失重点区域治理，进一步加大生产建设项目水土保持监督检查力度，做好水土流失动态监测和定期公告工作。三是提升水土保持监督管理能力。加强各级水

土保持机构监督执法能力建设;完善水土保持监测技术标准体系和监测网络体系;加强关键技术研究,提升科技支撑能力;加强信息化建设,推进国家和省级重点治理工程的"图斑"化精细管理、生产建设项目水土流失的"天、地一体化"动态全覆盖监控、监测工作的即时动态采集与分析,建成面向社会公众的信息服务体系。四是强化水土保持国策宣传教育。建立一支水土保持宣传教育队伍,搭建一批水土保持宣传教育平台,打造一批水土保持形象宣传阵地,推出一批水土保持宣传教育力作,树立一批水土保持生态文明典型,持续宣传水土保持基本国策,增强公众的水土保持国策意识和法制观念,提高领导干部对水土保持工作的重视程度,增强单位和个人履行水土保持法律义务的自觉性,提升各级水土保持工作者依法行政的能力,提升水土保持的社会影响力。

第四节 低质低效林改造

石城县 2017 年第一批山水林田湖草生态保护修复试点项目低质低效林改造工程完成投资 1320 万元,全部完成改造任务 1693.33 公顷,占计划任务的100%,其中完成更替改造 13.33 公顷,栽植树种为湿地松、枫香等;完成补植改造 660 公顷,补植树种为枫香、木荷、无患子、黄山栾、山樱花、木芙蓉等;完成抚育改造 140 公顷;完成封育改造 880 公顷,封育山场采取了禁伐、专人管护、设置封禁牌、签订责任状等措施,之后连续 3 年实行"零砍伐"制度,共实施低质低效林改造 1249.07 公顷,完成人工造林 855.35 公顷,完成封山育林 400 公顷、森林抚育 4333.33 公顷。同时,该县设立生态公益林管护中心,成立 10 个公益林管理站,组建由 274 名建档立卡生态护林员、128 名生态公益林专职人员组成的护林队伍,加强生态管护。

一、创新低质低效林改造途径

石城县森林资源丰富,全县林地面积 126570.17 公顷,占国土面积80.03%,无林地面积 13470.17 公顷,占国土面积 8.52%。林地中,有林地面积 113100 公顷,森林覆盖率 76.1%,疏林地 2376.6 公顷,无立木林地 1364.6

公顷，宜林地 1830.2 公顷。有林地中，乔木林地 104915.1 公顷，竹林 4271.8 公顷。全县活立木蓄积量为 514.8 万立方米，立竹 1386.2 万株，其中，乔木林蓄积 412 万立方米，占活立木总蓄积量的 98.6%；疏林蓄积 6638 立方米，占 0.16%；四旁树蓄积 1.2 万立方米，占 0.38%；散生木蓄积 3.4 万立方米，占 0.81%。在乔木林蓄积中，纯林蓄积 306.3 万立方米，混交林蓄积 105.8 万立方米，分别占 74.3% 和 25.7%。石城县对低质低效林进行优化改造，首先是对其所在林区进行区分，根据林区实际状况和基本特征进行全面分析，并在此基础上，采取科学合理的优化改造途径，实现林区经营水平的有效提高。

（一）明确低质低效林改造方式

结合立地条件，科学采取更替、补植、抚育、封育等四种改造方式，促进森林生态系统正向演替。更替改造优先选择在火烧迹地、疏林地，遭受森林火灾、严重病虫害的林地，受冻害的树林以及不适宜植树导致林木生长不良的低质低效林中进行。补植改造主要选择在郁闭度小于 0.5、因土壤瘠薄导致林木生长不良、林下植被稀少的林分，特别是生态功能弱的马尾松低效林中进行，采取补植乡土阔叶树措施，培育针阔混交林。抚育改造主要选择在对密度过大、林木分化严重、生长量明显下降的林分进行，采取砍杂、抽针留阔、抽针补阔、垦复、施肥等措施实施森林抚育，调整林分密度、结构。封育改造主要选择在郁闭度小于 0.5 的低质低效林、疏林地或有望培育成乔木的灌木林地，且立地条件及天然更新条件较好、通过封山育林可以达到较好改造效果的林分中进行。对低质低效林进行技术改造，采用有效策略，实现林区产业经营状况以及技术水平的全面提升。采取科学、完整的策略，深入分析对低质低效林进行改造的技术方式，并采用专业的树种配置技术以及抚育间伐技术。同时深入考察自然环境，结合生态条件与低质低效林的实际状况，科学、合理地设置低质低效林的经营模式，提高低质低效林的经济效益和生态效益。

（二）明确低质低效林改造途径

对重点公益林区中的低质低效林的优化改造，立足于该林区的实际状况以及营林特征实施重点保护，采用引种的方式，以先造后抚为主，实现对树种结构的合理优化。当重点公益林区的更新层获得稳定生长后，注重对林木的透光处理。在实施优化改造时，为确保公益林区中的更新层实现持续、稳定的良好发育，创造优良的生态条件和自然环境，实现公益林生态功能的充分发挥。对于以前在重点公益林区营造的人工林，其上下林层经过了十多年的生长发育，更新层在林冠以及灌木丛的覆盖下发育不良，无法得到良好的生长甚至死亡。根据《森林法》的相关规定，采取以生态保护为宗旨的抚育性采伐和透光抚育，在低质低效林地中，积极开拓横山效应带，对效应带内的霸王树木以及病腐树木进行伐除，或者分次采用透光抚育，实现对林木上方以及侧面的光照、通透性的有效改善，以加速更新层树木的良好生长和发育。对一般公益林区的优化改造，采取有区别的改造途径。对于具有残破的林相以及简单的林木结构的林区，首先采取先造后抚的形式或者是带头改造的形式，等到更新层获得良好的生长发育，且具备良好的上部透光条件后，对影响更新层林木生长发育的树木进行逐步伐除。深入考察一般公益林区林木的演变过程，结合边缘效应，在林区内进行效应带的开拓，对下垫层进行改变，对保留带进行抚育。在效应带内，对苗壮的树木以及幼苗进行保留，对霸王树以及病腐树木进行逐步清除。在效应带以及保留带内，按照林分培育目标以及树木生长条件，进行适宜树种的栽种培育，形成具有稳定结构和良好生长态势的混交林，实现对林区整体功能的有效提高。对于林相老化的林分以及自然灾害频发的林分，采取良好的综合改造措施，对老龄树木和发育不良的树木以及受灾树木进行逐步伐除，选择与立地条件相符的树种进行培育和栽种，同时避免改造强度过大造成林区功能降低。对商品林区的低质低效林进行优化改造，可以借鉴对公益林区优化改造的措施，对商品林区的立地条件进行深入考察，在条件较好的地区，加强对速生丰产林的营造，大力发展速生丰产林。

（三）明确低质低效林改造目标

到 2025 年，石城县要完成 2 万公顷低质低效林改造任务。优先对高速公路、铁路、国省县干道等主要通道两侧、城镇村庄周围、饮用水源区、主要河流源头和两岸等区域的低质低效林进行改造，确保按时足量完成改造任务。一是加快赣江源国家级自然保护区建设，设置建设管理站点、布局保护网络，推进基础设施建设；二是加强森林公园建设，推进通天寨森林国家级森林公园建设工作，抓好园区内森林资源和林地的管理和保护，狠抓森林防火和低质低效林改造工作；三是推进江西石城赣江源国家级湿地公园建设，以保护和培育湿地资源为重点，合理利用湿地资源，按照国家A级旅游景区标准建设，逐步完成湿地公园各个功能分区的基础设施，加强禁止污染水体和破坏湿地生态的活动，因地制宜，栽种乡土树种和湿地植物，进一步确保湿地生态系统的完整性及水环境安全；四是积极推进长江防护林工程建设，以江河源头和主要交通干线两侧为治理单元，实施"封、改、造"，扩大森林面积，调整森林结构，提高森林质量。抓好重点区域森林美化、彩化、珍贵化建设，实现全县从"绿化石城"到"美化石城"的转变。

二、改低质低效林为"金山银山"

石城县提升林业的战略定位，积极整合资金，大力发展林业产业，开展绿色生态建设，将实施低质低效林改造和建设"金山银山"结合起来，在严格落实生态防护措施的基础上，牢固树立"抓生态就是增强县域发展竞争力"的生态文明理念，确立以生态建设为主的林业发展战略，把加强生态建设、维护生态安全、弘扬生态文明确定为主要任务，充分尊重群众意愿，允许林农种植一定比例具有较高生态价值，又有较好经济效益的树种，创新森林"三防"（防火、防盗、防虫）管理机制、实行大面积封禁与小面积治理、生物措施与工程措施、防护林与经济林等多种综合治理模式，同时扶持农民发展油茶、香樟、脐橙、速生丰产林及林下经济等绿色生态产业，并通过引进汇通、兴民再生能源、亿丰实业等实力强、辐射广的龙头企业，带动绿色产业规模化、产业化、效益化发展，实现经济效益与生态效益齐头并进。

（一）扩大森林生态系统保护面积

建设国家及地方生态公益林，全县国家重点公益林面积主要分布于琴江河源头及流域、赣江源头20公里汇水区内的所在乡（镇）和林场、自然保护区。遍布11个乡（镇）及金华山林场、东华山林场、丰山林场、横江林场、洋地林场、罗家林场、桐江林场、大由林场等8个林场和赣江源自然保护区、通天寨森林公园，134个村（工区），共3365个小班，面积为4万公顷。全县省级地方公益林主要位于琴江河源头及流域、赣江源头20公里汇水区内的所在乡（镇）和林场、自然保护区。遍布11个乡（镇）及横江林场、洋地林场、大由林场、桐江林场、罗家林场等5个林场和赣江源自然保护区、通天寨森林公园等，93个村（工区），共1184个小班，面积为1.33万公顷。石城县着力增强生态产品生产能力，切实提高森林质量，建成我国南方地区重要的生态屏障。推进森林碳汇，按照可测量、可报告、可核查的要求，鼓励企业、个人参与，积极开展碳汇造林、充分利用林业产权交易平台，开展建立碳汇交易市场。

（二）积极探索造林绿化新模式

提高造林保存率，杜绝毁林复耕现象，确保退耕还林成果切实得到巩固。通过实施专业队招投标制或承包等方式造林，把造林质量责任以协议或合同的形式与施工者利益挂钩，既提高和保证了造林成活率，又有效降低了造林成本。结合实施乡村振兴发展战略，坚持生态与景观相结合，保护与建设并举，在保护现有森林植被基础上，依托乡村自然条件和村庄布局，以珍贵树种、乡土树种、彩色树种为主，科学编制规划，努力营建生态优良、景观优美、多层次、多树种、多色彩的乡村风景林，美化乡村人居环境，增进人民群众幸福感。紧紧围绕提升森林资源质量、改善林分结构，立足森林资源优势，大力发展油茶、竹、森林药材（含药用野生动物养殖）与香精香料、森林食品、苗木花卉、森林景观利用等六大林下经济产业。到2020年，全县林下经济产业总面积达到2.33万公顷以上，总产值达到23亿元以上，参与林下经济林农达到3万户以上，努力实现山区林农"不砍树、能致富"的目标。加强对区域水、土地、生物等自然资源用途管制，建立严格的森林资源使用审批制度、耕地保护制度、水资源管理制度，建立区域林木砍伐指标体系与联动机制，完善生态损害赔偿、生态补偿机制。严守耕地保护红线和生态红线，加强自然保护区、森林公园、景区景点及赣江源头水源保护区的保护。

三、建立林长制科学管理体系

石城县在县级设立总林长、副总林长、林长、副林长；乡镇设立乡镇林长、第一副林长、副林长；村（居委会）设立村级林长、第一副林长、副林长；村小组（队）也设立林长，在全县范围内建立覆盖县乡村组四级以林长负责制为基础的林长制管理体系，建立和完善相关制度。县级设立林长办公室，建立含县委组织部、县委宣传部、县林业局等部门在内的部门协作机制，将生态保护工作纳入地方政府部门的日常工作和考核内容，实行生态保护责任承担和追究制，健全生态保护长效机制。明确了各级林长及职能部门的责任区域和工作内容，形成责任到人、分工明确、一级抓一级、层层抓落实的四级林长体系。确保每名林长责任落实到每个山头，落实到每片林子，真正做到"守林有责、护林担责、治林尽责"。严格按照职责分工，坚持上下联动，着力构建统筹、组织在县，责任、运行在乡镇，管理落实在村组的森林资源管理机制。各协作单位也按照责任分工，认真履职、通力合作，协同推进林长制各项工作落实到位。按照网格化建设要求，整合林业基层管理力量，组建高素质的专业巡护队伍，建立源头监管员队伍和护林员队伍，确保每块林地都有四级林长和监管员、护林员负责管理。各村按管护面积200—333.33公顷配备1名护林员，以乡镇为单位组建统一的护林员队伍，由乡镇人民政府统一管理。

（一）建立森林资源监控体系

探索建立"互联网＋"森林资源实时监控网络，建立卫星遥感监控和实地核查相结合的常态化森林督查机制，及时掌握森林资源动态变化，快速发现和查处问题。逐步建成全县森林资源"一张图""一套数"的动态监测体系，实现森林资源数据年度更新，提高监测效率和监测数据准确性。落实最严格的森林资源保护管理制度，管控林业生态保护红线。建立健全以森林公安为主体的刑事执法和林政稽查为主体的林业行政综合执法体制，加大林业执法人员培训力度，提高队伍整体素质。加大对破坏森林资源案件的查处力度，严厉打击乱砍滥伐、乱捕滥猎、乱征滥占、乱挖滥采等破坏森林资源的各类涉林违法犯罪行为，维护林区和谐稳定。严格落实森林防火行政首长负责制和分片包干责任制。各级林长因地制宜组织开展森林防火宣传，筑牢用火审批、入山检查、巡逻防护、联防联保"四条防线"，努力消除森林火灾。

（二）建立国家森林城市创建体系

全县围绕提升绿化水平，实现城乡绿化一体化的目标，大力开展"森林乡镇"、"森林村庄"、"森林园区"、"森林社区"、"森林街道"、"森林单位"、"森林小区"、"森林校园"、"森林营区"和"森林公园(湿地公园)"创建工作，推进绿化事业发展。提升城市绿化水平，推进森林城市、生态文化、森林生态保护等工程建设，稳定森林覆盖率达76.5%，确保建成区绿地率32.7%以上、绿化覆盖率达到41.5%以上。保证人均公共绿地面积14平方米以上，促进生态保护事业发展。石城县城区现有12个公园：仙姑岭公园、城南出入口景观、市政中心广场、市民公园、李腊石公园、滨江公园（温仙段）、琴江公园、花果山公园、赣江源金圣广场、车站广场、青年广场、湿地公园。公园总占地面积1477353.3平方米，总绿地面积1044257.27平方米，城区绿地率36.4%，城区绿化覆盖率40.77%，人均公园面积13.2平方米。

（三）建立生物多样性保护体系

以赣江源头国家级自然保护区和通天寨、李腊石、西华山省级森林公园建设为重点，加强重点区域的生物多样性保护。开展全县珍稀濒危物种专项调查工作，建立重点保护珍稀濒危物种名录。加强珍稀濒危野生动植物原地保护，强化野外巡护、科研监测、宣传教育等保护管理能力建设。开展林业有害生物普查工作，加强监测预警、检疫御灾、防治减灾等体系建设，进一步提高危险性林业有害生物防治能力和工作水平，基本实现对林业有害生物的实时监测、及时预警、有效封锁和科学防治。落实政府责任和限期除治制度，积极推进专业化防治，加大松材线虫病等重大林业有害生物防控力度。加强监测预报，强化检疫执法，抓好联防联控严防林业有害生物传播扩散，将林业有害生物年成灾率控制在3‰以内。实现森林资源"三保、三增、三防"目标（三保，即保森林覆盖率稳定、保林地面积稳定、保林区秩序稳定；三增，即增森林蓄积量、增森林面积、增林业效益；三防，即防控森林火灾、防治林业有害生物、防范破坏森林资源行为）。到2020年，全县林地保有量稳定在120298公顷，森林达到111868公顷，森林覆盖率稳定在75.9%以上，省级以上生态公益林保持在53253公顷，天然林保护补助保持在18571公顷。到2035年，全县林地保有量、森林面积、森林覆盖率等保持稳定状态，森林质量水平达到全市中等以上，基本实现林业现代化。

2018年第二批山水林田湖草生态保护修复试点项目围绕把石城打造成赣州市首个国家全域旅游示范区创建县，实施方案总投资为32749.63万元，包括石城县长乐河流域生态功能提升与综合整治工程子项目。开展长乐农旅一体化扶贫产业园已完成投资1000万元，完成8个智能温室的工程建设，建设观赏区、采摘区、体验区、用餐区、农耕文化展示区等，完成50000平方米的大棚钢架结构搭建和地下管道的建设以及部分施工道路的铺设，完成内部电力设施的建设。把山水林田湖草生命共同体建设作为推进"全域旅游"的重要途径，加快乡村振兴示范点建设，打造一批特色田园乡村。突出地域特色和文化底蕴，按照"一乡一景、一村一品"的思路，规范管控农房建设，推进新型社区、农民新村、和谐新居建设，因地制宜打造一批融乡土气息、传统文化、特色农业于一体的秀美乡村示范点、精品示范点，积极推动乡村旅游点创A计划。遵循"一线一风格、一区一格调"原则，加快干道沿线村庄"景点式"改造，改善林相，丰富田间四季种植；加强古建筑古村落、遗址遗迹遗存保护，确保每个乡村拥有记忆，留住乡愁。通过旅游业带动，全县城乡建设呈现崭新面貌，乡村到处呈现"春看油菜花、夏赏百种莲、秋观金鸡菊、冬览枫叶林"的美丽景致，当年被评为全国宜居宜业典范县。

第八章　传承文化永葆绿水青山，创新机制统筹生态治理

——瑞金市山水林田湖草生态保护修复研究报告

　　瑞金位于江西省南部，是中国江西省赣州市东部的一个县级市，距省会南昌市 410 公里，距赣州市 149 公里，地理坐标为北纬 25°30'—26°20'、东经 115°42'—116°22'。东界福建省长汀县，南邻会昌县，西连于都县，北接宁都县，东北毗邻石城县。瑞金市辖 10 乡 7 镇，240 个村居委会，户籍总人口 70.42 万人，全市面积 2448 平方公里。瑞金是中国革命的摇篮，是中央苏维埃政府的所在地，是中国共产党早期活动的发祥地。瑞金山水林田湖草生命共同体建设不仅有江西最大的红色优势，而且有明显的绿色优势。瑞金市位于武夷山脉南端西侧，地势周边高、中部低，属江西四大盆地之一。瑞金市地貌类型多样，水热条件优越，小气候变化特征明显。根据最新土地详查结果：森林、耕地、园地分别占总土地面积的 78.77%、9.65% 和 1.10%。优越的地理条件，使瑞金拥有丰富的天然资源，尤其地表水资源和地下水蕴藏丰富。但由于境内河流都属山区性河流，丰枯年径流量比悬殊大，开发利用困难较大。然而，就像中国革命能够从瑞金走到延安，再从延安走到西柏坡，最后走进北京城一样，瑞金市山水林田湖草生态保护修复围绕制度文化传承创新，形成了许多鲜活的宝贵经验。

第一节 传承中央苏区建政文化，推进山水林田湖草生态保护修复制度创新

瑞金在第二次国内革命战争时期是中华苏维埃共和国临时中央政府所在地，是全国苏区政治、文化中心。党史专家以"上海建党，开天辟地；南昌建军，惊天动地；瑞金建政，翻天覆地；北京建国，改天换地"，精辟地概括了瑞金在中国革命史和中共党史上的重要地位。当时在苏维埃临时中央政府设立土地部作为统管山林水等资源的专门机构，相当于现在的国家自然资源部。中央苏区颁布土地法，废除封建土地所有制，没收地主阶级土地分给贫农中农，让广大苏区农民拥有了土地，为苏区政府坚持以粮为主、发展多种经营，动员和组织群众兴修水利、开垦荒地、改良土壤，系统治理山水林田湖草等资源提供了制度基础。当今新时代推进山水林田湖草生态保护修复，同样离不开制度建设。因此，瑞金市充分挖掘中央苏区的制度文化，不断创新山林水等资源的管理制度，全面推行"山、林、河、库、塘"长制，建立水陆共治、部门联治、全民群治的自然资源管理长效机制，健全源头严防、过程控制、损害赔偿、责任追究的山水林田湖草生态保护修复的制度体系。

一、建立组织领导体制

根据山水林田湖草等资源系统性、复杂性要求，建立科学合理、层次分明的领导体制，明确落实到位、运行高效的管理体系，保持权责明晰、系统协调，信息报送渠道畅通，实现山水林田湖草生态保护修复工作常态化运行。

（一）书记领衔

把山水林田湖草生态保护修复项目列为瑞金市委全面深化改革领导小组成员年度重大改革项目，由市委书记亲自领衔。瑞金市山水林田湖草项目水土保持综合治理工程与崩岗防治工程，2017 年实施地点包括黄柏、沙洲坝、叶坪、云石山、谢坊、武阳等乡镇，规划开展水土保持综合治理面积 65 平方公里和

50 座崩岗侵蚀防治。主要建设项目：种植水土保持林 5.2 平方公里，经果林改造 9.7 平方公里，封禁治理 50.1 平方公里；新建蓄水池 320 口，沉沙池 500 口，塘坝 180 座，截、排沟渠 110 公里，生产道路 90 公里，开挖竹节沟 120 公里，护坡护岸 15 公里，谷坊 10 座。瑞金市山水林田湖草水土保持项目概算总投资为 8020 万元，其中水土保持综合治理工程投资 7020 万元，崩岗侵蚀防治工程投资 1000 万元。

（二）党政主导

为统筹推进瑞金市绵江河流域片区山水林田湖草生态保护修复工程建设，成立"瑞金市山水林田湖草生态保护修复工程推进工作领导小组"（瑞府办字 [2017] 18 号），领导小组由瑞金市委副书记、市长任组长，同时设立瑞金市山水林田湖草生态保护修复工程推进工作领导小组办公室（简称山水林田湖草办），抽调财政、矿管、国土、发改、环保、林业、水利、水保、农粮等部门的 16 位同志为办公室成员。领导小组专门负责研究谋划、统筹协调、整体推进、督促落实山水林田湖草生态保护修复项目。

（三）分工负责

瑞金市山水林田湖草办委托四家具有水利设计资质公司、两家具有水利招标代理资质公司，分片区同时开展施工设计和预算编制工作。市水保局分片区进行人员分工，一名工作人员联系一家设计公司，专门负责协调解决所联系设计公司的在外业勘测、施工设计和预算编制过程中出现的问题，并及时跟踪进度。在项目推进过程中，为了抢抓进度、责任落实，实行了工程进度周报制和领导小组不定期会议调度制度，督促项目的组织实施，协调解决项目施工中存在的征地、阻工、原材料运输等问题。通过采取多管齐下的设计措施和明确的责任分工，保证了山水林田湖草项目顺利开展。

二、建立利益导向机制

紧紧围绕生态文明建设考评体系、自然资源管理与保护等方面改革，强化制度探索创新，努力形成有利于山水林田湖草生态保护修复的利益导向机制。

（一）积极推进"河长制"

形成以书记为总河长、市长为副总河长的组织机构，出台了《瑞金市实施"河长制"管理工作方案》《瑞金市古城河"河长制"试点工作方案》《瑞金市叶坪乡"河长制"试点工作方案》等工作方案，确定古城河和叶坪乡为试点河流和试点乡镇。

（二）积极开展生态创建

大力开展绿色单位、绿色社区、绿色家庭等绿色系列创建活动。叶坪乡被命名为国家级生态乡镇，日东、壬田等9个乡镇被命名为省级生态乡镇，沙洲坝大布村、沙洲坝村、云石山乡石背村、日东乡湖洋村等11个村被命名为省级生态村。引导协调人们在向生态要效益的同时，也自发地保护生态、利用生态，形成良性循环，共筑山水林田湖草生命共同体。

（三）完善考核机制

进一步重视资源消耗、环境损害、生态效益等对社会经济发展的重要性。建立完善目标责任考核机制，将生态文明建设考核纳入瑞金市年度重点工作考评和领导干部年度考核以及选拔重用干部综合考评体系内，对环境保护、节能减排不合格的实行"一票否决"。按照市域内各乡镇主体功能定位，实行有区别、有侧重的绩效评价考核，对限制开发区域取消地区生产总值考核，大幅提高生态文明建设考核权重；对禁止开发区域、重点生态功能区域及生态脆弱地区，主要考核生态文明建设指标，形成与主体功能区相适应的考核评价制度和奖惩机制。

三、建立统筹协调机制

深入贯彻落实中央、省委机构改革部署，建立瑞金市自然资源局，完善山水林田湖草等自然资源的统管职能，加强山水林田湖草生态保护修复措施，着力构建以山水林田湖草生命共同体为主要内容的绿色产业体系。

（一）实行片区治理系统修复

瑞金市山水林田湖草水土保持综合治理与崩岗侵蚀防治工程，在结合瑞金市水土流失状况、经济发展状况和扶贫攻坚工作推进情况下，分成黄柏、叶坪、云石山、沙洲坝、武阳谢坊5个片区7个子项目，项目涵盖了黄柏、沙洲坝、云石山、叶坪、泽覃、武阳、谢坊等交通沿线乡镇，也涵盖了叶坪景区、二苏大景区、经济开发区，达到了对全市重点区域实施水土保持综合防治的预期目标。按照生态系统的整体性、系统性及其内在规律，统筹自然、社会、经济各要素，实施山水林田湖草的整体保护、系统修复、综合治理，增强生态系统循环能力，切实维护好区域内水源涵养、水源补给输出和生物多样性等生态服务功能，全面提升自然生态系统稳定性和生态服务功能。

（二）积极推进机构垂改工作

生态环境局把机构垂改工作作为头等重要的工作任务，积极主动与上级和相关部门沟通对接，市委、市政府主要领导对垂改工作均作出重要批示，解决编制问题。《关于明确市生态环境机构人员编制的通知》（瑞机改办发〔2019〕1号）明确，增加编制后，瑞金市环保局行政编制8名、工勤编制3名，市环境监测站事业编制17名，市环境监察大队事业编制29名，达到了垂改上收标准。同时，市生态环境局继续与组织部、编办、人社局、财政局、档案局联系沟通，推进档案、资产等的垂改前期工作，确保上收工作顺利推进。

（三）协调宣传引导和公众参与

积极宣传山水林田湖草保护修复采取的主要措施，主动公布取得的新进展，曝光违法排污行为；利用广播、电视、报纸等新闻媒体进行舆论引导，让"山水林田湖草生命共同体"的口号人人知晓，让公众建立起山水林田湖草系统治理从我做起的责任意识，营造良好的舆论氛围和社会环境。大力推进污染防治设施向公众开放，运用好专家论坛、公众代表座谈会、听证会等形式，让公众直接参与环境保护管理和决策等工作，积极构建政府主导、企业主体、全民参与的山水林田湖草系统治理体系。

四、建立运行保障机制

加强组织协调，构建职责清晰、责任明确、协调有序的责任机制。有关部门按照各自职责，加强项目实施过程中政策、技术方面的指导服务，形成各级党委政府共同推动、多部门协同配合、专业技术团队参与和项目协同推进的工作格局。

（一）建立财政金融保障机制

不断优化财政支出结构，压缩一般性支出，加大清理结余结转资金，筹集资金支持山水林田湖草生态保护修复；整合省级环境保护和生态文明建设专项资金，争取上级山水林田湖草生态修复保护试点中央奖补资金，强化绩效管理工作，切实提高财政资金使用效益。积极推广政府和社会资本合作（PPP）、环境污染第三方治理等模式，推行绿色信贷、绿色证券、绿色债券、绿色保险，通过市场化运作撬动金融资金和社会资本参与治理项目。

（二）建立治理技术保障机制

多年来，水土保持林种植的树种主要选择湿地松、马尾松、杉木等针叶树和木荷、枫香、檫木等阔叶树，经过合理的搭配，形成针阔混交林，苗木的选择也是以一年生裸根苗为主，但以这种方式种植的水土保持林，生态见效慢、绿化不全、美化不足。而在山水林田湖草生态保护修复项目中，则创新了水土保持林种植树种，以既可以绿化更能够美化的山乌桕、北美红栎树种为主，提高了水土保持林的绿化、美化效果，同时转变大苗不上山的理念，全部种植胸径 3 公分以上的苗木，以达到尽快修复生态的目的。

（三）建立森林资源保护机制

全面强化护林防火队伍建设，划定责任区，落实巡护责任，及时发现和处理野外用火、盗伐滥伐、乱采乱挖、乱捕滥猎等破坏森林资源的行为。为切实保护全市森林资源，有效打击各类林业违法行为，全市各乡镇积极行动，发布《致全乡农民朋友一封信》和保护森林资源的公告，呼吁广大农民朋友提高森林保护意识，从自身做起，不要私自上山砍树、砍柴、捡拾枝桠；发现在林区修路、砍树、砍柴、运输木材等破坏森林资源的行为要及时向乡政府、林业工作站、森林公安举报；乡政府将不定期组织清山；农户因建房、添置农具等需要使用木材的，应当购买有合法来源的木材；严格遵守森林防火条例，在森林防火重点期内禁止在林旁山边烧田埂草、草木灰、火土肥、林内吸烟、上坟烧纸和其他祭神用火。严格火源管理，实行中心户长制，以村组干部、护林员、党员、退休干部为基础，以5—10户设立一名中心户长，中心户长在清明期间反复对所包干的农户进行森林防火宣传教育，带头禁止火种上山。加强有害生物防治工作，近5年来全市林业有害生物防治"四率"目标全面达标。

五、建立健全管理制度

结合山水林田湖草生态保护修复试点工作要求，把生态领域改革与生态文明建设制度落地纳入试点工作保障措施中，强化试点工作推进中的规范化管理，严肃试点工作项目管理、绩效考核、基础台账、监督检查、督办调度的工作程序和相关制度。

（一）创新自然资源管护模式

建立政府主导、分工明确、运转高效的自然资源管护机制，落实自然资源管护主体、责任和经费，健全管护制度，保障管护人员、技术力量、管护经费；划定自然资源管理范围，积极推进自然资源划界确权，设立界桩以及管理、保护标识牌；明确管理单位、责任、要求以及界线功能属性。

深化自然资源产权制度改革。瑞金市日东乡林区深入推进集体林权制度配套改革，鼓励社会各界积极投身造林绿化事业，该林区优选利用本地绿化造林资源或引进外地林业企业，运用长防林、退耕还林、森林城乡、低质低效林改造项目绿化美化湖陂、湖洋等村、206 国道沿线及日东水库周边山体，为该区域 2 万多亩林地植树种草、疏林补阔，改造林相。同时还进一步规范林地流转，吸引林业公司和造林大户参与绿化工程建设，加强林业专业合作组织建设，积极探索造林绿化新模式。

（二）探索建立水权交易制度

根据上级下达的全市水量分配细化方案，以为全市经济社会可持续发展提供可靠的水资源保障为目标，合理制定市域水资源分配方案，将水量分配到行业和配水到户，并以此作为实施取水总量控制、办理取水许可的重要依据，切实加强总量控制与定额管理，规范水资源开发利用行为，落实初始水权，积极推进水权制度建设。以实行最严格水资源管理制度为基础，规范水量交易程序；组建瑞金市水权交易中心作为全市集中统一的水权交易服务机构，具体负责为区域间水量交易和其他水权交易提供场所，以及信息咨询、协议签订、资金结算、争议处理等服务，并为有关行政主管部门进场监管提供条件和服务；制定出台瑞金市水权交易暂行办法，出台水权交易资金管理、使用办法和水权交易规则，探索建立水权交易风险防控机制，明确风险源识别、预警与应对等对策措施。

（三）建立水资源管理责任和考核制度

严格实施水资源管理考核制度，把最严格的水资源管理制度真正落到实处，建立水资源管理责任和考核制度，切实加强监督考核，全力实现责任到位、措施到位，坚决守住"三条红线"，以确保水资源合理开发、优化配置、全面节约、有效保护、高效利用。水行政主管部门会同有关部门，对本地区水资源开发利用、节约保护主要指标的落实情况进行考核，考核结果交由干部主管部门，作为地方人民政府相关领导干部综合考核评价的重要依据；加强水量水质监测能力建设，为强化监督考核提供技术支撑。

六、建立依法监督机制

加强对试点项目的督查力度，找准问题、协调解决，确保试点项目的工程质量目标绩效。以现场督察指导为抓手，突出以生态方法解决生态问题，重点对设计方案优化、工程组织管理、问题协调解决等方面进行现场指导。

（一）完善自然资源生态系统保护修复监督机制

在市域范围内启动自然资源资产负债表编制工作，实行领导干部自然资源资产离任审计，实施与生态环境质量监测结果相挂钩的领导干部约谈制度，建立生态环境损害责任终身追究制度。在市域范围内，结合各主体功能区的生态功能，探索建立差别化的生态补偿制度，将生态补偿的额度与生态功能的大小相结合，实施生态精准化补偿。

（二）大力推进生态环境保护督察执法

坚持"督政"与"督企"两手抓，完善生态环境保护督查考核制度，组织开展对各乡镇各单位的生态环境保护工作督查考核，推动生态环境保护督察问题整改，实施生态环境保护公开承诺与"双随机"抽查制度，进一步强化企业生态环境保护主体责任，构建以信用监管为基础的新型生态环境保护监管机制；组织开展系列生态环境保护执法检查行动，严厉查处重大生态环境违法问题，保持生态环境执法高压态势；大力加强生态环境综合执法队伍建设，提高监管执法手段现代化水平，健全配套制度，规范执法行为，完善生态环境行政执法与刑事司法衔接机制。

（三）生态检察助力江河源头生态保护

检察院依托生态检察平台，加强对江河源头水质、林业、土地、矿产资源的司法保护，重点打击破坏水源涵养、污水排放、滥伐林木等违法犯罪行为，严肃查处在环境保护中玩忽职守等渎职行为，建立破坏生态环境刑事案件优先办理、适时介入、引导取证等工作机制，充分运用督促履职、检察建议、恢复生态等方法，加强对破坏江河源头生态环境违法犯罪的立案监督和行政执法监督。检察院按照"谁执法、谁普法"的原则，经常以法治讲座、普法宣传、走访巡防的形式，以案释法，深入开展生态保护领域的职务犯罪预防警示教育工作，多渠道广泛宣传保护环境、节约资源的有关法律政策，用身边的案例警示和教育广大干部群众知法、懂法、守法，形成共同保护江河源头生态环境的社会合力。

（四）健全环境污染监督处罚机制

进一步完善环境污染监督处罚机制，扩大环境信息公开范围，保障社会组织及公众对环境信息的知情权，提高社会组织及公众在环境污染监督中的参与度；加大对环境污染责任者的处罚力度，建立环境污染事件处罚实施细则，明确处罚原则和裁量依据及处罚标准计算方法；加快推进实施排污许可证制度，督促企业建立环境管理制度，完善企业内部环境管理。

第二节　弘扬"红井"文化，提升井塘库在山水林田湖草生态保护修复中的地位和作用

瑞金地处华中气候区与华南气候区的过渡带，属亚热带季风湿润型气候，具有"春雨夏涝又有伏秋旱，夏热冬暖又有霜冰冻"特征。特别在瑞金紫色页岩水土流失区，是南方典型的白垩系紫色页岩，母岩由不同粒径的砾石、砂、黏土组成，孔隙度大，岩体疏松有裂缝，遇水易软化、崩解，尤其在高温多雨季节，物理风化更为严重，往往形成风化一层、剥蚀一屋、流失一层的恶性循环，造成沟壑密布、寸草难长、光山秃岭，生态系统被完全破坏，旱、涝常发，给当地居民生产、生活带来极大的影响。为治理好这些地区的水土流失，找到南方白垩系紫色页岩侵蚀劣地的有效治理途径，给当地居民创造生产、生活的水利条件，自从中央苏区建立以来，就有"瑞金城外有个小村子叫沙洲坝……"等治水历史文化传统。

一、开挖"红井"

中央苏区时期的瑞金沙洲坝是个干旱缺水的地方，不仅无水灌田，就连群众喝水也非常困难。那时曾流传着这样一首民谣："沙洲坝，沙洲坝，没有水来洗手帕，三天无雨地开岔，天一下雨土搬家。"雨过天晴，河床干枯，露出一片片白白的泥沙，沙洲坝人们就生活在这样恶劣的自然环境中。于是祖祖辈辈喝水、洗衣、喂牲口，都用同一口池塘里的水。由于水源污染，经常会发生呕吐、腹泻事件，有几个孩子就是因为喝了脏塘水得病而丧失了幼小的生命，水的问题严重影响沙洲坝人民的生活。

1933 年 4 月，临时中央政府从叶坪迁来沙洲坝以后，中央政府主席毛泽东在元太屋办公和居住，他发现这里的群众喝的是池塘里的脏塘水，便把解决群众饮水难的问题挂在心上，只要一有空，他就同警卫员小吴商量着如何为群众挖井的事，到 9 月份，一口直径 85 厘米、深约 5 米的水井挖好了。为了使井水更清澈，毛主席又亲自下井底铺沙石、垫木炭。毛主席用实际行动，为机关干部和沙洲坝群众树立了榜样，中央各机关掀起了开挖水井的热潮。从此，沙洲坝人民结束了饮用脏塘水的历史，喝上了清澈甘甜的井水。

1934 年 10 月红军长征离开瑞金后，国民党反动派又卷土重来，他们多次填掉这口井。当地群众就同敌人展开了针锋相对的斗争，敌人白天填井，群众夜晚又把井挖开，就这样填了又挖，挖了又填，反复好几次，沙洲坝人民终于取得了胜利。在红军北上的那些日子里，每逢遇到困难和受到欺压时，乡亲们总是悄悄来到井边，默默地坐在井旁，思念着远方的红军，思念着共产党，思念着亲人毛主席。1950 年，沙洲坝人民为了迎接毛主席派来的南方老革命根据地慰问团的到来，将主席带领军民开挖的这口水井进行了全面整修，并把这口井取名为"红井"。

小学语文课本中有一篇课文，题目是《吃水不忘挖井人》，讲的是当年毛泽东同志在瑞金时，为解决当地军民饮水困难，亲自带领红军战士和村里群众一起挖了一口井。新中国成立后，当地群众在这井旁立了一块石碑，上面刻了 14 个大字："吃水不忘挖井人，时刻想念毛主席。"沙洲坝的那口井，后来被人们称为"红井"。因为是毛主席和红军战士所挖，又被写进了小学教科书，"红井"就成了闻名中外的一口井，也成为当年党和苏维埃政府关心群众生活，为人民群众办实事的历史见证。"红井"文化几十年来教育和感动了一代又一代中国人，也同样成为新时代山水林田湖草生命共同体建设的思想源泉。

二、挖"新红井"

1987 年，国家地矿部赣南经济开发工作团到瑞金扶贫，看到沙洲坝面临的干旱威胁仍然很大，决心要为沙洲坝村再建一口现代化的井。地矿部找地下水是技术专长，他们带来了地质专家、水文专家，带来了打井的工程技术人员和机器，拨出 10 多万元，购置了所需设备。开挖的第一口新井日夜出水量可达 1300 多吨，沙洲坝村 1700 多人的吃水用水问题彻底解决了，1200 多头牲畜用水也不愁了。

1990 年，地矿部扶贫团在沙洲坝打出第二口机井。这一来，沙洲坝人彻底改善了饮水条件。现在旱涝保收面积已达 93.33 公顷。过去很多地因每年下半年干旱，种不上晚稻，现在，晚稻播种面积达 80%。有了水，粮食产量提高了。过去沙洲坝人均占有粮食只有 170 公斤，现在达到 380 公斤。"早上红薯渣，中午抓红薯，晚上炒红薯"的历史一去不复返，117 户特贫困户全部解决了温饱问题，71 户脱了贫。有了水，村办果园更加茂盛，一片生机。因此，沙洲坝人称机井为"新红井"。

为满足人民生活水平日益提高对多样化水源的需要，2018 年 1 月 30 日，江西省国土资源厅、省勘察设计院水文队专家到武阳镇龙门村勘探温泉资源，取得重大发现：龙门温泉为全国罕见、江西唯一的红色温泉。龙门温泉初步测量温度 46℃，日出水量 1200 吨，水中富含碳酸氢钠、碳酸氢钙、硫酸根离子、钠离子以及钾、钙、锌、锶等多种对人体有保健作用的矿物质元素，极具开发价值。

三、建设饮用水源地

1994 年 5 月 18 日，国务院批准撤销瑞金县、设立瑞金市（管辖范围、行政级别未变）以来，随着城镇化进程的加快，沙洲坝和县城已连成一片，多数农民已喝上了自来水，加强饮用水水源地建设又提上了政府重要议事日程。

南华水库是瑞金市城市集中式饮用水水源地，位于城区南侧的泽覃乡光辉村境内，距市区 3 公里。南华水库兴建于 1959 年 10 月，库区水面呈长条形，面积 20 公顷，大坝库尾长 4 公里，河流面积 172 公顷，集雨面积 152 平方公里，山林 5520 公顷，库容量 680 万立方米，是一座以供水为主，结合灌溉、防洪、发电等综合利用的小（一）型水库。在水库下游建有 1 个南华自来水厂，供水企业是瑞金市闽兴水务有限公司，日供水量为 3 万吨，服务人口 15.5 万人。2010 年闽兴水务有限公司在水库上游达陂、陶珠新建 2 个小（二）型水库，可调库容 800 万立方米。按照《饮用水水源保护区划分技术规范》（HT/T338—2007），省人民政府于 2007 年 8 月对瑞金市集中生活饮用水水源保护区进行划定和批复（赣府字［2007］46 号），包括：取水口，在大坝上 250 米处的山洞涵管引水处；一级保护区，以取水点为圆心，半径 500 米范围的水域和与水域相邻的迎水面山脊线以内的陆域范围；二级保护区，南华水库一级保护区以外的全部水域和与水域相邻的迎水面山脊线以内的陆域范围。

为加强饮用水源保护，瑞金市重点对水库（山塘）实施水源涵养林保护，开展水库水环境专项整治，市财政出资收回 17 处集中式饮用水源水库养殖经营权，其中仅日东水库的经营权回收，市财政就投入 600 万元，并增加日东水库和陈石水库作为饮用水源地监测点，实现全市水功能区水质监测全覆盖，水质监测数据显示，集中式饮用水水源地水质 100% 达标。

四、提高水库（山塘）质量

瑞金境内群山环抱、河网密布、水库众多。境内主要河流有绵江河、古城河、万田河、梅江河、九堡河，流域总面积多达 2449 平方公里。境内地表水多年平均径流总量 21.156 亿立方米，产水量 86.39 万立方米 / 每立方千米，最大年径流量 37.49 亿立方米，最小年径流量 9.52 立方米。全市有溪河 254 条，总流程 1818.7 千米，河网密度 0.74 千米 / 每立方千米；目前已建成中型水库 4 座，小㈠型水库 20 座，小㈡型水库 63 座，塘坝 4016 座，陂坝 1610 座，其中灌田千亩以上有 18 座，小型灌区有 243 座。

由于境内水库（山塘）众多，流域面积相对较大，降水充沛，水资源丰富，各河流及水库分布较为均匀，特别是小河流及水库（山塘）作为瑞金市农业灌溉的主要水源，同时也是瑞金市区及周边乡镇的主要供水源，为瑞金市的社会和经济发展起到了较大的作用。但随着人类活动的增加，河流两岸特别是河道下游阶地，是人们居住的首选位置，由于人们建房侵占河道，并且开发河岸的土地进行耕种，使原生态的河岸变得疏松，导致河道缩小变窄，一旦下雨或暴雨时河道水位上涨过快，水流冲击力加强，河水更加容易侵蚀河堤，对降雨的容量及支流的容量变小，更加容易发生洪水；同时河床的抬升使河流的流量变小，使洪水变得频繁；在每次降水偏多时，都易加重对本来就不堪重负的土地的营养流失，使得本来就是酸性的红土壤堤岸更加减少了对水的抓力和吸附力，在洪水暴发时，河岸的作用也就变得微小，并可能随着洪水一起运动，造成更大的危害，尤其是一些人为因素使本身防洪标准低的河流，因人类活动而阻碍了洪水的出路，加剧山洪灾害的发生。

在山水林田湖草修复保护中，一方面，对河流及水库（山塘）存在的问题及隐患进行排查、修补、加固，对部分水库（山塘）建设防洪堤，加固已有的河堤，在洪水常发地新建设标准更高的防洪堤，疏浚河道，降低洪水发生率，严禁任何侵占河道的行为，以提高河流及水库（山塘）的防洪标准和安全性；另一方面，健全水库管理机构，加强小水库（山塘）的日常管理，围绕各水库（山塘）在除险加固项目实施中存在的缺陷进行质量保修。重点在沿河（库）两岸植树造林建绿色水库，根治水土流失，使河床回到原来的高度，以提高防御水库（山塘）灾害的能力。

五、提升水库综合功能

2018 年，瑞金市继续实施了绵江流域片区山水林田湖草生态保护修复水土保持综合治理工程，完成水土流失综合治理面积 65 平方公里，完成中央奖补资金 6441 万元。在项目中突出河流及水库（山塘）治理，开展了农村面源污染防治、河道治理、经果林改造、绿化美化等清洁型水土保持综合治理工程，为提升水库（山塘）的综合功能，帮助贫困群众顺利实现脱贫起到了很好的示范作用。

依托日东水库、陈石水库而建的瑞金市陈石湖水利风景区，面积 51.42 平方公里，其中水域面积 4.96 平方公里，属于水库型水利风景区。日东水库位于赣江水系贡江支流绵江最上游，总库容 6700 万立方米，是一座以防洪、灌溉为主的中型水库。陈石水库处于日东水库下游，总库容 877 万立方米。为强化景区水资源、环境保护管理，景区管理单位建立了公益林保护长效机制，保护区内实行零采伐，实现了由采育林场向生态林场的过渡，有效地涵养了水源；定期组织开展水环境整治专项行动，并对景区水质进行监测，景区内水质保持在 Ⅱ 类。

相关职能部门进一步加强流域内水利工程的运行监管，督促其对水库内的垃圾、淤泥定期进行清理，保证流域最小环境流量下泄。停止新建水力发电站项目，对于部分生产力不高，对生态环境影响较大的水电站予以关闭。严格控制污染排放，在境内主要支流开展专项整治行动，特别是通过改水改厕、自来水管道铺通等手段，一改过去库岸村庄残垣断壁、污水乱流的面貌。通过在壬田镇试点后，瑞金在江西全省县一级中率先在每个乡镇建设实施污水处理设施，因地制宜建设 41 个村级生活污水处理点，城市实行雨污分流，园区开展循环化改造，强化湿地生态系统保护。

第三节　发展水利命脉，拓展山水林田湖草生态保护修复领域

根据《江西省生态功能区划》定位，瑞金市属于贡江源绵水湘水流域水土保持与水质保护生态功能区，主要生态功能为水土保持，土壤侵蚀高度敏感；辅助生态功能为水质保护，水污染中度敏感；同时，还兼有水源涵养的功能，生态服务功能极为重要。根据《江西省生态文明先行示范区建设实施方案》，瑞金市属赣南山地森林生态屏障区，应重点加强水源涵养、水土流失防治和天然植被保护，巩固赣江水生态功能。因此，瑞金市在统筹经济社会发展与生态环境保护中，坚持把水生态文明建设放在首要地位，推进发展水利命脉从农业延伸到工业、服务业，有效保护赣江源头的生态环境，切实提升区域生态屏障功能和可持续发展能力，为全面构建中国南方重要生态屏障、保障长江流域生态安全发挥了重要的作用。

一、坚持水利命脉思想，坚实山水林田湖草生态保护修复的核心基础

1934 年 1 月 23 日，在江西瑞金召开的第二次全国苏维埃代表大会上，毛

泽东主席在《我们的经济政策》的报告中，提出了"水利是农业的命脉"的著名论断，第一次把水利提到关系国计民生的高度。苏维埃临时中央政府在土地部内设立山林水利局，是人民政权建立的第一个领导山林水利事业发展的专门机构。在山林水利局的组织领导下，苏区人民开渠筑坝、打井抗旱、抽水润田，使苏区水利事业得到恢复发展。到1933年冬和1934年春，赣南苏区旧有的水塘、水圳、水坝等几乎都进行了一番整修。瑞金九个区群众仅用50天时间，兴建新旧陂圳1400座，水塘3379口，新旧筒车88乘，水车1009乘。农田有效灌溉面积达94%。在粤赣全省修好陂圳4105座、新建筑20多座。在兴修水利的同时，政府又号召大力开垦荒地、消灭荒田。1933年2月，临时中央政府颁布《开垦荒地荒田办法》，规定"谁开谁收"、新开荒田三年内不纳土地税的优惠政策，大大调动了农民垦荒积极性。瑞金县1933年共开荒6.67公顷，整个赣南苏区至1933年春已开垦21万担谷田的荒地。为防止水土流失，保证农业丰收，苏区开展了群众性的植树造林运动；还大力积造农家肥料，提早冬耕冬翻，实行精耕细作；对山坑冷浸田，在田中开挖深沟，排除渗水锈水，降低地下水位，使土壤得到改良。

新中国成立以来，瑞金人民继承发扬苏区水利建设的光荣传统，按照"水利是农业的命脉"的重要思想要求，精心实施水利工程。瑞金市现有中小型水利工程4103座，总蓄水量28542万立方米，有效灌溉面积1.31万公顷。进一步完善河库生态水网体系，提高了水利工程的标准化、精细化管理水平。不断加大水系生态综合治理力度，有力缓解了洪涝灾害、干旱缺水、水土流失和水污染问题，满足人民群众在饮水安全、防洪安全、经济发展以及生态环境等方面的用水需求。搞好水资源的全面节约、有效保护、优化配置和统一管理，协调好生活、生产用水，以水资源的可持续利用保护经济社会的可持续发展。

新时代瑞金市传承"水利命脉"思想，坚持正确处理生活、生产经营和生态用水关系，优先保障公民基本生活用水，合理保留生态水，彻底改变对水资源掠夺性的开发和浪费，通过提高用水效率满足经济社会用水增长；坚持把节水与经济结构调整和经济发展方式转变相结合，形成有利于生产的节水模式和消费模式，通过产业结构调整、优化配置、合理调配水资源，抑制不合理的用水要求。统筹考虑供水用水排水与治污，统筹考虑城乡用水、部门用水，以水资源的高效、可持续利用促进经济社会的可持续发展；坚持在统筹规划的基础上，结合流域和区域的水资源配置方案以及河流为单元的水量分配方案，实施用水总量控制和定额管理；根据区域水资源条件、承载能力以及经济社会发展状况，合理布局，确定不同区域节水型社会建设重点和发展方向。

二、拓宽水利＋路径，提高山水林田湖草生态保护修复治理水平

瑞金市围绕"水利命脉"中心，注重政府宏观调控和市场机制相结合、工程性措施和非工程性措施相结合，突出拓宽水利＋路径，推进水资源利用效率和效益不断提高，主要江河湖库水功能区水质明显改善，全面推进用水方式转变，用水结构进一步优化，统筹山水林田湖草系统协调治理。

（一）推进水利＋水土保持，确保山在山水林田湖草生态保护修复的首要地位

"山的命脉在土"。瑞金市山地主要为红壤，其次是紫色土和棕石灰土，此外除了山黄土，主要是变质岩和花岗岩风化。红壤主要分布在丘陵和山区，紫色土和棕石灰土主要分布在低山丘陵地带，山地黄壤土层位于海拔600多米的高山区。红土性红壤侵蚀力不强，适合开垦；紫色土和部分红砂岩红壤，侵蚀现象明显，急需采取水土保持；变质岩和花岗岩红壤侵蚀小，主要是针叶林、阔叶林，或者是覆盖有灌木类，土壤表层覆盖着不同厚度的腐殖质层，土层极为深厚，适宜农林业。因此，瑞金市历来把山区作为治理水土流失的重点区域，以水利工程设施为突破口，建设具有良好水土保持功能、措施布设综合，并结合当地现代农业发展、美丽乡村建设和生态旅游开发，达到山清水秀、生态景观良好、生态环境优美、产业结构优化、水保生态文化氛围浓厚的水土保持生态基地，促进当地农村产业结构调整和收入水平提高。一是有足够的资金支持。瑞金市连续开展了多年国家水土保持重点建设工程，得到中央财政专项资金和省市配套资金支持，基本解决了治理水土流失投资问题。如2003—2007年，在绵江河两岸开展金源项目区清水、新塘、石水、小迳坑四条小流域水土保持综合治理工程，共治理水土流失面积48.5平方公里，投入中央财政专项治理资金293.1万元；2008—2012年，在绵江河两岸又开展了赣江源项

目区黄沙、东山、鲍坊、石岗、龙山、河山、陈石七条小流域水土保持综合治理工程，累计治理水土流失面积 121.8 平方公里，投入中央财政专项治理资金 2531 万元。围绕绵江河两岸，规划实施 2013—2017 年绵江项目区国家水土保持重点建设工程，其中 2013 年先实施了沙洲坝、梅坑、久隘陂三条小流域水土保持综合治理工程，已完成水土流失治理面积 20 平方公里，投入中央财政治理专项资金 575 万元，2017 年在项目区内开展八条小流域水土保持综合治理工程，治理水土流失面积 150 平方公里，投入中央财政治理专项资金 5250 万元。二是有专门的组织机构。成立"瑞金市绵江项目区国家水土保持重点建设工程领导小组"、"小流域水土保持综合治理领导小组"等协调机构，专门负责水土保持重点建设工程的组织、协调工作，为国家水土保持重点建设项目顺利实施奠定了基础。三是有群众的积极支持。瑞金市以实施国家水土保持重点建设工程为契机，不断加强水土保持工作宣传，提高群众水土保持生态意识，唤醒群众对生态环境优美的需求，使群众能够积极支持并参与水土流失综合治理工作。经过多年的努力，目前项目区内群众的生态意识有了显著提高，保护生态环境、建设美好家园的愿望更加迫切，投资参与水土流失综合治理的群众也大幅增加，部分地方已经出现由"要我治"转变为"我要治"的可喜局面，生态建设已成为一种时尚。

（二）推进水利＋江河水质，确保水在山水林田湖草生命共同体中的优势地位

为确保瑞金市境内水功能区水质达标率达到 100%，一是深入推进"净水"行动。在江河水源保护上，一方面，从加大投入，完善排污单位污染治理设施以及公共污染治理设施入手，抓好老污染单位的治理，抓好城市污水等公共污染源的治理。另一方面，从严格环保准入，规范环评入手，抓好新污染源的防治，切实抓好江河源头保护。"城考"监测数据显示：绵江河瑞金机场断面水水质全部优于瑞金市水功能区规划的三类水功能区水质要求，绵江河塔下寺、清水两个断面水水质绝大多数指标优于瑞金市水功能区规划的四类水功能区水质要求，赣江源保护区绵江河新院桥断面水达到国家二类水功能区水质要求。二是实行最严格的水资源管理制度。严格执行水资源管理"三条红线"，严格实行用水总量控制、水资源论证、取水许可、水资源有偿

使用和水资源费使用管理；从严控制河湖水域占用，严厉打击非法侵占水域、采砂、取土、取水、排污等破坏河湖生态健康的行为；严格水（环境）功能区监督管理，全面开展水（环境）功能区水质监测，实现全市5个水（环境）功能区监测全覆盖，每月在政务公开网发布一次水功能区水质状况报告。三是实施节水减污技术。推广"三改两分再利用"技术（即改水冲清粪为干式清粪、改无限用水为控制用水、改明沟排污为暗沟排污，固液分离、雨污分流，粪污无害化处理后综合利用）和生物发酵床垫料养殖"零排放"等技术，从源头预防污染和消减排放量。大力推行"猪—沼—果"、"猪—沼—渔"等生态养殖模式，在规模养殖较为集中的地方扶持发展以畜禽粪便为主的生物有机肥厂建设，推广养殖粪便加工生产有机肥技术和测土配方施肥技术，科学处理和利用畜禽粪便，实现粪污的无害化、资源化、生态化，防止造成养殖污染。采用过程控制与末端治理相结合的方式，合理利用粪污，促进健康养殖发展。四是建立保护区巡逻制度。禁止保护区范围内污染水源的工业项目建设，开展饮用水水源地保护区排污口集中整治"零点行动"，加强对非饮用水源地的巡查力度，特别注重对中型水库的巡查和监管。农业部门加强对养殖业的规划及生产方式的指导，推进农业面源污染综合治理。加强对绵江河、梅江河等河流的外来水生植物、水面漂浮物和垃圾清理打捞，保持河流清洁。实施河道清淤、立体化生态修复和城乡水系河湖连通工程，加强绵江流域等主要自然水域的保护。五是推进城乡污水处理管网的延伸，发挥污水处理厂纳污、治污能力，进一步减少入河排污口，减少城市污水和废水向河流的直接排放。推进企业刷卡排污总量控制系统建设，实现企业污染排放从浓度控制向浓度、总量双控转变。严格水功能区监督管理，强化入河排污口管理，从严核定水域纳污能力，建立以限制入河排污总量为控制核心的水功能区限制纳污制度，确保河湖水功能区达标。

（三）推进水利＋林业，确保林在山水林田湖草生命共同体中的战略地位

重点对河流通道两侧可视山进行补植乡土阔叶树，改善树种结构，增强生态系统的稳定性。区域段河流周边的林地建设以生态防护功能为主，注重自然景观的复原与营造。堤内首先满足行洪安全要求，采用自然驳岸形式保护生境，堤外绿地延用自然式种植，绿地建设形式统一、连续。城市段河流周边的林地建设尽量满足市民休闲的需求，堤内外整合建设兼具生态效益与游憩功能的滨水绿色空间。堤内根据现状条件选用自然或人工模式驳岸，保障行洪安全要求，堤外结合城市发展需求设置多类型亲水开放空间及休闲绿道。利用植物围合、涵养湿地水环境，外围以林地环绕整合，内部种植耐水湿乡土树种、水生植物，沿坑塘道路形成植被序列或变坑塘为生态植物岛，围合涵养湿地，丰富林缘林下水岸的中下层植被，为小动物提供更多的栖息空间并提供丰富食源。利用微地形有效组织地表径流，设置汇水区结合水生植物实现"蓄滞渗净"，其中水生植物栽植区的面积需达到湿地面积的 50% 方可具备自净功能，以发挥森林湿地净化雨水、生态涵养的海绵作用功能。宜林则林，宜水则水，共构蓝绿交织、林水相融的景观特色。2016 年以来，瑞金市完成人工造林 0.67 万公顷，森林抚育 2.31 万公顷，新增封山育林 0.3 万公顷。全面推进低质低效林改造，高标准完成低质低效林 0.84 万公顷，其中更新改造 0.17 万公顷、补植改造完成 0.36 万公顷、抚育改造 0.25 万公顷、封育改造 0.08 万公顷，通过低产林改造新增针阔混交林面积 0.36 万公顷。全市结合低质低效林改造和重点区域森林美化、彩化、珍贵化建设，以江河两岸、塘库周边、景区景点、高速沿线等区域为重点，采取林中空地补植、间针补阔、抽针补阔等方式，着重补植枫香、山乌桕、北美橡树、银杏等彩叶树 0.12 万公顷，建设乡村风景；引导林农在竹林、杉木林林下补植楠木、红豆杉等珍贵树种 0.0031 万公顷。利用森林资源，发展油茶、林下种养等多种富民产业。这些产业的蓬勃发展，为全市广大农户引来一道源源不断的增收致富的活水，也为山川田野建起了一座座"绿色水库"。

（四）推进水利＋耕地，确保田在山水林田湖草生命共同体中的基础地位

贯彻落实"十分珍惜、合理利用土地和切实保护耕地"的基本国策，加强耕地保护，严格落实最严的耕地保护制度，确保耕地保有量、基本农田保护面积不减少，稳步推进土地开发复垦补充耕地工作。一是积极推进耕地占补数质平衡。严格落实耕地占补平衡"占一补一、先补后占、占优补优（占水田补水田）"的规定。大力推进开发复垦补充耕地、灾毁园地开发和"旱改水"工作，加强项目全程管理，完成补充年度耕地任务面积，着力提高补充耕地质量。二是大力推进农村土地整治和高标准农田建设。实施好年度立项的土地整治项

目，围绕年度任务实施高标准农田建设。推动新增建设用地土地有偿使用费用于土地整理，提高资金使用效率。探索生态型土地整治机制和"以奖代补、以补促建"土地整治新机制。三是推进设施农用地管理信息化建设，纳入全省设施农用地信息备案系统。加强设施农用地监管，加大设施农用地执法检查力度，防止借发展农业为名从事休闲观光、餐饮娱乐、房地产开发等非农建设。四是按照国家要求，结合城市周边永久基本农田划定成果和土地利用总体规划调整完善工作，开展全域永久基本农田划定工作，将全市永久基本农田划定任务上图入库、落地到户。建立全市基本农田数据库，实行永久保护。全市25度坡以上耕地纳入退耕还林范围，并相应核减耕地保有量和基本农田保护面积。五是严格落实耕地保护目标责任制。抓好落实市、乡、村耕地保护责任状签订工作，将年度耕地保护目标任务层层分解，落到实处；继续将耕地保护工作纳入乡镇年度重要工作考核范畴。

（五）推进水利＋节约用水，确保沟渠塘库在山水林田湖草生命共同体中的重要地位

围绕山水林田湖草生命共同体建设以沟、渠、塘、库等蓄水用水工程项目，加大资金投入力度，着力解决制约农业发展的节约用水方面的问题。为确保实现规划确定的节水型农业建设目标与任务，瑞金市建设水资源利用节水项目示范工程，主要在农业灌溉节水和非常规水源利用方面。在农业节水利用方面，继续做好辖区内各灌区的续建配套与节水改造工程。农业节水重点工程主要包括大型灌区、中型灌区和小型灌区节水改造，节水灌溉示范，雨水集蓄与旱作节水灌溉示范等项目类型。新增农田水利项目建设和富溪灌区蓄建配套与节水改造工程实施项目区涉及黄柏乡、大柏地乡、丁陂乡、瑞林镇、日东乡、沙洲坝镇、泽覃乡等7个乡镇44个行政村1座中型灌区（富溪柏村灌区、富溪上段灌区）和47座小型灌区（坑排灌区等）等灌区的渠道和相关渠系建筑物节水改造。推广先进科学的节水工程技术、节水管理经验，以点带面，推动节水的普及，促进农业节水的发展。在非常规水源利用方面，积极开展雨水利用科研项目，在条件比较好的地区建设雨水利用示范工程。针对瑞金市的自然状况和水资源特点，对辖区内的城市再生水利用等非常规水源利用工程进行规划，对污水处理厂中水回用改造工程进行改造供水管网，提升泵房建

设。能力建设重点工程主要包括重点河道断面计量监测，重点取水口、排水口计量，水资源管理信息系统，节水执法监督能力等类型项目。不断提升水利信息化水平，建立完善的用水计量检测系统，加强市区、乡（镇）界等重要断面计量检测设施建设，推进水资源管理信息系统一体化建设。全面加强节约用水管理、用水定额管理，实施节水"三同时"制度，在家庭、公共机构等场所大力推广节水器具的使用，提高节水器具的普及率；加快城乡供水管网改造，减少"跑冒滴漏"，加快推进节水技术改造，推进农村自来水工程建设，续建陈石、瑞林、丁陂自来水工程，推进久益陂、环溪、日东、谢坊等自来水厂管网延伸；落实用水总量控制制度、用水效率控制制度、水资源管理责任制度和考核制度，提高水资源开发利用率；大力推广节水农业技术，不断提高水资源利用率，缓解水资源供给矛盾。

（六）推进水利＋生态草沟，确保草在山水林田湖草生命共同体中的创新地位

创新水土保持生态草沟与生态带护坡技术。国家水土保持重点建设工程是一项水土流失综合治理工程，建设内容包括经果林、水保林、封禁、谷坊、塘坝、沟渠、护坡护岸、生产道路、蓄水池等，项目实施的区域主要集中在水土流失比较严重的荒山、荒地。一直以来，谷坊、塘坝、护坡护岸工程都采用浆砌石砌筑，随着山水林田湖草系统治理的提出，许多专家从不同角度提出了浆砌石类工程措施的弊端，例如：采用浆砌石护岸的河堤、塘坝、谷坊、沟渠等，容易使部分水生动植物无法栖息，项目实施材料运输困难，工程造价投资大、材料生产源头造成的水土流失严重等问题日益凸显，为此，对水土保持技术提出了更高的要求，特别是要发挥草的作用。一是主要建设内容有新变化，如生态草沟。生态草沟是指沟渠断面由沟底现浇、沟身种草的一种适用于南方既能抗冲、又能抗淤，采用了种草这种生态元素，又能满足沟渠行洪、排水要求的一种排水措施。生态草沟的沟底采用 C15 混凝土浇筑，规格为矩形，沟底和沟边墙厚 10 厘米，沟边墙高 10 厘米。再如生态袋护坡。由聚丙烯（PP）或者聚酯纤维（PET）、为原材料制成的双面熨烫针刺无纺布加工而成的袋子。具有抗紫外线（UV）、抗老化、无毒、不助燃、裂口不延伸的特点，真正实现了零污染。主要运用于建造柔性生态边坡。生态袋边坡防护绿化，是荒山、矿

山修复、高速公路边坡绿化、河岸护坡、内河整治中重要的施工方法之一。二是取得的成效明显增多。由于南方雨水充沛，降雨量大，短时暴雨较多，山区洪水频发，生态草沟采用了混凝土浇沟底，防止了径流冲刷沟底；生态草沟沟身（沟坡）采用种草，增加沟坡粗糙系数，减缓流水速度，增加沟身断的雨水入渗，减小了洪水流量；与完全浆砌或现浇沟渠相比，降低了单位延米的造价投资；水泥、砂石料用量较小，对材料生产企业造成水土流失风险值降低；生态效益明显，增加了地表植被覆盖率。在山区开展水土流失综合治理往往进料难度大，需要开拓临时道路，容易造成新的水土流失。但生态袋护坡或生态袋挡墙可以就地取材，采用施工现场的弃土、砌石、弃渣或其他废弃土石料进行装袋填筑，解决了进料难度大的问题；生态效益明显，由于采用生态袋护坡系统所创造的边坡表面生长环境较好（可达 30—40 厘米厚的土层），草本植物、小型灌木，甚至一些小乔木都可以生长良好，能够形成茂盛的植被效果，同时在各类水域护岸工程中能增加水生动植物的栖息场所，有利于维持大自然的生态平衡；与浆砌石护坡或混凝土护坡相比，减少了水泥、沙石料的需求，降低了上游材料生产企业造成水土流失的风险；生态袋的填筑工艺相对简单，对施工人员的技术性要求较低，一般的普通工人就会填筑；与完全浆砌或现浇沟渠相比，降低了单位工程量的造价投资，并降低了因材料生产、运输、占压造成的新的次生水土流失。

三、建设生态产业体系，建立山水林田湖草生态保护修复与脱贫攻坚的互通机制

瑞金是红色故都、共和国摇篮，新中国成立后，党中央、国务院和江西省委、省政府一直牵挂瑞金，帮助支持瑞金发展。2011 年，瑞金被列入全国特困片区——罗霄山片区。2012 年 6 月，国务院出台《国务院关于支持赣南等原中央苏区振兴发展若干意见》，瑞金成为国家扶贫攻坚重要战场之一，由于扶贫开发工作受传统扶贫工作思路影响，加之基础薄弱，至 2014 年年初，瑞金仍有大量的群众处于贫困状态。全市农村年人均收入 2800 元以下贫困人口有 31384 户 104786 人，有 49 个贫困村。2014 年，瑞金市全面启动落实中央《关于创新机制扎实推进农村扶贫开发工作的意见》，制定《瑞金市全面推进农村扶贫帮扶到户工作实施方案》，决定利用 5 年时间，对所有贫困户开展结对帮

扶。2018年6月，国家第三方评估机构对瑞金贫困县摘帽退出开展专项评估，瑞金取得零错退、零漏评、群众满意率99.38%、综合贫困发生率0.91%的成绩，在全省同期脱贫退出的6个贫困县中名列前茅。其中很重要的一方面是在社会经济发展中，牢固树立山水林田湖草系统思维，统筹生态要素科学开展保护、开发与治理，积极探索生态产品价值转换，深入贯彻习近平总书记"节水优先、空间均衡、系统治理、两手发力"十六字治水方针，全面推进"体系完整、制度完备、设施完备、高效利用、节水自律、监督有效"的节水型社会建设，推进全社会、全行业、全覆盖、全过程的节约用水，发展节水型工业、农业和服务业，科学合理和高效利用水资源，以水资源的可持续利用支持生态经济发展。

（一）发展生态型农业

瑞金是中国优质脐橙生产基地、国内最大的烤鳗出口基地，蔬菜、甜西瓜、鳗鱼、螺旋藻种养规模居赣州市第一（其中蔬菜达9266.67公顷、大棚蔬菜286.67公顷，甜西瓜8100亩，鳗鱼1930吨，螺旋藻43.1公顷），特种水产产值及烤鳗出口创汇产值均位列赣州市第一名。所有这些，都是以水生态建设为基础，包括化肥使用量年增长率控制在1%以内，农药使用量保持零增长；生物农药应用比例提高1%，生物农药和高效低毒低残留化学农药使用率达80%以上，病虫害绿色防控覆盖率达24%，专业化统防统治率达30%以上，农作物病虫害统防统治覆盖率达到35%；绿色防控覆盖率达到25%；畜禽养殖废弃物、农作物秸秆、农膜基本实现无害化处理和资源化利用，规模畜禽养殖场（小区）配套建设废弃物处理设施比例95%以上，病死畜禽无害化处理率达90%以上；机械化秸秆还田率在60%以上。

全力推动农业示范基地建设。2017年，全市发展油茶林面积0.73万公顷，其中低产油茶林0.46万公顷，新植高产油茶林0.27万公顷，带动从事油茶种植农户1.1万户；发展油茶种植专业合作社有28家，培育油茶种植龙头企业2家（江西绿野轩公司、华升公司），瑞金市被评为全国油茶产业示范县（市）；积极开展农业标准化创建工作，全市发展设施农业1226.67公顷，其中喷滴灌设施蔬菜面积366.67公顷、脐橙面积666.67公顷，钢化大棚蔬菜面积46.67公顷、小棚面积120公顷。2018年，全市新增赣州市级农业龙头企业3家，实施高标准农田建设 1026.67 公顷，新建大棚蔬菜基地 600 公顷，新增脐橙种植面积 866.67 公顷。2019 年新建 17 个 50 公顷以上连片蔬菜基地，新增蔬菜种植 666.67 公顷。

打好农产品生态牌。不断推进优质农产品品牌创建工作，按照"建基地、创品牌、树特色、壮规模"的工作思路，深入开展"三品一标"认证，大力发展优势产业，精心打造特色品牌，加快推进全市优质农产品基地品牌建设工作。向农业生产企业、合作社、种植大户宣传介绍绿色有机农产品基地建设的重要性，引导全市种养向绿色、环保、生态方向发展，全市形成以蔬菜、脐橙、油茶三大主导产业以及白莲、烟叶、生猪、蛋鸭、肉牛、水产、养蜂等特色产业为引领发展的农业产业格局。先后引进九丰高效农业、中兴现代农业等现代农业产业龙头项目，带动全市设施农业融合发展和提档升级，被成功列为国家有机产品认证示范创建区，被评为国家农业产业化示范基地和全省现代农业示范区。

（二）发展生态型工业

突出抓好源头治理，结合产业结构调整，提倡循环经济发展模式和清洁生产，引导、鼓励和支持工业企业通过技术改造节能降耗、综合利用，实行污染全过程控制，减少生产过程中的污染排放，力求实现经济发展与环境保护"双赢"局面。在前些年依法取缔晨鸣纸业、创科磁材等 10 多家违法排污企业，支持和引导万年青水泥、红都水产、金都啤酒等一批重点企业进行技术改造实现节能减排的基础上，近几年又严格要求重点工业矿山、生产企业加大环保投入，重点对 10 多家矿产开采加工企业投入大量资金，对生产废水处理设施进行全面改造，完善矿山环保设施。严格执行国家产业政策，对能耗高、污染大的资源消耗型企业坚决不引进，把好市场主体准入关；引进食品加工、再生环保企业，决不走先污染后治理的老路。另外，还有许多大额投资项目，因为环评不过关，被堵在了市场之外。

提高工业园区环境基础设施建设水平，推进实施配套污水管网延伸工程，实施园区管网全覆盖，确保园区污水处理设施稳定达标运行。园区内化工生产企业建设废水预处理设施，重点控制高盐、高毒性、难降解的污染物，排放废水中特征污染物达到集中污水处理厂接管要求。加快重污染企业退城搬迁。

结合化解过剩产能、节能减排和企业兼并重组，按照《瑞金市城市总体规划2017—2035年》及城市功能分区，对城市建设用地范围内现有的重污染企业制定搬迁计划并向社会公布，明确城市主城区工业退城搬迁的范围、方向、时序和方式。推动企业整体或部分重污染工序向有资源优势、环境容量允许的地区转移或退城进园，实现装备升级、产品上档、节能环保上水平。

全力促进工业经济绿色转型。2019年4月29日，生态环境部确定在深圳市等11个城市、雄安新区等5个特例区域开展"无废城市"建设试点工作。瑞金市作为全国唯一县级市代表，与河北雄安新区、北京经济技术开发区、中新天津生态城、福建省光泽县等一起入选5个特例。为确保建设工作科学有序推进，瑞金市聘请了中国环科院、江西省环科院作为第三方技术力量，组织编制瑞金市"无废城市"建设试点实施方案。紧扣绿色食品和生物医药、新型建材、现代轻纺、电气机械及器材和新能源产业发展定位。通过设立工业发展专项资金，加大招商引资力度、积极培育入规企业等一系列扶持政策，推动生态型工业经济发展。

（三）发展生态型服务业

瑞金市积极利用生态发展现代服务业，全力创建国家全域旅游示范区，打造全国一流红色旅游目的地。深入挖掘红色文化内涵，推动文旅融合发展；完善要素配套，丰富旅游业态。接连荣获国家历史文化名城、"共和国摇篮"国家5A级景区、国家级风景名胜区等多个国字号品牌，被评为2019年省全域旅游示范区、2019年中国县域旅游竞争力百强县市。引进并建成"浴血瑞京"实景实战演艺等一批旅游产业项目，形成红色旅游为龙头、红古绿交相辉映、市乡村多点支撑的旅游发展新格局。2019年，全市的旅游人数突破1800万人次、旅游总收入突破100亿元。

充分利用生态资源优势，发展生态旅游等新兴业态。依托赣江源国家级自然保护区、绵江湿地公园、绿草湖、龙珠湖湿地公园等平台，构建以自然保护区、森林公园、湿地公园为主体的生物多样性自然保护网络，并推动生态旅游与红色旅游、休闲旅游、历史文化旅游融合发展，加速打造国家红色旅游示范区。近年来，良好的生态资源吸引了各类发展资源，各方游客纷至沓来，一大批生态环保项目纷纷抢滩落户瑞金。围绕发展旅游业，大力实施生态旅游、全域旅游示范工程，构建瑞金市旅游"二带"（绵江河风光带和古城河景观带）、四区（叶坪革命旧址区、沙洲坝革命旧址区、绵江河历史街区、笔架凌霄自然风景区）格局，启动罗汉岩景区创建国家4A级旅游景区、国家级风景名胜区，努力把瑞金红色绿色古色生态优势转化为旅游产业优势，巩固和提升"共和国摇篮"品牌形象。

结合实施山水林田湖草水土保持综合治理工程河道治理项目，沙洲坝镇洁源村按照"一朵花、一篮菜、一体验、一桌饭、一台戏"的规划思路，使该村长期未整治、河岸到处崩塌、河水淤积，特别是村民的生活污水直接排放在河道和生活垃圾倾倒在河岸、形成一处处臭水坑的现状得到根本改观。通过采取清理河道、浆砌石护岸、贴吸水砖游步道、种植水保绿化树等措施，使整条洁源河得到有效治理，初步形成集"农业观光、农事体验、农业科普、农家文化"于一体的生态旅游村。该村利用昔日矿山（石灰、水泥、采石、采矿）创建的"浴血瑞京"如今已成为热门景区，项目实施了山体修复、边坡加固、生态复绿、废石再利用等治理措施，对原废弃石场矿坑进行全面综合利用，全方位展现中央苏区革命时期战斗生产生活场景，并按照国家4A级景区和"无废景区"标准，打造成"无废城市"创建样板项目。山体利用随物赋形，湖的开发更是现成。一个深达几十米的矿坑，被改造成为水域面积达8.67公顷的景观湖和水上游乐区，深水区布置了鸬鹚捕鱼表演，还配有竹排、水陆两用车等体验项目；浅水区打造成青少年的戏水乐园，建设有"网红桥"和飞夺泸定桥等水上项目。沿湖依次是连廊、茶楼、贵宾接待室，供游客赏湖景和休息。在瑞金，利用废弃矿山、厂房、荒地快速改造文旅项目不但形成共识，而且此前已有先例。同样落户于沙洲坝的红源记忆，就是利用废弃厂房改造成培训基地，车间变红军餐厅，办公室变旅馆，后院变培训拓展项目基地。沙洲坝的河道荒滩结合河道整治项目，改造成了花海和果蔬种植基地。加上沙洲坝丰富的革命旧址群落，"浴血瑞京"项目既是锦上添花，也是雪中送炭，将进一步丰富瑞金市红色培训、红色研学、实景党课，充分发挥瑞金市独特的历史地位和丰富的旅游资源优势，抓好共和国摇篮5A级景区提升工程，建设苏区大学城，完善中共中央政治局、中革军委旧址群的基础设施、服务设施建设、推进红色文化创意产业园、长征文化主题公园、罗汉岩休闲度假区、黄白百春双鱼生态农业度假村、海浪谷水主题乐园、日东木鱼山景区、叶坪华屋红军村、田坞高效农业示范园、沙洲坝生态印象洁源村、壬田香满园农庄及密溪古村、廖屋坪、枭米巷历史文化街区、龙珠寺公园、乌仙山公园等重点项目建设。构建"红、绿、古"三色协调发展的复合型旅游精品，推进由旅游资源大市向旅游经济大市的跨越，把旅游业培育成瑞金市国民经济的支柱产业和对外开放的形象产业。

第九章 蓝天白云常在山林田间，清水净土永存绿色动能

——于都县山水林田湖草生态保护修复研究报告

于都县地处赣州市东部，东邻瑞金市，南接安远县，西连赣县区，北毗兴国县和宁都县，总面积 2893 平方公里。全县辖 9 个镇、14 个乡，352 个行政村，人口 105.4 万。于都是江西最早建县的八个县之一，建县时所辖地域含瑞金、会昌、石城、宁都、安远和寻乌诸县。于都是中央红军长征集结出发地，是长征精神的发源地。在红色文化积淀的同时，山水林田湖草等绿色资源也日益丰富。县域内既有雪山、屏山、天华山、钟公嶂等众多名山，山地红壤、黄壤、黄棕壤、草甸土、紫色土等适宜各类林木生长，森林覆盖率达 71.6%，也有江西第一、江南第二大高山草场（屏山牧场），还有贡江、梅江、澄江、濂水、小溪河 5 条大江大河，2 座中型水库、20 座小（一）型水库、144 座小（二）型水库，9841 座塘坝。全县耕地面积 9 万公顷，山地面积 21.4 万公顷，丘陵面积 14.17 万公顷，平原面积 3.18 万公顷，江河水面 1.0 万公顷。在全国首批山水林田湖草生态保护修复试点中，重点实施了金桥崩岗片区水土保持综合治理、废弃钨矿矿山地质环境综合治理、低质低效林改造 3 个项目，做到综合治理试点与周边开发利用有效结合，达到山水林田湖草生态保护修复效果长期化，山水林田湖草生命共同体建设机制常态化。

第一节　于都县崩岗治理的区域特征

于都县水土流失面积占土地总面积的 29.17%，土壤侵蚀强度大，中度以上流失占水土流失面积的 64.01%，全县约有崩岗 4062 处，于都土地面积仅占江西省土地面积的 1.74%，但崩岗数量却占江西崩岗总数量的 8.52%，于都县崩岗面积为 1738.4 公顷，占江西崩岗总面积的 8.41%。按照"聚焦核心区域、聚焦核心问题，理清核心方案，进一步增强区域主要生态功能"的原则和"一块区域、一个问题、一种技术、一项工程"的思路，形成崩岗片区水土保持综合治理整体解决途径。

一、重新认识崩岗机理

崩岗是我国南方红壤丘陵地区特殊的水土流失形式，也是水土流失发展到严重程度的重要标志之一。崩岗侵蚀在水土流失面积中所占的比例不大，但侵蚀模数巨大，发展速度快，具有突发性、长期性、危害性等特点，破坏土地资源，常常造成大量泥沙淤积河道和水库，损坏桥梁和道路，导致严重的水旱灾害及生态恶化。在水土保持治理的过程中，它是最难攻破的难题，在山水林田湖草生态保护修复试点中，它是不可逾越的难关。

（一）崩岗的区域环境背景

于都县崩岗治理始于 20 世纪 50、60 年代，在文献调研与实地踏勘的基础上，结合中国南方崩岗调查结果，查明于都崩岗分布的地理位置、面积、数量、形态等，分析崩岗与地形地貌、坡度、坡向等的关系。从于都县崩岗的面积来看，活动型崩岗面积占总侵蚀面积的 98.82%，相对稳定型崩岗的侵蚀面仅占 1.18%。全县崩岗主要发育在海拔 100—300 米、坡度为 10°—30° 的丘陵地区。据对于都县砂砾岩地区崩岗实地调查，发现崩岗主要发生在沟头。山体被崩岗侵蚀切割，植被被破坏，在景观上形成了"千沟万壑"的景象，坡耕地逐渐退化，形成土坎变陡、崩壁林立的"烂山地貌"，被形象地称为生态环境的"溃疡"。如果任由它侵蚀，而不加以治理，崩岗所产生的侵蚀量将不断增加，侵蚀程度将日益加剧。

在 2005 年组织的中国水土流失与生态安全综合科学考察中，专家们对红壤区崩岗侵蚀状况及防治成效给予了重点关注，深入分析了崩岗侵蚀的成因和造成的危害。通过考察专家们一致认为，崩岗侵蚀是南方丘陵山区生态安全、粮食安全、防洪安全和人居安全的主要威胁，是丘陵区发展生态经济的最大障碍，严重制约了地方社会经济的可持续发展。近年来，崩岗治理进一步引起水利水保行业各级领导和专家的高度重视，2010 年水利部针对南方崩岗水土流失问题专门立项治理，拉开了规模治理崩岗的序幕。但由于人与自然关系认识上的局限，有些地方在崩岗水土流失无灌溉条件下种植乔木，成活率、保存率都很低，有的甚至造成新的人为破坏；一些地方的人工林，由于树种单一，加之抚育管理不合理，林下的水土流失也很严重；一些地方在措施配置时忽视了生态建设与经济发展的有机结合，治理成果难以巩固。在生态建设中，就生态论生态，不注重解决老百姓的吃饭、烧柴等基本生产生活问题，特别是一些生态工程忽视基本农田建设出现了反弹。还有一些地方，虽然注意了与当地经济的结合，但规模小、品种杂，难以形成规模优势和产业化经营，经济效益不理想，水土保持的成果也难以巩固。

作为崩岗侵蚀的重灾区，于都县抓住实施山水林田湖草生态保护修复试点这一难得的机遇，科学规划、精心设计，进一步对全县崩岗数量、面积、危害程度等进行了全面实地勘查，并分析侵蚀成因，提出对策，制定了治理规划分步治理。首先，加强生态经济型崩岗治理模式和崩岗治理生态效益补偿机制创新，推进生态产品价值转换试点，筛选出生态和经济效益兼优的崩岗治理模式，将崩岗治理与百姓致富结合；其次，加强崩岗治理研究中现代新材料、新工艺、新技术应用，加大崩岗治理的科技创新，融入文化旅游等元素；最后，加强工程和植物措施的有机结合，调动群众治理崩岗的积极性，筛选资源节约型和环境友好型崩岗治理模式，大范围示范推广崩岗治理模式。

（二）崩岗的关键驱动因素

崩岗现象的产生是各种自然因素和社会因素综合作用下的结果。自然因素如地质地貌、气候、水文情况、植被类型等，社会因素如工程建设，不合理开矿等。各个因素联系密切、是一个相辅相成的整体，但总地来说崩岗的出现，其外力作用影响大于内力作用影响。具体说来，花岗岩等风化土体是崩岗形成的内在本质，降雨径流和重力崩塌是崩岗形成的动力，地形和植被是崩岗发育的自然因素，而人类活动是崩岗形成的诱发因素。

1. 气候因素

于都县地处亚热带湿润季风气候区，多年平均气温为19.7℃，≥10℃的年积温为6183.2℃；多年平均降雨量为1637.4mm，4—5月降雨量约占全年的47%。多年平均日照时数1709小时，6—10月日照时数约占全年的57%。大量的雨水利于风化壳的发育，从而为崩岗发生提供了丰富的物质保证。集中的暴雨（尤其是在暴雨期间），容易形成大量急速的径流，大量径流的产生导致强烈下切侵蚀，从而大量出现崩岗现象。

2. 植被因素

植被茂盛地区，雨水很难直接击打地表，反之土壤很容易被流水冲刷后形成各种浅沟，最后发展成崩岗。于都崩岗的产生除了自然因素以外，和人类活动范围内的植被条件密切相关。崩岗发生地多在人类活动剧烈地区，这些地区地表裸露或者植被稀疏，往往成为崩岗发生的高危地区。不同的植被类型其抗流水侵蚀能力不一，如人工马尾松就易出现崩岗现象。

3. 地形地貌因素

于都县在地质构造上地处华南加里东褶皱系的三级构造单元信丰——于都拗褶断束的北端。地貌错综复杂，属赣南中低山丘陵区，四周群山环抱，东、南、北地势较高，逐渐向中、西部倾斜，地形以丘陵、山地、盆地为主，连绵起伏的地形为崩岗的发育创造了条件。地形对崩岗侵蚀的影响主要体现在坡向、坡度和海拔高度上，有相对高差的丘陵山地利于地下的垂直循环活动，为崩岗的发生奠定了基础。崩岗多分布于阳坡或半阳坡，坡度增大，侵蚀量增大，坡度26°是个转折点，10—25°是最易产生侵蚀的坡度。于都很多地区满足这种地形、地貌条件，因而成为崩岗发育的重点区域。

4.土壤因素

调查表明，85%的崩岗侵蚀主要发生在花岗岩风化壳之上，风化壳越深厚，其出现的崩岗就越多，风化壳在25米以上，崩岗群最多。于都花岗岩风化壳的粒度构成多具有粗细混杂的特点，砾、砂（粒）含量较多；对花岗岩风化壳各剖面的粒度分析结果亦表明，砾、砂和粉砂级颗粒占的比例较大，而黏粒级颗粒（<5微米）只占少部分，土壤黏结性差有利于崩岗侵蚀的形成和发育，花岗岩物质松散，抗蚀力弱和垂直节理发育。红土层厚度薄，当红土层被侵蚀之后，下面松散的砂土层和碎屑层就极易在径流作用下遭受侵蚀。花岗岩的纵节理、横节理、层节理、斜节理等各组节理的相互切割穿透致使岩体解体，不仅导致沿节理的球状风化，而且使风化壳形成后垂直节理发育，当地势反差增大时土体极易产生崩岗。

5.人为活动影响

人类活动是崩岗发生与发展的主导原因。随着科技的发展，越来越多的人们认识到崩岗的发生发展与人类活动密不可分。如掠夺性开矿、大型工程建设、过度开发土地等等。在人类聚集区，交通便利的山地边缘地带往往是崩岗的高发区。不合理的人类活动会加速诱发崩岗现象。

（三）崩岗侵蚀的危害特征

崩岗侵蚀将山体原来完整的坡面变成千沟万壑、沟谷纵横，使土地生产力遭到严重破坏，威胁当地生态安全。

1.山体崩塌侵蚀，破坏土地资源

崩岗切沟强烈切割山体，尤其是在花岗岩母质区。花岗岩地区沟头侵蚀导致的崩岗，无论是在形成时间、扩展规模还是在切沟沟头前进速度方面都相当惊人，与花岗岩相比，凝灰质砂岩地区沟道一方面下切地表，破坏凝灰质砂岩的层状结构，导致沟道中凸起的土块下坠；另一方面，由于沟道中径流量大，凝灰质砂岩沟道沿岸及沟头部分的岩石在水分的长期浸泡下渗透吸收了大量的水分，由于凝灰质砂岩液塑限都较花岗岩小，径流下部的土块更容易变形成为

流动状态，从而导致土体下坠。

2.毁坏基本农田，危及粮食安全

崩岗侵蚀造成的大量泥沙掩埋农田，变良田为沙砾裸露、寸草不生的沙碛地。崩岗侵蚀带来的黄泥水进到农田，沉积一层或沙或黏土的新覆盖层，使原来熟化的耕作层被淤埋，高产田变为低产田。崩岗侵蚀带来的土壤肥力损失，破坏了土地生产力，造成粮食大幅减产，直接威胁粮食安全。

3.泥沙淤积严重，加剧旱涝灾害

在崩岗分布区域，一方面植被破坏、土体薄层化，导致地表径流强度增加、流速加快、流量加大，加剧了洪涝灾害；另一方面植被破坏、基岩裸露、淤积严重，导致山塘、水库蓄水调洪能力减小，土壤更易遭受干旱灾害的侵袭。与其他水土流失类型相比，崩岗侵蚀会带来非常巨大的产流产沙量，据相关研究测试结果表明，崩岗沟壑的年产沙模数可高达10万吨/(平方公里/年)。由于崩岗的侵蚀量大、发展快，往往一两场暴雨就在山体冲出较大的侵蚀沟，如任其发展往往造成"山光、水恶、地瘦、人穷"的严重后果。

二、防治措施总体布局

于都县根据《南方崩岗防治规划(2008—2020年)》和《江西省崩岗防治规划》(2006—2030年)整体布局的要求，按照全面规划、综合治理、因地制宜、集中连片、突出重点，逐步推进的原则，选择土壤侵蚀严重、直接对工农业生产、生活造成危害的崩岗，按照近期和远期利益相结合，社会、经济和生态效益相结合的防治方针，通过政策引导、资金适当倾斜、技术上精心指导，鼓励农户承包治理崩岗，旨在治理水土流失、保护耕地资源、改善崩岗区农村生活环境和生产条件、改善生态环境，使水土流失最严重的地类也能聚宝生财。

(一)遵循崩岗治理的技术路线

于都县综合国内长期以来的崩岗治理实践，总结出目前认为比较可行的崩岗侵蚀治理策略，即崩岗防治实践形成"上截—中削—下堵—内外绿化"的完整思路，即把一座崩岗分成上、中、下三部分：上部或称顶部即崩壁以外的集水坡面，中部即崩壁以下至沟底的崩积体，下部即平缓沟底以下淤积物形成的冲积扇。这三部分是一个有机的整体，崩岗治理一般应遵循"控源头、稳崩壁、抬基点、拦淤泥、强绿化"的基本技术路线。

1. 控源头——"上截"

对崩塌面接近山顶分水线、顶部支离破碎、严重侵蚀的崩岗进行"截顶"，整成台地或向天池；对坡面较长、集雨面较大的崩岗，在顶部布设竹节水平蓄水沟或修筑水平梯田、台地，在崩壁上缘布设避洪排水沟，对流入崩岗的雨水进行拦截和疏导。

2. 稳崩壁——"中间削"

对崩岗两侧陡坡（崩壁）不稳定土体进行削坡，修成台阶状小反坡条带或小反坡台地，稳固崩壁，并可在底部基础不牢地段适当修建护岸固坡工程。

3. 抬基点——"下堵"

在崩岗侵蚀沟内分段布设谷坊，做到节节拦蓄泥沙，抬高侵蚀基点。

4. 拦淤泥——"下游拦"

对谷坊工程拦不住或不宜修建谷坊工程的一些崩岗群或弧形崩岗等，在崩岗下游出口处修筑拦沙坝，拦蓄崩岗下泄的洪水、泥沙。

5. 强绿化——"快速恢复植被"

选择适宜崩岗生长的乔、灌、草、藤等植物品种，在崩岗集雨坡面、受冲积扇危害的地方采取高密度绿化。

（二）坚持崩岗治理的基本原则

崩岗是由集水坡面、沟壁、崩积体、崩岗沟底和冲积扇等组成的复杂生态系统，各部分之间存在着复杂的物质输入和输出过程。因此崩岗治理的策略与传统的水土流失治理不同，要在积极探索"山上山下同治、地上地下同治、流域上下游同治"模式的同时，统筹推进崩岗治理、矿山治理、土地整治、植被恢复、水域保护等，以沃土壤、增绿量、提水质为目标，实施种树、植草、固土、定沙、洁水、净流等生态工程措施，把崩岗作为一个生态系统来进行综合治理。

1. 坚持治理与开发利用相结合原则

崩岗一般分布在人类活动较频繁的区域，区域内往往土地资源较少，因此在崩岗治理中要充分挖掘土地生产潜力，做到治理与开发利用紧密结合，提高治理的经济效益，调动群众的治理积极性。对较完整的集水坡面进行开发性治理，种植经济林或果木林；缺少红土层的破碎坡面，采取种植乔灌草结合的水土保持林。崩岗壁采取植草或种植藤本植物护壁，经削坡开级后可在台阶处种植经济林或果木林。在崩积锥初步稳定后沿等高线种植灌木或草类。对崩岗沟底（通道）采取结合谷坊进行造林植草或封沟育林育草。冲积扇立地条件好的种植经济林和果木林，立地条件差的种植水土保持林。

2. 坚持因地制宜、因害设防、因势利导原则

根据崩岗所在地的自然条件及崩岗自身形态特点，做到宜林则林、宜果则果、宜草则草、宜工程则工程，尤其是在实施工程措施时，严格按照小型水利水保工程技术规范搞好施工。崩岗治理的工程措施主要有：土谷坊、石谷坊、拦沙坝、石护堤（挡墙）、截排水沟和崩壁台阶等。土谷坊布置重点在肚大口小且坝肩稳定的崩口位置。石谷坊修建在水流冲刷较大的狭窄沟道。拦沙坝主要布置在崩岗群的下游布置。石护堤（挡墙）主要布置在山坡脚受水流冲刷的弧形崩岗。在沟头 3 米外修建沟埂式截（排）水沟，将坡面径流导入沟外安全的排水系统。对破碎的崩岗集水坡地和崩岗壁进行削坡升级，用于坡地经济开发。

3. 坚持高标准、重管护原则

崩岗治理相对于一般坡面治理要求较高，特别是在对崩岗进行开发性治理、修筑台地或梯田时，其田埂、反坡度、坎下沟等设计标准更高，施工要求更严格。施工后要加强工程维护和管理，每次大雨过后要及时对地面下陷或被雨水冲坏地段进行加固维修。通过分散、疏导、拦阻集水坡面径流，削弱崩岗沟头势能，控制集水坡面的跌水动力，同时控制冲积扇物质再迁移和崩岗底的下切，减少崩积体的再侵蚀过程，稳定崩壁和崩积堆，达到稳定整个崩岗的目

的，主要体现"水不进沟，土不出沟"的治理策略。

（三）开展崩岗侵蚀多学科多层次协同治理

从开展多学科协同创新研究进展情况看，现今研究崩岗的主要为地貌学和水土保持学科领域的科技工作者，研究的力量较为薄弱，研究深度不够。崩岗侵蚀影响因素复杂，牵涉的学科众多，如土壤学、地貌学、气候学、地质学、生态学、水文学、力学、地球化学、社会学等，从单一地貌学分析崩岗侵蚀影响因素，难以对崩岗的发育有全面系统的理解。因此，崩岗侵蚀需要开展多学科协同创新研究，在传统研究方法的基础上，结合地球系统科学的原理和理论，结合崩岗侵蚀动力学、岩土力学、水力学、气候学、工程地质学、地貌学综合研究崩岗侵蚀的形成和演化过程的内在规律，并结合生态学、环境学、工程学、社会学、数理统计学研究崩岗治理技术和模式等。

从新技术和新材料的角度，积极试点治理崩岗的新方法，例如：袋装土料护坡、生态排水沟、综合节水技术、污泥生物干化技术，以及积极采取近年来高速公路边坡绿化等新技术和新工艺等。通过总结治理崩岗经验，积极推进新技术和新方法，使崩岗治理措施更合理、更完善。采取在崩岗所处山坡开挖水平竹节沟，崩岗顶上开撇水沟，崩岗内因地制宜修建土谷坊建设经济果木林，崩岗口建拦沙坝。崩岗中的林草配置包括顶部撇水沟和崩岗体的造林安排。撇水沟上下各建3—5米高密度的草灌带，草灌带以上按正常的坡面造林要求混交草灌乔水保林。崩岗底部用竹（篁竹、万竹、芦竹、小山竹）、木（杉、松、桉、栎等）、灌（胡枝子、多花木兰）、草（含芭茅和葛藤）混交。崩壁能种植物的地方，都可种上草，组成多层次高密度的防护体系。

从崩岗治理的具体实践看，鼓励农户承包进行崩岗治理。如有的农户在自家承包山崩岗口修筑拦沙挡土坝，在崩岗内修筑反坡梯田，崩岗顶面开挖水平条带，开发种植脐橙、落叶果，套种西瓜、花生、大豆等经济作物，既控制了崩岗水土流失，恢复崩岗林草植被，又取得了较好的经济效益。

三、典型崩岗治理特色

于都县金桥崩岗片区位于县城东面3公里处，是经过不断的崩坍和陷蚀作用而形成的一种围椅状侵蚀地貌，山体破碎，千沟万壑，地表贫瘠裸露，植被稀疏难以生长，犹如"江南沙漠"，治理难度大。作为于都县首批山水林田湖草生态保护修复三大试点项目之一，于都县崩岗治理项目总投资 1.7854 亿元，其中中央奖补资金 8242.2 万元，地方投入 9611.8 万元。将整个崩岗群视作一个整体，在外围修筑挡土墙将崩岗侵蚀群整体包围，防止泥沙下泄危害下游农田；同时，将里面每个崩岗视作整体中的一个个体，保留崩岗区内部原貌，在每个崩岗口就地取材修建谷坊，泥沙首先在谷坊沉积后，再汇集流入山下山塘进行二次沉沙处理。经此分段拦截处理后，最大限度地减少泥沙危害，待经济状况允许后再进行大规模开发利用。

首先，将金桥崩岗片区建设为于都县崩岗地质公园。因为崩岗地貌全国皆有，不过大多数都比较分散，未形成集中连片、典型地貌特征，而于都县金桥崩岗片区已经集中连片，并且具有完全、典型的地貌特征，其在赣州独有，全国少有，所以于都县计划将核心区部分典型的崩岗保护起来，禁止开发利用，打造独特的崩岗科技园和崩岗地质公园。

其次，融入文化旅游和体育元素，将普通的生态公园变成体验式长征文化主题公园。该项目约 3 公里长的主干道在形态上与长征线路极其相似（反转 180° 后基本重合）。通过耦合绿色和红色资源，合理选取路径，结合体验式项目，设置于都集结出发、血战湘江（彩弹 CS 野战）、遵义会议（会址再现）、四渡赤水（水上拓展）、巧渡金沙江（空中滑索）、飞夺泸定桥（彩弹 CS 野战）、爬雪山（夹金山滑雪基地）、过草地（滑草基地）、大会师（迷宫营地）、到达延安（窑洞餐厅）等若干微缩场景体验节点，形成 2.5 公里微缩长征体验线路，将基地打造成长征史诗生态体验园。并以微缩线路为骨架，配备红培配套设施、水土保持科普廊道、市民休闲设施和其他体育设施如滑雪、山地自行车赛道、卡丁车赛道等，形成红培教育、团队拓展、市民休闲、科普教育、体育赛事等多方面功能。

最后，做到水土流失综合治理与周边开发利用有效结合。落实山水林田湖草"整体治理，系统修复"理念，邀请国内多家顶级设计公司勘察、规划，县领导和相关部门多次论证，聘请第三方专业机构对治理工程实行统一规划，形成规划、设计、实施、验收"四位一体"的解决方案，通过工程措施，拦沙坝、拦土墙、土谷坊等有效阻止山体崩坍和泥沙流失，实现泥沙截留，蓄水池涵养水源，加快植被恢复，使地表植被、森林覆盖率有所提高，生物多样性有所恢复，整个生态链得到良性运行，成为水土保持科普区、养水区、理水区、宜水区和净水区，依托地形特点、山水林田湖草景观特点和人文景观，通过培育典型植被、建设水保设施，形成保护修复示范区，以实现示范推广、经济产业、旅游休闲等主要功能之间的均衡发展。

第二节　废弃钨矿矿山地质环境治理

于都县西处南岭、中处雩山、东处武夷山成矿带，成矿地质条件优越，矿产种类较多，矿山资源找矿潜力大的有钨、金银（铅锌）、萤石、滑石、透闪石、白云岩等矿种，其中钨矿有大、中型矿区7处。主要矿种有相对集中分布的特点，南部为钨（铋、钼）矿集区，北部为金银（铅锌）矿集区，中部为非金属矿（萤石、建材类）集区；金属矿床共伴生矿产多、综合利用价值较高。然而，随着矿业开发活动的不断深入，主要是由于矿山基建、采选造成的地貌景观、植被、耕地破坏和损毁以及固体废弃物的堆放、尾矿存放、地面塌陷、水土流失、土地污染、次生地质灾害等破坏和损毁不断增加。对矿山生态环境展开系统化、深层次、全方位治理，特别是在该地区实施山水林田湖草生态保护和修复工程、为当地居民营造一个良好生存环境的同时推动当地经济发展意义重大。

一、矿山环境综合治理的新特点

按照全县山水林田湖草生态保护修复工程项目总体部署安排，废弃钨矿山地质环境综合治理项目面积为2.21平方公里，包括铁山垅二坑矿区、禾丰隘上矿区与盘古山镇钨矿等三个废弃矿区。治理前存在的主要问题是废石（土）堆崩滑及其引发泥石流等次生地质灾害、山体挖损、植被破坏，严重影响当地群众的生产生活。为更好地改善当地的矿山生态环境问题，于都县本着"宜耕则耕、宜林则林、宜水则水、宜工则工"的原则和遵循技术可行性及经济合理性原则，对治理区采取生物治理和工程治理相结合的办法，通过固源和生物治理等措施，实现对矿山环境问题的全面治理。

（一）理念创新性

铁山垅二坑矿区位于铁山垅镇丰田村，1954 年办证，1962 年因资源枯竭而闭坑停采。矿区南东端下游约 400 米处有运行中的铁山垅钨矿尾矿库，下游铁山垅镇及大片农田。闭坑后，山体挖损严重，废石满山遍布，河沟淤积，植被稀少。该矿区勘察设计由江西赣南地质工程院编制完成，项目治理总概算为 1220.83 万元，治理面积为 1.42 平方公里。治理内容有：窿口封堵完成 43 个；土石方工程完成施工（平整及外运约 22 万立方米）；绿化工程完成施工（喷洒草籽约 14 万平方米，覆盖无纺布约 14 万平方米，KTC 毯约 2 万平方米，回填种植土约 14000 立方米）；Ⅰ 型挡土墙 224 米、Ⅱ 型挡土墙 80 米；拦挡墙长 60 米、高 6.5 米、宽 12.5 米；干砌石完成约 5700 立方米；截排水沟工程已完成 Ⅰ 型、Ⅲ 型排水沟施工、Ⅱ 型水沟 C20 砼浇筑约 3200 米；护面墙施工完成长 110 米、高 16 米；完成石方 2200 立方米；种植脐橙 30624 平方米。治理既体现了矿山环境综合治理的价值观，强调人与自然有机整体和资源环境经济社会目标协同均衡；也梳理出提炼矿山环境综合治理的方法论，改变甚至颠覆以往对"矿山"生产运行和发展规律的既有认知，用"山水林田湖草"生命共同体理念认识矿山，充分调动资源、环境、社会、经济等"全要素"，以"共生、共荣、共享、共利、共治"目标为指引，改变以往"矿产资源"只是单一化的工具价值的观念，树立矿山"生命体"具备学习、反馈、免疫、适应、修复、再生等能力的观念。

（二）因地制宜性

隘上矿区位于禾丰镇隘上村，采于 20 世纪 30 年代，1957 年办证，于 1983 年因资源枯竭而闭坑停采。矿区西面坡脚居民 2800 多人、房屋 1120 多间、农田 133.33 公顷，该矿区闭坑后，废石满山遍布，植被破坏严重，泥石流、采空塌陷地质灾害发育，闭坑至今，挖损区及废石分布区仍然寸草不生。该矿区勘察设计由江西赣南地质工程院编制完成，项目治理总概算为 884.42 万元，治理面积为 0.6 平方公里。治理内容有：洞口封堵完成 55 个；土石方工程完成施工（平整及外运约 92900 立方米）；绿化工程完成施工约（人工撒拨草籽约 10.2 万平方米，KTC 毯约 3.9 万平方米，湿地松约 2.3 万棵，爬山虎约 11280 株，葛藤约 1280 株）；5 号拦挡墙完成 55 米；截排水沟工程完成 I 型、II 型水沟，完成排水沟施工约 2900 米。按照因地制宜、因时制宜的原则，树立差异性理念，一矿一策，对照标准，有针对性地进行治理。有效地减轻环境污染，恢复林地面积，对废石堆放区进行复绿，有效恢复矿山绿色生态环境；截排水沟等工程的实施和生态恢复措施的落实，有效防范了地质灾害、水土流失产生的风险，使当地遭到破坏的生态环境逐步得到恢复。

（三）循环系统性

盘古山镇钨矿位于盘古山镇竹山坪龙王山近山顶处，该矿山为 20 世纪八九十年代镇办钨矿，2003 年闭坑，治理前原盘古山镇钨矿范围大部分已纳入盘古山钨业公司矿区范围之内。早期在废石堆下方修建的拦沙坝，治理前坝内废石已堆满，且废石越过坝顶滚落坝下，三座拦沙坝均已失效。该矿区项目治理总概算为 472.72 万元，治理面积为 0.19 平方公里。治理内容有：洞口封堵已完成 23 个。挡土墙 190 立方米。排水沟工程施工约 1200 米。施工便道 5千米。绿化面积 87000 平方米。矿区通过修建临时道路，采用降坡、地形地貌整治、林草恢复等生态修复技术，废石得到合理布放，裸露地表植被基本恢复，安全隐患基本排除，水土流失得到治理，水土涵养功能和地质环境明显改善，生态功能和生物多样性正逐步恢复。有效保护周边宝贵的矿产资源，通过强化绿色开采、资源综合利用，以及对多个生产体系或环节之间的耦合，使物质、能量多级利用；通过地貌重塑、土壤重构、植被重建、景观再现、生物多样性重组与保护过程，实现矿区及周边更大范围生态环境的整体保护、系统修复、综合治理。

二、矿山环境综合治理典型案例

以隘上矿区为例，隘上矿区面积 0.827 平方公里，矿山开采影响面积约286016 平方公里，破坏林地总面积约 223120 平方公里，包含前期的尾砂冲沟占地面积等，其中前期已治理一部分。本次治理区面积约 152304 平方公里，分为 I 区和 II 区，其中 I 区面积约 43848 平方公里，处于区域的西侧；II 区面积约 118456 平方公里，处于区域的东侧。由于多年的持续开采导致多数废石堆斜坡、多处开挖坑、多处岩质边坡。

（一）矿区生态保护存在隐患

1. 泥石流隐患

治理区所处主沟为东西流向，长约1200米，汇水面积约0.4平方千米，沟谷呈"U"型，平均纵坡降113‰，上游沟底地势较平缓开阔，水土流失严重，下游西南端沟口狭窄，且沟底纵坡降增大至200‰左右，呈漏斗之势。沟谷两侧地形相对高差30—50米，两侧山坡坡度25°—45°，沟谷两侧地表植被发育，覆盖率达90%。沟谷上方治理区，影响沟谷的废石总量约13.5万立方米，为泥石流的形成提高了丰富物源，威胁西南端下游的大片农田及居民。

2. 采空塌陷隐患

本矿山开采历史悠久，露采与坑采联合，地下存在一定范围的采空区，由于矿山闭坑多年，且早期不规范开采，虽然现状下隘上矿区未曾发现采空塌陷现象，但根据采矿硐口的分布情况分析，采矿巷道主要分布于浅层，顶板厚度较小，因此，采空区存在地面塌陷的可能。塌陷区根据地面窿口的分布及现场，预测采空区的范围0.286平方公里。对于该块范围，布置沉降监测点，同时如需在该地块建立永久设施，需进一步勘查是否存在采空区。

3. 废弃硐口

治理调查发现废弃窿口55个，其中设计封堵的硐口55个，窿口口径1米—2米×1.5米—2.5米，大多数未封堵或半封堵。部分未封闭的天坑坑口有植被遮挡，不易发现，存在安全隐患，威胁上山人员的人身安全。

4. 地形地貌景观和土地资源压占与破坏

早期民采特别是闭坑后的乱挖乱采，导致矿区山体挖损严重，形成高度5—35米不等的陡崖和深浅不一的露采坑，废石凌乱堆积满山遍布，每遇暴雨冲刷，上部废石堆向下游搬运，在沟谷或缓坡处堆积，废石所到之处，寸草不生，满目疮痍。这些矿山开采的"后遗症"，对矿山的地形地貌景观造成了严重的破坏与影响。

（二）矿区山水林田湖草生态治理方案

主要治理方案：平整工程＋绿化工程＋截排水沟＋拦挡墙工程＋蓄水、硐口封堵。治理区域总计面积24.55公顷，除去自然复绿区，实际治理面积15.23公顷。按现场条件与地形共计分为六个区，分别为A、B、C、D、E、F区。其中A为自然复绿区，占地26452.3平方米；B区为碎石土斜坡区，覆盖KTC毯绿化，占地31425.9平方米；C区为种植松种区，占地81798平方米；D区为土质斜坡，喷播草籽，占地9007.9平方米；E区为开挖区，填方后平缓地带种植松树等，余坡地带喷播草籽，占地14077平方米；F区为岩质边坡，种植爬藤类植物，占地15853.6平方米。原有矿区自然生长的植被主要包括松树、茅草、葛藤、芒箕、狗尾巴草等。据现场调查，矿区由于开采时间较长，碎石堆风化较严重，含土量大多都超过20%，这种土层可生长松树、茅草、葛藤、芒箕、狗尾巴草等。

A区治理方案：A区为自然复绿区，共计17小块，定名为A1—A17区，共计面积26452.3平方米。

B区治理方案：B区碎石土边坡，共计8小块，定名为B1—B8区，共计面积31425.9平方米，该区域边坡坡度25至33度。该区域B3、B5、B6区域由于废石堆较陡且坡面顶部出现裂隙，设计了削坡减载。B区域人工修整边坡后，覆盖KTC毯绿化坡面。KTC毯中的草籽选择混合型草籽，如芒箕、马尾巴草、茅草和当地常见的青草籽混合喷播，每平方40克混合草籽。

C区治理方案：C区为治理区平缓地带，土质和碎石土地层，共计5小块，定名为C1—C6区，共计面积约81798平方米。该区域场地依地形机械耙平，土壤翻耕后，对区域进行挖穴种植松树，同时人工洒芒箕、马尾巴草、茅草和当地常见的青草籽混合，每平方20克混合草籽。

D区治理方案：D区土质边坡，共计6小块，定名为D1—D6区，共计面积9007.9平方米，该区域边坡坡度25至35度，垂高15米—30米。该区域人工修整边坡后，喷播草籽，草籽选用芒箕、马尾巴草、茅草和当地常见的青草籽混合，每平方30克混合草籽。

E区治理方案：E区为治理区的填方区，共3小块，定名为E1—E3区，共计面积约 14077 平方米。该区域 E1、E2 区为治理区的深坑，平整地段穴种松树并洒播草籽，斜坡地段喷播草籽。E3 区为 B6 区下部砌挡墙后的填方区，全部覆盖 KTC 毯绿化坡面。所有填方区均进行机械夯实。

F 区治理方案：F 区为治理区的岩质边坡区域，共 6 小块，定名为 F1—F6 区，共计面积约 15853.6 平方米。该区域由于大部分为高陡岩质切坡，从经济与植被成长性角度出发，F 区绿化以爬藤类植物为主。坡顶上部人工开挖种植沟种植葛藤，使生长方向朝边坡区域；坡顶下方人工开挖爬山虎种植沟，种植爬山虎。

（三）矿区山水林田湖草生态治理工程

矿区山水林田湖草综合治理，绝不是简单的矿山复垦和绿化。综合治理是一项复杂的系统工程，有着全面深刻的内涵和实质内容。山水林田湖草生态治理工程是在新形势下对矿产资源科学合理开发管理和矿业发展道路的全新思维，是以保护生态环境、降低资源消耗、实施循环经济与可持续发展为目标，着力于按科学、低耗和高效合理开发利用矿产资源，并尽量节约和保护资源，减少资源和能源消耗，降低生产成本，实现资源效能最佳化、经济效益最大化和环境保护最优化。

1. 截排水工程

对于整体治理区域，原有水沟与水系尽量利用。区域设置二类排水沟，分别定名为Ⅰ、Ⅱ型，其中Ⅰ型为主排水沟，汇集排水后排入治理区的沟谷。Ⅱ型排水沟为辅助排水沟，对治理坡面和局部治理区域进行保护以防被雨水冲刷。对于坡度大于 35 度的排水沟，设置齿形急流槽进行消能。

2. 拦挡墙工程

治理区域布置五座拦挡墙，分别定义 1#、2#、3#、4#、5# 拦挡墙。1#、2#、3#、4# 拦挡墙主要设置于治理区的沟谷，有效地拦挡因植被未生长时期的砂石。5# 拦挡墙主要为 B6 区坡面削缓产生的废石料留出堆放空间同时拦挡废石堆。

3.蓄水池、沉砂池、硐口封堵工程

治理区原先存在的蓄水池尽量利用，新建蓄水池5口，主要依地形布置在低洼可积水区域，负责对该片区域的植被养护；硐口根据调查总计发现废弃窿口55个，其中设计封堵的硐口55个，在治理过程中如发现新的硐口，根据实际情况决定是否封堵。

4.平整工程

由于B5、B6区碎石土堆上部产生了垂直坡面走向，长度5—12米，宽10—20毫米的裂隙2—3条，裂隙距离坡面顶部约5—8米。计划对B5、B6区的碎石土堆进行削坡，B5区域削坡后产生的弃碎石土堆放于E2、E1区；B6区的碎石土堆依坡势耙平后，堆放于下部新建5#拦挡墙所产生的空间，剩下的碎石土放置于E1区。B3区由于坡势陡，对其进行削坡，产生的废石土堆放于E1区并分层夯实。

三、推进矿山可持续发展

于都县内发现的矿种共40种，其中查明资源储量的矿种32种；列入资源储量表的矿区38个，其中大型矿区2个、中型矿区5个、小型及以下矿区31个。已探明主要矿种的资源储量潜在经济价值较大。到2019年于都县地区生产总值已近300亿元，其中矿业及其延伸业产值达到100亿元以上。多年来矿山开采业发展势头迅猛，但多以小型矿山企业为采矿主体，资源高效开采、废弃物综合利用等方面技术水平不高，导致环境污染的同时更加重了资源的浪费。因而在严格执行钨、稀土开采总量控制，延伸加工产业链，充分利用于都铁山垅—盘古山的钨矿资源，聚集钨的精深加工产业，形成钨矿产业基地的同时，加大于都银坑地区有色贵金属矿的勘查开发力度，尽快形成以金、银为主的贵金属多矿业产业集群。

（一）生态环境影响监控

针对闭坑矿山企业来讲，需要将闭坑之后矿山的生态环境恢复工作做好，使其满足或达到环境要求、资源利用要求及土地复垦要求，当验收且合格之后，才能办理最终的闭坑手续。执行并认真落实土地复垦履约保证金制度，鼓励相关企业将部分资金投入到矿山生态环境保护与治理当中，并始终秉持谁污染、谁治理及谁治理谁收益的基本原则，强化处于实际投产状态下矿山的监测、监督与管理工作，在堆放矿山废渣、矿石及废石时，要与环境影响评价报告所指出的整理要求相符。

1. 土地占用、利用

矿山开采中，矿体开采和基础设施的建设需要开挖土地，基础设施也占用一定的土地；同时，建设期间产生的弃土、石和运营期间的废石堆置均要占用大量土地。这些永久性占地和临时性占地将会导致矿区土地功能和土地利用结构的变化，使区域自然体系的生产能力受到一定影响。农作物的变化，将使矿区人均耕地占有量减少，农业生产能力降低，但对区域性土地利用结构影响不大。在矿山服务期满后，矿区所在地变为不适合农作物生长的土地，因此采矿对矿区的影响将会延续相当长的时间。

2. 野生动植物、植被

矿区在建设和运营期间，不可避免地会破坏动植物的生境，使得植被覆盖率降低，植物生产能力下降，生物多样性降低，从而导致环境功能的下降，再加上动物的迁移，使系统的总生物量减少，对局部区域的生物量有较大的影响，但由于小型矿山一般占地面积相对较小，对整个地区生态系统的功能和稳定性不会产生大的影响，也不会引起物种的损失。

3. 景观格局

矿区开发活动对景观的影响主要是地形的改变和生态系统改变所造成的原有景观的破坏和新的自然景观格局的形成。采矿活动对地表的干扰，改变了区域的地形、地貌，形成新人工景观，降低了矿区原有的自然景观美学价值。采矿造成的景观影响包括由于挖掘剥离所破坏的地表、植被、废石场的景观影响等。尤其在矿区服务期满后，采矿区形成的相对低洼的矿坑，废石场形成的人工山，由于新的生态系统难以形成，景象荒凉，视觉效果极差。

（二）推进生产矿山达标建设

推进矿业规模化集约化发展。围绕到 2020 年全县采矿权总数控制在 120 个的目标，制定矿管部门整合矿产资源开发利用、矿山地质环境治理方案以及土地复垦方案，并将绿色矿山建设标准纳入整合后的方案中，统一编制、统一审查、统一实施；选择对环境破坏较小的开采方式、采矿技术和选矿方法，保护矿区生态环境。县环保局、矿管局及水保局加强矿山生态环境保护，恢复治理方案和水土保持方案的审查，监督企业落实保护措施，确保矿山"三废"得到有效处理，污染物达标排放，生态保护措施落实到位。安监部门严格审查安全专篇，并监督企业落实安全措施，确保矿山绿色安全生产。

加强绿色矿山安全生产。对矿山生态环境防治的基本原则加以明确，即在开发中保护，在保护中开发；预防为主，防治结合。针对新建矿山，制定比较明确且全面的环境防治措施；对矿山环境的职责及监管主体加以明确；对矿山环境防治的具体保障措施加以明确。淘汰取缔无证开采及在"三区两线"（重要自然保护区、风景名胜区、居民集中居住区、重要交通干线、河流湖泊岸线）等环境敏感地带开采的小型矿山。改善重点生态区域及周围人类活动区废弃的矿山，同时通过植物措施加强山体的保护，防止水土流失和山地灾害。加强地下水监测，积极治理水体污染和土壤污染，对过度开采地下水的区域进行综合治理。

按照"谁破坏谁治理，谁开发谁保护"的原则，落实矿山环境治理和绿色矿山建设的责任主体，全面推进生产矿山的绿色建设。继续实施矿山地质环境分期治理项目，加大"边开采、边治理"力度，不留生态赤字。加强开采回采率、选矿回收率、综合利用率抽查与监管，督促企业达到国家规定标准。按照绿色矿山建设规划及标准，推进企业技术改造，强化"三废"管理，提高安全生产管理水平，推进尾矿和废石综合利用。鼓励企业利用先进的采矿技术和开采方式，减少对生态环境的影响。严格矿山用地审批，严格控制废弃物排土场面积和数量。

（三）发展矿区循环绿色产业

促进资源的高效利用。统筹规划矿产资源开发，提高伴生资源综合利用率；全面完成重要资源的整合，提高重点优势企业的资源保障程度。通过矿产（钨、铅锌）尾矿综合利用循环模式，建立循环型工业产业链。强化矿产（钨、铅锌）尾矿回收利用，对尾矿进行二次再选回收有用金属、作为原料代替建材原料和用作充填材料及进行土地复垦等方法，达到矿山（钨、铅锌）尾矿循环利用。通过复垦复绿、建设绿色矿山、开发矿山旅游等方式，探索废弃矿山综合治理制度。

推动优势矿产资源深度开发利用。实施特色矿产综合利用示范行动，培育以罗坳工业小区为中心的矿产品深加工示范区，发展以萤石、白云岩、石英石等非金属新型建材，重点发展人造石英石板材和白云岩矿精深加工业。将以银坑为中心的铅锌开采和精深加工区建成区域性重要的钨产品生产基地和重要的锰铁、铅锌产品生产基地。深入研究钨金属及含钨新材料产业链延伸，逐步寻求解决国家对钨矿实行配额生产、钨矿资源归国有、国家实行统购统销等资源开发瓶颈，改观于都对境内重要矿产资源决策和话语权不足、境内现有的APT生产企业产能不足等发展难题。将于都的钨、稀土、铅锌、金银等矿产资源勘探项目列入国家重点找矿突破行动项目，重点寻求国家部委、央企和省内国企在资源勘探、开发利用、人才培养等方面的对接帮扶。积极鼓励铁山垅钨矿等资源即将枯竭型企业加快深度探矿、异地探采选矿和深加工项目，推动资源枯竭型企业转型发展。

利用盘古山地区土地质量评价发展特色农业。依据相关规范和行业标准对于都县盘古山地区土壤养分元素和土壤环境质量进行评价，为提升土地利用价值提供有力科学依据，将符合条件的土地规划为绿色食品、无公害食品生产基地，生产更高价值的农产品；将不能作为种植用地的土地划为非耕地，从而提高土地产出率，提升土地的利用价值。全面掌握调查区内富硒和劣势土壤分布，建立土地质量档案卡片，正确引导当地农业发展规划。为让富硒土壤资源带动村民脱贫致富，将蔬菜产业定位为全县现代农业首位产业，引领当地农民抓好富硒蔬菜、水稻等种植、加工及销售，新增种植富硒绿色蔬菜533.33公顷以上，建设以万亩富硒绿色蔬菜为主的现代农业蔬菜科技产业园和集循环农业、创意农业、农事体验、休闲度假、观光旅游于一体的田园综合体。

第三节　低质低效林改造的"林＋"模式

于都县林业用地面积 209971.8 公顷，其中林地面积 187323.6 公顷，低质低效林占林总面积的 48%。这些林地生态效益和生物量显著偏低，每亩平均只有 1.6 立方米，林分结构不合理，林木单一，林相残败，结构失调，防疫抗灭能力脆弱。作为山水林田湖草生态保护修复试点项目，低质低效林改造总投资 1.83149 亿元，其中中央奖补资金 5267.2 万元，地方投入 13047.7 万元。总结几十年水土保持实践经验，综合治理是核心内容，其中包括封禁治理措施，即实施封山禁牧、封育保护措施，给林草植被以休养生息的机会，使其依靠大自然的自我修复能力大面积恢复。同时通过严把造林关，按技术规程操作；选择两年生优质容器袋苗，合理搭配树种；加强抚育、培土和追肥，使全县低质低效林面积占林地总面积从 48% 降至 28%；对剩下的低质低效林不留"漏洞"、不留"空地"、不留"死角"，对位配置林种、树种，使防护效益最佳，同时兼顾经济效益。

一、林＋山

按照"突出重点、逐步推进"的原则，遵循整体性、系统性及其生态系统内在规律，根据各乡镇"荒山"的具体实际，按照"一山一方案"，以村（组）为单位开展以造林绿化为中心的水土流失治理、地质环境治理恢复、生物多样性保护、生态保护修复，对偏远、高山、陡坡立地条件较差的宜林荒山荒地和坡度在 25 度以上的坡耕地通过实施"生态公益林保护"、"退耕还林"和"长（珠）防林"工程，采取生态修复技术，植树造林，促进"荒山"生态环境全面改善。

进一步巩固多年来全县荒山治理的成效，依托科技进步，进行植被恢复关键技术创新，突破一批应用性强、实用性高的工程技术，通过成果转化大幅度改善山区生态环境。对主要河流源头上游周围第一道山脊线以内和各大中型水库周围第一道山脊线以内的林地、坡度 30 度以上、土层在 20 厘米以下的林地、坡耕地实行植树造林、全面封山改造，建设水源涵养林。树种选择时最好选择优良的乡土树种，这些树种应满足适应性强、生长旺盛、根系发达、固土力强、冠幅大、林内枯枝落叶丰富和枯落物易于分解，耐瘠薄、抗干旱，可增加土壤养分，恢复土壤肥力，能形成疏松柔软、具有较大容水量和透水性的地被凋落物的树种等特点。

以低山、丘陵区为重点，选择荒山荒地、坡耕地等油茶宜林地，培育油茶丰产林。通过产业示范带动，着力提高油茶产业产能，充分调动林农参与油茶产业发展的积极性。据测算，林农只要人均种植油茶0.09公顷就可以脱贫，种植0.3公顷就可以达到小康人均收入标准，而且长期受益，不易返贫。油茶是常绿阔叶树种，根系发达，枝繁叶茂，有较强的抗二氧化硫、氟和氯等有害气体的能力，基本无病虫害，同时又是耐火树种，具有较好的防火能力；油茶适生范围广、适应性强，耐贫瘠、耐干旱，丘陵山地、沟边路旁均能生长，因此大力发展油茶产业不仅能发挥土地边际效应，完全消灭"荒山"充分绿化国土，恢复生态脆弱区植被，而且能有效优化林分结构。与此同时，科学合理规划油茶产业发展，避免大规模无序化开发，禁止毁林烧山种油茶现象发生，做到生态保护与产业发展并重。

二、林+园

建立以林业为主、果业为辅、其他生物种群为支撑的多元结构体，真正做到寓经济效益于生态效益之中。经营措施及技术方法上以不妨碍林木生长、维护地力、保护环境、持续生产为原则。丘陵山地果园遵循"山顶戴帽、山腰种果、山脚穿裙"的生态开发模式，所有果园要求主干道、支道种树绿化，户与户之间保留5—6米防护间隔带，通过构建完善的生态防护林系统，将果园分隔成相对独立的生态小区，"林中有果，果在林中"，实现果园的生态园林化。以农户为单位，在房前屋后因地制宜发展小果园、小竹园、小茶园，引导千家万户发展庭园经济。突破常规造林模式，运用造林技术与造园艺术相结合的方法，在近人尺度的重要节点区域采用园林化种植手法，注重灌木与地被花卉在林下林缘的应用，同时引入健康绿道，营造"园在林中"景观。

打造脐橙等特色林果园。以脐橙为主，打造特色明显、种类多样的林果基地。保留现状果园，对其进行适度的景观改造提升，如适当替换、补植高大乔木乡土树种，使之与周边新增林地景观相协调；适当增加地被花卉、林间小径及小型游憩空间。新建林不仅要为果园提供良好外围生境，而且要为发展特色效益农业，如畜禽、蔬菜等种植、养殖产业带和农业科技示范园区，使其发挥聚集示范效益，促进集约化经营、差异化发展创造环境条件。在力保现有脐橙果园的基础上，规划在岭背镇、新陂乡、禾丰镇、黄麟乡、车溪乡、仙下乡等重点乡镇，加强脐橙果园的提升调优改造，开展标准化脐橙园建设，大力推广种植赣南早脐橙、红肉脐橙等新品种。发掘地方特色资源优势，按照一乡一业、一村一品的林果业发展思路，以岭背镇为中心打造于都大盒柿产业区。加大井塘杨梅、梓山葡萄、盘古山甜瓜等优势特色产业的发展力度，建成一批特色林果基地。以市场需求为导向，围绕特色突出、品种调优、农民增收、产业做强的目标，将于都县打造成为赣南优质水果产业集群和特色林果基地。

打造多样化绿色蔬菜园。按照绿色安全的发展思路，在岭背、梓山、罗江、利村、段屋、贡江、罗坳、桥头等蔬菜生产重点乡镇打造品种多样的绿色蔬菜基地。坚持统一规划、合理布局、集中连片的原则，继续改造、扩大岭背金溪、金星和梓山大峰坝、梓山安和等集中连片大棚蔬菜基地，打造无公害蔬菜标准化生产示范区。利用山区乡镇林业优势发展高山特色时令蔬菜生产。加强以农田林网、水利设施、机耕道、主干道等为重点的菜地基础设施建设和蔬菜大棚、节水灌溉等为重点的设施栽培建设，严格控制农药、化肥使用，推广生物措施防治病虫害技术，鼓励增施有机肥，逐步建成一批能排能灌、土壤肥沃、通行便利、抗灾能力较强的高产稳产绿色蔬菜生产基地。

打造清洁型畜禽养殖园。以规模化畜禽养殖场为依托，重点打造生猪、奶牛、肉鸡、蛋禽等清洁养殖基地，建设与生态环境承载能力相适应的适度规模生猪"养殖—加工"基地。实施能发挥林草优势的奶源基地建设工程，加强靖石乡奶源基地和奶牛养殖小区建设，大力扶持以高山青草奶业有限公司为代表的龙头企业，加强品牌建设，不断开发走向全国的新产品。发展特色林草饲料产业，建设适应于都县养殖业发展需要的饲料品种体系，有效满足不同饲养品种、养殖方式对饲料品种的需求，推动饲料工业与养殖业协调发展。强化林草绿化带建设，以标准化规模养殖场（小区）建设和畜禽养殖场沼气工程为重点，推进畜禽废弃物的无害化治理和利用，最终建成具有示范作用的清洁养殖基地。

三、林＋水

彻底纠正以往一些地方在具体造林中，采取粗植滥造不浇水、苗木不假植、造林不开沟、造林成活率低等现象。通过人工造林、封山育林等技术方法，增加地面植被，保护坡面土壤不受暴雨径流的冲刷，在林下把水留住。

结合项目区地貌、土壤、气候和技术条件，遵循自然规律，因地制宜，合理确定适生植物，建设水源涵养林与湿地恢复工程。建立以水源涵养、生物多样性保护为主要生态服务功能的生态功能保护区，通过封山育林、治理农业面源污染和生活污水的控制等措施加大对自然保护区和森林公园的有效保护。全力开展屏山省级森林公园保护和屏山高山草场保护，保护亚热带森林景观和各种珍稀物种，保持区域生物多样性。同时加强水库及河流源头保护，严禁乱砍滥伐，严格划定禁止开发区，稳定库区生态系统，建设水源涵养林、水土保持林，保护和提高源头径流能力和水源涵养能力。

按照高标准设计、严要求施工，强力推进城区造绿工程，努力打造"一江两岸、城在林中、路在绿中、楼在园中、人在景中"生态优美、宜居宜业的水保生态绿色家园。按照"一街一品、适当移植"及生物多样性要求，对县城主次干道，贡江新区、工业园区、长征第一渡及"湿地公园"等处实施水保生态绿化建设，构建水畅、河清、岸绿、景美的水系景观。随着跃州水电站、峡山水电站的建成蓄水，该县全力推进渡江南大道、滨江湿地公园建设，致力打造一批集防洪抗旱、涵养水源、休闲游览等功能于一体的新的生态亲水景观带，真正形成绿水绕林城、绿水环林城、绿水养林城、绿水美林城的独特景观。

四、林＋林

新造林与原有林充分有机连接，形成大规模、更稳定的森林生态系统。林、路、场地要素整合，选择与原有林相同或协调的树种作为新建林群落的骨干树种，设置与原有林沟通的作业道及人行道路系统，统筹林窗的预留和场地的建设，使得新造林地块与原有林地充分连接，碎片化的绿地资源得到有效串联，促进形成大规模、连片、完整的绿色空间。促进林木的更新演替，新增林以构建"复层、异龄、混交"的近自然地带性植物群落为目标，带动相邻原有林群落逐渐完善更新，形成较稳定的森林生态系统。

在保护天然林等森林资源的同时，发展大榛子、板栗、核桃、红松等经济用材树种，积极探索和推广林药、林牧等立体复合经营模式，在岭背镇、新陂乡、禾丰镇、黄麟乡、仙下乡等重点乡镇建设特色林果基地；发展井塘杨梅、梓山葡萄、盘古山甜瓜等优势产品。在梓山、宽田、岭背、银坑、利村、盘古山等重点乡镇，建设 5 个以上万亩油茶基地。加大低产竹林改造力度，定向培育笋用及笋竹两用林。积极发展竹木加工业，尤其是精深加工业，延长产业链，实现多次增值，提高竹木综合利用率。

光皮树是一种多用途油料树种，生命力很强，容易管理，其结出的鲜果可提炼生物柴油、食用油。据了解，一株长势良好的光皮树可产 150 公斤到 200 公斤果子，出油率一般在 20% 至 30% 之间。将榨出的油转换成生物柴油，意味着 50 公斤光皮树果可产 10 公斤至 15 公斤柴油，经济价值较高。特别是随着近年来生物能源的紧缺，光皮树的价值日益凸显。于都县宽田乡敏锐地把握这一机遇，按照布局规模化、管理科学化、经营集约化的要求，对发展光皮树产业进行了科学合理规划，积极引导农户充分利用房前屋后、四旁空地进行种植。同时，通过嫁枝方式人工培育，使光皮树的盛果期得以提前，缩短投资周期。自然生长的光皮树盛果期一般为 8 至 10 年，但经过科学嫁接和培育后，盛果期可以提前到 4 至 6 年。该乡积极争取中石油和省林业厅等部门的支持合作，采取"公司＋农户＋基地"的运作模式和订单种植等方式拓宽经营渠道，抓好产业带动。

五、林＋田

于都县有计划地开展农田防护林建设，同时结合周边大片种植的油菜花等景观田，打造花田林网的特色田野景观。农田植被缓冲带是具备生物多样性保护、防止水土流失、过滤有害物质、美化环境的条带植被。通过优化缓冲带布局，构建缓冲带系统，为生物提供迁徙通道。同时结合农田边界如田埂边坡沟渠等空间，在保护原有植物的前提下，选用具备吸引天敌、趋避害虫、提供蜜源食源类功能的植物，通过乔灌草混植提升农田植被缓冲带多样性，营造丰富生境。科学保留与改造，形成特色鲜明的绿色复合空间，建设健康、生态、易养护的农业景观。

尊重现有的农田肌理并与森林充分结合，营造林田镶嵌、色块分明、彩田如画的大地景观。在大规模农田区域，推进在田埂架构高大骨干树木，建设农田林网，完善农田防护林体系，建立基本农田保护区，稳定提高粮食生产能力，建成绿色食品生态农业基地。通过将林业与农业相结合形成混农林业，结合生态农业和朴门永续（依照自然界的规律去设计环境的方法）的理念，通过多层次、多物种的生态设计，最大化地利用阳光，实现水和养分的循环。不同生物之间相互协作发挥了自然的力量，代替来自人的投入和管理。通过森林生态农业恢复本地生态系统，并且生产丰富的食物。

以提升土地生产力和改善土地生态质量为目标，实施林、田、水、路、村综合整治，加快旱涝保收高标准基本农田建设。对易受洪涝灾害的低洼耕地，加强农田水利设施建设，增强排水防渍能力，对于山区农田，通过土地平整、推进测土配方、改革耕作制度等综合措施，不断推进中低产田改造，切实提高耕地生产能力。完善农田基础配套设施，改善农业机械作业条件，优化田间道布局，提高道路的荷载能力和通达度。加强田间灌溉与排水工程建设，优化水资源配置，稳步提高耕地灌溉面积比例和渠系水利用系数，增强农田防洪排涝能力。

六、林＋湖

于都县按照"林与湖"统筹治理的要求，在集中整治拆除水库养殖的基础上，大力实施湿地保护利用工程，将县内的森林划分为山地保护区、湿地保护区进行分类保护和治理。扩大廉江、小溪河及支流河段的湿地面积，积极建设小城镇污水人工湿地处理工程，确保生产生活污水达标排放。根据景观要素的作用和主题类型，将乡村湿地景观规划要素划分为：水体、植物、动物、地形地貌、农业设施、乡村道路、景观建筑、文化景观、聚落景观、景观小品等。加强湿地农业生产模式规划，常见的有稻田养鱼模式、藕田水产综合养殖模式等。

按照"林湖相依"的治理原理规划库区林业布局，构筑点（渠首）、线（干渠）、面（水库）立体布局的高效生态经济林业体系。在对全县1座中型水库、16座小（一）型水库、61座小（二）型水库、利村乡防洪工程及车溪乡防洪工程开展水利工程标准化管理的同时，以游园标准在干渠两侧营造生态林带，打造集景观效益、生态经济效益和社会效益于一体的生态廊道；实施环库生态隔离带工程，采取植树造林、封山育林、森林抚育改造等措施，建设生态防护隔离林带，努力增加森林面积。库区各乡镇、村组都营造了一批规模大、标准高、成效好的生态精品工程，实现一次成林、一次成景。

　　强化造林在水库环境生态治理与保护中的作用。在水库的周边种有一定高度的绿色树木，利用树木的强大根系来加固水库岸边的土壤。加固之后的土壤能够增强对水浪的抗击能力，可以阻挡泥沙以及污染物进入水库，有效控制污染源。以造林为中心的生态河堤技术，是在人工湿地技术上发展起来的。生态河堤技术综合了生态效果、生物生存环境以及自然景观等因素，建造一个适合动物与植物生存的仿真大自然的保护河堤。生态河堤的最大优势在于能够为各种生物提供栖息和繁衍的环境，进而增强了水体的自净化能力。生态河堤可以预防洪水和干旱，可以调节水量，保证水库区生物的多样性。生物缓冲带，是指利用永久性植被拦截污染物或者有害物质的条状带、受保护的土地。它的内容丰富，治理环境的效果非常显著。

七、林＋草

　　建设林草复层结构，充分发挥草本修复功能，草本植物与其他成分一同构成森林生态系统，提高防止水土流失、吸附尘土、净化空气、减少噪音污染、形成栖息地等方面的效果。对林下、灌下裸露土地进行补植补种，建设林—草、林—灌—草的复层结构，形成群落稳定性高、生态效益显著的配置模式，解决"绿而不活"的问题，实现园林绿化高质量发展的目标。

　　林下选用合适的耐阴地被，同时积极推广优秀乡土地被植物，类似于抱茎苦荬菜、蒲公英、夏至草、车前草等本地野花野草。树立合理的养护观念，改拔草为剪草，使杂草变成绿地的重要组成部分。大于70%的地被种植比例，形成"万亩林千亩草"的种植效果。积极研究相应的林草修复模式，选择合适的草本植物借助其"自然力"恢复原生地带性植被，加速土壤熟化。按照水土保持有关法规，做好水土保持相关工作。水平梯田"前坎后沟"设计，配套好排蓄水工程，丘陵山地果园落实好"山顶横山排蓄水沟、梯壁内带竹节沟、山脚泥沙拦截沟，护坡种植水保草，带面套种或生草"的具体水保措施，维护果园生态环境，防止水土流失的发生。

　　除了森林结合山、园、水、林、田、湖、草的不同方式，综合"森林＋"模式还可以发挥各种类型的生态效益。针对不同的生态功能的要求，还将造林绿化地块分为生态涵养主导型、景观游憩主导型、森林湿地复合型及生态廊道型等多种类型，并分别从功能营造、植被选择、雨洪调控等方面提出具体的建设要求及指引。在绿化树种选择上，遵循"乡土、长寿、抗逆、食源、美观"的方针，适地适树，注意保留原有植被，在营造景观丰富的植物群落的同时还特意推荐了适宜鸟类等动物取食、筑巢的树种，让小动物也能在林中怡然自得。

于都县通过山水林田湖草工程实施使生态系统服务功能稳定提升，生态屏障功能有效维持，土壤保持和固沙功能维持稳定，生物多样性得到有效保护，目前已建立祁禄山自然保护区 1 处、盘古山国家矿山公园 1 个、罗天岩森林公园 1 个、4A 级屏山风景名胜区 1 个，正在建设的有罗坳湿地公园、禾丰兰花小镇。项目的实施，将提升于都县的林分质量，提高森林和草地覆盖率，增强水源涵养能力，减少水土流失，调节局部气候，显著提高资源环境对产业发展和人口的承载力。与此同时，土地利用结构和农业产业结构的进一步优化，农村产业结构将逐步形成以经济林果业为主的种、养、加、销各业协调稳定发展的生态经济体系。依托于都县良好的自然生态环境，结合脐橙、蔬菜、油菜、蓝莓、草莓、油茶等特色农林产业，建设生态农业观光园，开展采摘园产业链条设计，不断丰富和扩展采摘种类、经营规模。在生态文化旅游圈层建设由盘古山、屏山、矿山组合的自然景观带，打造盘古山茶场、屏山牧场、矿山森林公园等多种风格的自然景观群，吸引游客前往休闲度假。既通过山水林田湖草生态保护修复不断满足人民日益增长的物质和文化需要，以更好地服务于人民，还坚持服从服务于国家经济建设大局，不断调整和完善山水林田湖草生态保护修复政策，增强全民参与生态文明建设的积极性和主动性。

第十章 保护滴水寸土草木，绿化山川田野村镇

——兴国县山水林田湖草生态保护修复研究报告

兴国县位于江西省中南部、赣州市北部，全县辖 25 个乡镇，304 个行政村，总面积 3215 平方公里，总人口 85 万人。全县"七山一水一分田，一分道路和庄园"，地势由东北西边缘逐渐向中南部倾向，形成以县城为中心的小盆地。县内矿产资源丰富，已探明有一定储量的矿 25 种，矿床矿化点 160 余处，石灰石、花岗石储积量均居江南县市之首，瓷土储积量居华东之冠。历史上的兴国山清水秀，河网密度每平方公里 0.23 公里，年平均降雨量为 1515.6 毫米，年平均无霜期 284 天，有"油米之乡"之称，是江南水乡风景秀丽之县。数十年前，由于特殊的地质条件、降水时空分布不均及红壤性质上的酸、瘦、黏等自然特点，战争对森林的破坏、毁林开荒、乱砍滥伐、砍伐薪柴、不合理垦种、顺坡耕作等人为因素，大部分地区的森林遭到严重破坏。1980 年水土流失面积达 1899 平方公里，占县域面积近 60%。经过近 40 年的综合治理，兴国县植被覆盖率由 28.8%上升到 82%以上，森林覆盖率达 74.6%。近年来，兴国县将全国首批山水林田湖草生态保护修复试点实施项目确定为崩岗侵蚀劣地水土保持综合治理项目、低质低效林改造项目和打造水保科技示范园项目，走出了一条独具特色的山水林田湖草生命共同体建设之路。

第一节　打造国家水土保持科技示范园区

塘背水土保持科技示范园位于兴国县龙口镇都田村境内，园区南北宽约2100米，东西宽约1200米，园区规划面积3平方公里，总投资4456.87万元，完成水保科普示范区、"江南沙漠"治理区、开发防治示范区、土壤生态保育区等四大功能区建设。2018年2月被水利部命名为"国家水土保持科技示范园区"。示范园建成后将更好地展示兴国水保成果、传承兴国水保精神、讲好兴国水保故事，为水保科普研究提供平台，为国内外科技交流与合作展示机会，为水保生态文明建设提供具有国际影响力的"兴国样板"。

一、关键阶段

我国是开展水土地资源利用与评价研究历史最为悠久的国家，2200多年前的古代地理文献《禹贡》就对我国东西南北各地区的土地利用差异有所阐述。毛泽东同志早在1930年《兴国调查》一文中就指出当时苏区水土流失的严重性。第二次国内革命战争时期，国民党为了消灭共产党，大肆实行"石过刀，草过火，人换种"的"三光"政策，兴国县的青山没有躲过毁灭的厄运，直至新中国成立，由于战火不断、毁林开荒、粗放耕作等原因，兴国县水土流失更加严重，同时也被迫提上了治理的重要议事日程。

第一阶段：弘扬苏区精神，依靠人民群众探索治理阶段（1951—1979年）。红土地给兴国很多宝贵精神财富。但红色土壤半石半土的结构，也让兴国人民在生产生活上吃了不少苦头。新中国成立初期，由于有的政策失误，导致无数青山继续遭到破坏，1958年大炼钢铁运动使千军万马上山砍柴烧炭，毁灭性地砍伐森林；随后的三年自然灾害，为了填饱肚子不惜大片毁林开荒，包括在70年代人口增长迅猛，兴国都不例外地伐林垦荒，致使森林面积持续减少。进入六七十年代，兴国县的水土保持工作以荒山治理、农田基本建设为主，以改善农业生产基本条件为目标，经过治理，有效提高了单位面积的粮食产量。这一时期，依据农业资源与水土保持区划全面开花，结果收效不大并存在着边治理边破坏的现象。

第二阶段：党和国家高度重视及综合治理阶段(1980—1982年)。1980年7月，世界著名水保专家、英国皇家学会查理斯爵士来到江西省兴国县考察。当他登上龙口乡的一座"癫痫"山时，举目不见一棵树木，白皑皑的沙地在强烈的太阳照射下泛起耀眼的昏光，刺得他泪水盈眶。全县有水土流失面积1899平方公里，占县域面积3215平方公里的59%，占山地面积2240平方公里的84.8%。在水土流失面积中，强度以上流失面积达669平方公里，占流失面积的35.2%。全县年均流失泥沙1106万吨，大小河流普遍淤高1米以上，有的地段高出田面近2米，成了地上悬河。每年被泥沙带走的有机质和N、P、K养分达55.22万吨，远远超出当年的施肥量。全县16533公顷水田中，有5334公顷成了"落河田"(河高田低)，常年遭受水害，有15267公顷耕地变为靠天吃饭的"望天田"。绝大部分山地沟壑纵横、基岩裸露，植被覆盖度只有28.8%，强度以上流失山头的植被覆盖度不足10%，只有一些稀疏的"老头松"，10年树龄不足1米高。夏季实测地表温度为75.6℃，极端气温超出40℃。在2240平方公里的山地上，活立木蓄积量仅有51万立方米。全县贫困人口达278752人，占总人口的51.7%。"天空无鸟，山上无树，地面无皮，河里无水，田中无肥，灶前无柴，缸里无米"是兴国县当时的真实写照。水土流失成为该县头号生态环境问题，寻找一条快速高效的治理之路是广大群众的迫切愿望。在水利部的大力支持下，在长江水利委员会的直接指导下，开始了水土保持综合治理试点，为了从体制上确保水土流失治理和生态环境建设的有序进行，从1980年起组建了由县长兼任主要领导的水土保持委员会和县乡村三级封禁管护指挥部。1992年又将水土保持办公室改为行政一级局，赋予行政执法职能，并内设水土保持监察股和水保监督执法大队，在全县各乡镇设立26个水土保持管理服务站（水保局派出机构），各乡镇还组建有专职封禁管护队。更具特色的是将农村能源办划归水土保持局领导，将水土流失治理与解决农村能源问题统一起来。

第三阶段：大规模治理，重点扶助持续推进阶段（1983—2002年）。兴国县1983年被列入全国八片水土保持重点治理区进行重点扶助，拉开了大规模治理水土流失的序幕。1983—1992年在实施水土保持重点治理第一期工程时，把解决农民温饱、促进老区建设与水土保持结合起来，重点打造生态治理型小流域。依据地貌、岩性和集水情况，将全县划分为61条小流域，后改划为72条小流域，按小流域进行规划，并分期分批集中连片治理开发。全县治理水土流失11.26万公顷，植被覆盖率由过去的28.75%上升到56.2%；每年泥沙流失量减少了 45.8%；全县流域面积 10 平方千米以上的 56 条河流，有 18 条河床下降，森林面积增加 9 万公顷。1990 年，还是当年的那位查理斯爵士，旧地重游时发出了赞叹："'江南沙漠'泛绿是奇迹，这样治理下去，兴国有希望。"1991 年 1 月，全国政协副主席钱正英来到这里视察，认为兴国的经验值得借鉴和推广。1993—2002 年在实施水土保持重点治理第二期工程时，把改善农村生产条件、促进农村经济发展与水土保持结合起来，重点打造产业开发型小流域，形成"一村一品"和"一流域一品"的产业开发格局，建立脐橙等一大批特色基地，实现稳土固水、增绿增效、产业富民的新格局。

第四阶段：从农村延伸到城镇，全面推进依法防治阶段（2003—2012 年）。在城镇、工业园区的开发建设中，细划为工矿水保、交通道路水保、江河水保等，做到城镇建设与水保设施建设相统一，加强水土保持"三同时"的监督核查。无论是河道疏浚、堤防绿化、排洪排污设施建设，还是道路隔离带、街心花园的绿化等，都纳入水土保持生态环境建设中，做到建一房绿一点、修一路绿一线、建一区绿一片。同时，建立县级领导包片，单位领导包线，主管部门和施工单位包种、包管、包活的绿化责任制。为了调动人民群众防治水土流失和重建植被的积极性，集社会力量为水土保持事业服务，兴国县在抓好干部、理顺体制的同时，制定了一系列规范和鼓励政策，吸引民间资本，完善防治水土流失投入机制，形成以国家投资为主导、省市县配套、民间资本积极参与的治理模式。

第五阶段：全面统筹规划治理，建设水土保持生态文明县起步阶段（2013—2016 年）。2013 年 2 月兴国县被国家水利部命名为江南第一个"国家水土保持生态文明县"。把精准扶贫脱贫攻坚、构建生态宜居社会与水土保持结合起来，重点打造生态产业开发、生态清洁乡村旅游型小流域，并将水土保持生态建设的目标、任务纳入区域发展规划之中，明确了区域水土流失治理、资源配置和生态产业耦合机制及其协同途径；在区域自然、经济和社会环境等条件下，根据土壤侵蚀规律与特点，采用水土保持技术措施，配套以水土保持政策制度支撑，实现生产与生态权衡下水土资源保护与合理利用长效机制的综合解决方案，形成可持续的生态产业与服务功能提升价值链，创新生态—生产功能协同提升适应性管理机制。

第六阶段：实施山水林田湖草生命共同体建设阶段（2017 年至今）。坚持"生态优先和民生优先、山上治理与山下治理并举、开发治理与生态保护兼顾"的治理思路，深入开展小流域综合治理，实施国家水土保持重点建设工程，确保国家重点工程治理区和重要饮用水水源地水土流失得到有效治理，影响道路交通、侵蚀农田耕地、危及人居安全的集中连片崩岗得到全面治理。围绕社会发展对兴国低山丘陵区水土流失治理的需求，开发水土保持措施空间布局优化与生态功能提升技术，通过研发关键技术、优化景观布局、发展优势产业，实现山水林田湖草生命共同体建设从水土流失治理向生态服务功能提升，从单纯植被覆盖率增加向结构改善和生态效益提高转变，实现生物多样性丰富、生态系统结构完整、能量流动物质循环畅通、资源利用高效的发展目标。

二、技术措施

在水土流失治理过程中，兴国县十分重视发挥科学技术的先导作用，有针对性地开展科学观测、科技攻关和新技术研究，加强同科研单位的合作，提升水土保持的科技水平。特别是 1983 年被列入全国八片重点治理区开展水土流失重点治理以来的 30 多年间，兴国县曾在 20 世纪八九十年代经实践总结出了南方水土流失治理的五种模式，这一研究成果获国家科技进步三等奖、水利部科技进步二等奖，并在南方得到推广和运用。进入 21 世纪以来的 20 多年，兴国水保战线的实践者根据变化了的山地条件和当地群众的愿望以及水保生态建设新的形势要求，采用特定的治理单项技术或多项技术组合，集中解决崩岗、强烈侵蚀劣地等侵蚀地块、坡耕地、坡地果园、林下水土流失，从而形成具有兴国水土保持特色的六种治理技术。

（一）前埂后沟＋梯壁植草＋反坡台地技术

结合坡地开发的坡改梯工程，构筑坎下沟、前地埂，并在地埂、梯壁上都种植混合草籽进行护壁处理，实行果（脐橙、甜柚等）＋草（狼尾草、棕叶狗尾草、雀稗等）间作，以达到保护水土效果。

（二）竹节水平沟＋乔＋灌＋草技术

竹节水平沟布设于风化强烈、土层较薄、水土流失强度大的坡地，在山坡上沿等高线每隔一定距离修建截流、蓄水沟（槽），蓄水拦沙，其沟（槽）内间隔一定距离设置一个土垱以间断水流，形似竹节，沟体为梯形台体结构，上下沟呈品字形布设。竹节沟加密放浅技术，采取面宽0.5米、底宽0.3米、深0.4米的规格，间隔为2.5—3米。较原来（宽深均为1米，间隔4—5米）的竹节水平沟开挖更省成本，更能减少开挖量造成新的水土流失。

（三）坡面雨水集蓄技术

结合坡地农业产业开发，按照坡面水系建设，合理布设"三沟"（截水沟、引水沟、排灌沟）、"二池"（蓄水池、沉沙池）、"一库"（塘库）等小型集雨水利工程，就地拦截强降雨，对雨水进行蓄集，减少径流，增加补灌抗旱水源，做到排水有沟、集雨有池、蓄水有库、水不乱流、泥不下山，发挥"小工程、大示范、高效益"的保土蓄水作用。

（四）顶林—腰果—底谷（养殖）立体治理技术

通过构建"山顶戴帽（水保林等水源涵养林）、山腰种果（脐橙、油茶等经果林）、山脚建池（塘坝）、水面养鸭鹅、水中养鱼"的模式，把养殖业和种植业等有机地结合在一起。该模式重视一处果园建一座山塘，配套水平台地、沟渠、边坡草、道路等基础设施，以种草实施立草兴牧战略，达到种养结合、长短结合、水土保持与发展产业相结合。

（五）"封禁＋补种＋管护"生态修复治理技术

在小流域水土流失强度小、植被条件较好的区域推行"大封禁，小治理"，"大封禁"即实行封山禁采禁伐、封育保护，依靠大自然的自我修复能力恢复植被；"小治理"即在重点治理中补植林草措施，抚育施肥。对于针叶林的"林下流"，采用林下补种草灌治理、针阔混交治理等模式。

（六）开发预防监测网络信息技术

利用"3S"技术和计算机、数字化扫描仪等现代化仪器设备进行小流域治理的规划设计，建立起预防监测网络，掌握水土流失动态变化情况，科学合理地治理水土流失，根据径流、坡面、产流量、侵蚀量等不同情况，先后共设有塘背小流域径流观测站、永丰蕉溪黄金坪监测点、城岗大获监测点、杰村含田监测点等4个监测点，在开展水土保持科技示范、科普教育和科技推广工作的同时，配合参与有资质的单位开展生产建设项目监测工作，如兴赣高速、西气东输、茶园风电场等重点工程建设项目的监测工作。将生产建设项目施工与运行造成的水土流失及其危害减少到最小，使各项水土保持措施有效、长期发挥效益，保障工程建设和运行安全。

三、治理模式

兴国县在治理水土流失的实践过程中，坚持因地制宜、效益优先，划分重点预防保护区、重点治理区、重点监督区，统筹规划山、水、田、林、路，推动整个社会走上生产发展、生活富裕、生态良好的文明发展道路。在实施山水林田湖草生态保护修复中，积极探索了内容更为丰富的治理模式，在坚持以小流域为单元进行综合治理的同时，把农业产业化基地建设、城郊休闲观光建设、生态庄园建设、农村能源建设、人居环境改善等纳入水保重点工程建设内容，使水保工程建设更好地适应地方经济发展。

（一）封禁修复模式

兴国县域高温、多雨、无霜期长，植被自然恢复能力强，生态修复成为水土流失区恢复植被最有效、最经济、最科学的选择。首先在全流域范围内合理规范人们的生产生活方式，广泛开展开源节能，切实保护一草一木、滴水寸土，全面实行生态自然修复；对花岗岩轻度流失区，以自然修复为主，辅以飞播或人工撒播马尾松，禁止人畜上山践踏破坏，让其有一个休养生息的好环境。

（二）人工补植重建模式

轻度流失区，以封禁治理为主加适当的人工补植；对花岗岩、红砂岩中度流失区，以人工补植为主，树种以阔叶树和豆科灌木等乡土树种为主。对大面积的中、轻度流失山地和无明显流失区、治理成果区，实行人工补植育林育草。

（三）工程拦沙植物保护模式

对花岗岩、红砂岩强度以上流失区，工程措施与植物措施结合，草灌乔结合，防治并重，集中连片，高标准、高质量实施规模治理。坡面工程以竹节水平沟为主，配合修筑水平台地或反坡梯田、条带。植物以条带式密植间种为好。

（四）改造农耕地模式

紫色页岩强度流失区采用爆破或人工开挖修成水平梯田供农业利用，每年夏秋季节组织爆破，冬季修成梯田种植蚕豌豆、烤烟等农作物。修成梯田后，地埂上配置多年生草本植物加以固定和保护。

（五）猪沼果开发治理模式

猪沼果开发治理模式，是以小流域为单位，农户为基础，以果园套种猪饲料，猪粪为沼气发酵原料，以沼气池为产气主体，沼气为能源，沼液、沼渣为果蔬肥料的生态良性循环系统。具体做法是"6个一"：一户农户、养一栏猪、建一个沼气池、种一园果、栽一棚菜、养一塘鱼。在果园套种青饲料养猪，以猪、人粪为沼气发酵原料，沼液饲养猪、鱼，沼渣肥果蔬，沼气点灯做饭，变废为宝循环利用。

（六）水保生态旅游模式

把水土保持与发展生态旅游结合起来，把红色旅游、休闲观光、名胜开发等纳入水土保持生态建设工程规划。在景区建设中，成立了景区建设项目水保组，具体负责景区水土保持工作。为使景区建设业主编报的水土保持方案报告书能做到防洪、环保、绿化、美化、观光、休闲相统一，从立项、选址、道路走向、景点设置、小公园设计到施工建设，县水保监测站全程参与，使水保工程建设与景区建设同步。针对景区水土保持生态环境建设要求高、治理成本高、投入治理资金大的特点，县政府依据有关法律，规定由水保部门审定建设方案和资金预算，以弘扬苏区精神为目的的兴国县将军园便是景区建设与水土保持建设相统一的一个典范。

四、示范延伸

从过去单一治理、综合整治发展到山水林田湖草是一个生命共同体的建设理念，建设中关注的焦点发生了系列变化：从关注生产和经济到重视生态系统效益，从治理为主到预防为主，从强调现状治理到关注可持续发展，并上升到生态文明建设的高度。理念的转变也促使治理措施从强调单一技术到综合技术集成，从植被覆盖率增加转向结构改善和功能提升，从坡面水土流失治理到小流域综合治理，再到区域生态经济协同发展与优化布局。

（一）推进水土保持向扶贫开发示范延伸

兴国县曾经是全省 24 个国定贫困县之一，由于水土流失严重，全县革命老区非常贫困。生态退化是当地农民致贫返贫的重要原因之一，其保护修复不仅是为了保障国家生态安全，也要为当地群众谋福祉。把生态保护修复与精准扶贫相结合，将其办成惠民工程，使保障国家生态安全与群众切身利益相统一，让当地农民变为受益者，由被动接受者变成主动参与者，积极参与到生态保护修复中来，立足资源禀赋和发展基础，帮助贫困户选准扶贫产业。设立生态公益性岗位，积极建立贫困人口转生态护林员、农村保洁员制度。引导各产业基地吸纳当地贫困户到基地务工就业。探索建立绿色创业扶贫基金，培养绿色农业发展带头人，对发展农业产业给予土地流转、合作组织建设、电子商务流通等全方位奖扶政策。探索开展水电和矿产资源开发资产收益扶贫改革试点。

（二）推进水土保持向乡村振兴示范延伸

把水土保持作为生态农业建设的基础产业，通过治理水土流失恢复与重建生态，各部门配合改造林相、建设景点，多渠道增加投资建设精品，创造良好的生态环境，构建生态有机的绿色农业体系。兴国县鼎龙乡杨村崩岗治理示范点，将有效控制水土流失与经济建设、生态环境恢复、乡村振兴工作紧密结合起来，打造了一个具有开发治理示范、水保监测、水土保持研究、环境意识教育、水保技术展示等功能的综合性崩岗治理示范基地。基地结合当地水土流失和生态环境现状，将示范点分为"科普教育区、生态农业区、生态防护林区、崩岗警示区、水保文化广场"五大功能区及与之相配套的道路、科教 2 个工程项目进行建设。首期投资 1362 万元，完成治理水土流失面积 45.84 公顷。新建各项水土保持实施及实验场地有：干砌石谷坊 53 座，浆砌石谷坊 38 座，装土编织袋谷坊 16 座，植物谷坊 6 座，沉砂池 5 座，截水沟 645.98 米，挡土墙 59.59 米，栽水保林 35.704 公顷，水平沟整地 45731 个，水平梯田整地 0.3 公顷，气象观测场 1 处。通过一系列生态工程的实施，不仅消除了自然灾害隐患，大大增加了植被覆盖度，区域涵养水源、保水固土、土壤培育能力等显著提升，生物多样性也得到有效保护，区域生态环境明显改善，还营造了一个人类与自然和谐发展的环境空间，为当地人民提供了一个乡村休闲旅游的好去处。

（三）推进水土保持由小流域向山水林田湖草系统治理示范延伸

按照"治山、治水、治污，种树、种果、种草，绿化、美化、亮化"的基本路径，因地制宜，因害设防，山、水、田、林、路、草、能、居、村统一规划，综合治理，将流域内建成"有水则清，无水则绿"清洁型生态系统，让流域呈现"生态、清洁、环保、节能、富裕、休闲"之特色。位于县城南郊的流陂小流域，吸引各方投资 640 万元，种草、种灌木 40 公顷，种雷竹 1.1 万株，建设生态果园 33.33 公顷，流域内已初步形成罗田岩森林公园、上欧生态庄园和下陇水保生态农业科技示范园 3 个景点。坚持自然修复与工程措施并重，推进生态系统与生物多样性保护、流域水系环境保护与整治、矿山环境修复、水土流失治理、土地整治与改良等五大类工程。严格按照《国家水土保持生态文明清洁小流域建设工程评定标准》，切实加大生态清洁小流域建设试点和推行力度。以国家新颁布的《土壤污染防治行动计划》为指导，重点加强污染土壤的风险防范和利用。启动土壤污染状况详查，在矿产资源开发活动集中区域执行重点污染物特别排放限值；加强畜禽养殖污染防治，划定畜禽养殖禁养区、限养区和可养区，全面关闭或搬迁禁养区内的畜禽养殖场。推进畜禽养殖废弃物综合利用，建立规模化养殖场废弃物强制资源化处理制度，建成一批畜禽粪污资源化处理设施和示范项目。出台《兴国县长冈水库水源保护办法》，严禁污水和污物直接向库区排放；严禁使用剧毒农药、化肥；严禁在水库内炸鱼、毒鱼；严禁运输有害物质车辆进入库区；严禁污染企业在水源保护区落户和生产。到 2020 年，河流水域面积保有率 7.7% 以上，重要水功能区水质达标率 100%，主要地表水达标率 85% 以上，县级以上城镇集中式饮用水源（长冈水库）水质达标率 100%。

（四）推进水土保持向生态文明领域改革示范延伸

在落实水土保持监管制度上，健全流域联防联控机制，坚决遏制先破坏后治理、边治理边破坏行为。在加强基础工作和技术创新上，加快建立水土保持信息数据资源共享平台，加强水土流失规律等研究，建立健全生态文明建设机制。一是进一步加强水土保持协调机制。政府通过其主导的水土保持工程，鼓励农户参与，采用政策激励措施如劳务报酬、资金补贴等，结合家庭联产承包制进行分户地块治理。在国家重点治理区，加强同自然资源、农业农村、环境保护等部门的协作，整合项目、增加投入、提高效益。二是积极推动水土保持生态补偿机制的建立。针对水土保持工程点多面广、资金额度小的特点，利用以奖代补的政策吸引民间投资参与治理。制定详细合理的奖补标准，将水土流失治理任务中的水土保持林、经果林、小型水利水保措施等纳入奖补范围。三是推行生态治理成果移交制。将小流域水土保持林、经果林、山塘、拦沙坝等治理成果移交至受益乡村、受益农户，签订成果移交书和管护合同，明确责权利关系，在工程后续管理方面做出了一些有效尝试。

（五）推进水土保持向生态环境法治建设示范延伸

依法取缔 13 个小型采石场，关闭 2 个萤石企业，有关部门对不符合水保、环保、矿管、安全要求的 13 个萤石矿暂停火工产品供应，责令限期整改。建立健全公安、环保行政执法的联动机制和区域协作机制，开展城乡环境保护统一监管和综合行政执法试点，探索设立生态警察，建立生态综合执法机制。完善生态环境资源保护司法保障机制，健全法院、检察院环境资源司法职能配置，推进环境资源审判法庭建设，支持检察机关提起生态环境公益诉讼，完善环境资源民事、行政、刑事、非诉执行案件"二合一"、"三合一"或"三加一"归口审理模式。规范环境损害司法鉴定管理工作，努力满足环境诉讼需要。

（六）推进水土保持向社会科技服务延伸

在继续推广兴国独创的南方小流域水土流失六种技术措施的同时，加强同高校和科研单位的合作，先后与中科院南京土壤研究所、中科院地理与资源研究所、长江水利委员会、江西省水土保持研究所、日本京都大学、江西师范大学等单位合作，完成了"兴国县水土流失动态及发展趋势的初步研究"、"紫色页岩低丘土地生产潜力研究"等课题。依据流失区坡度、植被等因素改进了竹节水平沟、谷坊及梯田的施工技术，大大降低了投资成本，提高了拦沙蓄水能力；根据本地油茶山年年要铲岭，容易引发水土流失的现象，摸索出条垦再加上竹节水平沟垦复、穴状整地、补植优良品种等新措施，达到了提高油茶产量和保持水土的双重目的；根据流失区土壤瘠薄、植树不易成活的情况，采取营养袋育苗移植，提高了造林成活率；在草种选择上，通过试验对比，选择龙舌兰、香根草、龙须草等加以推广，提高了水土流失防治效能；根据流失区马尾松林较多、防护效益偏低的现象，补植木荷、枫香等阔叶树种，有效地改变了林相，减轻了病虫害和火灾发生的危险。

新时代下，水保科技示范园不仅要治理水土流失，引领农民脱贫奔小康，而且要统筹山水林田湖草系统治理，突出农村环境问题综合治理，提高生态系统服务功能，增加农业生态产品和服务供给，不断以新的发展理念、新的体制机制，推进生产、生活、生态协调发展。因此，水土流失综合治理仅归结为上述几种类型的任一种单一模式，已经不能满足新时期的要求，而应将其归结为治理技术集成与政策配套组合的实践范式。从红壤低山丘陵区水土流失演变规律与驱动机制、侵蚀退化红壤肥力及其生态功能提升技术、不同侵蚀立地植被恢复与复合生态林业关键技术、生态防护型水土流失治理技术集成与示范、高效开发型水土流失治理技术集成与示范、红壤低山丘陵区水土流失综合治理模式和对策等方面，对水土保持生态建设工作进行梳理和总结，并针对今后面临的问题提出展望。

第二节　提高裸露山体生态保护修复水平

兴国县除了崩岗侵蚀劣地外，伴随公路、铁路、水利、采矿等工程建设如火如荼，一些地方出现了大量的施工开挖、爆破、弃渣弃土等，从而破坏天然植被，造成大量的裸露创伤山体，引发严重的水土流失和环境生态失衡等问题。针对裸露山体不同类型特点，制定不同单元的工程实施方案，明确具体项目布局、优先示范区片、主要建设内容、实施计划安排等，科学确定保护修复的布局、任务与时序，废弃矿山水土保持综合治理工程已列为省政府2018—2020年公共服务生态环保领域基础设施建设三年攻坚行动计划。紫色页岩土地整治项目计划面积达1333.33公顷，涉及主要地类为荒草地、裸地的整治。崩岗侵蚀劣地水土保持综合治理项目由县水保局具体实施，从2017年到2019年治理水土流失面积32.3平方公里，总投资26983.47万元，其中中央奖补资金11220.88万元，地方配套投资15762.59万元，分布在兴国县25个乡镇，全县划分6个片区8个标段进行建设。项目已全面完工，其中完成治理崩岗2003处，占目标任务2000座的100.1%。

一、崩岗侵蚀劣地治理的典型案例

以《2017年山水林田湖草生态保护与修复工程兴国县永丰片区崩岗治理工程》为例，规划针对崩岗的特点与发展规律，采取预防与治理并重的方针，对可能产生崩岗的荒坡采取预防保护措施；对已产生的崩岗，采取综合治理措施。结合当地崩岗自然现状和治理方向，采用建立典型示范区、水保生态区、经济开发区等措施，使394处治理崩岗得到初步治理，7.0351平方千米的水土流失面积得到有效控制。

（一）工程治理示范区

《2017年山水林田湖草生态保护与修复工程兴国县永丰片区崩岗治理工程》规划以2004年长江水利委员会水土保持局组织开展的崩岗侵蚀调查数据

为基础，对兴国县永丰乡的崩岗现状进行抽样复核，包括崩岗数量、分布、发育程度等。根据调查结果，永丰乡凌源村、里坳村、马良村三个行政村的崩岗相对集中，对当地生产生活有明显影响且当地有强烈治理意愿，列入兴国县山水林田湖草生态保护修复工程崩岗侵蚀劣地水土保持综合治理项目，并于2017年开始项目实施。

凌源村：村部周边主要种植油茶和脐橙，没有配备坡面水系工程，较远处主要为以马尾松为主的疏林地，主要为活动型崩岗，规划区现有崩岗158处，综合治理面积3.5251平方千米。里坳村：崩岗主要分布在居民区和道路周边，且主要为稳定型崩岗，已崩塌到分水岭，规划区现有崩岗27处，综合治理面积0.62平方千米。马良村：崩岗主要分布在居民区和道路周边，且主要为稳定型崩岗，已崩塌到分水岭，规划区现有崩岗209处，综合治理面积2.89平方千米。在崩岗治理中，兴国县严格落实工程招投标、项目廉政建设责任制、专家评审制等程序，从项目勘察设计、工程预算、组织施工、项目监理都严格按照法定程序，每个标段的设计成果均通过专家评审，同时，与湖南大学、江西农大、省水保院等多家科研院所深入合作，引入技术力量，成立崩岗技术课题组，研究可复制、可推广的崩岗治理技术路线。特别是聘请江西省水土保持科学研究院作为本项目技术支撑单位，系统地、综合地以恢复生态学理论为基础，进一步全面整体规划、提高崩岗综合治理水平。

以凌源村崩岗治理点为例，通过采取生态修复、生态开发、生态改造等三种治理模式，紧密与该村的精准扶贫产业结合起来，以改善区域内生态环境、促进经济发展为目标，新建经果林21.01公顷、生态改造经济林89.3公顷，营造水保林300.29公顷，封禁治理242.5公顷，生态修复50.41公顷，同时修建若干生态谷坊、拦沙坝、挡土墙、排水沟、蓄水池、沉沙池等其他配套水保措施。紧密连接贫困户28户，直接受益农户64户，形成了生态产业扶贫基地，全面治理了烂山地貌，恢复了山地涵养水源、净化水质、保护农田等功能；通过合理配置水保树草品种，工程措施与生物措施有效结合，恢复了良好生态环境、大大改善了农村农民的生产生活条件。

（二）水土保持生态区

以生态效益为主，把拦蓄泥沙、防止泥沙下泄和植被恢复作为主要目标。

主要遵循"上截、下堵、中绿化"的原则，针对不同的立地条件，采取封禁治理或者种植高密度、耐旱耐瘠、乔灌草混交的水土保持林；在崩岗集水面新修截排水沟，疏导外部来水，崩壁边缘植草或攀缘植物；在崩积体及崩岗沟底，种植深根性的乔灌草带；在崩岗沟道沟口处修建谷坊，防止崩岗产生的大量泥沙下泄；冲积扇主要以乔灌草等植物措施为主，重要建筑物附近修筑挡墙。该种治理措施主要功能是能够显著地改善崩岗侵蚀区的生态环境，提高植被覆盖度，稳定崩岗侵蚀区。针对不同区域和发展方向选择对应的树草种，在近村或主要干道附近选取一些景观效果较好并有一定经济价值的树草种，在治理崩岗的同时还可美化村庄的周边环境。

　　这种方式主要适用于里坳村、马良村以及凌源村的偏远地带，崩岗坡面破碎、坡地开发利用难度较大的崩岗侵蚀区。对于地块现有植被较好、坡面完整、崩岗已较为稳定或已经崩塌到分水岭位置，无明显水土流失的区域，采取封禁治理措施，植物稀疏的区域补植乌桕、枫香等乡土水土保持树种，在崩岗集水面新修截排水沟，崩壁边缘种植爬山虎、葛藤、常春藤等攀缘植物，崩岗沟口新修干砌石谷坊、植生袋谷坊、拦沙坎等，靠近主要建筑物、道路、农田等周边修筑挡墙。对于坡面破碎、植被较差、崩岗集中的区域，坚持植物与工程措施相结合，对崩头集水区、沟道冲刷区和沟口冲积区分别采取"治坡、降坡、稳坡"的方式，疏导外部能量，治理集水坡面、固定崩积体、稳定崩壁，对坡面进行削坡，种植杉木、枫香、胡枝子混交或者乌桕、杉木、溲疏混交水土保持林，并条播混合草籽（雀稗、狗牙根、香根草），配备截排水沟、沉沙池等小型水利水保工程，崩岗沟口新修干砌石谷坊、植生袋谷坊、拦沙坎等，在坡面下部靠近道路、农田、水塘的区域修建拦挡工程，防治泥沙下泄。

　　杰村乡杰村村田逕组村民谢业波是其中的受益者，其房子后面是连片大崩岗，屋前十多米就是杰村中学。往年每遇雨季总是担惊受怕，不时得开后窗看，生怕后山崩塌下来，有时雨停后还要花几天时间清理被冲下的泥沙。实施崩岗治理后，陡峭连片的崩岗被挖掘机、推土机整成一条条平整的条带，带里栽种了油茶，坡面播撒了草籽，每隔一段距离，还有浆砌的水沟导水，即便再大的雨也放心了。

（三）生态经济开发区

主要采取以工程为主、植物措施为辅的治理方法，具体包括在坡顶种植水土保持林，涵养水源，减少水土流失；坡面进行削坡，修成梯田，种植果树或其他经济作物等，在梯田上配套排水沟、沉沙池等小型蓄排水工程；在崩岗沟、崩积堆和沟底种植经济类作物等，并在崩岗沟内和沟口修建谷坊。此种治理方式主要运用于开发程度高、崩岗活动频繁的村。针对坡地比较完整、红土层尚存、周边水源充足的地块，对坡面采取反坡梯田整地，梯田田面向内侧倾斜，将田面汇水引入坎下沟，田面横向放坡将坎下沟汇水有序地引入纵向排水沟，同时注意坎下沟与纵向排水沟的有效衔接，保证梯田的稳定性。种植脐橙等经济果木林，考虑到崩岗立地条件差，植被难以存活，苗木均采用带土球苗，并施足足够的基肥以满足苗木生长需求。配套坡面蓄排水和道路工程，崩岗沟口新修干砌石谷坊、植生袋谷坊、拦沙坎等，坡下新修生态挡墙。针对许多村已开发成经果林的崩岗侵蚀区，水土流失依然十分严重，且没有配套的坡面蓄排水工程，严重影响经果林的经济效益，依据原有地形修整田面、夯实边坡、新修田埂，边坡条播种草，采用能降解、无污染，保水、保墒、环保，建植简易、快捷，维护管理粗放和养护管理成本低廉的椰丝草毯覆盖。崩岗沟口新修干砌石谷坊，靠近道路、水田和房屋的区域新修生态挡墙，使活动型崩岗基本得到治理，根据种植结构合理地配置坡面蓄排水工程和生产道路，促进土地利用和农村产业结构调整，推动农村经济发展，保护生态环境，把治理水土流失与治穷致富融为一体。

二、裸露山体项目区选择与措施布局

总结兴国县裸露山体项目区选择与措施布局特点：一是明确近户、近村、近郊、近林、近水、近路的项目区选择原则；二是针对该县山高坡陡、土薄地少人多的特点，以坡改梯、基本农田建设和保证粮食增产核心，着力提高土地生产力和单位面积产出率；三是通过拦、蓄、排、灌等坡面水系工程，最大限度地拦蓄和利用地表径流，减少水土流失，提高农业综合生产能力；四是因地制宜，创新治理模式，示范引路，推广应用"山顶乔灌草，山腰种果瓜，山下培丰田，山塘养鱼鸭"等治理模式；五是以治理促开发，选择优良植物品种，建立基地，兴办产业，增加群众收入，促进区域经济发展。

（一）高位推进压实责任，科学制定修复方案

县委、县政府主要领导亲自部署、亲自推动、亲自督导，明确各单位主要负责人为山水林田湖草生态保护修复工作第一责任人。特别是县水保局和林业局作为裸露山体治理业主单位，采取班子成员每人负责一个片区的方式，进一步强化项目勘察设计、施工、验收等环节的跟踪督查。各乡镇按照属地负责制的原则，把每一处裸露山体具体分解到分管领导和责任干部，确保有人及时调处矛盾纠纷，保障项目顺利施工。对裸露山体治理施工前进行实地考察，确定可行的生态修复治理技术路线，编制施工设计方案。制定方案时首先要确定裸露山体治理的类型，针对山体损毁面积、回填土石方量、表土来源与数量，确定栽种植物种类、数量和栽种与遮盖方式；最后确定施工时间，作出用工、车辆、耗材、土石、苗木等工程概算和施工要求，绘制有关项目位置图、项目现状及预测分析图、项目生态修复规划图、项目施工设计图和治理后效果图。做到认真规划，严格设计，依设计施工，确保修复质量与效果。

（二）突出重点示范引领，把握合理技术途径

根据项目实施方案要求，兴国县在鼎龙乡杨村村、鼎龙乡湖溪村、永丰乡凌源村、杰村乡含田村等，按照山水林田湖是一个生命共同体的理念，重点打造既具有生态开发建设项目、水保监测研究、科普教育功能、水保生态环境恢复治理和水保综合治理技术展示的综合性示范点，又与乡村振兴相结合，整治路边、消除房前屋后灾害点的示范点，把消除安全隐患、增加植被覆盖度、改善生态环境、美化乡村结合起来，将崩岗侵蚀烂地整治为村旁、路旁的一道道亮丽风景。采取以工程措施拦截为主、以乔灌草多层次的立体生物措施全面覆盖相结合的办法，坚持疏导拦蓄相结合，乔灌草相结合，生态治理与经济开发相结合，坚持宜疏则疏、宜拦则拦，沟、坊、坝、墙联合运用；坚持以当地特色产业——油茶为主攻方向，大力推广崩岗侵蚀瘠地油茶林的开发，促进区域经济的良性发展。

（三）严格程序科学组织，运用适宜治理方法

裸露山体的生态修复是一项系统的综合的过程，是一项集岩土工程学、植物学、土壤学、恢复生态学、水土保持学和景观生态学等诸学科于一体的综合性的科学技术，既保证了裸露山体的稳定性、安全性，又逐步建立起一个健康、稳定、可持续的生态系统。一是预防控制。主要是在矿山、采石场、尾矿库、废石场等工程建设中，为防止生产者无限、无序扩大山体损毁面积，防止斜坡径流洪水冲蚀已修复林地的表土，以免出现水土流失和泥石流，而采取的修建截水与排水沟、挡土墙等水土保持工程。二是工程加固。针对矿山坑口、采石场、排岩场、塌陷区、修路破损山体等出现的断面和塌陷地，采取砌墙护坡、网格固土护坡、土石填埋等护坡工程措施，确保堆放土石、矿渣等尾矿库的安全稳定性，为全面采取生物工程措施打下基础。三是土壤修复。主要是针对破损山体的地表土壤损失后无法栽种树木的情况，采取客土、回填表土、添加基土等措施，恢复林地土壤理化性状。全面开展自然保护区、景观区、居民集中生活区和重要交通干线、河流湖泊岸线等"三区两线"直观可视范围"矿山复绿"行动，抓好景区等重点区域的修复整治。

（四）注重科技搭建平台，采用立体多样化设计

裸露山体的生态修复基本任务是边坡稳定性和边坡的植被恢复，最终目标是恢复植被回归自然。由于自然地理、气候环境、土地条件和人为干扰因素的不同，对裸露山体进行植被恢复可以形成不同类型的植被，因为每个裸露区的植被类型不同，在对不同裸露区进行植被恢复的时候应该针对裸露区周围植被类型进行选种，使得恢复后的裸露山体能够尽可能地与大自然相融合。对于生态环境与土壤退化及改变程度不严重的裸露区域，可参照原有生态系统植被的组成与结构，对系统进行修复，但是很多裸露区域的生态系统都发生了难以逆转的变化，特别是那些土壤基质发生彻底改变的裸露山体类型，这时裸露山体生态系统植被的生态恢复大多选择重建的方法，应结合裸露区域的退化状况、系统未来的作用、周围的景观背景选择与设计植被恢复目标，使得整个恢复后的生态系统经过长时间的演替，能够有一定的抵抗力，保持良好的能量流动和物质循环。根据山体损毁的面积、形状、恢复难度、所处区位、矿山周边环境

与经济实力等情况，统筹采取绿化、美化、珍贵化、效益化、景观化设计模式，宜树则树、宜草则草、宜花则花、宜果则果、点块结合、景绿结合，把破损山体生态修复项目与植树造林和城乡绿化美化结合起来，将破损山体生态修复工程建设成为绿化美化的精品工程。

（五）创新机制引入第三方服务，落实施工与管护责任主体

为了加强项目建设管理水平，兴国县通过公开招标引入了设计服务单位、监理服务单位、验收服务单位，科学合理、合规合法、公开公正地不断创新项目建设管理机制。既落实好矿山等业主的治理主体责任，采取严厉的经济和行政手段，确保对破损山体生态修复不走过场、不出现返工，确保按设计施工；又落实好当地政府和有关部门的监督管理责任，签订责任书，进行事前、事中和事后全程监管与审计，确保按设计施工，保证修复效果尽快显现；还要注重落实好林地所有人的监督管理责任。一般矿山和采石场的林地所有人大多为村集体和林地承包者，编制破损山体生态修复方案与设计时，要征求土地所有人的意见，土地所有人要出具破损山体生态修复意见书，意见书要经村民代表议定后签字盖章。林地使用权人或治理主体要出具破损山体生态修复承诺书，从而建立矿山业主、政府部门与林地所有权人多方相互制约、相互监督的责任机制。

三、按照系统化构建实施项目

以山水林田湖草系统治理观为指导，而不仅是对山、水、林、田、湖、草分别采取单一治理对策，充分考虑各要素之间的关系，从全局视角出发，多要素综合统筹，根据相关要素功能联系及空间影响范围，将崩岗侵蚀劣地水土保持综合治理项目划分为崩岗治理重点建设项目以及整合其他 5 个水土保持和环境整治综合治理项目，并在一定尺度空间内将各要素水土保持工程连成一个相互独立、彼此联系、互为依托的整体，制定系统性解决方案。

（一）国家水保重点治理项目

该项目由县水保局组织实施，涉及乡镇 6 个，共有挡土墙、谷坊等水保建

设项目 64 个，投资金额 1104 万元。项目涉及全县水土保持发展战略、目标、任务和对策，为编制完善全县水土保持规划、制定五年发展规划和开展水土保持普查、实施坡耕地水土流失综合治理等国家重点工程建设工作，促进成果尽快转化为现实生产力创造了有利条件。围绕项目提出的重大科技问题和水土保持实践急需解决的实际课题，加强水土流失防治关键技术研究和推广，形成一批事关水土保持的全局性、方向性的重要思路，获得一批原创性、应用性研究成果，开发一批面向水土保持现代化的高新技术，切实提高水土保持重点工程的科技水平和治理效益。

（二）土地整理项目

该项目分布在鼎龙、城岗、龙口、高兴、崇贤等 5 个崩岗治理重点乡镇、12 个村，由兴国县原国土局组织实施，项目投资 1410 万元。在重要生态区域内按照土地利用总体规划、城市规划、土地整治专项规划确定的目标和用途，运用工程建设措施，对田、水、路、林、村实行综合整治、开发，对配置不当、利用不合理，以及分散、闲置、未被充分利用的农村居民点用地实施深度开发，提高土地集约利用率和产出率，改善生产、生活条件和生态环境，重点实施沟坡丘壑系统治理，修复破碎土地，实施坡改梯等工程；对于污染土地综合运用源头控制、隔离缓冲、土壤改良等措施，防控土壤污染。

（三）高标准农田建设项目

该项目由兴国县原农发办组织实施，分布在崩岗治理示范点附近，集中在杰村乡含田村、杰村村，永丰乡凌源村，项目投资 552 万元。项目区通过科学合理地开展土地整理、灌溉排水、田间道路、农田保护与生态环境保持等田间基础设施建设，满足田间管理和农业机械化、规模化生产需要的同时，达到节约水资源、提高农业生产效率以及改善农业生态系统的目的。合理布置耕作田块，保持各项工程之间的协调配合，实现田间基础设施配套齐全。通过节水灌溉配套做到旱能灌、涝能排。根据项目区耕作习惯结合原有农村道路规划田间路网。按照因害设防原则，合理设置农田防护林，通过道路林网的建设，防止水土流失，保护农田生态。

（四）文中、丰溪中小河流治理项目

这两个项目由县水利局负责实施，项目总投资3505.44万元。治理过程中采取生态清洁流域治理技术，以河道为中心，建立生态修复区、生态治理区、生态保护区。在生态修复区内选择天然（次生）植被生长状况较好、比较偏远、人和牲畜活动难以到达、水土流失极其严重的区域进行封禁，目的是减少人类对林地的干扰和破坏，使其沿着自然演替的方向发展，进而使种群不断地繁衍和扩大，同时还要因地制宜实施地表径流污染物拦截与净化利用工程、入湖河口污染负荷削减工程、生态修复区岸堤构建和水动力改善工程、水陆交错带水生植被重建工程和沉水植物群落恢复构建及水质改善工程等；在生态治理区营造水源保护林，护岸护坡，并进行土地整治和污水处理；在生态保护区进行河（库）滨带治理、湿地恢复和沟道清洁治理，减少进入水体的污染物，不断改善水体质量，充分发挥保护水质的作用。

（五）山塘、水坝等水利设施项目

该项目由县水利局负责实施，分布在全县25个乡镇，有193个项目实施点，主要为修建水圳、拦水坝、山塘整治项目，项目总投资5409万元。结合水土流失以及暴雨频发等特点，坚持以小流域为单元、以径流调控为主线，山上、山下统筹治理，将坡面与沟道结合在一起防治的策略方针，将系统内的溪沟治理纳入综合防治的管理中，提升水库等涵水能力，增强水利抗灾能力。部分水坝、山塘水利工程措施，还拦蓄径流，在汛期可以削减洪峰，提高工程的抗洪能力，提高水利工程的效益，增长水利工程的使用年限。特别是通过植物措施与工程措施重建生态系统，选择以地被林草特有的防护作用，增强土壤的蓄水、保土以及保肥等能力。

通过项目实施与整合，全县崩岗侵蚀劣地等裸露山体水土保持综合治理项目真正体现了山水林田湖草是一个生命共同体，按照流域各生态系统的整体性、系统性及其内在规律，统筹考虑自然生态各要素，采用从整体到部分、从部分再到整体的综合治理，突出主导功能提升和主要问题解决。在技术设计时体现了技术应用的科学性；技术实用可行，使实施单位能快而准地把握施工工艺，保证施工的顺利进行；在经济上最节约，包括其边际成本和边际效益都能达到令人满意的程度；能真正实现固土护坡、快速复绿、回归自然的生境修复目标，确保生态产品供给和生态服务价值持续增长。

第三节　提升低质低效林改造优化建设水平

根据《兴国县低质低效林改造十年规划》，结合《江西省人民政府关于在重点区域开展森林美化彩化珍贵化建设的意见》《中共赣州市委赣州市人民政府关于全面落实乡村振兴战略的实施意见》，围绕巩固提高水土保持水平，全面精准提升森林质量和效益，紧扣重点区域森林绿化美化彩化珍贵化和生态宜居乡村建设，坚持政府主导、社会参与，生态优先、统筹兼顾，突出重点、依次推进，造管并举、科学改造原则，结合脱贫攻坚、乡村振兴发展、长江经济带生态保护等工作，全面推进低质低效林改造，加快构建健康稳定、优质高效的森林生态系统。

一、加大政策引导力度

认真研究制定宣传计划，采取多种形式，重点宣传低质低效林改造的必要性、紧迫性和生态共享理念，从思想认识上激发农户的主动性。

（一）宣传低质低效林改造的必要性

新中国成立后，兴国县在各个经济领域中已取得了较大的进展。但由于战乱、大炼钢铁、支援国家经济建设等历史原因，兴国县森林生态系统曾遭受极其严重的破坏，森林资源锐减，仅 1975—1982 年，全县林地面积减少了 1.61 万公顷。据森林资源二类清查，全县马尾松面积 13.75 万公顷，占全县林地面积的 56.7%；杉木林 6.69 万公顷，占林地面积的 27.6%；针叶林面积 20.93 万公顷，占乔木林面积的 96.58%，比全市平均值高 30 个百分点；全县稀疏残次林较多，平均郁闭度仅 0.6，郁闭度 0.5 以下的森林面积 9.25 万公顷，占林地面积的 38.3%，且大部分分布在南部丘陵山区；平均每亩活立木蓄积仅 1.95 立方米，低于全省平均每亩 2.76 立方米、全市平均每亩 2.59 立方米的水平，且分布不均，林种结构不合理，林分质量不高，存在着"三多、三少、三低"的问题，即马尾松纯林多、中幼林多、单层林多；阔叶林少、近成熟林少、复层林少；林地生产力低、林分防护功能低、森林景观档次比较低。特别是低质低效林由于其形态、颜色与周围环境形成强烈反差，属于生态脆弱带，因此必须以恢复生态学、景观生态学原理为依据，同时与景观再造相结合，增加景观异质性与多样性，提高视觉效应。

低质低效林改造恢复必须以有效控制水土流失为前提，但控制水土流失是整治的手段，低质低效林改造的开发再利用才是整治的目的，只有开发再利用才能有效促进水土保持工作的深入开展。以造林种草为主的生物措施，并不随着小流域综合治理工程的总体竣工而结束，即使是能较快发挥水土保持效益的植草措施，也需要 2—3 年的时间才能发挥其应有的水土保持作用；而以造林为主的生物措施则需要至少 3—5 年才可能开始逐渐地发挥出应有的水土保持功能，要产生更大的经济和生态效益则需更长的时间。对生态林的宜林荒山进行低质低效林改造，不仅可以提高全县森林覆盖率和绿化程度，还能有效减少洪涝灾害的发生，防止水土流失和崩塌；对疏林地和现有郁闭度为 0.2—0.3 的林地，以及树种单一、结构简单、效益低下，主导功能目标不突出的低质、低效的林分和群落结构遭受严重破坏的天然次生林，则加大改造力度，以改善森林质量，提升森林整体功能和综合效益。在保持森林相对稳定的基础上，通过补植、抚育、改造等措施，进行合理搭配，调整树种结构，形成以林为主，乔、灌、草结合的主体混交结构，努力提高林分质量和林地生产力，培育多树种、多品种的优质林分，使森林质量得以改善，实现生态功能最大化。

相比国有林地，集体山林经营管理更加粗放，是低质低效林的主要分布区和实施改造的主战场，而集体林权制度主体改革完成后，大部分集体山林已分山到户，林农拥有广泛的自主经营权，对其山林实施林分改造，更需要农户的参与和配合，而实施《规划》中的低质低效林改造是以公益性为主、经济性为辅，农户的积极参与和支持配合尤显重要。特别是全县已实施 9.69 万公顷重点生态公益林项目，生态公益林保护区的群众大多数都是贫困人口，由于补偿过低，导致有的生活保障困难，时而出现乱砍滥伐生态林现象。加速中幼林、混交林培育和疏林、马尾松纯林改造，速生丰产林，森林美化彩化珍贵化建设已成当务之急。

（二）调动林业经营主体低改的积极性

首先，按照属地负责制，充分发挥乡镇、村组干部作用，采取有效措施，做好林农群众思想工作，解决低改用地难问题。明确实施低改是政府投入、林农受益的项目，造林后所得收益归林农所有，使林农愿意拿出低质低效林地实施低改。帮助造林大户、企业依法依规租赁林地，或引导林农以林地入股与企业、大户合作实施低改，所得收益按股分成。积极探索以村为单位，组建林业合作社，以股份制形式把林地集中起来，统一规划、统一改造、统一经营。深化集体林权制度改革，放活林地经营权，推动林地合理流转，建立健全新型林业经营体系，培育新型林业经营主体，吸引和鼓励社会力量积极参与低质低效林改造，并确保其合法权益。契合林农需求，合理搭配经济价值较高的树种，兼顾生态与经济，提高林农户的积极性。

积极探索创新低改模式，示范推广一批可复制、能借鉴的典型经验。创新参与模式，将低改与脱贫攻坚紧密结合，用好扶贫和低改项目资金，优先安排贫困村、贫困户林地改造，积极吸纳贫困户参与低改整地、造林、抚育、护林等工作，让贫困户通过投工投劳增加收入。创新经营主体，充分发挥国有林场技术力量强、营造林经验丰富的优势，支持国有林场流转林地实施场外造林，通过技术服务参与低改，推广国有林场主导项目实施和担当管护主体的建设模式。创新林地管理模式，鼓励有条件的地方对通道沿线、县城周边、饮用水源地等重要生态区域开展政府赎买或置换，在赎买的林地统一实施低改。加强对新造林和幼林的抚育管护工作，落实管护主体，建立管护机制，将管护责任落实到山头地块，确保新栽树木成活率。充分发挥生态护林员作用，加大巡山护林力度，严防人畜破坏、森林火灾的发生，巩固改造成果。

整合相关涉农涉林资金，研究出台配套支持政策，充分调动农户的能动性。为突出低改效果，激励林农及各经营主体改造的积极性，建立一批代表性强、典型性高可示范引领的样板地，首先对高铁、铁路、高速公路沿线两侧第一层山的低质低效林进行改造，提升高速公路沿线景观绿化水平。同时也要抓好重要河流沿岸线两侧及重点景区、乡村、水源地周边低改工作。着力推进示范基地建设，及时推广示范经验，提高森林经营水平，确保改一片、活一片、示范一片。各乡镇主要领导挂点建设一个面积 13.33—20 公顷的示范基地。建设示范基地的改造方式为补植改造，株行距 2 米 ×3 米，穴规格 60 厘米 ×60 厘米

×50 厘米，施基肥量 4 千克 / 穴，栽植 1—2 年生壮苗（地径 1 公分以上、苗高 1 米以上），3 年内每年抚育 2 次并施追肥 0.1 千克 / 穴，乡级示范点资金补助标准 300 元 / 亩。通过示范带动，建设一批可推广、可复制的示范样板基地。

（三）掌握低质低效林改造的科学性

坚持以恢复绿水青山为目标，在总体规划的基础上，对不同低质低效林改造的设计方法、应用技术进行科学分析，从恢复生态学角度，结合实际工程来进行设计规划，坚持统筹安排、突出重点、分类指导、分步实施的原则，逐步达到高质高效林的经济效益和生态功能。

1. 乡土化和地带性

低质低效林形成的最大特点就是土壤贫瘠和缺乏水分。根据低质低效林形成地区的气候特点，选择处于同一气候带的植物品种，主要的物种具有自我繁殖能力，易与当地植被融合，有利于保持长久并产生近自然修复效果。要求低质低效林改造的树种一般具备以下特点：耐干旱贫瘠，适应性强；根系发达，能够固持土壤，涵养水分；生命力强，管理粗放；生长迅速，分枝稠密；树冠浓密，落叶丰富，易于分解。在具体选择时，依循植物学及生态恢复的原理，最好选择优良的乡土树种作为荒山绿化的先锋树种。

2. 物种多样性

简单来说就是在植物设计中尽量科学地选取树种，具体要求对每一类型的植物进行多样配置，同时对于不同类型的植物进行组合设计，避免单一种属植物所带来的土壤退化和虫害问题。多样性高的森林植被通过其群落结构组成削弱了降雨动能，降低了地表径流，减轻了土壤及其营养元素的流失，以间接方式调控了生态系统土壤保持功能和营养保持作用。森林植被在不断的恢复过程中，其凋落物在维持土壤肥力方面具有重要作用。森林每年通过凋落物腐烂分解归还的土壤总氮量占森林生长所需氮量的 70%—80%，总磷量占 65%—80%，同时枯落物对有机质的形成也有显著影响。因此，在对植物措施进行设计中不仅仅是进行树种的堆叠，更重要的是对各种类型、种类的树种进行合理有效的配置，做到"乔灌藤草花"有机、自然、科学的结合，尽量在设计的水平配置和立体配置上复杂化，来模拟和修复自然生态环境，利用和发挥自然界中植物物种多样性产生的相生共生达到恢复植被、保持水土、美化环境的作用。

3.根系发达性

根系发达的林木不但能够很好地固持土壤，保护边坡贫瘠的生长基质；还可以吸收岩石裂隙内深层水分，有较强的生命力。低质低效林形成山体边坡植被生境恶劣，植物生长、发育非常困难，坡面保水能力差，所以，应该坚持以乔灌优先，以乔灌木为主，乔灌木的根系发达，可以穿透建植层深入岩石裂隙中，形成建植层和岩层根系交织的稳定结构，吸收深层水分，这有利于坡面的浅层防护作用。特别是在紫色页岩侵蚀坡面用人工或爆破挖大穴（每穴放一炮），挑客土造林等于花钵造林，根系受一定限制，生长较差。例如原江西省水土保持研究所在长冈紫色页岩的坡面上挖大穴栽的柱树，树龄13年，生长不良，但栽的柿树，树龄13年，生长旺盛。原因是柿树根系发达，它可冲破表层基岩，向外扩展，有足够的养分水分供其生长需要。

二、加大低改投入力度

坚持多层次、多渠道加大对低改资金的投入，积极完善多元化的低改投入机制。纳入国家防护林建设、省级低改等项目，按照国家、省专项补助标准补助。各乡镇加大资金投入，提高补助标准，并按照每亩改造任务不低于200元的标准筹集乡级配套资金。按照脱贫攻坚规划，统筹整合生态建设项目资金、财政涉林扶贫项目资金用于低改。同时，积极鼓励引导社会资金、各级金融机构贷款向低改项目建设倾斜。坚持高标准推进项目建设，挖大穴、施大肥，栽植1—2年生壮苗，3年内每年抚育2次并施追肥，主要通道等重点区域要按照"四化"要求实施改造。

（一）中幼林抚育项目

根据全县马尾松、杉树等针叶树造林年度，优先安排郁闭度大的林分和林内卫生条件差的进行间伐，对杂灌丛生、影响新造幼林生长的林分进行割灌，

2016—2020 年实施面积 2 万公顷。建设类型为间伐、割灌，通过中幼林抚育，促进林分健康成长，增加木材，而且还可以减少病虫害、火灾、雪灾、风灾等灾害和林农就业、增收致富。

（二）油茶低改项目

2016—2020 年实施 2 万公顷，通过清理林地、林地垦复、整枝修剪、合理施肥、间密补稀、蓄水保土、病虫害防治提高油茶产量，增加林农收入。

（三）油茶新植项目

2016—2020 年实施 1.33 万公顷，以提高单位面积产量为目的，推广优良品种，扩大种植面积，扶助加工龙头企业，培植油茶产业大户，推动全县油茶产业做大做强，实现林业增效，林农增收。通过油茶林幼林施肥、抚育、树形培育、病虫害防治等管理建设高效丰产林。

（四）荒山造林项目

2016—2020 年实施面积 2.33 万公顷，选择红心杉树、湿地松用材树种为主，通过大穴整地、施足基肥，连续 4 年抚育、加强管护等技术措施确保林木的保存率和生长量，增强水源涵养能力；行间混交造林，积极预防病虫害和森林火灾。

（五）湿地公园建设项目

2016—2020 年继续对潋江、濊水的部分流域（含长冈水库）湿地生态系统及其周边滩涂地、部分山林地 3577 公顷进行湿地保护建设。

（六）退耕还林项目

2016—2020 年继续实施退耕还林项目 0.3 万公顷。

（七）生态公益林管护项目

2016—2020 年每年落实生态公益林补偿面积 9.692 万公顷，其中，重点公益林 7.656 万公顷、省级公益林 2.04 万公顷，主要分布在全县 25 个乡镇和 4 个国有林场，涉及 289 个行政村、2768 个村小组和约 7.52 万户林农。

（八）花卉苗木建设项目

2016—2020 年实施花卉苗木项目建设 1.67 万公顷，培育以桂花、杜鹃花为主的绿化、芳香大苗，并适当培育厚朴、榕树（本地榕）、乐昌含笑、深山含笑、南方红豆杉、红花继木、红叶石楠、山茶花、银杏、紫薇、栾树、无患子、兰果树、竹柏、喜树、枫香、木荷、青冈、冬青、木莲、观光木、山乌柏、马褂木、槭树、野鸦椿、阿丁枫、广玉兰、紫玉兰、金边瑞香、虎舌红、富贵籽、兰花、杜鹃等乡土园林绿化树种。

（九）毛竹低改项目

2016—2020 年实施 4000 公顷，其中均福山林场 1.2 万亩，枫边 533.33 公顷，兴江、均村、崇贤各 400 公顷，良村 333.33 公顷，古龙岗、杰村各 266.67 公顷，城岗、社富、兴莲各 200 公顷。通过清理林地、林地垦复、整枝修剪、合理施肥、间密补稀、蓄水保土、病虫害防治提高油茶产量，增加林农收入。

（十）森林防火综合治理项目

2016—2020 年投资资金 1 亿元用于生物防火林带、防火隔离带和基础设施建设，规划生物防火林带、防火隔离带 2000 公里。完善一批森林防火基础设施，购置扑火机具、防护物品，树立宣传牌，建设瞭望台塔 10 座。

（十一）松材线虫病重点监测防控项目

2016—2020 年继续实施建设县、乡、村三级监控和防治基础设施。完善县级检疫除害设施、县级防治设施、县监控站、县级检疫检查站、县级检疫实验室等设备，进一步完善建设 304 个村监测点。完善检疫执法队伍建设、监测网络体系建设以及普查监控、防治。

三、创新低质低效林改造技术

实施低质低效林改造是实现森林质量提升的有效途径，也是实现山水林田湖草生态保护修复的关键指标之一。良种良法是造林成林的基础，选择良种进行育苗造林是重点。在造林过程中，林业技术推广站肩负起全县良种宣传与技术推广的责任，大力营造使用良种良法造林的氛围，确保林农使用良种壮苗。

（一）改造树种选择

低改树种，是指具有良好的生态、经济的树种，这些树种应满足以下特点：适应性强、生长旺盛、根系发达、固土力强、冠幅大、林内枯枝落叶丰富和枯落物易于分解，耐瘠薄、抗干旱，可增加土壤养分，恢复土壤肥力，能形成疏松柔软、具有较大容水量和透水性死地被凋落物等。根据树木生物学、生态学特性及多年林业生产实践，适合兴国县生长的乡土树种主要有：(1) 适合立地条件相对较好，土层较厚的区域造林树种，如楠木、闽楠、苦槠、杨梅、含笑、杜英、黄檀、红豆杉、桂花、樟树、鬣蒴栲、无患子、黄林木、玉兰等。(2) 适合立地条件较差、土层较薄的区域造林树种，如木荷、麻栎、大叶女贞、山合欢、南酸枣、枫香等。(3) 适合丘陵山地的造林树种，如木荷、苦槠、含笑、枫香、铁冬青、栾树、无患子、杨梅等。(4) 适合吸收污染气体及抗污染性强的造林树种，如冬青、桑树、女贞、樟树、夹竹桃、苦等。

（二）种苗选择良种壮苗

山上造林全部安排在宜林地和未利用土地中的滩涂地及建设用地中的废弃矿山上。生态能源林、水源涵养林、水土保持林全部规划在宜林地及未利用土地上；矿区生态修复工程安排在废弃工矿用地上。应保证上山的造林树种苗木为Ⅰ级苗，裸根苗执行GB600 规定的Ⅰ级苗；容器苗执行LY1000 规定的Ⅰ级苗。

低质低效林的出现除根据种植环境的不同选择树种外，优质苗木培育也是减少不良林木出现的方法。兴国县统一建立良种繁育基地，广泛培育优质苗木。按照实现森林质量精准提升，营造出荒山皆绿化、岸堤景观化、农田网格化、城镇园林化、道路廊道化的森林景观格局配备移栽苗木。

（三）营林技术

因地制宜，适地适树是造林过程中最重要也是最基本的原则。第一，对林地的立地条件进行分析评价，根据地力条件，选择合适的树种，实现适地适树。整地前先将林地上的灌丛、杂草、可燃物等清理干净，保留萌生能力强的树种。干旱的阳坡打穴的深度深于相对湿润的阴坡；立地条件较差的应增加打穴深度，为提高造林成活率，有条件的地方可以选择客土。根据兴国县气候条件，整地时间一般在11月至次年2月，打好穴后1个月之内要将苗木栽植到位。同时，要根据造林地块的土壤墒情及选择的造林树种施好基肥，确保苗木生长需求。第二，在栽种过程中要注重树种合理搭配，营造针阔混交林，提高森林生态效益，在保证成林的基础上，多种彩叶树，多造景观林，改变林相残败的现状。常见的造林方法有植苗、播种、扦插等，从历年造林经验看，适合兴国县的造林方法主要是挖穴植苗造林。造林季节内，若雨量充分、气温较好，大多选用1—2年生裸根苗；造林季节末期或干旱时期，一般选用1—2年生容器苗。栽植深度要根据造林地块的立地条件、所用树种等确定。为提高造林成活率，苗木栽植前一般根据树种、苗木特点对其进行剪梢、剪叶、修枝、修根等处理。第三，加强幼林抚育。在更新改造、补植改造第1年完成幼林的除草、追肥等抚育工作；第2—3年分别在5月底前及9月底前各完成1次抚育。抚育时要求清除植穴1平方米内的全部杂草，植穴周围松土、培土；有条件的地方可结合抚育进行施肥，每穴追施复合肥。

自2017年启动实施低质低效林改造工程以来，兴国县严格按照"集中力量、突出重点、先行示范"的原则，因地制宜、科学规划、强化措施、统筹推进该项目建设，完成低质低效改造5.59万公顷，建设低质低效林改造示范基地10个，总面积666.67公顷以上。同时实施天然阔叶林保护、退耕还林、长江流域防护林、湿地公园等重点生态修复工程；全面停止天然林商业性采伐。在自然保护区、森林公园等重要生态区探索开展"禁伐"补贴和非国有森林赎买（转换）、协议封育试点；加快推进森林防火监控预警系统、林业有害生物防治体系、生物多样性保护等工程建设，筑牢森林资源保护森林防火、林业有害生物防治、野生动植物保护"四条防线"，全面提升森林火灾和林业有害生物综合防控能力，构建现代林业生态体系。到 2020 年林地总量保持在 24.8 万公顷，森林覆盖率稳定在 76%，山地林草覆盖率保持在 80%以上。

第十一章　河清湖碧水净鱼跃，林茂田洁山绿茶丰

——上犹县山水林田湖草生态保护修复研究报告

上犹县地处罗霄山脉南端，位于江西省赣州市西部、赣江上游，东邻南康，南连崇义，西接湖南桂东，北界遂川，是赣粤湘三省交界的生态功能区。全县面积 1543.87 平方公里，地貌为"八山半水一分田、半分道路和庄园"，山地面积 11.6 万公顷，占全县土地面积 75%，其中丘陵面积达 3.33 万公顷，低于 25 度的面积达 0.55 万公顷。境内四面环山，上犹江贯穿西东，气候属中亚热带季风湿润和丘陵山区气候，年平均气温 18.8℃，年降雨量达 1466 毫米，全年无霜期达 289 天。森林覆盖率达 81.4%。20 世纪 50 年代以来，上犹江梯度开发建设了 5 座大中型水电站，形成"一江连五湖"——龙潭、陡水湖、南河水库、仙人陂水库、罗边水库等五大梯级，共淹没、占用良田 0.33 万公顷，库区移民 5.32 万人，占全县总人口 20%。针对境内地质地貌复杂，沟壑纵横，坡陡土薄，崩岗等自然灾害发生频繁，以及植被破坏、水土流失、江湖水环境污染严重的状况，特别是"苏区＋山区＋库区"的县情，国家先后将上犹县列为水土保持项目等生态环境重点工程建设县，2017 年实施上犹县山水林田湖草生态保护修复项目，包括上犹江陡水流域综合治理、水源涵养工程和低质低效林改造等项目，工程总投资 2.66 亿元，其中中央奖补资金 6796.45 万元，建设地点在陡水镇、东山镇、梅水乡、黄埠镇，主要涉及陡水镇段生态修复项目、清湖沿线生态修复项目、S548 沿线生态岸线修复和生态监测点建设、沿湖半岛和翡翠湾两个湿地公园、水污染控制项目、污水治理和农村面源污染整治项目等六大方面。还有 2019 年国家发改委下达的长江经济带绿色发展专

项——上犹县英稍片区综合治理和生态修复工程项目，总投资30300万元，其中，中央预算内投资17870万元，当年获中央预算内投资8940万元，该项目地处黄埠镇黄沙村和感坑村交界处，位于上犹江流域仙人陂电站部分区域至罗边湖区域，年度建设内容有实施英稍片区土壤修复和森林质量提升、地质灾害防治、污水处理、防洪堤及岸线修复、河湖清淤疏浚等。依托地形地貌构建赣江水系上犹江段生态岸线修复、沿江沿河污水处理、农村面源垃圾治理、水源涵养林保护、生态文化提升五道生态屏障。

第一节　生态岸线修复

上犹江是赣江的二级支流，发源于湖南县汝城县土桥乡金山村叶家，由西南向东北进入江西省崇义县境内，沿途接纳文英河、上堡河、思顺河、小江（茶滩水）、营前河、油石河、龙华江等河流来水，至赣州市南康区三江镇三江口汇入章水，主河道长204公里，河宽100—200米，多年平均产水量36.5亿立方米。上犹江水库作为章江流域控制性水利枢纽工程，既在历次较大洪水中发挥了较好的防洪作用，又使上犹县享有"水电之乡"等美誉。但随着水库下游经济社会的快速发展，不仅对上游水库防洪作用的要求愈来愈高，要充分发挥水库的防洪与发电效益，而且又成为赣州中心城区重要的水源地，其生态环境直接关系到下游的生态功能区建设，因此迫切需要上犹县编制江河源区、水源涵养地生态环境保护与建设规划，推进沿河、沿江、沿路生态保护带、绿化带及江河源区等区域生态公益林建设，加强"五湖"及一、二级支流源头保护区的水源涵养林、水土保持林及森林公园建设，形成密布城乡、点线面结合的绿色屏障。

一、加强水利设施建设

上犹县是一个典型的山区、库区农业县。加强河湖沿线农田水利设施建设，不仅关系到全县农业生产灌溉用水的需要，而且关系到农村经济发展和人民群众生产生活条件的改善，是修复生态河湖岸线的重要物质保障。

新中国成立70多年来，上犹县水利事业得到了长足发展，为改善农村生产生活条件提供了有力的支撑。截至 2016 年底，全县境内建成大、中、小型水利工程 3868 座（处），其中蓄水工程 2095 座，包括大型水库 2 座，中型水库 3 座，小（一）型水库 1 座，小（二）型水库 20 座，山塘坝 2072 座；引水工程 1391 座、中小型灌区 112 个，包括万亩灌区 2 处，千亩灌区 18 处；提水工程 382 座，其中固定排式灌站 145 座，设备总装机 9340 千瓦；另流动机及喷滴灌 259 座台；建成地下水工程 6500 处（眼）；农田有效灌溉面积 0.43 万公顷。特别是近年来上犹县高度重视农田水利建设，通过整合资金，加大了投入，重点对梅岭灌区、营里陂灌区及平富灌区等骨干农田水利工程进行了维修改造，使全县水利工程设施总体面貌得到改善。但是，全县农田水利基础设施落后局面还没有得到根本性改变：一是大部分河流沿岸农田几乎不设防，每年都要因洪水淹毁部分农田；二是以灌溉为主的小型水库和山塘普遍存在坝体断面单薄，溢洪道高程偏高和放水设施损坏现象，并存在不同程度安全隐患，有的水库山塘由于水土流失，淤积加剧，库容减小；三是灌区渠道渗漏、塌方和边坡坡降过陡失稳，干、支渠设施不配套，多数农田采用串、漫灌方式，直接从干、支渠上取水灌溉，用水不均，水利用系数不足 0.4；四是地处水库地势较高耕地，因渠道渗漏、塌方、淤积等原因，灌溉保证率更低，而地处低洼的地区耕地，又因排水设施不完善，渠道常被洪水淹没甚至损毁。全县 112 座灌区中大部分存在资源性缺水、工程性缺水和水资源利用效率低下并存的现象。

对此，上犹县高度重视河湖沿线农田水利建设，因地制宜把河堤湖岸加固和生态修复有机接合，把河堤湖岸建成防洪和生态兼顾的坚固绿色长廊。在防洪抗旱设施维护和整治过程中，针对河道淤积堵塞严重，严重影响河道行洪泄洪能力的现状，以清淤疏浚为主，以护坡护岸和堤防修建为辅，努力保持河流的自然状态。在江河湖岸山丘区合理配置各类水土保持措施，包括坎下沟、路边草、坎边草、雨水集蓄利用工程和小型水保工程。根据地形和集雨面积，利用山丘区自然高差，对经果林基地合理配置"三沟"（坎下沟、引水沟、排灌沟）和"两池一塘"（蓄水池、沉沙池、山塘）等小型蓄排工程，就地进行雨水蓄集，减少泥沙径流，增加补灌抗旱水源，做到排水有沟、集雨有池有塘。

二、强化水土流失治理

青山掩盖下上犹县水土流失依然较为严重。据江西省第三次遥感调查，上犹县仍有378.46平方公里的水土流失面积没有得到治理，是全省水土流失较为严重的县份之一。严重的水土流失给群众的生产生活带来很大的危害，不仅制约了县域经济社会的可持续发展，而且也给赣州市的饮水安全乃至章水及整个赣江流域的防洪减灾带来不利影响，水土流失曾成为上犹县头号生态环境问题。上犹县根据县情编制水土保持生态建设系列规划及其年度实施计划，将水土流失防治任务纳入国民经济和社会发展计划，对公路建设、果茶开发、矿山开采和房地产建设等生产建设和资源开发项目，以项目为单元，根据水土保持方案作出治理计划，落实治理资金，限期完成治理任务。同时建立健全了目标考核责任制，把搞好水土保持、建设生态文明自觉贯穿于各项经济建设的始终，杜绝"一方治理，多方破坏"、"边治理，边破坏"的现象发生。

（一）贯彻"预防为主、保护优先"方针

上犹县地处丘陵山区库区，滑坡、崩塌、泥石流地质灾害的易发区面积大。在全球气候变暖的大背景下，未来上犹县暴雨、台风、干旱等极端气候事件趋强趋多，局部强降雨引发的山体滑坡、泥石流等突发性地质灾害风险增大；在今后相当长的时期，上犹江两岸经济发展仍将处于高增长时期，工程建设活动将进一步改变并破坏地质环境，不断产生新的地质灾害隐患。上犹县按照预防为主、综合防治的原则，开展包括地质灾害监测预警、群测群防、应急处置、宣传演练、危险点简易工程治理及农村建房切坡评估管理等在内的地质灾害综合防治体系建设，将地质灾害防治工作的重点从灾后治理转移到灾前预防，实现科学防治地质灾害。建设工作总体上以非工程措施为主，突出对已查明地质灾害隐患点的防控及基层防灾能力的提高，适当兼顾少量必要的工程治理。依据生态红线，科学合理制定山地保护和开发利用规划，划定禁止和限制山地开发区域范围；严格限制25度以上陡坡地和阔叶林占三成以上的林地进行林果开发；坚决制止无序开发、毁林开发。建立健全"三查"工作制度，即每年开展汛前排查、汛中巡查和汛后核查。每年汛期前，积极组织技术人员对地质灾害隐患点、多发区和多发地段进行全面排查，确保每个隐患点防治工作到位。汛期对人口密集区、矿区和重点防范铁路、公路沿线开展针对性巡查，及时发现隐患，落实责任人和监测人，制定应急措

施；汛后对地质灾害点进行核查，及时动态更新、完善隐患点数据信息，确保人民群众生命财产安全。

（二）严格监督执法，遏制人为水土流失

健全完善县、乡、村三级水保预防监督执法网络，确保运行有力。重视城镇水土保持工作，加大对裸露山体缺口的覆绿，做到"施工不流土，竣工不露土"，把城镇水土保持与城镇功能分区、防洪、水资源保护、绿化美化亮化结合起来，合理布设各项水土保持设施，避免、预防和治理城镇化进程中的水土流失问题及其各种不良后果。加大对上犹江"四湖"两岸，以及主要公路沿线两旁的监管力度，及时制止乱砍滥伐、乱挖土（砂）、乱采石（矿）、乱倒土下河现象发生。仅国家水土保持重点建设工程项目的实施，不仅恢复了项目区山地植被，减少了入江泥沙，增加了上犹江沿江区域的水源涵养能力，而且确保了赣江支流章江源头区拥有了一流的水质、一流的空气和良好的生态环境。据统计，治理后项目区内每年提高水资源涵蓄量1160.09万立方米，年土壤侵蚀量减少14.92万吨，保土效益达79.7%，26022人的饮水安全有了保障。经过治理的小流域，林草面积均达到宜林宜草面积的80%以上，林草覆盖率普遍提高20—30个百分点，拦沙效益达70%—80%，水土流失得到了基本控制。

（三）建立健全生态保护的政策保障和责任追究机制

凡是县境内一切可能引起水土流失的生产、开发建设单位（个人）都要落实防治水土流失的责任，做到"谁破坏、谁治理"，"谁开发、谁保护"。禁止在水库管理范围内开渠、挖塘、打井、爆破、葬坟、采石、取土、开采地下资源；禁止在水库内筑坝拦汊或者填占水库。违者，责令停止违法行为，及时采取补救措施；有违法所得的，没收所有违法所得。相关职能部门将生产、开发建设项目是否落实水土保持方案作为行政审批的前置条件，严格执行水保"三同时"制度。坚持把"治理一条流域，开发一种产业，发展一方经济，致富一方百姓，改善一方生态"作为项目工程建设和改变移民区生产生活质量的整体目标。把水保产业开发建设任务落实到山头地块，采取植树种草、开沟筑坝、

封禁管护、开挖水平竹节沟等办法，有效地拦截了地表径流，减少泥沙下泄，增强了水源涵养能力，达到了保水、保土、保肥的效果，使库区农民种果有收、种田有望。

三、增强河堤生态功能

上犹江史称溢江溪、九十九曲河，蜿蜒曲折、水清明净，全长198公里。陡水湖因建上犹江水力发电站而成湖，在其上游有龙潭水库，下游有南河水库、仙人湖、罗边水库等，控制流域面积达3190平方公里，水域面积31平方公里。湖面处在群山环抱之中，形成湖岸线长264公里、湖湾427个、湖心岛42个，湖面开阔处纵横达500米以上，视野宽广、波平如镜；狭窄处不足10米，仅容一舟通行。江湖堤岸具有廊道、缓冲带和植被护岸等功能，不仅可为防洪安全提供可靠保障，同时还是一道人水相亲的风景线。

上犹县山水林田湖草生态岸线修复项目对南河沿线岸堤进行生态修复，把河堤过去由人工混凝土建筑改为水体和土体、水体和生物相互涵养，适合生物生长的河堤，使生态修复后的河堤具有适合生物生存和繁衍、提高水体自净能力、调节水量和滞洪补枯等功能，实施退田还湖和农村生活污水综合防治工程，把南湖沿线打造成生态休闲度假"百里长廊"上的一颗璀璨珍珠。七彩斑斓的湿地公园，红白相间的自行车道，驱车行驶在美丽的南湖旅游公路，道路两旁花红草绿，绿意盎然，与碧波粼粼的南湖交相辉映。

加强水岸沿线植物配置。针对水库最高水位线以上区域，借助植物来丰富水体景观和水生环境的生物多样性。水生植物与水体的相互作用和循环往复，促进水体成为具有生命活力的水生生态环境，水岸沿线植物的姿态、色彩所形成的倒影加强水体的美感。水体景观旁配置植物景观既注重色彩搭配，淡绿透明的水色是调和各种景观色彩的底色，如水边碧草、绿叶，水中蓝天、白云；也注重植物的线条，平直的水面通过配置具有各种树形及线条的植物可丰富线条构图，如在水岸沿线植上水杉、垂柳及雪松，高耸的水杉和低垂水面柳条与平直的水面形成强烈的对比；还用透景和借景，水边植物切忌等距离种植及整形式修剪，以免失去画意，栽植片林时，留出透景线，利用水边片林中留出透景线及倾向湖面的地形，引导游客很自然地步向水边欣赏对岸风景；更注重意境美，规划种植水竹、池杉、竹柏等植物，让游客体验苏轼诗文中的"水中藻、荇交横，盖竹柏影也"的意境。

第二节　水库湖泊环境治理

原环境保护部、国家发展改革委、财政部联合印发《水质较好湖泊生态环境保护总体规划（2013—2020 年)》（以下简称《规划》），全国 365 个水质较好的湖泊受到特殊保护。江西省有 13 个湖泊纳入《规划》之中，其中上犹陡水湖(阳明湖) 名列其中。为确保"一湖清水"送入赣江，上犹县实施"净水"工程，落实最严格的水资源管理制度，组建了生态联合执法工作组，对境内赣江源头保护区 216 平方公里 9 个行政村进行全程监管，监测结果作为年度"河（湖、库、渠）长制"定量考核指标。采取"一河一策"形式，对河道内乱倒垃圾、渣土，乱采滥挖，违法搭建建筑物（构筑物)，非法设置入河排污口和破坏河道工程设施等违法行为开展专项整治。水产养殖和生猪等畜禽养殖是阳明湖的生产污染来源，拆除阳明湖及两岸的养殖场，从源头上解决生产污水。建立阳明湖两岸村落、居民污水处理装置，利用生态自净化机制，实施政府免费建设、村落或居民低成本运营的生活污染长效治理机制。在上犹境内各大水库（包括河流）的各类经营者以及沿岸任何单位（个人）必须严格遵守相关法律法规规定，禁止向水体排放油类、酸液、碱液，禁止向水体排放污水、工业废液，倾倒工业废渣、垃圾或者其他废弃物。违者，责令限期采取治理措施，消除污染，并处 2 万元以上 20 万元以下罚款；构成犯罪的，依法追究法律责任，确保"五个不让"。

一、"不让一户水上人家留在库上"

上犹江水库的建成，为国家经济建设提供了大量电能，上犹、崇义两县移民为支援国家重点工程建设，牺牲了自己的生存发展条件。由于当时库区移民安置全部都是采取一次性补偿方式安置的，而且补偿标准低，安置条件差，经济基础极其薄弱。电站建成后，淹没的基础设施长期以来未得到恢复，特别是库周五华里内的山林、水面被划归国有，使库区移民发展失去了生产、生活的基本条件，随着人口的逐年增加，加上部分外迁移民三年困难时期返迁回原籍，使人均拥有可供开发的土地、山林水资源逐年减少，库区移民一直被吃饭问题困扰着，饮水难、就医难、入学难，尤其是住房难问题突出，有住山棚的，也有"人畜混住"的，更有常年漂泊在水库捕鱼住在简易木棚的"水上漂"人家，许多"移民"被迫变成了"渔民"。

陡水湖拥有可开展网箱养鱼的水面 2500 公顷。1997 年引进网箱养殖技术，1997 年、1998 年上犹县委、县政府连年下发了《关于大力发展全县网箱养鱼的决定》，1999 年网箱养鱼呈现下降趋势，2004 年群众自发地发展灯光引诱浮游生物开展养殖鲢鳙鱼，到 2012 年上犹县陡水湖网箱养鱼达到 12298 箱，投料的达到 2096 箱，养殖鲢鳙鱼的达到 10202 箱，形成了鳜鱼、刺鲃（红鱼）、三角鲂等一批养殖基地和出口创汇于一体的产业化发展模式。2012 年鳜鱼出口达到 96 吨，创汇 500 多万美元，投喂饲料养殖的鱼类达到 2677 吨，鱼的排泄物相当于在陡水湖水面倾倒了一个万头猪场排出的粪便。这对水域环境造成一定的危害，有的养殖区域周边发生蓝藻水华现象，对下游居民饮水安全造成了一定的影响。

同时，有数十家大大小小的水上餐馆在陡水湖景区经营，因随意排放污水、垃圾等行为，严重影响陡水湖水质，破坏了湖面风景。为顺利推进水上餐馆搬迁上岸，上犹县在县城、工业园附近、圩镇和中心村启动实施 8 个"梦想家园"集中安置示范点、12 个移民集中安置点、9 个"水上漂"专项集中安置点建设，帮助库区、深山区、地质灾害易发区等恶劣环境下的贫困户彻底"挪穷窝"，出台《水上餐馆搬迁上岸实施方案和补偿办法》，严格执行入户调查、设施评估、公告公示、协商签订、补偿安置、拆除设施的工作流程，把所有补偿项目置于"阳光下"，消除了水上餐馆业主的疑虑，实现了和谐搬迁。其中，南河湖和陡水湖核心景区 24 家水上餐馆全部搬迁上岸。如今上岸的餐馆，被统一安排在建筑风格一致、环境幽雅整洁的码头附近经营，节假日及旅游旺季，几乎天天游客满座，经营红红火火。全县 563 户"水上漂"群众全部上岸，3124 户 1.16 万库区、深山区、地质灾害易发区群众实施了搬迁，同时形成了一个湖畔聚落圈。

二、"不让一家未经处理的生活污水流入湖泊"

加强污染治理工作，坚持防治并举，实行严格的污染防治政策，提高污染防治水平，上犹江沿线 1.5 公里范围内禁止审批建设"两高一资"项目，以转变发展方式为主线，着力构筑绿色产业体系。以各种保护措施为载体，推动绿色循环低碳经济发展。按照循环经济要求规划、建设和改造产业园区，形成具有发挥产业集聚和工业生态效应、资源高效循环利用的产业链。确立了以玻纤及新型复合材料和精密模具及数控机床两大工业主导产业，主要采用以物理加工为主的生产方式，对水质、土壤、空气无污染，其中玻纤及新型复合材料产业列为全省重点扶持的 60 个产业集群之一；对所有新建项目，坚决落实"环保一票否决制"，拒绝引进高耗能、高污染、高排放的"三高"企业，近年来先后关闭和搬迁了 137 家企业，拒绝了 160 个对环境有破坏或污染的产业投资项目。对环境影响严重的企业实行关停并转；加强污水处理厂监管，确保污水处理厂出水达到一级排放标准，确保上犹江水质稳定在 I 类标准。

开辟农村小流域污染治理路径。在社区内建立生活污水水生植物净化系统，虽然不算是高科技、高标准的污水处理系统，却有投资少、见效快、运行管理简便、具有景观效果等特点。通过建设一个以生物处理为主的农村生活污水净化池，把一户户农户家里通过三格式初始分户净化的生活污水收集起来，依托池中的田虫草、水芋、荷花等水生植物的再次净化处理后，再排回湖泊或河流，实现不让一家未经处理的生活污水流入湖泊。同时探索单户式一体化污水厌氧处理、分散性多户式氧化塘生化处理、片区式归集处理等多种模式，形成了适用性强、处理效果好、运行成本低的农村污水处理技术和模式系列，为解决农村生活污水处理难的问题找到了一条行之有效的出路。

三、"不让一块施工开挖的山体裸露"

上犹县库区周边裸露山体主要成因是由于水库、渠道、公路建设等工程对山体的破坏所形成的边坡，这类裸露山体坡面短、坡度较小，局部有残留土壤，岩石裂缝多，比较容易恢复植物生态。还有一种是开山采石对山体的破坏形成裸露山体，对库区景观破坏较大，裸露山体高度从 5—50 米不等，多为不规则的裸岩坡面，坡度大，交通不便，无土壤覆盖，岩石裂缝少，植被生态恢复难度很大。虽然有关部门在这些部位采取了挖洞、开辟台阶等工程措施来营造植物生长所必需的环境，取得了一定效果，但仍需增加山体绿量。

裸露山体缺口治理模式主要为"稳定边坡、理顺水系、改善景观、生态修复"，在开发建设项目裸露边坡防护、废弃裸露山体缺口边坡绿化治理实践基础上，提倡尽量少用混凝土、浆砌石，大力推广乔灌草藤近自然立体绿化护坡新技术，总结出"乔灌优先，乔灌草藤结合"的石质边坡绿化新理念。常见的生物护坡形式有直铺草皮、铺设草坪植生带、液压喷播等，主要特点是能快速形成覆盖，防止水土流失。直铺草皮是把草坪直接铺植在坡面上，可以迅速形成地面覆盖，杂草少，景观效果好。草坪植生带中有木质纤维、草坪种子、保水剂等，铺植后既覆盖了坡面，防止水土流失，又固定了种子，防止种子被水冲走，而且杂草少，造价低于直铺草皮的方法。液压喷播法是把纸浆、木质纤维、保水剂、胶结剂、水、染料、肥料、草坪种子等混成浆状，通过专门的高压喷播设备喷到坡面上，必要时在上面覆盖无纺布，防止水分蒸发。草籽通过喷播层得到水分，发芽出苗，形成草坪，该方法适合大面积的公路护坡工程。

　　按景观生态学原理，依轻重缓急进行分年度整治。优先整治严重影响库区景观的高速公路、高等级公路、库区主干道、库区进出口岸两侧的山体缺口，以及重要生态风景保护区等区域附近的山体缺口。有些裸露山体的治理可以与库区建设和土地开发利用相结合，处于库区及其周边的裸露山体，根据其分布的地理位置、地形地貌、裸露山体的特征，通过工程美化成为观光景点。对于绿化难度较大的岩壁，结合一些游乐设施的开发来进行治理，增添新的旅游资源。

四、"不让一片白色污染物漂在湖面"

　　塑料制品给湖区生活带来了极大便利，同时产生的"白色污染"又对湖水和生态环境造成严重的危害。长期以来，人们对废塑料造成的环境污染缺乏足够的认识，将使用之后的塑料制品随意抛弃，给生态环境和人体健康带来了极大的危害，主要包括视觉污染和潜在危害两种。视觉污染是指废塑料被遗弃在环境中而影响湖区景观的视觉质量，如废弃塑料因管理不善散落在湖区道路旁、旅游区、风景名胜区，直接影响湖区环境的整体美观；由于乘客随手丢弃塑料餐盒，导致湖面形成刺眼的白色污染带。

　　为了遏制不可降解一次性塑料制品对生态环境造成的污染，上犹县成立专项治理工作领导小组，设立100万元"白色污染"治理工作专项基金，为"治白"活动的开展提供组织和资金保障；通过政策宣传、免费发放环保竹篮、开展"物物交换"等形式，倡导低碳环保生活；县剧团走乡串镇开展"文化下乡"活动，利用媒体开设专题专栏，把环保生活理念根植于百姓心中；县环保部门在超市、农贸市场设置"便民窗口"，免费发放环保布袋和竹篮；县工商、质监等执法部门还将使用超薄塑料袋列入市场巡查日常工作。如今，上犹县居民上街买菜购物的习惯大为改观，提篮携袋购物买菜的人越来越多。"能回收利用的塑料瓶子等物品，积累起来卖到废品收购部去；不能回收的就扔到'不可回收'垃圾箱里，千万不要往河里丢。"已成为"河道夫"给岸边搓洗衣服妇女们上"护江课"的重要内容。

全民动员人人参与。如在大大小小的商店里张贴环保宣传画，展现从塑料袋的不经意丢弃，到被鱼类食用，再经食物链最终进入人体的真实图景。新闻媒体以公益广告的形式宣传由废塑料引起的一系列生态危害和潜在威胁，或者在微信、QQ等平台上开发环保小程序、制作环保小视频，积极倡导减少一次性塑料制品的必要性和可行性，呼吁人们为生态环境可持续发展贡献自己的一分力量。

五、"不让一个养殖企业落户禁养区"

畜禽禁养区是指按照法律、法规、行政规章等规定，在指定范围内不得新建畜禽养殖场（小区）。由于上犹畜禽养殖业初期没有进行环保审批，缺乏统一科学规划和合理布局，一些养殖场建立在饮用水源上游、饮用水源保护区和居民区、中心村庄周边等禁养区。尽管近年来上犹县高度重视畜禽业发展带来的环境问题，致力于禁养区内畜禽养殖场（小区）和养殖专业户关闭和搬迁等工作，但随着禁养区范围的扩大，生猪等畜禽养殖的搬迁关闭工作面临新的挑战。

根据《上犹县畜禽养殖现状及规划（2016—2020年）》，全县畜禽养殖布局划分为禁养区、限养区和可养区。对区内所有的畜禽养殖场进行全面排查，建立养殖档案，严格控制禁养区内现有的养殖场规模，确保养殖规模不扩大，污染物总量不增加；通过关、停、转、迁等手段，逐步关闭禁养区内所有的畜禽养殖场。不得在禁养区域及城镇规划区常年主导上风向2公里范围内新建、改建和扩建畜禽养殖场；禁养区常年主导下风向或侧风向处的规模化畜禽养殖场场界与禁养区域边界的最小距离不得小于500米。主要范围包括：县城规划核心区、高速公路、铁路、饮用水保护区（含县、乡、村主要饮用取水点）、主要交通干线 1000 米范围内；各乡（镇）规划区、各村庄居民区、风景名胜游览区、自然、文化遗址等文化保护区、工业园区 500 米以内；上犹江、油石、双溪、寺下、社溪、中稍、梅水等主要河流沿岸两侧垂直距离 100 米以内；国家级、省级生态公益林及自然保护区内；国家、地方法律规定需要保护的其他区域。

在可养区新建、改建和扩建水产、畜禽养殖场，符合城镇总体规划及环境功能区划的要求，由有关部门严格执行环境影响评价制度。大力发展"保水渔业"和"净水渔业"，把增殖渔业作为一项综合效益较高的水污染防治工程。据测算，从湖库捕捞 1 吨鱼，相当于从水体中捞出 36 公斤的氮、9 公斤的磷，可向社会提供优质的鱼类蛋白，增加渔民收入。针对上犹大水面资源众多，但存在观念落后，谈"渔"色变的现象，加强更新观念；对于 I—III 类水的饮用（备用）水源水库和天然湖泊，学习"千岛湖保水渔业"模式，以渔控藻、以渔保水、以渔净水，大力发展保水渔业；对于 III IV—劣 V 类水，湖库资源大力发展"净水渔业"，让上犹的水更清、人更富。

第三节　农村垃圾面源污染治理

以全面实施乡村振兴战略为"总抓手"，找出乡村污染源头，从改善农村生活污水治理采用单户式一体化污水厌氧处理、分散性多户式氧化塘生化处理、片区式归集处理等多种模式入手，聚焦解决农村的垃圾、污水、厕所等问题，通过推进农业面源污染防治，推广普及测土配方施肥技术、秸秆还田腐熟技术、"三沼"综合利用技术和生物农药、杀虫灯等水稻农作物重大病虫害综合防治技术，特别是推行畜禽养殖污染防治，广泛开展清洁田园、清洁家园、清洁水源"三清洁"专项建设。

一、清洁田园

到 2019 年，上犹县已连续七年实施国家测土配方施肥补贴项目，累计推广面积 18.66 万公顷；连续六年推广秸秆还田腐熟技术，推广面积 3.37 万公顷；建户用沼气 2 万多座，每年消耗近 7 万吨农村生产生活所产生的废弃物。依托"上犹县 2016 年测土配方施肥取土化验项目"实施，推广水稻、蔬菜、花生、脐橙、茶叶等农作物测土配方肥技术面积达到 3.26 万公顷，受益农户 6.3 万户；依托"上犹县 2016 年现代农业生产发展资金绿肥推广项目"实施，项目区"三花"绿肥高产种植技术面积达到 509.4 公顷，全县冬种绿肥面积达到 3162.33 公顷。在推广绿肥替代化肥的同时，全面推广秸秆还田，大力推广商品有机肥、水溶性肥料、缓控释肥料、微量元素肥料等新型肥料，全县稻草还田率达到 95% 以上，商品有机肥使用面积达到 773.33 公顷，蔬菜等水肥一体化面积达到 233.33 公顷。

（一）引导发展生态立体农业

按照"三集中"原则，有序引导重点生态功能区内群众向县城、向工业园区、向中心村集中，不断减少农村生活污染源。通过合理的布局，使养殖业与种植业、茶叶、林业等产业有机结合共同发展，形成以生猪养殖为中心，集种、养、鱼、副、加工业为一体的立体农业生态系统。上犹县丘陵、山地面积大，较为适合发展不同形式的生态立体农业。农业农村部门坚持将养殖业、沼气工程和周边农田、鱼塘等进行统筹和安排，积极引导中小规模猪场发展养—养结合（猪—沼—鱼、猪—鱼）、养—种结合（猪—沼—果 / 林、猪—沼—菌等）以及养—养—种、养—种—养结合等多种形式的生态立体农业，实现立体种养、综合循环利用，有效化解畜禽养殖业污染问题。

（二）积极发展农村沼气

沼气的主要成分甲烷是一种优质清洁的能源。利用猪粪尿发酵生产沼气，是实现资源循环利用、污染防治的有效措施。坚持把生猪养殖场（户）沼气建设作为清洁田园的重要公益性项目，以规模养猪场（小区）为重点，指导养猪场（户）发展农村沼气。畜禽养殖场大中型沼气工程以"一池三建"（养殖场沼气工程发酵池建设与畜禽粪便预处理、沼气利用、沼肥利用设施相结合）为基本单元，工程建设与养殖业和周边农田、鱼塘等进行统筹规划，将沼液、沼渣综合利用，形成沼气工程为纽带的能源生态模式，引导散养户联片、联户集中治理，5 万余户农民用上沼气和太阳能清洁能源，上犹县成功列入国家首批绿色能源示范县。

（三）大力推广专用有机肥

坚持把猪粪合理有效综合利用作为一个重点，在引导、扶持生猪养殖场建设有机肥厂和示范推广有机肥上下功夫。采用自然堆肥、条垛式主动供氧堆肥、机械翻堆堆肥、转筒式堆肥等堆肥方式，积极推广堆沤式发酵、塔式发酵、槽式发酵、袋装式发酵等生猪粪便无害化生产有机肥料关键技术，提高生猪粪便制作绿色有机肥的效率。大力宣传施用有机肥，在果园、茶园、农田等建立有机肥使用示范基地，大力推广应用有机肥，培育和壮大有机肥市场。猪粪含有大量有机质和氮、磷及其他植物必需的营养元素，是优质、高效、低成本的有机肥原料。利用猪粪制作专用有机肥料不仅可以有效治理畜禽粪便污染，而且可以实现猪粪变废为宝，具有广阔的发展前景。

二、清洁家园

推行农村垃圾治理。持续推进白色污染治理、乡村河道秩序整治、农村垃圾无害化处理等工作，综合整治提升城乡环境。构建户分类、村收集、乡转运、县处理的农村生活垃圾治理体系，每个村小组都有 1 名保洁员，全县 862 个农村村落社区纳入长效保洁范围，实现了全县主要交通沿线、主要河流、圩镇和较大村落均有垃圾处理。实行预防、治理相衔接，处理、利用相结合等综合治理措施，探索出农村垃圾无害化处理的长效机制，农村垃圾无害化处理率达 90%，基本解决可养区内养殖场畜禽养殖粪便及污水资源化利用率问题。

（一）能源环保型

"能源环保型"污水净化指的是畜禽场的畜禽污水经处理后直接排入自然环境或以回用为最终目的的农村家园环境。这种清洁家园类型的建设目标是实现污水达标排放、固体粪便制作有机肥，并通过对沼气的利用降低污水处理能源消耗，此类工程项目具有良好的环境、社会效益。目前该类工程一般采用高效厌氧消化工艺（CSTR、UASB、UAF、USR、DFR 反应器）与先进的好氧反应工艺（SBR、生物接触氧化法）相结合的典型工艺路线。"能源环保型"采取干清粪、粪便生产有机肥、污水进行厌氧—好氧—深度处理达标排放，其化学需氧量（COD）去除率为 99%，氨氮去除率为 94%。"能源环保型"采取干清粪、粪便农业利用、污水进行厌氧—好氧—深度处理达标排放，且出水全部利用，其 COD 去除率为 97%，氨氮去除率为 89%。能源环保型适用于存栏大于或相当于 3000 头猪单位的规模化养殖场，污水处理量每天大于 50 立方米，周边排水水质要求高，沼渣沼液无充足农田利用，出水必须达标排放。

（二）能源生态型

能源生态型适用于存栏大于或相当于 250 头猪单位的规模化养殖场，周边环境容量大，排水要求不高。"能源生态型"污水净化指的是畜禽场污水经厌氧消化处理后消化液不直接排入自然环境，而是作为农作物有机液体肥料的农村家园环境，这类清洁家园类型适用于畜禽场周边有足够的农田、鱼塘、植物塘等，能够完全消纳经厌氧（沼气）发酵后的沼渣、沼液。目前，"能源生态型"污水净化工程已经成为比较成熟适用、以综合利用为主的畜禽场污水净化工艺。"能源生态型"污水净化工程的工艺过程是：畜禽场鲜粪通过上料系统投入厌氧消化器（或在计量池内混合后泵入厌氧消化器），畜禽冲洗水汇集到计量池，直接泵入厌氧消化器的前部，在消化器内搅拌装置的作用下，配置成高浓度的发酵液（TS 浓度在 9%左右）。

（三）粪污还田型

粪污还田型适用于远离城市和城镇、经济不发达、土地宽广，有足够的农田消纳养殖场粪污的农村家园，特别是种植常年施肥作物，如蔬菜、经济作物的基地可以采用这种形式。同时，畜禽场规模不宜太大，一般存栏在 500 头畜禽规模以下。当地劳动力价格低，大量使用人工清粪，冲洗水量少、浓度低。"粪污还田处理模式"指的是畜禽粪尿还田用作肥料，是一种传统的、经济有效的粪污处置方法，可以实现畜禽粪尿零排放。目前，生猪分散户养殖或小规模集中饲养的粪污处理基本上都采用这种处置方法。首先人工将干粪清扫出畜禽舍，清扫出的干粪外销或堆沤后生产有机肥。用少量的水冲洗舍中残存的粪尿并贮存于贮粪池中，在施肥季节农田中施用。

三、清洁水源

严格落实河（湖）长制，建立县、乡、村三级河（湖）长全覆盖责任体系。县城、工业园区实现污水全部处理，所有建制镇均建有污水集中处理设施，深入实施清河、护岸、净水、保水等行动，深入开展河道乱占乱建、乱围乱堵、乱采乱挖、乱倒乱排等"八乱"专项整治，持续开展养殖业污水专项整治，境内九大河流水系水质均达到 II 类以上，水源水质安全达标率达 100%。

（一）高度重视养殖场污水排放

针对部分规模化养殖场未能建设与其规模相匹配的污染治理设施，或建设污染防治配套设施不合格，未能实现畜禽养殖废弃物综合利用或无害化处理以及未达污染防治标准的畜禽养殖场产生的大量污水和粪便排放对周边环境造成较大影响的状况，加强岸源防控，狠抓污染防治，有效减轻对水体环境的污染。

可养区内现有的各类畜禽养殖场落实污染防治措施，对污水、废渣和恶臭应进行定期监测，确保排放的污染物达到 GB18596—2001《畜禽养殖业污染物排放标准》，并符合污染物排放总量控制要求。

可养区内所有畜禽养殖污染防治坚持"综合利用优先，资源化、无害化和减量化"原则，积极推行清洁生产，严格控制含重金属的畜禽饲料添加剂、兽药的使用，实现科学养殖、饮排分离、雨污分流和干湿分离，具备纳管条件的畜禽养殖场将污水纳入城市污水管网，有条件的集约化畜禽养殖场添置有机肥加工设施及建立与排污量相匹配的生态农业示范基地。

在可养区新建、改建和扩建畜禽养殖场，必须征得畜牧主管部门同意。常年存栏量（下同）3000 头及以上的养猪场、400 头及以上的肉牛场、200 头及以上的奶牛场、100000 只及以上的家禽养殖场应编制环境影响报告书；常年存栏量（下同）500 头及以上至 3000 头以下的养猪场、200 头及以上至 400 头以下的肉牛场、100 头及以上至 200 头以下的奶牛场、10000 只及以上至 100000 只以下的家禽养殖场应编制环境影响报告表；其余规模的畜禽养殖场应编制登记表，其他种类的养殖场根据排污状况参照执行。

（二）创新畜禽废水处理技术

畜禽废水自然处理法包括土地处理法和氧化塘处理法。按运行方式的不同，土地处理技术可分为慢速渗滤处理、快速渗滤处理、地表漫流处理和湿地处理等技术。氧化塘按照优势微生物种属和相应的生化反应的不同，可分为好氧塘、兼性塘、曝气塘和厌氧塘四种类型。好氧塘的水深通常在 0.5 米左右，水五日生化需氧量（BOD5）去除率高，在停留 2—6 天后可达 80% 以上。兼性塘较深，一般在 1.2—2.5 米，可分为好氧区、厌氧区和兼性区，在多种微生物的共同作用下去除废水中的污染物。厌氧塘有单级厌氧塘和二级厌氧塘。在处理畜禽废水时，二级厌氧塘比一级厌氧塘处理效果好。曝气塘一般水深 3—4 米，最深可达 5 米，塘内总固体悬浮物浓度应保持在 1%—3% 之间。自然处理法基建投资少，运行管理简单，耗能少，运行管理费用低；但是，自然处理工艺占地面积大，净化效率相对较低，适用于具备场地条件的中小型养殖场污水处理。

1. 完全混合活性污泥法

完全混合活性污泥法工艺是一种人工好氧生化处理技术。废水经初次沉淀池后与二次沉淀池底部回流的活性污泥同时进入曝气池，通过曝气废水中的悬浮胶状物质被吸附，可溶性有机物被微生物代谢转化为生物细胞，并被氧化成为二氧化碳等最终产物。曝气池混合液在二次沉淀池内进行分离，上层出水排放，污泥部分返回曝气池，剩余污泥由系统排出。完全混合活性污泥法停留时间一般为 4—12 天，污泥回流比通常为 20%—30%。BOD5 有机负荷率一般为 0.3—0.8 公斤 BOD5/ 立方米每天，污泥龄约 2—4 天。完全混合活性污泥法工艺的特点是：承受冲击负荷的能力强，投资与运行费用低，便于运行管理；缺点是：易引起污泥膨胀，出水水质一般。该技术适用于中小型养殖场污水处理。

2. 序批活性污泥法（SBR）

序批活性污泥法是集均化、初沉、生物降解、二沉等功能于一池，无污泥回流系统的一种处理工艺。序批活性污泥法（SBR）停留时间一般为20—50天，污泥回流比通常为30%—50%。BOD5有机负荷率通常为0.13—0.3公斤BOD5/立方米每天，污泥龄约5—15天。该工艺可有效去除有机污染物，工艺流程简单、占地少、管理方便、投资与运行费用较低、出水水质较好，适用于大中型养殖场污水处理。

3. 接触氧化工艺

生物接触氧化法也称淹没式生物滤池，其在反应器内设置填料，经过充氧的废水与长满生物膜的填料相接触，在生物膜生物的作用下，污水得到净化。接触氧化工艺停留时间通常为2—12天，BOD5有机负荷率通常为1.0—1.8公斤BOD5/立方米每天。生物接触氧化法具有体积负荷高、处理时间短、占地面积小、生物活性高、微生物浓度较高、污泥产量低、不需污泥回流、出水水质好、动力消耗低等优点，但由于生物膜较厚，脱落的生物膜易堵塞填料，生物膜大块脱落时易影响出水水质。该技术适用于大中型养殖场污水处理。

（三）规范畜禽养殖业污染治理工程技术

可养区所有畜禽养殖场必须向县环保局进行排污申报登记，经审核批准，取得《排污许可证》，并按核定的排放浓度和总量排放污染物。可养区所有畜禽养殖场排放污染物，应按国家有关规定缴纳排污费。

在粪污无害化方面，现有的规模化畜禽养殖场（小区），按照《畜禽养殖业污染治理工程技术规范》的要求，逐步改造为干清粪工艺，并实现雨水和污水的分流。产生的粪污限期治理，实现达标排放或零排放。完善大中型养殖场雨污分流、固液分离、粪污废水沼气化处理、沼气利用、有机肥生产或干粪堆存、沼液贮存及还田管网；要求小型养殖场完善雨污分流、固液分离、沼液或废水贮存、还田管网。

无法满足零排放要求的，限期治理达标排放；逾期不能达标的，由环保行政主管部门提请当地人民政府依法予以关停。

第四节 水源涵养林保护

上犹江是赣江水系章江源头，是赣江乃至鄱阳湖流域等下游地区饮用水的主要水源。全县林地保有量 12.09 万公顷，森林面积 11.11 万公顷，活立木蓄积总量 520 万立方米。地表水资源丰富，年平均径流量 35.2 亿立方米，丰年径流量达 43.2 亿立方米，特枯年份径流总量也有 16.5 亿立方米，每亩耕地可分摊年径流量 8620 立方米，高于全国平均水平。为保护一江清水，上犹县通过上山造林添绿，实施农田林网、绿色通道、城镇绿化等举措，综合推进以保护赣江源头水源涵养林为核心的生态保障体系建设。

一、突出水源涵养林建设地位

为巩固和提高水库集雨区内森林和林地的水源涵养能力，划定和落实核心经营区的建设范围，把核心经营区列入林业重点生态工程项目建设范畴。上犹江陡水湖（阳明湖）是赣州市域库容和集水面积最大的水库，坝址控制集水面积 2750 平方公里，总库容 8.22 亿立方米，正常蓄水位时库容 7.21 亿立方米。如前文所述，赣州市政府已启动上犹江引水工程建设，引水工程的饮用水源地取水点确定在上犹江陡水水库。据《上犹江引水工程水源涵养林建设保护规划》布局，集雨区内的有林地、疏林地、灌木林地、未成林造林地、无立木林地、宜林地、其他林地等共同纳入陡水水库水源涵养林区。该林区地处江西省赣州市西侧，集中分布在赣州市崇义、上犹两县境内，外沿至湖南省桂东县东南部、汝城县东部。陡水水库流域集雨区江西境内土地总面积为 227653.8 公顷，林地面积 197399.1 公顷，活立木蓄积量为 12411459 立方米，森林覆盖率达 84.5%。区内林地面积占比大，森林资源丰富，森林资源质量较高，乔木林平均蓄积量为 71.68 立方米 / 公顷，为赣州市平均水平（47.54 立方米 / 公顷）的 1.51 倍。又因地处赣、湘两省交界处，自然生态环境优越，域内大面积的亚热带常绿阔叶林灌草层群落保存较为完整，具有极好的水源涵养和水土保持功能，生物多样性极其丰富，现已设立 1 个国家级自然保护区、3 个省级自然保护区、3 个国家级森林公园、2 个国家级湿地公园。

经实地调查水源涵养林区溪河两岸、源头区主体林分，筛选出枯水期能够持续稳定涵养水源以及丰水期能够持续净化水质的小班共计 237 个，并以此为保护建设对象，对小班生态因子进行分析比较，得出该类林分的共同特征：天然阔叶混交林或阔叶树占优势的针阔混交林，乔木林分郁闭度 ≥ 0.65，且树种丰富，分布协调；土层深厚，林木长势良好，具有乔木层、下木层、地被物层 3 个层次，群落结构完整；植被分布均匀，总盖度大于 85%；山岗坡度 30 度以下。据此，以同时满足上述 4 个共同特征的林分为水源涵养林区的标准林分。就总体森林特点而言，不足之处在于：现有林分树种结构不够合理，松、杉单一树种多，阔叶林、针阔混交林比重小，中幼林多，近成过熟林少；森林在保持水土、涵养水源、调节气候、维护生物多样性以及抵御有害生物能力等方面整体功能有待提高。对照多功能森林经营理念及其经营目的，已明确标准林分作为该林区现实水源涵养林的阶段性建设培育目标林分，最终目标是建成阔叶混交、针阔混交的异龄复层恒续林，直至恢复演替为地带性自然植被群落。

为提高上犹江陡水水库集雨区内森林和林地的水源涵养能力，划定和落实水源涵养林的建设，以立法的形式明确和落实林权所有者、建设者、经营者、受益者、相关管理部门的权益与责任，共同建设维护林区秩序，采用封育、管护、抚育、改造等技术措施，以改善和提高生态林的涵养水源保护范围，落实政策制度，建立水源涵养林生态受益补偿机制，从水资源开发利用受益方提取一部分资金作为基金，专项用于水源涵养林建设与保护，并对林权所有者给予适当的补偿。条件成熟时，由政府或水务公司购买或租赁水源涵养林经营权；加强与湖南省的沟通与协调，探索双赢共建的经营模式，共同实施水源涵养林建设保护工程措施。

二、在低质低效林改造中优化水源涵养林

开展低产低效林改造，提升林业质量，提高林地产出率，对林相单一、颜色单调、树龄偏大的低产林和残次林分逐年进行林相改造，按照绿化、美化、彩化、香化要求，提高水源涵养能力、生态旅游功能、风景观赏价值。

（一）因山制宜选好低改树种

上犹县是典型的亚热带丘陵山区，县内地势西北高，呈掌状向东南倾斜，夏半年受暖湿气流、台风等山脉抬升，降雨增加；冬半年冷空气南下受阻，构成天然屏障，还受西南三大库区影响，是形成上犹县立体多样的农业小气候优势的主要因素。尤其在海拔400—800米山区，云雾降雨多、湿度大、少高温，夏秋基本无干旱，为茶叶生长提供了良好气候条件。在海拔750米以下中低山地带均适宜油茶生长，以300—500米以下中低矮山产量最高，因此山上发展油茶生产是上犹县的一大优势。过去人们仅以水稻种植来衡量一个地方的天时地利，因此只看到山高水冷气温低的一面，而对山区的其他优异气候条件有所忽视，山区气温较低是一个不利因素，但它具有昼夜温差大、不存在高温危害、降雨充沛、云雾湿度大的特点，这对桂花苗木的发展十分有利。

上犹县把茶叶、油茶和珍贵绿化苗木"两茶一苗"产业确立为农业主导产业，种植茶叶0.42万公顷、油茶2.33万公顷、珍贵绿化苗木0.2万公顷。油茶树耐旱耐寒，适应性较强，种植油茶消灭了火烧迹地和宜林荒坡荒地，绿化环境、保护生态。在油茶产业发展中，整地注重因地制宜，提倡穴垦或打反坡条带，条带内挖竹节沟，条带外缘种水保草，既防止了水土流失，又保护条带不被水冲毁。在开发清山过程中，保留25度以上陡坡和隔离带原有植被，补种阔叶树，形成油茶林生态保护屏障。

为推进"桂花之乡"建设，上犹县一方面由县财政每年购买10万株桂花、樟树、罗汉松、茶花等珍贵苗木给农户，乡镇政府与农户签订合同，由农户负责在庭院"四旁"和村落邻山套种或间作，确保成活，实现"藏富于民"、"缀绿于村"。同时，在"两茶"（茶叶、油茶）产业基地主干道、新农村建设点和乡村道路两旁，全部公开招标，由经营大户承包种植桂花等观赏性苗木，涵盖金桂、丹桂、八月桂、四季桂等几十个品种，形成了"春有花、夏有荫、秋有果、冬有青"的良好生态环境。

（二）因林制宜调好林分结构

1. 桤木引种栽培

上犹最早引种桤木是在20世纪80年代，至今寺下林场茶坪作业区小溪旁仍留有 3 株大树。2003 年春在实施退耕还林工程时，从瑞金引进了 2000 株等外苗（高 80 厘米，地径 0.5 毫米）在本县北部的山区及东南部的丘陵多个乡的退耕地上进行了试种。2004 年，在确认桤木在冷浆田上造林的优异表现后，开始了较大规模的引种推广。经过 10 年的发展，目前全县的 14 个乡镇 48 个村共种植了 300 公顷桤木纯林。桤木原产于我国四川中部周围地区，西至康定，东达贵州高原北部，南及云南东北部，北至秦岭南坡。后陆续引种至安徽、湖南、湖北、江西、广东及江苏、陕西等地。桤木喜光、喜温、喜湿、耐水，适生于年平均气温 15—18℃，降水量 900—1400 毫米的丘陵及平原。对土壤适应性强，喜生于河滩及溪沟两旁，在土壤和空气湿度大或土层深厚肥沃、湿润的地方生长尤为良好。结实量大，天然更新力强，多以种子繁殖。根系发达有根瘤，固氮能力强，速生，一般 3 年可郁闭成林。通过对桤木在上犹 10 年引种栽培的调查研究，结果表明，其引种基本上是成功的。桤木在适宜的生境下不但能天然更新，而且具有比大部分本土优良树种更快的成林速度和更大的材积生长率，且干形通直，不愧为优秀的非豆科固氮速生树种，因其在上犹县病虫及霜冻雨雪危害都较少，故有较大的推广应用价值。

2. 林苗一体化造林

对土地贫瘠、林分较差的荒滩荒坡、田间地垄、村落四周和森林品味不高的主要旅游景点、公路沿线，大力推行林苗一体化造林绿化模式。林苗一体化造林是指根据树种搭配多样化和土地产效最大化原理，在造林主要树种的林间套种、间作市场前景好、经济价值高、见效周期短的园林绿化苗木或 1—2 年生种植用苗木，实行林苗间作、加密栽植、立体经营、综合利用。实施林苗一体化造林，不仅要求造林面积上的迅速扩张，更应注重造林质量上的提升。首先是侧重于"林"，讲求人工造林的生态功能强化。既重点培植"林"这一优势树种，也兼顾发展"苗"这一补充树种，以保证人工林的生物多样性，防止出现单一树种空气净化能力弱、防御灾害水平低的倾向。比如在经济林木间耕种绿化苗木或苗圃，就能有效地增强经济作物防病虫、抗灾害的能力，提高小区域内经济作物可持续种植的水平。其次是侧重于"景"，讲求森林经营的景观效应。比如在通道林苗一体化中，原则上要求公路两旁 5—20 米范围内或沿路可视范围内高标准种植绿化树种，既起到涵养水源、保持水土功能，更主要的是展现了"路在林中、景在人前"的森林景观效应。再比如在城市郊区，政府可引导或规划种植大面积的乡土树种和珍贵苗木，延伸城市绿化的空间。

3.水源涵养林保护

以饮用水源地水源涵养能力长期持续稳定的林分为基础，实地调查森林涵养水源的相关因子，分析并区划森林水源涵养能力等级，筛选出影响水源涵养能力的主要因子，确定标准林分。以水源涵养林小班的区位与重要性为依据，划分出三类森林经营区：水源涵养林核心经营区；水源涵养林专项经营区；水源涵养林一般经营区。分别不同的森林经营区、森林经营分类、水源涵养能力等级，以标准林分为建设目标，应用多功能森林经营理念，加强水源涵养林经营建设。对上犹县不同森林植被类型土壤持水特性的测定分析，结果表明：同一植被类型随着其生长发育，其土壤蓄水能力相应提高；各植被类型的土壤蓄水能力均明显高于荒山地；土壤容重、毛管孔隙度及非毛管孔隙度三者的综合特征对土壤蓄水能力有着重要影响；不同植被类型的土壤蓄水能力存在差异，针阔混交林的土壤蓄水能力优于杉木纯林、针叶混交林、湿地松纯林和马尾松纯林。从总体变化趋势上可以看出，针阔、针叶混交林由于不同树种混交，占用的生态位和生态空间不同，形成种间互利共生，生物量较大、凋落物丰富，在改良土壤方面所起的作用优于马尾松、湿地松及杉木纯林，反映在其孔隙度大、土壤容重较小，土壤结构更优，持水性能与贮水能力均比纯林强。特别是杉木木荷针阔混交林，其孔隙度及蓄水能力均最大。相对排名为针阔混交林＞针叶混交林＞马尾松纯林＞杉木纯林＞湿地松纯林＞荒山地，可见有林地的蓄水能力均高于荒山地，表现出了山区森林水库的功能。

（三）因时制宜建立监控网络

探索建立"互联网＋"水土保持实时监控网络，建立卫星遥感监控和实地核查相结合的常态化水土保持督查机制，及时掌握水土保持动态变化，快速发现和查处问题；逐步建成全县水土保持"一张图""一套数"的动态监测体系，实现森林资源数据年度更新，提高监测效率、监测数据准确性和造林种草的科学性，提高保护森林资源和生态安全、打击乱捕滥猎野生动物和森林病虫害防治的及时性。

对小流域内植被稀疏、水土流失较为严重的山地自然坡面，通过竹节水平沟高标准整地种植马尾松、杉树、枫香、木荷和胡枝子等当地优势树种，并在水平沟的沟坎外高密度种植灌草，以达到林草植被快速覆盖的目的，实现水不乱流、肥不乱跑、泥不下山的目标；对轻度水土流失且植被稀疏的山地，按照适地适树的原则大规模种植阔叶树种，同时结合当地群众的意愿，适当种植杉树等有一定经济价值的树种进行治理。脐橙、杨梅、茶树、油茶、枫香、木荷是上犹江流域果木林、经济林和水保林等的优势树种，它们保持水土的能力强、经济价值高、耐旱耐瘠、适应性广，具有很好的开发前景；对山上植被相对较好，但一旦遭到人为砍伐就有可能造成水土流失的山地，聘请专门的水土保持监督管护员进行管护，同时对树种单一地块采取封禁补植的形式补种枫香、木荷和杉树等。这些治山措施既实现了植被的快速恢复，又改变了以往的林相单一状况，从源头上保住了水土，增加了森林色彩、美化了村庄周边环境。

林长负责统筹推进加快城乡绿化建设、严格森林资源保护、保障森林资源安全、提升森林质量效益、加强生态保护修复、强化林业执法监管等六项主要任务。林业、水保、环保、公安、矿产等相关部门共同参与水源涵养林体系建设，划定综合管理保护责任区，分区落实水源涵养林建设和经营管理的指挥、调度、管理、执法等具体工作权限；强化基层林业工作站、木材检查站、林政稽查大队、森林公安办公用房等基础设施建设，将人员工资和工作经费纳入同级财政预算管理；按照200—333.3公顷公益林配备一名专职护林员的要求，划定管护责任区，签订管护合同，全面落实管护责任；加强对护林员的管理，制定考核办法，对护林员履职情况采取平时检查与年终考核相结合，对不称职的护林员要及时更换，确保事有人管、责任到人。

三、建立生态林业产业带

上犹县依托良好的自然植被和山水资源，精心打造生态鱼、观赏石、温泉漂流、生态观光"四块磁铁"，结合发展"两茶一苗"农业主导产业，形成集生态景观欣赏、农业观光、农活体验于一体的生态旅游产业带。园村位于国家4A级景区阳明湖畔，全村有36个村小组，农户1094户，3710人，耕地面积61.2公顷，山地面积3066.67公顷。园村属于"十三五"国家级贫困村，也是江西省第一个国家水土保持生态文明清洁小流域建设试点村。近年来通过生态清洁小流域建设工程发展乡村旅游，先后带动163户530人实现脱贫致富，走出了一条"生态整治，多业融合，全面帮扶"的精准脱贫之路，成为当地旅游扶贫致富的亮点。

（一）一片茶叶美化旅游景观

茶叶种植是园村重点发展的扶贫产业。园村因村内种茶历史久远，素有"赣南茶叶第一村"之美誉，也是一个客家生态文化茶村。园村人"把山当作田来耕、把茶当作稻来种、把茶当作树来护"，山上、田里、屋边、路旁都种茶，已打造成茶业专业村。全村已发展茶叶企业6家，其中省级农业龙头企业1家，虽有合作社8家。茶叶基地带动部分贫困户土地流转和就业，形成了育苗、种茶、制茶、销售为一体的茶叶产业链。同时，大力挖掘茶文化，绘制以"茶"字及制茶品茶图案为底图的茶文化墙，在每户农家门前悬挂了"茶"字灯笼、"茶"旗，在环村道路上竖立了30多杆以茶内容为对联的旗杆。在村内进行艺术墙绘、镌刻门匾等活动，积极弘扬当地优良传统文化，不断提高村民环境保护意识。

（二）一列小火车成就"世界级旅游珍品"

赣南森林小火车是我国南方林区目前唯一保存完整、铁路设施较齐备的森林小火车。被德国蒸汽机专家称为"目前世界上保存最完好的小蒸汽车和窄轨线路之一"，中科院旅游资源评估小组专家誉其为"世界级旅游珍品"。这条森林小火车铁路始建于20世纪60年代初期，全长87公里，在园村有数公里长，目前尚保存"园村火车站"旧址。20世纪80年代后期，由于山区木材砍伐指标严格控制，小火车由原来的每天12趟减为一天一趟，或几天一趟，到1998年，小火车完全停止了运行。如今，经开发后的森林小火车重新焕发生机，吸引了全国各地的游客来体验。坐在小火车上，游客既可以感受原始野性的异样风情，还可以欣赏沿途迤逦的风景。

（三）一处漂流引爆客源市场

依托当地良好的水资源，在园村村南，开发了大金山漂流，吸引不少游人到此"亲近自然、挑战激情"。漂流河道两岸山清水秀、树木葱郁、鸟语花香，犹如置身于国画山水之中，而且水位落差较大，惊险刺激，受到了众多年轻人的青睐。特别是在漂流嬉水节期间，游客纷至沓来，热闹非凡。每到漂流季，村民在景区卖茶叶、烫皮、葡萄等土特产，餐饮住宿生意也异常火爆。大金山漂流让旅游扶贫更是走向前台，原来的农户变成了旅游经营户。

园村精准定位，确立了生态发展路线，按照"管好青山、护好绿水、用好田园、建好家园"的思路营造好优美的旅游环境。全面推进治山、治水、治污"三治同步"，园村生态清洁型小流域治理已取得初步成效，良好的生态环境促进了当地种植业、旅游业的发展。在治水方面，采取了五水共建模式，分别治山保水(改善山林生态)、疏河治水(恢复河流活力)、产业护水(助推茶叶发展)、生态净水(保护放心水源)、宣传爱水(宣扬水生态文明)，彻底改变以前的面貌。

第五节　生态文化提升

上犹县地处赣南西部，建县于公元952年，生态环境优良，文化底蕴深厚，孕育了"上犹"等丰富地域文化尤其是生态文化资源。早在2007年被评为"中国生态旅游大县"，2009年被评为"中国最佳文化生态旅游目的地"，2010年被评为"中国低碳旅游示范县"，2011年成功入选"中国最具影响力的文化旅游百强县"，2012年在中央电视台中文国际频道《华人世界》栏目《客家足迹行》节目中宣传推介了上犹的生态旅游，2013年上犹县重点推出了陡水湖景区、上犹油画产业园、赏石文化城、旅游文化城和"印象客家"民俗文化旅游岛五大丰富的文化旅游资源。近几年来，保护、继承、挖掘和发扬生态文化，已成为上犹县山水林田湖草保护修复的重要组成部分和生态文明建设的核心内容。

一、山川文化

首先从县名就可知其底蕴的深厚，为什么取名"上犹"？原来治所之北有一座大山，山势陡峭、气势磅礴，因其形状很像一种叫"犹"的动物，所以叫"大犹山"，山下有一条河古时称为"犹水"，场治所在地紧靠"大犹山"，又处在犹水口上侧，所以取名上犹。到了南唐保大年（公元952）改场置县，从此就叫上犹县。上犹的文化与生态相得益彰，让上犹的山山水水有了深度、有了内涵。大文豪苏东坡曾泛舟上犹江，留下了"长河流水碧潺潺，一百湾兮少一湾，造化自知太元巧，不留足数与人看"的千古绝唱。巍峨的大犹山，弯弯的九曲河，沉淀着淳厚的山川文化，反映了上犹生态文化生成于独特的地理环境和社会环境，是适应自然、利用自然、改造自然和求生存与发展的产物。

如云峰山生态氧吧，又名云风山，属罗霄山脉，距县城60公里，位于紫阳乡西部源头，呈西南—东北走向，西北坡属遂川县。从前有云峰仙庵及牛鼻岩而得名。此山林各项资源保护较好，稀有古树、园艺怪树极丰，空气质量国内居前。它的主峰形如占卜用的卦，又名卦子岭，海拔1290米，是露营赏日出及眺望赣州城的佳地，在卦子岭西南方有花轿顶，海拔1279米。"氧吧"、"云峰仙庵""卦子岭""花轿顶"反映了上犹人对青山的美好向往。

2018年7月30日，上犹县陡水湖改为阳明湖，既反映了其湖主要面积位于崇义县境内，而崇义是明朝正德十二年由王阳明上奏立县的历史文化；又体现了在山水林田湖草生命共同体理念指导下实行流域治理的宏观视野，适应了国家力推环保和力推开发旅游业的大潮流，展现了陡水湖潜在优势巨大无比的价值取向。命名阳明湖可与崇义县多处阳明文化遗址联结，还有多处红色文化，以及多处特级自然景观，带动周边县市景区贯通，开辟纵横交错的线路。

二、水库文化

20世纪中叶，新中国"一五"计划时期，在上犹江铁扇关山口修筑了一座高67.5米、宽58.3米的"空腹式重力坝"水电站，随后，依次梯度开发建设了5座大中型水库，形成了"一江连五湖、一线串五珠"的奇妙景观。上犹江水利枢纽工程原按Ⅰ级标准设计，电站的防洪标准按1000年一遇洪水设计，10000年一遇洪水校核。1968年枢纽降低为Ⅱ级运行。枢纽由拦河坝、泄洪隧洞、坝内厂房及过木筏道等五部分组成。大坝空腹壁距上游迎水面最小仅为15.7米，从右岸至左岸分为甲、乙、丙、丁、戊、己、庚、辛、壬、癸等10个坝段，大坝全长153米，最大坝高67.5米，最大底宽58.3米。坝体中央5个坝段为溢流坝段，长80米，设5个7×12米的溢流孔，最大泄量为4940立方米/秒，发电厂房设于溢流坝段的空腹内，装有4台1.8万千瓦的水轮发电机组。过木筏道位于左岸非溢流坝段，为双台车绞道式干筏道，现已闲置。上犹江水电站是一个以发电为主，兼有防洪、灌溉、航运、过木和渔业等综合利用效益的工程，也是中国第一座坝内式水力发电厂，被誉为"江西水电母厂"。目前，全县有大小水电站46座，总装机容量18万千瓦，年均发电量近7亿千瓦时，水力发电量居全市之首，有"中国水电人才摇篮"之称。

上犹江水库1957年蓄水发电，形成了陡水湖库面，拥有水面3000公顷，库容量10.8亿立方米，形成奇特的生态文化现象。库中碧水清澈，山上苍松翠柏，游人乘船玩于水上，尽情享受青山环绿水、绿水映青山的自然风光。1970年代末，虾虎鱼在该水库奇迹般地数量大增，形成优势种群，其原因一是水库集雨区范围内的森林覆盖率高达93%，良好的植被保证了水库优良的水质；二是水库周边山谷石崖、石砾洞穴以及漂浮在水库上面为数众多的用竹子做成的"水上人家"而形成的特定的水域环境为虾虎鱼提供了安全的产卵场所；三是水库枯水期，万亩水淹农田被绿草覆盖着，5—7月蓄水期间，绿草被淹没，加上枯枝树叶腐烂后的腐殖质进入水体，使得水中产生大量浮游生物，正值虾虎鱼产卵盛期，为虾虎鱼苗提供丰富优质的饵料。据专家鉴定，陡水水库虾虎鱼主要有子陵吻虾虎鱼和波氏吻虾虎鱼两个品种，在当地俗称上犹石鱼、千年鱼等，是江西省重点保护水生野生动物。

20世纪90年代中后期，一些水产养殖户和养殖企业利用上犹江流域独特的区位优势和渔业资源，开始从事养殖与垂钓兼有的渔业生产。一些养殖区域拓展休闲内涵，拉长产业链，与其他行业巧妙地结合，根据上犹江流域生态区自身的生态旅游资源条件，发展垂钓、观赏、体验、餐饮、观光、度假于一体的休闲渔业，给休闲渔业增加了新的内容。据不完全统计，目前上犹县境内有钓鱼爱好者将近6000人，还成立上犹县钓鱼协会，每年参加垂钓活动的达到10万人次。

三、聚落文化

陡水湖区众多的历代建筑，不仅具有高超的建筑技术，而且有着珍贵的艺术价值。营前龙公塔，又名文峰塔，坐落在营前河北岸的文峰山顶上。乃明朝上犹县令龙文光鉴于营前文风不振，倡建此塔，以培文明，兴文风，而障水口，后人称此塔为龙公塔。塔身为青砖砌成，外面白色，内有沿墙螺旋而上的砖砌阶梯，计110级，七层古塔高达25米。陡水湖区有第二次国内革命战争时期中国工农红军战斗、生活过的遗址几十处。营前象牙村的崩河坎陈屋、万寿宫，大石门的聚英楼，是毛泽东主席的旧居。营前下湾村社下叶屋是彭德怀元帅的旧居，位于营前军田段的东山圳和万潭水陂有一水利工程，是1932年彭德怀率红军战士和当地群众兴建的，长达2.5公里，灌溉上千亩土地。此外，还有红三军团后方医院旧址、中共河西道委旧址、中共河西道委党训班旧址及邓子恢早年开的铁器店遗址、毛泽东渡河处等革命遗址。

上犹江流域独特的生态区是指龙潭湖、陡水湖、南河湖、仙人湖、罗边湖水域及离湖岸1公里的陆地，面积有258公顷，占全县国土面积15%左右，河道狭长，湖面弯曲，湖岸植被良好，不仅是旅游区，而且是风光宜人的度假区、居住区。赣州至崇义的高速公路开通后只需40分钟路程，是赣州中心城区名副其实的后花园。只要科学地规划布局，就能将陡水湖区周围非景区的荒山坡地打造成低密度的高档住宅区，开辟高端房地产市场，从而使一些无经济价值的荒山坡地变成创造巨大财富的聚宝盆。低密度的别墅群并不可能破坏景区的生态，布局合理、造型独特的高档别墅群不仅能成为陡水湖的一道靓丽的风景，而且因为有人居住，进行人工植树造林，有专人经常对周边景色予以保养看护，更助于陡水湖生态的良性发展。

上犹县将景区开发与湖区移民、城镇化建设项目联系起来，引导陡水湖网箱养鱼户上岸劳作，打造集餐饮、垂钓、观光、度假、休闲、交易、体验（如捕鱼）为一体的湖鲜一条街。建好后的湖鲜一条街有鱼文化展览区、水产品交易市场、渔业产品深加工基地、湖鲜美食城、陡水湖"渔家乐"和观光休闲渔业基地。推进"四湖两岸"生态经济区建设，建设生态湖畔聚落圈，引进并落地建设了印象客家、天沐温泉、国际路亚基地、国际垂钓基地、桃花源、碧水湾等一批三产项目，同步推进5个亲水公园和5个地质公园建设，美丽的南湖旅游公路把园区、景区、城区串联在一起，从"水、岸、城"三位一体推进"百里长廊"建设。

四、客家文化

上犹县是客家人聚居繁衍和客家文化重要的发祥地之一，上犹客家生态文化是赣南客家文化乃至中华传统文化的重要组成部分，属小传统的民间生态文化，如上犹茶文化实质体现了上犹客家人生活与生态的有机结合，具有鲜明的生态意蕴。上犹作为一个自然环境优越的生态家园，大量展示着客家人注重"亲亲"人伦、余盈求吉、尊崇自然及敬畏生命等涉及人与自然关系的内容。上犹是一个客家文化传承的人文胜境，有布局严谨、集威严与神秘为一体的九厅十八井等客家民居，清纯奇美的山水和一千多年的文明洗礼，学成了独特的客家文化和风俗人情，孕育了"九狮拜象""客家门楣""上犹奇石"等客家文化精品，"九狮拜象"被列为省级非物质文化遗产；"上犹奇石"已成为上犹的一张名片，不少藏石作品在全国获奖。

"客家门匾"成为研究客家文化的重要载体。门匾是上犹县客家人在长期生产生活过程中传承和发展的一种独特的文化形式，原是客家人崇祖意识的产物。门匾揭示了姓氏的悠久与荣耀、家庭的管理与教育、做人的修养与处事之道。门匾不仅是装饰，更是一种文化，它记载着一段历史，叙述着一个故事，表达着房主的人生价值等理念，并随着家族的繁衍世代相传，被称为客家文化的"活化石"。如园村已建成一条用39块客家门匾石雕组成、长69米的客家文化长廊，集60多个姓氏门匾来源、书法作品、客家小故事于一体，筑起了一道客家传统文化教育墙。无数游客来到园村，都被这些客家文化门匾深深吸引，也领悟着家庭的管理与教育、做人的修养与处事之道，同时也极大增强了村民的文化自豪感和认同感。

进入新时代，客家文化与时俱进，生成了"尚德务实，开放包容，创新奋进，勇争上游"的新上犹精神。同时还坚持把培育生态文化作为重要支撑，以"和美"作为上犹鲜明的文化特色和个性形象，围绕传承深厚的历史底蕴、培育良好的环保理念、倡导和谐的乡风文明、构建绿色的品牌体系等，将文化价值不断转化为现实的社会效益。

五、庄园文化

发展以现代庄园经济（农林庄园）为基础的庄园文化。庄园经济是指农户、城市居民、开发商或企业通过承包、租赁或购买适度规模的土地，以自己开发经营或委托代理经营为机制，以市场为导向、以科技为支撑、以资本为纽带、以经济效益为中心、以建设生态文明为目标的农业开发和农村经济发展模式。

庄园建设坚持节约用地原则，明确用地范围，严格土地管理，规范土地审批，注重生态资源保护，提高投入产出。庄园选址按照"交通便利、生态良好"的原则，尽量靠近圩镇周边，偏远地点则必须具备优越的生态环境或良好的产业基础，且严格遵循林地耕地红线，避开公益林、规划区及景区规划范围等，确定选址后报相关职能部门审核确认。

紧紧围绕"同城发展、绿色赶超"的发展战略目标，结合全县经济社会发展总体规划及各相关专项规划，制订现代庄园经济发展规划。规划突出主导产业、主题文化、主要市场、产业品牌，确保高端定位、合理布局，避免同质化竞争。按照"因地制宜、突出特色"的方针，科学制定产业园规划，统筹布局生产、加工、休闲、旅居、服务等功能板块，打造集"生态旅居、休闲度假、健康养老"等功能多样的现代农业庄园，实现产业化、标准化、品牌化、景观化。生态农业观光园是一个特色型、生态型、文化型、科技型的综合现代农业示范区。它的建设可以挖掘、继承、发扬乡村的优秀传统文化，创造现代化农村形象，发展现代乡愁，深化旅游开发，保护生态环境。

六、"生态＋"文化

上犹县将"生态＋"文化融入产业发展，推进生态经济化与经济生态化，不断壮大生态农业、生态工业、生态旅游业，继续培育发展绿色产业，助推县域经济发展，充分发挥区位和生态两大优势，实施"同城发展、绿色赶超"战略。

（一）生态＋工业

科学制订工业发展规划，坚持在保护中开发、在开发中保护。在《赣州都市区总体规划》中，上犹县被定位为赣州都市区的休闲旅游后花园和生态工业经济区。着力推进生态园区建设，把好项目入园"绿色门槛"，招商工作实现了"引资"向"选资"的转变，坚决杜绝"两高一低"企业落户园区。

（二）生态＋农业

良好的生态环境赋予了上犹发展纯天然绿色食品的独特优势。上犹绿茶、上犹油茶、绿色大米、有机脐橙、无公害蔬菜等一大批农产品通过有机食品和绿色食品认证，有一批全省著名商标和国家级示范基地。上犹绿茶成功入选上海世博会，成为世博会江西馆"赣南三宝"之一。目前，上犹生态农业发展迅猛，一批万亩油茶基地、万亩茶叶基地、绿色大米基地正加快建设，一批农业龙头企业正在形成。

（三）生态＋服务业

充分依托上犹自然生态、人文景观资源和先行先试政策优势，走错位化、差异化、特色化的发展之路，打造一批特色鲜明、功能各异的现代服务业。围绕有基础、有特色、有潜力的产业，建设一批农业文化旅游"三位一体"、生产生活生态同步改善、一产二产三产深度融合的特色村镇。在上犹县东山镇，阳明文化与天沐温泉实现相互结合，催生出在国内第一个将"知行合一"阳明文化融入温泉行业之中的"赣州天沐·阳明温泉度假小镇"。

上犹县生态文化建设规划既尊重历史沿袭下来的生产生活方式和风俗习惯，也关注经济和社会发展给生产生活带来的新变化。注重生态品质，着眼可持续发展，突出环境资源保护与综合利用，把"生态＋"与"全国休闲农业与乡村旅游示范县"建设结合起来，不断加快同城发展，加速绿色赶超，已彰显"生态＋"文化对于促进城乡一体化、加快社会主义新农村建设的时代意义，为农业持续发展提供源源不断的动力，为上犹乡村振兴提供了一种新的模式，为我国农业发展和研究提供了新的思路。

第十二章 山丘矿区溪涧生态治水，田园塘库沟渠林草共融

——龙南县山水林田湖草生态保护修复研究报告

　　龙南县位于江西省最南端，东邻定南，南接广东和平、连平，西靠全南，北毗信丰。全县面积 1641 平方公里，辖 17 个乡（镇、场、管委会）、107 个村（居）委会，总人口 33.69 万人，其中城区人口 16.29 万人，是赣州市次中心城市。全县"八山半水一分田，半分道路和庄园"，境内地势西南高东北低，周边多山，中部多丘陵间以盆地，桃江干流贯穿县境西北，属亚热带湿润季风气候，年平均降雨量 1526.3 毫米，适宜种植各类农作物、果树和林木，全县森林覆盖率高达 82.16%，拥有国家级自然保护区和国家森林公园九连山，区内保存了丰富的亚热带低海拔特色的珍稀动植物物种，是全国重点观鸟区之一。矿产资源丰富，已探明稀土、钨、煤、石灰石、大理石、膨润土和铁矿等矿产资源 40 多种，其中离子型重稀土储量占世界已探明储量的 70%，是世界著名的"重稀土之乡"。同时因稀土开采及山体生态平衡屡遭破坏等原因，曾导致河流断面，水质氨氮常年处于超标状态，全县生态环境遭受严重污染。2017 年以来，龙南县通过实施废弃矿区综合治理及生态修复工程、稀土矿区小流域尾水收集利用处理站、低质低效林改造工程、龙南县濂江北岸（石人）综合治理、龙南县桃江流域水环境修复与保护等 5 个山水林田湖草项目，总投资约 17.58 亿元，其中中央专项奖补资金 1.34189 亿元。山水林田湖草生态保护修复效果初步显现。

第一节　龙南县废弃矿区综合治理及生态修复

　　龙南县自 1969 年于境内发现离子型稀土矿产资源，1970 年开始开采，至今已有 50 多年的稀土开采历史。自 1971 年起，龙南县在大力开发稀土矿山的同时，针对在矿山开采利用过程中造成植被破坏、泥沙流、滑坡、崩塌及土壤、水体污染等严重环境问题，县政府明确规定，在稀土产品销售总额中提取 10% 作为矿山环保基金，用于修建稀土矿山环保设施，通过"工程措施与植物措施相结合，逢坑必建坝，大坝套小坝"的水土流失综合治理模式，开启了以稀土矿区尾砂治理为主的水土保持工作。早在 20 世纪 80 年代初龙南就被冶金部誉为稀土矿区水土流失综合治理的"龙南模式"，1998 年龙南被列入全国八片重点治理区之一，2003 年被列为国家水土保持重点建设工程项目区，2013 年赣州市被定为全国唯一的稀土开发利用综合试点地区，重点对龙南原有堆浸工艺下的稀土废弃矿山进行生态恢复。连续多年的稀土废弃矿山治理经验表明，原来堆浸工艺下生态环境破坏非常严重的稀土废弃矿区是完全可以进行后期治理的。经过人工生态恢复的废弃矿区，植被覆盖率由治理前不到 4% 提高到治理后的 70% 以上。2017 年实施山水林田湖草生态保护修复项目以来，结合稀土工矿区产业转型发展规划，因地制宜对废弃稀土矿区进行分区治理，总面积约 538.67 公顷。其中，通过地形平整、边坡防护、修建截排水沟和植被复绿等，治理废弃稀土矿山、无主尾矿库区约 293.33 公顷；建设湿地保护面积 85.33 公顷，治理河道约 8300 米；建设生活垃圾无害化资源化处理项目 1 个；在富坑稀土矿区实施水土保持生态环境修复治理 160 公顷，建设崩岗治理小型水保工程，拦挡和排水设施 4800 米；通过废弃矿山综合治理，建设产业转型发展平台 180 公顷；按照"宜耕则耕、宜林则林、宜工则工"的原则，在全面调查生产矿山和废弃矿山的基础上，编制稀土矿区地质环境恢复治理、水土保持和土地复垦方案，推进山水林田湖草生态保护修复。

一、固土护山

　　稳固的场地是生态植被恢复的前提，是能提供植物生长的稳定的立地条件。赣南稀土矿山开采严重破坏了地形地貌，要采取地形测量、专项环境地质测量、山地工程、岩土物理性质及水化学性质测试等手段，进行矿山地质环境综合勘察工作；运用环境地质学、环境工程学、岩土工程学、园林学等有关理论进行分析，对尾砂堆和露采场采取阶梯放坡、拦挡、植被恢复，设立拦挡坝、截水沟等综合处理措施，消除崩塌、滑坡、泥沙流地质灾害的发生机制；对矿区固定后的尾沙地实行修平整理、覆土保护和综合利用。

（一）综合排水措施

稀土矿区在开采过程中形成的采矿迹地、尾沙场等扰动场地打破了原有的平衡状态，造成土体的不稳定，为防止降雨产生的地表径流对废弃矿区扰动场地及渣体的冲刷造成水土流失，在稀土矿开采区、尾砂场等四周外沿设置截流沟，将地表降水、山谷内汇集的水排引出场地外，连接入矿区周边自然水系。近年主要的排水措施有排水盲洞或结合竖井使用的平孔排水、真空排水，能够自流排水，降低滑坡地下水位的虹吸排水及电渗析排水等。地下排水是防治大型滑坡的有效措施，但并不适用于稀土矿山采场，因为在地下排水过程中可能将富有稀土离子的母液排出或使其无法正常进入注液井从而导致采场产量低下。对于稀土矿山滑坡防治，应利用地表排水防治措施。

（二）支挡工程

池浸和堆浸工艺产生大量的尾砂，使土质疏松，为了防止山体滑坡淹没周围的村庄、农田，稀土矿山废弃地采用建立挡土墙的方法对边坡进行固定。稀土废弃地在靠近溪流的位置，需要通过设置防冲护岸对区内弃渣场进行拦挡，防止弃渣场内的尾砂等废弃物被降雨冲刷入附近河流，造成进一步的水土流失。防冲护岸采用重力式结构，上面窄地面宽，用碎石混凝土浇筑，具体尺寸、坡度需要根据场地的现状条件计算得出。分析龙南县乡标离子型稀土矿滑坡现状和成因，并利用 FLAC—3D 软件进行边坡稳定性分析后，使用了一种复合挡土结构的支挡工艺。其原理由双排竖向树根桩、侧向倾斜锚杆以及通过桩顶布置的砼板，所构成的一种有效的复合护坡抗滑结构，在工程造价和防治效果上具有很大优势。

（三）生物防治工程

生物防治工程是指在斜坡上移植植被，维护良好的生态平衡，植被可减弱斜坡表面冲刷及侵蚀作用，减少斜坡体上覆地层物质来源，使斜坡稳定性提高。稀土矿山水土流失严重，生态防治不仅利于植被恢复，还可优化其他防治工程的防治效果。植被重建是治理水土流失、改善土壤质量的重要措施之一。矿区植被重建技术一般包含生物复垦和工程复垦两大方面，其中生物复垦技术的基本点是选种适宜作物，形成稳定性高、具有生态价值的植被面。由于采矿迹地土壤贫瘠，难以耕作，植被重建尽可能草类先行，乔、灌、草混交，选用的树、草种尽可能以乡土树、草种为主，同时适当引种外地优良品种，以提高林草成活率。龙南稀土矿区的优势物种以禾本科植物为主，禾本科植物相对于原生地其他植物种类有较强的传播繁殖能力、抗胁迫能力及适应能力，说明它们对稀土有较好的耐性。芒草为酸性土壤指示植物，表明这些植物可以适应尾矿区的强酸性土壤。由于禾本科植物具有较强的适应能力，繁殖能力强、生长速度快，因此在未来稀土矿区废弃地修复实践中作为植物修复较理想的植物物种，可作为矿区修复先锋植物使用。

二、控污保水

龙南县加强稀土矿山水环境生态修复，重点研究矿山废弃地废水形成机制，废水水质特征以及高效、稳定、低成本的废水处理工艺技术，关注稀土矿山地下水环境污染问题，开展地下水污染机制及修复技术的研究创新，在采用新技术的同时，采取更为严格的管理措施。

（一）强化源头管理

根据勘探结果确定注液孔的合理密度及分布，孔径及孔深根据经验而定，位置高低、容积大小务必适当，各壁面防渗措施有效，避免废液外泄造成污染。从集液池到液泵，从液泵的出液口再到返回废液的管道全程，直到山顶浸矿液注入孔，要求绝对密封，滴液不漏，即保证实现废液全循环。在以往的收液系统中，集液沟一般没有专门的洪水导流渠，大量的雨水涌入集液池给矿山开采及母液的后续处理带来很大的工作量；在回收渠体与集液池之间没有开设泥沙沉淀池，导致大量的泥沙随母液一起流进集液池，在生产过程中带来诸多不利。针对此类问题，即对收液系统中回收渠体造成的工程破坏进行优化设计，且将优化后的回收渠体投入到矿山实际生产中，取得了很好的工程实际应用效果。

（二）实行改水避污

坚持沉淀池清液必须返回浸矿，废渣必须深埋，或送专门的处理厂处理。离子型稀土废弃地内及周围的水塘、河流受采矿影响，水体多已受污染，水土流失造成泥沙堵塞河流、抬高河床。目前，稀土元素主要通过稀土工业废弃物，如稀土尾矿、矿区尾水排放、含稀土的工业废水排放等途径进入水环境。同时，稀土元素也作为农药及饲料添加剂进入水环境，对水生生态系统产生危害。例如，低浓度的稀土元素会促进浮萍生长，加速水体的富营养化；高浓度的稀土元素对绿藻、水华鱼腥藻等藻类具有毒性作用，并促进藻毒素的释放，从而对其他生物体产生进一步的毒性作用。外源稀土对水生生态系统的生物多样性具有显著作用，可降低藻类的生物多样性指数。更重要的是，稀土元素会在以鱼类为代表的诸多水生生物体内富集，影响其体内酶和脂质过氧化水平，并通过食物链进入人体，对人体健康产生潜在影响。实现离子型稀土废弃地水体景观的营造，需要把握水体原本的水系和生态系统。

（三）规范环保措施

在现行的离子型稀土原地浸矿的开采技术工艺体系下，硫酸铵溶液在参与浸矿反应后会排出含有 NH_4^+ 和 SO_2^- 的废水，这部分废水不仅通过母液渗漏至地下水，还会通过雨水冲刷和地表径流的作用直接进入地表河流，无论是地下水还是地表水，水中的氨氮含量会大大增加，除此之外在沉淀、萃取过程中也会产生其他的工业废水，从而对水环境造成严重的破坏。据实验研究发现，离子交换剂中的氨氮易向下泄露，大概只有11%左右的硫酸铵真正用于工业生产，其中70%左右会通过地表渗入地下，造成局部地下水环境不可逆的污染，同时采用注液孔注入溶浸液的方式容易造成因注液井设计不当或现场施工、管理不到位而引发山体滑坡、浸出液泄漏污染地下水等事故。

三、造经果林

首先，早期龙南县通过试验筛选出小叶桉树可以在稀土尾砂上快速生长，并表现出适应性好、抗逆性强、耐贫瘠、干形好等特点，但由于废弃矿区环境复杂独特，稀土尾砂区经过3—4年的桉树修复措施，其林下草本植物种类增加，灌丛群落尚未形成，随着桉树生长年限的增加，林下植被种类有所增多，表明桉树在稀土尾砂区的修复作用明显，可有效改善稀土尾砂区土壤PH和养分含量，可作为C4植被修复的适宜树种。但恢复速度较慢且难以看到经济效益。其次，对小流域内植被稀疏、水土流失较为严重的山地自然坡面，通过竹节水平沟高标准整地种植马尾松、杉树、枫香、木荷和胡枝子等当地优势树种，并在水平沟的沟坎外高密度种植灌草，以达到林草植被快速覆盖的目的。再次，适当种植生态经果林，积极对接中科院南京分院专家组，抓好5.33公顷蓝莓产业发展促进稀土尾矿废水和崩岗治理试点工作，开辟废弃地生态环境恢复、发展废弃地生态经济的优良途径。

（一）龙南"林—果—草"模式

龙南足洞稀土矿区采用"山顶栽松，坡面布草，台地种桑，沟谷植竹"的整体布局，建设经济林、蚕桑、象草三个种植基地，在尾砂利用地上种植百喜草、狗尾草等草本植物，之后种植经济作物松、杉、桑、桃、杨梅、脐橙等，各种作物长势茂盛，经济效益可观。稀土废弃地的景观生态恢复既要能改善废弃地的生态环境又要与区域性的绿化统一协调。基于龙南离子型稀土矿基本位于农村山区丘陵地区的现状，稀土废弃地的景观生态恢复以促进农村经济发展和建设生态景观为核心，选用乡土植被，充分利用废弃地的地形特性，融入多样性的造园手法，打造具有生态、休闲、娱乐、观赏和教育等功能的生态园区。

（二）龙南"林（果）—草—渔（牧）"模式

该模式将废弃稀土矿山的山坡整治为林果地和草地，种植松、杉、桉、桑、竹、杨梅、脐橙等经济作物和百喜草、狗尾草等草本植物，山谷和尾矿库则筑坝成库，污水治理后用于鱼类水产养殖，利用山坡种植的草料喂鱼、放牧，同时筑坝形成的山塘水库还可用于农业，形成良好的生态、环境、经济等综合效益。离子型稀土矿区多地处丘陵山区地带，地形特性决定了其废弃地有较多的山体、坡地，应用废弃地的再生利用模式，改造废弃地景观，通过植物景观营造，在废弃地山体、边坡种植香花、色叶、观果、茶树植物，营造大片的山地景观林、果园、茶园等山地游憩生态景观林。龙南乡村有传统的水岸林、游憩林与风水林，在废弃地中恢复传统的乡村植物景观，充分还原传统乡村自然风貌、展现乡村乡土风貌。

（三）龙南"一户一山窝"开发治理模式

该模式就是把一户安扎在一个"山窝"里，"山窝"面积从 1 公顷左右到几十公顷，按照"建好一栋房，种好一片果，放好一塘鱼，养好一栏鸡和猪"的开发治理模式进行经营。果业开发要求集中连片 3.33 公顷以上的必须申报水保方案，按照"山顶林戴帽，田面坎下沟，闲地百喜草，四周沟配套"的原则把好果业开发关；绿化美化工程按照"山地丘陵经济林、用材林，路旁水旁用材林、观赏林，房前屋后经济林、观赏林，工厂城镇坪地草覆盖"的标准建设；生态村居工程达到"有曲径通幽的乡村道路，清澈见底的溪涧流水，干净整洁的卫生环境，宽敞舒适的农家小院"。据统计，散落在全县"山窝"的 4000 多户农户已尝到了开发治理和立体种养带来的甜头，80%的"山窝"开发农户的纯收入已超过当地群众的收入，4 个由万亩以上集中连片的"山窝"农庄整合成新社区。"山窝"的治理开发，相对投入小，以投劳为主，靠一个家庭的成员就能完成；"山窝"经济做到了长短结合，既有家禽、家畜养殖和中药材、高山辣椒种植为主的蔬菜等周期短的开发项目，又有果业、木材等回报期长、效益长久的开发项目；"山窝"治理开发是一种依靠群众治理水土流失、改善生态环境的有效途径。

四、复垦造田

对矿山裸地、无主尾矿库等难以复绿复垦的区域，则与国家级龙南经开区和赣州电子信息产业科技城建设相结合，改向耕地建园区为向废弃矿山要地建产业平台，实现矿区群众产业接续与可持续发展；对生态脆弱区和崩岗侵蚀水土流失区，通过废弃矿山耕作系统重构、植被恢复实现矿山复绿、复垦目标；对矿沙淤积区和矿山河道水体，实施了1280亩的稀土矿区湿地建设与水生态简易垃圾填埋场翻场改造工程，并通过特许经营权合作方式建设生活垃圾资源化无害化处理设施，从根本上解决矿区环境二次污染问题。

针对不同土壤稀土元素的污染特点，结合物理、化学、生物、农艺技术对污染土壤进行综合治理，研发出有效的修复技术，降低农作物对稀土元素的吸收和积累，减少稀土元素的地表径流和下渗迁移，从而降低稀土元素对周边环境的污染风险和对人体健康的危害。针对稀土矿山废弃地土壤有机质严重流失，矿化严重，植物很难存活，通常采用客土、覆土法对土壤进行修复。

龙南稀土矿区复垦土地采用多种生物物种。如足洞矿区，建设了象草、经济林、蚕桑三个种植基地。在尾砂地上种植百喜草、狗尾草等草本植物，主要作用是固沙、培育土壤和增加有机质；之后种植经济作物，如桑、松、杉、杨梅、梨、桃、板栗等。复垦区竹林一般长得相当好，因为花岗岩是富硅岩石，利于竹子生长。有的地方还种蔬菜，效果也不错。多样性的生物群落有利于生态平衡和防治病虫害，其经济收益能调动当地百姓和矿工家属绿化矿区的积极性。

五、筑坝建塘

在对水塘清淤、疏浚河道的基础上，通过塘坝、拦沙坝、谷坊等工程措施，恢复水体的湿地植物景观，借助传统造园手法，与水体结合的方式加入亭台楼阁等园林建筑，创造具有丰富意境、多样空间的水体景观。

（一）塘坝

一般布设在区间流域闭合处"肚大口小"的地形处。塘坝参照小型水利水保工程设计标准进行设计，一般坝高控制在5—10米，首选均质土坝。土坝的一端或两端修建溢流口，溢流口尽可能采用浆砌石衬砌，以排除区域内的汇水，坝坡种草或铺草皮进行防护。

（二）拦沙坝

主要布置在冲蚀沟处，用于拦截泥沙，控制泥沙下泄。一般要求坝址处沟谷狭窄、坝上游沟谷开阔、沟床纵坡较缓。考虑到施工方便、就地取材，拦沙坝以重力坝为主，按建筑材料分，有浆砌石坝和土坝两种类型。浆砌石坝多用于有较大汇水量的沟道中，坝高 3—6 米，顶宽 1 米，边坡比均为 1∶1，溢流口可直接设置在坝顶，与坝体融为一体。土坝分层填土、夯实，坝高 3—10 米，坝顶宽 2—3 米，上游坡比 1∶1.25—1∶1.75，下游坡比 1∶2—1∶2.5；溢流口设置在土坝一端或两端的坡面上，一般宽 0.6—1 米、深 0.6—1.5 米，边坡坡度为 1∶0.75—1∶1。

（三）谷坊

一般建在山坡坡面易发生小冲蚀沟的出口处，以控制冲蚀沟两侧坡面泥沙流失和沟底下切。谷坊常就地取材，修筑成土谷坊，高度 1—4 米，顶宽 1—1.5 米，迎水坡比 1∶1—1∶2.5，背水坡比 1∶1—1∶2；溢流口设在谷坊一端或两端的坡面上。考虑到小冲蚀沟细而长的特点，常采用谷坊群，即在同一冲蚀沟的不同断面处，设置谷坊，形成梯级谷坊群，使谷坊成为一个有机的整体，以减少谷坊工程量，更好地发挥谷坊的拦沙效果。

六、种植菌草

植物修复技术是利用植物及根际微生物的吸附、降解、固化等作用，以植物忍耐和对某种污染物有超富集作用为基础，将污染物从土壤中彻底移除，对受污染的土壤进行生态修复，其具有成本低、不破坏场地结构且无二次污染等优点。因此，龙南稀土矿采矿迹地在种植黄檀、刺槐、胡枝子、芭芒、狗尾草、马唐草、百喜草等树草的同时，提出了以菌草技术作为稀土废弃地生态复垦方面的前景技术模式，改变以前单向投入的生态治理，把菌草技术作为一种可持续发展的、能带动农村生产发展的生态治理模式。在稀土废弃地治理中引入菌草技术，一是有效减少废弃地的水土流失；二是菌草具有作为食用菌、药用菌的培养料和饲料牧草的经济价值，能成为稀土废弃地可持续治理的优良植物；

三是菌草能有效地转移土壤中的重金属，在最大限度上保护和改善生态的基础上，有效降低土壤中的重金属含量。微生物修复就是利用微生物氧化还原、细胞表面吸附和自身新陈代谢，降低污染物的毒性或对其进行生物固定。同时，微生物具有体积小、繁殖快、污染物去除效率高，对生长环境具有很强的适应性的特点，所以使用微生物对稀土废弃矿进行生态修复具有良好的发展前景。

稀土元素的性质与重金属类似，可以利用微生物的氧化还原降低稀土元素的毒性。微生物可吸附带电荷的污染离子将其固定在细胞表面或者是通过细胞代谢将其转化成自身物质在细胞内富集，从而降低稀土矿山废弃地污染物的迁移能力。稀土矿山废弃地因其开采工艺使得污染成分复杂，仅用一种修复技术效果并不明显，要根据其地形地貌和形成机制，选取合适的修复技术对稀土矿山废弃地进行联合修复。离子型稀土废弃矿山前期采用池浸或堆浸开采工艺破坏了土壤原有的结构，土壤肥力流失严重，植物很难存活致使基岩裸露，土壤修复困难。采用加入土壤有机质和植物修复的方法，结果表明修复后有机质含量明显增加，是未改良前的 12 倍，保水能力得到提升，满足农作物生长的基本需求；同时，也增加了微生物的多样性。将待修复土壤与熟石灰、沸石、凹凸棒土和有机肥按 0.5∶5∶5∶1∶0.2 的比例混合对稀土废弃地的土壤进行改良，将改良后的土壤装入生态袋种上植物进行生态护坡，修复效果显著，形成稳定的生态防护林，防止水土流失。

加强稀土矿山废弃地生态修复的植物物种配置研究，使重构的生态系统正向演替并形成稳定的顶极植被群落结构。针对离子型稀土矿山原地浸矿开采方式容易诱导滑坡的特点，提出一种以竹子为主要材料，由竹子格构框架、竹桩和竹子排水管共同组成的生态护坡结构。稀土矿山边坡在原地浸矿之后，浸矿液中的铵根离子水解后使土壤酸化，部分植物不能存活，因此采用生态护坡时需选择能抗酸性的植被。江西理工大学针对稀土矿山特殊的土体性质和边坡特点，构建一种主要由竹子格构框架、竹桩和竹子排水管组成的生态护坡结构，弥补了单纯地利用植物根系对土体加固可能带来治理效果不明显的不足。竹桩内的草籽基材含黏土，能较好利用黏土的保水性，防止水土流失，有利于草籽的生长，同时竹桩上开有适量的渗水孔，防止草籽由于水分过多造成腐烂。将竹桩打入土体之后，有很强的挤土效应，也有利于提高边坡的抗剪强度。利用 Midas 软件模拟这种生态结构的支护效果，发现在自然工况下，支护后安全系数从 2.400 上升到 2.931；在浸矿工况下，支护后安全系数从 1.277 上升到 1.775。

由竹子为主要材料组成的生态护坡结构，在初期，竹桩提供抗滑强度，格架结构、排水管降低坡体含水率，可维持坡体暂时的稳定，同时也为竹桩内的草籽提供良好的生长环境，直至草籽生长达到生态护坡的目的。

第二节　稀土矿区小流域尾水收集利用处理

龙南县是最早发现并开采的南方离子型稀土资源县，境内的东江、黄沙、关西、汶龙、里仁、龙南镇、临塘等乡镇均分布有正在开采的稀土矿，涉及流域有渥江和濂江。多年来至稀土矿区小流域尾水收集利用处理项目实施前，龙南县因稀土开采、工业企业大量增加、畜禽养殖无序发展、农村环境整治投入不足以及水体生态平衡屡遭破坏等原因，导致断面水质氨氮常年处于超标状态。对龙南离子型稀土矿的研究表明，稀土矿淋出液中 Pb 的含量高达 10 毫克 / 升，在水体中大多数以碳酸盐胶体的形式存在，经黏土矿物吸附后沉入底泥，对水体底泥造成污染；同时稀土矿淋出液中含有大量的氨氮，容易对周围的湖泊、河流造成富营养化。而原地浸矿工艺在浸矿过程中向矿床注入大量酸性浸矿液，残留于山体中的酸性浸矿液通过渗透作用和淋滤作用对矿区及周边地表水和地下水造成严重污染。地下水自净能力较差，污染治理困难，作为饮用水对人体的危害尤为严重。对稀土原地浸矿区地下水的污染现状进行研究，结果表明地下水水体总体呈酸性，浸矿区污染严重，氨氮浓度高达 1.385 毫克 / 升，且随着采样点距稀土矿区距离的增加而降低。由于末端治理技术很难有效地控制不同来水量情况下的污染，龙南县已在污染物入河量贡献率大的矿区源头设立矿区尾水处理站，将矿区范围流域内入河的混合废水全部纳入集中处理达标后予以排放。

一、全国最早稀土矿区小流域尾水收集处理站

《江西省贯彻落实中央环境保护督察组督察反馈意见整改方案》对反馈问题"赣州稀土矿业有限公司一期项目环评报告书于 2013 年 10 月通过环保部审批，环评批复明确要求建设的 9 个尾水收集利用处理站至今未建成，地下水污

染治理措施也没有落实"，提出了明确的整改要求，即："2017 年底前，完成龙南关西小流域日处理 6000 立方米尾水收集利用处理站建设运营；2020 年底前，完成临塘小流域 2 座日处理 2000 立方米尾水收集利用处理站、乡际联小流域日处理 2200 立方米尾水收集利用处理站、共大西小流域日处理 7500 立方米尾水收集利用处理站、共大东小流域日处理 3000 立方米尾水收集利用处理站、里仁小流域日处理 5500 立方米尾水收集利用处理站、龙江小流域日处理 6500 立方米尾水收集利用处理站、定南岭北矿区月子流域日处理 3500 立方米尾水收集利用处理站建设运营"。

根据《关于赣州稀土矿山整合项目（一期）环境影响报告书的批复》相关要求，作为污染治理及问题整改的责任主体，赣州稀土矿业公司于 2016 年 11 月启动关西处理站招标工作，其余处理站安排逐步实施，计划至 2020 年底前完成。但由于建设进度难以达到省市确定的消灭劣 V 类水的要求，龙南县综合前期大量调研论证的成果，主动担责，请示市委、市政府同意由龙南县政府作为业主单位建设其他处理站，并于 2017 年 11 月在共大东、共大西、里仁和龙江小流域等"四站合一"之处开工建设了黄沙小流域处理站。尽管比赣州稀土矿业公司建设的关西站晚启动约一年时间，建设规模也远超关西处理站，却与关西站同时于 2018 年 3 月底完成主体工程建设，实现进水调试。

龙南县坚持把加快稀土矿区尾水收集利用处理站建设整改工作作为一项重大政治任务、重大民生工程和重大发展问题来抓，牢牢扛起主体责任，以铁的纪律、铁的措施狠抓整改落实。区县（龙南县设立副厅级经济开发区，主任由县委书记兼任）主要领导认真履行第一责任人责任，反复强调要求各责任领导、责任单位不打折扣、不讲条件抓整改。严格执行"日通报、周调度、月督查"机制，区县主要领导经常到整改项目现场调度，区县分管领导坚持每周深入整改项目现场调度，对未达到时序进度的挂牌督办，对重点难点问题及时现场研究、现场办公，加快整改工作推进。建立整改微信工作群，每天晒进度、晒问题，营造加压奋进抓整改的浓厚氛围。督促施工方采取平行、交叉施工方式，加快建设稀土尾水收集处理站。

二、国际领先的稀土矿山废水处理技术

龙南县境内的稀土矿山污垢混浊废水，引流到稀土矿山废水处理站处理

后，流出来的是清澈见底干净的水。这标志着建址在黄沙水尾、总投资 1.2 亿元的龙南共大东、共大西、里仁、龙江小流域稀土矿山废水收集处理站试验宣告成功。该项目采用国际独一无二的双级渗滤耦合技术，主要通过驯化的微生物膜去除废水中的氨氮和总氮。该工艺在秉承高负荷地下渗滤技术运行成本低、占地面积小、抗负荷能力强等特点的同时，大幅度提升了对低碳氮比污水的处理能力，对于龙南稀土矿区尾水是一种非常理想的污水处理工艺。根据工艺选择原则，为了保护龙南县稀土矿区地表水环境，促进我国离子型稀土工业的长期健康稳定发展，选定双级渗滤耦合系统作为足洞矿区流域尾水处理工艺，经过近一年的现场试验，工艺成熟稳定。双级耦合渗透技术与传统工艺相比，其性能和成本优势主要体现在以下方面：

一是在供氧模式方面：双级耦合渗透技术采用落干期短时通风供氧模式，即待硝化层废水落干后通过低压风机鼓入空气的方式将氧气直接传导至附着生长在滤料表面的生物膜，相比传统工艺的连续式深水曝气，本体系在曝气成本和氧气传导利用方面更具有经济优势。

二是在硝化菌活性维持方面，由于硝化菌作为自养菌需要无机碳源，双级耦合渗透技术使硝化作用和反硝化作用耦合，利用反硝化反应为硝化菌的繁殖生长持续性提供无机碳源和碱度，保证了硝化菌的浓度和活性，减少了有机碳源和碱度的成本投入。

三是双级耦合渗透技术与生物滤池相比，选用比表面积更大滤料作为生物载体，单位体积滤料表面形成更多生物膜结构，相比传统活性污泥法的菌胶团结构，减少了有机物和其他营养物质的投加量，并且无污泥排放，减少了污泥处理成本。

四是在抗冲击负荷方面，双级耦合渗透技术由两级高负荷渗滤系统串联而成。实验数据表明单极耦合渗透技术系统最高能够去除 160 毫克 / 每升的氨氮，两级串联工艺能够完全保证在水量和氨氮浓度波动的情况下出水稳定达标排放。

五是在低温条件下处理效果保证方面：由于硝化菌的最佳温度为 20℃—30℃，在温度低于 5℃ 时硝化反应基本停止。因此在低温条件下保证系统硝化菌活性尤为重要。双极高负荷渗滤耦合工艺采用的地埋式结构保温效果好，其次在冬天低温情况下，通风供氧系统会自动调节通风温度，使得生物膜能够维持较高活性。

六是在日常管理维护方面：双级耦合渗透技术的主要设备为水泵、低压风机，且均为短时工作制，设备故障率很低。滤料采用江西挺进自主研发的产品，结构稳定性强且无需更换。系统全自动运行，日常管理维护工作强度很低，大大减少了维护成本。

三、国内创新的政府管理方式

稀土尾水治理受地理环境、污染因子等因素影响大，个性特征明显。特别是在重稀土尾水治理方面，目前在全世界都没有一个科学权威的解决模式。虽然上述针对选矿尾矿水的净化提出了一些处理方法，在一定程度上能缓解其对生态环境污染的压力，但仍存在尾水质不能达标、循环利用水质量性质不稳定、组合工艺成本高等问题。龙南县在经过充分调研论证后决定，不具体考虑各治理企业的技术工艺、各企业的生产成本及其投资风险，由各企业依据龙南稀土矿区各流域的实际情况，科学合理选择生产技术工艺，自行测算其投资成本，承担投资风险，直接将尾水处理效果与采购付费责任挂钩，采用政府购买服务的方式并根据各企业治理后的能够达到国家排放标准的结果进行付费，根据处理水量以中标单价按月结算。

（一）创新责任主体

由赣州稀土矿业公司龙南分公司实施的龙南关西小流域尾水收集利用处理站建设，该站采用 BIONET 生物处理工艺，采取 BOT 模式，处理规模为 6000 吨 / 天，基建（设计、地勘、建安、征地费用）投资 2232.4 万元，尾水处理站8 年（采矿证有效年限）的运营费用 4088.69 万元。项目初沉池、混凝池、溶解池、生化池、风机房、储药间及配套设施已全面完工并运行。

（二）开发尾矿水净化新技术

龙南县稀土矿区小流域尾水治理项目，因不同流域的污染特点和中标单位个性化技术思路，为中标企业治理技术和项目设计提供充分的创新空间。特别是黄沙小流域尾水治理工程，设计能力达 40000 吨 / 日，占稀土矿区总治理量的 71.4%，属龙南稀土矿区尾水治理控制性工程。项目单位结合自有技术特点和流域现状，创新性采用双级渗滤耦合技术，经过近一年的现场试验，工艺成熟稳定。黄沙处理站运行检测结果表明处理后水质从进水时的氨氮浓度 80—100 毫克 / 升，降至出水时的 15 毫克 / 升以下，且运行稳定，处理水质和水量均达到预期效果，实践证明该技术用于稀土矿山尾水处理可靠性和操作性强。与此同时，开发复合、高效、经济环保型试剂，提高效率的同时降低用量，避免产生二次污染；开发药剂投入自动控制系统，根据实际需要严格控制用量，并开发重金属和浮选药剂回收再利用技术；开发新型吸附剂、过滤材料再生技术、低成本高效氧化技术以及膜分离技术等，进一步完善矿山选矿尾水处理相关法律法规以及标准，规范制度体系；制定相关经济政策，并加强法律执行力度；针对选矿企业管理人员开展环保专题培训，强化选矿企业环保意识。

（三）创新政府治理责任方式

打破体制约束，摒弃以往政府先出资投入的模式，充分利用有限的财政资金撬动社会资本。特别是在稀土矿区尾水治理过程中，由成交供应商"带资作业"的方式实施治理设施建设，前期建设投资还必须在双方共同监督下，在规定的时间内，依照项目完成进度由采购服务成交供应商支付给施工承建方，如果未能达到进度，政府还将对其进行一定的处罚。处理站建成后，由成交供应商自行负责运营管理，运营期限 5 年。通过主体创新，使项目建设和运营的市场风险集中在服务提供商，政府治理责任有效实现"代偿"。

第三节　低质低效林改造的"龙南方案"

龙南县地处南岭、武夷山和罗霄山三大山脉交汇地区，是赣江、东江的源头之一，历史上曾经是森林植被非常丰富的地区。由于自然、历史原因，森林植被遭到严重破坏；自 20 世纪 80 年代以来，先后实施"山上再造"等造林绿化工程，营造了大量以马尾松林为主的飞播林，使森林覆盖率得到提升，但因当年造林投入不足，大多采用低成本的飞机播种和"一锄法"造林，且后续管理主要靠封山育林，呈"人种天养"状态，形成了大量的低质低效林。这些林分如不及时改造，不仅造成林地资源的巨大浪费，还影响森林质量提升和森林生态功能的有效发挥。因此，龙南县把低质低效林改造作为打造赣州南部重要生态屏障的重头戏来抓。仅2017—2018年度全面完成1246.67公顷的更替改造和补植改造任务，实施720公顷抚育改造和746.67公顷封育改造，完成珠防林建设任务333.33公顷。经过查核，造林成活率在95%以上。2018—2019年度赣州市下达龙南县低质低效林改造总任务2513公顷，其中更替改造560公顷，补植改造333公顷，抚育改造733.33公顷，封育改造720公顷。2019年5月，龙南县低质低效林改造工作代表赣州市接受了《中国绿色时报》、江西电视台等媒体的采访，并吸引了广东省邻近县市前来学习、交流，取得了"量小质优效果好"的示范效应，为建设赣粤边际低质低效林改造示范区贡献了"龙南方案"。

一、突出重点区域

龙南县采取更替、补植等方式，对2600多公顷山体实施复合式改造。将赣深高铁、京九铁路、大广高速出口、互通、服务区及高速两侧200米以内，105国道龙南段及桃江河龙南段岸线两侧第一重山可视范围，南武当山、关西新围、莲塘现代农业示范园、正桂美丽乡村等重点景区、乡村周边的低质低效林列为改造重点，实现了点面结合、相辅相成的效果。

竖向设计规划高速路。竖向设计总体原则是遵循高速道路规划设计，在尽量满足土方平衡的前提下进行地形改造，营造地形起伏的园林空间。根据道路标高，对场地依据景观的需要进行台地处理，强化了空间的主题性，绿地均采用微地形处理，丰富了整个空间场地，形成各式的小气候空间，吸引各种生物在此筑巢安家。道路系统护坡设计，交通规划原则是根据人的行为心理，以游览观光路线、人流及视线空间组织和景观意境表征等因素来规划道路交通系统。步行为景区内最主要的交通方式。在设计中依据场地的实际情况，运用石材、土工织物及水泥、混凝土等材料，结合植物种植形成具有美感的自然生态护坡景观。

植物种植规划新特色。植物均以当地适地适树乡土植物为主，植物规划尽量保护道路两边原有树种，发展乡土树种、特有树种、观赏植物，提高规划效果、价值和特色。适于当地气候与土壤生长的植物主要有银杏、榕树、香樟、杜英、乐昌含笑、贴梗海棠、白玉兰、紫玉兰、紫薇、晚樱、碧桃、垂柳、鸡爪槭、红枫、茶花、湿地松、水杉、合欢、乌桕、银杏、龙爪槐、榆树、枫香、火焰南天竹、南天竹、红花继木、海桐、金森女贞、红叶石楠、迎春、含笑、八角金盘、法国冬青、白马骨、金丝桃、杜鹃、火棘、石榴、夹竹桃、月季、木芙蓉、竹类等。整个乡村植物常绿与落叶搭配得当，乔、灌、花、草等高矮错落有致，既统一协调，突出主题，又丰富多彩，体现了生物的多样性。

二、突出森林景观

根据不同的地段、不同的建设目标及低质低效林改造方式，科学地采用美化、彩化、珍贵化树种设计成不同的营林模式进行混交种植，既体现了景观的多样性，又达到了提升森林质量的目标，还打造好了森林景观成效。

遵照低质低效林改造要求，选择枫香、杜英、铁冬青等乡土树种以及红花荷、红花槐、樱花、紫薇、银杏等树种进行合理搭配，科学混种，致力打造花化、彩化、美化的生物多样性自然景观，将充满园林气息的江河两岸低质低效林改造为以生态多样性思想为指导，强调植物造景为主体，创造"春花烂漫，夏荫浓郁，秋色斑斓，冬景苍翠"的自然景观。

根据基地场地特点和周边用地特色，确定整体景观布局结构为突出文化主题、江河水系两岸景观、动植物的多样性、建筑景观花园化，提升森林防洪抗旱功能、森林记忆功能、旅游观光功能、休闲度假功能、生态调节功能。

三、突出质量效果

龙南县始终坚持质量优先原则，以造一片成林一片为目标，在改造施工中确保"一把手"工程，政府保障低改建设投资资金，把低质低效林改工作列入县现代农业攻坚战考评内容之一，由县现代农业攻坚战领导小组进行调度，每周、每月进行督查排名，将低改纳入全县重点工作，县委县政府主要领导亲自开会调度，建立全县微信工作群，通报每天工作进度，协调解决突出问题，高位推动低改进度。

以"三重监管＋一个标准"的工作模式，常态化督导，严抓低改施工质量。"三重监管"是：由监理公司进行现场监理；采取磋商方式公开招投标，由具有林业工程监理资质的中标公司对低改施工质量进行现场监理；由县林业局派出技术指导、核查验收组进行监管；设立由县局领导为组长的督查组，不打招呼、不定期地到低改施工现场进行督查。"一个标准"是：对全县低改各标段的施工质量，都严格按照低改作业设计要求进行，确保一把尺子量到底。继续坚持"拉线点位、纵向割带"除杂整地的方式，打穴栽植。使各标段有更规范、更明确的施工方式，同时明显取得施工前后的对比，更好地体现示范效果和改造效应，既保证了改造质量，又加快了改造进度。

环环相扣，严把核查验收关。每个标段每道工序由监理公司进行验收后出具工程初步验收单，林业局技术指导核查验收组进行抽查验收，林业局抽查验收数据与监理公司的验收数据符合率在95%以上的，则以监理公司的验收数据为准结算工程款；林业局抽查验收数据与监理公司的验收数据符合率在95%以下的，则以林业局核查数据为准结算工程款。林业局抽查验收数据与监理公司的验收数据误差率在10%以上的，则扣除相应监理费，促使监理认真做好监理及检查验收工作。

四、突出后续管理

造管并举、确保改造成效。按照"三分造、七分管"的要求，将3年抚育管护与低改项目一同招标，强化抚育管理，确保改造一片提升一片。对2018—2019年的低质低效林改造继续安排3年的抚育资金，要求每年进行春秋2次抚育管护，明确3年秋季验收保存率分别达到90%、87%、85%，3年生长平均抽高分别达到30厘米、40厘米、60厘米。低改造林与低改造林后的3年抚育一起进行招投标，并都由中标公司实施，这在一定程度上促使中标施工单位在施工中严把施工质量，确保"造一片、成一片、好一片"的成效。

在更新与补植改造的山脊、山脚，建设生物防火林带，增强低改山场的防火功能，完善多功能经营技术方案。为巩固和提高水库集雨区内森林和林地的水源涵养能力，划定和落实核心经营区的建设范围，把核心经营区列入林业重点生态工程项目建设范畴；以立法的形式明确和落实林权所有者、建设者、经营者、受益者以及相关管理部门的权益与责任，共同建设维护林区秩序，确保植被系统的长期稳定与生态平衡；按照多功能、近自然森林经营理念与技术指导开展森林经营活动；持续保护森林植被，并使之最终恢复演替为地带性自然植被群落。

强化造林后的抚育管理。按照施工合同的要求，及时组织 2017—2019 年度造林后的夏秋季抚育管理；组织专业技术人员对辖区内低质低效林地开展调查摸底，全面摸清辖区低质低效林地现状情况，优先把主要通道、主要沿线、重点景区、乡村周边低质低效林地、火灾迹地、裸露地及因采石或建设造成的林地"天窗"优先纳入 2019—2020 年度低改工作计划，确保年度的低改工作正常进行。

第四节　龙南县濂江北岸（石人）综合治理

濂江系赣江二级支流、桃江一级支流，发源于定南县月子乡云台山，自东向西流入龙南县境，在龙南县龙南镇三江口汇入桃江，河口位于东经 114°47'，北纬 24°55'。流域地形以中低山高丘为主，森林覆盖率较高，植被较好。农业以粮食种植为主。主要矿产有稀土、瓷土等。平均河宽约 30 米，河床多卵石，属山区性河流。濂江流域面积 486 平方公里，主河道长度 58.6 千米，主河道纵比降 3.80‰，流域平均高程 412 米，流域平均坡度 0.891 米 / 平方公里，流域长度 34.4 千米，形状系数 0.41，多年平均降水量 1538 毫米，多年平均净流量 3.96×108 立方米，水利资源理论蕴藏量 1.07×104 千瓦。重点项目建设内容为：对濂江北岸（石人）岸线全长约 8 千米，面积为 44.9 万平方米范围内进行建设。项目建设地点位于濂江北岸地块，西靠老城区，东北接金塘工业园。建设内容包括沧浪路、竹庭路和濂江北岸生态景观等三个工程。沧浪路工程主要包括：路宽度为 30 米，长度为 2.35 千米道路、两边行道树、标识标线、亮化工程、管网工程（包括强弱电套管、排水、雨水、污水，不包括燃气、强弱电电缆线、给水及电力电信电缆线和煤气）。竹庭路工程主要包括：路宽度为 30 米，长度为 1.45 千米道路、两边行道树、标识标线、亮化工程、管网工程（包括强弱电套管、排水、雨水、污水，不包括燃气、强弱电电缆线、给水及电力电信电缆线和煤气）。濂江北岸生态景观工程主要包括：公园景观绿化工程、亮化工程、管网工程(电力、给水、排水、雨水)、环卫工程(垃圾清运站、公共卫生间)、配套建设工程（服务管理中心、景观亭、茶吧小卖部、木栈道、入口广场、节点广场)，矿山矿坑景观、拦河坝、景观人行桥、旅游标识系统、科普标识系统、音响系统，原有石头房外立面改造、室内装修，沧浪路城市规划河道新增跨路桥、沧浪路北面规划河道与老河道临时引流河道等，其中景观工程包括生态公园、矿山矿坑景观、拦河坝、景观桥。本项目建成后，一方面方便龙南县市民出行及为龙南县人民群众提供更为广阔的休闲娱乐空间，另一方面也能提升龙南县的环境质量，提升濂江北岸公园及道路的亮化及排水排污能力。

一、加强布局的整体性

进行龙河水系疏导，湿地、林地保护，绿化、植被恢复，岸线环境整治以及沿岸道路，总投资 2.43 亿元。现状护堤陡峭、无防护措施，景观面平均宽度不足，堤内外被防洪墙完全阻隔，市民很难沿江观景，场地内基本无市民活动区域。设计从场地本身、水位变化、周边关系三个方面对项目进行分析，进而探索防洪工程与生态景观有机融合的可能性及着力点。(1) 场地硬化，空间局促。防洪堤将内外空间完全阻隔，迎水面宽度不足，堤坡较陡，并且均已硬化，背水面紧靠市政道路，用地空间十分紧张，需结合水岸形式及水深情况向水面拓展亲水空间。(2) 水位变化较大，景观空间难以展布。项目紧靠龙河水系，不仅需要满足城市建设和市民的亲水的需求，也要符合龙河水系运行管理的现实情况，因龙河水系水位消落不可避免，需形成弹性景观空间，同时考虑预计洪水对迎水面的冲刷。(3) 防洪墙阻隔城市与河道。现状因防洪需求，防洪墙与沿河道路高程差约为 2 米，防洪墙与迎水面地面高程约为 5 米，如何在保障防洪墙安全的前提下，使内外空间建立沟通关系，营造景观空间，是需要考虑的重点。通过现场的情况分析已基本摸清现状的情况及相应结合点，同时在对龙南县的历史文化、风土人情、气候植被、市民需求、片区发展等资料分析研究后，提出为龙南县打造一张集文化传承、绿色生态、休闲旅游于一体的城市名片，构建生态防洪景观，以文化为源、生态为心，建设市民共享的滨水公园。

二、完善治理的系统性

为实现目标设计提出的亲水、拓岸、增绿、融文四项措施，从以下几个方面进行了初步探索。(1) 构建滨水空间立体交通。设计利用现有防洪墙、二级马道、硬质堤坡构建三条景观带，分别以观江绿道、文化步道、生态廊道进行打造，同时构建纵向交通和立体景观体验空间，极大地满足市民亲水、观水的需求。使市民更好地亲近自然，建立与水之间良好的生态共融关系。(2) 保留场地记忆营造景观。按照防洪要求，结合景观设计将原有闸门改建为电动闸门。结合多处交通闸、排水泵房及防洪墙的设计打造具有龙南文化特色的滨水景观，同时通过保留现状，充分体现设计对场地记忆的尊重，将水利工程的刚性特点降到最低。通过人文景观的包装，在保证水利安全功能的基础上，灌注更多的人文关怀。(3) 利用生态技术改造硬质工程。设计将生态和谐、绿色海绵的理念融入项目之中，通过透水材料、生态浮岛、生态驳岸等新材料新技术的应用，让僵化的水利工程变得生动透气，使笔直的岸线富于生机与变化，将硬质的防洪堤坡改造为绿色的生态护岸。(4) 利用消落带水位差营造景观。设计利用拦河坝上游消落带的水位差营造带状湿地景观，利用浮水、挺水、沉水植物的多层次利用，将水利项目中景观效果较差的消落带打造为宜人的滨水活动空间。通过以上措施的实施，将堤内、堤外通过老城墙形式的观景步道全线贯通，原堤顶以文化为引线讲述龙南历史的点点滴滴，坡底以起伏的亲水栈道及生态浮岛构建绿色亲水走廊。利用新理念、新技术及合理利用场地的不同空间营造景观，采用合成塑木、透水混凝土、生态浮岛等绿色环保新材料新技术，全线亲水栈道均为水下施工，不但解决了原场地硬质较多、无法亲水的弊端，同时为龙南县建设了一处寓教于乐、符合生态科技兴城理念的城市新地标。

三、追求效果的持续性

综上所述，本项目以水利防洪工程与生态景观的有机结合为切入点，通过对龙南县濂江北岸（石人）综合治理，抛出了一种作为解决防洪安全与自然生态之间博弈的方法，也希望通过本项目呼吁更多的城市建设工作者在城镇化建设如火如荼的时代，让绿色生态回归城市，更加注重市政公共性设施工程对生态自然及人文历史的关怀。一是做到与城市绿地相结合，建立绿色休闲网络体系。城市滨水绿地系统是城市绿地系统规划的重要组成部分，是城市生态系统的重要子系统。在城市景观规划中，应充分利用河网水系建设滨河绿色网络，形成具有龙南县特色的绿色景观构架。通过增加破碎化景观的连续度，保护环境敏感区和栖息地，建立接近传统与自然的连续的游憩网络，鼓励步行和自行车出行。二是加强水系的保护，展现多质的水景观。在设计城市河道平面时，在保证防洪、排涝的基础上，应尽量保持河道的自然弯曲，河道断面收放有致，不必强求平行等宽。运用曲流、浅滩、深潭、河漫滩等手段，使城市河流重归"近自然"状态。避免过分开发、生硬改造，因势利导地利用自然资源，尽可能保护优质林带、优良水域，从而改善整体生态环境。三是与城市功能区相结合，营造河、湖、湿地三水共导的景观。范围内的水体主要呈现两种形态：面状水体为湖、湿地；条状水体为主体骨架的成线成网的河道廊道。通过对防洪堤的建设在濂江河岸边形成一条融休闲、观赏、娱乐为一体的景观滨水带。与历史文化相结合，塑造水景观，推动城市建设，打造"生态水乡、宜居城市"，保护和恢复水系沿岸的文物和风貌建筑。以濂江"一江两岸"为主线，串联沿岸资源，形成丰富有序的历史文化带。控制沿河两岸建筑形象和环境品质，以水为主题，以建筑、绿化、小品、灯光设施综合构成具有较高水准的全天候景观带。在水景观的塑造中，通过对龙南历史文化的解读和对历史文化内涵的挖掘，将一处处历史文化遗迹融入景观设计中，丰富水文化，唤起人们对龙南历史的记忆与认识，展现其独特性。强调河流廊道在生物保护、减灾、游憩和文化遗产保护等方面的价值。

第五节　龙南县桃江流域水环境修复与保护

　　桃江是赣江上游左岸的一条主要支流，河流自西向东流经全南、龙南、信丰，在赣县茅店镇上游约 3 千米处的龙舌咀处汇入贡水。桃江流域总面积 7913 平方公里，干流全长 291 千米，河段平均纵比降 7.3‰。流域多年平均降雨量为 1578.9 毫米，多年平均径流量 64.5 亿立方米，水力资源理论蕴藏为 342.6 兆瓦。龙南县境内河流众多，水系纵横，拥有 10 平方公里以上河流大小共 55 条，主要河流有桃、濂、渥、洒等四条河流，其中桃、濂、渥三大流域集雨面积为 2537 平方公里，占流经龙南县境内面积的 95.6%（含县外），分别从东、南、西三面汇集于县城流入桃江干流。龙头滩电站的修建，致使县城至龙头滩段河流（约 11 千米）水流缓慢，大量淤泥沉积河底，不利于水生动、植物生活和繁殖，水体自净能力大大降低。根据龙南县环保局多年来对境内河流水质进行监测，龙头滩电站出境断面、渥江入桃江前断面、濂江入桃江前断面氨氮浓度常年处于超标状态。

表 3　河流水质主要监测数据

序号	断面	氨氮（mg/L）	备注
1	程龙镇大坝大桥	0.433	全南县入龙南县断面
2	桃江乡石路桥	0.334	桃江干流与渥江、濂江汇合前断面
3	龙头滩电站	2.16	龙南县出境断面
4	解放桥	5.44	渥江入桃江前断面
5	关西镇程口大桥	7.99	定南县入龙南县断面
6	杨坊桥	5.38	濂江入桃江前断面
7	渡头桥	0.259	太平桥入桃江前断面
8	桃江乡洒口村	0.297	洒江入桃江前断面

（数据来源：龙南县环境监测站 2016 年 3 月监测数据）

　　根据上表数据，对照《地表水环境质量标准》Ⅲ类水质标准，龙南县太平江、洒江以及桃江干流与渥江、濂江汇合前断面（桃江乡石路桥断面）水质氨氮浓度情况良好。导致桃江龙头滩出境断面水质氨氮浓度超标的原因是渥江、濂江水质被污染，注入桃江后无法得到有效降解和稀释。因此，龙南县山水林田湖草生态保护修复主要建设内容为：对龙南县桃江流域、濂江流域、渥江流域 1066.67 公顷滨湖湿地进行修复和保护；对龙头滩水域环境进行综合治理，治理面积为 15 平方公里；实施饮用水源地保护和综合治理工程，通过禽畜养殖整治、生态防护绿地建设、农村改水改厕和空心房整治、农村乱埋乱葬改革、农业面源污染治理等措施，治理面积105平方公里；以玉石仙岩为核心，对区域内 8 平方公里环境进行综合治理，其中整治清退矿山开采企业 5 家和石灰石加工企业 20 家，矿区绿化面积约 200 公顷，治理崩岗 21 座，建设小型水保工程 40 座（处），拦挡和排水设施 6400 米，计划总投资 5.2 亿元。对桃江流域生态环境影响较为突出的生活污水及垃圾、工业污染、农业面源污染、船舶港口污染以及水域采沙等 5 个方面纳入专项整治内容，覆盖所有乡镇、林场、管委会，形成以桃江流域为核心的"生态旅游发展轴"，主要为沿桃江包括九连山国家级自然保护区、安基山林场在内的"绿色生态廊道"，沿江分布的夹湖、程龙、渡江等城镇，以特色农业、生态观光旅游业发展为主。

一、生活污水及垃圾处理

龙南县经过多年"农村清洁工程"的实施，特别是近年来实施"农村人居环境整治"，已形成完善成熟的农村生活垃圾管理运行机制，建立由县城管部门统一管理的"户收集（分类）、村收运、镇统管（集中）、县转运（处理）"城乡一体化生活垃圾转运处理体系，实现村庄内无裸露垃圾。为进一步提高农村生活垃圾和污水处理水平，切实改善农村人居生活环境卫生，龙南县农业农村局牵头相关部门，持续推动农村生活垃圾污水治理工作。印发《龙南县全面开展村庄清洁行动实施方案》（龙农字〔2019〕23 号）、《龙南县农村人居环境整治百日攻坚行动方案》（龙办发〔2019〕37 号）；以整治农村环境"脏、乱、差"问题为切入点，开展了为期 100 天的农村人居环境集中整治行动，共计开展集中整治 1403 批次，清理农村生活垃圾 13216.9 吨、村内水塘 552 口、村内沟渠 725.45 公里、乱堆乱放 7912 处，拆除旱厕 324 个、乱搭乱建 2115.4 平方米、残垣断壁 8287.2 平方米，整治杂乱线缆 366 处、庭院 10067 户，改造菜园、果园、花园 646 个，着力提升村容村貌，继续完善农村基础设施建设，大力开展农村环境卫生整治提升。

（一）加强生活污水治理

到 2018 年，县城区污水处理厂污泥实现无害化处理处置，县城区污水处理率达到 80% 以上。2019 年，完善污水处理厂配套截污管网的建设，补齐生活污水收集处理设施短板，推进污水管网全覆盖，加强城区排水设施建设和改造，加快旧城区雨污分流管网改造和建设。新城区按雨污分流制订规划、建设排水管网，推进城镇污水处理厂一级 A 排放标准改造。加大对农村生活污水处理项目的投入。实施农村环境综合整治项目，同时各乡镇要筹措资金，因地制宜修建污水处理厂、氧化塘、人工湿地，确保农村生活污水得到有效处理。2020 年县城污水处理率达到 90％，城市建成区基本实现污水全收集、全处理；因地制宜推动农村污水处理设施建设，实现可持续运行。

（二）推进城乡垃圾一体化处理

按照因地制宜、便于操作的原则，积极推行生活垃圾分类处理，加强垃圾收集运输处理设施建设，建设垃圾焚烧发电、餐厨废弃物资源化利用项目。2019 年，县城区启动实施生活垃圾强制分类工作，积极探索农村生活垃圾分类，农村生活垃圾无害化处理率达 90％以上；2020 年，全县基本建立垃圾分类相关法规、规章，形成可复制、可推广的生活垃圾分类处理模式。县城生活垃圾处理能力明显提高，加大对农村生活垃圾处理的投入力度，重点对沿河、交通干线、人口集中区的村庄生活垃圾进行整治，完善各村庄的垃圾收运体系，确保垃圾不下河，定期有人清运，农村生活垃圾无害化处理率达 95％以上。

（三）加大对畜禽养殖行业的监管力度

全县 46 家规模养殖场全部配套粪污处理环保设施，且已通过市级验收，全县"二分三池一塘"的传统养殖模式散养户有 412 户，按照"雨污分离＋清污分离＋干湿分离＋室外发酵床＋沼气池＋农业综合利用"（温氏模式）养殖的有 18 户，养殖户自筹完成建设资金 216 万元；全县畜禽养殖粪污综合利用率达 91.41％以上。环保、农业等部门继续做好对规模以上畜禽养殖户的监管，督促其加大对环保设施的投入，外排废水必须做到达标排放；重点加强对规模以下的养殖散户的监管，采取属地管理的模式，各乡镇掌握辖区内养殖散户的情况，引导各养殖户选择有利于污染物处理的区域设立养殖场地，做到污染物不外排。禁止在人口集中区设立养殖场地；按照《龙南县畜禽养殖区划定方案》，由县农业农村局对现有养殖散户进行分类管理。在禁养区范围内的养殖场责令其关闭或者搬迁；在限养区范围内的养殖场应确保污染物达标排放，无法做到达标排放的，应予以关闭或者搬迁。

二、工业污染整治

近年来，随着龙南县省级经开区升级为国家级经开区，入户开发区的工业企业不断增多，工业废水排放量也逐年增加。据统计，目前排放工业废水的企业共有 74 家。企业废水在达标排放的情况下，由于累积效应，对地表水存在一定污染，排放量越大，污染也越大。如：一般工业企业的废水排放标准中氨氮最大允许排放浓度为 15.0 毫克 / 升，而受纳水体执行《地表水环境质量标准》中的Ⅲ类标准，其氨氮浓度标准为 1.0 毫克 / 升，两者之间浓度相差较大，工业废水排放量大，势必会导致受纳水体氨氮浓度升高，必须深入推进水污染整治。

（一）开展工业污染集中整治

依法禁止造纸、制革、印染、燃料、炼焦、炼硫、炼砷、炼油、电镀、农药、电子垃圾焚烧等类别的小型企业或生产项目，巩固传统行业清洁化改造成果。以严控化工污染为突破口，实施严格的化工企业市场准入制度，严禁在桃江、渥江、濂江岸线一公里范围内新上化工、造纸、制革、冶炼等重度污染项目，不得新布局重化工园区。依法取缔位于各类保护区及其他环境敏感区域内的化工园区、化工企业，限期整改有排污问题的化工企业，推动化工企业搬迁进入合规园区。基本清除沿江、沿河岸线一公里范围内未入园化工企业，全面完成化工污染整治。实施重点排污单位监测全覆盖工程，实现自动监测并联网运行。加快推进沿河园区环境影响核查和跟踪评价。依法全面取缔超标严重治理无望的建设项目，建成重点排污单位自动监控系统并联网运行。全面完成水污染物排放重点企业治理。

（二）强化稀土重点企业排污监管

督促赣州稀土矿业公司加大对稀土矿山环保设施的投入，按照国家环保部环评批复的内容（环审［2013］270号）认真落实各项环保措施，同时督促赣州稀土矿业公司加大技术研发力度，采用更为环保、高效的稀土矿山开采技术；政府部门要加大对稀土矿点的监管，对环保设施不健全、有废水外排（环评批复为正常生产运行情况下废水全部利用，无废水外排）、注水回收率低于设计指标的稀土矿点采取限制或停止注液，限期整改，整改不到位的不允许再生产；严厉打击稀土矿点利用大雨天气、节假日期间外排稀土渣头的违法行为；加大对废弃矿山修复治理力度，积极向上争取专项资金，整合国土、矿管、环保、林业等部门资金，全面高效地对废弃稀土矿山进行修复治理。由于龙南县稀土开采原地浸矿工艺的局限性，浸出液无法全面收集，特别是遇到大雨天气，大量浸出液（含有高浓度的氨氮）随雨水直接排入山间的小溪中，最终排入境内河流中，导致河流氨氮浓度超标。同时，由于原地浸矿对山体、水体的破坏是长久性的，即使不开采，短时期内也无法自然修复。境内遗留的大量废弃稀土矿山由于责任主体灭失，其遗留在山体的浸矿液经雨水冲刷，也直接排入山间小溪中，污染受纳水体。稀土矿山的开采正是龙南县渥江、濂江流域常年氨氮超标主要原因。濂江上游为定南县岭北镇，该镇存在大量正在开采的稀土矿。从表1氨氮检测数据可知，其流入龙南县的濂江河水质氨氮浓度超标较为严重（浓度为7.99毫克/升），对龙南县濂江及桃江出境断面水质产生较大影响，因此，应加强与定南县相关政府部门沟通协调，努力确保其流入龙南县的过境水达标。

（三）加大工业产业转型和环境治理融合

在加快龙南经开区工业园污水处理厂建设、运营的基础上，逐步增加工业污水处理设施。对东江足洞矿区无主尾矿库治理点进行排洪系统整治，坝体、库内废土和废石治理，库内植被恢复及土地复垦，并增加尾矿库安全监测设施。投资打造工业产业转型和环境治理融合示范区。主攻稀土深加工与应用项目，加大科技含量，增加稀土产品附加值，引进龙钇重稀土公司、和利稀土冶炼公司等15家稀土加工与应用企业，初步形成产业集群，稀土工业实现由卖原料向卖产品的转变。这些企业瞄准永磁材料、发光材料、储氢材料及催化材料等稀土应用领域，开发出具有创新价值的项目10多项，其中3项被列入国家科技火炬计划，8项列为省级火炬计划和重点攻关项目。其中，龙南县龙钇重稀土公司历时 3 年开发的"YFB 抗磨合金铸铁变质剂"有效地解决了铸造业的一大难题，并为企业带来近千万元利润。以前龙南县稀土企业单纯卖稀土原料，现在稀土产品增加到 15 种、30 多个规格，全面转型为卖稀土产品。以往，龙南稀土分离企业只是把其中含量较大、较有经济价值的 8 种元素提炼出来，其余的 7 种元素则被抛弃成为富集物。现在，龙南县引进新工艺，将提炼后的富集物经过科学配置后全部掺入到球化剂、变质剂等稀土添加剂中，用于增强钢铁的硬度和亮度，使稀土真正得到充分利用。稀土没有废物，只有再生物，这已成为龙南稀土充分循环利用的写照。由于其具有优良的光电磁等物理特性，能与其他材料组成性能各异、品种繁多的新型材料，大幅度提高其他产品的质量和性能，在国防战略武器、新材料开发、信息产业、生物工程上应用越来越广泛。

三、农业面源污染整治

继续推进农作物病虫专业化统防统治与绿色防控融合示范，开展农药减量化宣传，推广生物农药和高效低残留化学农药安全科学使用技术，全县农作物病虫专业化统防统治覆盖率达 42.6%，绿色防控覆盖率达 32.3%；大力推广应用现代高效植保机械，配备无人机 3 架，大型智能植保机 3 台，大型农药喷洒机 20 台；生物农药应用比例提高 1.1 个百分点；实施农药经营许可和限用农药定点经营，全县限制性农药经销（单位或个人）共 5 家。

（一）加强畜禽养殖污染防治

根据相关规定，规模以上畜禽养殖户（含企业）由环保部门负责监管，规模以下由农业农村部门、乡镇负责监管。目前，规模以上畜禽养殖户由于投资较大，业主法制观念相对较强，均履行环评手续，建有污水处理设施，规范处理排放的废水。严格落实畜禽养殖"三区"规划，加强监督管理，防止禁养区内已关闭或搬迁的畜禽养殖场复养；科学指导非禁养区畜禽养殖场开展升级改造，配套建设粪污贮存处理利用设施。加快推进病死畜禽无害化集中处理体系建设。2018 年底，全县畜禽养殖粪污综合利用率达到 80% 以上，畜禽规模养殖场粪污处理设施装备配套率达到 90% 以上。2019 年，全县畜禽养殖粪污综合利用率达到 82%以上，畜禽规模养殖场粪污处理设施装备配套率达到 92%以上。2020 年，全县畜禽养殖粪污综合利用率达到 85%以上，畜禽规模养殖场粪污处理设施装备配套率达到 95%以上。

（二）治理水产养殖污染

全县所有小（二）型以上水库均已解除养殖承包合同、全部养殖设施已拆除到位。已经开展放水清鱼工作的水库有 5 座。加强渔用药物的质量、销售监管，特别加强对孔雀石绿、氯霉素、汞制剂、硝基呋喃类、激素类药物等禁用渔药的销售、使用。同时，开展养殖尾水治理示范建设，对规模以上养殖（场）基地开展养殖尾水治理试点示范，建设养殖尾水处理设施。通过示范推广，推动养殖尾水治理的实施，逐步实现养殖尾水达标排放。

（三）实施农药化肥零增长行动

加大有机肥、生物农药补贴和稻渔综合种养模式等资源高效利用推广力度，开展低毒生物农药补贴和病虫全程绿色防控试点，开展规模化养殖粪便有机肥转化补贴试点。2018 年底，化肥使用量零增长，肥料利用率达到 43%；农药用量零增长，农药利用率达到 42.5%。2019 年，肥料利用率达到 44%；农药用量零增长，农药利用率达到 43.8%。2020 年，肥料利用率达到 45%；农药用量零增长，农药利用率达到 45%。

四、船舶港口码头污染整治

加强船舶港口码头污染防治。加快推广应用低排放、高能效、标准化的节能型船舶，加快改造或淘汰环保标准低的船舶，依法报废超过使用年限的船舶。推进化学品洗舱水接收、回收及港口和船舶污水垃圾接收、转运和处置设施建设，严厉打击查处船舶违法排污行为。推进港口码头和船舶污染物接收、转运和处置设施建设，建立监管联单制度，实施应急能力建设规划，从多种途径加强监督超过使用年限的船舶。加强危险品船的进出港申报和监装监卸护航，加大船舶污染专项整治和执法检查力度，推进船舶结构调整，加快运输船舶生活污水防污染改造，积极推进 LNG 等清洁能源在水运行业中的应用，加强港口码头垃圾、废水及作业扬尘整治。2020 年，实现化学品洗舱水、重点港口和船舶污水垃圾全收集、全处理。

五、水域采沙整治

开展非法采沙整治。严格采沙管理，从严打击非法采沙行为，全面清理整顿采沙船只，实行登记造册，对违法无证采沙作业船只依法予以查封、扣押、没收。总结非法采沙整治经验，开展全流域非法采沙整治工作。关闭境内河流的采沙场，并对关闭沙场河段及龙头滩电站水库堆积的沙石、淤泥进行平整、清理，以进一步扩大水域面积，恢复生态环境，增加自净能力。

开展岸线保护利用专项检查。全面摸清桃江流域岸线利用现状，建立岸线利用项目台账及动态管理机制，依法整治违法占用、乱占滥用、占而不用行为。2018 年，摸清岸线利用现状。2019 年，编制完成《龙南县桃江段岸线开发利用与保护总体规划》并建立项目台账及动态管理机制。2020 年，完成整治违规违法占用、乱占滥用、占而不用行为。关闭县内全部河流采沙场。相关职能部门对已关闭的采沙场应采取有效措施，对河流中堆积的沙石进行必要的平整，使水域面积增大，逐步恢复水体生态环境，增加水体自净能力；结合防洪堤的建设，加快对县内河流的环境整治，清除淤泥和河面垃圾，扩大水域面积，并适当种植相关水生植物，选择部分水域进行鱼类放养；县渔政管理部门加大对非法电鱼、炸鱼、毒鱼行为的打击，特别是加大对重点水域的节假日和夜间巡查力度；停止新建水力发电站项目，同时加强对现有水力发电站的管理，督促其对水库内的垃圾、淤泥定期进行清理。对于部分生产力不高、对生态环境影响较大的水电站予以关闭。

（一）从严执法

2018 年以来，开展了重点涉水企业环境专项整治、集中式饮用水水源地环境安全隐患专项整治、"散乱污"企业整治、"绿盾 2018"自然保护区监督检查等专项整治，对全县 400 余家企业共出动执法人员 2210 余人次，形成现场监管记录 1096 余份，提出现场处理意见 325 余条，化解环境信访案件 268 件，下达《责令改正违法行为决定书》73 份，强制停产停电企业 13 家，查封企业 1 家，行政处罚 11 起，处罚到位 724.107 万元，移送涉嫌刑事案件 1 起，移送涉嫌行政拘留案件 2 起。

（二）加强对水利工程的监管监督

推进排污在线平台数字化建设，实现实时监控，完成总投资 160 万元的在线监控平台建设，督促 24 家重点涉水企业完成在线监控设施安装。建立消灭劣 V 类水工作微信群，每天通报工业园区巡查工作情况和监测数据。完成国家地表水龙南县自来水厂水质自动监测站房建设。同时，为有效掌握龙头滩出境断面水质变化情况，投入资金 15 万元购置安装了实时传输数据的自动水质监测系统。加大县内各流域监测频次，加强对桃江、渥江、濂江、城市生活污水总排口、工业污水总排口、稀土矿区废水出口数据进行检测，2018 年以来，共监测水样 2000 余点次，并对所有数据进行分析，做到对症下药、分类施策。

（三）建立长效保障措施

龙南县生态保护和修复工程涉及左右岸、上下游，是一个非常复杂的系统。水体保护与生态保护必须把整个流域看成一个整体、一个系统，谋划布局生态保护和修复工程。在实施生态保护体制机制的基础上，打破行政区划、部门管理、行业管理和生态要素界限，统筹考虑各要素保护需求，推进生态系统整体保护、系统修复、综合治理。建立与"山水林田湖草生命共同体"理念相适应的体制机制，打破条块化管理体制，破除制度瓶颈，从组织领导、干部绩效考核、资金的筹措与投入，以及营运的管理、基础设施的建设，到监测预警、信息化管理，到公众参与和监督，探索实践生态保护体制机制的创新，为山水林田湖草生态保护修复工程顺利实施提供保障。

第十三章　永葆山青水绿天蓝土净，赣闽粤港共享绿色福祉

——安远县山水林田湖草生态保护修复研究报告

安远县位于江西省南部，东临会昌县，东南接寻乌县，西南邻定南县，西连信丰县，北接于都县与赣县。地处长江水系赣江上游和珠江水系东江起源地、闽粤赣三省交汇处，因境内有安远水而得名。全县辖8镇10乡、152个行政村，全县面积2375平方公里，人口40万人。"八山半水一分田，半分道路和庄园"，是典型的丘陵山区县，属中亚热带季风气候，年均气温18.7℃，年均降雨量1640毫米，水资源丰富，有优质的地热资源，森林覆盖率达83.4%，主要有钨、铅锌矿、稀土矿、铁石、石灰石、地热、硫铁矿、钼矿、电气石矿、高岭土等矿产资源。2017年1月，安远县被列为全国首批山水林田湖草生态保护修复项目试点县，重点实施濂水流域全方位系统综合治理修复项目、生物多样性保护项目及低质低效林改造项目，项目总投资64865.10万元。这是继2002年国家环保总局将东江源头区域确立为以水源涵养为主导功能的国家级生态功能保护区建设试点区，实施重点保护以来的又一重大发展机遇。全县打破地域、部门界限，对山上山下、地上地下、流域上下游进行了整体保护、系统修复、综合治理，初步改变了治山、治水、护田各自为战的格局，在经济建设、社会建设、生态文明建设等各个领域，山水林田湖草生态修复保护试点发挥了明显的"乘数效应"。

第一节 建立项目资金保障机制，严实生态修复保护基础

安远县是东江源区（寻乌、安远、定南）三县之一，地处南岭山脉的延续地带，属中低山与丘陵区。地势中部突起，向南北倾斜。河流众多，濂江河流经北境注入赣江支流贡江，镇江水流贯南境最终汇入东江。历史上的东江源区森林茂密，生态环境良好，由于人口发展，过度开发自然资源，忽视水资源保护，致使水质逐步恶化。20世纪80年代寻乌水质为Ⅰ类，90年代为Ⅱ类，1998年为Ⅲ类，2003年夏天水质变为Ⅲ—Ⅳ类。2003年4月8日进行调查时，调查人员看到发源于寻乌县北部基隆嶂，流经安远、定南县入广东省的东江第一支流贝岭水的部分河段水体是红色的。河流两岸常常能看到光山、矿渣以及倾倒在河中的弃土、水土流失严重的果园等，原本清澈见底的山区河变成"黄河""红河"，有的河段河床抬升了几米，如不采取控制措施，水土流失将进一步加剧，水质有恶化的趋势。特别是东江源区水资源状况，直接影响到东江水的质量，影响到广东和香港的供水安全和经济繁荣，也关系到落实江西省委"既要金山银山，更要绿水青山"要求的基础。因此，江西、广东两省提出"保东江源一方净土，富东江源一方百姓，送粤港两地一江清水"目标。安远县同源区其他两县一样，已先后被列为国土江河综合整治试点区域、水资源保护规划重点区域、水生态保护修复典型区域，结合当地资源禀赋、产业基础、水生态保护修复及经济社会发展需求，对生态修复工程监测进行新的规划、布局与调整。江西省在东江源区域生态环境保护和建设规划中，制定了生态林、水土保持、矿山生态恢复、生态农业、防洪引水、农业面源污染综合防治、生态旅游、生态移民、生态环境预防监测与信息管理体系等九大重点生态建设工程。安远县加强了生态保护和建设，重视水土保持工作，减少森林采伐量，关停污染严重的小企业和矿山等，对保护生态起到了一定的作用，但要达到东江源区山青水绿的目标还有很大的距离。还需要建立项目资金保障机制，不断增加生态保护和建设的投入。

一、确保专项资金足额到位

安远县濂水流域全方位系统综合治理修复项目建设工程计划总投资46924万元，其中中央奖补资金9666.33万元，地方政府整合及社会筹资37257.67万元。濂江河属于季节性河流，受地理环境和群众生活生产影响，冬春枯水季节流量很小，河滩裸露，流域水生态环境、生物多样性遭到了一定程度的破坏。但到夏季汛期，从上游倾斜而下的洪水漫过河堤，影响沿河两岸数万人的生命财产安全和农业生产。濂江河系统整治工程项目主要涉及欣山、蔡坊、重石、天心、长沙等13个乡镇，工程区内主要进行护岸防冲、清淤疏浚处理等措施，并结合水生态景观和新农村建设进行重点治理，工程治理范围包括濂江河及富田尾水、上廉水、甲江水等支流，河道治理总长139.84公里，工程保护人口约3.2万人，耕地约0.16万公顷。安远县力争把濂江河沿岸打造成水清岸绿的生态湿地和居民休闲观光的生态长廊，重现该河作为安远母亲河的模样。

安远县生物多样性保护项目计划投资9100万元，其中中央下拨奖补资金2539.81万元，地方政府整合配套资金6560.19万元。通过新建管理站点、科研监测点、宣教点和社区培训服务站、水质监测点、水禽栖息地、河道疏浚、巡护步道、珍稀树种植物园及其他配套设施建设、突托腊梅资源保护0.2万公顷和种群扩大等，切实加强东江源头和赣江上游湿地生物多样性保护和栖息地恢复，改善野生动物栖息环境，发挥湿地生态功能，维护生态平衡，全面提升湿地保护和管理能力。

安远县低质低效林改造项目计划总投资8841.1万元，其中中央奖补资金3214.8万元，地方政府整合配套资金5626.3万元。全县低改面积0.78万公顷，其中更替改造0.14万公顷，补植改造0.015万公顷，抚育改造0.27万公顷，封育改造0.36万公顷。投资低质低效林改造资金3334万元，其中补植补造每亩补助600元；封育改造每亩补助130元。每个乡镇建设1—2个13.33公顷以上的示范点。围绕以提升森林资源质量和提高森林生态系统功能为目标，以低质低效林改造项目为抓手，全面提升森林资源质量，着力抓好国家储备林、森林经营样板林项目建设和珍贵树种培育建设。

二、不断添加建设项目内容

按流域、分片区制定保护与修复重点及试点区域，统筹推进生态系统的整体保护、系统修复和综合治理。在大力完成濂水流域全方位系统综合治理修复、九龙山生态环境恢复治理等项目的同时，实施贡水流域生态保护与治理项目，包括水土保持综合治理、河道防洪护岸整治等工程，计划总投资 63800 万元，资金来源为地方政府财政资金。贡水流域乡镇及滨河村庄整治工程双芫乡固营村、天心镇崇坑村、版石镇安信村、湘洲村、龙布镇等 5 个乡镇的生活污水处理建设点已经完工，石湾片区与金石区污水收集系统改造工程完成 10.5 公里污水支管建设；矿山治理及修复工程完成了 103 米长、16.5 米高拦挡坝及排水工程建设，土方平整 12 公顷，废弃稀土矿山生态恢复治理面积 41.69 公顷；水土保持综合治理工程完成 1000 米长的排水箱涵建设，完成两座水库（嘛斜水库及重石乡小水水库）；河道防洪护岸整治工程建设防洪渠 655 米，河道清淤疏浚、新建护岸等整治河道 55.55 公里。

深入推进东江流域生态环境保护和治理水利项目，开展镇岗、凤山、三百山等乡镇河段的河道综合治理。全县投入 12 亿元相继设立生态修复、退果还林、农村环境综合治理等工程项目，累计建设水源涵养林 1 万公顷、固堤护岸林 0.43 万公顷、水土保持林 0.73 万公顷，全面禁伐天然林 8 万公顷，让 1333.33 公顷山地重披绿装，666.67 公顷残次林得到改良，1000 多公顷水土流失地得到治理。同时，先后关闭矿山 276 个、落后生产工艺企业 130 家。目前，东江源区的水质常年保持地表 II 类水标准。

把握国家、省、市重大政策信息以及重大战略，围绕构建山水林田湖草保护和治理体系，在"净空、净水、净土"工程、环境综合治理、生态农业、生态服务业、资源循环利用、生态扶贫等方面深度挖掘项目。做好生态环保项目包装推介和项目储备工作，保证包装一批、落地一批、推进一批，确保试验区建设项目的长效性。把握国家生态文明体制改革、绿色产业政策和投资导向，争取更多绿色产业、生态保护、环境治理、农林水、节能减排等项目纳入国家、省、市生态环保类专项规划或重大项目库。加强与深圳、香港等沿海发达地区的互联互通，加大绿色产业等生态环保项目的招商引资力度，落实一批重大生态环保招商引资项目。创新资金筹措模式，通过整合相关环保资金、发行绿色债券、设立生态基金、采用 PPP 模式等筹措相关资金，解决项目资金短缺的问题，为项目的建设实施提供坚强的资金保障。

三、加强项目实施管理力度

强化项目组织领导。在组织机构建设方面，成立了以县委书记任组长、常务副县长任主任的山水林田湖草生态保护修复工程推进工作领导小组及办公室，总体负责全县山水林田湖草生态保护修复工程建设工作的研究谋划、统筹协调、督促落实。办公室设在财政局，从各个责任单位抽调人员配合做好日常工作。督促相关建设单位建立必要的《项目质量管理制度》和《项目安全责任制度》，深入各项目建设现场开展项目监督检查，及时发现解决项目建设过程中存在的问题，严管项目工程质量，排除豆腐渣工程，杜绝项目工程安全事故的发生。督促施工单位按要求及时提供施工资料，全面梳理项目实施方案、立项批复、招标文件、工程管理、工程质量、工程进度、问题整改、资金使用、施工对比图片、视频等资料，补齐相关手续，并编好目录，装订成册，保证项目资料完整规范归档。

加强项目要素保障。在政策制定、资金安排、土地供应等方面，做好协调服务，优先支持生态环保类项目建设需求，并给予适当倾斜。制定出台《安远县山水林田湖草生态保护修复工程资金筹措工作实施方案》《安远县山水林田湖草生态保护修复项目管理办法》《安远县山水林田湖草生态保护修复项目专项资金管理暂行办法》等制度，大力加强和规范项目、资金管理，加快项目建设进程，提高奖补资金投资效益，确保项目前期有论证、实施有跟踪、竣工有验收、资金有监督、分配有统筹。盘活生态环保存量资金，加大政府投资项目沉淀资金清理力度，统筹集中资金用于在建或马上开工的项目。强化生态环保项目用地保障，推进低效用地再利用，加大闲置土地清理处置力度，提高土地利用率。严把生态环保项目退出关，加强高耗能、高污染项目退出的监管。

加快项目实施进度。落实项目审批核准前期辅导、容缺受理、联合评审等制度。用好投资项目在线审批监管平台，落实项目审批告知承诺制，畅通项目开工前"最后一公里"。强化生态环保项目稽查，推进项目"两随机、一公开"工作。围绕项目推进过程中遇到的困难和问题，通过召开项目推进会、调度会、现场会等形式，加强工作调度，落实工作责任，完善项目目标考核、进展情况月报、重大问题专报、限时办结等制度，强化综合协调和督促检查，全力推进项目建设，确保各项目如期完成，尽早发挥项目效益。

第二节　建立流域统筹协调机制，严明河长制管理职责

江西省把东江源区主要河流确定为试点河流，以期通过开展源区河流水系生态修复等措施，让源区河长制工作达到预设目标。安远县通过县委主要领导担任县总河长，县政府主要领导担任县副总河长，县四套班子分管领导担任主要河流的县级河长，明确流域面积 10 平方公里以上的河流流经的乡（镇）党委、政府及村（社区）组织为责任主体，形成了县、乡、村三级河（湖）长上下联动，责任单位协调配合的治水管水新格局。坚持污染减排和生态扩容两手发力，积极探索实施水资源管理、水污染治理、水生态修复三位一体管理模式，全面履行大河大湖治理、水资源保护、河湖水域岸线管理保护、水污染防治、水环境治理、执法监管六大职能，切实加强工业、农业、生活污染源和水生态系统整治，全县地表水省考和市考断面水质优良（达到或优于 III 类）比例达到 90% 以上。

一、满足东深供水安全的需要

自 20 世纪 60 年代起，东江水作为香港用水的主要来源，占港岛用水量的 70% 以上。加强东江源区水生态水环境的保护和建设，保持其优良的水质和充足的水量，关系到赣、粤、港 4000 多万居民的生活饮用水安全以及源区、珠江三角洲和香港地区经济繁荣和社会稳定。为了保护东江源区生态环境，当地长期以来采取建设水源涵养林、经济果木林、种草和封山育林等生物措施，同时又修建山塘，挖水平沟和截水沟，修筑水平梯田等工程措施来治理水土流失。源区水生态各项指标是指导相应河段"河长"们制定与实施"河长制"各项措施的抓手，也是检验"河长"们治理业绩的杠杆。既要以水功能区为界，在定南水和寻乌水重要饮用水源地、支流汇入控制断面、支流省界断面等重要河段增设水质站点，服务于最严格水资源管理达标考核；又要实施污染治理、

生态修复、水源地保护、水土流失治理和环境监管能力建设等重点工程建设，确保跨县界断面水质 100%达到《地表水环境质量标准（GB3838 —2002)》Ⅲ类标准并逐年改善。

二、指导水生态保护与修复

在赣南苏区振兴战略的带动下，东江源区的工业化和城镇化进入一个快速发展期，经济增长和城镇消费升级，水资源作为一种资源约束力继续加大。赣、粤两省虽加强了东江源区的环境保护力度，整体水质也趋于好转，但仍与其作为江河源头保护区、省界缓冲区等重要水功能区的定位存在一定差距，水资源的保护管理仍有待于提升。因此，安远县编制《东江源头流域水污染防治规划》，用法定程序规范保护措施，迁出了包括三百山、鹤仔、凤山等水害受淹乡镇村民，实行了封山育林，关停了周边工业污染企业，制定了企业上马先盖"绿章"制度。以三百山独特区域资源为依托，合理开发了水资源，不断提高了水资源的利用水平。香港《文汇报》关于东江源区护源大事记表明，2003年以来，为了改善和保护源区生态环境，中央、江西、广东省各级人民政府几乎每年都出台东江护源政策，不断加强重要生态保护区、水源涵养区、江河源头区保护。随着东江源水生态环境修复工程的深入，水生态研究成果的指导性作用日渐显现，无论是水生态修复治理工程实施，还是产业结构的调整，都需要河长制来指导工程的论证、规划、设计与施工，对以水资源质量为基础的各项生态指标更需要进行分析、验证、评判和指导。

三、开展防汛抗旱减灾

干旱、暴雨、洪涝、低温、阴雨等气象灾害是安远山区的主要自然灾害，尤其是干旱、洪涝灾害影响大，损失重。伏旱发生率达 80%—90%，一般持续 30—50 天，最长达 80 天以上；暴雨型洪灾时有发生，直接损毁民房、农田、水利、交通、通信等设施。自新中国成立以来，安远县发生较大历史洪灾近 50 次，现受地质灾害影响村落 1000 多个，受大江大河洪水影响村落 500 多个，受山洪灾害严重威胁的沿河村近 100 个，危及人口几万人，说明防汛是水利的第一要务，防汛测报是水文的头等大事，安远山区是一个防汛减灾任务非常艰巨的区域。进一步探索山区源头的防汛减灾举措，防范源区这样小流域的山洪灾害，不仅仅是水文部门的一项重要工作，而且是河长工作的重要组成部分，包括同时建立江河库生态水量保障机制，推进江河库水系连通建设等。

四、处理突发性公共水事件

安远县现有各类矿山（点）数百座（处），这些矿山均属老企业，技术水平不高，对自然植被和景观造成破坏，还经常引发塌陷、地裂、滑坡、边坡失稳等次生地质灾害；果业开发、制造业生产过程对流域环境的扰动日益强烈，从而导致辖区部分水体受到污染，突发性水污染事件时有发生，对政府职能部门快速应急监测、预测预报能力提出了新的要求。安远县属地质灾害易发多发区，易诱发崩塌、滑坡、泥石流等地质灾害，因此，落实各项防范措施，最大限度地减少自然灾害给群众带来的损失，确保人民群众生命财产安全，需河长及各相关部门单位做好汛前排查、汛中巡查、汛后复查工作。一旦发生地质灾害，立即启动相应应急预案，迅速开展应急抢险，及时妥善处置，严防二次灾害或次生灾害发生。采取多种形式加强对地质灾害防治知识的宣传和培训，使广大群众了解地质灾害防范知识，提高自救互救能力。

五、加强部门配合协作

按照《安远县河长制实施办法》的要求，各部门各负其责，各投其资，各记其功。农业部门负责整治农药、肥料市场，普及推广运用生物肥、高效低毒农药，全面禁止剧毒农药的使用，建立了良好的植物医院和肥料供应市场，保证了水质不受面源污染。果业部门加强苗木市场管理力度，严禁低劣质苗木进入市场。加强因果业开发造成的水土流失管控和治理，对林果种植开挖山体进行严格监管，做好水土保持工作。林业部门负责退耕还林、公益林和"珠防林"建设。能源部门负责沼气池的建设。水利部门负责河道清障和饮水卫生工程，编制或修编采沙规划，按照生态优先的原则严格控制采沙规模，严格采沙管理，开展全流域非法采沙整治工作，坚决打击非法开采。国土部门加强因矿产开采造成的水土流失管控和治理，以及土地整治、工业园区建设、交通建设、城镇生产建设、规模化畜牧养殖、水利建设等造成的水土流失管控。财政部门严格项目资金审批，做到项目资金捆绑使用。部门的配合协作，有力地促进了生态保护修复的顺利开展。

第三节 完善生态保护修复机制，严守资源利用管控底线

坚持以自然恢复为主，统筹开展全县生态保护与修复，提升生态系统质量和稳定性。严格对照生态保护红线范围和产业准入负面清单，把好审批关口，坚持绿色准入，拒绝"两高一低"企业入驻。深入开展环保专项行动，严厉打击查处环境违法违规行为。充分发挥环境监管网格作用，及时发现环境问题。县委常委会、县政府常务会、乡（镇）党委会每季度至少研究1次生态环境保护工作。

一、深入推进废弃矿山综合治理

通过复垦复绿、建设绿色矿山、开发矿山旅游等方式，建立科学、合理的废弃矿山综合治理模式。严格矿山准入条件，不再准予位于"三沿六区"可视范围内的矿山延续采矿权。结合山水林田湖草生态保护修复工程，统筹治理历史遗留、治理责任主体灭失的废弃矿山。合理有效开发利用稀土、钼矿等各类矿产资源，加大稀土非法开采整治力度。加快绿色矿山发展，建设绿色矿业发展示范区，落实省、市全面推进绿色矿山建设的实施意见。

（一）深入推进稀土矿山生态修复

根据《赣州市矿山环境综合治理规划 2013—2020》，按照"宜耕则耕、宜林则林、宜草则草"原则，采取"挡""排""降""平""和"等方式，"一点一策"进行生态恢复治理和管护，推进废弃矿山地质环境治理和生态修复。加强104个非法稀土矿山"一点双责"推进和监管工作，加快稀土矿山复绿工程和生态恢复工作。

（二）加强废弃采石场环境修复

全面修复废弃采石场环境，特别是针对公路沿线采石、取土、崩岗等造成的环境破坏，采取有效措施进行修复。

（三）防控工矿地土壤环境污染

加大废弃稀土矿山治理力度，逐步推进历史遗留尾矿库、非正规垃圾填埋场、工业废物堆存场所整治。加强涉重金属行业污染防控，严格土壤污染重点行业企业搬迁改造过程中的环境监管。

二、落实国土空间开发与管制措施

深入推进"多规合一"，细化落实主体功能区空间布局，严守生态保护红线。严格执行"绿色招商""生态准入"制度，坚决落实新建项目环保"一票否决"、环境影响评价、重点生态功能区产业准入负面清单、水源地保护等制度，把好绿色发展"源头关"。

（一）划定粮食生产功能区

根据全国建立粮食生产功能区和重要农产品生产保护区的战略部署，以土地利用总体规划和永久基本农田为基础，将粮食生产功能区划定目标落实到乡（镇）、到村(组)。2019年，全县完成1.21万公顷粮食生产功能区的划定任务。粮食生产功能区划定包括：①收集土地利用现状调查、基本农田划定、农村土地承包经营权确权登记、农业综合生产能力建设、高标准农田建设规划等成果或资料。②以永久基本农田划定成果为依据，通过人工判读和综合分析，初步确定粮食生产功能区片块和地块边界，制成粮食生产功能区划定工作底图，编制粮食生产功能区空间分布图。③以乡（镇）为单位输出粮食生产功能区空间分布图纸质图件，交乡（镇）、村组审核后，在粮食生产功能区划定涉及的集体经济组织内张榜公示，并由集体经济组织在公告公示图件上进行签章确认。④粮食生产功能区划定的基础资料、图件、表册和文本成果，经质量检查合格后整合入库，建立粮食生产功能区数据库。⑤采取内业审核、内业检测和实地抽查相结合的方式，对粮食生产功能区划定成果进行检查验收。⑥粮食生产功能区划定成果经检查验收合格后，由县农粮部门备案，并整理归档、统计和逐级汇交，推进成果共享利用。成果内容包括粮食生产功能区图、表、册、相关工作报告等纸质材料，电子地图、数据库等电子信息。

（二）土壤污染管控

以改善土壤环境质量为核心，围绕土壤污染状况详查、农用地安全利用、污染地块风险管控、重金属重点行业污染源排查整治、固体废物规范化管理资源化利用、危险废物处置、严禁"洋垃圾"入境等重点领域，抓好源头防控，健全长效管理机制。开展土壤环境质量调查，完成农用地土壤污染状况详查，编制完成耕地土壤环境分类清单，并完成重点行业企业用地中的污染地块调查。建立建设用地土壤污染风险管控和修复名录，列入名录且未完成治理修复的地块不得作为住宅、公共管理与公共服务用地。加强用地保护及安全利用。严格管控重度污染耕地，加快推动重度污染耕地种植结构调整，严禁在重度污染耕地种植食用农产品。建立污染地块联动监管机制，将建设用地土壤环境管理要求纳入用地规划和供地管理，严格控制用地准入，强化暂不开发污染地块的风险管控。推进耕地土壤污染治理与修复。以影响农产品质量的突出耕地土壤污染问题为重点，有序推进土壤污染治理与修复。加强土壤环境监测能力建设，建立县级土壤环境质量监测网，实现土壤环境质量监测点位县域全覆盖。

（三）农业面源污染综合防治

建设果业开发污染人工湿地综合治理规划工程，通过建设湿地立体生态系统吸收和降解地表径流中农药、化肥污染，并以导流措施和湿地沉淀方式等控制水土流失。改进施肥方法，减少水、肥流失，不断改良土壤，提高土壤自身保肥、保水能力；减少无机肥施用量，加大有机肥施用量，广种绿肥，推广能适应大面积施用的商品有机肥和微生物肥料；充分利用秸秆资源，搞好秸秆还田及综合利用，同时禁止露天焚烧秸秆。推广高效、低毒、低残留农药及生物农药，将高毒、高残留农药由目前禁止在水果、蔬菜、茶叶、中药材上使用逐步扩大到所有农作物；坚持贯彻"预防为主，综合防治"的植保方针，大力推行病虫害的综合治理。实行清洁生产，发展农业环保产业，推动循环经济建设进程。加强绿色食品、有机食品和无公害农产品的开发和管理。大力推广农村沼气、省柴节煤炉灶等可再生能源和节能技术，实施"猪—沼—果"为主要模式的生态农业，建立生态果园。合理规划畜禽养殖业布局，建设规模化畜禽养殖有机物污染资源化处理示范工程。结合"柑橘种植优势区"的特点，建设畜禽养殖—果业开发生态经济循环圈。按照"资源化、无害化、生态化"的原则，利用资源化治理工程和配套措施处理规模化畜禽养殖有机污染。

三、推进生态屏障建设

全面禁止天然林、公益林商业性采伐，严厉打击非法挖山取土和无序开发果园等行为，完善天然林管护体系，筑牢生态安全屏障。积极开展造林绿化、封山育林，推进国土绿化。大力实施长（珠）防林、湿地保护、退耕还林、退果还林等生态建设工程，推进县城规划区山体复绿工程，完成低质低效林改造。以高速公路、国省道等主要交通要道为重点，推进木材储备、林业基地建设，培育珍贵树种、大径用材。扩大森林、河流、湿地等自然生态系统保护面积，加强珍稀野生动植物原地保护。

（一）加强自然保护区建设

持续开展自然保护区"绿盾"监督检查专项行动。开展蔡坊自然保护区、东江源湿地公园保护问题排查，严肃查处和整改各类破坏保护区生态环境的违法违规行为。加强风景名胜资源监管，严格规划管控，严格保护资源，坚决查处风景名胜区内违法违规行为。全面排查违法违规挤占生态空间、破坏自然遗迹等行为，制定治理和修复计划，并向社会公开。及时掌握和严密监控东江源头流域水质，严密监控流域水质状况，完善水质监测跟踪机制和水环境执法应急机制，建立健全各级政府及有关部门、重点企业的突发事件应急体系，配备应急设施。

（二）切实加强林地管理

2020年，安远县实现林地保有量稳定在19.71万公顷，森林保有量达到19.15万公顷，森林覆盖率稳定在84.3%，活立木蓄积量达到741.7万立方米，在森林资源得到有效保护的同时，构建稳定、高效、安全的森林生态系统。全县共有8.93万公顷林地划入生态公益林和天然林保护工程，占全县林业用地的44.7%，为保障森林资源和生态安全，全县划分管护责任片区26个，聘请护林员892名，大力组建专职护林员队伍，切实落实好生态公益林和天保林的管护责任，坚决杜绝森林山火与乱砍滥发现象发生。同时，对全县古树名木进行普查建档，切实保护好这些"活文物"。根据国家林业和草原局新出台的《松材线虫病防治技术方案》技术要求，制订《安远县2019—2020年度松材线虫病防治实施方案》。2019年松材线虫病秋季普查结果，全县松材线虫病发生面积45.7公顷，主要分布在车头镇三排村堪脑、焦坑、横岗头，欣山镇修田村帅山仔等2个乡（镇）6个小班，因松材线虫病导致死亡松树58株。寄主树种为马尾松，林分结构比较单一，以马尾松纯林或马尾松为主要组成树种，呈零星分布。发生松材线虫病的原因很可能是因为高速公路建设、通信、电网铁塔的建筑包装材料以及物流携带松褐天牛传播。根据全县松材线虫病发生的实际现状、松林资源分布情况和不同生态功能分区，建立完备的疫情监测、监管和除治体系，疫情监测覆盖率、伐除疫木除害率和处理合格率达100%。根据摸底调查情况重新调整低改计划，将松材线虫病灾害林全部纳入年度低质低效林改造范围。对病枯死松树较多的成片枯死林，实施块状改造，彻底根除疫源；对病枯死松树较少的，在彻底清除零星病枯死松树的基础上进行补植改造或抚育改造。

（三）加强湿地保护管理

作为东江源湿地公园主体的镇江河是东江水西源。建立东江源湿地公园进一步完善和提高了源区生态系统涵养水源、保持水土、净化污染、提供洁净水资源、调节气候、均化洪水的功能，做到"源清则水净"。对河流湿地进行保护和保育、修复和恢复，构建良好的河流廊道生态系统，恢复其生态功能和湿地生物多样性，营造优美的湿地景观，是把东江源国家湿地公园打造成"健康的湿地、洁净的水源、原生态的河流"的关键。通过实施河道保洁工程、河流湿地修复与恢复工程、生态河岸带建设工程、水生生物多样性恢复工程、湿地生态滤场构建、生态缓冲控制区六大工程14个项目，对东江源国家湿地公园的湿地进行科学、系统与有效的保护。颁发《安远县人民政府办公室关于进一步加强湿地保护管理的通知》，切实加强全县湿地资源保护，严守湿地面积保有量红线，维护湿地生态安全。严禁在东江源国家湿地公园核心区和缓冲区、保育区和恢复重建区内开展破坏湿地及其生态功能的活动；全面停止在东江源国家湿地公园和城区湿地审批光伏发电、城市建设等项目；严格控制占用一般湿地开展工程项目建设。严格湿地用途管制，建立健全湿地面积总量管控、湿地占补平衡等管理制度。各类工程项目建设确需占用湿地的，应按照"先补后占、占补平衡"的原则，制定湿地占补平衡方案，占用重要湿地或城市规划区内湿地的，事先征得县林业主管部门同意，并依法依规办理审批手续；占用一般湿地须征求林业主管部门意见。坚决杜绝未批先占、违法违规占用湿地行为，凡未经批准占用湿地的，要依法依规从严查处。对湿地资源实行全面保护和总量管控，确保湿地面积不减少、生态功能不减退。加强重点区域湿地保护，扩大湿地保护面积，提升湿地保护率。对面积较大、生物多样性较丰富的湿地，采取湿地公园或湿地保护小区等方式加强保护；对符合重要湿地认定标准的湿地，积极申报和争取纳入重要湿地。强化湿地生态修复，积极推进湿地生态修复项目的实施。对已遭到破坏的湿地，按照自然恢复为主、人工修复为辅的原则，因地制宜开展生态修复；对经批准实施的占用湿地的项目，做到边施工边修复，最大限度降低对湿地生态系统的影响。进一步加强湿地公园的建设管理，严格执行湿地公园管理制度。鼓励和引导湿地占补平衡实施主体在符合土地利用规划的前提下，因地制宜开展乡村小微湿地建设，服务乡村振兴发展。

第四节　完善生态补偿机制，严密各方利益关系

安远县政府在三百山及周边地区划定禁伐面积8万公顷，并建立了2万公顷的三百山核心天然保护区，全面封山育林。对东江源头河道和全县水库实行

禁渔，禁渔区域全面退出水产、畜禽养殖，严厉打击禁渔区域内一切非法捕捞行为。对矿产资源、河道沙石实行禁采，对东江源区潜在价值高达 100 多亿元的钨、钼、电气石、稀土等各类矿产资源也全面禁止开采。据不完全统计，因各类资源限制开发，安远县每年财政收入要减少 5 亿元以上。生态环境资源的保护，还要支付一定的经济成本。安远县为了维护整个流域生态环境，不得不大幅度削减原来的经济活动，使现时经济利益受到损失。在为下游地区提供优质水源的同时牺牲了当地诸多发展利益，必须建立国家、受水地区对源区的生态补偿机制。

一、落实生态保护补偿制度

安远县作为东江源区的重要组成部分，生态补偿问题在我国具有典型性，成功建立东江流域生态补偿机制将对全国江河源头贫困区域的生态环境保护和跨省界流域的生态补偿实践具有重要的示范意义。安远县已争取国家将东江源区批准为国家级重点生态功能保护区，将源区生态保护与建设纳入国家纵向财政转移支付、生态建设和保护投资的范围。国家负责协调广东省和江西省的补偿事宜，建立两省政府东江源生态补偿联席会议制度，启动关于广东实施生态补偿的具体措施与标准、东江源区确保提供稳定优质水源的责任等问题的协商进程；建立江西省与广东省政府协调机制，最大限度地减少生态补偿纠纷，解决东江源区际间的生态补偿问题。建立流域上下游协商平台和仲裁制度，完善水环境规划管理制度。

二、全面落实生态补偿责任

国家设立国家流域生态补偿专项资金，用于跨省流域上游重要生态保护地区的生态环境保护与建设。按照"谁受益谁补偿，谁破坏谁修复"的原则，建立水生态保护的补偿机制。全面落实《东江流域上下游横向生态补偿协议》，全力推进东江流域生态环境保护与治理项目实施。推进东江源生态补偿机制建设工作，用好用活生态补偿政策资金。健全矿产资源有偿使用、矿山生态修复治理保证金制度，探索矿产资源开发生态补偿长效机制。探索产业生态补偿机制，对企业生产过程中产生的资源消耗和环境污染承担相应的生态补偿责任。

三、推进流域生态补偿项目建设

贯彻落实《江西省流域生态保护补偿办法》，加强补偿资金用途管理。如安远县赖塘无主废弃稀土矿生态修复工程项目的主要建设内容为：对东江源乡镇赖塘片区 54.61 公顷的无主废弃稀土矿进行生态修复，治理水土流失面积 54.61 公顷，主要工程内容包括截水沟、挡土墙、边坡修复、土壤改良和生态修复等，减轻水土流失的影响。深入推进东江流域上下游横向生态补偿项目，2018 年底前全面完成 2017 年度东江流域上下游横向生态补偿项目建设，并确保 2018 年已下达批复的东江流域上下游横向生态补偿项目全面开工；2019 年底前全面完成 2018 年度东江流域上下游横向生态补偿项目建设；积极参与东江流域上下游横向生态补偿第二轮项目的申报工作。

四、提高生态公益林补偿标准

积极争取上级森林生态补偿资金及政策，探索生态公益林和天然林"以效益论补偿"新机制，建立古树名木保护补偿机制。在东江源头等地区探索"禁伐"补贴和非国有森林赎买（租赁）、协议封育试点。为提高林农积极性，减少林农损失，生态补偿项目标准提高到每年每亩 25 元以上。鉴于森林生态效益不可储藏和移动、具有公共物品属性、无法通过市场获得回报的特点，加上生态公益林只准营造而不准进行生产性采伐，使其所属的经营单位和个人不但不能从长期经营中获得直接收益，而且还要为生态公益林的保护、管理付出必要的人力、财力和物力，以换取其涵养水源、保持水土、改善环境等生态公益效益，因此力争逐年提高生态公益林补偿标准。

五、建立健全生态资源市场化机制

明确生态补偿的受益与利益主体，建立市场化生态补偿融资渠道。转变"供水用水自流，买水卖水自愿"的观念，变水资源行政区域管理为流域管理，克服上、中、下游保护管理水资源脱节现象。建立环境污染第三方治理、合同能源管理和合同节水管理，推进阶梯水价等制度改革。建立自然资源资产有偿使用制度，健全土地、水、森林等自然资源资产价格评估标准和评估办法。健全林权市场交易制度，加快森林碳汇资源开发利用，努力争取碳汇交易试点。建立合作机制，部门联系、上下（游）联动，调动全社会的力量共同推动东江源区生态补偿机制的发展与完善。

第五节　建立生态产业转换机制，严拓绿色发展通道

安远为典型的边远山区县，长期经济底子薄，群众收入低，是罗霄山脉集中连片贫困县、国家扶贫开发重点县。出路在于把绿色发展作为缩小县域经济差距的主要措施，大力推行"生态＋"模式，走生态与经济融合发展之路，加快提升生态工业、转型绿色农业、壮大生态服务业，着力构建绿色发展体系，打通绿水青山向金山银山转化的通道，努力将生态优势转化为发展优势。

一、推进工业扩容提质，培育壮大产城集群

安远县工业经历了曲折而艰难的发展历程。20世纪80年代国有企业、乡镇企业得到快速发展，先后创办了木材厂、造纸厂、活性炭厂等以木材加工为主的工业企业。90年代中后期，受市场经济的冲击，乡镇企业日益式微，国有工业企业经营困难，纷纷倒闭、破产，大量工人下岗待业。期间，为改变工业落后局面，曾着力发展私营经济，积极开展招商引资，但受交通、通信、资源、人才特别是观念和指导思想等主客观因素的制约，国有工业改制破产后，私营经济也难有起色。

进入21世纪，县委、县政府结合县情，制定"产业富民，工业兴强，生态立县"的发展战略，依托较为丰富的矿产资源和强大的产业基础，着力发展工业经济，主动承接沿海发达地区产业转移，发展脐橙深加工、稀土精深加工、生物制药、服装鞋帽加工等四大主导产业。着力把产城新区打造成为产业兴旺、经济繁荣、功能完善、宜居宜业、生态优美的经济增长点。主动融入赣

粤电子信息产业带，瞄准电子信息首位产业发展方向，精准引进一批补链、强链、扩链的电子信息产业项目。在产城新区建设手机城，把手机城打造为"园中之园、城中之城"，把手机产业培育成为首个千亿元产业。

新中国成立时，安远中心城区总面积仅 0.5 平方公里，建筑主要是低矮、潮湿、破烂不堪的土坯房，如今经过 70 余年的发展，安远县城规划面积达 18 平方公里，城市路网布局四通八达，城市品位不断提升，人居环境得到极大的改善。近年来按照"打造具有客家文化特色的休闲旅游城市和生态宜居城市"的发展定位，以规划为引领，以项目为抓手，按照"精心规划、精致建设、精细管理、精美呈现"的要求，加快推进以人为核心的新型城镇化建设，将现代元素、生态元素，融入新型城市建设全过程，聘请清华大学规划设计院制定修建性详规和生态城市设计方案，大力实施老城区改造、新城区建设，亮化、美化、硬化、净化工程。城区四周被龙泉湖森林公园、九龙山森林公园和东江源森林公园环绕，城中书香公园美不胜收，绿化覆盖率达 42%，绿地面积 395.35 公顷，人均绿地面积 13.89 平方米，公园绿地 500 米服务半径覆盖率达到 88%，形成"步步见绿，四季有花，美景怡人"的城市园林绿化新格局。

二、促进农业转型升级，大力发展现代农业

安远是传统的山区农业县，有宜果山地面积 4 万公顷，植被丰富，土壤肥沃，富含多种微量元素，特别适宜种植脐橙。目前脐橙等新兴产业不断发展壮大，被农业部列为全国优质脐橙优势区域，以及赣南脐橙生产核心主产区。安远县以建设中国脐橙强县为目标，以实施无公害绿色生产为主线，按照"生态化开发、规范化经营、标准化生产、品牌化营销、专业化服务"的要求，集中力量推进脐橙产业化进程，初步形成了相对完整的脐橙产业化体系。全县无公害脐橙面积 2 万公顷，年产量达 25 万吨以上。拥有脐橙种植出口基地 8 个，面积 0.34 万公顷，出口加工企业 5 个，年可出口脐橙 12 万吨。

坚定不移把脐橙产业作为农业首位产业。大力清除黄龙病树，坚持生态立园标准，重点抓好三百山仙人峰、车头独立嶂等复产示范区建设。严格实行复产申报制度，稳步有序推进脐橙生态复产，统防统治柑橘木虱，杜绝"三无"柑橘苗木生产销售行为，严厉打击在果树上喷施"糖蜜素""四环素"及其他

不明化合物的违法违规行为，洁净脐橙复产环境、示范推广复产模式和集成技术，繁育无病毒脐橙苗木。实施好中央投资995万元的江西省赣州市国家柑橘种苗繁育基地项目，加强赣州市定点无毒柑橘苗木繁育基地监管，保障复产所需苗木数量、质量。引导农民大力开发县内的荒山荒坡，种植脐橙、油桃等经济林木。果园与果园、基地与基地之间种植隔离林，做到"园中有林、林中有园"。坚持先审批后开发和按技术标准开发原则，种果山地留足四分之一面积的原植被，稀疏山地和原植被不足的老果园，一律实行人工补种；实施果园生草栽培措施，以当地原生物种为主，结合绿肥植物种植技术，以涵养水源、改善生态环境；实施果园无公害标准化生产，禁止使用高毒、高残留农药。引导鼓励黄龙病病毁转产种植以猕猴桃为重点的其他非柑橘类水果品种，扩大改造猕猴桃果园面积，建设标准化生态示范园，集成应用生态建园、增施有机肥及套种压埋绿肥、"一杆两蔓多结果母枝"修剪等栽培技术，示范带动全县猕猴桃栽培技术水平的提高，完善猕猴桃产业体系建设。

为进一步实现农业的节约环保，增产增效，全县紧扣农产品产前、产中、产后环节，建立江西省首家县级农业信息网，搜寻国际适销的农产品品种，设立65个新品种试验示范园，对新品种先试种再推广。瞄准粤港澳大湾区等邻近区域市场，把握春提早、秋延后、越冬、越夏等高价茬口，主攻高附加值的果蔬品种。围绕全面精准提升森林质量和效益，对火烧迹地、疏林地，遭受森林火灾、病虫危害严重、冻害以及不适地适树导致林木生长不良的低质低效林，采取人工更新或更替改造。科学选择造林树种，注重选择适应性强、生长快的木荷、枫香、杜英等乡土阔叶树种，也可根据林农意愿种植板栗、南酸枣等经济林树种或楠木、栎、槠等珍贵阔叶用材树种，结合脐橙果园复产在山顶带帽和隔离带选择补种杉木等速生树种，不再种马尾松等松类树种。以果园戴帽山、果园复产生态修复为重点，实施以封育为主，在林中空地适当补植阔叶树的封育改造，采取砍杂、抽针留阔、抽针补阔、复垦、施肥等抚育措施实施森林抚育，调整林分密度、结构，改善生长环境，促进林木生长，培育健康稳定、优质高效的森林生态系统。

三、培育生态旅游产业，做大做强美丽经济

起步于20世纪90年代初的安远旅游业，借香港回归掀起开发的热潮，已

辟建三百山、虎岗温泉、仰天湖、九龙嶂、龙泉山、无为公园、永清岩、永兴山、莲花岩、燕子岩、东生围、尊三围等20余处观光景点，基本形成以探幽三百山自然风光为主要内容的绿色旅游线和以探寻苏区时期红军活动遗址为主要内容的红色旅游线。其中东江源头三百山是江西十大名山之一，素有"北有庐山、南有三百山"之称，是香港和深圳级旅游景区，也是全国唯一对香港同胞具有饮水思源意义的旅游胜地。全县已打造出以生态、围屋、温泉等为主题的特色景区景点30多个，发展农家乐200多家。2018年，全县共接待游客310.6万人次，旅游综合收入为20.67亿元。

为配合三百山旅游开发，推出生态观光果园游项目，果园景色与源头风光相结合，形成"一个果园一个景点，一片果园一个景区"的景观，既让游客欣赏山野风光、体验山村乐趣，也增加果园的附加值。精心设计精品旅游线路，着力打造"两天半"旅游圈，吸引港澳旅客到三百山"母亲河"寻踪探源，体验赣南采茶戏发源地多彩的民俗风情。如三百山镇符山村村民唐秀成开发的生态观光果园，每天都有来自粤港等地的游客前来观光旅游。游客们在游览三百山之余，可以在果园里摘桃子、钓鱼，全身心地感受农家风情。围绕旅游"六要素"，高品位建设旅游新村、乡村民宿、餐饮特色街区、商业特色街区、星级酒店等旅游配套设施。建立10公顷农产品电商产业园、13.33公顷快递物流园，推进电商与物流融合发展，着力打造区域性电商产业集聚中心。以"安远三鲜粉"为重点，建设特色小吃产业聚集区，创建特色小吃产业园，加快特色小吃产业化进程。完善金融服务体系，继续实施"五个信贷通"，加强数字金融的推广运用，扩大普惠金融的受益面，提高农村金融服务的覆盖率。

良好的生态是最普惠的福祉，是最美丽的经济。安远正举全县之力，规划建设三百山国家重点风景名胜区、赣南客家摇篮旅游系统建设工程、安远客家围屋保护工程、交通枢纽建设工程，加强和完善旅游基础设施建设，不断完善服务功能，增强接待能力，优化服务质量，提高旅游产业的整体水平，重点开发好三百山、桠髻钵、九曲河、东新围等一批有知名度和影响力的景点和风景区。充分发挥东江源头区域生态旅游资源的优势，深入挖掘东江源文化内涵，全面开发绿色旅游、红色旅游、生态旅游、地质景观旅游、客家文化旅游等各种旅游资源优势，发展以回归自然、认识自然、热爱自然、保护自然、宣传科学、游乐健身、陶冶情操为主要内容的生态旅游产业。

第六节　建立环境共建机制，严保公众绿色生活

安远县主要河流濂江河、镇江河出境断面水质达到国家III级以上标准，东江源头保护区断面水质达到国家II级以上标准。县城区集中式饮用水水质达标率达100%，空气质量达到国家II级以上标准并保持长期稳定状态，城镇生活污水集中处理率达到90%以上，生活垃圾无害化处理率达到90%以上。自然保护区、集中式生活饮用水源地土壤达到国家一级标准，农田土壤基本达到国家二级标准。

一、农村人居环境整治

制定《安远县农村人居环境整治三年行动实施方案》，2018年，启动农村人居环境整治行动。农村人居环境整治政策体系、推进机制初步建立，并选择版石镇松岗村、孔田镇高屋村、镇岗乡樟溪村和双芫乡合头村作为试点村，形成可复制、可推广的农村人居环境整治经验做法。2019年，全面推广试点经验。农村人居环境突出问题得到初步解决，整治工作取得初步成效。2020年，全面完成整治。全县农村人居环境明显改善，村容村貌明显改观，村庄环境干净整洁有序，村民环境与健康意识普遍增强，基本建成"整洁美丽，和谐宜居"新农村。

（一）农村垃圾治理突出资源化利用

按照"有齐全的设施设备、有成熟的治理技术、有稳定的保洁队伍、有长效的资金保障、有完善的监管制度"的"五有"标准，构建"户分类、村收集、镇转运、县处理"的农村垃圾运行体系，科学布局垃圾收集、中转设施，配足垃圾收集点、清运转运车辆，提升农村生活垃圾集约化、标准化收运、处理水平，推进生活垃圾的无害化、资源化，不断健全农村生活垃圾长效治理机制，使农村生活垃圾专项治理工作规范化、高效化、常态化运转。围绕农业面源污染治理，着力解决畜禽粪污、农作物秸秆、废旧农膜和农药包装物等废弃

物处理问题，以能量循环、综合利用为主线，构建农业生产废弃物资源化利用的有效治理模式。加强畜禽养殖废弃物处理，实施畜禽养殖废弃物资源化利用行动，配套建设农田有机肥贮存利用设施。开展农作物秸秆和果蔬废弃物综合利用，采取肥料化、饲料化、基料化、原料化等方式提升综合利用水平。

（二）村庄整治突出"厕所革命"

推进农村"空心房"整治、铁皮棚整治和通信杆线专项整治，按照洁化美化要求整治农村民房庭院，开展"赣南新妇女"运动、"清洁家庭"评比活动和"最美庭院"创建行动，促进庭院内外整洁有序，与周边景观风貌相协调。大力提升农村建筑风貌，结合客家建筑风格和特色文化，推进交通沿线和新农村建设村点建筑立面整治提升，对道路两旁、沟渠堤坝、农房庭院进行绿化，建设绿色生态村庄。充分利用"空心房"等清拆场地，建设供村民休闲、游憩的游园绿地以及小果园、小菜园，搞好空闲隙地绿化。推进绿色殡葬建设，加强农村散埋乱葬治理，完善农村公益性骨灰安葬设施。在村组道路两侧和公共活动场所安装照明设施，科学设置间距，推广使用节能灯具和新能源照明。在300户以上村庄的公共场所至少新建或改造开放1座三类以上公厕。发展乡村旅游的村庄，按照乡村旅游点质量等级标准建设相应的公厕。坚持群众接受、经济适用、维护方便、不污染公共水体的原则，引导农户建设无害化卫生厕所，重点推广三格式水冲厕，每户农户至少建一个室内水冲厕。推进厕所粪污治理，积极探索厕所粪污资源化利用的有效方式，鼓励畜禽养殖业发达地区将农户厕所粪污与畜禽粪污一并资源化利用。

（三）公用设施建设突出生活污水治理

按照规划要求对涉及乡容镇貌的公用设施进行建设或改造，重点建设和改造道路、桥梁、给排水、环卫等公用设施。给排水系统与乡（镇）的发展规模和规划人口相适应，公共厕所基本实现水冲化，并有专人管理保洁。梯次开展农村生活污水治理，根据区位条件、村庄人口聚集度、污水产生量，因地制宜确定农村污水治理技术和治理模式，确保处理方式简便、适用、有效。积极推广低成本、低能耗、易维护、高效率的污水处理技术，积极采用生态处理工艺。加强生活污水源头减量和尾水回收利用。以房前屋后河塘沟渠为重点实施清淤疏浚，采取综合措施恢复水生态，逐步消除农村黑臭水体。选择一批饮用水源保护区、水环境敏感区和重点旅游景区，开展农村生活污水治理试点，分阶段推进圩镇污水处理设施建设，有条件推进到人口比较密集的中心村。

（四）农村建房管理突出圩镇规划建设

加大农村建房管控力度，严格执行村庄规划，注重农房建设风貌引导和塑造，推广农村民居新户型，引导农民按照经济适用原则和实际需求理性建房。建立农村超高超大建房常态化整治机制，坚决遏制新增农村超高超大建房。严格落实"一户一宅"政策，控制农村建房用地增量。建立健全违法用地和建设查处机制，加强对违建治理的监督问责。按照管理规范化、市场秩序化、环境整洁化的要求，以"规划引领、规范整治、建管并举、长效管理"的工作思路，以"五整治、四建设"（道路街巷整治、违章搭建整治、临街建筑整治、环境卫生整治、集贸市场整治，公用设施建设、污水处理设施建设、景观环境建设、园林绿化建设）为重点，完善圩镇规划建设和长效管理工作机制。

二、建立绿色共建机制

建立建设项目立项、实施、后评价等环节群众参与机制。健全生态环境新闻发布机制，充分发挥各类媒体作用，及时报道生态环境保护工作动态、成效做法、存在问题及整改情况。探索建立适应群众健康需求的生态环境指标统计和发布机制，健全优质生态环境资源的推广和共建机制。

（一）重点区域森林绿化美化彩化珍贵化

坚持把政府主导、社会参与作为提升森林生态质量的有效途径，既充分利用山水林田湖草生态修复、长江经济带生态保护、低质低效林改造等工程推进项目建设，又注重凝聚社会共识，引领社会力量投入项目建设。坚持规划先行、科学布局，结合森林资源实际，合理编制森林生态质量提升项目规划，将建设任务、技术措施精准落实到山头地块。在明确项目建设布局的基础上，采取循序渐进、分步实施的方法逐步推进。充分尊重自然规律，坚持生态优先、因地制宜、适地适树，做到宜造则造、宜补则补、宜改则改、宜抚则抚。坚持科学造林、推广良种良法，既立足当前绿化现状，也考虑长远发展需要，坚决杜绝移植大树和毁林重造，严禁在恢复区内炼山、全垦作业与新增脐橙等经济林果茶园，不搞好大喜功、"一刀切"形象工程。针对恢复区自然条件、功能需求合理设计树种。坚持以培育乡土阔叶树种资源为主，科学调整树种结构，形成树种多样、层次分明、生态功能稳定的特点，充分展现不同区域森林的生态特色。

（二）集中式饮用水水源地规范化

按照生态环境部集中式饮用水水源地环境保护专项督察反馈问题，完成艾坝水库工程建设及蓄水工作，同时完成旧水源地的撤销申请工作。对照集中式饮用水水源地规范化建设相关标准，认真查漏补缺，确保集中式饮用水水源地全面达到规范化建设要求。严格按照饮用水水源保护相关要求，规范设置集中式饮用水水源保护区标志，完善界碑和警示标志设置工作，并合理设置饮用水源保护宣传牌，指定专人定期巡查和维护。按照饮用水水源保护相关规定，对集中式饮用水水源地一级保护区区域设置隔离防护设施。对穿越饮用水源保护区内的道路和桥梁等公共设施，完善警示标志，实施限速通行，并完善应急处置设施。同时，建立定期巡查制度，明确责任，确保各类隔离防护设施正常使用。深化集中式饮用水水源保护区综合整治，全面排查饮用水水源地安全隐患，清理与整治集中式饮用水水源保护区内污染源，积极开展水源地生态保护与修复，依法强化饮用水水源地环境监管，保障居民饮水安全。

（三）大气污染防治长效化

全面推进工业大气污染综合治理。加强涉气企业监管，对布局分散、装备水平低、环保治理设施差的小型工业企业进行全面治理整顿，制定综合整治方案，实施分类治理，提升改造一批、集约布局一批、搬迁入园一批、依法关停一批。继续深化油气回收治理，对已安装油气回收设施的加油站、储油库、油罐车全面加强运行监管。全面整治"小散乱污"企业。开展地毯式排查，建立管理台账，严格按照"两断三清"标准和时间节点要求，依法依规完成"小散乱污"企业整治工作。深化城镇大气污染综合治理，加强施工工地扬尘环境监管，把扬尘污染防治等环保措施纳入监理规划及细则，落实扬尘污染控制属地责任和部门行业责任，施工过程加强监督落实。把施工扬尘污染控制情况纳入建筑企业信用管理系统，并作为招标重要依据。规范施工管理，要求各施工地设置工地围栏、安装在线视频监控、进行场地硬化和绿化覆盖、及时清理建筑垃圾、配置现场降尘设备等，减少施工扬尘。强化城区道路养护、保洁，加大机械化等低尘作业方式和环卫专业冲洗力度。严厉打击"黑渣土车"和渣土车带泥上路、沿路遗撒等行为。大力治理餐饮油烟污染，推广使用高效净化型家用抽油烟机，逐步减少家庭油烟排放。加快推进餐饮服务经营场所安装高效油烟净化设施，加强设施运行监管。全面禁止在全县范围内燃放烟花爆竹，大力宣传禁止燃放烟花爆竹规定，营造浓厚社会氛围；强化源头管控，开展拉网式检查，严格查处非法运输、携带及违法销售烟花爆竹行为，堵住源头。加强田埂、秸秆焚烧、祭祖焚烧纸品等野外用火监管，降低野外用火对空气质量的影响。减少"炼山"造林行为，推广不"炼山"造林技术、挖掘机挖沟填埋采伐剩余物做基肥等措施。

三、组织公众绿色生活

完善生态环境信息公开制度。加强公众关心的生态环境信息以及重特大突发环境事件信息公开，对涉及群众切身利益的重大项目及时主动公开。全面推进排污单位环境信息公开、监管部门环境信息公开。推动环保社会组织规范健康发展，引导环保社会组织依法开展生态环境保护公益诉讼；按照国家有关规定对保护和改善生态环境有显著成绩的单位和个人给予表彰；完善公众监督、举报反馈机制，保护举报人的合法权益，鼓励实行有奖举报。

（一）增强公众绿色生活意识

把公众绿色生活教育纳入国民教育、干部培训和企业培训体系，开展节约型机关、绿色学校、绿色医院、绿色商场、绿色社区、绿色家庭等创建活动，组织开展世界环境日、世界水日、植树节、湿地日、全国节能宣传周等主题宣传活动，积极举办具有安远特色和广泛影响力的公众绿色生活普及活动，着力培养人民群众的绿色生活、绿色环保、节俭节约、社会责任意识。转变生产发展和生活方式，以最少的资源能源消耗、最低的污染排放、最小的生态影响，协同推动经济高质量发展和生态环境高水平保护。把绿色生活作为经济社会发展的关键节点，形成公众广泛认同、积极参与、同建共享的良好局面。

（二）努力创建公众绿色生活

开展国家级、省级文明城市、园林城市、森林城市、卫生城市、生态县（乡镇）和秀美乡村创建工作，探索生态扶贫模式，制定《安远县生态保护扶贫工作实施方案》，在山水林田湖草生态保护修复试点等生态建设工程中，设立生态公益性岗位，建立贫困人口转生态护林员、农村保洁员制度。深入推进易地扶贫搬迁工程和贫困地区生态移民行动计划。推动发展花卉苗木、食用菌、药材等多种林下经济扶贫模式。推广光伏扶贫政策，支持全县建档立卡贫困户安装户用光伏电站，推进精准扶贫＋现代农业＋新能源多元融合发展。

（三）加强生态文化教育活动

推进生态文化教育进机关、进企业、进社区、进农村、进学校，倡导生态文明行为。推行绿色出行"135"计划，即：倡导 1 公里步行、3 公里骑自行车、5 公里乘坐公交车。推进政府绿色采购，推行无纸化和绿色节能办公。在安远县三百山景区设立"香港青少年国民教育基地"，弘扬三百山所特有的"源头文化"，开展三百山创建省级生态旅游示范区、三百山风景区创建生态文明示范基地工作。启动森林生态文化体系建设工程，完善区划功能，勘定保护区、核心区、缓冲区、实验区边界，建立永久性界牌、界桩、标牌、宣传牌等，加强保护区科研小道、大道、社区道路建设，进一步完善保护站的观测、监测、通信网络及其他基础设施建设。由港深社团出资建造的思源亭、赣港粤共同铸就的思源宝鼎、香港同胞援建的一座座学校，连同景区内的火山瑶池、护源石、"东江第一瀑"等，都作为"教育基地"，开展香港青少年爱国主义教育及感恩教育实践、深化与内地交流与合作不可或缺的重要资源。

第七节　建立法规保障机制，严格依法监管监测

做好市以下环保机构监测监察执法垂直管理工作，构建天地一体化的空气、水、土壤、生态、污染源生态环境监测网络，实现生态环境质量预报预警，推进适度上收生态环境质量监测事权，确保监测数据真实准确全面。按照县、乡（镇）不同层级生态环境保护工作职责配备相应工作力量，保障履职需要，确保同生态环境保护任务相匹配，建设规范化、标准化和专业化的生态环境保护人才队伍，打造政治过硬、责任过硬、能力过硬、作风过硬的生态环保铁军。

一、成立生态综合执法大队

深化生态环境综合执法体制改革，有效破解生态环境执法领域职能交叉、多头执法、衔接不力等问题，县成立生态监督执法大队，乡镇成立监督执法中队，村成立监督执法小组，每个村民小组配备了兼职管护员。生态综合执法大队实行"集中办公、统一指挥、统一行政、统一管理、综合执法"，执法人员从公安、水利、环保、林业等部门中抽调组成。生态综合执法大队行使森林采伐、水污染防治、河道管理、渔业保护、畜禽养殖、水土保持、土地管理、矿产资源开采等方面法律、法规、规章规定的行政处罚权，协助森林公安局查小污染环境、擅自进口固体废物、非法捕捞水产品、非法采矿、破坏性采矿、非法占用农用地等破坏环境资源犯罪案件，严厉打击破坏生态环境的违法犯罪行为。

在生态综合执法过程中，坚持山、水、林、田、湖、草"六元共连"，采取严格管山、依法治水、全面育林、"红线"护田、综合控湖、科学种草等一系列有效措施，完善生态执法局的监管、协调等工作机制，形成生态环保"拳头"效应。既提高了协同性，改变了森林采伐、水污染防治多套人马、数套机制条块化管理，工作中各履各职、各管各事、互不干涉的问题，克服了以往在同一个区域，每天管林的走一遍、巡河的也跑一趟，巡山的林长遇到破坏水资源的不管不问，巡河的河长看到毁林视而不见等现象；又提高了集约性，过去

护河、管林分属于不同领域，队伍、技术、信息、设施等重复投入，造成人力、物力、财力等浪费，不利于集约高效利用现有资源，特别是在末梢管理上，乡村大量的人力资源重复投入，大大分散了基层抓发展的精力。生态综合执法则充分发挥"人防＋技防"作用，借助水文水情、森林防火、公安视频监测设备，因地制宜建设河湖（库）、森林资源管理保护信息系统，推进成员单位信息系统和数据资源整合，探索构建互联互通、信息共享、运转高效的一体化信息管理平台。

为了增强山水林田湖草生态保护修复的系统性，安远县把农村生活垃圾保洁员、河道管理员、森林防火员等公益性岗位工作人员，全部聘为生态环境保护监督员。全县3000多名生态环境保护监督员负责对村组山林、水土、河流的巡查，编织了一张村巡查、乡取证、县执法的"三位一体"生态环境保护网。东江源头流经区域的三百山、凤山等5个周边乡镇的农民还成立义务护源队，签订护源公约，将护林护源列入村规民约，经常开展巡山护源活动，切实保护好源头生态环境。县生态综合执法大队自成立以来，累计开展执法巡查386次，制止破坏生态环境行为289起，刑事立案2起，受理行政案件27起，有效遏制了各类破坏生态环境事件的发生，生态环境保护取得了明显成效。

二、生态环境管控高压有力

到目前为止，安远县的生态林业保护、病虫害防治、山塘水库保护、森林火灾防范和扑救等生态安全体系都已建立完成，并严格贯彻落实《关于推进"三禁""三停""三转"加强生态保护的实施意见》，实施对森林资源实行全面禁伐，对东江源头河道实行禁渔，对稀土钼矿、河道沙石实行禁采；对污染项目实行停批，对污染企业实行关停，对污染行为实行叫停；对遭黄龙病损毁的果园进行转产，对资源消耗型企业进行转型，对粗放型生产方式进行转变的生态环境保护举措。

（一）规范事前审批和事中事后监管

加强对公路建设、矿业开采、房地产开发、果业开发等各类开发建设项目水土保持方案编报的监督力度。2019年共审批交通建设、房地产开发、城镇建设等项目水土保持方案 14 份，编报率达 95%，并严格依法依规足额收取水土保持补偿费。在严格水保方案审批的同时，要求项目建设施工期间的临时措施、永久性措施的落实，积极督促开发建设项目在工程竣工后及时验收水保设施，并按规定及时报备。

（二）加强集中整治，明确管理责任

为有效遏制水土流失，落实部门的主体责任，县政府下发了《安远县人民政府办公室关于印发安远县水土流失集中整治工作方案的通知》，要求各部门严格执行"谁主管、谁负责"和"谁开发、谁治理"的原则，严格落实责任范围内生产建设项目水土保持监督管理工作，有效落实水保"三同时"制度。层层签订目标管理责任状，明确各自的目标、任务和职责，做到责、权、利分明，每半年检查一次，年终依据综合评比结果兑现奖惩。

（三）加大执法巡查，狠抓责任落实

加大执法巡查力度，有计划地按月按季度对各个生产建设项目进行监督检查，对存在问题的项目及时下发限期整改通知书，为相关单位或负责人耐心细致地讲解《中华人民共和国水土保持法》和相关法律法规。全年共巡查 82 次，巡查项目数 95 个，下发整改通知书共 29 份，复核省市下发全县裸露卫星图斑119 个并对存在问题的项目督促及时落实整改，乡镇、村张贴水土保持宣传画105 份，发放宣传手册 1000 份。通过加大水土保持的宣传和执法力度，全县的生产建设项目业主及人民群众的水保意识进一步增强。

三、生态修复工程监测

生态修复工程监测是进行有效项目管理的关键。为了提高项目执行水平，科学、及时、准确地反映项目建设的成效，对生态修复工程的实施进度、质量、生态效益、社会效益和经济效益等进行跟踪监测。在项目区设立监测点，分别监测生物种群变化、植被生长量变化、土壤变化、水土流失情况、社会经济状况等。监测区域为生态修复工程的整个项目区。监测内容有：（1）将土壤

和植被作为环境因子监测的重点。监测的一般项目为地形、地貌、气象、水文，重点项目为土壤和植被。土壤监测指标主要有土壤类型、土壤质地、土壤厚度、土壤有机质、PH 值、N、P、K 等，植被监测指标主要包括植物的种类、数量、林草生长量和植被覆盖度等。（2）项目执行情况监测。主要包括项目区封育保护、人工补植林草、崩岗治理和修筑反坡台地、塘坝等的数量、规模、分布、实施进度及实施质量。（3）生态修复效益监测。①项目区生态修复措施蓄水保土效益监测。主要包括项目区生态修复措施的蓄水效率、保土效率和项目区内主要河流的洪峰流量、泥沙含量变化情况。蓄水效率、保土效率可结合水土流失状况监测中的水土流失量监测以及项目执行情况的监测内容进行，河流的洪峰流量、泥沙含量变化情况可结合项目区土壤侵蚀环境因子监测中的水文因子监测进行。②项目区社会效益监测。主要包括对农民人均纯收入、农村产业、能源结构、土地利用结构等情况的监测，具体可结合项目执行情况监测中的反坡台地修筑、人工补植林草、沼气池修建等指标进行监测。③项目区经济效益监测。主要是对实施生态修复土地上生长的植物产品增产量和增产值进行监测，包括修复保护所增产的活立木以及农产品等的效益。

从安远县水土保持生态修复试点工程监测提交的监测成果有：《水土保持生态修复工程监测成果报告》；项目区地理位置图；项目区水土流失动态变化图；项目区水土保持生态修复措施竣工图；有关土壤侵蚀、水土保持措施和植被恢复等的监测数据表格等，具有一定的借鉴意义。目前全县已建成 5 个水质自动监测站，由专人对自动站数据进行监控，并定期进行人工监测比对，发挥水质自动监测站在流域水质管理中的预警作用。但生态修复工程监测工作是一项全新的挑战，生态修复工程监测作为完善生态修复技术方法、促进生态修复工程有效实施、评价生态修复工程效益的必要基础和手段以及领导和政府部门决策的支撑，其监测的范围、内容、技术方法以及需提交的监测成果等都急需进行专门深入的研究，并建立一套成熟完善的监测技术和评价体系，以提高监测的规范性、时效性、准确性和可操作性。

围绕保护监管绿水青山，以有效维护山水林田湖草生命共同体可持续发展为目标，建设以水环境自动监测为主体的环境质量自动监测网络，利用遥感和地理信息系统等先进技术围绕区域生态环境保护，开展生态环境监测，形成一个较完整的区域生态、环境、资源和灾害的综合性生态环境预防监测、信息管理网络体系，通过监测自动化、数据传输网络化，积极拓展和延伸源区山区地带、江河源头的水生态监测，开展水质现状、周边污染源分布、污染物输入形式等水环境现状调查，弄清水质污染因子及变化趋势，通过定量分析找出污染源及污染责任主体，为水质达标治理工作提供技术支持。采用人工监测与自动监测相结合的方法，严密监控江河水质。在建成源头区域环境自动监测网络体系，网络由水质自动监测为主，辅以生态监测、环境空气自动监测等部分组成的基础上，建成一个由网络共享平台、保护区生态环境信息数字库、保护区生态环境网站和信息发布系统、生态环境决策支持系统共同组成的功能完备的综合信息网络管理系统，及时为国家全域提供和发布水环境监测动态信息，为源头区域生态环境保护管理与决策及流域的生态安全提供技术支持与保障。

第十四章 显山露水"崇尚礼义",林郁田葱"江南绿谷"

——崇义县山水林田湖草生态保护修复研究报告

　　崇义县位于江西省西南边陲,隶属赣州市。东与南康区接壤,南与大余县和广东省仁化县相交,西与湖南省汝城县、桂东县毗邻,北与上犹县交界。全县面积2206.27平方公里,号称"九分山、半分田、半分道路、水面和庄园"。户籍总人口215997人(2017年)。境内集山、水、洞、田、湖、温泉于一体,森林覆盖率88.3%,位居全国县级第一。全县划入南岭山地森林生物多样性国家重点功能区,是罗霄山脉水源涵养生态功能区的核心区域。根据《全国主体功能区规划》的生态脆弱性评价,崇义县处于中度和轻度脆弱区,矿山开采对山体和植被的破坏较为严重,对水源也有影响。城市和工矿区建设占用林地和湿地资源,造成了生物物种栖息环境的改变、原生植被破坏,对生物多样性也构成威胁。实施山水林田湖草生态保护修复工程,对保护区域生物多样性和维护区域生态安全具有重要意义。在2013年以来生态环境部累计支持崇义县环保专项资金5.48亿元,开展流域生态补偿、农村环境综合整治、国家森林城市、国家有机食品生产基地建设,重点启动思顺乡红旗岭矿区废渣土壤污染综合治理等一系列历史遗留土壤修复项目的基础上,2017年以来崇义县又建立山水林田湖草生态保护修复项目区,主要位于大江、小江和扬眉江流域,包括过埠镇、横水镇、关田镇和扬眉镇4个乡镇,面积约200平方公里;项目区由自然岸线保护和修复、生态化河床建设、过埠镇湿地公园建设、过埠镇农业源和村镇点源污染治理、废弃矿山生态修复、大江流域生态安全调查与评估等项目组成,总投资2.2亿元;带动全县开展农、林、水、土、田及污染源、村庄治理，初步形成山水林田湖草生态保护修复的基本制度。

第一节　河湖自然岸线保护与修复

崇义县山水林田湖草生态保护修复项目区自然岸线保护与修复工程安排在过埠镇果木村、泮江村和过埠村三段河段，长度约 12.8 公里。初步形成自然岸线生态景观。自然岸线是指未经过人工干扰的江河湖等天然水体的岸线。以近自然方式修建生态护坡，保护自然岸线格局，可以更多地保留原汁原味的自然原始形态，基本维持过去自然形成的状态，对受损江河自然岸线实施修复工程，维护岸线自然形态及生境，构建品种丰富、生境多样、布局合理、景观优美的湿地植被带，提升水域生态系统连通性及整体保护能力有重要意义。

一、护坡效果好

崇义县大多属山区性河流，具有自然岸线长、汛期水位与常水位落差大的特点。汛期淹没范围过大，可进入性和体验性受到一定影响；现状植被过于单一，缺乏景观多样性和季相变化。长期以来，人们比较注重河道自身的功能，如行洪、排涝、航运等，因此河道断面形式单一，走向笔直，河道护坡结构也比较坚硬，其主要考虑的是河道的行洪速度、河道冲刷、水土保持等，为此平常多采用浆砌块石或干砌块石护坡，现浇混凝土护坡，预制混凝土块体护坡，或土工模袋混凝土护坡等结构。这类河道护坡和护岸结构形式是在一定历史条件下形成的，它在约束水的行为、防止水土流失方面作出了较大贡献，但为给人类提供方便，防止堤岸坍塌、利于航道稳定甚至所谓美化环境等，对岸线进行固化，则其自然属性遭到人为干预和破坏，随之一些鱼类产卵场破坏，水质净化功能丧失，非常不利于生物多样性的保护。目前江河岸线保护与修复工程作为惠及当地民生的重要工程，不仅通过生态护坡保障人民生命与财产安全，同时还要在保护水的自然清洁和维持人与水环境的和谐方面克服历史留下的诸多缺陷。根据不同水位情况，运用低洼高筑、水道疏浚、植被恢复等多种方式，通过工程、生态、景观的手段恢复滨水自然生境，营造活跃的公共空间，实现水利堤岸改造、生态修复、景观营造的有机结合，让陆地和水域自然衔接、和谐共生。

生态岸线是指保护既有的自然岸线、或采用人工生态修复的办法构筑具有自然岸线属性的岸线。生态护坡以保护、创造生物良好的生存环境和自然景观为前提，在考虑具有一定强度、安全性和耐久性的同时，充分考虑生态效果，把河堤由过去的混凝土人工建筑改造成为水体和土体、水体和植物或生物相互涵养，适合生物生长的仿自然状态的河堤。从自然原型护岸模式看，主要采用植物保护河堤，以保持自然河岸特性，如种植柳树、水杨、白杨以及芦苇、菖蒲等具有喜水特性的植物，由这些植物发达的根系来固堤，加之柳枝柔韧，顺应水流，可增加抗洪、保护河堤的能力；从自然型护岸模式看，不但采用种植植被，且采用石材、木材等天然材料护底，如在坡脚设置各种种植包、石笼、木桩（设有鱼巢）等护岸，斜坡种植植被，实行乔灌结合，固堤护岸；从工程自然型护岸模式看，在自然型护岸的基础上，再用混凝土、钢筋混凝土等材料，确保大的抗洪能力，如将钢筋混凝土柱或耐水圆木制成梯形箱状框架，并向其中投入大量石块，或插入硅管，形成很深的鱼巢，再在框架外埋入大柳枝、水杨枝等，邻水侧种植芦苇、菖蒲等水生植物，使其在缝中生长繁茂葱绿的草木。

生态护坡工程作为减少河道周围环境在河流冲刷下引起的水土流失、能够保障土壤稳定性的一种项目，与传统护坡最大的不同就是改变了过去的单一护坡模式。过去只应用石材护坡，而现在则应用了更能体现环保要求的各种材料，用保护环境的方法与手段，培育大量绿色植被与能够应对潮湿环境的树木资源，在这些资源的共同作用下打造十分稳定且能力出众的生态系统，应对各种不利情况与洪水问题，实现保护环境的目标。此外和传统钢筋混凝土以及各种支撑结构相比，生态护坡资源投入相对较少，造价比较低廉。生态护坡技术有着极大的收益与效益，能够很好地改善环境，并且操作也比较简单，故成为了当地最为常用的护坡手段。

二、环境影响小

护坡上的草坪和灌木所起的作用很大。首先，草坪和灌木与土壤形成的土壤生物体系，同样可以像两岸的树林与草坪一样，起到减少有机物对河道、湖泊的冲击和营养化程度的作用，有些灌木的根须还能够直接伸到水体中吸收水中的营养成分；其次，河坡是水域向陆域的自然过渡带，草坪和灌木与土壤的结合，改善了温度、湿度，提供了食物；最后，在稳定边坡、防止水土流失的同时，改变了护坡硬、直、光的形象，给人们以绿色、柔和、多彩的享受。生态护坡既充分利用植物学、生态学、土壤科学、工程力学等学科技术对边坡支护进行设计与施工，根据实际环境做好树木与植被生态环境的保护工作；又将保护生态、河道稳定性作为主要目标，尽可能地维系生态保护与水利稳定的要求；既注重在治理河道的过程中将重心放在土建与水利方面的影响与需求，考虑好各种参数因素，确保护坡方案足够稳定与可靠；又强调将回归自然与保护自然环境作为基础性原则，在设计与实施方案过程中，尽可能规避对生态环境、生态特性造成不良破坏与影响。

三、利用可持续

生态护岸是指具有生态岸线的属性和功能的人工护岸，利用植物或者植物与土木工程相结合的方法，具备防止水系岸线坍塌之外，还具备使水体与土壤相互渗透，促进水系的横向连通，兼具自然景观效果的水系护岸形式。生态护岸集防洪效应、生态效应、景观效应和自净效应于一体，是护岸工程建设的一大进步，也是用山水林田湖草是生命共同体理念构筑生态岸线的主流。充分利用自然植被、自然系统实现对河道长期效应的保护与稳定，能够极大地增强生态环境改善自我、维护自我的能力。除了拥有渗透性的自然河床与河岸基底之外，丰富的河流地貌可以充分保证河岸与河流水体之间的水分交换和调节功能，对河流水文过程有调节水量、滞洪补枯、增强水体自净作用，利于生物生存和繁衍。现在边远山区条件具备的地方，仍保留旧时的河畔水车，人们为灌溉比水位高的田地，采用水车提水。水车主要是利用水的冲击力，需架设在水流湍急的岸边。水激轮转，浸在水中的小筒装满了水带到高处，筒口向下，水即自筒中倾泻入轮旁的水槽而汇流入田。今上堡村莲塘湾、小车河头、玉庄村的河畔都装有水车，提水灌溉河畔的农田。至今玉庄村仍有以物为名的村落——车子。数百年来，水车为高于水流的农田发挥了灌溉作用。

第二节　加强生态化河床建设

崇义县在完成过埠镇生态化河床建设 3720 米示范工程的同时，根据《中华人民共和国水法》《中华人民共和国防洪法》《中华人民共和国河道管理条例》等法律法规，在全县境内河流湖泊（水库）全面推行河长制，构建责任明确、协调有序、监管严格、保护有力的河湖管理保护机制，构建完整的生态保护带，营造浅滩、深潭、内河浅溪等多样化生境，保护生物多样性，提升景观异质性。

一、河湖管理

根据水利普查结果显示，崇义县境内无天然湖泊，著名景点阳明湖等均是通过人工筑坝等方式修建而成，不属于狭义上的湖泊。崇义的江河以大江、小江、扬眉江为主，文英、上堡、思顺、金坑、聂都、义安、新溪等河次之，累计有大小河流 83 条。全县河湖管理均实行"一河（湖）一策"，划定河道管理范围。例如上犹江崇义段果木村堤防管理范围为两岸堤防之间的水域、沙洲、滩地、行洪区以及两岸堤防和护堤地，其中护堤地的宽度为堤脚线（险段自压浸台脚起算）往陆域延伸 20 米；无堤防的管理范围为历史最高行洪水位线往陆域方向水平延伸 5—20 米的水域、沙洲、滩地和行洪区。如划定的管理界限囊括了各类基础设施的，以各行业已出台的管理标准为准。其中上犹江—阳明湖崇义段无堤防的管理范围划定以《湿地公园管理条例》为准；章水崇义段无堤防的管理范围为历史最高行洪水位线往陆域方向水平延伸 5—20 米的水域、沙洲、滩地和行洪区；锦江崇义段无堤防的管理范围为历史最高行洪水位线往陆域方向水平延伸 5—20 米的水域、沙洲、滩地和行洪区；知行湖湖泊管理范围划分，视实际情况以设计洪水位线与河湖岸线作为湖泊管理范围线。

（一）保护水生态

阳明湖水库蓄水运行后，要求在基本满足行洪需求的基础上，宜宽则宽、宜弯则弯、宜深则深、宜浅则浅，形成河道的多形态、水流的多样性。同时禁止在河道及滩地、分洪道、蓄洪区、滞洪区圈圩垦殖或者堵河并圩；禁止种植树木（防浪林、护堤林除外）、芦苇等阻水植物，禁止设置拦河渔具以及弃置矿渣、石渣、煤灰、泥土等杂物；禁止堆放阻碍行洪的物体和种植阻碍行洪的林木及高秆作物；禁止在河道管理范围内建设妨碍行洪的建筑物、构筑物以及从事影响河势稳定、危害河岸堤防安全和其他妨碍河道行洪的活动；在河道管理范围内进行下列活动，必须报经河道主管机关批准：（1）采砂、采石、取土、淘金；（2）爆破、钻探、垦荒、挖筑鱼塘；（3）在河道滩地存放物料、修建厂房或者其他建筑设施；（4）在河道滩地开采地下资源及进行考古发掘。以流域生态学指导流域形成的发展过程，流域景观系统的结构、功能、变化，流域生物的多样性，流域内干、支流的营养源以及利于水系的环境容量等，满足水流的多样性、不同生物在不同阶段对水流的需要以及河道的多形态需要。为了在建坝的基础上保护好水生态，水利水电行业开展了许多有益的探索。比如，在流域规划中划定水电禁止开发区和规划保留区，对天然生态保护区、敏感和脆弱生态区进行严格保护；适合建设鱼道的水库大坝积极建设鱼道，没有条件建设的大力开展鱼类增殖放流活动；通过水库蓄清排浑和调水调沙改善河流泥沙传输条件；开展水库生态调度，创造适于鱼类产卵的流量环境，等等。

（二）水边栽植物

阳明湖水库蓄水后，由于水域面积的增加，库区的陆生动物就会迁移，以陆生动植物为食的鸟禽也会迁移。森林以及适宜森林的生物种类也会逐渐减少，导致珍稀物种数量不断减少，使得次生和人工栽培的植被大量增加，也使生态系统向着贫乏、单一方向演变。要保证动物有同样面积的栖息地，并且给珍稀植物尽可能一样的生存空间，就必须栽种水边植物。在种植方法上，一般直接栽在河边的滩地上、斜坡上，也可栽在盆、缸及竹木框之类的容器做成的定床上；直立式防汛墙的下面，在不影响河道断面的基础上，利用河底淤泥在墙边构筑一定宽度并有斜坡的湿地带，创造挺水植物生长的条件。生物缓冲带是指利用永久性植被拦截污染物或者有害物质的条状带、受保护的土地。它的内容丰富，治理环境的效果非常显著。在建设缓冲带时，充分考虑生态效果、景观效果、经济效益等方面的问题，使生态环境和经济能够和谐发展。在水库的周边种上一片有一定高度的绿色树木，利用树木的强大根系来加固水库岸边的土壤。加固之后的土壤能够增强对水浪的抗击能力，可以阻挡泥沙以及污染物进入水库，有效控制污染源。

（三）两岸造树林

河岸区域由于为大量的植物和动物物种提供栖息地并构成与生态、社会和经济利益的关系而成为森林生态系统的一个重要组成部分。水生生物栖息地可维持水生生物多样性并包含所有生长阶段的本地鱼类和有重要商业价值的非本地鱼类所需的水质、食物和必要的栖息地，丰富多样的植物群体为不同生命阶段的野生生物提供了稳定、多样和自身可持续的栖息地，为其提供觅食、休息、繁殖、生长的机会。阳明湖水库蓄水初期，森林的覆盖率在原有基础上会有减少，也就是说森林面积与蓄水之前面积相比，在空间上承担的绿化功效就会降低。为解决这类问题，崇义县从根本原因入手，采取减少了多少森林面积就增加多少森林面积的办法。对于修建水库占用原有河道两边森林，将绿化带增加的宽度和沿河道轴线方向上断面的宽度保持一致，或者将水库及河道周围的森林区域向外扩张与沿河道轴线方向上断面保持一样的宽度。河岸上尽可能留出空间，种植树冠较大的树木，逐步形成林带，地面则铺上草坪，贴岸的树冠还可以伸向河道上空。这样不仅使大树扎在土壤里，深而密的根须与草坪能够形成一个土壤生物体系，增强生态功能；而且使岸边的林带草坪与河道组合，有效地改善地区的温度、湿度与舒适度，形成一道独特的风景线。

二、水库管理

崇义县共有中小型水库 15 座，总库容量 2897.3 万立方米，其中中型水库 1 座，小（一）型水库 2 座，小（二）型水库 12 座，主要水库有长河坝中型水库，西湖、阳岭小（一）型水库。水库除承担防洪功能外，还承担工农业生产和城乡生活供水功能。而水库与河流关系密切，崇义县水库绝大多数为河道型水库，均为在河流或山沟峡口处建造拦河坝形成的人工水域。水库依附河流建造，本身即为河流生态组成部分。此外崇义地处阳明湖库区，库汊众多。这就意味着只要管好了水库，河流的水质也就有了保障。如丰乐水库管理范围划定，水库工程管理范围 3.69 平方公里，库区为设计洪水位 331.53 米以下；坝区为大坝两端向外 20 米，下游从坝脚线向下游 100 米范围；左岸范围坝端至丰州乡小沙组对岸山脚下，右岸为丰州乡小沙组。在水库管理范围内，禁止建设影响防洪安全的建筑物、构筑物以及从事影响库岸稳定、危害库岸安全和其他妨碍水库防洪的活动。单位和个人有保护水工程的义务，不得侵占、毁坏大坝、防汛、水文监测、水文地质监测等工程设施及移动、毁坏划界管理范围线界桩（牌）和公告牌。

（一）增强水库工程资源的保护意识

水库工程在一定程度上由于受到自身客观环境以及其他地理因素的影响，形成了水库工程资源的丰富和多样化。但是，在相当一段时期内有的地方对水库工程的资源没有引起高度重视，在一定程度上造成了大量资源被破坏，降低了可利用率。崇义县从增强水库工程的资源保护意识入手，不断完善资源的保护模式，针对具体的保护内容制定清晰的管理机制。首先，严格遵守国家的相关法律法规，并将具体内容不断落实，不断优化保护措施。其次，水库工程在实际运行过程中，不断优化设备的使用效率，对运行设备进行合理的维护和细致的管理，在固定时间内进行检查，并将显示数据准确记录，确保设备反馈信息的准确性和有效性。最后，最大程度上提高水库工程生态资源的利用效率，并加大土壤和水资源的保护力度，同时加大对周围村民的宣传力度，减少因个人利益而出现的资源肆意破坏现象，加大整体的监管控制力度。

（二）拓展水库管理的内涵

在确保水库蓄水、防洪抗旱等基本功能的基础上，根据水库工程自身生态环境建设的需要，特别是优先满足建绿色水库的实际需要，杜绝乱砍滥伐现象的发生，提高水库周边山林的水源涵养能力。提高水库工程解决人们日常生活、工业生产、农业耕种等方面的用水功能，充分运用先进的灌溉技术，提高水库工程本土资源的可利用效率，最大程度上满足人们游览、旅游等方面的需求。将生态、社会、经济效益充分结合起来，提高水库工程的整体应用水平，为国民经济和社会发展提供保障。

三、禁止河道采砂

依据《江西省河道采砂管理办法》等有关法律法规，制定《崇义县河道采砂规划（2018—2020)》，在县域禁采范围内全面禁止非法开采、加工、运输、销售砂石资源行为。禁采范围包括大江（上犹江崇义段）流域、小江（横水河）流域、朱坊河流域，聂都河、白溪河等河段。凡是未办理采砂许可，不符合环保要求的加工制售砂石场点一律依法停业、关闭。凡是强买强卖、搞砂石资源垄断、有组织盗采资源的，一律按涉黑涉恶线索依法移交有关部门处理。对违法盗采、偷运砂石等行为及相关砂石、机械、车辆依法进行处置。对违反禁采、禁运、禁售要求的，由有关部门依法从严惩处；违反治安管理规定的，由公安机关依法查处；构成犯罪的，依法追究刑事责任。广大群众大力支持、配合有关部门的执法行为，对阻碍执法人员依法执行公务的，由公安机关依照《中华人民共和国治安管理处罚法》相关规定给予治安处罚；构成犯罪的，依法追究刑事责任；对以暴力、威胁等方法以及利用黑恶势力抗拒执法的，依法从重严厉打击。

（一）保护河流景观生态

在河床规划整治中，尽可能保证河流的自身特性。比如有些河段的曲折较多，则尽量减少对于河流曲折的改变，充分尊重其自然特性，对弯曲河道出现淤泥较多、可能会对河流正常运行造成不良影响的，则采取有效的淤泥清除措施，提升河流泄洪能力。将河道防洪能力与景观生态功能进行有效结合，同时还注意解决河道防洪功能与生态景观功能之间的协调。

（二）保护滩地景观生态

河床滩涂是河流生态规划整治的一部分，有些河床滩涂的高度并不统一，则尽量减少人为干预，并在原有河床的基础上进行生态景观规划设计，丰富河道生态系统。河道滩地可分为两种：常年被少量河水所淹没的低滩地、汛期被河水所淹没的高滩地。在对低滩地进行景观规划整治时，应注意将其自身生态系统作为规划建设的基础，加强生态群落保护；在对高滩地进行景观规划整治时，可在其上修建亲水建筑，丰富河道环境。另外，在滩地上，还可选择种植低矮灌木，起到美化河道滩涂的作用。此外，有些城市用地面积较紧张，对此，可对高滩地进行生态规划，比如将其规划为停车场。

（三）保护堤岸景观生态

在城市河道景观生态规划整治过程中，需综合考虑河道走向、城市人文特色等因素，比如有些河道设置挡土墙结构，对此，可在挡土墙结构上种植攀缘类植物，从而形成绿化景观。在堤岸规划中应尽量采用斜坡式堤岸规划形式，结合坡度进行河道景观规划建设，若坡度较小，可在堤岸上种植草坪或撒播野花，这样不仅能对斜坡堤岸起到保护作用，还有利于美化生态环境；若坡度较大，则可根据实际情况进行功能分区，规划停车场、游戏区等。

生态河道是一个完整的生态系统，具有极其丰富的生物种群，包括植物、动物及微生物等。在生态河道系统中，各种生物种群间通过复杂的食物链进行着信息传递及物质与能量交换，从而保持系统内生物种群的动态平衡。从生态河道与外部的关系来看，河道生态系统与陆地生态系统间通过如陆地雨水径流、水流对河岸的冲刷、污染径流等的相互作用，进行着复杂的信息、能量、物质交换，从而保证其与周围生态系统的相互协调与共同发展。通过流域综合整治工程的实施，控制河流污染，扩大滨水空间，加强空气环流，一改往日河水污染、垃圾遍地、废水滩涂的景象，改善流域的水环境，形成一条安全、生态、景观的美丽河道，对提升当地整体形象和品位发挥了重要的作用。另外，流域治理还注重减少"岛屿状"生境的孤立状态，提高该地区抵抗自然灾害的能力，形成了公共开放空间，对当地发展有重要的战略意义。

第三节　建设湿地文化景观

湿地建设是崇义县山水林田湖草生态保护修复重点项目之一。在过埠镇建设规划湿地公园面积168公顷，包括湿地公园道路建设、湿地公园宣教中心建设、湿地公园科研监测站建设和湿地公园鸟类栖息地营造工程等，同时，在阳明湖等 134 处湿地开展国家湿地公园试点工作。县内湿地形态自然、生物多样性丰富，以稻田（冬水田）湿地为景观底色的上堡梯田被上海大世界基尼斯评为"最大的客家梯田"。湿地范围包括横水镇、过埠镇、杰坝乡、思顺乡、麟潭乡、上堡乡河流水库区域以及周边的部分森林生态系统和农田，湿地区域具有典型性、代表性鲜明的河库型湿地生态系统，把湿地公园和自然保护区、森林公园建设融合在一起形成完整生态保护系统。

一、过埠镇湿地公园

崇义县策应全域旅游发展战略和国家水利风景区建设，以湿地公园建设为支点，大力推进过埠客家水镇建设。过埠镇立足大江流域重要的生态地位，科学布局过埠客家水镇市政功能，深度挖掘码头文化、渔文化等特色文化，扎实推进圩镇改造提升，全面加快"枫琴岛"建设，打造融"产城人文"为一体的客家水镇，主动探索流域生态环境保护和生态旅游发展良性循环的崇义案例。

过埠镇湿地保护区位于章江源头和赣州中心城区饮用水源地的交汇处，是阳明湖的河流在低水位处形成的自然湿地。由于集镇规模扩大、聚集人口增加、湿地水位下降、外来生物的入侵等问题，过埠镇湿地面临着面积急剧萎缩的遭遇。修复时不仅需要满足经济发展需求，同时需要十分注重对生态的恢复。既要对退化的湿地进行修复，设立大面积的湿地永久保护区；又要对蓄洪能力进行调整，以改善当地的生态机制；既要进行区域内产业类型的调整，拒绝高污染产业的进入，以构建适合当地可持续发展的产业结构；又要开辟曲折蜿蜒的河道，以拓宽的湖面河水加以联系。水系的处理是重建湿地生态群落的重要步骤，过埠镇湿地在重建过程中以原有水体为基础，住宅区域则以组团的形式相互串联，在各个组团内设置各类人工湿地与原有水系相互串联，构成整个湿地大环境，形成整体的水循环，并配置以原生湿地植物，以增强湿地的自净作用。布置以自然体验及湿地观光为主题的湿地体验带，为人群提供了体验湿地的条件，着重体现对自然的参与性。在保留河道原有自然特色的基础上运用开花类的水生植物等，对水质进行净化，同时也美化了河道的生态环境。

过埠镇湿地的修复重建分为三个层次进行：(1) 设立"湿地核心保护区"，以保持原生态群落。(2) 保持部分原生湿地、限制住宅开发的"低密度开发区"，多以本土居民的回迁房等传统村落的线型形态布置，保持了江南水乡民居固有的乡土风貌。（3）紧贴集镇边缘的"高密度开发区"，是作为湿地与集镇的交界处、同时包含了湿地地貌与集镇地貌的区域。由于湿地处于水陆系统的过渡地带，因此湿地的动植物性质、结构兼有两种系统的部分特征，具有高度的生物多样性特点。

二、上堡客家梯田

崇义客家梯田主要分布在罗霄山脉与诸广山脉之间的上堡、思顺和丰州3个乡境内，总面积达2667公顷，其中上堡乡境内有2000公顷高山梯田群落，是世界上现存最大的客家梯田，为世界著名的重要农业文化遗产，在中国乃至世界农耕史研究领域中具有独特的地位。2017年上堡客家梯田成功入选全球重要农业文化遗产保护名录，上堡梯田风景区被国家水利部列入第十七批国家水利风景区，上堡乡荣获中国林学会授予的"中国森林文化小镇"和赣州市授予的第九届"文明村镇"荣誉称号，水南村获评"全国生态文化村"，2018年"中国南方山地稻作梯田系统"——"江西崇义客家梯田"被正式认定为世界重要农业文化遗产。

（一）加强顶层设计，坚持规划先行

依据"保护优先、统一规划、科学管理、永续利用"的原则，启动《上堡梯田提升策划及重要节点修建性详细规划项目》等编制工作。对崇义客家梯田进行资源调查与评价，深入挖掘客家文化、梯田文化、水文化、红色文化、阳明文化、非物质文化遗产等丰富的地域特色。在规划中注重将梯田景观特色与地域文化特色相结合，根据崇义客家梯田水利风景区的自然地理环境特征和资源空间分布情况，进行总体布局和功能分区。围绕将上堡梯田核心景区打造为世界级客家农耕文明遗产公园的总体定位，打造老客家——民俗体验区、农耕道——古耕体验区、耕心谷——漫乡体验区三大板块。把上堡梯田纳入崇义全域旅游框架，与齐云山、君子谷、过埠客家水镇等景点串联，逐步打造客家山水田园旅游黄金环线，避免对梯田景区过度开发。

制定《崇义客家梯田农业文化遗产保护与发展管理办法》和《崇义客家梯田农业文化遗产标志使用管理办法》，统筹客家梯田的保护、传承和发展。加

大资金投入，实施涉及水、路、电网、通信及住房等全方位的基础设施提升工程；投入1500万元，修建农田水利灌溉设施；投资1亿元，拓宽改造过埠至上堡旅游公路；世行贷款3000万美元，主要用于客家梯田文化遗产保护等；投入近3亿元，建设梯田景区旅游公路、旅游圩镇、游客集散中心、民俗一条街等配套服务设施。目前，梯田景区农家乐、民宿已发展到50余家，有2000多名当地农民进入旅游产业链并实现人均年增收5000余元。良好的发展前景，也吸引着越来越多闯荡在外的客家游子返乡兴业、振兴乡村，参与到梯田遗产的保护、传承、发展中来。

上堡客家梯田位置最高的田块在海拔1260米处，有的梯田从高到低延续达百层之多，形成了极富特色的客家梯田景观。山顶林草"戴帽"提高森林和草地覆盖率，增强水源涵养能力确保常年自流灌溉，通过沟渠配套使梯田旱能灌、涝能排。梯田周边都留有一定面积的植被，用以涵养水土，构成了整个梯田生态系统不可或缺的一部分，蓄水、保土、增产三位一体。梯田生态环境优美，果园茶园相伴而生，客家村落散居其中，与周边景点和文化遗存相融合，构成具有浓郁客家风情及地方特色的生命共同体。近年来在保持梯田原生态完整的基础上，我省水稻专家还选育彩色稻品种将梯田种成八卦图，设计建设梯田循环公路、游步道，将多个梯田连接连片进行整体规划，打造观景台及仿木质生态护栏，增设错车道、反光镜、旅游停车场基础设施。在引导群众开办农家乐时，当地政府按照原生态的标准，引导群众利用自家屋舍进行整修，使房屋保持原有的客家民居形态，初步形成了集农业观光、农家文化于一体的生态旅游村。"梯田"不仅是重要的农业资源，也是种植水稻等作物的重要湿地；不仅是利用山地、丘陵坡地的一种农业耕作方式，也是水土保持中一种有效的田间工程措施；不仅是以梯田为主题的水土保持型水利风景区，也是人类生产与土地保护相互作用过程中形成的一种人与自然和谐相处的农业文化体系，更是展现独特自然文化景观的宝贵遗产。

（二）加强政策引导保护梯田特色

崇义县的气候与地形地貌为崇义梯田的开发与形成奠定了基础条件。与元阳哈尼梯田一样，崇义梯田景观与自然环境融为一体，形成一个完整的森林—竹林—茶园—村庄—梯田—水流山地农业体系以及生物和景观多样性丰富的生态系统。崇义客家梯田与云南的元阳梯田、广西的龙脊梯田相比，有着不同的农耕技术和知识体系。例如，2018 年 6 月，《江西省赣州市赣县沙地、崇义县上堡和信丰县油山地区 1∶5 万土地质量地球化学调查》项目结果显示，上堡乡土地质量地球化学调查成果非常突出，具有富硒及富锌土壤面积近 0.67 万公顷，同时还有兼具富硒和有机独特性的稻谷、绿肥和土制农药品种，利用的古法耕种、物理除害等技术使遗产地生产的高山梯田有机稻米和有机茶等农产品具有绿色、有机、生态的特性。又如所使用的渡槽引水、沟水分渠、自留漫灌和水车提水等技术，对水资源进行了有效的保护和利用。

1. 鼓励梯田复耕

崇义客家梯田位于赣南偏远山区，这里的客家人世世代代以农业种植为主要生活手段。然而，随着经济社会的发展，农村城镇化进程的加快，该地区的青壮年很少留下来务农，极大部分选择外出打工。以上堡乡水南村为例，2012 年，该村有 800 多人外出务工，约占全村总人数的 53%。大量的中青年劳动力流失，致使年迈的劳动力在从事农业生产活动，随着老年劳动力不再具有从事农业生产的身体条件，梯田就逐渐荒废。崇义县则实施在坚持农村土地集体所有的前提下，承包权和经营权进一步分离，施行所有权、承包权、经营权"三权分置"的政策，采取"谁种粮食谁得补贴"的措施，对核心区域梯田种植农户实行财政再奖补，对承包粮田又不耕种的不再给粮补款，对核心区域梯田复耕农户给予 300 元 / 亩奖励，目前已成功复耕梯田 133.33 公顷。既保持了崇义客家梯田公有性质，又承载了"平均地权"功能。特别是积极引进农业开发公司，成立以梯田种植为主的经营性公司后，帮助流转摞荒梯田，解决了梯田细碎化和梯田闲置等问题，并以每亩 1650 元工资聘请当地农民生态耕种，实现了崇义客家梯田的集约利用。

2. 推行原生态种养

崇义客家梯田是客家人为了满足自身对粮食等生活必需品的需求对丘陵坡地资源进行有效利用而修建的梯田景观。首先将易患水土流失的缓坡山地开垦为梯田，不仅扩大了耕地面积，而且也能有效地增加地入渗量，大力促进土壤养分的积累。梯田修建好之后，梯田田埂容易受暴雨径流冲击，加之冬冻春消、鼠害穿洞、人畜践踏等易造成坍塌、垮溜，除了随时进行检查和修整外，田埂种黄豆，其根系能够起到加固田埂的作用。客家梯田的灌溉用水主要来自高山森林中汇集而流下的泉水，村民在梯田边挖引水沟渠将水导入梯田，每层梯田的田坎留有一个洞，便于自上而下逐层灌溉，保证每块梯田的用水。水量丰富时，将水分流至小溪或河流，农业用水时，将来水截流至农田即可。农业是梯田区的重要产业，"稻鱼鸭"综合种养能有效减少田中杂草生长率、降低病虫害发生率。秋收后，用散落田间的谷物散养牲畜，将秸秆直接覆盖还田，与畜禽粪便一同在田中发酵，可增加耕地土壤肥力。田间轮作蔬果、林下种养菌菇则保证了农民的生活需要，使得崇义客家梯田成为融合精耕细作农业和高效有机农业为一体的综合生产方式，成为结构合理的自然生态系统和"天人合一"的文化景观系统。

3.建立山水林田湖草生命共同体

上堡乡林地面积 1.16 万公顷，植被覆盖率高达 95%。据有关资料分析，3333.33 公顷森林的蓄水量相当于一座容积 100 万立方米的小型水库，按此推算，上堡森林植被可蓄水 350 万立方米。上堡河发源于海拔 1748 米的赤水仙，流经赤水、上堡至古亭水后汇入陡水水库到上犹江和章江，属章江—上犹江—古亭水—上堡河。流域径流的主要来源是降水，降水量的时间分布不均，春、夏两季多，秋、冬两季少。径流在地区分布与降水分布是相一致的，但在年际之间及年内分配不均衡，如丰水年为多年平均流量的 1.3—1.6 倍，枯水年的平均流量为多年平均流量的 0.45—0.65 倍。径流量以 6 月为最大，12 月最小。由于常年有流动水面，林地、竹林和梯田中水分蒸发的气流在降低空气温度的同时，提高了空气的相对湿度，形成绵绵降雨，汇成山间无数水潭和溪流，形成了天然的绿色水库，森林存储的地表径流又被条条水沟拦截后引入梯田，周而复始，由此森林、竹林与梯田之间形成良好的循环生态链，能够改善梯田及其周边人居环境的小气候。由于一些梯田地势高、水源不便，农户在梯田顶端修筑坡塘或保留原始森林，用来含蓄水源。崇义客家梯田自古就有"山有多高，水有多高；水有多高，田就有多高"的说法，梯田灌溉以山坡上众多的渗水为灌溉源头，加之人工修筑的水渠进行引导将雨水与山泉水引入农田，田间灌溉采用自流漫灌方式对梯田水资源进行合理的调配，它突出的特点是灌溉水源比灌溉田地高，能充分利用自然压差所形成的势能，不需要另外消耗机械能就可以完成灌溉。它充分利用森林和竹林的水土保持、空气调节和环境净化功能，层层梯田变成成片的蓄水池，使得干枯的山坡变成了具有蓄水功能的湿地型水库，在灌溉梯田时，人工修建的水渠将生活用水引流注入田地，在提升农田地力的同时可以净化生态环境，实现生态系统的良性循环，是山水林田湖草生态保护修复的典范。

（三）创新生态文化筑牢梯田灵魂

崇义梯田在长期的生产生活中，逐渐形成独具一格的以梯田耕作为主、客舍风情相融的客家梯田文化。它不但支撑着当地农事活动并承载着客家传统文化，更具有独特的生态价值，体现了在尊重自然的基础上利用自然规律的价值标准，成为人与自然协调发展的典范。

崇义县以申遗为契机，重点对客家文化习俗、农田生态环境、资源开发利用等家底进行详细摸排。一是挖掘、整理以"舞春牛""告圣"和田间山歌等为主的客家民俗文化资料。并推动当地民俗祭祀表演"舞春牛"列入江西省省级非物质文化遗产保护名录。二是组建客家梯田文化保护传承队伍。恢复组建"舞春牛"民俗表演队伍，与打造旅游观光、互动体验项目相融合，使古老的民俗礼仪得以活态传承。三是突出客家梯田生态系统中的生物多样性。将黄元米粿、九层皮、竹筒饭、黄姜豆腐等客家美食，以及高山茶、笋干、苦菜干、杨梅干、红薯等原生态农产品与旅游业紧密关联，为当地旅游提供极具特色的饮食文化和原生态农副产品。四是精心挖掘800多年的梯田耕作史。打造"古色休闲"旅游品牌，修复太平天国古跑马场，挖掘整理与古跑马场有关的文化历史印记和逸事传说；打造具有客家文化特色的民俗改造示范点，由政府提供土地，引导鼓励有新建房屋要求的农户到生活更便利的地方建房，对在原址重建的房屋严格审批，严控层数、建筑面积，统一色彩格调和房屋外观，逐步恢复传统民居风貌。2017年，该县先后投入近5000万元，对梯田核心景区内6个自然村落实施了房屋维护与修葺；整合红色旅游资源，拨款800万元，完成上堡整训旧址修复改造工程，并加快建设红色教育基地。通过以上措施，让游客全方位、多角度体会到客家梯田的历史文化和发展变化。

从人类生态文明发展历史看，客家梯田是一个集生态保护、观光休闲、文化传承和科学研究为一体的农耕文明博物馆。在崇义客家梯田系统中，"森林、竹林、茶园、村庄、梯田、水流"六素同构，是一处人与自然协同进化，体现人与自然和谐生存智慧的农业生产和生态循环系统。崇义客家梯田历经漫长历史的演化进程，已经成为一个完善的自然生态系统，维持着正常的能量流通、物质循环、信息交换。这些在劳作中形成的物种资源培育、生物资源利用、水土资源管理和农业景观保持等方面的本土知识和适应性技术，对现代农业发展具有极其重要的科学价值，也为构建一个生物和景观多样性丰富的山水林田湖草生命共同体作出了重大贡献。

三、崇义阳明湖

阳明湖地跨崇义、上犹两县，是赣南最大的丰厚水资源区地，水域面积约4533.33 公顷（崇义面积 2533.33 公顷），蓄水量 7 亿多立方米，森林面积 2.27万公顷。湖面处在群山环抱之中，形成湖岸线长 264 公里、湖湾 427 个、湖心岛 42 个。为保护阳明湖水质和生态环境，突出"阳明湖风景独好"旅游品牌，构建"水生态"安全屏障。

（一）打造"西部绿海"

崇义县自 2015 年起累计投资 3.1 亿元，对阳明湖崇义库区岸线周边及库区范围内的工业企业、河流流域、水上餐馆、畜禽养殖、水面养殖等进行了综合治理，规范渔业生产秩序，确保库区航运安全，实现"净空、净水"目标，围绕"环境就是民生，绿水就是美丽，蓝天就是幸福"的整治观，像保护眼睛一样保护阳明湖水域环境。由于环湖植被绿化状态极佳，加之湖水靠近源头，阳明湖的水体更显翠绿清澈；由于几十年的封山育林，阳明湖两岸保存着良好的针叶混交林、常绿阔叶林，四季郁郁葱葱、苍翠欲滴。最美处当数花岗岩峭壁、怪石翼状、形势参差、石缝空穴、斜生古木，苍秀纷披、藤垂葛挂，云穿其枝、石护其根、石巅有树、树巅有石，水光映壁、渔歌回荡；由于阳明湖四季温和湿润，冬无严寒、夏无酷夏，此气候适于人们休闲度假，有利于野生动物繁衍。

（二）开发"库中岛"

崇义阳明湖湖水清澈秀美，湖中有湖，岛中见岛，星罗棋布，四季景色宜人，是一个蜿蜒曲折的扇形湖泊，犹如梦幻家园、人间仙境。其中42座湖心小岛点缀其间，有的已建成七星望月度假村、赣南树木园等景点，是集观赏、科研、游玩于一体的好去处。七星望月度假村位于阳明湖景区腹心地带，距崇义县城15公里。库区水面面积2922公顷，以水面大、湖湾长、水质优、植被好而闻名，是首批全国农业旅游示范点。湖内鱼类资源丰富，有石鱼、武昌鱼、桂鱼、银鱼、鲈鱼等众多淡水鱼种。"七星望月"源自湖心月亮、金沙、珍珠、情侣、望夫、大象、狮子岛等七个小岛，各岛从不同的角度看各具形态，变化万千。这里有郁郁葱葱的原始森林、有波光浩渺的百里湖光，有原汁原味的农家全鱼宴，有安逸舒适的别墅客房，有供健身娱乐的水上运动设施及趣味烧烤、夜垂钓场地，可尽享回归自然、返璞归真之趣。地处阳明湖深处的赣南树木园，被称为中亚热带植物王国，是一座天然的自然博物馆，现岛上栽有1700多种木本植物，采集有近万份植物标本，生长着52种世界珍稀、濒危的保护植物，形成了专门的松杉竹林、八角林、芳香樟林，建立了桃花岛、李花岛等。整个树木园青翠蔽日、花艳溢香，在这里可呼吸到高浓度负氧离子的清净空气，享受到天然的"森林浴"。

（三）建设国家湿地公园

江西崇义阳明湖国家湿地公园位于江西省崇义县，范围包括横水镇、过埠镇、杰坝乡、思顺乡、麟潭乡、上堡乡河流水库区域以及周边的部分森林生态系统和农田，湿地区域具有典型性、代表性鲜明的河库型湿地生态系统。崇义阳明湿地公园占地面积为2641.95公顷，湿地面积为2378.64公顷，湿地率高达90.03%，是长江中下游生物多样性最为丰富的区域，也是赣南最重要的备用饮用水源地和源头区湿地之一。

湖区相连的河流不仅为水产养殖提供了水源及营养物质的输送，也为栖息在这片湿地的其他物种创造了赖以生存的条件。通过降水、河流泛滥、地表水和地下水进入湿地的各种物质有营养物、污染物及各种泥沙等，因此湿地成为营养物质的"汇"；营养物质的输出使得湿地又成为营养物质的"源"和"转换器"。湿地的作用有：①滞留沉积物。特别是沼泽湿地、河流泛滥平原湿地和湖滨湿地，不仅有助于减缓水流速度，而且有利于沉积物沉降和排出。②降解污染物，湿地具有很强的降解和转化污染物的能力。湿地中有许多水生植物，包括挺水、浮水和沉水植物，它们的组织中富集重金属的浓度比周围水中浓度高出 10 万倍以上。许多植物还含有能与重金属链接的物质，从而参与金属解毒过程。特别是水湖莲、香蒲、芦苇等对含高浓度重金属如镉、银、铜、锌、钒等的污水处理效果十分明显。污染物被芦苇吸收、代谢、分解、积累，同时随着芦苇收割而被带出水体和土壤之外，于是提高了水质和土壤的质量，消除和降低了对人类的潜在威胁。③吸纳多余的营养物。工业废水和生活污水，以及农田施肥流失的营养物质，经过湿地的过滤作用，一部分营养物质被阻止进入河流、湖泊。经化学、生物和物理作用，营养物被滞留和分解，被湿地植物吸收。

基于生态恢复理论、基础生态理论、景观生态学的生态恢复湿地公园设计，强调始终贯彻以湿地的生态恢复为核心，有效改善现有不良的生态循环，着重研究湿地生态系统中的能量交换，各个景观元素以完善生态过程为目的进行设计。坚持以湿地水系的整治，当地林地的保育，野生动植物栖息地的兴建等措施为主，重点以改善水质、控制污染、野生动植物群落恢复等手段实现对湿地的修复，为众多野生动植物提供独特的生境和丰富的遗传物质。水禽栖息地，许多鸟类都喜欢湿地环境，特别是水禽将湿地作为其主要活动场所，其中有的是珍贵或有经济价值的鸟类。鱼类产卵和索饵场，湖滨沼泽湿地水系发达、河口密布，沼泽和水生植物繁茂，饵类生物极为丰富，是鱼类的栖息地并为索饵提供优良条件。阳明湖部分地方有"洪水一片，枯水一线"的水文特点，湖滨湿地有利于鱼类草上产卵、繁衍和育肥。湿地也可称为"生物超市"，它具有高度的生物多样性，沼泽中还有许多珍稀、濒危的动物和植物。

第四节　水土流失管控

崇义县为促进预防和治理水土流失、保护和合理利用水土资源、改善生态环境，在坡改梯工程、坡面排水工程、林草措施、封育治理措施、河堤整治工程和小型水保工程等基础上，对项目区现有耕地、荒山、荒地进行全面治理，治理总面积 2700 公顷。包括：烟把子小流域，水土流失综合治理面积 635 公顷；下黄小流域，水土流失综合治理面积 812 公顷；坑口小流域，水土流失综合治理面积 589 公顷；河口小流域，水土流失综合治理面积 664 公顷。同时，根据赣州市政府办公厅《关于进一步加强水土保持工作的意见》（赣市府办发〔2017〕62 号）文件要求，结合崇义县实际，发出《关于进一步规范山地开发加强水土保持工作的通知》，提出具体实施意见。

一、科学规划山地开发禁止和限制区域范围

坚持保护优先、绿色发展的理念，结合县域规划和产业发展规划，依据生态红线，科学合理制定山地保护和开发利用规划，划定禁止和限制山地开发区域范围，禁止在风景名胜区、自然保护区、江河源头区、水源涵养区、饮用水水源区、生态公益林区以及国省道、高速公路、铁路和河流两侧第一层山脊及其他保护范围内进行山地林果开发、露天矿产开采和畜禽养殖；严格限制 25 度以上陡坡地和阔叶林占三成以上的林地进行林果开发；坚决制止无序开发、毁林开发。

（一）科学规划，合理开发

各乡（镇）和有关部门依据生态红线，严格落实山地保护和开发利用规划，对申请在禁止和限制山地开发区域进行开发的项目，一律不得批准。有关基础设施建设、工业园区建设、果茶开发、土地开发、矿产资源开发、城镇建设、旅游景区建设、公共服务设施建设等方面的规划，在实施中可能造成水土流失的，规划的组织编制单位认真分析论证规划所涉及的项目对水土资源、生态环境的影响，并在规划中提出水土流失预防和治理的对策和措施；有关规划在报请审批前，主动征求县水保部门的意见。

（二）强化审核，严格控制

各生产建设项目主管部门把关口前移，进行源头管控，在选址、选线时避让水土流失重点预防区和重点治理区。县农业、林业、水利、国土、环保、矿管、水保等部门和乡镇严格做好各自业务领域的审查和登记，落实联审联批（核），对涉及生态保护红线，以及在水土保持功能为主的生态系统区域及水土

流失严重的敏感区、脆弱区域的建设项目一律从严审批，共同抓好林果开发、土地开发、矿产资源开发、畜禽养殖等生产建设项目的审核监管。对林果开发，坚持3.33公顷（含3.33公顷）以下的零星开发，由业主向所在地村委会提出申请，村委会签署意见，报乡镇人民政府审核后允许开发。3.33公顷以上的连片规模开发，由开发业主提出申请，所在地乡镇人民政府签署意见，报送县林业、果茶和水保部门联合审查审核（备案）同意后方允许开发。

（三）突出重点，因项设防

工业园区建设在进行场地平整阶段，就设立施工围墙或挡墙，防止填土冲入农田或水系，在项目施工期间，做好场地内的排水工作；对弃土、弃渣以及建筑垃圾堆放，选择有利地形，建设拦挡防护设施，修建排水系统，对堆积的边坡进行防护。道路桥梁建设在施工过程中尽量减少大挖大填，合理设置取土场和弃土场，完善拦挡工程措施和排水设施，减少临时用地，项目完工后认真做好边坡稳固复绿。城镇开发建设项目在施工过程中重视表土资源的剥离和保护工作，科学设置弃土、弃渣场，不乱倒乱弃。土地开发项目遵循"前坎后沟"水平梯田建设、灌草护坡、蓄排水工程配套、田间道路路旁绿化，项目完工后及时种植农作物，加强田间管护，防止耕地撂荒造成水土流失。矿产资源开发项目在开采区应落实水土保持临时措施，并修建弃土（渣）场和道路的截排水工程及拦挡设施。果(茶)园开发推行山顶戴帽绿化，主干道、支道种树绿化，全面落实山顶截排水沟、梯带内壁竹节沟、山脚泥沙拦截沟、护坡种草的"三沟一草"基本水土保持防护措施。

二、建立健全山地开发行政许可和验收制度

建立健全县乡村山地开发联审联批制度，制定联审联批表，规范流程、细化标准，做到有序管理。

（一）林果开发实行分级审批和验收

根据《关于做好新开果园工作的通知》（崇橙字〔2016〕2号）规定，当

年新开发果园集中连片 0.33 公顷以上由林果开发主提出申请，所在地村委会签署意见，报乡镇林业、国土、水利、茶果站所审核，当地乡镇政府签署意见后，报送县林业、国土、水保和果业部门联合审查审批；集中连片 3.33 公顷以上的必须编报水土保持方案。乡镇和有关部门要各司其职，形成合力，共同抓好山地林果开发的审核监管。其中，乡（镇）、村负责规划选址的审查；林业部门负责规划选址的审核和林地使用、林木采伐的审批及油茶、苗木生态建园方案的审查；水保部门负责整地方式的审查及水土保持方案的备案登记；果业部门负责果业生态建园方案的审查和种苗合法来源的监管。开发建园完成后，根据"谁审批谁验收"原则，由林果开发业主提出申请，所在地乡镇政府和县水保、林业、果业部门根据联审联批方案联合开展验收工作，经验收各项水土保持措施落实到位，达到生态建园标准的，财政及其项目管理部门方可按规定给予项目扶持和资金补助。扶持补助政策实行差别化管理方式，对生态保护好、生态建园标准高的，可提高补助标准；对不符合生态保护和水土保持要求的，减少甚至取消资金或苗木补助。

（二）矿产开采和畜禽规模养殖实行联审联批

县林业、国土、水保、环保、矿管、农粮部门必须参与联审联批。林业部门负责林地使用、林木采伐的审批；水保部门负责水土保持方案的审批和水土保持设施的验收；环保部门负责环境影响评价的审批和环境保护设施的验收；矿管部门负责办理采矿登记许可；国土部门负责办理山地畜禽规模养殖生产设施和附属设施用地备案；农粮部门负责审查山地畜禽生态养殖方案，严格把好开发利用规划选址关，并督促开发业主依法做好水土保持工作。对未经林业、水保或环保部门审批的山地开发项目，一律视为违规开发，造成严重水土流失和生态破坏的，林业、水保、环保、国土、矿管等部门依据相关法律法规予以严厉查处。各乡（镇）和相关单位对原有生产建设项目开展水土流失排查，限期整治到位，控制"增量"。

三、切实加强山地开发过程中的监督管理

各乡（镇）和水保、林业、环保、农粮、果业、国土、矿管等部门齐抓共

管，在山地开发过程中，切实加强生态保护和水土保持的宣传教育、指导服务、监督检查。

（一）加强事前事中服务指导

建立政府主导、部门协作、社会参与合力推进水土流失防治的工作格局，探索村民自建、以奖代补、民间资本参与等水土流失治理投入和管理机制，统筹涉农、生态补偿、国土江河综合整治等项目，推动生态系统整体保护、系统修复和综合治理。坚持"谁破坏，谁治理"的原则，监督开发业主落实好水土保持措施。完工后的生产建设项目裸露地，增补工程防护措施，播草种树恢复植被，废弃矿山要进行生态修复，确保水土流失面积不扩大、强度不加剧和水土保持功能不降低。各乡（镇）采取会议、标语等措施切实加强宣传，使政策进村入户；各乡（镇）和相关部门在项目开工前，要深入现场实地察看，指导开发业主优化开发建设方式，科学配置生态保持和水土保持措施。

（二）明确山地开发标准要求

各乡（镇）和相关部门切实履行属地监管和业务监管职责，对开发业主告诫其山地开发的标准和要求。其中，山地林果开发必须严格按照"山顶水保林带帽、山腰经果林缠带、山脚原生植被穿鞋"的生态建园原则进行规划设计；严禁全垦整地，提倡人工或小型机械整地，最大限度保留原生植被。矿山开采必须严格按照开发利用方案，重视表土资源的剥离和保护工作，科学设置弃土、弃渣、弃石场，及时修建挡土墙和相关排水设施，坚持"边开采、边治理"，搞好矿山地质环境恢复治理。山地畜禽规模养殖按照设施农业建设方案，搞好四旁绿化，配套建设粪污处理设施，抓好污染防治工作。低丘缓坡等未利用地开发必须大力推行"前坎后沟"水平梯田建设、灌草护坡、蓄排水工程配套、田间道路路旁绿化等。

（三）强化监督检查和执法

坚持生态保护不留死角，水土保持不留盲区，各相关部门开展针对性的监督检查和联合执法，充分利用卫星遥感、无人机航拍等新技术，实现信息共享。发现高山陡坡开发、毁林开发、全垦式开发及其他违规开发行为及时坚决制止，并责令限期整改。对屡禁不止、拒不整改的，林业、环保、水保部门依据《中华人民共和国森林法》《江西省森林条例》《中华人民共和国环境保护法》《中华人民共和国水土保持法》《江西省实施〈中华人民共和国水土保持法〉办法》等法律法规从严查处，坚决遏制开发过程中的人为环境污染和水土流失。乡镇人民政府作为土地开发和水土保持的第一监管责任主体，认真履行职责，各单位及基层站（所）密切配合，切实加强和规范山地开发生态保护和水土保持工作。县政府建立健全山地开发督查考核机构，对监管不力造成生态破坏、环境污染和严重水土流失的，将依法依规追究相关责任人责任。

第五节　流域农业面源和村镇点源污染治理

在治理工程项目区，建设排污管道 10 公里，雨水收集管网 10 公里，排水沟渠 50 公里。在过埠片区 6 个乡镇，建设和改造约 1000 个垃圾收集站（棚），240L 可移动式垃圾收集箱 2000 个，垃圾运输车 15 辆，洒水冲洗车 8 辆，建设 100 平方米垃圾转运站 5 处，垃圾压缩装置 1 套，停车场及配套设施 60 平方米。建设小型湿地处理系统和湿地调节池，建设湿地人工床处理系统，1 套城镇污水处理设施。建设改造雨水收集管渠 85 公里，建设和改造植物稳定塘 17.33 公顷，建设和改造自然净化湿地 30 公顷。建设水源隔离围网 3 万米，界标和宣传牌 200 个，水源涵养林 20 公顷。全县围绕全面改善人居生活环境，重点在以下几个方面大力整治农村环境。

一、畜禽养殖污染治理

依据《中华人民共和国环境保护法》《中华人民共和国水污染防治法》《中华人民共和国畜牧法》《中华人民共和国动物防疫法》《畜禽规模养殖污染防治条例》和《畜禽养殖污染防治技术规范》等有关法律法规和技术规范，将全县畜禽养殖区域划分为畜禽养殖禁养区、限养区、可养区三大类，并划定畜禽养殖三区的基本范围。

（一）畜禽养殖禁养区

包括县城规划区外延 1000 米范围内，各乡（镇）规划区、居民密集区、文教科研区、医疗区等人口集中地区外延 500 米范围内，长河坝水库饮用水源保护区及上游铅厂河两岸外延 500 米范围内。各乡（镇）村饮用水源保护区，陡水湖库区最高水位线沿岸两侧垂直距离 1000 米范围内；阳岭自然保护区、齐云山自然保护区、章江源自然保护区、上堡梯田景区、聂都溶洞群景区等地的核心区和缓冲区范围内；自然、文化遗址等文化保护区外延 500 米范围内；县域内小（二）型以上水库最高水位线周边垂直距离 50 米范围内；县域内重点流域大江、小江、扬眉江、义安河、章水沿岸两侧垂直距离 100 米范围内。各主要河流（大江、小江、扬眉江、义安河、章水等）的一级支流沿岸两侧垂直距离 50 米范围内；国道、省道、县道、铁路、高速路、旅游公路沿线外延 500 米范围内或一重山范围内；崇义省级工业园城北片区、鱼梁片区、关田片区、县域内矿区等规划用地范围外延 300 米范围内；法律、法规规定的其他需要保护的区域。

（二）畜禽养殖限养区

包括县城规划区外延 1000—2000 米范围内，各乡（镇）规划区、居民密集区、文教科研区、医疗区等人口集中地区外延 500—1000 米范围内；长河坝水库饮用水源保护区及上游铅厂河两岸外延 500—2000 米直线距离范围内所有区域。陡水湖库区最高水位线沿岸两侧垂直距离 1000—2000 米范围内；阳岭自然保护区、齐云山自然保护区、章江源自然保护区等地的缓冲区外延 1000 米范围内。上堡梯田景区、聂都溶洞群景区等地的缓冲区外延 500 米范围内；自然、文化遗址等文化保护区外延 500—1000 米范围内；县域内小（二）型以上水库最高水位线周边垂直距离 50—100 米范围内；县域内重点流域大江、小江、扬眉江、义安河、章水沿岸两侧垂直距离 100—500 米范围内。各主要河流（大江、小江、扬眉江、义安河、章水等）的一级支流沿岸两侧垂直距离 50—100 米范围内；国道、省道、县道、铁路、高速路、旅游公路沿线外延

500—1000 米范围内;崇义省级工业园城北片区、鱼梁片区、关田片区、县域内矿区等规划用地范围外延 300—500 米范围内;法律、法规规定的其他需要保护的区域。

（三）畜禽养殖可养区

全县行政区域内除禁养区、限养区以外的区域,原则上作为畜禽可养区。在畜禽养殖可养区内从事畜禽养殖的,应当遵守国家有关建设项目环境保护管理、土地利用规划和建设规划等规定,开展环境影响评价,其污染防治措施及畜禽排泄物综合利用措施必须与主体工程同时设计、同时施工、同时投产使用,其污染物排放不得超过国家和地方规定的排放标准和总量控制要求。

二、农村房屋庭院整治

持续推进交通沿线房屋立面整治。按照以点带面、以线串点的思路,在前期抓好高速、国省道、乡村旅游沿线、产业发展示范园区和贫困村等重点干道沿线片区房屋立面整治提升的同时,进一步强化交通沿线新建房管理,规范交通沿线新建房屋与周边已整治提升房屋整体风格相协调。

开展农村民房庭院整治。以脱贫攻坚、乡风文明、村庄整治等为契机,以房前屋后干净、院内院外整齐为目标,促进农村民房院落洁化、硬化、绿化、美化。规范柴草、杂物、农具归置,做到院落环境清洁卫生、物品堆放整齐有序。开挖庭院周围裸露地块,种植蔬菜、花草等植物,促进农家院落"田园化"。

巩固农村"三房一场"整治成果,强化农村建房管理。进一步加大农村"空心房"整治力度,按照规范有序、干净整洁、和谐宜居的要求,全面拆除辖区内长期闲置、废弃、残垣断壁和破烂不堪、具有安全隐患及建新未拆旧或不符合"一户一宅"政策的"空心房",对拆除房屋土地复垦或开发利用到位,并完善好整治台账。对新产生的"空心房"进行适时监督,及时拆除。对于未审批的违章建筑,一律拆除,农村超高层、超面积的一律不批。对于违背打造全域旅游、影响风景、影响视线、影响美观的负面房屋一律拆除。

推进农村卫生厕所改造工程。按照"政府主导、部门协作、群众动手、社会参与"的要求，全面开展农村卫生厕所改造工作，推进"厕所革命"，逐步从景区扩展到全域，从城市扩展到农村，从数量增加到质量提升，引导农村新建住房配套建设无害化水冲式卫生厕所，人口规模较大、较集中的村庄配套建设公共厕所。积极探索厕所粪污、畜禽养殖废弃物合并处理资源化利用。

三、农村垃圾污染治理

按照住建部等部门出台的《关于全面推进农村垃圾治理的指导意见》《农村生活垃圾治理验收办法》，在队伍建设、设施配置、清扫转运机制、终端处理、保洁效果等方面再下功夫，特别是解决圩镇、农贸市场、村庄、道路、河道等重点区域裸露、堆积的垃圾问题，按照农村户籍人口不低于每人每年55元的要求落实运行经费，按照农村户籍人口不低于3‰的要求安排保洁人员，持续健全完善农村生活垃圾收运处理长效机制。加强乡风文明教育建设，提高卫生保洁意识，遏止垃圾乱扔乱倒行为；健全工作机制，继续保留和沿用第三方治理推进农村垃圾治理；同时利用全国首批百个农村生活垃圾分类和资源化利用示范县的优势，积极探索垃圾分类。全面推进乡（镇）农村污水处理设施建设投入使用、正常运转，有效收集治理农村生活污水。

全面启动圩镇环境整治。整治圩镇以路为市、占道摆摊设点、杂物乱堆乱放、车辆乱停乱放和乱搭乱建、乱披乱挂行为。加大圩镇道路、沟渠、路灯等公用设施管护力度，及时修复破损道路和公用设施，做到路平、沟通、灯亮，保持圩镇干净整洁、秩序良好、通行顺畅。逐步将城市化发展、城市管理执法和社区管理的理念引入圩镇，落实管理人员，建立圩镇长效管理机制。

强化农业污染源控制。围绕化肥农药减量化、畜禽养殖污染综合治理、秸秆综合利用等重点，推进种养结合和农业废弃物资源化综合利用，提高农业绿色增产能力和农业废弃物循环利用能力，不断改善和优化农业生态环境。2018年已实现以下目标：农用化肥施用量同比下降1%；农药施用量同比下降1%；农用地膜使用量下降2%；农作物秸秆利用率达到85%；冬种绿肥面积达到1.5万亩；有效巩固畜禽养殖污染成效。规模养殖场粪污处理率达85%以上，生态养殖率达60%以上。病死畜禽无害化处理率达100%。依靠科技引领和制度创新，遏制农业生态环境恶化的势头，让生态环境得到休养生息，构建农业生态环境保护与治理的长效机制。

第六节 废弃矿山生态修复

崇义县境内矿产资源丰富, 钨、锡等有色金属采选业引起的重金属污染问题突出, 是国务院《重金属污染综合防治"十二五"规划》中国家重金属污染防控重点区域, 为全国 138 个重金属污染重点防控区 (县) 之一。小江和扬眉江流域采矿区集中, 大量含有重金属的废渣、尾矿、尾砂处置不当, 引起土壤污染和水污染。流域水环境存在业点源污染分散、总量难以控制等问题, 对该区域及下游城市居民饮用水构成不同程度的威胁, 是该县存在生态环境问题的最主要表现。崇义县从积极推进改革先行先试入手, 稳步推进生态保护红线内矿业权的退出工作, 率先开展全国第二次污染源普查试点, 探索出前期准备、清查建库、入户调查的"崇义模式"。在重点启动思顺乡红旗岭矿区废渣土壤污染综合治理等一系列历史遗留土壤修复项目, 不断推动钨等传统优势产业向智能制造方向发展, 章源钨业成功被评为国家绿色工厂的同时, 实施小江流域重金属污染现状调查与风险评估, 制定配套治理措施。

一、划定独立工矿用地

崇义县根据土地用途将全县划分为七个区, 分别为基本农田保护区、一般农地区、城镇村建设用地区、独立工矿用地区、风景旅游用地区、生态环境安全控制区、林业用地区。独立工矿用地区, 是指为独立于城镇村之外的建设发展需要划定的土地用途区。该区总面积 808.59 公顷, 占土地总面积的 0.37%, 主要分布在横水、丰州、铅厂、关田等乡 (镇)。区内土地主要用于采矿业以及其他不宜在居民点内安排的工业用地; 区内土地使用应符合经批准的工矿建设规划; 区内因生产建设挖损、塌陷、压占的土地应及时复垦; 区内建设应优先利用现有低效建设用地、闲置地和废弃地; 区内农用地在批准改变用途之前, 应当按现用途使用, 不得荒芜。

在崇义县丰富的矿藏资源中, 既包括煤燃料, 也有金属矿如铜、铁、钨、锡等, 同时也存在着非金属矿如水晶、花岗石等。近年来由于当地人们对矿产技术的逐步提升, 对矿产的开发和利用也就日益增加, 其中以钨矿最具有代表性。在崇义县的柯树岭钨矿矿山当中钨的重要存在方式均为含有钨元素的钨酸盐，在该矿山当中各类的钨矿石的钨含量都相对较高，有着极高的使用价值和开采价值，划定独立工矿用地区域必不可少。

钨矿通常是指通过有关地质作用加以富集形成的钨矿床。钨矿的储量分布以及成矿因素都有其特点，对中国的矿山所处位置、气候以及环境都有着很高的要求。钨元素在冶金行业以及金属材料应用领域都属于高熔点的稀有金属，钨合金的应用也越来越普遍，在现代工业甚至国防事业上都是功能性的材料，是崇义县国民经济的支柱产业。

二、重金属污染治理

重金属污染是指比重大于5或4以上的金属或其化合物所造成的环境污染。重金属可以以各种化学状态或化学形态存在，一旦进入环境或生态系统会存留、积累或迁移，并造成严重危害。崇义县作为重金属污染防治重点区域，早在《2015—2017年重金属污染综合防治实施方案》中，就通过财政部、环保部评审，被确定为2015年度重金属污染防治专项资金支持对象。4年来，中央、省、市环保部门对崇义县生态环保专项资金投入55426万元；严厉查处各类环境违法行为，依法取缔了无证非法小矿产品加工作坊31家，停产整顿了扬眉江等流域小矿产品加工厂42家，有效缓解了崇义县矿业发展中面临的瓶颈问题。

推进企业减排。先后指导崇义县章源钨业股份有限公司、耀升工贸发展有限公司、威恒矿业有限公司改造现有治污设施，这些矿业公司提标升级后，完成重金属污染物削减量，尾矿废水稳定达标排放。原砒霜生产场地土壤修复（关田、聂都、丰州场地）、小江流域关田镇下关村炼砷场砷渣处理、宝山选厂含重金属离子废水深度治理等重金属污染治理项目相继开工实施，有效地削减了重金属污染排放，集中解决了一批危害群众健康和生态环境的突出问题，促进区域生态环境质量的明显好转。

柯树岭矿区废渣重金属污染等历史遗留治理项目，通过采取尾砂和废石分类处置的方式，建设库容20.02万立方米的尾砂处置场，建设日处理能力50吨的渗沥液处理站。该项目建成后，每年减排镉300公斤，砷1359公斤，基本消除柯树岭矿区给小江流域带来的重金属污染。

三、加大土地整治力度

按照统筹规划、突出重点、用途适宜、经济可行、环境美化的要求，着力安排废弃地复垦的规模、时序和利用方向。土地复垦主要分布在扬眉、过埠、聂都和文英等乡（镇）。既有计划、分步骤地复垦历史上形成的采矿废弃地，又及时、全面复垦新增工矿废弃地，推广先进生物技术，提高土地生态系统自我修复能力。

积极稳妥地开展田、水、路、林、村综合整治，坚持抓好农田水利、水土保持等工程建设，加强对持久性有机污染物和重金属污染超标耕地的综合治理，拆除制砖厂的烟囱、制砖棚等设施，实施场地平整、工程治理和复绿工程等，提高农用地质量及生产力。对关田镇下关村废弃矿渣厂进行废渣堆放场移位填埋处置，防渗工程、边坡及场底平基、拦渣，截洪、渗漏液收集处置，封场生态恢复、持续污染物控制与监测等方式进行综合治理，达到最大限度减少区域重金属污染的风险。

适应山水林田湖草生命共同体建设和发展高效农业的需要，大力开展农地结构调整，综合整治道路、林网、沟渠等，建设高标准基本农田，增加有效耕地面积、提高耕地质量、改善农业生产生活条件和生态环境。积极运用工程措施、生物措施和耕作措施，综合整治水土流失；综合运用水利、农业、生物以及化学措施，集中连片改良盐碱化土地；建立土壤环境质量评价和监测制度，严格禁止用未达标污水灌溉农田，综合整治土壤环境，积极防治土地污染。巩固生态退耕成果，切实做好已退耕地的监管，巩固退耕还林成果，促进退耕地区生态改善、农民增收和经济社会可持续发展。在调查研究和总结经验基础上，严格界定生态退耕标准，切实提高已退耕还林的生态效益。

第七节　重要生态空间生物多样性保护

围绕流域生态环境质量改善，以水域、水陆交错带和陆地的区域分类作为生态环境综合评估工作的基础与核心，开展大江流域生态安全调查与评估。基于区域分类，划分评估控制单元，并识别相应的敏感点；开展流域人类活动影响、生态系统状况、生态服务功能、生态环境保护措施等方面的调查，其中生态系统状况调查涵盖水体、底泥、河滨带等环境要素，构建评估指标体系和定量化评估方法，对整个流域生态环境进行综合评估，定量查明大江流域生态环境现状。由于区域生态环境整体脆弱，生物多样性保护形势严峻，森林资源质量不高，林地生产力相对低，生态系统整体功能脆弱，因此迫切需要修复保护，使生态功能得到充分发挥。

一、重要生态空间低质低效林改造

崇义有"江西省绿色宝库"之称。2016 年 11 月全国森林质量提升工作会议在崇义县召开，崇义县森林质量精准提升成为"全国样板"。根据《崇义县森林经营规划（2016—2050 年)》，各国有林场、商品林场、民营林场、乡镇和经营大户编制实施森林经营方案。对重要生态空间内生态功能低下的马尾松纯林，通过人工恢复和人工促进自然恢复方式，全面提升林地生物多样性和生态功能。

（一）创新森林科学经营模式

全县结合森林资源调查，以村为单位建立电子营林档案，完善营林生长档案、项目档案和技术档案，真实、准确、清晰记录全县森林资源从造林、设计、抚育及采伐的一切营林活动，为林业生产经营、林木采伐、林权抵押贷款等提供第一手资料。将全县林业用地划分为生态公益林和商品林两大类型，严管公益林、放活商品林，现已建成商品林基地 9.33 万公顷，其中人工杉木林 2.67 万公顷，毛竹林 2.67 万公顷，人工松木林 2 万公顷，人工促进天然更新阔叶次生林 2 万公顷。通过编制规划明确造林、抚育、改造、采伐、管护等森林经营的具体措施，并按年度落实到山头地块，实现了传统林业经营管理模式逐步向现代林业经营管理模式转变，森林总量和森林质量得到"双增长"。

（二）创新样板示范带动模式

根据崇义县的森林资源状况和现有林地经营水平，以及不同经营主体、森林类型、林分状况等因素，建设了 6 大类 13 小类的森林经营样板林，采取"更新改造、补植改造、抚育改造、封山育林"等多种方式，探索杉木、阔叶近自然及目标树经营技术等符合本地林情实际的经营理论和技术模式，建成了 1.33 万公顷森林经营样板示范林基地。在样板林示范带动下，林地产出率与靠天取予时期相比提高了 2—3 倍，仅人工杉木林亩年均立木生长量达 1 立方米以上，天然次生林改造后亩年均生长量由 0.2 立方米提高到 0.5 立方米以上，森林经营步入科学轨道。

（三）创新资源资产管理体系

为保护森林与生物多样性，充分发挥森林生态效益，崇义县在 17.93 万公顷林地中区划 6.27 万公顷生态公益林，实行严格保护。同时，依托森林生态自然资源禀赋，积极探索自然资源资产管理体系，建成 1 个阳明湖国家级湿地公园，阳明山、阳明湖 2 个国家级森林公园以及 1 个齐云山国家级自然保护区和阳明山、章江源 2 个省级自然保护区，其中自然保护区面积达 2.94 万公顷，占林地面积的 16%，是全国唯一同时拥有 4 个国家级、2 个省级自然资源资产平台的县。全县有 2843 种高等植物、394 种野生脊椎动物、1364 种无脊椎动物在自然保护区、森林公园、湿地公园以及国际候鸟迁徙通道、"五河一湖"源头等重点区域内繁衍生息，种群数量稳定增长，生物多样性得到有效保护，森林生态功能不断增强。

二、建立生态扶贫主导产业

崇义县引导各类保护区内和偏远山区内居民异地搬迁安置，实现移民异地安家、异地创业、异地致富。在大江流域范围内，围绕发展生态产业，精选了刺葡萄、油茶、竹木、乡村旅游 4 大生态产业作为生态扶贫的主导产业，鼓励引导农业龙头企业、农民专业合作社和家庭农场等市场主体参与产业扶贫开发，与贫困户建立利益联结机制，防止贫困户重走"靠山吃山""靠水吃水"恶性循环的老路。立足生态优势和资源禀赋，重点发展"一枣、一藤、一竹、一橙、一油"五大主导产业。

"一枣"即南酸枣。崇义县野生南酸枣面积达 1.73 万公顷，早在 2004 年崇义县就被国家林业局认定为唯一的"中国南酸枣之乡"。2018 年 7 月 30 日，国家知识产权局正式批准"崇义南酸枣糕"为国家地理标志产品。依托江西齐云山食品公司龙头带动，以葫芦洞国家级南酸枣种植资源库为核心，建成一个集产、学、研、游为一体的万亩南酸枣基地，辐射带动产业规模扩张。通过"企业＋基地＋农户"的发展模式，采取集中种植与分散种植相结合，开展包苗木、包技术指导、包收购的三包服务，联结带动全县所有乡镇人工种植仿野生南酸枣，形成了年产值 3 亿余元、年利税 4000 余万元的富民产业，带动当地农民增收 3600 余万元。昔日藏在深山的野果，成为大众钟爱的美食，南酸枣也已从最初的用材林变成了如今的果用林，成了崇义农民的"摇钱树"。

"一藤"即刺葡萄。崇义县是中国野生刺葡萄分布最广、密度最大、品种最丰富的地方，野生刺葡萄种群保存最为完好，是名副其实的刺葡萄资源宝库。全县依托龙头企业君子谷野生水果世界，以君子谷省级现代农业示范园为核心，打造 15 公里万亩刺葡萄产业示范带，打造集农业种植、精深加工、休闲旅游、智慧服务于一体的刺葡萄现代科技示范园。采取"四支持"（政府支持种植户种苗、棚架设施、龙头企业种苗繁殖中心和品牌建设）和"四统一分"（龙头企业统一供应种苗、统一技术培训指导、统一质量标准、统一市场或保护价收购，农户分户种植管理）等举措，推行"企业＋基地＋农户"运行模式，力争"贫困户户均种一亩刺葡萄"，通过以庭院种植和小规模生态种植等模式，带动贫困户增收致富。

"一竹"即笋竹。发挥"竹子之乡"资源优势，推进笋竹丰产林建设，提产增效。重点以万长山、天台山、黄雀坳和天星寨为中心，在毛竹林相对集中连片的横水、铅厂、聂都、文英、乐洞等乡（镇），选择立地条件好、交通相对便利、坡度小于 25°的山场，采取深挖施肥等改造措施，建设集中连片 13.33 公顷以上规模笋竹两用丰产林示范基地 45 个，总面积达到 600 公顷。到 2020 年，带动全县发展笋竹产业 3 万亩。将阳明山马脑嵊竹山高标准规划建设成一个集科技推广试验、笋竹培育、旅游开发为一体的竹产业综合性示范园。鼓励江西竹禾食品公司和崇义旗岭食品公司发展壮大，带动笋竹加工，提升笋竹附加值。

"一橙"即脐橙。推行"山顶戴帽、山腰种果、山脚穿裙"的生态种植模式，集中连片开发脐橙果园面积不超过 13.33 公顷，园内和果园之间种植杉树等防护林进行隔离，以阻隔柑橘木虱的迁飞，保证健康建园。恢复生产与黄龙病防控"两手抓"，重点恢复龙勾、扬眉、长龙、横水、铅厂5个乡（镇）的脐橙种植。到2020年，新建脐橙果园面积1600公顷，其中建设6.67—13.33公顷适度规模生态化高标准脐橙示范园20个，使全县脐橙种植总规模达到5333.33公顷以上；建成以容器苗为主年出圃100万株的无病毒柑橘良种繁育苗圃1个；建成黄龙病防控示范区10个。

"一油"即油茶。按照"主产区＋辐射区"的建设格局，重点以经营基础好的过埠、金坑、杰坝、思顺等乡（镇）为主产区，由主产区辐射周边乡（镇），实施林地垦复清理、密度调整、整形修剪、补植补造、施足追肥等措施，改造低产油茶林，促使油茶林在短期内实现高产稳产。着力打造集中连片面积达到20公顷规模油茶低改示范基地14个，示范基地总面积达到280公顷，到2020年，带动全县改造低产油茶林2000公顷。

三、打造生态安全制度样板区

围绕"生态资源资产化、生态资产资本化、生态资本产业化"，探索建立领导干部自然资源资产离任审计制度、生物多样性保护与发展体制机制、自然资源资产产权制度、市场化资源交易机制、主体功能区制度、生态扶贫机制、农村集体资产产权制度7项制度，形成了一批可复制可推广的"崇义经验"。在纵深推进林权制度配套改革方面，崇义县还探索创建了产权交易和金融服务平台、林农互助平台、"企业＋基地"示范平台。在不动产登记工作方面，全国第一本林业类不动产权证书在崇义颁发，首创权籍登记"一扇门"、流程再造"一张表"、数据整合"一张图"、成果运用"一个库"的"四个一"经验。

（一）生物多样性保护廊道建设

按照生态功能的要求，坚持资源培育与生态保护并重。扎实推进国家级主体功能区试点，将55.7%的国土面积划入省级生态红线保护范围，比江西省（33.7%）高出22个百分点，比赣州市（40.5%）高出15.2个百分点。大力建设水源涵养林，每年新增造林面积2666.67公顷，加大森林资源培育保护力度。创建阳明湖国家湿地公园、阳明山国家森林公园等一批覆盖全境的生态平台，累计创建国家级生态乡镇1个、省级生态乡镇10个，省级和市级生态村分别

10 个和 83 个,市级以上生态村占全县行政村总数的 75%。针对重要生态空间彼此割裂、生态空间被严重挤压、动植物迁徙扩散受限等问题,构建区域生物多样性保护廊道,增强生态系统的连通性和完整性,提升生态系统服务功能。

(二)自然保护区基础设施建设

创建齐云山国家级自然保护区和阳岭、章江源省级自然保护区,保护区总面积占全县国土总面积的 17.27%,远高于江西省 7.3%、全国 13% 的平均水平。针对保护区基础设施配套和管理相对落后的问题,通过建立保护区野生动物救护中心、鸟类迁徙通道观测站与配套设施建设等工程,促进保护区监测能力的提升。在探索建立生物多样性保护与发展的体制机制上,创新实行"分类经营、分区施策、定向培育"模式,探索实施毛竹林、杉木林、天然次生林、松树林丰产高效技术规程,并在南方集体林区中普遍推广应用。

(三)绿水青山变金山银山基地建设

围绕"特色、高效、生态"发展理念,坚持走生态高效和绿色经济的现代农业发展路子,积极鼓励发展蔬菜、茶叶、生态鱼、林下经济、高山梯田米等高效特色农业产业,并依托农业产业资源和优良生态环境发展休闲农业和乡村旅游。重点在上堡、丰州、聂都等乡镇打造一批高山大米示范基地,将长龙—龙勾沿线打造成一个大棚蔬菜和传统蔬菜种植合一的万亩蔬菜基地,提升上堡万长山和赤水仙、乐洞龙归、横水馨阳岭 4 个规模茶场为有机茶基地,加快阳明湖发展特色渔业和外向型渔业,打造一批以茯苓、草珊瑚、吴茱萸、七叶一枝花等森林药材为主要品种的示范基地。力争每个乡(镇)每年重点建设 3 个以上百亩产业基地,逐步实现全县 124 个行政村都有一个以上百亩产业基地。大力引导林农开展竹(木)新造、低改,重点推进华森竹业重组竹、红杉木业高端原生态板式家具、益佳木业等竹木精深加工企业转型升级,延伸产业链条,打造知名竹(木)基地,加大竹木深加工企业的引进力度,开展竹木工艺品开发,助推乡村旅游。

崇义县依托贫困地区资源禀赋和发展条件,不断发展生态产业,促进生态产品价值转化,因地制宜开发优质生态产品,充分挖掘贫困地区农业生态、林下经济、旅游观光、文化教育等多种产业功能，整合"红、绿、古"资源，建设一批农旅结合、林旅结合的山水田园综合体，促进了优质生态产品的价值实现，使贫困地区人民步入"生态环境建设——摆脱贫困——生态系统功能提升——走向富裕"的良性循环。

第三篇　系统探索

　　自 2016 年 11 月财政部印发《关于推进山水林田湖草生态保护修复工作的通知》后，国家财政部等相关部委连续 2 年相继印发了第二批、第三批山水林田湖草生态保护修复工程试点的通知，据不完全统计，全国组织参与申报山水林田湖草试点工程的项目共 100 余项（含重复申报），审批通过的试点工程共 25 个，其中，第一批 5 个，第二批 6 个，第三批 14 个，基本涵盖了我国大部分省（直辖市、自治区）。山水林田湖草生命共同体建设不仅仅是一个生态保护修复项目，更是让我国生态修复建设行动起来、壮大起来的一面旗帜。山水林田湖草生态保护修复试点工程重点部署在青藏高原、黄土高原、云贵高原、秦巴山脉、祁连山脉、大小兴安岭和长白山、南岭山地区、京津冀水源涵养区、内蒙古高原、河西走廊、塔里木河流域、滇桂黔喀斯特地区等国家重点生态功能区内，有机融合了国土绿化行动、天然林保护、防护林体系建设、京津风沙源治理、退耕还林还草、湿地保护恢复等国家重大生态工程，以及区域水土流失、荒漠化、石漠化综合治理工程，体现了人类生存发展与山水林田湖草生命共同体的和谐发展。随着国家政策制度日益明确，为加快推进当地山水林田湖草生态保护修复工作，江西、北京、河北、青海等省市迅速跟进，无论是否列为试点，都纷纷出台了系统探索山水林田湖草生命共同体建设的政策举措。

第十五章　山水林田湖草生命共同体建设的江西举措

党的十八大以来，习近平总书记从生态文明建设的宏观视野，提出并不断阐述山水林田湖草是一个生命共同体的理念和思想，为如何系统推进生态文明建设提供了根本指引。2017 年 7 月 19 日，习近平总书记主持召开中央全面深化改革领导小组第三十七次会议时说，坚持山水林田湖草是一个生命共同体。在山水林田湖之后补充了"草"，将"草"纳入"山水林田湖"体系，这不仅是对"草"的地位的充分肯定，也使生命共同体的范畴更为完整。在党的十九大报告中，习近平总书记进一步强调"人与自然是生命共同体""山水林田湖草是一个生命共同体"等思想。

第一节　掌握山水林田湖草生命共同体建设的构成规律

山水林田湖草是国土的重要组成部分，是国家发展之基，人类生命之要，其科学开发利用与保护事关国家的繁荣和发展。我国位于亚洲大陆东南部、濒临太平洋，南北跨有约五十个纬度，加上地形复杂，各地区距离海洋远近差异大，因此是个具有多样气候特征的国家。除了许多源远流长的河流之外，还有分布在全国各地区的 2000 多个大小天然湖泊。水，作为自然的元素、生命的依托，以它天然的联系把山、林、田、湖、草等，乃至人类生活、文化历史融合到了一起。"我们所接触到的整个自然界构成一个体系，即各种物体相联系的总体,而我们在这里所理解的物体,是指所有的物质存在"。^① 马克思主义自然观存在着系统维度,要求人们从整体上把握自然、自然运动及其规律、人与自然的关系,而建立治山理水、环境共治、各方联动、共建共享的有效机制,也是千百年来劳动人民为之努力奋斗的目标。

一、形成完善"山水林田湖草"共促共进的总体思路

所谓"山水林田湖草生命共同体",其实就是这几种物质及其运动和能量转移,以及它们之间互为依存,又相互激发活力的复杂关系,进而有机地构成一个生命共同体。田者出产谷物,人类赖以维系生命;水者滋润田地,使之永续利用;山者凝聚水分,涵养土壤;山水土地(涵盖气候与地形等)构成生态系统中的环境,而树(草)者依赖阳光雨露,成为生态系统中最基础的生产者。通过水系和土地整理、自然生态的修复、植物的配置、防洪排涝设施等的建设,营造成一个自我循环、自然健康的"山水林田湖草"生命共同体。所谓共促共进,是指各种力量要协同发力,也可以说是源头意义上的并驾齐驱,同时这种力量要尽可能均衡有序,也可以说是发展结果的统一协调。要围绕解决生态系统保护与治理中的重点难点问题,在重点区域实施重大生态系统保护和修复工程,尽快提升其生态功能;健全完善山水林田湖草系统治理和保护管理制度,以生态系统治理体系和治理能力现代化提升生态系统健康与永续发展水平,提高生态系统生态产品供给能力,不断满足人民日益增长的对优美生态环境的需要。江西素有"六山一水两分田,一分道路和庄园"之称,山林面积占64.2%,丰富复杂的地形地貌,为统筹协调发展"山水林田湖草"提供了绝好的自然空间。但山区、湖区经济社会发展一直比较缓慢,山区似乎成了制约江西省经济社会发展的短板。现在我们以"山水林田湖草是一个生命共同体"的思想理论引导这个问题的研究,就可使全省上下都认识到山区不仅不是江西的累赘,相反是宝贵财富。通过统筹经营和合理开发,完全可以让山区、湖区为江西整体发展作出更大贡献。

---

① 《马克思恩格斯文集》(第9卷),人民出版社2009年版,第514页。

二、要研究出台"山水林田湖草"共管共建的对策举措

"生命共同体"是一种互相依存的结合，也是整体和个体辩证关系的浓缩，在环境保护和生态打造方面，表现得尤为突出。2014年3月14日，习近平总书记在中央财经领导小组第五次会议上指出："如果破坏了山、砍光了林，也就破坏了水，山就变成了秃山，水就变成了洪水，泥沙俱下，地就变成了没有养分的不毛之地，水土流失、沟壑纵横。"一个周期后，水也不会再来了，一切生命都不会再光顾了。要按照"山水林田湖草"是一个生命共同体的原则，未来自然资源由一个部门统一管理，即"由一个部门负责领土范围内所有国土空间用途管制职责，对山水林田湖草进行统一保护、统一修复是十分必要的"。我国曾经是世界上规划最多的国家，城乡规划、国土规划、生态环境规划等都带有空间规划性质，总体上还没有完全脱离部门分割、指标管理的特征，各类空间还没有真正落地，且各类规划之间交叉重叠，没有形成统一衔接的体系。目前已改革规划体制，形成全国统一、定位清晰、功能互补、统一衔接的空间规划体系。在国家层面，要理清主体功能区规划、城乡规划、土地规划、生态环境保护等规划之间的功能定位，在市县层面，要实现"多规合一"，根据主体功能定位，划定生产空间、生活空间、生态空间的开发管制界限，明确居住区、工业区、城市建成区、农村居民点、基本农田以及林地、水面、湿地等生态空间的边界，清清楚楚、明明白白，使用途管制有规可依。所谓共管共建，一方面是指对自然资源要管建结合、以建促管，确保资源可持续开发利用；另一方面是指用途管制与生态修复要充分尊重大自然的整体性与系统性特征，不能顾此失彼。

三、建立健全"山水林田湖草"共治共理的体制机制

市场是决定资源配置的基础力量，健全自然资源资产产权制度，这是生态文明制度体系中的基础性制度。产权是所有制的核心和主要内容。我国自然资源资产分别为全民所有和集体所有，但过去没有把每一寸国土空间的自然资源资产的所有权确定清楚，没有清晰界定国土范围内所有国土空间、各类自然资源的所有者，没有划清国家所有国家直接行使所有权、国家所有地方政府行使所有权、集体所有集体行使所有权、集体所有个人行使承包权等各种权益的边

界。现在要对水流、森林、山岭、草原、荒地、滩涂等自然生态空间进行统一确权登记，形成归属清晰、权责明确、监管有效的自然资源资产产权制度。实行资源有偿使用制度。使用自然资源必须付费，这是天经地义的，但我国资源及其产品的价格总体上偏低，所付费用太少，没有体现资源稀缺状况和开发中对生态环境的损害，必须加快自然资源及其产品价格改革，全面反映市场供求、资源稀缺程度、生态环境损害成本和修复效益。所谓共治共理，一方面是指完善监管体制，统一行使所有国土空间用途管制职责，使国有自然资源资产所有权人和国家自然资源管理者之间既相互独立、相互监督，又相互配合、相互促进；另一方面是指探索建立统一权威的部门负责领土范围内所有国土空间用途管制职责，对山水林田湖草进行统一保护与统一修复。统筹山水林田湖草系统治理，推进生态文明建设，就要牢固树立"山水林田湖草是一个生命共同体"的理念，按照生态系统的整体性、系统性以及内在规律，推进生态的整体保护、系统修复、综合治理。

如果说"心肺肝胆脾胃肾"是一个人的五脏六腑，维系着每个人生命的延续，那么，"山水林田湖草"就是人类的五脏六腑，维系着人类这个物种的生存、繁衍与发展。"山水林田湖草是一个生命共同体"的思想，不仅深刻揭示其生命特征的一面，教育引导人们以珍爱生命般的人性关怀善待自然，而且深刻揭示其共同发展的一面，教育引导人们以一体同心的理性手段厚待自然。理解与把握这一重大思想的核心是着眼"生命"，关键路径是"共同"。根据生态修复的不同对象、不同受损程度和不同阶段，须在一定尺度空间内将各要素修复工程串联成一个相互独立、彼此联系、互为依托的整体，在对物种进行保护和恢复的基础上，对生态系统结构进行重建或修复，结合社会、经济、环境等因素，从大气、水、土壤、生物等维度出发，促进生态系统服务功能的逐步恢复，实现点、线、面修复的叠加效应，实现多维度、立体式推进。

第二节　掌握山水林田湖草生命共同体建设的理论要点

党的十九大报告指出，"建设生态文明是中华民族永续发展的千年大计""统筹山水林田湖草系统治理，实行最严格的生态环境保护制度，形成绿色发展方式和生活方式，坚定走生产发展、生活富裕、生态良好的文明发展道路"。习近平总书记关于生态文明的思想是指导山水林田湖草生命共同体建设的理论基础。特别是在 2018 年 5 月 18 日召开的全国生态环境保护大会上，习近平总书记强调指出的"六项原则"（坚持人与自然和谐共生、绿水青山就是金山银山、良好生态环境是最普惠的民生福祉、山水林田湖草是生命共同体、用最严格制度最严密法治保护生态环境、共谋全球生态文明建设）、"五个体系"（生态文化体系、生态经济体系、目标责任体系、生态文明制度体系、生态安全体系），既是指导原则，也是方法论，更为今后一段时期生态文明发展道路指明了方向，画出了"路线图"。"山水林田湖草生命共同体"理念科学界定了人与自然的内在联系和内生关系，蕴含着重要的生态哲学思想，在对自然界的整体认知和人与生态环境关系的处理上为我们提供了重要的理论依据，成为当前和今后一段时期推进生态文明建设的重要方法论。

一、"两山"理论

2005 年 8 月 15 日，时任中共浙江省委书记的习近平同志，在浙江省安吉县天荒坪镇余村考察调研时指出，"绿水青山就是金山银山"。经过十多年的理论发展和实践检验，不仅已上升为国家层面生态文明领域改革的顶层设计，而且在生态文明建设深入发展的今天内容更加丰富，已拓展为重要的"两山"理论：一山指绿水青山，代表良好的生态环境；一山指金山银山，代表经济发展带来的物质财富。"两山"理论从坚持人与自然的总体性出发，一方面在理论上揭示了全面协调生态环境与生产力之间的辩证统一关系，在实践上丰富和发展了马克思主义关于人与自然关系的总体性理论，揭示了山水林田湖草之间的合理配置和统筹优化对人类健康生存与永续发展的意义；另一方面，鲜活地概括了有中国气派、中国风格和中国话语特色的绿色化战略内涵，折射出理论光辉映照美丽中国走上"两山"绿色发展道路。

习近平同志在《之江新语》《从"两座山"看生态环境》等光辉篇章中，不仅提出了我们既要绿水青山，也要金山银山；宁要绿水青山，不要金山银山；绿水青山就是金山银山的"两山"理论，而且包含了绿水青山转变为金山银山的科学原理、实践途径和具体方法，为新时代生态文明建设进一步明确了指导思想，为山水林田湖草生命共同体建设提出了构建指南。从理论上看，是马克思主义中国化在人与自然和谐发展方面的集中体现，更加全面发展了生产力概念的内涵和外延，丰富了马克思主义政治经济学生产力理论。从实践上看，是当代中国发展方式绿色化转型的本质体现，革新了把保护生态与发展生产力对立起来的僵化思维，把生态环境与社会生产力理解为一个总体性的存在而统一起来，是马克思主义生产力发展规律理论的具体化和发展。2016 年 5月 27 日联合国环境规划署发布《绿水青山就是金山银山：中国生态文明战略与行动》报告，标志着我国在推进国内生态文明建设的同时，推动生态文明和绿色发展理念走出去，为发展中国家提供了可资借鉴的模式和经验，将对国际环境与发展事业产生重要影响。

二、水生态文明理论

水是生命之源、生产之要、生态之基，既不可或缺又无以替代。人类在大自然中依靠水资源生存发展，遵循着大自然的发展规律，从而获得物质和精神上的收获，这就是水生态文明的由来。水资源可持续利用不仅是水生态文明的基本前提，也是生态文明建设的前提。水生态文明可以促进人类社会、经济、文化等方面的发展，使人们与自然、社会和谐相处，从而实现整个生态文明。离开了水资源，不仅任何生命无法延续、人类社会难以为继，水生态文明也就根本无从谈起。人类由水而生、依水而居、因水而兴，积累了丰富的水管理理论与实践。水利不仅关系防洪安全、粮食安全、供水安全，而且关系国家安全、经济安全、生态安全。治水即治国，西方学者甚至称中华文明为"治水社会"。开展水生态文明建设既是生态文明建设的重要组成部分，也是依法实现人水和谐的重要内容。要在建立比较完善的法规体系的同时，把"山水林田湖草是一个生命共同体"理念融入水资源开发、利用、治理、配置、节约、保护的各方面和水利规划、建设、管理的各环节，加快推进水生态文明建设。

水是生态系统的控制要素，河湖是生态空间的重要组成，水利是生态文明建设的核心内容，水生态文明是人类文明的一面旗帜。治水为人类的生存与发展提供了极为重要的安全保障和物质保障，人类文明的开创和发展在很大程度上是治水斗争的产物。作为人类与自然抗争而创造文明的重要生产实践活动，治水文明本身也是人类文明的重要组成部分。"上善若水"，人类自诞生之日起就与水结下了不解之缘，并在与水打交道的过程中创造了丰富的文化，书写着人类文明发展的历史。水运系国运，水运兴，则国运昌。伟大的文明总是与江河联系在一起的，我国有 4000 多年的农业文明史，治水积累了行政、经济、科学、工程和技术的宝贵经验，大致可分为三个阶段。首先是"无能为力"和"力不从心"的阶段，面对滔滔洪水或赤地千里的大灾难，只能逃荒或死亡。随着生产力和科技的发展，人们兴修水利工程，要管住水、利用水，进入"改革自然"的第二阶段。人们修堤筑坝建库、修渠道、开运河、建电厂，发挥防洪、灌溉、供水、通航、发电等效益，这一阶段目前还没有结束。第三阶段应该是，人们在总结正反经验的基础上，对水进行更科学、合理的治理开发利用，做到可持续发展，做到与大自然协调共处。比如，水旱灾害一直是中华民族生存与发展的巨大威胁，对此，南方山区完全可以在雨水收集利用方面大有作为，加大林中"雨箱（水缸）①"的建设步伐，采用预防和控制洪水的各种政策和措施，把洪水产生灾害经济损失的概率降到最小。

三、林业多功能理论

林业多功能是指在森林经营和利用、林业发展规划等过程中，从地方、区域、国家乃至全球的角度出发，在依据社会经济和自然条件正确选择一个或多个主导功能利用并不危及生态系统的前提下，通过合理保护、不断提升和持续利用客观存在的林木和林地的社会、经济、文化和生态等功能，最大限度地发挥林业对整个经济和社会发展的支持作用。多功能林业正在与时俱进、不断发展变化，形成能满足人们对林业不同功能的需求，不断提高林业多种功能的合理开发、管理和利用水平的林业发展模式。

经过半个多世纪的研究和实践，多功能林业已成为世界林业发展的新方向，也是各国林业发展的大趋势。我国幅员辽阔、森林广袤，江河水系比较多，山脉波澜起伏，地形地貌复杂多变，加之我国南北气温差异明显，自然创造了丰富多样的物种，为多功能林业的发展模式提供了坚实的基础。现代林业正在淡化分类经营，发展为发挥森林生态、经济、社会、文化、碳汇等多功能

---

① "雨箱（水缸）"：是放在山区林下地面的智能水缸或挂在树上的雨水收集器，可减少地表径流，对消除洪水产生的成因、改善水资源质量、提高水资源的利用水平意义重大，在将绿水青山变为金山银山的同时，建立人类消减洪水灾害的新机制。

和多效益的复合产业。建设山水林田湖草生命共同体，提升林业的战略地位和贡献比重，迫切需要实现林业多功能发展。

林业多功能理论是人类全面认识林业的产物，是从木材均衡收获的永续利用到多种资源、多种效益永续利用的转变。多功能森林经营理念由来已久，根植于19世纪的恒续林思想，发达于20世纪60年代西方社会出现的生态觉醒。多功能林业是营林思想不断进步的概括，也是林业发展理念的又一次升华。林业多功能理论强调林业生态、经济、社会三大效益一体化经营，强调生产、生物、景观和人文的多样性。目前我国林业发展现状、社会需求、自然环境等一系列因素，决定了我国在今后较长一个时期需要发展多功能模式才能紧跟时代潮流。要从注重可持续发展演变为多功能全方位的发展模式，就需要更加注重林业产生的经济价值、社会价值及生态价值。林业在生态建设中主体地位的体现，主要是在森林和湿地生态系统的服务功能上。在加强林业生态建设的同时，要促进林业经济和社会文化协同发展，这是国家社会经济可持续发展的重大需求，这种需求也对国家林业发展战略产生重大影响。基于这样的现实背景，在山水林田湖草生命共同体建设中，要加强"林业多功能理论"研究，通过分析我国当前林业发展模式中存在的问题，探讨多功能林业发展的方法和途径，为我国林业发展提供依据和参考。

四、田管理权变理论

农田是人类创造的最早人工生态系统，农业是人类文明的起始和发端。土地制度是农村生产关系的核心内容，其创新与变革具有牵一发而动全身的功效。伴随人口数量的增多和科学技术的进步，人类干扰系统的频度与强度不断加大，农业发展对土地管理制度也是"因时而变，以变应变"。纵观中华人民共和国成立以来的农村土地制度改革历程，已经历了土地改革、农业合作化、人民公社、家庭联产承包责任制四次大规模的制度变迁过程。时至今日，在我国全面深化改革背景下，农村土地制度改革再启征程：明确现有土地承包关系保持稳定并长久不变的具体实现形式，界定农村土地集体所有权、农户承包权、土地经营权之间的权利关系；适应山水林田湖草生命共同体建设的需要，田地产权要构建含有土地所有权、使用权、承包经营权、抵押权及其他多项权利的大权利束，每一项权利都可以通过界定被分割、细化。管理就是把本来相互之间没有关系的人、财、物等要素结合起来，在一个目标下形成一个整体系统，通过组织、协调和综合使系统正常运转。田管理权变也不是独立于其他产业之外的单纯种植业问题，而是应当统筹山、水、林、湖、草业等各方面实现的协调发展，完善国家相关法规，衔接好山水林田湖草生态保护修复与"四荒"方针政策的关系，"权"衡所要管理的不同土地，"权"衡不同的发展条件，选择合适的产权制度。

2013年7月22日，习近平总书记在湖北省武汉市农村产权交易所考察时指出，"深化农村改革，完善农村基本经营制度，要好好研究农村土地所有权、承包权、经营权三者之间的关系"。这是国家领导人首次提出农户承包权、土地经营权的概念和农村土地权利分为"集体所有权、农户承包权和土地经营权"的思想，是中央关于"三权分置"的思想萌芽。其后历年的中央农村工作会议、中央"1号文件"、党的十八届五中全会公报等都明确提出了"三权分置"的政策规定，对"三权分置"做出了完整的系统化部署。中共中央办公厅、国务院办公厅分别于2014年印发《关于引导农村土地经营权有序流转发展农业适度规模经营的意见》，明确提出"坚持农村土地集体所有，实现所有权、承包权、经营权三权分置，引导土地经营权有序流转"；2016年印发《关于完善农村土地所有权承包权经营权分置办法的意见》，为完善土地所有权、承包权、经营权分置办法提出意见，强调在稳定农村集体所有权的基础上，严格保护农户承包权，加快放活土地经营权，逐步完善"三权"关系，形成层次分明、结构合理、平等保护的格局。目前，有关三权分置的研究已成为经济学界、法学界、社会学界及其他相关领域的一个重要课题，更成为山水林田湖草生命共同体建设的助推剂。

五、湖畔聚落圈理论

聚落是指人类各种形式的居住场所，在地图上常被称为居民点。聚落的形成和发展是自然、经济、社会和历史条件的产物。聚落与水环境的关系密切，受河流、水系的影响尤其显著，而"湖"在聚落发展中的作用日趋加大。人类扩散到新的区域时，往往选择可靠的水源、适宜的气候、丰富的日照、平坦的地形和肥沃的土壤，并通过聚落的整体形态直观地反映聚落对自然环境的适应性。湖畔聚落圈是指环绕湖泊（水库）周边一定范围内的人类聚居生活的空间场所，即湖泊（水库）周边分布的人居环境。山区水库、高原湖泊是山地高原环境中特有的人类生存生活所依赖且不可或缺的环境要素，为山地高原环境中的居民提供水、生态、景观等资源，核心资源地位和生态价值显著，是人居环境维持和发展的物质基础。湖泊（水库）周围的人居环境是城镇发展建设的重要空间资源与生态景观要素，湖泊（水库）周围不论是居民点聚落还是旅游聚落都越来越多；无论是旅游用地还是居民点都会产生各种各样的垃圾，对湖泊（水库）的水质及其周围的生态环境造成影响，湖泊（水库）作为饮用水源还需要采取有效措施确保饮用水源的水质。对其研究更是推进山水林田湖草生命共同体建设、实现经济社会与环境相协调、可持续发展的必然要求。

通过对我国聚落的起源与发展演变特点进行分析，并对聚落发展的趋势进行预测，可知在低洼平原地区，聚落的分布常受制于洪水威胁这一因素，易受水淹的河流两岸，湖滨滩地或盆地中心洼地，往往成为聚落空白地区；与平原（或低地）聚落相比，山区聚落尤其是偏远山区聚落往往表现出聚落规模小、聚落封闭以及聚落对当地食物和能源的高度依赖性等特点，往往移民搬迁下山到靠近江河又相对集中的城镇；江河不仅为城市发展提供了不可缺少的水资源，同时也为城市发展带来了持续不断的洪涝隐患，而湖泊则相对起着蓄洪防汛和维持生态的重要作用；城市时代城镇化进程仍快速推进，乡村地区人口快速向城市流动；多年来城市建设中老河道填埋较多，之前的地下管径标准较低，强排能力不足，迫切需要建设景观优美、临水便利、排蓄顺畅的"不淹不涝"城市；人口流动引导空间优化，构建以湖泊（水库）为中心的湖畔聚落圈，必将成为现代社会中湖泊发展和山水林田湖生命共同体建设的重点。

六、草生态产业理论

中国是一个拥有近4亿公顷天然草地的国家，草地面积位居世界第二，占全球草地面积的13%，占陆地面积的41.7%，是耕地面积的3.2倍，是森林面积的2.5倍。草原是我国陆地面积最大的绿色生态屏障，具有重要生态功能区、边疆地区、民族地区和深度贫困地区"四区叠加"的特点，保护建设好草原，对于全面建成小康社会具有重要的意义。"草"与"山、水、林、田、湖"同等地位，是生命共同体中重要的组成部分；草原与土地、森林、海洋等一样，是重要的战略资源；草业具有生态、经济和社会多种功能、多重效益，是国民经济和社会发展的重要产业。

中国的草产业从创建的第一时刻就和国家的生态安全、畜产品质量安全、农业结构调整与生产方式转变结合在一起。草业发展必须服从和服务于生态建设的大局，围绕拓展草地战略空间和建设途径，引导草地发挥更多更大效益；应制定草原生态安全战略，重点保护和建设草原，围绕改良土壤耕地，突出草业推动农业结构调整和经济转型升级。在加强北方草原保护建设的同时也不能忽视南方草业的发展，如江西省到 2020 年天然草地退减速度得到有效遏制，天然草地面积控制在 31 万公顷，天然草场、高山草甸、草地自然保护区等资源得到全面保护，草地生态环境得到改善，草地生态系统自我修复能力增强；人工种草 10 万公顷，草地改良技术得到有效提高；初步建立以草地生态补助奖励机制、草地监测评价考核等为主要内容的草地休养生息保障制度，充分发挥现代草业在经济社会发展战略中的多功能作用。

随着我国经济形势、生态环境、消费结构的不断提升和改善，人民群众对乳、肉的需求，生态环保对植被的要求，社会生活对绿化美化的追求使"草"的生态功能、生产功能、生活功能日益显现。将"草"纳入"山水林田湖"体系，给草的发展带来了新的发展机遇。要求创办草产业的每一位投资经营主体都应长期坚持生态治理、草地保护的指导思想，在追求利润的最大化的同时，实现草产业的公益化、绿色化、景观化、人文化，包括调整耕作制度，实现藏粮于地、藏粮于草，促进农民转型、实现精准扶贫，促进畜牧业结构调整、促进粮猪农业转型，实现草地绿起来、牛羊多起来、农民富起来，环境美起来。

第三节　掌握山水林田湖草生命共同体建设的实践要点

统筹山水林田湖草系统治理是生态文明建设的重要内容，是贯彻绿色发展理念的有力举措，是破解生态环境难题的必然要求。要深刻领会习近平总书记关于"山水林田湖草是一个生命共同体"的重要论述，牢牢把握统筹山水林田湖草系统治理的新要求，自觉践行"绿水青山就是金山银山"的发展理念，坚持"节约优先、保护优先、自然恢复为主"的方针，具体在"向上""向下""对内"与"对外"四个维度上着力，切实当好生态文明建设的主力军，助推全省高质量发展。

一、"向上"争项目

首先，要争取中央有关部门的项目投资。项目是推动山水林田湖草生命共同体建设的基础。2016年以来，我国已开展了两批次11个山水林田湖草生态保护修复工程试点，2018年第三批共14个国家试点工程的评审工作已经完成，其中包括河北雄安新区等。全国各地都把争取山水林田湖草生态保护修复项目试点区作为一个重大发展机遇，在经济建设、社会建设、生态文明建设等各个领域，山水林田湖草生态保护修复试点发挥了明显的"乘数效应"。要加强《江西省山水林田湖草生命共同体建设行动计划（2018—2020）》与国家生态保护修复部署和项目投资的衔接，积极争取我省符合条件的设区市纳入国家新一轮山水林田湖草保护与修复试点。

其次，用"共同体"理念统筹相关行业的项目资金。一是生态文明建设方面。《中共江西省委、江西省人民政府关于建设生态文明先行示范区的实施意见》《江西省生态文明先行示范区建设实施方案》《中共江西省委、江西省人民政府关于建设国家生态文明（江西）试验区的实施意见》和《国家生态文明试验区（江西）实施方案》中都提出要实施最严格的耕地、林地、湿地保护制度，加强河湖管理与保护，修复江河湖泊生态系统。二是长江大保护方面。2018年4月，江西省提出将江西段岸线打造成长江"最美岸线"，沿江码头建设与自然相结合，做到水美、岸美、产业美。围绕贯彻落实《长江经济带规划纲要》，江西先后出台实施规划及系列专项规划，开展生态保护修复工程试点。其中水利工程建设实现水利部门和地方政府共同投入、共同管理，联手打造"最美岸线"。三是农业开发项目建设方面。从2017年起，江西省在全国率先从省级层面统筹整合资金，启动新一轮高标准农田建设——统筹整合资金360亿元，新建高标准农田77.2万公顷，到2020年全面完成国务院下达的188.33万公顷建设任务。仅2018年，江西省就投入资金87亿元，新建高标准农田19.33万公顷。在工程质量上，围绕"田成方、渠相通、路相连、旱能灌、涝能排"建设要求，严把设计关、施工关和验收关。经过两年多的实践，江西省在高标准农田建设方面创新性地提出了"三变、三创、八结合"的建设路径："三变"，即变县级整合为省级整合、低标准为中高标准、部门验收为统一验收；"三创"，即创新融资方式、建设布局、考核办法；"八结合"，即调优农业产业结构、培育新型经营和服务主体、推进精准扶贫、壮大农村集体经济、建设现代农业示范（产业）园、发展休闲观光农业、建立"两区"和轮作休耕相结合的"有江西特色的山水林田湖草生命共同体"。从高标准农田建设的要求来看，一要着力引导农民尽量避免对耕作层（表土层）的破坏，防止增加后续耕地培肥的难度，同时在保证灌溉沟渠不出现灌溉水"跑滴漏"的同时，增强排水沟渠的生态功能，建立完善的"田—沟—塘"生态系统。二要开展培肥地力。通过秸秆还田、绿肥种植、施用有机肥等措施，提高项目区农田土壤有机质含量，采取工程、物理、生物方法消除项目区农田土壤障碍因素、改善土壤酸碱度、修复污染土壤等。三要实行轮作休耕。项目区采取稻油、稻菜轮作，一季水稻一季油菜（蔬菜）等，培育修复土壤肥力。高标准农田项目区实行稻渔、稻虾、稻蟹等综合种养，改善耕地质量，提升项目区农田土壤有机含量和生物多样性。许多地方的"望天田""斗笠田""冷浆田"，变成了现在"万亩田""吨粮田""高产田"。四是生态扶贫方面。重点把山水林田湖草生态保护修复建设与水土保持、低质低效林、农村环境综合治理等生态建设工程结合起来，深入推进易地扶贫搬迁工程和贫困地区生态移民行动计划。推动发展花卉苗木、食用菌、药材等多种林下经济扶贫模式，推广光伏扶贫政策，支持建档立卡贫困户安装户用光伏电站，推进精准扶贫＋现代农业＋新能源多元融合发展。鼓励引导并扶持农民从事生态体验、环境教育服务以及生态保护工程劳务、生态监测等工作，使农民群众在参与生态保护中获得稳定长效收益。

最后，按照生命共同体建设的要求，统筹其他项目资金。大规模高标准山水林田湖草生命共同体建设需要投入大量资金，把分散在诸多部门相关资金集中起来，捆绑在一起，解决资金分散、标准不一、投资效率低的问题；将政府愿望和农民诉求有机结合起来。从建设方案的制定到方案的实施，要充分发挥农民的智慧，调动农民的积极性，让农民参与到山水林田湖草生命共同体建设中来，真正将农民的事情农民作主。统筹使用各类财政资金，重在探索市场化资金筹措机制，有力保障工程实施。山水林田湖草生态保护修复工程要求试点地区立足现有资金渠道，盘活存量资金，整合财政资金，形成资金合力，避免交叉重复，做到"预算一个盘子，支出一个口子"。项目的资金来源主要有中央和省级单位的各类专项补助、地方财政预算以及社会资金，政府资金来源涵盖财政、环保、国土、水利、农业、林业、畜牧、渔业、城建等多部门的专项资金，项目包括高标准基本农田建设、退耕还林、湖泊生态环境保护、农业综合开发、中小流域治理、生态林建设、大气污染治理、水污染治理、土壤污染治理、农村环境综合整治等等，需要按照"职责不变、渠道不乱、资金整合、打捆使用"的原则，优先支持山水林田湖草生态修复项目。对于社会资金，探索资金筹措机制，建立绿色融资平台，发展社会资本合作（PPP）模式，并不断创新支持方式和利益分配机制，以吸引更多的资本参与其中，最终做到"各炒一盘菜、共办一桌席"，发挥协同效应，合力推进工程实施。

二、"向下"促"行动"

要以国家大力推进山水林田湖草系统治理为契机，按照生态文明体制改革总体方案要求，制定差异化保护修复方案和实施路线图。深入探索自然资源资产产权制度、国土空间开发保护制度、资源总量管理和全面节约制度、资源有偿使用和生态补偿制度、生态文明绩效评价考核和责任追究制度等有利于生态系统保护修复的制度创新体系。对工程实施和推进，制定配套政策措施，建立稳定持续的资金机制，建立工程台账，强化绩效评估和考核，形成生态保护修复长效制度。从目前江西的情况看，要突出采取以下行动。

一是开展生态创建行动。突出问题导向，根据生态问题及其成因，遵循自然规律、恢复自然生态、提高资源环境承载力的原则，按照因害设防、对位配置、突出重点，分步实施，点面结合、以点带面的方式，形成多目标、多功能、高效益的保护修复体系。要按照整体保护、系统修复、综合治理的方针，系统规划，整体推进。动员全省人民做好治山理水、显山露水文章，打造全国山水林田湖草综合治理样板区。开展国家级、省级文明城市、园林城市、森林城市、卫生城市和生态县（乡、镇）创建工作。加快推进秀美乡村创建示范工程。充分调动企业、学校、干部职工积极参与"山青、水绿、林茂、田良、湖净、草盛"活动，把群众从旁观者变成环境治理的参与者、监督者。充分挖掘本地生态资源优势和生态文化特色，在实施生态保护修复工程的同时，因地制宜设计生态旅游、生态农业等特色产业发展方案，提高绿色发展水平，实现区域生态产品供给能力和经济发展质量双提升。建立绿色共享机制，全面实行环境信息公开，建立建设项目立项、实施、后评价等环节群众参与机制。探索建立适应群众健康需求的生态环境指标统计和发布机制，健全优质生态环境资源的推广和共享机制。

二是加强生态文化建设。大力开展绿色示范单位创建活动，建设绿色机关、绿色学校、绿色社区、绿色企业和绿色家庭。开展保护生态、爱护环境、节约资源的宣传教育和知识普及活动，推进生态文明教育进机关、进企业、进社区、进农村、进学校，倡导生态文明行为。开展河长制、水资源、共同体等知识进校园等活动，以搭建展台展板、发放宣传资料、解答群众咨询等形式，对节约水资源、保护水资源、全面推行河长制等相关知识进行宣传。要把山水林田湖草生命共同体建设工作纳入教学计划，对党员干部进行培训。要通过各种措施手段影响社会、教育公众，要与各大媒体建立良好的信息传播机制，通过大众传媒影响社会，尤其是要重视互联网和各种新兴媒体力量。要从培育生态文化、培养生态道德、开展生态教育、倡导绿色消费等方面入手，提高公民的生态文明素质。

三是积极开展法制建设。用最严格制度最严密法治保护生态环境，要将坚持督政与查企并重，组织开展省级环境保护督察，严厉打击生态环境违法行为，确保生态环境保护各项任务顺利完成。建立环境保护网络举报平台，完善环境违法举报制度，制定有奖举报制度，鼓励举报环境违法行为。针对生态环境突出问题，能够立即解决的，立行立改，限时解决；需要阶段性推进的，立即着手，确保在规定时限内达到既定效果；需要长期整治的，制订工作方案，有序有力有效开展。(1) 依法解决乱搭乱建问题。严肃查处未批先建、非法占地、批小建大等各类违规建设，严肃查处违规供地、批建分离、擅自改变土地用途等行为，加强宗教场所、旅游景点、农家乐等常态化管理。(2) 依法解决乱砍滥伐问题。严肃查处侵占林地、毁林毁草、破坏植被、乱挖野生植物等违法犯罪行为，规范木材及其制品运输经营活动。(3) 依法解决乱采乱挖问题。严厉打击非法采矿、越界采矿和破坏性采矿等活动，严肃查处在河道、自然保护区、水源保护地等区域采砂、取石、取土、开垦等行为，持续做好涉及各类保护区矿业权、小水电等有序退出，系统推进矿山修复和尾矿库治理。(4) 依法解决乱排乱放问题。夯实企业污染治理主体责任，完善城乡生活污水、垃圾处理设施，坚决防止违法占地堆放沙土弃渣、畜禽养殖粪便露天堆放等现象。(5) 依法解决乱捕乱猎问题。严厉打击捕猎野生保护动物等违法犯罪行为，加强对涉及野生动物及其产品加工利用的餐饮、酒店等场所管理。要使以上五个方面的问题全面整治到位，区域生态环境保护工作持续加强。

三、"对内"练苦功

生态修复是一项科学性、系统性、社会性很强的科学工程。从科学性出发，突出规划先行、科技创新、生态监测、自然恢复；从系统性出发，调整能源结构，拓宽农民就业领域，发展生态产业；从社会性出发，广泛发动各界人士参与生态修复。这对各级干部都提出了更高要求。从我省调研情况来看，当前的主要问题是思想认识不全面、不充分，整体保护、系统修复、综合治理工作做得还不够，生态环境生态修复表面化、虚无化，共治共理的体制机制尚未建立等问题比较突出，系统治理人才和技术较为缺乏。迫切需要引导和支持各类创新力量开展深度合作，探索创新要素有机融合的新机制，紧密围绕科技、经济和社会发展中的重大需求，重点研究和解决国家急需的战略性问题、科学技术尖端领域的前瞻性问题以及涉及国计民生的重大公益性问题。促进优质资源的充分共享，加快推进部门交叉融合，推动教育、科技、经济、文化互动，实现专业人才数量和干部领导能力同步提升。

（一）积极开展标准化建设

加快制定出台山水林田湖草生态保护修复相关标准规范，确保工程设计实施科学规范。尽管我国已经在植树造林、水土流失治理、防风固沙、水源地建设、矿山修复治理等方面制定了相关的工程实施标准规范，但是这些标准规范主要是针对具体的工程措施提出的实施步骤、技术要求等，还不能体现山水林田湖草系统性保护修复的要求。将各类生态要素、各项生态措施统筹考虑，按照维护和提升区域整体生态系统功能的角度，研究制定区域山水林田湖草生态保护修复技术指南和标注规范，明确在区域、流域范围内实施山水林田湖草生态保护修复的技术路线、主要内容、标准方法等，能够推动山水林田湖草生态保护修复的科学性、针对性和有效性。还需要研究出台工程动态监测、成效评估、绩效考核的相关规范标准，推动山水林田湖草生态保护修复监督管理走向制度化、规范化。针对当前综合整治存在单项拼盘的突出问题，抓紧研制山水林田湖草综合整治的技术标准，科学规范综合整治区域划定、规划设计、工程施工、综合评价、监测监管的全过程。

（二）积极开展学科建设

交叉综合自然地理学、自然资源学和生态系统学等知识，研究形成自然资源生态系统学。特别是交叉土地工程、水利工程、农业工程、林业工程、生态工程、机械工程、人工智能工程等技术方法，突出自然资源系统整体保护、系统修复、综合整治要求，研究构建自然资源"自然—人工生态系统"工程，积极争取自然资源工程一级学科建设。积极探索生态修复保护模式和技术，充分利用先进生产技术，加强环境资源再生能力建设。大力提高为解决环境问题的物质和技术条件，减少生态破坏，处理好土地资源、水资源、森林资源、矿产资源开发利用与保护的关系，实现先进技术的生态化运用的转向，提高资源节约与高效利用的潜力，实现资源的永续利用。

（三）积极开展平台建设

联合有关科研院所和有关高校，以学科为中心，构建自然资源生态系统学自然资源部重点实验室；以解决实际问题为导向，构建自然资源"自然—人工生态系统"自然资源部工程技术创新中心。在此基础上，突出重点、凝聚人才、集中优势，加快推进山水林田湖草综合整治科技创新。通过大力推进科技创新，切实发挥科技的引领和支撑作用。比如，在平台建设上，创新技术模式，形成基于 BIM、CIM、GIS 系统数字化管理平台，构建一体化生态环境监测预警体系和管控体系，从而为生态环境保护决策、规划、建设和管理提供有力支撑。

四、"对外"扩影响

"山水林田湖草是生命共同体"的整体系统观与"共谋全球生态文明建设"的共赢全球观，都是习近平生态文明思想的重要组成部分。两者的核心都是突出"共同体"，前者强调对自然生态系统的统筹治理，后者强调生态文明建设已成为全球共同面对的问题,推动全球生态文明建设是构建人类命运共同体的一个重要方面。绿色发展是全球治理中的重要一环,而随着《巴黎协定》等国际条约在实践当中遇到的阻力不断,兼顾发展与环境成为摆在世界各国面前的共同难题。从这个角度出发,保护自然生态的生命共同体既是人类共同的利益,又是人类共同的责任。为此,无论是在生态环境保护方面还是在全球推动生态文明建设方面,都应牢牢把握"共同体"理念,为全球生态文明建设贡献中国智慧和中国方案。

首先,要办好论坛造声势。为了拓展国内外影响力和话语权,山水林田湖草生命共同体试点建设要与全国大学、各级智库建立起密切的合作及交流机制,这样一方面有利于生态化背景下全国性问题的战略应对;另一方面,要为国家对外开放战略建立一条重要通道,面向社会全面开放,不限定范围,不固化单位,广泛吸纳科研院所、行业企业、地方政府以及国际创新力量等,形成多元、开放、动态的组织运行模式。

其次,要外出考察多借鉴。赣州市政协于 2018 年 7 月下旬至 8 月上旬,由市政协人资环委牵头,经济委、文史和学习委、教科文卫体委、港澳台侨和外事委、社法民宗委分别领题,邀请有关方面专家,组织部分市政协委员组成6 个调研组,采取"走下去"(深入全市各地了解山水林田湖草生态保护和修复情况)、"走出去"(赴贵州遵义、福建南平、广西南宁、浙江湖州、江苏徐州、重庆万州、湖南岳阳开展比较调研)、"走上去"(赴省发改委、省财政厅、省国土资源厅、省环保厅、省林业厅等,征求有关领导和专家意见建议)等调研方式,就"打造山水林田湖草综合治理样板区"开展专题调研,提出了"打造全国山水林田湖草综合治理样板区"战略定位和工作要求,积极先行先试,探索体制机制创新,成立了有赣州特色的山水林田湖草生态保护中心,各项工作全面启动,各类生态修复保护项目有序推进,阶段性成效已经显现。有条件的地方,还应到发达国家考察学习,特别是与美国黄石、加拿大班芙、厄瓜多尔、智利国家公园等地合作交流。

最后,要总结经验促推广。山水林田湖草生命共同体试点建设和发展的目的就是要影响政策和舆论,服务国家发展战略。要认真总结好赣州市山水林田湖草生态修复保护试点经验,提高试点建设对国家政策决策的影响力。自2016 年以来,赣州市山水林田湖草生态保护修护试点项目不仅取得了良好的生态、经济和社会效益,而且在倡导综合推进机制、依托现代科技、探索治理成果资产化机制、强化督查制度建设、实施生态综合执法与"生态＋"等方面创造了丰富的经验。对我国经济较为落后、生态资源较为丰富的省份(或地区)具有借鉴意义。要把握国家中长期规划、重大政策信息以及重大战略,在"净空、净水、净土"工程、环境综合治理、生态农业、生态服务业、资源循环利用、生态扶贫等方面深度挖掘项目。同时,做好生态环保项目包装推介和项目储备工作,保证包装一批、落地一批、推进一批,确保试验区建设项目的长效性。

第十六章　江西山水林田湖草保护修复的
先行探索

江西省是国家在长江流域设立的生态文明试验区之一。赣州市是目前唯一以设区市纳入全国首批山水林田湖草生态保护修复试点的地区。从 2017 年起至 2018 年 10 月，赣州市共实施了 28 个山水林田湖草生态保护修复项目，累计完成投资 68 亿元（其中包括获得中央基础奖补资金 20 亿元），覆盖全市 18 个县（市、区），近 1000 万人口受益。总结赣州市山水林田湖草生态保护修复试点成效，归纳出可推广的经验做法，对在全国范围内特别是在长江流域开展山水林田湖草生态保护修复具有重要的借鉴意义。

第一节　正确把握整体推进和重点突破的关系

赣州市总面积 39379.64 平方公里，占江西总面积的 23.6%，为江西省最大的行政区。赣州市为赣江与东江源头区，鄱阳湖流域、南岭地区与珠三角水源涵养区，南方生物多样性保护区，是我国南方地区生态安全的重要屏障。然而，赣南这块红色土地曾一度存在极为严重的水土流失。在 20 世纪 80 年代初，全市的水土流失面积高达 1.12 万平方公里，占总面积的 37%，成为南方水土流失最严重的地区之一①。通过连续近 40 年的小流域综合治理，全市水土流失

---

① 周益萍、邱欣珍：《江西省赣州市实现了穷山恶水向青山绿水的根本性转变》，《中国水利》2011 年 1 月。

面积锐减，但仍然存在大量废弃矿、尾矿和崩岗水土流失，山地与森林生态系统退化严重，流域水环境生态系统逐步衰退，急需开展生态保护修复，为赣州市打赢精准脱贫、污染防治攻坚战培育关键力量，为江西省深入落实《国家生态文明试验区（江西）实施方案》提供重要战略支撑，为全国山水林田湖草生命共同体建设积累经验。

一、加大山体修复与生态治理力度

赣州市是全国重点有色金属基地之一，素有"世界钨都""稀土王国"之美誉。已发现矿产 62 种，经勘查探明有工业储量的为钨、锡、稀土、铌、钽、铍、钼、铋等 20 余种。全市有大小矿床 80 余处，矿点 1060 余处，矿化点 80 余处[①]。20 世纪 80 年代开始，国家鼓励赣州市大量开采稀土以赚取外汇，开采的中重稀土量占全国 70% 以上。采用堆浸或池浸等"搬山运动"式的采矿工艺，不仅稀土回收率较低，而且破坏大量的地表植被，造成稀土矿区水土流失，对矿区的生态环境破坏严重。通过初步调查，赣州原有废弃稀土矿山面积达 94.46 平方公里。对此，赣州市各级政府高度重视并积极探索废弃矿山治理的有效途径。

（一）减少废弃矿山治理"存量"

赣州市在近两年实施稀土废弃矿山修复项目 13 个，完成综合治理 30 平方公里，进一步减少废弃矿山等水土流失治埋"存量"，通过采取矿山地形整治、建挡土墙、截排水沟、修复边坡、植被复绿等恢复治理举措，矿区植被覆盖率由治理前的 4% 提高到 70% 以上[②]。结合地方工业园建设，将废弃稀土矿山治理成建设用地，为地方政府提供了工业用地保障，促进了产业转型升级。截至目前，已提供工业建设用地 4.5 平方公里，取得了明显的经济效益。

---

① 赣州市人民政府网："赣州概况"，2012—06，http：//www.ganzhou.gov.cn/c100146/201206/f2dbb23c0c03480787fff87e0171c00a.shtml。

② 赣州市人民政府网："修复与保护并举　筑牢南方生态屏障"（赣州市林业局），2018—06—04，http：//www.ganzhou.gov.cn/c100024/2018—06/04/content_c110a307761d4d91941eee-4bf4f7280f.shtml。

（二）从源头上遏制"增量"

赣州市矿产资源不仅有色金属资源丰富，而且矿山开采、冶炼以及与之相关的化工、电镀、电池等行业发达，重金属污染企业众多，污染类型多样。虽然经过多年治理，但仍存在重金属产排污监管不到位、管理体系不完善、重金属环境质量监测点位分布不科学、历史遗留难题突出等诸多问题。因此，赣州市政府及时出台了《矿产资源总体规划（2016—2020年)》(简称《规划》)，要求对不符合《规划》的勘察、开发项目一律不予批准，严禁在生态敏感区域开山采石、破山修路、劈山造城，从源头上遏制山体破坏"增量"。

（三）从生态上提升"质量"

根据山体受损和水土流失实际情况，因地制宜采取科学工程措施，恢复自然形态，提升生态环境"质量"。采用"山顶栽松，坡面布草，台地种桑，沟谷植竹"的整体布局，建设经济林、蚕桑、象草等种植基地。山谷和尾矿库则筑坝成库，污水治理后用于鱼类水产养殖，利用山坡种植的草料喂鱼、放牧、养猪。采用现代生产和管理等技术措施，让大量的腐生生物在稀土尾矿上使猪粪最终转化成活体蛋白和有机肥，形成保水保肥、营养丰富的优质土壤，有的种植百喜草、狗尾草等草本植物，有的种植松、杉、桑、桃、杨梅、脐橙等经济林果。

二、加大崩岗水土流失科学治理强度

崩岗是在重力和水力综合作用下，厚层风化物（岩体或土体）发生崩塌后形成特定地貌形态的侵蚀现象，是沟壑侵蚀的一种特殊形式。崩岗是水土流失中最难治理的水土流失类型，对生态环境的危害极大，是造成这些地区生态环境恶化的根本原因，被称为生态环境的"溃疡"。

（一）科学分析崩岗治理难点

崩岗是江西、广东、湖南、福建、广西等南方省份特有的地质形态，赣州市崩岗面积和数量分别占江西省崩岗总面积和总数量的 68.53%、69.78%①。在南方所有设区市中，赣州市崩岗总面积最大、存在时间最久、影响最为恶劣。早在明清时代，赣州市就开展崩岗治理，赣县是崩岗侵蚀大县，也是崩岗治理的"发源地"。《乾隆赣州府志》记载，赣县"县东北有巨石片状如龙"，有"五龙""龙头""龙尾"等各种地质形状。新中国成立后，赣州市开展了"人心齐泰山移"的治山治水运动，大量崩岗治理工程轰轰烈烈开展，1957 年时任国务院总理周恩来同志就对赣县三溪乡道潭农业合作社的崩岗治理壮举作了"让崩岗长青树，叫沙洲变良田"重要批示②。然而，崩岗治理是一项系统工程，不仅需要大量的资源投入，更需要现代科学的注入，在水土科学的指导下，运用现代工程设备低成本、高效率地在短时间内实现裸露岩石土壤覆盖和种植需水性较小的耐干旱植物。

（二）提高崩岗治理试点水平

赣县区金钩形水土保持崩岗治理是山水林田湖草生态保护修复试点，项目采取全方位综合防护治理方式治理崩岗 700 处，治理面积 300 平方公里，建立谷坊 1300 座，拦沙坝 28 座，挡土墙 3.4 公里，截流沟 60 公里，种植植被 300 平方公里，总投资 1 亿元。针对不同土壤侵蚀类型、不同岩性的水土流失，种植不同的经果林。油茶适应于酸性、少量石块土壤，适合栽种于崩岗崩壁、冲沟等地势较为陡峭的区域；茶叶根系发达、土壤和水需求量小，能够适用石块土壤，适应于覆盖崩岗岩石上土墙；脐橙适应于酸中性土壤，对土层深厚、有机质含量、疏松透气性、排灌水条件等要求较高，适用于崩岗洪积扇等平缓区域。

（三）创立"水土保持＋"治理模式

作为全国水土保持改革试验区，赣州市形成了较为完善的水土保持崩岗综

---

① 江西省水土保持研究所：《江西省崩岗防治规划》，2005 年。

② 人民网："'红色沙漠'变绿洲"，http：//jx.people.com.cn/GB/n2/2017/0526/c190181—30240994.html。

合防护体系，有效地控制了水土流失，改善了农业生产条件和生态环境。在实践中探索出"水土保持＋"治理新模式。包括和生态农业、精准扶贫、观光旅游紧密结合在一起，积极开发当地的独特优势和潜在经济价值，并通过引入社会投资调动民众和企业参与水土保持的积极性，促进老百姓生产生活水平的提高。

三、加大实施水资源保护治理进度

近年来，赣州对全市 87 个重要水功能区、29 个界河断面和 21 个城市供水水源地进行了监测评价，江河湖泊水功能区水质趋于好转，全市重要水功能区水质达标率从 2011 年的 81.8%，逐年上升至 2017 年的 96.6%[①]，其中饮用水源区水质达标率为 100%，全部达到了省级"三条红线"控制指标。

（一）完善河（湖）长制度

建立市、县（市、区）、乡镇、村四级"河（湖）长"管理网络，建立"完善一个方案、落实一套体系、制定一套制度、推行一河一策、建设一个平台、打造一批示范、树立一套桩牌、制订一个计划"工作制度，编制《赣州市河湖岸线开发利用和保护总体规划》，逐个明确各类型水库、山塘、门塘"河（湖）长"，落实属地管理责任，对全市河湖岸线进行统一管理、科学利用，建立以流域为单元的水环境综合治理体系，推动东江、赣江及中小河流全流域整治。要求 2020 年在全省率先实现所有城市建成区、乡镇集镇具备污水收集处理能力的目标，圩镇、县城、城市污水处理率分别达到 75%、95% 和 95%。

（二）水资源环保基础设施及能力建设进一步提升

赣州市坚持把水环境保护与整治、河道清理、流域内的水土流失治理、矿山环境修复、低质低效林改造、农业面源污染防治等紧密结合起来，夯实

---

① 中国江西网："赣州市 87 个重要水功能区水质达标率 96.6%"，2019—03—21，http：//jxgz.jxnews.com.cn/system/2019/03/21/017427087.shtml。

水资源环保基础。推进工业园区污水处理厂建设和达标运行，严格控制新建污染项目，建立招商引资负面清单，依法坚决打击污染环境的犯罪行为；城镇污水处理厂和污水管网建设日臻完善，污泥无害化处理中心、医疗废物处置中心和固体废物处置中心正在加紧建设；严格落实畜禽养殖"三区"规划，加强监督管理；开展饮用水水源地保护工作，全面落实划定饮用水源地保护区、设立保护区边界标志、整治保护区区内环境违法问题三项重点任务，推进城市备用水源或应急水源建设和农村饮水安全提升工程；结合湿地类型和功能，采取截断污染源、河道清淤、河岸修复、水生植物配置等措施，实行精准化修复。

（三）水资源生态补偿机制取得突破

完善区域内生态补偿机制，拓宽生态补偿思路，争取多形式、多渠道补偿资金。目前赣州市基本纳入国家重点生态功能区转移支付范围，进入中央财政补助基数；建立东江流域上下游横向生态补偿机制，赣粤两省签署《东江流域上下游横向生态补偿协议》，暂定 2017 年至 2019 年度原则上每年赣州市获得东江流域上下游横向生态补偿资金 5 亿元；鼓励赣江流域、珠江流域下游污染企业针对上游流域进行定向投资，发展产业链上游原材料及粗加工业务，由污染企业进行相关技术指导，比如造纸企业投资生态林、饮料企业投资果园、日化企业投资皂角园，等等。

第二节　正确把握生态环境保护和经济发展的关系

赣南既是南方地区重要的生态屏障，也是国家集中连片特困区，面临生态保护与发展经济的双重挑战，亟须将生态优势转化为发展优势，实现人与自然的共赢。山水林田湖草生态保护修复的首要目标是改善生态环境，同时提高土地综合生产能力，为发展当地高效绿色产业提供条件，使乡村面貌焕然一新，带动乡村旅游休闲等第三产业发展，与现代农业发展、工业转型升级、脱贫攻坚、乡村振兴等相结合，让绿水青山成为"金山银山"。

一、奠定山林在生态保护修复中的战略地位

赣州市位于南岭山地、武夷山脉和罗霄山脉三者交界区，山地占全市土地总面积的 77.1%，是全国十八大林区之一①，也是典型山区大市，突出特点就是山多田少。这种特定的自然环境决定了赣南经济要发展，潜力在山上。林业的发展直接关系到赣南生态环境的改善和农业乃至社会经济的发展。

（一）实施低质低效林改造工程

赣南自 1994 年消灭荒山②后，虽然取得了森林覆盖率和森林蓄积量双增长的可喜成绩。然而，林分结构不合理、森林生产力低等问题突出；一些地方存在"远看青山在，近看水土流"的生态特征；全市低质低效林约有 66.67 万公顷，约占森林总面积的 20%。低质低效林被人工砍伐之后，自然生长的稀疏残次林或低矮灌木，长势差，郁闭度小，生态功能弱，经济社会效益较差。因此，赣州市把低质低效林改造作为山水林田湖草生态保护修复的重点工程，编制《赣州市低质低效林改造工程建设规划（2016—2025 年）》，近两年完成低质低效林改造 7.33 万公顷，总投资为 12 亿元。与生态旅游相结合，在森林公园、湿地公园、人文景区等开展低质低效林山改造，提升当地生态品味；与松材线虫病疫木除治相结合，对松材线虫病的重点区域和敏感区域优先实施低质低效林改造，通过补植补造本土阔叶树种，不断增强林区自身抗病能力，减少疫情发生面积，逐步恢复林相多样性。

（二）推动林果产业精准扶贫

由于历史和自然等原因，发展不足仍是赣南同步全面小康的最大问题。在过去长期的经济社会发展过程中，经常存在两种行为偏差：一是获得短期或部分利益，破坏生态环境；二是保持良好的生态环境，但始终处于贫困状

---

① 赣州市人民政府网："赣州生态环境概况"，2017—12—05，http：//www.ganzhou.gov.cn/c100167/2017—12/05/content_fd086cff792d456ba985586956369ab9.shtml。

② 赣州市人民政府网："从'江南沙漠'到'生态屏障'"，2019—08—21，http：//www.ganzhou.gov.cn/c100024/2019—08/21/content_c58f3df5e9704d819e280a46db002f65.shtml。

态。赣南山区的贫困往往是这种行为偏差的反映。特别是重点生态功能区、流域上游和资源开发区大多是贫困地区。这些地区有发展和改善生活条件的强烈愿望。过度开发往往对林业构成直接威胁，不仅对生态环境造成严重破坏，而且难以扭转粗放型发展模式。而今结合山水林田湖草生态保护修复和精准扶贫开发相关政策，将生态移民搬迁、林果产业发展与精准扶贫开发紧密融合，致力于将林果产业打造成为优势特色产业和生态富民产业。在生态环境、适地适树的前提下，引导农民种植兼具经济、生态效益的经果林，脐橙、油茶已成为赣州市农民脱贫致富的支柱产业，二者脱贫贡献率高达90%。同时大力培育和发展以毛竹、森林药材、森林食品、香精香料、花卉苗木和森林景观利用为主导的林下经济产业。建立了一批地方特色明显，规模大、效益好、带动力强，让农民看得见、摸得着、能致富的林下经济高效典型示范基地。

（三）保护绿水青山的森林资源基础

特殊的地理位置及气候条件使赣南成为生物多样性富集区，堪称"生态王国""绿色宝库"。赣州市从2001年开始实施国家生态公益林保护试点，随后逐步增加和扩大生态公益林保护范围和面积，并对划定的生态公益林严格按照生态公益林保护管理办法实施保护，实施生态公益林保护面积100.4万公顷，占全市森林面积305.8万公顷的32.83%[①]。从2016年开始，全市与全省同步实施了天然林保护工程，对天然林全面停止商业性采伐，与林权所有者（或经营者）签订天然林停伐协议和管护协议86577份，面积39.68万公顷。2016年全市共核发林木采伐许可证77.67万立方米，占采伐限额的21.9%；2017年全市共核发林木采伐许可证84.87万立方米，占采伐限额的23.96%，远远低于限定的采伐数量。到2017年，全市有省级以上自然保护区11个，包括国家级自然保护区3个，省级8个；共建立省级以上森林公园30个，包括国家级森林公园10个，省级森林公园20个；建立省级以上湿地公园19个，包括国家湿地公园13个，省级湿地公园6个，不断提高森林质量，赋予林业生产更多的

---

① 赣州市人民政府网："赣州市林业概况"，2019—05—05，http://xxgk.ganzhou.gov.cn/c100436vd/2019—05/05/content_a2c69f0ec32346de9fa30302be4e44c9.shtml。

科技含量，推动林业产业化与生态化进程。

二、确保田草在生态保护修复中的基础地位

赣州市坚持农田在生命共同体中的基础地位不动摇，高度重视农田的保护和利用，重点在耕地数量、质量、生态三方面下足功夫。大力提倡利用荒山草坡、荒滩洲地、低产农田、早中稻田种草养畜，以草为业。

（一）确保永久基本农田

据统计，2017 年赣州市耕地撂荒面积 3.11 万公顷，占耕地总面积（43.74万公顷）的 7.09%，而实际撂荒的面积可能更大一些，如有的山区县撂荒耕地已占耕地总面积的 30% 左右，出现了整垄成片耕地大面积全年、多年撂荒的现象，有的已经生长成茂密的灌木丛，造成了土地资源的极大浪费。为遏制耕地撂荒而导致可利用耕地数量减少的趋势，赣州市政府出台《关于遏制耕地撂荒的指导意见》[1]，进一步明确县（市、区）、乡（镇）人民政府是遏制耕地撂荒的主体，承担主体责任。尽量恢复工矿区污染农田的耕作能力，完善乡村专业化农耕服务体系，大力发展农技服务合作社，帮助农民代耕、代种、代收，全程实行机械化，推进土地的复耕复种。

（二）注重耕地质量提升

在保护耕地数量的同时，注重耕地质量提升，突出发展生态农业。将中低质量的耕地纳入高标准农田建设范围，实施提质改造。进一步推进实施测土配方施肥项目，大力推广水肥一体化等技术。推进畜禽粪便利用、秸秆腐熟还田，恢复和发展绿色种植。财政每年拨付专项资金用于土肥新技术示范推广，用于购买秸秆腐熟剂、绿肥种子、配方肥等物资和试验示范田建设与推广。把

---

[1] 赣州市人民政府网：《赣州市人民政府办公厅关于遏制耕地撂荒的指导意见》（赣市府办发〔2018〕11 号），http://xxgk.ganzhou.gov.cn/c100269/2018—05/23/content_66aed0b8686845fe9ea6b26b316fb607.shtml。

建设项目中已征收的耕地进行耕作层土壤剥离，回填到土地开发（灾毁园地）项目再利用，极大程度地保护土壤肥力，确保复垦质量。注重用地和养地结合，坚持轮作为主、休耕为辅，开展季节性耕地休耕，保存地力，藏粮于地，确保急用时耕地用得上，粮食产得出。

（三）挖掘种草养畜潜力

破除千百年来困守大田小农经营的落后思想，采用政策扶持和典型示范结合，用种草养畜等致富典型事例教育和引导农民种草。赣南草场类型多样，可利用面积 99.61 万公顷[①]，已利用面积多属村缘、林边、田畔、河滩、路旁等所谓"十边地"，约占 1/4。还有零星分散在低山、丘陵的草场约 446.67 万公顷。6.67—66.67 公顷的连片草场共 1835 处，666.67 公顷亩以上草场 83 处，牧草达 400 种之多，适生性强、返青早、长势快、质量好、产量高，不仅高营养成分期各有先后，而且适口期和可放牧期相应延长。无论对天然草场的培育或改良，还是人工草场的建立，比西北干旱地区更易收成效。对于边远山区，山高水冷，粮食作物广种薄收，山区畜牧业的发展，是解决林农以短养长的有效办法。围绕大田作物的增产和耕作层的加深，围绕林业和果茶桑等经济林业的健康生长，草食牲畜把大量人类无法消费的植物茎叶过腹转化为高质有机肥料，厩肥用于大田促进土质改良，特别是山林放牧时的粪便排泄以及蹄耕作用，对于林业和果树等经济林业的促进，是远非人力所能及的，既可提高生态农产品的生产能力、促进农业结构的分化和调整，又为山水林田湖草生态保护修复、生命共同体建设开辟广阔的道路。

三、发挥水库在生态保护修复中的优势地位

赣州市属亚热带丘陵山区湿润季风气候区，多年平均年降雨量 1563 毫米，水量丰沛，全市年均水资源总量 335.7 亿立方米[②]；人均水资源量约 4000

---

① 皮策民：《发展草食畜牧业是振兴赣南农村经济的战略重点》，《经济地理》1987 年第 1 期。

② 赣州市人民政府网："赣州概况"，2019—05—07，http://www.ganzhou.gov.cn/c100146/2019—05/07/content_f2dbb23c0c03480787fff87e0171c00a.shtml。

立方米,高于全省、全国人均水资源量占有量;但降水时空、地域分布不均,
洪旱灾害频繁。随着赣州市的人口增长和经济发展,以及人民物质文明和生
活水平的提高,特别是对水利资源和水力资源的需求日益增长,水库建设已
成为解决水资源问题的重要途径,水力发电也成为当地社会经济发展的重要
组成部分。

(一)农田水利延伸生态环境

近两年来,赣州市重点围绕农田水利基础设施建设、保障粮食安全和促进
农业现代化进行了大规模水利建设,初步形成了防洪、灌溉、供水、发电等水
利工程体系和水利管理框架。到目前全市建成水库 1000 余座,总库容 34 亿多
立方米;耕地有效灌溉面积 26.13 万公顷,占耕地面积的 70%;旱涝保收面积
占耕地面积的 60%[①]。同时主推"山上水利"和"田间精品水利",大力发展脐
橙、油茶、蔬菜等经济作物高效节水灌溉项目,发展高效现代节水农业。水库
不仅保证了全市国民经济和社会的安全发展,为生产力的结构布局打好基础;
而且在很大程度上促进了下游农业等行业的发展,并保证了农村农民种田灌溉
以及生活用水;特别是水库积极改善周围的生态环境,最大限度上利用本土资
源,在水质土壤改良、水源质量、环境绿化、气候天气等方面发挥了自身的重
要作用。

(二)水电占电力供应总量比达到世界先进水平

赣州市水系丰富,境内大小河流 1270 条,河流面积 14.49 万公顷,总
长度为 16626.6 公里,河流密度为每平方公里 0.42 公里;多年平均径流量
达 325 亿立方米,水能理论蕴藏量达 216.2 万千瓦,占江西省理论蕴藏量的
31.7%;现有水电站 985 个,其中装机 6000 千瓦及以上水电站 30 个;2017 年
水电发电量占电力供应总量比达到 32.19%,超过全国水电占电力供应总量
17%的水平。水电的区域开发不仅保护了绿水青山,而且为减轻贫困、实现经
济增长作出了贡献。

---

① 徐广昌:《赣州市农田水利建设"十三五"需求调查》,《中国水利》2016 年第 1 期。

（三）大型水库的重要地位不断显现

赣州市有阳明湖（原称上犹江水库或陡水湖）、上犹龙潭水库、宁都团结水库、兴国长冈水库和大余油罗口水库 5 座大型水库，占全省大型水库数量的五分之一。阳明湖地处上犹县、崇义县境内，是 1957 年国家"一五"计划 156 项重点工程[①] 之一，湖区（库区）水域面积约 60 平方公里，总库容量 8.22 亿立方米，水库坝址以上集水面积 2750 平方公里，是赣州市境内最大的湖泊（水库）。阳明湖流域是上犹江源头区，也是赣江的重要水源涵养地，是南方地区不可多得的水质良好湖泊之一，对改善赣江流域水环境和维护江西省生态环境安全具有重要的意义。阳明湖更是赣州市城镇居民最大最重要的饮用水水源，规划为赣州市中心城区、南康区和上犹县约 260 万人提供饮用水水源。阳明湖还是国家、省级生态保护区，国家森林公园和 4A 级风景名胜区。

第三节　正确把握总体谋划和久久为功的关系

调查表明，赣南一些生态系统破损退化的现状短期难以改变，部分关系生态安全格局的核心地区在不同程度上遭到的生产生活活动的影响和破坏需要相当长的时间才能修复，解决提供生态产品能力不断下降的问题需要久久为功。继续实施山水林田湖草生态保护和修复工程，既是筑牢生态安全屏障的需要，也是贯彻绿色发展理念的有力举措。赣州市始终坚持以突出生态环境问题和生态系统功能为导向，坚持按流域、分片区、全地域规划的工程布局原则，按东南、东北、西南、西北四大片区的不同特点，持续推进流域生态保护与整治、矿山环境修复、水土流失治理等生态建设工程。

一、坚持高规格统筹，实现多元化资金投入

国家要继续将赣州市"山水林田湖草"综合治理列为试点，加大项目资

---

① 史真：《第一个五年计划制定中的周恩来》，《党史文汇》2019 年第 1 期。

金支持力度。赣州南方丘陵山地山水林田湖草生态保护修复试点自 2017 年启动，时限三年，2019 年进入尾声。山水林田湖草综合治理是一个系统工程，要最终发挥作用和效益，还需国家继续支持，江西省优先建立赣江上下游横向生态保护补偿机制，引导生态受益地区和保护地区之间、流域下游和上游之间，通过资金补助、产业转移等方式进行补偿或合作，缓解山水林田湖草生态保护修复资金缺口的压力。从赣南废弃稀土矿山治理项目实施资金多元化投入的实践看，废弃稀土矿区经简单的土地整治后，再由当地企业、村民投资种植经济作物，既减少了财政治理投入，又解决了治理工程后期维护的问题。目前赣南仅尚未治理的废弃稀土矿区就有 202．82 平方公里，要实现全面治理需资金约 70 亿元。各级财政总体投入有限，多元化资金投入将是今后废弃稀土矿山治理的主要方式。要将治理开发与落实长效机制相结合，通过山水林田湖草主自主经营、公开竞拍大户承包、公司＋农户等形式，落实土地经营权，确保工程建得起、管得住、长受益，实现山水林田湖草生命共同体建设的良性循环。

二、坚持高标准定位，实现修复治理一张图

按照山水林田湖草是一个生命共同体的要求建精品、创特色、树样板，不仅要将项目区的水土流失进行全面整治，而且要实现绿水青山变"金山银山"。山水林田湖草治理涉及多个部门、多种类型项目立项，但治理的基本目标大抵相同。赣州市稀土废弃矿区植被复绿工程开展顺利，使稀土废弃矿披上了绿装，显著降低了矿区水土流失量，局部实现了矿区生态系统的重建。但单纯实施植被修复技术，如未能有效结合土壤改良和生物修复技术，生态修复存在两个问题：一是表层土壤通过客土覆盖等技术，掩盖地表层污染问题，土壤剧毒、酸性与松化、重金属污染、山体浸液持续存在等深层次环境污染现象，未能有效解决；二是除了人工种植的草、树外，处于自然状态、缺乏人工干预，依附于土壤的其他微生物生态系统功能较为单一，矿区土地、水土等环境污染未能有效解决，甚至土壤未能达到宜农、宜林生态环境标准。土壤改良本应该是稀土废弃矿区生态修复的首要解决问题，但是由于土壤改良投资规模大、周期长、见效慢，普遍未能列入全国各地稀土废弃矿修复日程。要按照"资金跟着项目走"的原则，开展山水林田湖草统筹治理，各级财政资金也要"统筹使

用"，最大限度发挥财政资金的使用效益。将土壤污染防治、矿山地质环境治理、农村环境整治、水污染防治等相关的专项资金，按照职责不变、渠道不乱、资金整合的原则，构建各部门资金整合的融通机制，支持生态保护修复的试点项目。

三、坚持高水准治理，地上地下水土并重

目前几乎所有的治理工程都是地表工程，对于土壤重金属污染、含水层污染破坏污染均未涉及，而土壤、含水层的破坏和污染影响比地质灾害、生态破坏的影响更隐蔽、后果更严重，也更亟须治理。因此，在以后的治理工程中土壤重金属污染、含水层破坏污染将是治理的重点。稀土废弃矿为"光头山"，寸草不生，关键原因是土壤生态系统的彻底恶化，土壤基质质地和结构不良、酸性强、持水保肥性能差、有机质及氮磷钾含量极低或十分不平衡、重金属尤其是稀土含量过高，特别是硫酸铵、草酸等浸液造成的土壤酸化。现在赣州市结合最新植被恢复技术，抛弃只栽树、不种草的传统治理模式，转而采取种草的新治理模式，种植草本植物作为稀土废弃矿植被修复的关键举措。模式的改变源于技术的进步和设计标准的提高。传统草本植物种植采用点播或撒播，草籽成活率低、生长不均匀、季节性明显，不利于水土保持与修复。根系发达的护坡草籽以及椰丝草毯播种技术的出现，使种草成为最优选择。特别是椰丝草毯播种技术，将草籽掩藏于草毯之下，不仅能够固定位置，防止被雨水冲走，还能提供肥料养分，供应草籽发育，提高成活率和实现草籽均匀分布。同时，在草毯中增加了四季草籽，实现无论什么季节，矿区绿油油、青葱葱。植被恢复在于固定土壤、降低水土流失，土壤改良在于改善土壤。然而，除了土壤外，以土壤为介质的微生物修复也是土壤生态治理的重要内容。微生物修复具体包括，重新塑造土壤微生物多元化结构，推动土壤土质改善，提高土壤生活自我净化能力，是稀土废弃矿修复的重要内容。微生物以矿区植被为载体，对矿区土壤进行综合治理与改良，既可以改善植物的营养状况，降低重金属的毒性，促进植物的生长发育，又可利用根际微生物的代谢活动重新构筑土壤微生物体系，增加土壤生物的活性，从而加速矿区生态环境的恢复。

四、坚持高质量建设，创新生态治理科技

赣州市稀土废弃矿区种植经果林是山水林田湖草生态保护修复的重要目标，为矿区农民增加一个收入来源，带动农民致富奔小康，推动实施生态治理产业化。同时，矿区有人提供日常管理，将有利于修复项目的后期维护。政府初衷是好的，但是却未能符合因土植树的实际情况，特别是经果林对土壤的最低要求。赣州市稀土废弃矿区经果林基本为脐橙与油茶两大类。首先，经果林属于矮小型或小型乔木，对栽培土壤具有一定要求。脐橙和油茶种植均要求土层厚度一米以上，不低于 0.8 米，然而稀土废弃矿区客土土壤厚度最多为 0.3 米，远低于最低要求。此外，脐橙和油茶要求土壤 pH 值是 5.0—6.5 之间的酸性、微酸性土壤，但是矿区被污染的原生深层土壤 pH 值普遍在 0.3 以上，部分在 0.2 以上，难以满足脐橙、油茶土壤酸碱性要求。同时，脐橙和油茶对土壤有机质、保水性等均有一定要求，可是矿区土壤异常疏松，有机质含量较低，保水性能力较低，这使得脐橙和油茶即使能够存活下来，也难以正常发育，更不用提开花结果了。因此，要将矿区传统治理技术与新技术推广运用有机结合起来，在坚持传统的"上截、下堵、中间削、内外绿化"治理技术基础上，根据项目区自然条件及群众需求，重点借鉴开发式崩岗治理模式，将连片废弃矿区整治成水平梯田，在台地上种植杨梅、脐橙等经果林，配套实施拦挡工程、截排工程和坡面水系工程。同时，为提高整治后的梯田边坡稳定和防护效果，积极引进椰丝草毯植草技术，有效地达到边坡快速复绿、稳定边坡的目的。

五、坚持高层次推进，建设"生态修复样板区"

中共中央办公厅、国务院印发的《国家生态文明试验区（江西）实施方案》对江西的战略定位之一是"打造山水林田湖草综合治理样板区"，这是首批三个国家生态文明试验区（江西、贵州、福建）中的独特定位。赣州市把"生态修复样板区"建设作为农民增收的致富工程、为民办实事的德政工程和经济社会发展的基础工程来抓，一届接着一届干，一届干给一届看。一是生态修复动力由主要依靠政府推动向政府推动与企业推动相结合并以生态修复推动为主转变，真正发挥企业作为市场经济主体的作用，把赣南山水林田湖草生命共同体

建设变为企业和广大干群的自觉行动；二是生态修复重点由重点区域突破向重点区域突破与重点产业突破相结合转变，在坚持以治理稀土废弃矿山、崩岗水土流失为突破口的同时，把更多的注意力放在从绿色产业突破上，在着力培育赣南生态支柱产业、优势产品群体的同时，放手发展新型农业经营主体；三是生态修复布局由分兵突击为主向分兵突击与整体、分层次推进相结合并以整体、分层次推进为主转变，各地在整体规划指导下，充分发挥自身优势，加快生态修复步伐，并通过整体、分层次推进，逐步实现赣南与长江流域的联动发展。

全国八大生态脆弱区中半数都分布在长江经济带范围内，赣南作为长江经济带典型生态脆弱区之一，针对生态退化问题以及生态修复和保护的现状，提出山水林田湖草综合治理的基本措施和技术对策，有序实施生态修复保护工程，促进生态系统整体治理，落实生态保护与修复的监督管理机制，强化后续监管；为支持长江经济带生态保护修复技术研究，推进科技创新引领，加快生态修复和环境保护立法工作，初步构建出长江经济带生态修复和保护的示范样板。

第十七章 山水林田湖草生命共同体建设在长江经济带"共抓大保护"中的江西实践

江西地处长江中游，是长江经济带的重要组成部分；全省山水林田湖草浑然一体，是我国重要的生态宝库。2018年，江西紧跟国家长江经济带"共抓大保护、不搞大开发"战略的深入实施，出台《江西省山水林田湖草生命共同体建设三年行动计划（2018—2020年）》。充分显示出江西加强山水林田湖草生命共同体建设，对适应国家生态文明建设新形势、对推动长江经济带高质量发展的现实意义和深远的战略意义。

第一节 做好山水林田湖草生命共同体建设的目标设计

江西坚持从生态系统整体性和流域系统性着眼，做好山水林田湖草生命共同体建设的顶层设计。在把握山水林田湖草各要素相互作用规律的基础上，以流域为单元形成治理方案，明确到2020年，全面完成国家生态文明试验区（江西）实施方案确定的山水林田湖草保护修复各项任务，基本形成体系较为完整的政策框架体系，基本构建功能较为完善的生态安全屏障。自然资源生态产品供给明显增加、自然空间调节净化环境功能明显增强，人民群众生态环境福祉明显增进，打造成为全国山水林田湖草综合治理样板，为建设"美丽中国"提供"江西经验"。

一、鄱阳湖流域环境质量显著改善

鄱阳湖是我国最大的淡水湖和长江干流重要的调蓄湖泊。发源于江西东、南、西三面边界山地的各条河流，顺势从东、南、西三面流向北部汇入鄱阳湖，构成了完整的鄱阳湖流域，总面积达 16.22 万平方公里，占全省国土面积的 94.1%，占长江流域面积的 9.0%；平均径流量 1450 亿立方米，占长江流域的 15.2%。鄱阳湖流域生态系统与江西省行政区划基本吻合，流域地形分山区、丘陵、平原、湖区四个层次，其中山地面积占流域总面积的 36%、丘陵占 42%、平原岗地占 12%、湖区占 10%。江西把鄱阳湖流域作为一个山水林田湖草生命共同体，统筹山江湖开发、保护与治理，探索大湖流域生态、经济、社会协调发展新模式，综合考虑自然生态各要素、山上山下、地上地下、流域上下游，进行整体保护、系统修复、综合治理、科学开发。

全面实施长江经济带"共抓大保护"攻坚行动。江西开展"一湖五河"（指鄱阳湖及汇入该湖的赣江、抚河、信江、饶河、修河）全流域治理，将水资源、水环境、水生态治理作为长江经济带发展的第一要务，保护与恢复水库河湖生态系统。严格划定和落实水库或湖泊的管理与保护，加强退养水库和湖泊的自然恢复。重点加固、改建和新建一批水库、灌区和山塘，提高水库生态系统稳定性。合理规划洪泛保护区与控制利用区，推进河流洪泛区恢复与保护。加强中小河流综合治理，开展河岸带重金属污染治理，推进河床水生植物恢复。全面建成覆盖规模以上入河排污口、水质监测站、重点排污企业的在线监测系统，所有开发区建成污水处理设施，运营开发区污水处理厂全部达到一级 B 排放。建设生态堤岸，保护水域岸线生态系统的完整性与功能性。严格河道采砂管理，加强"五河"尾闾河道治理，实现"让五河一湖水绵泽后世入长江"。德安县按照《江西省长江经济带"共抓大保护"攻坚行动工作方案》项目化推进机制要求，建立长江经济带山水林田湖草综合治理项目库。根据对地处德安县最大河流博阳河上游湖塘水库的实地考察，一是关停库区周边一座锑矿，实现库区周边保护区内无工矿企业。二是建立完善"户分类、村收集、乡运转、县处理"的"城乡一体化"垃圾无害化处理模式。三是对湖塘水库水源地周边实施天然林保护、封山育林、退耕还林 3 万余亩，提高森林覆盖率。四是将湖塘水库列入禁养区，引导养殖户自行关停退养或异地搬迁。五是实现湖塘水库从精养转变为人放天养，从而确保全县的饮用水安全。水质保持在Ⅱ类至Ⅲ类，并已构建上下游联防联治。

协调推进水土流失综合防治、森林质量提升、湿地保护等绿色生态工程，开展山水林田湖草生态系统整体保护、系统修复和综合治理。2018年，江西省地表水水质总体为优；全省PM2.5浓度为每立方米38微克，下降17.4%，降幅居全国前列；全省新增危险废物处置能力每年28.4万吨，处置总能力为每年34.25万吨。力争到2020年，国家考核断面地表水水质优良比例提高到85.3%，重要江河湖泊水功能区水质达标率达到91%以上，鄱阳湖流域水功能区水质达标率达到90%以上，地级城市饮用水源地水源达标率100%，全面消除Ⅴ类及劣Ⅴ类水体，地下水质量考核点位水质级别保持稳定，且极差比例控制在12.80%左右，城市生活污水处理率达到95%以上。基本建立垃圾分类模式，城市生活垃圾无害化处理率达到95%以上，农村生活垃圾有效处理率达到90%以上。城市生态空间得到有效保护与修复，城市功能和景观风貌明显改善。

二、"山江湖"生态功能进一步提升

深入总结推广"山江湖"系统治理经验，坚持"立足生态、着眼经济、系统开发、综合治理"，从20世纪80年代后"治山、治江、治湖、治穷"的抢救恢复型为主的生态治理模式，逐步转变为21世纪以来"富山、富水、富民、强生态"的减压增效型可持续发展模式，提升流域生态系统质量、功能和综合产出率。以"山"（山江湖区域上中游的山地丘陵）、"江"（山江湖区域中下游的河谷平原）和"湖"（鄱阳湖平原和库区）的自然生态系统的保护和恢复、以农村环境治理和自然资源高效循环利用为核心，以自然生态区域（自然保护区和生态红线区）和自然生态再利用区域（农林牧生产经营区）为重点，以中小流域为单元，开展森林、河流、农田、湖泊湿地等生态系统保护与生态修复，提升森林生态系统质量。永修县制定《打造鄱阳湖"最美岸线"的监测方案》，确保鄱阳湖周边岸线1公里范围内没有新布局化工、造纸、冶炼等中污染项目。全县所有矿山均已编制治理方案，并按照"边开采边治理"的原则组织生产。建立项目预审机制，对拟签约落户项目实施专家评审和部门会审，坚决不搞高排放项目，加强投资项目筛选力度，提高项目准入门槛；规范企业排污口及安装在线监控设施，园区内所有企业均已开展排污口规范化建设；关停、淘汰一批污染重、消耗大、效益低的老旧企业，采取技改扩能、科技创新等举措，引导更多企业加入绿色低碳行业。大力实施中央财政鄱阳湖国际重要湿地生态补偿试点项目，发放农作物受损补偿。全县已建立一个国家级自然保护区、一个省级自然保护区和8个县级自然保护区，总面积2.36万公顷。

2018年，江西重点推进区域森林绿化美化彩化珍贵化建设，完成造林9.15万公顷，签订天然商品林停伐、管护协议面积152万公顷，筹措补偿资金10.9亿元，将生态公益林补偿标准提高到21.5元/亩，居全国前列、中部第一，森林覆盖率、湿地保有量保持稳定，成为全国唯一"国家森林城市"设区市全覆盖的省份，森林、湿地生态系统综合效益达到了1.5万亿元。力争到2020年，森林面积达到986万公顷，森林蓄积量年增长量3.8%以上，森林覆盖率稳定在63.1%，活立木蓄积量达到5.5亿立方米，生态功能好的阔叶林和针阔混交林面积比例达到40%以上。全省用水总量控制在260亿立方米以内，万元GDP用水量较2015年降低28%以上，农田灌溉水有效利用系数提高到0.51以上，水土流失面积和强度显著下降。湿地保有量稳定在91万公顷以上，湿地保护率达到52%。基本农田稳定在246.2万公顷以上，建设高标准农田188.33万公顷。草原综合植被盖度达到86.5%，废弃矿山地质环境恢复治理及复绿率达50%以上。

按照主体功能区规划要求，进一步落实细化生产、生活、生态空间，强化并落实生态保护红线、城镇开发边界、耕地保护红线的管制措施，把生态环境保护放在首要位置，切实减轻人类活动对山水林田湖草自然生态系统的破坏与影响，绝不以破坏生态环境换取短期经济效益。生态建设由人工建设为主转向自然恢复为主，对生态脆弱地区加大修复力度，倡导近自然经营生态资源，稳步提高生态系统功能。自然保护体系基本健全，各级自然保护区数量达到200处左右，保护面积占全省国土面积比例7%左右，江豚、中华秋沙鸭等特色珍稀物种种群数量保持稳定，中小流域水生生态系统得到有效恢复。畜禽养殖粪污综合利用率达到85%以上，畜禽规模养殖场粪污处理设施装备配套率达到95%以上。农药、化肥施用量实现负增长，利用率均达到45%以上。

三、生态兴业人与自然更加和谐

按照宜耕则耕、宜林则林、宜水则水、宜工则工的要求，加大对自然生态空间管控力度，科学合理、可持续地开发利用自然资源。出台《江西省流域生态补偿办法》，加大流域生态补偿向贫困地区倾斜力度，支持各县区大力推进保护生态环境和改善民生。2018 年，全省启动 116 条流域生态综合治理的示范流域或河段，规划流域生态综合治理项目 294 个，投入资金 260 亿元。创新山水林田湖草保护修复的组织、实施、考核、激励、责任追究等管理机制，在政策配套、资金筹措、工程管理等方面大胆创新，形成生态保护修复的长效机制和模式，生态工业、生态农业、生态林业、生态旅游业和生态交通运输业迅速发展。提供更多的优质生态产品是山水林田湖草系统修复工程的主要目的。基于生态环境监测、水文监测和气象监测以及遥感影像、社会经济统计数据等资料核算生态系统生产总值，从景观格局、生态系统结构、生态系统功能、制度政策设计等方面探讨优质生态产品价值实现机制。共青城市地处鄱阳湖畔，自 2015 年被列为全省首批生态文明先行示范区以来，始终坚持以山水林田湖草生命共同体理念为指导，依托独特的水岸线及丰富的水资源，建设集防洪、生态、休闲、旅游、运动为一体的河湖水系连通整治工程。该项目被水利部列为全国江河湖库水系十二个重点项目之一，涉及面积范围 30 平方公里，总投资 30 亿元。通过推进城乡建设用地增减挂钩试点工作，将空心村、偏远的湖区村庄等进行拆除复耕，复耕新增耕地 20 多公顷，建设高标准农田 413.33 公顷，全市 18 家砖瓦企业已关停 17 家并开展拆除复垦。将公益林划入地方生态保护红线，实行永久保护；实施低质低效林地改造，全面提升森林质量和生态功能；建成区绿化覆盖率达 58%，人均公共绿地面积超过 20 平方米，均优于全国平均水平。

依托优良的生态环境、重要的生态区位、丰富的生态资源，江西大力发展生态文化产业。围绕江西千年瓷都、千年铜业、千年书院、千年禅宗、千年道教的特色历史，依托丰富的森林、湿地、山川、湖泊、河流等自然生态资源，大力发展山、水、林、田、湖、草生态文化创意产业。依托农业和林下经济，不断培育和壮大农林种植生态文化产业。重点打造文化、生态和科技深度融合的生态文化产品，增强生态文化产业的活力，提高生态文化产品供给能力。抚河流域生态治理、南昌赣江风光带等一批显山露水、治水理山的示范流域或河段取得明显成效，为市民旅游休闲提供了良好的生态产品；赣县长村、上犹园村、龙南虔村等河流域打造的休闲、观光和体验农业，通过生态治水让老百姓收获了生态红利。

重点培育一批生态文化产业基地和建设若干生态文化产业园区，构建起具有赣鄱特色的江西生态文化产业带和生态文化产业群。培育民众的生态保护意识、生态伦理意识以及生态价值观等。培育生态制度文化，建立健全生态教育制度、导向机制、驱动机制、约束机制、参与机制。初步建成生态产业发达、生态环境优美、群众生活全面小康的生态经济区；在发展模式上，重点打造"生态＋"产业的流域生态文明建设模式；在发展路径上，以政府、企业、社会责任共担为基础，创新建设投入机制，在"利益共享"的原则下，充分引入企业、社会资本；完善流域生态环境监测、评估、预警技术体系，创新流域生态文明评价方法，构建绿色发展模式框架与绿色发展路线，推动四大资本协同改善和均衡提升，实现鄱阳湖流域的持续健康发展。

第二节　做好绿水青山转化为金山银山的路径设计

江西"六山一水两分田，一分道路和庄园"的地理地貌特征，决定了把绿水青山转化为金山银山，既是山、水、林、田、湖、草生命共同体建设的重要目标导向，也是实施长江经济带"共抓大保护"的关键路径。根据区域自然条件及山、水、林、田、湖、草的生态功能、景观功能和资源功能，设计绿水青山转化为金山银山的路径，探索政府主导、企业和社会各界参与、市场化运作、可持续的山、水、林、田、湖、草生命共同体建设模式。

一、实施山水林田湖草质量提升工程

将不同区域的生态要素进行科学配置，保证空间结构得到良好优化，综合运用生态廊道与水系连通等设计理念，将各项生态要素进行有效配置。山，将各方力量进行合理凝聚，加大矿山地质环境的治理力度，提高土地整治水平，减少环境污染，加大水土流失治理和植被的栽培力度等；水，将周围区域的水系进行有效连通，加强清水补给力度，妥善修建护岸工程与生态护坡等；林，加大退耕还林力度，做好封山育林工作，并大力建设灌溉管网，提高有害生物的防控力度等；田，做好土地整治工作，对坡耕地进行良好改造，加强点面源治理力度；湖，加大湿地封育力度，对内源污染物进行严格控制，有效去除水体富营养化营养盐，科学配置水生植物等；草，充分利用各类草山草坡、空闲隙地以及秋冬闲田等土地资源，大力推广人工种草，建植人工草地。

（一）抓好国土绿化

以重点防护林体系建设、退耕还林、造林补贴等林业重点工程为引领，继续做好人工造林、封山育林、森林质量精准提升、低质低效林改造等工作，开展重点区域森林绿化、美化、彩化、珍贵化建设。全面推进残次林改造，推广近自然经营模式。以乡村风景林建设为抓手，加强森林资源保护，实施严格的林地保护管理制度和森林资源保护管理制度，国家和省级生态公益林补助标准提高到 30 元 / 亩 / 年。

（二）加强湿地保护与修复

以重要湿地、湿地自然保护区、湿地公园、湿地保护小区为主体，着力构建全省湿地保护体系。建立湿地生态系统损害鉴定评估机制，以国际重要湿地和国家级湿地自然保护区为重点，全面提升湿地保护管理水平，全面维护湿地生态系统的生态特性和基本功能。采用湿地生物多样性保护、湿地恢复与综合治理等措施，使退化或丧失的自然湿地得到恢复。到 2020 年全省湿地保有量在 91.01 万公顷以上，全省湿地保护率达到 52%，自然湿地保护率达到 60%以上，重要湿地保护率达到 75%以上。实施湿地恢复与综合治理工程 1500 公顷，新增省级以上湿地公园 11 处，湿地保护小区达到 120 个以上，省级以上湿地公园达到 104 个。

（三）加强草地保护与修复

保护天然草地资源，加强天然草场、高山草甸、草地自然保护区、城市草地等草地资源保护。提高天然草地利用水平，草地综合植被覆盖率达到 90%，草地生态环境得到改善，草地生态系统自我修复能力得到增强。采取季节性休牧的方式，减轻放牧对草地植被的影响，在已开展放牧活动的草地，采取用养轮换等方式，改善植物生存环境，促进草地植被生长和发育，放牧利用草地60%以上实现季节性休牧。加快培育人工草地，加大病虫害防治力度，提高种草育草水平。

（四）推动湖泊保护与休养生息

全面开展河湖划界工作，划定湖泊保护范围和管理范围，设立界桩（牌），向社会公告，并明确水源涵养区、蓄洪滞涝区、滨湖带等各类水生态空间的保护与管理要求；划定湖泊水域岸线功能区，严格空间用途管制；继续推进退田还湖、退养还滩、退耕还湿，归还被挤占的湖泊生态空间，逐步减少"人水争地"的现象，构建健康的湖泊生态系统。对水资源过度开发利用、生态过载的重点湖泊及中心城市景观湖，合理确定水土资源开发规模，优化调整产业结构，强化节水治污，适度引调水等措施，控荷减负、系统治理。

（五）开展矿山生态系统治理与修复

加快推进矿山土地复垦，加大历史遗留损毁土地复垦力度，稳步推进工矿废弃地复垦利用，努力做到"快还旧账、不欠新账"。重点对排石（土）场、尾矿库、采矿场及塌陷坑进行复垦。到2020年完成矿区土地复垦面积3500公顷，矿山土地复垦率达50%。积极推进矿山地质环境恢复与综合治理。优先安排重要自然保护区、重要景观区、重要居民集中生活区、重要交通干线、重要水系等"三区两线"和赣南等原中央苏区的矿山地质环境治理恢复，加强矿山废污水和固体废弃物污染治理。到2020年预期完成矿山地质环境治理恢复面积7500公顷，矿山地质环境治理恢复率达50%，其中完成历史遗留矿山地质环境治理恢复面积5800公顷，历史遗留矿山地质环境治理恢复率达70%。

二、实施自然资源持续高效利用工程

明确山水林田湖草系统中各项要素之间的耦合关系，并根据耦合机理，促进系统当中各项要素的稳定发展。相关部门要对不同地区制订的生态保护修复工程方案进行严格审核，审核通过之后，各个区域方可实施。各个区域通过加强资金整合力度，结合此地区生态环境状况、生态系统功能特点，对流域上下游进行有效的保护，提高系统的生态保护修复水平。

（一）切实保护与节约水资源

加强计划用水和定额管理，修订工业、城镇生活和农业灌溉三方用水定额标准，对纳入取水许可管理的单位实行计划管理，积极推进将其他用水大户纳入计划用水管理范围。到 2020 年，万元工业增加值用水量较 2015 年降低33%以上，农业灌溉水有效利用系数达到 0.51 以上，城镇供水管网漏损控制在 10%以内。大力推进灌区节水配套改造建设，加快节水灌溉示范规模化试点建设，推进农业水价综合改革，推进末级渠系管理体制改革。促进产业结构调整，加大工业节水改造力度，大力推动节水型企业建设。加快城镇供水管网节水改造，推广城镇生活节水器具，开展节水型示范社区（单位）建设，加大城镇用水管理，合理利用再生水及雨水。

（二）推动土地资源集约高效利用

严格土地规划管控和用途管制。开展耕地后备资源调查，统筹可开发利用的未利用地、废弃的建设用地和其他农用地等后备资源，建立耕地后备资源数据库，落实到具体地块和图斑。实施建设用地总量和强度双控行动，严格落实建设用地总量和单位国内生产总值占用建设用地面积下降的目标任务，到2020 年全省单位国内生产总值占用建设用地面积下降率达到 25%。开展存量城市建设用地清查整改工作，积极推进闲置土地、城镇低效用地的开发利用，鼓励综合开发利用地下空间。

（三）推动其他生态资源科学开发

大力推进国家储备林基地建设，建造和发展速丰林、珍稀大径级用材林，基本形成树种搭配基本合理、结构相对优化的木材后备资源体系；大力发展林下经济，重点实施油茶、竹类、香精香料、森林药材（含药用野生动物养殖）、苗木花卉、森林景观利用六大林下产业提升工程，到 2020 年全省林下经济新增规模 66.67 万公顷以上，经营林地累计达到 306.67 万公顷，年总产值达到 2000 亿元以上，参与农户达到 230 万户以上。推进野生动植物资源科学开发，建设以江西本地物种为基础、以同纬度动植物物种为补充的生物资源保护及利用基地。加大农林废弃物资源化利用，实施秸秆综合利用行动，以秸秆还田为重点，同步推进饲料、基料、原料、燃料等综合利用，到 2020 年全省秸秆综合利用率达到 90%；推动规模化畜禽养殖废弃物资源化利用，培育扶持一批有机肥生产企业，扩大有机肥补贴试点范围。

三、实施自然生态空间综合整治工程

努力解决各类自然资源边界不清、管理混乱等问题，分区规划通过划定全域全类型管控的国土空间规划分区，构建用途管制制度，实现水、田、林等核心生态要素的底线管控。结合自然资源部关于国土空间规划的最新要求，联合有关部门共同统筹研究，针对生态系统对自然要素、结构、布局的规律性要求，以落实"山水林田湖草是一个生命共同体"为目标，加强各类非建设用地的空间整合和系统融合，逐步从生态要素的数量管控向布局优化转变，把全域全要素空间管控落到实处。

（一）开展自然保护空间综合整治

加大"五河"源头保护区、国家和省级重点生态功能区、生态红线保护区等生态保护类或保护优先空间综合整治，落实最严格的空间管控要求，优化国土空间开发格局，全面实行产业准入负面清单管理。建设长江中上游地区种质资源库，收集保存长江中下游地区具有代表性和典型性的种质资源。控制渔业养殖强度，落实休渔禁渔期制度，开展增殖放流，对于重点河湖，引导建立人放天养的生态养殖模式；科学合理调整淡水养殖空间，加强养殖基础设施建设，推广应用健康养殖标准和生态养殖模式，控制和降低天然水体养殖规模，进一步减少网箱养殖，减轻水体污染，维护水生生物多样性；加强水生生物自然保护区和水产种质资源保护区建设，探索建立基本养殖水域保护措施，推进水生生物类自然保护区规范化建设；加强对湖泊湿地范围内的野生动植物的保护；开展珍稀特有物种保护，以就地保护为主，采用迁地保护、人工繁育、建立基因库等措施，实施珍稀特有物种保护工程。

（二）开展农村生态空间综合整治

依据国土空间规划、土地利用总体规划和土地整治规划等，优化耕地、园地、林地、草地、湿地等农用地结构和布局，引导农民集中居住，促进绿色农业规模化经营，建设一批田园综合体。加强优质耕地特别是永久基本农田保护，强化农地生态景观和绿隔功能。加大损毁农用地复垦，全面改善农用地的生产生态环境和条件，发挥农用地特别是农田在生产、生态、景观方面的综合功能，实现农业生产和生态保护相协调。加快推进生态红线范围内生态环境脆弱的农村居民点生态移民，将原有村庄用地复垦整治为生态用地；对不在生态红线内，结合村庄实际和群众意愿，通过城乡建设用地增减挂钩、废弃"空心房"整治和"危旧房"改造等措施，集中对散乱、废弃、闲置的宅基地和其他集体建设用地进行综合整治，提高土地集约利用水平，增加农村生态用地空间。全面实施农村人居环境整治，以农村垃圾、厕所粪污、污水治理和村容村貌提升为主攻方向，将农村垃圾纳入城乡垃圾一体化处理体系，完善收运系统，鼓励推行第三方治理模式，逐步推广农村生活垃圾分类。深入开展厕所革命，率先在江河源头区、鄱阳湖滨湖区推进清洁厕所改造，到2020年，全省改厕任务基本完成。推进人口集中居住区分布式污水处理设施建设，着重完善配套管网建设，提高污水集中处理率；人口较少地区，采取人工湿地—氧化塘等生物净化措施，解决生活污水问题。加大农村山塘、门塘整治，全面消除农村黑臭水体。

（三）开展城镇生态空间综合整治

积极优化城镇国土生态空间格局，推进老城区、城中村、棚户区、旧工厂、老工业区、工业园区等用地综合整治，将部分用地尤其是被污染土地整治转化为生态用地。依托自然山体、湖泊水系、交通干线、绿化走廊等建设绿色生态廊道，增加森林、湖泊、湿地面积，扩大城市生态空间，优化城镇用地结构和布局。加快推进城乡接合部的社区化改造，实施城乡绿化美化一体化，形成有利于改善城市生态环境质量的生态缓冲地带。积极推动绿色城市建设。创建循环型生产方式，实现废物交换利用、土地集约利用、能量梯级利用、废水循环利用和污染物集中处理。加强城镇绿心、绿道、绿网建设，加大城市公园建设力度。实施绿色建筑行动计划，加快现有建筑节能改造，大力发展绿色建材。强化城市山体、水体、湿地、废弃地等生态修复，加大城镇内河治理力度，推进地下水污染防治，实施水系连通工程，加强河湖水环境治理保护。推进污染企业治理和环保搬迁，支持资源枯竭城市发展接续替代产业。实施城市地质安全防治工程，开展地面沉降、地面塌陷和地裂缝治理，修复城市地质环境。加强城市自然景观和历史文化遗产保护，打造和谐宜居、山水融城、富有活力的绿色城市。

第三节　做好打造美丽中国"江西样板"的制度设计

推广赣州山水林田湖草保护与修复试点经验；支持南昌全面实施山水林田湖草生命共同体示范区总体建设方案；抓好九江沿江最美岸线建设，加快完善沿江产业布局与功能布局，优化开发沿江自然人文景观资源；推动吉安市依托峡江水利枢纽、万安水利枢纽，打造集河湖保护修复、沿湖岸线整治、沿岸幸福产业发展的综合样板；加快景德镇昌江百里风光带建设，打造以自然资源与文化资源开发、生态修复与城市修复、山水城相融的综合样板；推动宜春、新余、萍乡深化合作，协同构建沿武功山山脉的绿色屏障与森林旅游示范带、沿袁河流域的水环境整治与横向生态补偿示范带、沿沪昆高铁的经济与绿色城镇示范带；推进信江流域综合保护，加快打造上饶全域水环境综合整治样板，巩固提升鹰潭全域环境保护成果，推动鄱余万都滨湖地区生态保护与扶贫开发相协调，构建信江流域绿色发展示范区；依托抚州国家流域水环境综合治理与可持续发展试点和生态产品价值实现机制试点；推动国家生态文明建设示范市县全面改革创新，探索形成更多美丽中国"江西样板"的制度成果。

一、建立自然资源产权制度

推进自然资源统一确权登记试点，出台江西省自然资源统一确权登记办法，开展全省自然资源统一确权登记工作。以明晰产权、界定权能为重点，制定自然资源资产产权主体权利清单，明确各类自然资源资产的所有者和管理者权利。根据江西省山水林田湖草等各类自然资源资产实际，按要求制定全省自然资源资产分类清单，基本建立全省分类合理、内容完善的自然资源资产产权体系，解决权力交叉、缺位等问题。推动所有权和使用权分离，探索扩大使用权的出让、转让、出租、担保、入股等权能。加快土地、水、森林、湿地、矿产、草原等自然资源有偿使用制度，基本建立产权明晰、权能丰富、规则完善、监管有效、权益落实的自然资源资产有偿使用制度。巩固林权制度改革成果，全面推行林长制，建立严格的林地用途管制和使用林地定额管理制度，逐步提高生态公益林补偿和天然林管护补助标准。构建以省级以上自然保护区、森林公园、湿地公园、风景名胜区等为主体的自然保护地体系。深入推进重点生态功能区商品林赎买试点，探索通过租赁、置换等方式规范流转重点生态功能区范围内商品林。健全湿地生态系统修复与补偿制度，出台鄱阳湖重要湿地生态补偿试点实施方案，建立鄱阳湖湿地监测评价预警机制，实行严格的湿地保护制度，探索制定湿地生态系统损害鉴定评估办法。严格执行矿山准入标准，依法严厉打击违法违规开采行为。建立矿山开采环境污染与损害修复费用评估制度，根据评估结果确定矿山地质环境治理恢复基金征收标准，实行预先提取、优先保障。

二、建立全方位国土空间管控制度

编制实施国土空间生态修复规划，探索建立山水林田湖草系统修复和综合治理机制。在赣州、南昌、吉安等地开展山水林田湖草生态保护修复试点与生命共同体示范区建设，打造山区、平原丘陵区、城市滨湖区等不同类型山水林田湖草生态保护修复和综合治理机制样板。推动主体功能区战略布局在县域空间精准落地，科学确定"三区三线"空间格局，推进生态红线勘界立标落地。基于主体功能区规划，加快完善财政、产业、投资、人口流动、建设用地、资源开发、环境保护等配套政策体系。全面落实重点生态功能区"负面清单"制度，开展资源环境承载能力评价，加快建立资源环境承载能力监测预警机制。按照生态优先、区域统筹、分级分类、协同共治的原则，加快建立覆盖全部国土空间的用途管制制度。出台江西省自然生态空间用途管制实施细则。建立以国土空间规划为基础，以统一用途管制为手段的国土空间开发保护制度。加强生物多样性保护优先区域监管，优化自然保护区空间布局，定期开展生物多样性资源调查，完善自然保护区管理制度和分级分类管理体系，加强长江江豚、候鸟及水生生物资源保护，科学制定生物放养制度，健全国门生物安全防范机制，防范物种资源丧失和外来物种入侵。建立珍稀濒危物种种群恢复机制。

三、完善自然资源保护与修复制度

严守生态保护红线。2019年出台了《江西省贯彻落实划定并严守生态保护红线的实施意见》，2020年全面完成生态保护红线上图落地勘界、建成省市县三级生态保护红线地理空间数据库和管理平台。严守水资源管理"三条红线"，健全覆盖省、市、县三级的水资源管控指标体系，建立用水总量控制、用水效率控制、水功能区限制纳污、水资源管理责任与考核"四项制度"。引导有条件的地区开展不同类型的水权交易、流转试点工作，构建全省水权交易、流转平台。根据水资源承载能力，制定以流域为单元的污染物排放控制性指标、环境保护基础设施建设规划，确定各地产业布局、产业结构、城镇规模。坚决落实最严格的耕地保护制度和节约集约用地制度，鼓励农村集体经济组织、农民等主体依据土地整治规划参与高标准农田建设，探索实行"以补代投、以补促建"政策，完善耕地保护补偿政策。探索建立新型农业经营主体信用档案，对经营期内造成耕地地力降低的，限制其享受相关支农惠农政策。健全完善测土配方施肥、耕地质量保护与提升、农作物病虫害专业化统防统治和绿色防控补助等政策。实行严格的草地保护制度，建立草地生态系统监测机制，加快划定基本草地，完善草地监督管理机制和用途管制制度，建立草地生态保护和合理利用奖励制度。出台吸引社会资金参与生态修复项目的政策措施，开展废弃露天矿山生态修复工作。对责任人灭失的，遵循属地管理原则，由各级政府组织开展修复工作。按照"谁修复、谁受益"原则，通过赋予一定期限的自然资源资产使用权等产权安排，鼓励和引导社会投资主体从事生态保护修复。出台激励社会资本投入历史遗留矿区生态修复的政策措施，探索新的修复模式。

四、建立自然资源综合管理制度

加强自然资源资产产权监管。整合测绘、土地、矿产、地质、水资源、森林、草原、湿地等自然资源要素及管理数据，建设全省自然资源资产产权管理综合平台，建立自然资源保护与合理开发利用制度体系，全面提升监督管理效能。建立健全源头保护与全过程修复治理相结合的工作机制。以"生态云"大数据平台为基础，推动全省生态资源布局、城乡布局、产业布局、重大基础设施布局、重点污染源布局等空间数据与生态保护等生态文明领域相关数据融合，形成全域空间管理的大数据平台，建立智慧化监测与管理系统。健全空气、水、土壤、污染源等生态环境监测网络，建立网格化环境监管体系。健全环保督察机制，组建区域督察机构，建立环保督察专员制度，推动重点区域、重点领域以及重点领域专项督察。创新流域综合管理模式，探索建立鄱阳湖流域综合管理协调机制，确定流域综合管理部门，完善流域管理与行政区域管理相结合的水资源管理体制，推动建立生态环境质量趋势分析和预警机制，健全以流域为单位的环境监测统计和评估体系，基本实现流域保护与开发统一规划、统一标准、统一环评、统一监测、统一执法。加快生态环境损害赔偿制度改革，出台江西省生态环境损害赔偿制度改革工作实施方案。编制完成自然资源资产负债表，出台关于进一步加强领导干部自然资源资产离任审计的意见，严格执行党政领导干部离任自然资源资产审计制度。完善各考核评价体系的标准衔接、结果运用、责任落实机制，基本建立全面反映资源消耗、环境损害和生态效益的生态文明绩效评价考核和责任追究制度体系。

五、完善法规体系与司法执行制度

全面清理涉及自然资源资产产权制度的地方性法规及政府规章，对自然资源资产产权保护的规定提出"立、改、废"意见，并组织实施。做好《江西省实施〈中华人民共和国土地管理法〉办法》的修改工作，推进《江西省矿产资源管理条例》《江西省水资源条例》《江西省森林条例》《江西省湿地保护条例》等地方性法规修订。制定江西省开发区环境保护、土壤污染防治、城乡生活垃圾处理、排污许可工作管理、流域综合管理等法规规章，为山水林田湖草系统保护提供法治保障。建立生态环境综合执法制度，整合县级层面环保、国土、农业、水利等部门污染防治和生态保护执法职能，推动县级部门组建生态环境综合执法专门机构，完善综合执法体制机制，全省所有县（市、区）全面实行生态环境综合执法。全面推行行政执法公示制度、执法全过程记录制度、重大执法决定法制审核制度，健全与国家自然资源督察机构重大问题转交、通报、处置、反馈等的联动机制，加强执法队伍建设。推动各级自然资源行政执法与行政检察、公益诉讼检察、刑事司法信息共享、联动办案，依法严肃查处自然资源资产产权领域重大自然资源违法案件。完善司法保障机制，健全法院、检察院环境资源司法职能配置，加快设立环境资源专业性法庭，推动环境资源审判机构专业化建设，推进流域内环境资源刑事、民事、行政案件的"二合一"或"三合一"审理模式。推动检察机关生态环境公益诉讼，保障社会组织公益诉讼权，建立生态环境诉讼智库，引导社会公众有序参与生态环境保护。深入推进行政执法与刑事司法衔接，加强政府法制部门、自然资源管理部门、生态环境监管部门、流域综合管理机构与公安机关、法院、检察院的信息共享和协同联动，推进跨区域司法协作、全流域协同治理。发挥人大、行政、司法、审计和社会监督作用，推进各部门各层级互联互通、数据共享和有效监管，形成监管合力。配合国家自然资源督察机构做好专项督察工作，建立重大问题台账管理制度。

第十八章 江西绿水青山新篇章

江西省是我国山水林田湖草生命共同体建设起步较早的省份之一。在大力支持赣州市开展山水林田湖草生态保护修复试点的同时，2018年，江西省生态文明建设领导小组出台了《江西省山水林田湖草生命共同体建设三年行动计划（2018—2020年）》。从听取省发改委、财政厅、自然资源厅、生态环境厅、农业农村厅、水利厅、林业局等省直有关部门情况介绍，到先后赴赣州市、九江市、上饶市及鄱阳等县一线调查，都充分表明江西省将打造山水林田湖草综合治理样板区作为建设国家生态文明试验区的战略定位之一，把生态保护修复作为核心任务，正确处理保护生态和发展经济的关系，山水林田湖草生命共同体理念不断融入经济建设、社会建设、生态文明建设等各个领域和全省各个地方。

第一节 首位担当

南昌市地处江西省中部偏北，赣江、抚河下游，濒临我国第一大淡水湖鄱阳湖西南岸，是江西省的省会城市。全境主要为平原地区，东南较为平坦，西北丘陵起伏。全市水系发达，湖泊星罗棋布，水域面积达2204.37平方公里，占全市面积的29.78%，在省会以上城市中排在第一。2013年7月，南昌市被水利部列为全国首批水生态文明城市建设试点城市。2018年4月，江西省生态文明建设领导小组正式批复《南昌市山水林田湖草生命共同体示范区建设总体方案》，在江西省山水林田湖草生命共同体建设方面，这是首例。

一、以"水"为核心定位"滨湖都市"

南昌市山水林田湖草生命共同体示范区建设，重点运用南昌临鄱阳湖的生态资源优势、交通区位优势、产业发展优势和人文历史优势，促进滨湖生态价值转化，探索以水为核心的绿色产业发展路径。示范区建设项目清单中，共有各类重点推进项目 45 个，其中涉及水环境综合治理的项目就有 17 个，占全部项目总数的三分之一以上，充分体现了南昌将重点围绕"滨湖都市"这一重要定位打造山水林田湖草示范区。"水都"治水的实践表明，统筹自然生态的各要素要以"水"为核心，但不能就水论水。要用系统论的思想方法看问题，生态系统是一个有机躯体，应该统筹治水和治山、治水和治林、治水和治田等。只有把山水林田湖草作为生命共同体，打通彼此"关节"与"经脉"，方能实现绿水青山和金山银山的双向转换。

二、坚持以党的领导和制度创新为总抓手

南昌市由书记领衔、党政主导、科学谋划、经费落实、强化培训、组织实施、示范引领、部署对接、执法督查、生态惠民上下大力气，在突出政治高度、发展理念、环保思维、市场机制、统筹办法、质量标准上提高层次，全方位、多角度推进水生态文明建设。以水问题为导向，紧紧围绕水污染防治、水生态修复、水治理能力现代化等重点内容和关键环节，统筹实施精准治水策略，加快工程建设，完善体制机制。

（一）全面推行河湖管护河湖长制

2015 年，在全省率先实行河湖管护河湖长制，建立健全"市县乡村全覆盖、江河湖库全纳入、区域流域相结合"的河长制组织体系，细化河湖管护责任到市、县区、乡镇、街道、村组和自然人，构建了以河长主治、源头重治、系统共治、工程整治、依法严治、群防群治的河湖长制体制机制。2017 年，又出台全面推进河湖长制工作的实施方案，以乌沙河流域综合治理为抓手，抓住资金投入、项目建设、水质监测三大关键，抓紧清淤截污、连通活化、生态修复、岸线管理四大实事，从思路、措施、能力、行动、宣教等方面打造河湖

长制工作升级版。

（二）健全治水管水配套法规制度

出台《南昌市水资源条例》，从贯彻最严格水资源管理制度出发，明确水资源基础地位，使水资源开发、利用、节约、保护、改善走上法制轨道。制定《关于实行最严格水资源管理制度的实施意见》，明确各县区"三条红线"指标体系，将最严格水资源管理要求纳入市政府年度绩效考核内容，并对县（市）区政府年度完成情况进行考核评比，推动最严格水资源管理制度的落实。

（三）探索创新河道采砂长效管理模式

出台《关于建立河道采砂长效管理机制的若干意见》，采取督查问责、综合执法、司法震慑等法治手段，严厉打击河道非法采砂、非法运沙、非法开办砂场等严重破坏河道生态安全、影响社会和谐稳定等违法违纪行为，有效地遏制了河道非法采砂乱象。近年，采砂管理基本实现零举报、零偷采、零非法移动、零非法造船、零刑案纠纷。组建南昌市采砂办和国有的专业砂石企业，确立了统一管理、统一经营南昌河道砂石管理模式，共清理非法砂场416处，切割淘汰采砂船419艘，基本实现"河畅、水清、岸稳、景美"的整治目标。

三、把水污染防治作为治水的切入点

按照"河湖水底清一遍、河湖周边截一圈"的总体工作思路，推进城市河湖水系应截尽截、应清尽清，完成了象湖、抚河、梅湖、玉带河等城市河湖水系大清淤、大截污工程建设，确保污水不入河，基本实现了城区生活污水全收集。

（一）完善水污染治理工程体系

摸清城区水污染现状和成因，制订消灭劣V类水整治工作方案，全市6处劣V类水断面2018年5月前全面消灭。加快黑臭水体治理，通过逐一制订实施方案，实施截污、清淤、疏浚、岸线修复、生态净化。实施城市排水排污管网提升改造工程建设，开展入河排污口、农业面源污染、养殖废水排放、船舶污染等集中整治，全面开展青山闸治理、入河排污口整治等工程，实施前湖、乌沙河水体水质整治，不断提升全市水环境质量。

（二）完善城市污水治理处理工程体系

建成 6 座城区污水处理厂和 1 座污泥集中处置厂，城市生活污水日处理能力达到 104 万吨、集中处理率达 93.5%，城市河湖水系水质总体达到国家地表水水质标准。在此基础上，试点期间又完成朝阳、青山湖污水处理厂一级 B 提标改造，2017 年，再次启动了青山湖、红谷滩、象湖、瑶湖、航空城污水处理厂一级 A 提标改造项目，开工建设南昌县、进贤县县城污水处理厂和红谷滩新区九龙湖污水处理厂一级 A 提标改造工程。

（三）完善农村水环境治理工程体系

实施农村水环境治理"1351055"工程，对市域内 1 个梅岭风景名胜区、3 个流域、5 个特色小镇（乡）、10 个自然村、5 个畜禽养殖场、5 个休闲农业企业的水环境进行综合治理。通过整治，建成招贤、梅岭、太平 3 个污水处理厂，明显改善了梅岭的养殖污染问题，军山湖、瑶湖、黄家湖的水质均得到明显改善。

（四）完善水系连通活化工程体系

高质量完成河湖水系连通明山渠综合整治工程，整治城南护城河、玉带河、五干渠等河湖水系行水通道，实现了城区河湖水系全活化、全连通，形成了"一江三河串十湖"的城市水网格局。昌南城区南部从赣抚平原灌区引活水，活化象湖、抚河、玉带河、青山湖、瑶湖等水体，北部从赣江抽取活水，活化北玉带河、青山湖西渠、青山湖等水体，昌北城区的前湖电排站、双港电排站等实现了抽排结合，可活化前湖、黄家湖、乌沙河等水体。

（五）完善水生态科技教育工程体系

南昌市水土保持生态科技园通过"全国中小学生水土保持科普教育实践基地"建设中期评估，溪霞水库水源地、红角洲水系活化等 10 多项工程基本完成，续建的雨水收集利用、安义县长垅小流域水土流失综合治理工程进展顺利，梦山、溪霞 2 座中型水库成为国家水利风景区，发展以特色水景观为载体的文化旅游产业。

四、以水生态文明建设为核心内容

实施水生态文明城市建设试点以来，南昌市营造了"江湖互济、河湖相通、水系健康、水城交融、人水和谐"的城市格局，以水定城、以水定产、以水定需的刚性约束全面建立，爱水、节水、护水、惜水蔚然成风，水景观、水生态、水环境风光旖旎。2017 年 6 月顺利通过水利部国家首批水生态文明城市建设试点技术评估。

（一）结合岸线整治，高水平建设亲水平台

南昌市在全国率先采用最新滨水空间和滨水岸线建设理念，重点打造赣江风光带，把大堤加固、水源保护、岸线整治、水景美化、经济开发五者结合起来，最大化融合防汛、交通、游憩、商业、景观 5 项功能，建成大桥湿地片区、城市生活片区、文化创意片区 3 个功能分区，依据季节和水位变化分别在黄海高程 16 米、19 米、22 米处设置了步行、电瓶车、自行车 3 条道路，做到全线无缝衔接。景区永久免费对市民开放，树立了丰水地区滨水景观的新标杆。

（二）运用大截污思路，高水平减少水污染

针对南方丰水型城市特点和老城区雨污分流的难题，南昌市在象湖、抚河、梅湖、玉带河截污工程中运用雨污合流大截流治理思路，内部结合截污与外排合流水的新要求，设置隔墙和污水导流槽，净宽为 1 米。晴天时，污

水由隔墙分隔开，隔墙内侧污水沿导流槽分段进入各污水处理厂，处理后达标排放。只有在大暴雨期间，超过污水处理厂处理能力、经过前期雨水稀释浓度极小的雨污混合水，才会溢流进入河湖。工程最大限度地截留现状排污口，削减流入河湖的污染负荷，改善现状水体受污染情况，同时打造环河湖的景观游步道，供市民亲水、休闲、娱乐，成为实施水生态文明城市建设试点的经典之作。

（三）实施水系连通，高水平改善水生态

南昌市本着以河流为框架，以湖泊、湿地为节点，依托幸福水系综合整治、玉带河东延、象湖抚河截污等工程建设，打通梅湖、象湖、玉带河、青山湖、艾溪湖等水体；依托红角洲水系活化工程建设，强化了前湖、红角洲水系与赣江的水体连通。在城区形成"一江通三河、九龙串十珠"的水系格局，确保了城市居民出门步行20分钟可见水。同时大力实施城市水系引水活化、河湖水系清淤大截污、河湖生态修复治理等工程，保障河湖水体水质良好。

（四）强化体系构建，高水平保障水安全

南昌市是国家首批确定的25座防洪重点城市之一，近年建成了昌南、昌北两个总长70公里的城市防洪包围圈，防洪标准提高到100年一遇；城市排涝装机达到3.76万千瓦，排涝能力提高到20年一遇，实现了城市防洪排涝"一日暴雨，四小时排干"。着力优化水资源配置，强化供水水源地水质保护，启动城市应急备用水源工程建设，构建立体式用水安全体系，全市集中供水水源地水质稳定保持在100%，确保城市供水安全。

（五）完善水生态修复工程，带动湖畔聚落圈发展

南昌自古因水而盛，水资源极为丰富，全市年均产水量为66.25亿立方米，市内水网密布，拥有"一江""两河""八湖"。立足于水资源的自然禀赋，着力打造宜居宜业宜游的水生态城市，实施了赣东大堤城区段岸线综合整治工程，瑶湖、艾溪湖、乌沙河水环境整治工程和大象湖景区提升改造工程，形成

了以赣江为主轴，昌南昌北2个城区多点分部、交相辉映的亲水平台。南昌通过九龙湖水环境综合治理，清淤1000万方，湖水面积由40公顷扩大到176.07公顷，环湖主沿路达到10.276公里，水线和道路红线间建起了九龙湖公园。从一湖清水到山水林田湖草共荣共生，如今的九龙湖公园带旺了人气，还推动了周边的商业及住宅开发。

二、建成"水都""绿谷""蓝带"平台，彰显区域生态功能与特色

地处赣抚尾闾，鄱湖之滨的南昌，生态资源丰富、区位优势明显，具备"绿水青山"的禀赋。同时作为省会城市，南昌城市化程度高，产业基础良好，经济实力较强，有条件对现有山水林田湖草进行系统整治、科学开发和价值转化。结合南昌发展实际，依靠科技创新和引入社会资本，围绕水都、绿谷、蓝带三大平台，优化生态功能区空间布局，形成功能完善、协调统一、健康和谐的水生态系统总体格局。

（一）魅力"水都"，活水净水更亲水

在实施《"鄱湖明珠·中国水都"建设总体规划》《南昌市水生态文明城市建设试点实施方案》的基础上，立足高起点规划、高标准设计、高投入建设、高质量施工，又编制了《南昌市水环境治理综合规划》，系统谋划建设生态水都、灵动水都、美丽水都、活力水都、智慧水都，力争打造全国城市治水新标杆。2013年以来，投入100多亿元，先后完成了"鄱湖明珠·中国水都"13项重大治水工程建设，同时加快"赣抚尾闾综合整治"，构建以水系连通、截污、水生态修复、亲水平台建设为核心，以水安全、水生态、水景观、水经济、水文化为主题的"鄱湖明珠·中国水都"工程体系。"水都"核心建设面积约100平方公里。坚持山水林田湖草生命共同体协同发展理念，充分突出南昌滨湖、沿江、临水的生态优势，以流域水系综合治理为平台，通过实施防洪排涝、截污控源、内源治理、水系连通、生态修复、景观打造六项关键举措，构建南昌市城区及周边"一江三河串十湖"水系连通格局。

依托瑶湖和周边体育设施设计的"亲水运动"，以瑶湖国际水上运动中心

为核心，积极适时开展国内外大型水上运动赛事，同时充分利用瑶湖高校城的体育设施和场地资源，以体育活动为主线，吸引旅游者特别是青少年旅游者参与龙舟、游泳、水上排球等小型水上赛事，使南昌成为汇聚运动员与旅游者互动的多功能国际亲水生态休闲基地。根据南昌水资源的空间分布特点以及资源特色，结合不同旅游者的需求及行为特征，确保给旅游者提供深刻的、组合的水都旅游体验。

挖掘历史线索和完善水系纽带相结合，以生态河道、城市水道、湖泊湿地、城市湿地为主体，遵循"有线索、有理念、有布局、有层次"的水域开发，突出和深挖象湖灌婴广场、赣江滕王阁、梅湖八大山人三大水域景观。灌婴是南昌首开筑城先河的汉代大将军。象湖灌婴广场依托象湖重现灌婴率水军平定江南"吴、豫章、会稽郡"的壮观景象，象湖灌婴广场作为汉代历史的借鉴对象，需进行深度挖掘与开发；滕王阁是初唐诗人王勃所写《滕王阁序》的建筑载体。千百年来，阁内因序传名，序以阁流芳。《滕王阁序》中的"落霞与孤鹜齐飞，秋水共长天一色"名句，为南昌赣江凭添了几许诗意。赣江滕王阁在水域景观设计方面可以做简单、质朴的就地展示，主要是制造一种意境；梅湖八大山人是以明末清初画家、书法家朱耷为核心，以传统文化为主轴，以梅湖生态为纽带构建诗情画意的江南水乡美景，在水域景观设计方面突出小桥流水、亭台楼阁、幽然惬意的画境。

（二）生态"绿谷"，依山傍水添风景

"绿谷"核心建设面积约 50 平方公里。以梅岭风景名胜区为"绿心"，东起昌九高速，西至昌铜高速，在南安公路—万赤公路为中轴沿线两侧布局。围绕溪霞国家农业综合开发现代农业园区、石鼻都市现代农业示范区、罗亭—长埠现代农业休闲观光走廊为主体，配套布局建设一批特色小镇和特色休闲农业示范点。

以梅岭风景名胜区和南昌"绿谷"为重点，大力推进山水林田湖草自然生态系统与经济社会发展系统双向融合，重点推动湾里区太平镇田园综合体、红泮旅游公路示范带景观提升、南昌绿谷沿线林相改造工程，助推生态价值与经济相互转换，着力构建世界一流、国内领先、体现特色的生态设计理念、创新技术和开发模式，开展生态价值评估试点。

凤凰沟风景区位于南昌县黄马乡蚕桑茶叶研究所，拥有茶叶、蚕桑、绿化苗木、果业等成熟生态产业体系，其中有生态茶园143.33公顷，标准化高产示范桑园6.66公顷，生态旅游果园43.33公顷，生态景观花卉苗木基地333.33公顷，水面66.67公顷。园区内山清水秀、绿树成荫、环境幽静、空气清新、四季有花、四季有果、候鸟成群，是人们享受绿色、亲近自然、感受欢乐的世外桃源。

（三）美丽"蓝带"，现代农业增特色

"蓝带"核心建设面积约50平方公里。以南昌东北部鄱阳湖滨湖地区为主体，以南矶山湿地国家级自然保护区、鲤鱼洲管理处（原五星垦殖场）为核心平台，形成了以湿地保护与现代农业开发为主攻方向的"蓝色"滨湖发展带。

以赣抚尾闾"三横四纵"水系综合整治工程为核心，围绕水系连通和外围河湖支撑点建设，重点推进九龙湖生态公园、梅湖水系截污、安义古村逍遥湖山水开发及河流水系统工程实施并完工，初步构建水城融合、人水和谐的水生态环境体系。做足滨水文章，深挖农业潜力，嫁接新型业态，2020年前全面完成原五星垦殖场内高标准农田和配套路网建设，切实提高耕地质量等级，重点保障原五星垦殖场内生活污水治理项目等基础设施建设。完成"三园"（南昌市民的乐园、高新区的公园、鲤鱼洲人民的家园）、"四区"（现代农业的示范区、生态建设的引领区、改革创新的试验区、乡村振兴的先行区）和"文旅结合、以文促旅、以旅强农"的示范样板打造。

进一步提升保护区巡护管理手段，建立"天、空、地"一体化自然资源监管平台，初步完善区域交通基础设施建设。建成以南矶湿地国家级自然保护区为核心，联动周边农村，以湿地候鸟资源保护为重点，生态产业发展、生态社区建设为支撑的保护区可持续发展典范。

三、打造山水林田湖草生命共同体示范样板，为流域保护与科学开发发挥示范作用

王勃在《滕王阁序》中描写南昌为："襟三江而带五湖，控蛮荆而引瓯越。物华天宝，龙光射牛斗之墟；人杰地灵，徐孺下陈蕃之榻"。位于鄱阳湖畔的

南昌城与水有着密切的关系，南昌因水而建，因水而兴。鄱阳湖的富饶使南昌自古以来就是钟灵毓秀之地、文化礼仪之乡。因此，无论是从地理格局，还是从文化空间来观察，南昌当之无愧要为全省的"首位担当"。根据《加快打造大南昌都市圈工作方案》，省委、省政府明确支持南昌市打造山水林田湖草生命共同体示范样板，不仅增强了南昌绿色发展后劲，提升居民生态幸福感、资源安全感、环境获得感，而且在全省范围内也形成示范效应。

（一）加强水资源统一管理

统筹协调防洪、排涝、供水、河道治理及市政建设等工作，完善水生态文明建设多部门合作共建机制。严格控制各县（区）用水总量、纳污总量和最低用水效率，建立地下水动态预警管理机制。实行包括取水、供水、用水、排水和回用在内的全过程节水。强化依法治水管水，针对水资源论证、入河排污口设置、节水等水资源管理重要环节出台相应的配套制度和管理办法。建立与最严格水资源管理制度要求相适应的城市水资源监控体系，进一步完善地下水监测体系。建设南昌市水资源管理系统，实现对取水量、地下水位、重要水功能区、饮用水水源地、重要河流的实时监测和全市范围内水资源管理信息互通及资源共享，提升水资源管理能力和水平。

（二）加强"水源"养育

建设低山森林生态控制和生态涵养区，加强梅岭山区、安义县西部山区、南昌县南部丘陵区、进贤县南部丘陵区的水土流失治理工作，强化生态林的水源涵养功能，维护水源补给区良好的水循环条件与功能。严格防治水污染，推进丘陵地区农村的环境整治工作，切断污染源。加强丘陵区生态林保护工作，保护好野生动植物，提高生物多样性。

（三）彰显"水都"特色

建设中心城区平原都市水景观生态功能区，建设赣江南昌水利枢纽，抬高城区段赣江水位，提升赣江的水景观赏价值和品位。打通城区主要河湖间的联系，促进水体交换和水质改善，增强调蓄功能，实现"水畅"。加强城区河湖水环境整治工作，改善水环境质量，实现"水净"。开展亲水休闲长廊景观建设，实施河湖景观提升工程，打造特色滨水景观，实现"水美"。

（四）提高"水网"效益

建设水网农林生态缓冲区，进一步加强节水型社会建设工作，加快普及农村居民节水减排理念，开展农村水环境综合整治工作。加强畜禽养殖场污染治理力度，推广生态化养殖技术，实现废弃物资源化利用，治理农村面源污染。

（五）保护鄱阳湖环境

建设沿鄱阳湖湿地生态功能管理区，加强鄱阳湖周边湿地的生态保护工作，强化湿地生物栖息地功能，加强野生动物尤其是候鸟的保护，重点建设鄱阳湖南矶山湿地国家级自然保护区。适度开展生态旅游、科考旅游等活动，大力开展生态保护宣传教育工作。

第二节　全面融入

江西省在大力支持赣州市先行试点和南昌市首位担当的同时，按照生命共同体的理念、整体保护的意识、系统修复的思维、综合治理的方式和改革创新的方法扎实推进全省山水林田湖草生命共同体建设，深刻把握山水林田湖草的内在联系和规律，以生态问题治理和生态功能恢复为导向，改变以往"管山不治水、治水不管山、种树不种草"的单一修复模式，统筹考虑保护修复与产业发展，将矿山修复、水源涵养、林地发展、旅游开发等相关规划与山水林田湖草生命共同体建设有机结合，将绿色发展理念融入生产生活，构建人与自然和谐共生的发展新格局。

一、融入生态文明示范区建设当主力

素有"襟领江湖，控带闽粤"之称的抚州市，继 2016 年被省委批复为生态文明先行示范市之后，2017 年又获批全省唯一的第一批流域水环境综合治理与可持续发展国家试点市，2018 年，抚河千金陂成功申报"世界灌溉工程遗产"，实现世界性遗产零的突破。2019 年，抚州市饮用水水源水质常年达到或优于Ⅲ类，达标率为 100%；市中心城区 $PM_{2.5}$ 浓度均值为 37 微克 / 立方米，空气质量持续位居江西省前列。

在抚河源头区、生态修复治理区、水土流失重点预防区和重点治理区等区域建设山水林田湖草试验示范基地。抚河流域生态保护及综合治理项目和抚州三江湿地生态修复工程项目是抚州市实施山水林田湖草综合治理的龙头项目，将对抚州市走生态优先、绿色发展新道路起到基础性、长远性、综合性的作用。实施抚河、宜黄河（临水）、凤岗河三江交汇处构成的抚州三江湿地生态修复工程后，可改善抚州城市水生态环境，优化城市生态本底，美化城市景观，从而提升城市品质与形象。凤岗河是抚州市城区的一条内河，由南向北穿城流入抚河，主要引进了"食藻虫引导的水下生态修复及水体生态系统构建技术"，构建起"草型清水态"水体，从而恢复并提升凤岗河水体的自净能力。

被誉为"赣抚粮仓"的抚州市物产富饶，农业是其特色产业之一。绿色生态农业生产基地和现代农业示范园区的建设，为绿色养殖带来了更多发展空间。近年来，该市农业发展形成了"一县一业""一乡一特""一村一品"的产业发展格局，被农业部认定为绿色、有机、无公害及地理标志农产品已达 603 个。在提升绿色生态农产品质量的过程中，该市按照"高产、优质、高效、生态、安全"的要求，制定出以绿色农产品为主体的地方标准 33 项，建成全国绿色食品原料标准化生产基地 7 个，总面积 4.67 万公顷；建成国家级水产健康养殖示范场 47 家，示范面积 0.73 万公顷；建成国家级畜禽养殖标准示范场 16 家，畜养殖规模达 11 万头、禽养殖规模达 400 多万羽；建成国家级蔬菜茶叶水果标准园 13 家。除了传统的农贸产品，抚州竹材也是当地的特色生态产品。抚州资溪竹科技产业园大门内的"全球竹应用推进者"标牌引人注目。作为江西省首个竹科技产业园，资溪竹科技产业园与林业科研院所、国家先进专业技术院校合作，把科研技术转化为经济效益。其核心产品"户外高性能竹材料"曾获国家科技进步二等奖。抚州竹材产品由于其环保、美观、耐用等特性，在国内外许多大型公共建筑中均有使用，如港珠澳大桥景观岛的观光栈道、西班牙马德里国际机场等。抚州各县区在保护、治理生态的同时，还挖掘出更多生态资源，大力发展乡村旅游、民族文化旅游等产业。南丰"橘园游"、乐安金竹飞瀑、金溪竹桥等旅游项目吸引了不少省内外游客。抚州通过实施旅游强市战略，将当地的文化、生态、古村等资源优势转化为发展优势。旅游产业成为了抚州科学发展、绿色崛起的主导产业和战略性新兴产业。

二、融入长江经济带大保护战略增动力

九江市作为江西省唯一通江达海的港口城市，全省152公里的长江岸线全部在其境内。九江自然生态资源丰富，环境承载力强劲，产业发展条件优越。域内河湖众多，水资源丰富。九江境内拥有长江、鄱阳湖、修河、庐山西海、八里湖等沿河环湖的重要生态廊道，鄱阳湖有53%的水域在九江境内，面积近20万公顷；矿产资源丰富，九江已发现的矿种有金属、非金属、能源矿产三大类80种，已探明储量的有44种，其中金、锑、锡、萤石储量居全省首位，铜居第二，钨居第三，石灰石、石英砂、大理石、花岗石、瓷土、石煤、矾矿等蕴藏量巨大，矿产潜在价值在千亿元以上。九江市早在1990年起便跨进"全国万两黄金市"之列，主要生产基地有瑞昌洋鸡山、修水土龙山金矿；农副产品资源十分丰富，现已形成了油茶、优质水稻、棉花、太空白莲、特色水果、特色水产养殖、中药种植等多种生态产业，成功创建了多种省级农业示范园、AAA乡村旅游点、省级森林养生基地以及生态农产品的品牌示范基地。凭借特天独厚的生态资源，构建沿长江旅游经济带，做好"揽山入城、拥江抱湖"文章，把沿江区域建成集大江风貌、生态湿地、传统文化、现代都市风情于一体的旅游集群区。

重点围绕"河畅、水清、岸绿、景美"的目标，实施"四水共治"：一是治污水。大力开展入河口清理、非法采砂治理、船舶污染防治等专项整治，积极推进垃圾和污水处理设施建设，从源头上防控河湖污染。中心城区、县城和中心镇实现污水管网全覆盖。二是活死水。全面启动城市内湖、农村河塘"水体置换、引水活化"和灌溉渠道疏浚工程，投入近30亿元开展城区水

体治理。三是防洪水。狠抓沿江险工险段、江湖圩堤、山塘水库的除险加固、排灌设施建设、中小河流治理，全面防范大江大湖洪水、城市内涝和山洪地质灾害。四是优供水。加强饮用水水源地保护，全面禁止网箱养殖，畜禽禁养区养殖场全部关停。全市集中饮用水源水质达标率为100%，长江九江段和鄱阳湖出口断面水质达到Ⅲ类标准。为了让岸更美，九江市坚持水岸同治，集约利用岸线资源。大力开展非法码头整治，共拆除码头74座、泊位87个，腾出岸线7500多米，并继续加大对沿江36座"小散低"码头的规范、整合提升力度。

九江钢铁工业与江南园林有机结合，把企业工业废水改造为"金鱼畅游"的景观池。废水经集中收集、处理、回收利用，不但可用于厂区绿化浇灌、清洁，还能满足部分生产用水。企业循环水利用率达到98.5%。与花园式的钢铁企业一样，建在江边的国华神华九江电厂矗立在油菜花丛中。秉持"生态优先、绿色发展"的理念，九江市全力打造全国产业园区转型升级示范区、山水林田湖草综合治理先行区。彭泽县拥有46.54公里的长江岸线，为深入贯彻落实全省打造长江"最美岸线"工作要求，该县先后投入10亿元资金，全面启动了一江三带建设。堤外重点抓滩涂绿化，堤内重点抓"一公里范围内"的环境改善，推进沿岸全面绿化、可视范围内矿山清理、裸露山体修复和码头复绿，整个沿江面貌明显改善。新兴产业集聚成势，让长江"最美岸线"绚丽绽放。通过率先实施复绿护绿兴绿工程，建设了堤外生态绿化带533.33公顷、堤内园林景观带18.6公里，努力实现山体披绿、岸线复绿、水中漾绿、沿江透绿。

三、融入鄱阳湖生态经济区建设添活力

上饶市是环鄱阳湖生态经济区的主要城市之一。省委、省政府提出建设环鄱阳湖生态经济区的战略决策后，该市抢抓发展机遇，加快对接融入，确立了把该市建设成生态环境优良、经济快速发展、城乡协调推进、人民生活富裕、生态文明和经济文明高度统一、人与自然和谐相处的环鄱阳湖区生态大市和经济强市的战略定位。把上饶建设成为具有比较发达的生态经济、优美的生态环境、和谐的生态家园、繁荣的生态文化，可持续发展能力较强的江西东北部中心城市，努力成为鄱阳湖区域建设的生态文明示范市、新型产业聚集市、改革开放前沿市、城乡协调先行市。

（一）全面推行"河（湖）长制"和"林长制"

连续多年印发《上饶市河长制湖长制工作要点及考核方案》和《关于在湖泊实施湖长制的工作方案》，完善提升"河长制"升级版。集中式饮用水水源地水质达标率>96%，城市水域功能区水质达标率为100%，且市内无劣Ⅴ类水质水体；各县（市、区）主要河流地表水出境水质满足Ⅱ类水质标准；酸雨强度和酸雨频率有所下降；重点污染源排污许可证发放率达到100%；工业废水排放达标率>95%，工业用水重复利用率达到75%。城镇生活污水集中处理率（二级）达到100%。印发《上饶市林长制实施方案》及四项配套制度，建立"一长两员"管理架构。全市现有国家级自然保护区3处、国家级森林公园9处、国家级湿地公园5处，数量位居全省前列，构建沿鄱阳湖旅游经济带，把环鄱阳湖地区建设成为集湿地与鸟类科普观光、山水休闲度假、湿地生态旅游等于一体的世界著名的生态旅游目的地。

（二）构建严格的生态环境保护与监管体系

完成生态保护红线核校调整完善工作，红线区域约占全市国土面积的32.1%。严守一条红线管控重要生态空间，确保生态功能不降低、面积不减少、性质不改变。市、县、乡、村层层签订耕地保护目标责任书，严守耕地红线。全面完成全市35.01万公顷的永久基本农田划定工作。积极开展第三次全国国土调查，同步开展自然资源调查。以推进耕地占补平衡资源产业化为抓手，大力实施土地整治和高标准农田建设。出台《上饶市贯彻落实江西省耕地草地河湖休养生息规划工作方案（2016—2030年）》《上饶市大坳水库饮用水水源保护条例》。通过健全保护机制、开展专项整治、严格环境执法等措施，全市县级以上饮用水水源水质达标率为100%。

（三）构建促进绿色产业发展的制度体系

大力发展绿色生态农业。出台《关于加快推进农业结构调整的实施意见》，提出实施中药材产业发展工程、油茶产业发展工程等"十大工程"，并制订2018—2020年全市中药材、油茶产业发展工程实施方案。围绕"东柚、西蟹、南红、北绿、中菜"产业布局，推进农产品绿色化、品牌化生产，加快农产品标准化及可追溯体系建设。全市共有国家级农业标准化示范区 16 个，省级农业标准化示范区 11 个。大力发展全域旅游。2018 年全年共接待游客 1.81 亿人次，同比增长 13.1%，实现旅游综合收入 1820.6 亿元，同比增长 22.9%，旅游主要指标继续位列全省第一方阵。优质旅游全国领先，全市 4A 级以上景区总数位列全国设区市第一。积极发展健康产业，出台了《上饶市中医药健康旅游先行先试融合发展实施意见》《上饶市关于加快推进中医药发展的若干政策意见》，成功创建国家中医药健康旅游示范区，引领健康产业发展，"医疗＋旅游""养生＋旅游"等综合发展模式逐步形成。

四、融入乡村振兴战略出潜力

宜春市按照"规模适度、村落连片、服务配套、乡风文明、三生（生产、生活、生态）融合、各显特色"的思路，对土地实行"护山保水"、对道路规划实行"迎山接水"、对建筑布局实行"显山露水"、对景观设计实行"借山用水"、对空间组织实行"依山亲水"，尊重村庄肌理、地形地貌、文化传统等自然社会特点，综合推动山水田路林房建设，禁挖山、不填塘、慎砍树，展现乡村特色，留住田园乡愁。

（一）坚持规划引领，连线成片

出台《宜春市"整洁美丽，和谐宜居"新农村建设行动规划（2017—2020年）》，每年确定 4000 个左右村组，四年完成 1.4 万个左右村组建设任务，各县（市、区）相应出台四年行动规划，修编完善县域镇村布局规划，乡镇编制连片推进规划和村庄整治项目建设规划，统筹安排村庄开展片区化、组团式建设，力求建一片成一片，彰显整体效果。2017 年，全市重点推进"两带一区"建设，即昌铜高速生态经济带、320 国道特色产业示范带和丰城全面小康美丽乡村示范区（梅林镇、董家镇、湖塘镇、隍城镇）；统筹推进宜春中心城区—明月山、樟树旅游区葛玄路、靖安环三爪仑、万载罗城镇—鹅峰乡、高安城区—胡家坊等旅游公路、现代农业和重大项目沿线村庄连片成线建设，确保每个县（市、区）建成一条美丽宜居新农村示范带。

（二）坚持分类推进，完善功能

根据村庄在镇村体系规划中的功能定位，分为一般自然村和中心村两个层次。一般自然村为乡村基层单元，重点完善"七改三网"等农村基础设施（即改路、改水、改厕、改房、改沟、改塘、改环境，建设电力、广电、电信网络），优化人居环境，配置基本的服务设施；中心村为乡村基本服务单元，在"七改三网"的基础上，因地制宜配套"8＋4"公共服务项目（即建好公共服务平台、卫生室、便民超市、农家书屋、文体活动场所、生活垃圾处理设施、污水处理设施、公厕，有条件、有需求的中心村还要建设小学、幼儿园、金融服务网点和公交站），大力发展特色经济，建设农村新型社区，提升人口吸纳能力。对原先已开展整治建设的村庄，坚持缺什么补什么，分期分批补齐建设内容。根据农村地形地貌差异，综合资源禀赋、经济发展、乡风民俗、自然概貌等因素，因地制宜、因村施策，走差异化的新农村建设路径。

（三）坚持精心管理，彰显特色

加强农村生产生活公用设施的运行管护以及农民建房等村务管理，形成"有制度、有标准、有经费、有人员"的长效管理机制，推动移风易俗，树立文明乡风，实现乡村长治久美。充分挖掘宜春禅宗文化、月亮文化、客家文化、剑邑文化等特色文化资源，展现赣西地域民居特点，避免千村一面，使新农村更有特色、更有品位，秀美乡村建设是实施乡村振兴战略措施的重要抓手，服从乡村振兴战略的总体安排，又成为乡村振兴战略的关键部署。近年来，宜春市在"产业兴旺、生态宜居、乡风文明、治理有效、生活富裕"的乡村振兴战略要求下，对1万多个村点展开秀美乡村规划和整治建设，惠及70余万户240余万农民，成为全市规模最大、受益人口最多的民生工程。

五、融入扶贫攻坚战聚合力

吉安市从山水林田湖草生命共同体的整体性和系统性出发，治山、治土、治水、治穷同步推进，把治理水土流失、农田生态系统退化、植被稀疏、废弃矿山等问题有机结合，将分布在全市的精准扶贫对象，以及地质灾害区、库区回水区、深山区和生态敏感区住房困难群众整体搬迁，尽量在前临水，后靠山，环境优美舒适的城郊湖（水库）畔配套建小区，设立学校、医院、社区服务中心、菜市场、综合商场等生活功能设施。在解决搬迁移民后顾之忧，让他们在生活有保障的基础上，通过土地流转等政策措施，对山上山下、地上地下以及流域上下游进行整体保护、综合治理和系统修复，既消除贫困又改善生态环境。有许多农民走出大山，住进新农村建设的幸福家园；还有不少农民远离荒芜，在工业园区完成创业就业的华丽转变；更有许多农民摆脱贫困，投身产业走上奔小康的发展快车道。移民搬迁不是简单的人口迁移，而是从根本上改变生活方式，提高生活水平。

井冈山下七乡贫困人口规模庞大，约占全乡总人口的一半。这些贫困人口沿袭客家人的传统生活方式，祖祖辈辈居住在深山区、地质灾害易发区，生产生活条件极为恶劣，如何让这些贫困群众脱贫成为一个重要的课题。吉安市结合乡镇规划和美丽乡村建设，把移民安置点建在乡镇集镇附近，扩大了乡镇和中心村规模，提高了辐射带动能力，促进了农村人口转移，改变乡、村的面貌。位于井冈山市大陇镇西北部的大陇村案山组，坚持"红色引领、绿色崛起"发展理念，以"红色最红、绿色最绿、脱贫最好"为目标，引进企业投资主体，投资 5000 万元，规划面积 100 公顷，建成集四季水果和水产品种养、精品民宿度假和乡村民俗旅游体验三大功能于一体的美丽案山。过去，吉安市大多乡镇都是人烟稀少、房屋破旧、马路坑洼不平。现在，经过移民搬迁工程的实施和建设，移民新房成片，马路灯火通明，街道人群攒动，呈现出一派生机盎然的景象。

绿色生态是江西的最大财富、最大优势、最大品牌，也是山水林田湖草生态修复保护的主要特点。鉴于山水林田湖草生态保护修复的复杂性、艰巨性、系统性、长期性，以及生态保护修复资金投入总体不足且来源渠道较单一的现实，全面推进生态保护修复的关键在于打通绿水青山向金山银山转化的通道，明确生态产品价值实现的途径，调动各类主体和社会资本参与生态保护修复。坚持源头控制与末端治理相结合，加强生态环境建设与保护，采取科学的生物和工程措施，恢复和重建进化的生态功能；坚持数量和质量并重、因地制宜分区修复，按照先急后缓、先易后难的原则，重点实施水源涵养区、山区植被恢复与保护、河道生态综合治理、黑臭水体及污染水体处理、高标准农田建设、有机肥替代化肥示范推广奖补和技术支撑体系建设等；坚持按照保护和治理协调一致、建设和修复同步推进的要求，突出工程治理，强化项目建设，塑造绿色生态空间，增强生态服务功能。

第三节　系统升级

生态保护修复与土地开发、产业发展、城市建设、乡村振兴有机结合；生态保护修复与残矿开发利用、接续产业发展统一规划、统筹部署，让生态修复的投入主体优先获得资源开发利用权和修复后土地使用权；生态保护修复通过完善耕地占补平衡、城乡建设用地增减挂钩、历史遗留工矿废弃地复垦利用等政策，探索建立生态占补平衡制度，搭建集中统一指标交易平台，完善指标市场交易机制；生态保护修复在合理划分中央和地方生态修复事权的基础上，建立分级分类投入机制，完善生态补偿标准、补偿方式，探索建立受益地区和保护地区之间的生态补偿机制，构建生态补偿筹资渠道；明确生态保护修复责任主体、完善监管手段、加强对企业责任履行情况的监管；出台相关政策鼓励企业盘活存量土地资源资产，对生态修复后的国土空间进行综合开发利用，或进行相关权益的置换交易，创造生态修复后获得收益的途径。

一、显山露水护绿，回归生态本色

素有"江南煤都"之称的萍乡，有着 120 多年的煤矿开采历史，废弃矿区面积 6000 公顷，不少矿山的煤炭资源枯竭后，矿区的山地就荒芜了，煤矸石堆成了山，水土流失、环境恶化、采煤沉陷区等生态问题严重影响群众生产生活。自 2015 年以来，萍乡市抓住被列为全国产业转型升级示范区建设试点城市的契机，制定了《萍乡市产业转型升级示范区建设空间规划和生态修复组2020 年度计划》，将废弃矿山生态修复列入重点工作，指导矿山修复治理全面系统推进。市自然资源和规划局专门成立国土空间生态修复科，紧抓废弃矿山生态修复工作，采取一系列措施，从源头把关，严格控制新增破坏。目前已复绿 4000 公顷，占比达七成。未来两年，剩余的废弃矿区也将全部复绿。矿山复绿工程不仅恢复了生态，也为当地群众增收带来实惠。

（一）创新统筹协作机制

紧密联系生态环境、水利、林业、农业、旅游等相关部门，统筹推进废弃矿山修复、土地整治、植被修复、水土保持等生态保护工程，逐步形成职责明确、齐抓共管、合力攻坚的治理格局，实现治理区域"山、水、林、田、湖、草、路、景、村"一体推进。在积极向上争取矿山生态修复资金 3.31 亿元和加大本级财政投入的同时，制定出台吸引社会资本投入的相关政策，鼓励国有资本、集体资本、民间资本通过拍卖、租赁、承包、股份合作的形式广泛参与矿山治理。为实现废弃矿山治理可持续高质量发展，市自然资源和规划局创新机制，在市本级部门紧密合作的基础上，推动市县联动，市土地综合开发公司与湘东区人民政府签订了《全域生态修复战略合作框架协议》，按照"谁投资，谁受益"的原则，在湘东区开展山水林田湖草全域生态修复。为有效恢复下埠镇胡家、虎山片区采煤沉陷区生态环境，下埠镇在实施矿山生态修复的同时，全面与矿区村庄整治相结合，推进综合修复治理。通过土壤修复，对片区内农田进行高标准农田改造，维修加固水利设施，疏通农田灌溉水渠；通过对片区内山塘水库进行清淤和维修加固，涵养水源；对渠道、河道进行清淤，实施河道综合治理，改善片区水环境；通过实施改路、改水、改厕、改沟、"白改黑"、城乡一体化供水工程，推动农村环境治理。芦溪县思古塘矿区的"新生"，是政府投资和民间资本相结合推进生态修复的一个典范。近年来，芦溪县共计统筹投入资金 6500 万元治理废弃矿山 466.67 公顷，并在思古塘矿区开展生态修复工作，引进赣州脐橙种植大户，投资成立江西华辰生态农业科技发展有限公司于 2015 年在源南乡石塘村建设脐橙种植业产业扶贫基地，目前已建成脐橙高标准示范基地 220 公顷，解决矿区近百人的就业问题，其中大部分人以前是矿工。

（二）建立督查约束机制

出台《萍乡市矿山企业专项巡查检查制度》，将检查生态修复义务和生态修复基金等执行落实作为重要内容，按照"谁破坏、谁治理，要开矿、必复绿"的原则，确保企业社会责任落实；结合"放管服"改革，严格对矿业权设立、变更延续、转让登记、审批联合把关，实现矿山绿色可持续发展；全面开展持证矿山整治，促使矿山企业由"散、小、乱"规范为"规模化、节约化、绿色化"发展。芦溪县南坑镇矿山复绿工程种下的 400 公顷泡桐，长得郁郁葱葱，工程区内各种灌木、野草也是生机勃勃，再也不见遍地煤矸石、漫天灰尘、污水横流的旧景象。安源区五陂镇在煤炭资源枯竭后的矿山实施复绿工程中，依托山势种上树，建成公园，让村民休闲有了好去处。湘东区下埠镇胡家村土旺冲山岭脚下原是旺发煤矿的煤矸石山，如今那里成了树木葱郁、绿草如茵、百花争艳的绿色生态园，并创建了全市第一家矿山生态修复科普基地，免费对外开放。安源区高坑镇关停 54 家煤矿，用 7.3 万块太阳能电池板覆盖了 560 亩的原高坑煤矿区，已经建成的光伏电站，年均发电量 3511.90 万千瓦时，年节约标准煤 7375.08 吨，每年可减少二氧化硫排放量 15.64 吨，实现经济效益 2180 万元。

（三）建立绿色产业发展机制

在实现矿山复绿后，萍乡市进一步落实绿色发展理念，发展绿色产业，推进经济转型。不少乡镇把特色种养、生态养老、生态旅游等多个产业发展得有模有样，让更多村民的日子越过越好。距市区不远的安源区略下村，则是在昔日的矿山上种果树、花草，办起了乡村旅游，为村民增收。许多地方因地制宜，分类施策，利用建设海绵城市的契机，促进发展。安源区五陂镇建成了江西省第一个海绵特色小镇，并大力引进与海绵城市建设相关的产业，村民增收有了新增长点，目前共引进 53 家企业，其中上市企业 4 家、央企 2 家。经过地质治理和复绿，萍乡市大部分矿山变成青山和金山，成为广受欢迎的生态旅游景点，很多农民通过"卖风景"吃上了"旅游饭"。安源区五陂镇以废弃矿山土地综合利用推动经济发展，关停了辖区内王坑、乌源冲两座煤矿，并在荒山上造林建景，成功打造出了"小桥流水人家"新景。莲花县坊楼镇、南岭镇等关停小煤窑，大力发展花海经济，连续多年举办油菜花、百合花旅游节，吸引了八方游客。

二、扩林洁田增绿，保持发展绿色

鹰潭市是江西红壤的主要分布区之一，也是有色金属矿产采选及冶炼的

"世界铜都"。江西的有色金属产业在我国占有举足轻重的地位，其中铜产业占江西省有色金属总产量的七成，而鹰潭的铜产量又占全省的八成。鹰潭市年电解铜、铜材产量分别占全国总量的 12% 和 13%，是全国最大的铜冶炼、铜加工基地和重要的铜消费区，但土壤重金属污染程度也较严重。鹰潭市余江区位于赣西北，是国家重要的粮食生产区域，近年为解决经济发展过程中耕地土壤重金属污染的问题，采取了一系列"洁田"措施改善当地的土壤环境，保障食品安全。特别是针对许多传统工业面临迁移或者淘汰，很多城市工业废弃地因此出现并在不同程度上遭到工业污染，带来土壤肥力下降、水质恶化、地表环境遭到破坏、植物种类单一、生态系统功能退化等一系列的环境问题、生态问题和社会问题，运用山水林田湖草生态保护修复理论作为指导，综合运用生态学、风景园林学、美学等多学科知识解决景观再生难题，将保护性设计方法、可持续设计方法、适宜性设计方法等融入工业遗址的景观再生设计，变废为绿、变废为宝，实现工业废弃地资源、生态环境和文化可持续发展已成为了工业废弃地景观再生设计的重要目标。

以鹰潭市白鹭公园景观设计为例，从保护性景观设计与恢复性生态设计等方面探讨了城市工业废弃地景观再生设计，为城市工业废弃地景观再生设计提供了参考和借鉴作用。江西省鹰潭市白鹭公园在分类规划中被划为专类公园，占地面积 11.97 平方公里，位于江西省鹰潭市月湖区东北部。公园地块西北高，东南低，高差将近 10 米。公园场地北边林木（主要为野生杂木）茂盛，现栖息有大量鹭科及其他鸟类动物，南边有木材防腐厂工业废弃厂房、废弃铁轨等。该项目基地属于原来的中国铁路物资总公司铁道部鹰潭木材防腐木厂区，目前该厂已经停产，属于典型的城市工业废弃地。该木材防腐厂自 1958 年投产以来已有 60 多年的历史，虽然地上建筑物与设施使场所景观异质性增强，但地表形态没有遭到大面积破坏，植物生长状态良好，与周边水体结合形成了较好的自然生态湿地并吸引了周边的白鹭等鸟类前来栖息。基地整个场所所受的人为干扰较少，生态系统几乎没有遭到破坏，后期的利用也以保护为主。值得注意的是基地生态环境虽好，但是水体水质已经受到了较严重的污染，需要重点治理。废弃厂区不仅自然环境优美，人文景观资源也丰富，这就为场地的再生设计提供了丰富的原始素材。厂区废弃的工业厂房、钢结构桁架、枕木铁轨线、老式火车头厂、防腐木加工机械设备、废弃防腐木头等都见证了鹰潭市这个工业城市的成长，延续了鹰潭的历史文脉，是这座城市的集体记忆。厂区厂房、桁架保存较好，稍加改造便可变成我们所需要的公园管理房、茶室、展览室和温室等景观建筑。

白鹭公园植被恢复与植物景观恢复是指在保护基地原有植物的基础上，根据植物群落构建需要和植物景观恢复需要适当补充所缺植物，形成稳定的植物生态系统和美丽的植物景观场所。健体养生区植物景观主题定位为"健体养生"，原有植被丰富，植物配置主要以补充能够释放香气的植物为主，为市民提供一个健康、宜人的养生环境，配置植物主要有松柏类、香樟、桂花、九里香、栾树、广玉兰、鹅掌楸、杜英、悬铃木、山茶、小叶栀子等。滨水休闲区植物景观主题定位为"滨水休闲"，滨水区主要以"疏林草地"的植物景观形式为主，配置树型高大优美且适合岸边生长的乡土乔木树种如垂柳、紫薇、合欢、银杏、栾树、香樟、杨梅等，并配合种植一些观赏习性良好的水生植物如木芙蓉、美人蕉、荷花、芦苇、千屈菜、睡莲等。遗迹展示区旨在营造自然与野趣的植物景观，种植株型不同、颜色各异的乡土草本植物与花灌木，打造自然野趣之美，配置植物主要有乌桕、栾树、枫香、无患子、盐肤木、紫薇、木槿、紫荆、杜鹃、迎春、辟荔、凌霄、芒等。白鹭保护区以"保留与补植"为主，补充高大健壮的乔木与适合鸟类栖息、适合鸟类食用的果木以及一些湿地植物，通过植被恢复再生形成适合白鹭栖息的自然生态的植物群落环境，配置植物主要有香樟、板栗、柿树、构树、乌桕、垂柳、湿地松、落羽杉、龙爪槐、木芙蓉、黄檗、千屈菜、水葱、菖蒲、肾蕨等。

三、净湖育草添绿，彰显资源特色

新余市在全省率先实施"碳汇渔业开发"工程，通过选择以鲢鱼、鳙鱼等滤食性鱼进行人工放养等渔业生产活动，利用生物食物链原理，促进水生生物吸收二氧化碳并通过收获水生生物产品将碳移出水体，降低大气中二氧化碳的浓度，进一步净化水质。2016 年，新余市有机鱼产量为 23800 吨，相当于造林 1.8 万亩净化空气中二氧化碳的数量。仙女湖有机鱼在实现首次销往香港的基础上，再次扩大了销售渠道，"游"到了青海、甘肃、重庆等西北地区，产品供不应求。

仙女湖区全力打好污染防治攻坚战，重点加大对辖区内水、大气、土壤污染综合防治力度，采取定期与不定期检查相结合，日查、夜查、突击检查等方式对企业开展拉网式检查，对环境违法行为"零容忍"，一是开展饮用水水源地整治。加大日常巡查力度，取缔二级饮用水源保护区内餐饮企业，沿仙女湖500米内不允许新建餐饮项目，已建成的餐饮项目应当对污染物进行处理，做到零排放；加强对景区内污水处理设施的监管，确保景区内污水处理设施正常运行。二是抓好沿湖、沿江村庄污水治理工作。加强水质监测及分析；加大污水管网建设力度，提高污水收集率；加强对已建成污水处理设施的运行管理，定期疏通污水进、出水管网和收集管，防止出现"晒太阳"工程。三是督促工业企业污水处理设施正常运行，污水处理达标排放。四是深入推进入河排污口整治专项行动。对孔目江及仙女湖43个入河排污口建立工作台账，实施分类整治。

鄱阳县水域面积948.7平方公里，占国土面积的22.5%，其中鄱阳湖约有313平方公里水域在该县范围内，全县按照"湖泊面积不缩减，湖泊水质不下降，湖泊生态不破坏，湖泊功能不退化，湖泊管理更有序"的目标要求，完成入湖（河）排污口普查，不达标或设置不合理的入河排污口得到清理整治。2018年，全部消灭劣V类水。对水质良好的湖泊实施生态环境保护。鄱阳湖外湖网箱已被全部清除，内湖养殖网箱也全部进入拆除阶段。全面取缔昌江饮用水水源地一级保护区内以及城区范围内的56家民营砂石场，并积极筹划整体搬迁至近郊，实现主城区无砂石场目标。鄱阳湖国家湿地公园地处鄱阳县境内，景区规划面积365平方公里，由乌金汊景区、白沙洲景区和大草原景区组成，荟萃了鄱阳湖水、鸟、草、鱼等自然精华，聚集了湖区种草护岸、林草相间等生态景观。鄱阳湖大草原成功创建AAAA级景区。鄱阳县草资源丰富，适度规模的家庭式牧场生产主体通过草地养畜生产绿色产品。随着国家对北方草原由原来发展草原畜牧业向重点以生态保护为主的发展思路的转变，我国草食畜牧业发展势必要向光热水资源丰富的南方农区转移。合理发展草地畜牧业，支持饲养草料种植，加大草地合理开发利用力度，推广秋冬闲田和荒地种植牧草，推进"粮—经—饲"种植业三元结构调整，已成为鄱阳县等"三草"（草山、草地、草洲）资源丰富地区发展绿色农产品的重要内容。

生态文化是山水林田湖草生命共同体建设的具体表现，也是物质文明建设与精神文明建设在自然、生态与社会关系上的体现。千年瓷都景德镇有着极其丰富的文化遗产，伴随着经济的发展，大量的文化遗产面临消失的危险，山水林田湖草生态保护修复为景德镇找到一条有效的保护之路。景德镇市非物质文化遗产以传统制瓷技艺、瓷业习俗和民窑陶瓷美术为主。可以说世界上没有哪一座城市能像景德镇这样，一千多年和某一种手工业生产紧密联系，其行业习俗和都市民俗相互融合，其历史的悠久性、体系的完整性、文化的渗透性、特征的鲜明性、内涵的进步性形成了鲜明的特征。2019 年 8 月 26 日，国家发展改革委、文化和旅游部印发了《景德镇国家陶瓷文化传承创新试验区实施方案》中提到：支持景德镇创建陶瓷文化生态保护试验区；依托中欧城市实验室，探索历史文化遗产保护城市协调发展的新机制；支持试验区开展国家智慧城市、老厂区老厂房更新改造利用等试点。景德镇自然生态环境优良，全境为山区特征，森林植被覆盖率达 70%，山水环绕，景色秀丽，有着丰富的自然生态景观资源，瑶里、洪岩仙境、月亮湖、金竹山寨、玉田湖、杨湾等自然生态文化景观密集分布在全境，各具特色风光，形成具有区域地理地质地貌和气候特色的自然生态文化景观空间。景德镇当地丰富的陶瓷文化遗产，是发展的硬核所在，是同时保障山水林田湖草生命共同体建设、旅游产业可持续发展的关键因素。深挖景德镇陶瓷文化内核，是有力推动山水林田湖草生态保护修复的着力点。传统陶瓷文化亦不仅仅是陶瓷一物，还包括悠久的制瓷历史，九曲十八弯的里弄，名震天下的御窑厂，等等，它们都是景德镇传统陶瓷文化的片片缩影。景德镇建镇千年，并且被赐予"景德"年号命名，这是景德镇深厚的陶瓷文化的金字招牌。通过传承与创新，让景德镇传统陶瓷文化以新的形式焕发光彩，已成为带动景德镇整体发展的最为重要的一环。

实践表明，江西山水林田湖草生命共同体建设工作起步早，效果好；潜力大，后劲足。要在深入总结好赣州等地经验的同时，认真学习外省的先进经验。按照省委、省政府"打造全国山水林田湖草综合治理样板区"的工作要求，不断进行理论与实践创新，要有别于全国其他省、市、区，从思想认识提高、综合治理质量提升、体制机制完善、配套政策建立、绿色产业发展、生态文化融合等方面下功夫，力争江西省山水林田湖草生命共同体建设走在全国前列。

附录　生态文明建设的突破口

——京冀青三省（市）山水林田湖草生命共同体建设考察报告

2019年7月，我们赴北京市、河北省、青海省进行实地考察，在学习京冀青三省（市）推动山水林田湖草生命共同体建设经验方面，收获巨大。三省（市）在山水林田湖草生命共同体建设中做山水文章，通过治山理水、显山露水，形成山水交互辉映的形象；在生态保护和修复中，两手都在抓、两手都很硬，坚持问题导向和目标导向，系统治理山水林田湖草。三省（市）在山水林田湖草生命共同体建设方面都是先行者、示范者和引领者。

显著特征

京冀青三省（市）自习近平总书记提出"山水林田湖草是一个生命共同体""人与自然是生命共同体"等重要思想以来，将"生命共同体"理念融入党的行动纲领之中，进而迅捷地转化为各级党组织的现实行动；在将尊重自然、热爱自然等"生命共同体"理念写进《中国落实2030年可持续发展议程国别方案》以来，各级政府将"生命共同体"理念融入国家行动纲领之中，进而直接地转化为国家的现实行动；在《中华人民共和国环境保护法》中将保护野生动物、保护自然环境等"生命共同体"理念写入总则，将"生命共同体"理念融入公民及各类社会组织的行为规范体系之中，进而直接地影响个人及组织的现实行动。这些制度构建行动将"生命共同体"理念直接地转化为可操作的行动指南，并迅捷地使各级党委、政府及各类主体传递到山水林田湖草生命共同体建设之中。

一、北京市"清水下山、净水入库"

北京市位于华北平原的北端，由西部、北部山地和东南部平原三大地貌单元构成，总面积 16807.8 平方公里，其中山区面积 10417.5 平方公里，分布有 1085 条小流域。全市降水时空分布不均，人口密度大、水土资源开发强度高，自然和人为因素引发的水土流失及生态环境问题一直是制约全市经济社会发展和生态文明建设的瓶颈之一。在摸清自然资源环境底数并诊断问题所在、提出治理目标与方向的基础上，北京市扎实推进山水林田湖草一体化保护修复，初步实现清水下山、净水入河入库，建立一体化可考核、可量化的流域修复工程运行维护机制。

（一）坚持并拓展小流域建设

北京市以小流域治理的研究与实践体系为主线，对流域单元进行划分、调查评价、规划布局以及关键技术进行总结，系统形成了北京市小流域在山水林田湖草一体化治理体系上做出的积极探索，提出现阶段理念和技术研究的重点，逐步探索出以小流域为单元，以水源保护为中心，以溯源治污为突破口统一规划，构筑生态修复、生态治理、生态保护三道防线，实施污水、垃圾、厕所、河道、环境五同步治理，探索提出基于中小流域的山水林田湖草系统治理措施布局体系。

1.把山水林田湖草生命共同体建设纳入全市总体规划

《北京城市总体规划（2016 年—2035 年）》从区域空间结构上提出了山水林田湖草生命共同体建设框架，明确了各区的发展目标与管控要求。在北京城市总体规划确定的"一核一主一副、两轴多点一区"[①] 空间结构中，"一区"即

---

① 一核：首都功能核心区，一主：中心城区，一副：北京城市副中心；两轴：中轴线及其延长线、长安街及其延长线，多点：位于平原地区的新城，一区：生态涵养区。

生态涵养区，作为山水林田湖草生态保护修复的重点，包括门头沟区、平谷区、怀柔区、密云区、延庆区，以及昌平区和房山区的山区部分。总体规划将该区域定位为京津冀协同发展格局中西北部生态涵养区的重要组成部分，是北京的大氧吧，保障首都可持续发展的关键区域。生态涵养区是全市人口密度和建设强度相对较低的区域，同时也是山水林田湖草等生态要素高度集中和敏感区域。优质的资源禀赋与相对薄弱的发展建设基础，以及未来重大的发展机遇，构成了山水林田湖草生命共同体建设的共性本底，也奠定了生态立区、绿色发展的整体基调。

2. 坚持以水定城、以水定地、以水定人、以水定产的原则

北京市以水环境容量为主要约束条件，按照 2035 年水环境质量达标的目标，综合考虑最不利来水条件下的人口规模承载能力以及近 10 年人口增长趋势等因素，确定生态涵养区适宜人口规模上限。同时引导山区人口向新城有序流动，缓解山区生态保护压力。明确生态保护红线、永久基本农田保护区和其他重要生态空间的管控要求，推动生态控制区内现状城乡建设用地减量，保障生态空间山清水秀。严格落实"以水四定"和"三库一渠"水源地保护要求，构建清洁健康的水网体系。在保持不影响水库生态环境和严格审批的前提下，有的水库周围已建成了移民新村、山庄别墅、旅游景点等，水库成为资本竞相争夺的"风水宝地"。

3. 加强区域协同治理

生态涵养区各区与天津蓟州、河北三河、张家口、承德等地交界，是京津冀交界管控的重点地区，也是构筑西北部生态涵养区的关键部分。规划以打造京津冀国家生态文明先行示范区为目标，依托区域性生态工程建设，以林地抚育、流域治理为重点，进一步加强与周边省市以及各区之间的生态协作治理，积极开展永定河、潮白河、清水河等流域治理以及密云水库、官厅水库、怀柔水库等环库地区生态治理，共筑京津冀绿色生态屏障。

（二）提出"森林＋"模式

统筹造林地块与山、水、田、湖、草的优化组合。为促进山水林田湖草

生命共同体的和谐共生，北京市将造林地块与区域内其他元素统筹设计。通过"森林＋"的方式来探讨造林地块与山、水、田、湖、草等元素的协同设计。使北京造林工程在建设规模、造林速度、质量水平、景观效果等方面均创造了北京植树造林新的历史，如此大规模的城市绿化工程在我国乃至世界城市绿化史上也无先例。美国航天局根据卫星数据进行的一项研究成果表明，全球从2000年到2017年新增的绿化面积中，约四分之一来自中国，贡献比例居首，这其中，北京的绿化更是功不可没。

1. 蓝图先行，为造林工程设计功能分布和区域划定

北京项目专家基于遥感技术、地理信息系统、全球定位系统技术开展对造林用地分布格局和森林主导功能布局，进行空间分析与整理后发现，在用地十分紧张的北京，造林工程的主要措施之一就是盘活废弃土地，充分利用建设用地腾退、废弃砂石坑、河滩地沙荒地、坑塘藕地、污染地，向有限的空间要效益，恢复生态景观。将过去废弃物堆积、满目疮痍的场所变成了风景宜人的滨水绿带和人们休闲娱乐的美好空间，构建北京绿色滨河生态廊道，使被污染的河流得到治理，具有自然风光的河流景观得到保护，使河水更清、河岸更绿、人气更旺，提高了城市生态环境质量和品质。

以北京滨河森林公园建设为例，主要以河滩地、荒滩地为公园用地的主要来源。在未建公园之前，多数河流因干枯而废弃，成为任意采集砂土、随意堆放垃圾的场所，变成城市治理中的顽疾。密云新城滨河森林公园建设通过河道治理，有效阻止了河道随意采砂行为，一改河道多年来黄土漫天、沟壑遍布的景象，还原了潮白河岸绿水清的面目；门头沟滨河森林公园中的龙口湖森林公园，它利用的龙口水库是原先石景山电厂的煤灰渣存放地，通过龙口湖森林公园的建设更好地控制了粉尘污染，改善了区域小气候，生态景观得以恢复，成为北京废弃地利用、生态恢复、景观改造的示范。

目前，北京市初步构建了以大面积森林为基底、大型生态廊道为骨架、九大楔形绿地为支撑、健康绿道为网络的点线面、带网片、林园水相结合的城市森林生态格局。使得北京全市新增万亩以上绿色板块23处、千亩以上大片森林210处，百亩以上林地增加1931个，50多条重点道路、河道绿化带得到加宽加厚，构建了色彩丰富、绿量宽厚的平原地区绿色廊道骨架。为了改变平原区"林带多、片林少"的资源结构，扩大大片森林的体量，以六

环路两侧绿化、城乡接合部重点村拆迁腾退绿化为重心，以及重点河流道路两侧、航空走廊和机场周边、南水北调干线两侧重要功能区周边绿化和废弃砂石坑、荒滩荒地治理为重点，建设范围涉及顺义、通州、大兴、房山、昌平、怀柔、平谷、门头沟、延庆、密云和朝阳、石景山、海淀、丰台14个区，实施生态修复和环境治理2.43万公顷，实现了生态修复与景观提升的双赢。

2. 生态为先，开展平原造林新模式、新品种研究

针对北京造林的具体任务，科研团队开展了造林新品种、新技术和新材料的集成应用研究，收集了适合北京造林的乡土造林树种资源30至40种；筛选抗旱、耐瘠薄、绿化效果好、市场潜力大的乡土林木品种6至10个；集成应用造林新品种10至15个；繁育开发符合北京及华北地区绿化造林需求的乡土林木种苗100万株；集成应用大规格苗木种植技术、节水灌溉技术、土质改良技术、土壤覆盖防蒸腾技术、微地形改造技术、苗木促生保活技术、树木抗蒸腾抑制技术等新技术10项；应用园林废弃物基质、人工土壤、生物土壤有机肥、树木营养液、菌根剂等新材料5—8种，形成主要立地条件类型的造林技术模式15套；在通州、昌平、大兴、丰台、延庆构建典型地类造林科技示范区5个100公顷；围绕造林工程开展科研攻关和推广植物新品种、节水灌溉、保成活保成林技术措施等成果共计100多项。

针对北京的自然条件，工程主体造林树种选择适合节水耐旱、滞尘作用明显的国槐、银杏、白蜡、榆树、油松等乡土树种达到162种，使用量超过90%，增加彩叶植物710多万株。以空气净化功能区为例，针对目前北京大气颗粒物污染的问题，对常见造林树种的滞尘量进行检测和分析，从植物实际滞尘量方面考虑，刺槐、紫穗槐和金银木分别在建筑腾退地、沙荒地和退耕地上有着较为突出的滞尘能力；在废弃砂坑立地条件下，西府海棠、银杏和元宝枫具有较好的滞尘能力；在坑塘湿地立地条件下，黄栌、楸树和栾树的滞尘能力更好。同时，针对雨洪调控功能区的需要，科研人员还筛选出了旱柳、紫穗槐、沙地柏等适宜平原造林且抗水涝能力很强的耐涝性植物品种。

针对北京的气候特点，对造林树种的抗旱性、抗寒性等进行研究。针叶树种总体表现出较强的抗旱能力，而阔叶和灌木类树种中的蒙古栎、白榆、沙

枣、山杏、胡枝子等抗旱性也较强。筛选出山杏、栾树、元宝枫、金焰绣线菊等具有很强抗寒性的植物种类，以及杨、旱柳、臭椿、白榆、刺槐等固碳能力较好的树种。以乔木为主，通过乔灌草合理搭配，常绿与落叶混交，异龄树种的合理结合来模拟近自然森林状态。改变了过去"有绿色、缺景色"的景观单一问题，将过去"一树独大"的杨树林面积比例由2010年的63%下降到如今的43%。其中，阔叶树胸径达8厘米，针叶树树高达2米以上，实现立地成林的效果，加上基础设施建设的高标准和高质量的任务要求，使所造林木能充分有效地发挥生态效益、经济效益和社会效益。

3. 做好表率，协同建设京津冀生态屏障

北京市造林围绕"两环、三带、九楔、多廊"①的布局规划，重点建设"第二道绿化隔离地区"、京东南平原地区以及生态廊道。

在战略规划层面，京津冀协同发展，北京做表率，牵头研究制定京津冀地区的森林湿地生态系统建设总体规划，谋划国家级京津冀城市群森林生态建设工程。具体到北京的工程建设层面，首先在京东南与河北、天津交界地区营造森林隔离带，构建数公里宽、绵延数百公里的绕首都森林圈；其次加强永定河、温榆河、潮白河等区域性主干河流及高速公路的生态景观林带建设，构建贯通性的跨区域生态廊道；再次跨区合作造林，利用河北的土地建设北京的森林生态屏障。

造林实施地块与北京市城市总体规划确定的生态空间相吻合，是北京城市总体规划中生态空间建设布局的具体落实。结合京津冀一体化生态建设，以京津保接壤交界地区，以通州、大兴、房山等区域为重点，建设大片森林，推进湿地建设和恢复，形成京津保地区大规模生态过渡带。

---

① "两环"：五环路两侧各100米永久性绿化带（包括城市郊野公园环），形成平原区第一道绿色生态屏障；六环路两侧绿化带加宽加厚，形成平原区第二道绿色生态屏障。"三带"：永定河、北运河（包括温榆河、南沙河、北沙河）、潮白河（包括大沙河）每侧不少于200米的永久绿化带。"九楔"：在九个楔形限建区，通过建设功能明确、规模适度的四大郊野公园组团和多处集中连片的大尺度森林，形成连接市区与城市外围、隔离新城之间、缓解热岛效应、生态作用明显的九大楔形绿地。"多廊"：重要道路、河道、铁路两侧的绿色通道，以及贯通各区域森林景观、公园绿地的健康绿道（步行道、自行车道等）。

（三）将景观特征理论和方法引入山水林田湖草保护修复

大力开发北京市周边历史人文景观，将人文景观与自然景观相结合；并依托山区与平原大面积造林工程，针对不同区域优势资源，开发森林景观资源，因地制宜全面发展，统筹各区县资源，形成一地一景，环带分布；努力将北京数千万人口的休闲娱乐分散在整个北京周边各区县；以旅游业为龙头，发挥森林资源优势，吸纳当地居民就业，转变产业发展模式。延庆区结合北京市"五河十路"绿化工程实施，全区铁路、河流、库岸、道路宜绿化地段基本全部实现了绿化，形成了真正的景观大道；妫河、白河、蔡家河、龙湾河等河流徜徉在林中，水清岸美。

抓住现代旅游业快速发展带来的机遇。目前，我国旅游方式正在由观光游向观光、休闲、度假游转变，旅游需求也正在向追求高品质、精细化转变。旅游业发展正在由依靠传统的资源驱动向深度融合和创新驱动转变，催生出了许多新业态、新模式、新服务、新产品。近年来，北京市游客的结构变化显著，80后、90后逐渐成为游客中的中坚力量，高学历人员成为出游率最高的阶层，本地市民对周末游、乡村游的需求迅速攀升。传统的走马观花式的参观型旅游活动已经不能满足多层次游客个性化、多样化的需求，亟须发展修学、健身、寻根、考察、探奇、了解风土人情等体验式的专项特色旅游。

完善旅游供给体系。现代科技和交通设施的发展带来旅游出行方式的大规模改变，随着居民生活水平和质量的不断提高、小汽车进入家庭，自驾短途旅游、以家庭为单位的休闲旅游快速发展；高铁的建设和快速发展，大量客运专线及城际铁路投入运营，形成了以北京为中心到绝大部分省会城市的1至8小时交通圈，给人们出行带来极大便利。为适应经济快速发展带来游客结构变化和消费水平提升，北京市构建"五十百千万亿"的京郊旅游供给体系，其中"五"是推动传统历史文化村落改造"五个一"工程，包括一本开发建议书、一本村落游览地图、一个移动式咨询站、一个生态厕所、一个免费WIFI站；"十"是整体提升国际驿站、休闲农庄、采摘篱园、汽车营地等10种新业态发展水平；"百"是创建100个特色旅游休闲村镇；"千"是推进3000公里休闲步道建设；"万"是组织1万名京郊民俗户培训；"亿"是利用京郊旅游融资担保服务体系提供30亿元的资金支持。

二、河北省"千年秀林，淀绿田沃"

河北省地处华北平原，是中国唯一兼有高原、山地、丘陵、盆地、平原、草原和海滨的省份。河北省内环京津，外环渤海，地理位置的复杂性与重工业的经济基础造成了河北生态环境的多样性，同时也造就了生态环境问题的多样性，包括大气污染问题、水资源污染问题、土地沙化问题等。河北生态环境建设不仅关系着河北省自身的可持续发展，也关系着京津地区乃至环渤海地区的可持续发展。在京津冀协同发展过程中，河北省被定位为京津冀生态环境支撑区。2016年，河北省成为首批国家山水林田湖草生态保护修复试点省份，确定张家口、承德、保定为试点市，通过创新生态管理机制，加强项目顶层设计，加大资金支持力度，全面推进大生态圈的保护与修复，生态环境明显改善。

（一）建成首都水源涵养功能区和生态环境支撑区

制定《河北省建设京津冀生态环境支撑区规划》，生态支撑区建设的"四梁八柱"格局初步形成。根据《京津冀协同发展规划纲要》《京津冀协同发展生态环境保护规划》和《河北省主体功能区规划》《河北省生态功能区划》等，综合考虑自然和社会经济条件、生态系统完整性、主体生态功能、生态建设措施的相似性等因素，以县（市、区）为基本单元，构建"一核、四区、多廊、多心"生态安全格局。"一核"为京津保中心区生态过渡带，"四区"为坝上高原生态防护区、燕山—太行山生态涵养区、低平原生态修复区和海岸海域生态防护区，"多廊"为滦河、北运河、南运河、潮白河、子牙河、永定河、拒马河、大清河、滏阳河、滹沱河等生态水系廊道以及石家庄、唐山、保定、廊坊、衡水、张家口、承德等城市生态绿楔，"多心"为白洋淀、衡水湖、南大港、唐海湿地、滦河口湿地以及潘家口—大黑汀水库、王快—西大洋水库、岗南—黄壁庄水库、岳城水库、大浪淀水库、桃林口水库等重要饮用水水源地组成的区域生态绿心。

按照国家相关要求，河北省围绕"一线（绿色奥运廊道）""一弧（与北京接壤的弧形地带）""两水系（官厅、密云水库上游水系）"和"拓展治理区（对'一线、一弧、两水系'生态环境起保障作用的区域）"的总体布局，聚焦重点区域、重点项目，集中力量抓实施。承德市将全市"矿山修复、水源涵养、林地发展、旅游发展"等与山水林田湖草生态保护修复规划有机整合，高水平编制五年实施规划，着力实现多规合一、协同发展、全面保护，为生态保护与修复试点工作开展提供了顶层引领和专业指导。

围场满族蒙古族自治县是承德市人口最多、河北省面积最大的县，也是滦河、辽河的主要发源地，担负着拱卫京津、防沙治沙的重要生态保护使命。2016年底，围场县启动山水林田湖草生态保护修复试点工作，实施了以哈里哈乡为核心，以伊逊河流域和旅游公路沿线为延伸的造林绿化、湿地保护、河道整治、农业新技术等四类工程，总投资2.796亿元，其中，争取国家奖补资金1.458亿元，县级配套1.338亿元。哈里哈乡和棋盘山镇位于伊逊河流域上游，是京津冀重要水源涵养功能区。由于荒山荒地、干旱瘠薄阳坡均分布在深山远山，水土流失严重，交通不便，治理难度很大。围场县根据造林地条件和相关技术指标，采取人工造林、干旱阳坡造林、稀疏林地补植补造、工程固沙、川防林、封山育林等多种方式实施造林绿化。采取架设生态、生物围栏，人为巡护等保护措施，最大限度地保护和自然恢复湿生、水生植物群落，如蒲草、芦苇等，使项目区在短时间内恢复成为生物资源丰富、生态环境优越、生态功能完整的湿地保护小区。生态河道治理工程围绕当地美丽乡村建设，在保证防洪安全的同时打造河道景观带，并对污水进行集中收集，输入污水处理厂。建设内容为生态河道治理7.3公里，新建跌水坝7座，河岸绿化30公顷，共投资3650万元。膜下滴灌水肥一体化工程涉及伊逊河流域的哈里哈乡、棋盘山镇、大唤起乡等11个乡镇75个行政村，总投资5000万元，对于减少田间杂草、减少病虫害、高效生产、改善微生态环境、提高作物商品率和整齐度具有积极作用。

（二）用塞罕坝林场世界绿色奇迹带动全省造林绿化

塞罕坝林场从1962年建场起历时50多年，在9.33万公顷的总经营面积上成功建造了7.47万公顷人工林，使得自然状态下至少需要上百年时间才能得以修复的荒山沙地，只用50多年就重现了森林等自然生态，创造了一个变荒原为林海、让沙漠成绿洲的绿色奇迹。这样的人间奇迹不仅得到了习近平总书记的高度赞扬，还荣获了联合国环保最高奖项"地球卫士奖"（2017年12月

5日），开启了新时代生态文明建设的新征程。现在的塞罕坝绿水青山，吸引了大批的旅游者，带动了当地旅游业与餐饮业的大发展，增加了林场和附近居民的收入，已经实实在在地变成了金山和银山。河北省推广塞罕坝人工修复生态环境的有益经验，服从服务国家重大战略，抓重点补短板强弱项，统筹推进生态敏感区和薄弱区造林绿化。仅2016年，全省造林面积就达到37.36万公顷，再创历史新高。全省森林覆盖率由2012年底的26%，增长到2016年底的32%。第五次全国沙化和荒漠化监测结果显示，河北省沙化和荒漠化土地实现双减少。

1.建设水源涵养林和防风固沙林

河北省在坝上高原生态防护区、冀北山地生态涵养区、太行山地生态涵养区，加强水源涵养林建设，增加水源涵养林面积和提升森林质量。通过对现有的荒山荒地采取飞、封、造、抚等措施，营造乔灌草结合的复层水源涵养林。实施天然林保护工程，停止商业性采伐，积极争取扩大天然公益林保护规模；加强中幼林抚育和低质低效林改造，调整林分密度与结构，改善林木生长环境，重点解决好坝上地区的退化林分更新换代及燕山—太行山过密中幼龄林的抚育。继续推进防风固沙林工程，重点建设沿坝防护林带和农牧防护林网，布局建设一批大型生态林场，阻止风沙侵入，示范带动生态屏障建设。

（1）京津风沙源治理工程。在张家口、承德市的29个县（区、局、场），以人工造林为主，封山育林和工程固沙为辅，实施乔乔、乔灌、乔草、灌草结合的治理模式，营造防风固沙林、农田牧场防护林，建设带、网、片相结合的生态防护林体系。重点抓好沿坝、沿边两条重点防护林带建设成效的巩固、完善和提高。

（2）太行山绿化和国家水土保持重点建设工程。在保定、石家庄、邢台、邯郸、张家口市的32个县（市、区）以涵养水源和保持水土为重点，以恢复和增加森林植被为核心，实施重点区域治理，加快推进太行山区水源涵养防护林带建设，提高植被盖度，控制水土流失。

（3）退耕还林（湿）工程。对全省25度以上坡耕地、严重沙化耕地、列入国家重要江河湖泊一级水功能区的保护区、保留区迎水面的15—25度坡耕地中的非基本农田，在尊重群众意愿的基础上继续实施退耕还林。

2. 再造坝上良好草原生态

以坝上44.42万公顷"三化"①草原（其中，张家口市18.4万公顷，承德市26.02万公顷）为主，实施综合治理和生态恢复。实施围栏封育，对全部"三化"草原进行合理分区，实行围栏分割和保护，从根本上解决因放牧破坏草原问题。推进草原改良，恢复植被，植被盖度每年提高2个百分点，良等以上牧草每年平均提高3个百分点。发展现代草原畜牧业，进一步优化畜禽结构，大力发展奶牛、肉牛、肉羊等草食畜养殖，加快发展标准化规模化舍饲饲养，实现农牧结合、种养结合、草畜平衡。

（1）草地保护工程。以建设草场围栏为重点，对"三化"草原进行围栏保护，同时进行合理分区、围栏分割，为实施禁牧、休牧、轮牧、打草作业等打好基础。对防火重点县草原防火物资站进行物资补充。

（2）草原建设工程。以"三化"草原修复为重点，用专用切割犁进行切割作业，盘活根系、活化土壤，同时清除狼毒、芨芨草等有害杂草，并辅之以测土施肥等措施，促进"三化"草原快速恢复。

（3）草地利用工程。以做大做强草食畜牧业为重点，建设高标准养殖场，加强饲养管理和制度建设，结合外源饲草料、草原恢复情况和载畜能力，合理确定饲养量，科学确定禁牧、休牧和轮牧制度。80%的奶牛、50%的肉牛、60%的肉羊实现标准化规模养殖，草牧业和粮改饲试点经验全面推广应用。

3. 建设沿海防护林

在秦皇岛、唐山、沧州市的21个县（市、区）的海岸带、岛屿和近岸海域等沿海生态防护区，建设沿海防护林体系。推进海岸滩涂湿地建设，通过工程和生物等措施，选育抗盐渍化适生植被，提高植被盖度；推进近海基干林带建设，通过优化结构、加宽补缺、改造低效林等措施，提升林带的生态功能；推进纵深防护林等建设，以城镇村屯绿化、生态廊道绿化、农田防护林、优质林果基地为重点向内陆延伸，构筑完备的沿海防护林体系。依照海岸类型，加

---

① 草原三化主要是指：退化、沙化、盐碱化。退化：由于开垦、开矿、过度放牧等人为的破坏和气候等自然的原因造成草场植被衰退。沙化：草原被破坏后，土地已无法蓄水，在风力等自然因素条件下变成沙漠戈壁。盐碱化：也是由于草原被破坏，降雨等水流将土壤里的盐碱冲刷至土层表面并蓄积而成。

强港口海滩景观园林、新区城镇园林和夏都旅游度假风景观赏林建设，打造多彩的沿海绿色生态屏障。建设以防风固沙、水源涵养、水土保持为主的沿海基干林和纵深防护林，建成功能布局合理、生态结构稳定、灾害防御能力强的沿海绿色生态屏障。

（三）雄安新区打造"先植绿、后建城"样板

雄安新区围绕环境治理和生态修复，实施了一批基础性重大工程项目。国务院批复的《河北雄安新区总体规划（2018—2035年）》明确提出，将淀水林田草作为一个生命共同体，形成"一淀、三带、九片、多廊"的生态空间结构，并列为2018年第三批共14个国家试点工程之一。

1.加强河道综合治理，提升水质修复流域生态

大清河流域是京津冀地区自太行山向海洋的最重要生态廊道，白洋淀为该生态廊道的咽喉。白洋淀及其组成水系和大中型水库共同起着行洪和调蓄洪水之作用，不仅对保定市、雄安新区等城乡防灾减灾具有重要保障作用，而且承担和保障了大清河流域"生产、生活、生态"供水之任务。河北省从流域的生态廊道地位和作用、水资源涵养功能及其产水能力、防洪减灾三个方面入手，解决了大清河流域生态环境对雄安新区的保障作用，除了加快引水工程建设之外，还抓好当地水资源及其环境保护工作。实施"堤防加固、生态修复、河道清淤、水系连通、河湖景观提升"等工程，消除市域建成区内的黑臭水体，提升水质，修复流域生态。在保障农业灌溉和城市景观清洁用水需要、提高河流的防洪排涝功能、保证防洪排涝安全的基础上，让河流的水"清起来、活起来"。

2.加强湿地保护，构建自我修复、生物多样、设施齐全的湿地生态系统

构建湿地生态系统，多渠道增加湿地面积，重点结合滩区移民搬迁、水系治理、海绵城市建设等推进退耕还湿、退养还滩、引水增湿、生态补水，稳定和扩大湿地面积。恢复湿地生态功能，严格湿地用途监管，统筹安排重要湿地生态用水，解决"湿地不湿"的问题，确保湿地生态功能明显增强，湿地生物多样性持续稳定，湿地保护与修复水平全面提升，湿地保护率提高到50%以

上。加强湿地保护，建立健全湿地用途监督管理制度和监测评价制度，严厉惩处破坏湿地行为。

3. 大幅增加林业面积，构建以生态防护林、森林公园、生态廊道为主体的生态格局，构建森林生态格局的主要任务是要围绕重塑城市的形态风貌，扎实推进中心城区绿色生活圈、城区外围生态隔离圈、市域边界森林组团防护圈、河流沿岸森林屏障带"三圈一带"和城市生态廊道建设。在山区和丘陵地带营造水源涵养林和防风固沙林，在城市建成区周边建设城市森林和防护林区，实施公园游园、生态廊道、铁路沿线绿化和森林公园建设，全面完善和升级城市公园游园体系。

三、青海省"千湖竞流，增林还草"

青海省位于祖国西部，雄踞世界屋脊青藏高原的东北部，全省均属青藏高原范围内。因境内有国内最大的内陆咸水湖——青海湖而得名。青海省拥有湖泊 439 个，总面积 13385.7 平方公里，占全国湖泊总面积的 15.8%。全省草地面积 4193.33 万公顷，占全省土地总面积的 51.36%。青海是长江、黄河、澜沧江的发源地，故被称为"江河源头"，又称"三江源"，素有"中华水塔"之美誉。全省东西长 1240.6 公里，南北宽 844.5 公里，总面积 72.23 万平方公里，占全国总面积的十三分之一，面积排在新疆、西藏、内蒙古之后，列全国各省、市、自治区的第四位。青海省祁连山地区水源涵养功能显著、生物多样性丰富、生态保护任务繁重、生态系统敏感而脆弱，是我国重要的生态屏障区、水源涵养战略区。近年来，青海省大力推进生态保护与修复，突出解决了自然资源粗放式利用、区域景观破碎、植被退化、水源涵养能力下降、生态服务功能降低等生态环境问题，努力筑牢西北生态安全屏障。

（一）湿地资源有效保护

如今，三江源区湿地面积由 3.9 万平方公里增加到近 5 万平方公里，20 世纪 60 年代消失的千湖竞流景观再现三江源头；青海湖面积达到 4845 平方公里，水域面积增加 185 平方公里，为 44 年来最大值；全省国家湿地公园数量从 2013 年前的 1 处，增加到 2019 年的 19 处，超过一半的湿地面积被列入公园保护地管理范围，全省湿地面积达到 8133.33 公顷，湿地资源总量位居全国第一。

1.分类施策

对环境恶劣、人为干扰严重、破坏较重的，通过各种工程措施进行恢复；对因矿产资源露天和无序开采遭到破坏的沼泽草甸、天然林灌、冻土等实施生态恢复，制定切实可行的生态修复方案。对湿地生态环境保持较好、人为干扰不严重的湿地，以保护为主，以避免生态进一步恶化，在临近人畜进出活动区建立围栏实施封育，减畜禁牧，减少或停止对沼泽化草甸资源的过度利用，封泽育草，保持其自然植被的稳定性。

2.严格监控

通过新建防护林草带、设立保护围栏、进行湿地污染控制、围堰蓄水、实施清淤疏浚、水生植被恢复、修建引洪拦水坝、生态防护林带建设、修建宣传牌、修建界标等措施，逐步扩大湿地面积，加强水生植被恢复。同时，严格监控水源环境，控制湿地污染，控制地下水的不合理开采利用和对湿地过度的农业开发、放牧等人为干扰和破坏。通过采用围栏和人工相结合的方式进行封禁管护，杜绝樵采、割草、挖根等破坏沙地植被现象，封禁区严禁放牧等行为，促进植被及荒漠生态系统的恢复。通过宣传教育并制定必要的保护条例，提高人们对保护冰川重要性的认识，促使其生产经营活动尽量远离冰川外围的沼泽湿地和林草植被。

（二）生态保护修复稳步实施

2017 年 9 月，青海省被列为全国"山水林田湖草生态保护修复试点项目"先期启动的五个试点之一，项目实施范围为 59975.46 平方公里，涉及海西州、海北州和海东市两州一市，涵盖生态安全格局构建、水源涵养功能提升、生物多样性保护能力提高、生态环境和自然资源监管能力强化四大类工程，按照渠道不乱、用途不变、集中投入、各负其责、各记其功、形成合力的原则，整合各类专项资金落实到具体项目实施操作上，形成了影响全国的"海北模式"。按照以水源涵养和生物多样性保护为核心的生态功能定位要求，对矿山、森林、草原等进行整体保护、系统修复，着力提升水源涵养和生物多样性保护服务功能。如果是严重退化，则使用工程措施加以治理和恢复；如果是轻度退化或没有退化，则从管理的角度加以保护；如果介于二者之间，使用生物措施更加有利于恢复和功能的维持。

矿山地质环境治理是治山、修山的主要途径，是地貌重塑关键环节，治理措施主要包括井口封堵、裂缝夯填、采坑回填、平整压实渣堆、修筑松散物拦挡坝、修筑排水渠护堤、刷坡、覆土绿化、植被恢复等工程。按照项目设计，青海省祁连山区修复县祁连县小八宝石棉矿区、门源县历史砂金采矿区、门源县无主砂石料场、无主废弃矿山等无主矿山废弃地 2800 公顷。

在人口相对集中的典型乡镇，开展生活源垃圾及污水资源化和减量化应用示范，建立生活固废规模化的再生资源分拣集散中心，建立固废资源化综合利用项目，开展农村生活污水分散式处理试点。通过采取工程与生物措施相结合、人工治理与自然修复相结合的方式，以拟自然理念为指引，进行小流域综合治理，全面提升河流生态系统服务功能，实现人水和谐共生。

（三）高寒干旱区养出"光伏羊"

青海省打好生态保护、绿色发展两张牌，在青海省海南藏族自治州太阳能生态发电园区，自 2012 年以来已有 40 多家企业入驻，年平均发电量达 50 亿千瓦时；共和县塔拉滩黄河公司产业园内的龙羊峡水光互补光伏电站，解决了光伏发电间歇性、波动性和随机性的难题，通过电网调度系统自动调节水电发电，实现水电和光伏发电的互补。国家电投集团黄河公司海南新能源发电部维护中心监测发现，光伏板让风速减小 50% 以上，蒸发量减少 30% 以上，草地的水源涵养量大大增加，荒漠变成草场，使园区和牧民合作，养出"光伏羊"。

结合天然林资源保护、三北防护林体系建设、新一轮退耕还林、退牧还草工程，以提高森林覆盖率和草原植被盖度为目标，通过人工造林、封山育林、三化草原治理、草原围栏、有害生物防控等综合措施，使现有的森林得到有效保护，草原承载能力得到提高，水源涵养功能进一步提高。通过对祁连山林区的林中空地、水土流失严重区、河流两岸的宜林地开展人工造林，对农林交错区、林缘地带以及 25 度以上的坡耕地，实施退耕还林(草)，增加林草覆盖度，通过人工补播等措施，促进草场植被自然修复及退化的改良，推进草原禁牧休牧轮牧，提高草原自然恢复能力。

通过开展土地平整、土壤改良、灌溉与排水、田间道路、测土配方施肥、增施有机肥等措施，进行祁连山沿线高标准农田建设，全面提升农田质量，从根本上改善祁连山沿线贫困区农业生产条件，提高耕地质量和土地产出效益，为祁连山浅山区坡耕地退耕还林还草和生态移民搬迁安置创造条件。同时，通过配套建设农田防护林网，增加祁连山浅山区的造林绿化面积，有效改善生态环境，通过配套完善农田灌溉设施，实施滴灌、喷灌等高效节水灌溉技术，提高灌溉水利用率，增加生态供水，促进祁连山田地生态环境的保护与修复。大力推进废弃、退化、污染、损毁土地的综合治理、改良和修复，优化城乡用地结构布局，高效利用土地资源，实现光、热、水、土资源的优化配置，努力提高资源的利用效率。

京冀青三省（市）典型生态保护与修复措施已涵盖了"山水林田湖草"各个方面，但在工程实践中如何有机整合各项措施，使生态系统成为"生命共同体"仍是未来探索的科学问题。京冀青三省（市）面临生态环境问题的原因主要为：全球气候变暖、人类活动干预、传统发展理念制约及环境保护投入不足等。生态保护修复的理论与实践还需完善以下内容：加强基础理论与科技创新；加强统一规划与协同管理；积极完善生态补偿机制；建立由"开刀治病"工程治理向"健康管理"自然恢复逐步引导的生态修复理念。

主要经验

京冀青三省（市）贯彻落实习近平总书记运用系统论的思想方法管理自然资源和生态系统的重大部署，坚决扛起山水林田湖草生命共同体建设的政治责任，经常算好绿水青山就是金山银山的经济账，算好空气和水是最公平的公共产品的民生账，算好以人民为中心的政治账，把统筹山水林田湖草系统治理作为生态文明建设的一项重要内容来加以推进。

一、深入落实山水林田湖草生命共同体理念

将山水林田湖草生命共同体理念贯穿到生态保护修复各个领域，积极开展涉及内涵特征、主要环节、修复路径、技术选择、机制体制等多个方面的研究，为生态环境保护与修复提供理论与实践支撑。

（一）将生态理念融入作为实施山水林田湖草生态保护修复试点工程的标志性成果

河北省委、省政府把生态文明建设放在突出战略位置。2016 年 11 月，省第九次党代会明确提出，坚定走加快转型、绿色发展、跨越提升新路，为加快建设经济强省、美丽河北而奋斗。要坚决贯彻落实生态优先、绿色发展要求，在治理污染、修复生态中加快营造良好人居环境。实行铁腕治理环境污染，落实好大气污染治理"1＋18"政策体系，加快山水林田湖草生态修复。《河北省建设京津冀生态环境支撑区规划（2016—2020 年）》合理划定了生态功能分区，实施最严格的环境保护制度，以强化组织推动为重点，汇聚攻坚动力。河北省承德市强调采用世界一流、国内领先、符合承德的生态设计理念、技术和模式，高起点、高标准、高水平推进试点工作，努力打造全国试点标杆。青海省强调要用生态的办法来解决生态的问题。以生态地位、退化现象及成因为切入点，结合已开展的生态保护修复工程，总结了典型生态保护修复措施，提出了有针对性的策略与措施，为山水林田湖草生态修复提供了模式示范。

（二）将绿色发展模式作为探索试点经验和做法的关键内容

河北省承德市提出了"6＋3"生态保护修复承德模式，即统筹考虑"山＋水＋林＋田＋湖＋草"6 个要素，注重"管理＋技术＋产业"三个方面。青海省海北州依托优美自然环境、民族特色和文化资源等优势，统筹推进生态建设、脱贫攻坚、生态产业深度融合发展，打造海北"绿色＋"生态脱贫模式。立足于祁连山特殊的生态地位和重大的生态责任，祁连山生态保护修复各项工作以构建相互协调、和谐、联通的自然—经济—社会复合生态系统为目标，从

满足山水林田湖草生态保护修复总体要求出发，按照祁连山区生态系统的整体性、系统性及其内在规律，统筹自然、社会、经济各要素，实施山水林田湖草的整体保护、系统修复、综合治理，增强生态系统循环能力，切实维护好区域内水源涵养、水源补给输出和生物多样性等生态服务功能，全面提升祁连山区自然生态系统稳定性和生态服务功能。

（三）坚持整体系统片区推进

京冀青三省（市）在规划布局及共治共管上下足功夫，彻底改变以往"管山不治水、治水不管山、种树不种草"的单一修复模式，探索出了一套系统治理、全局治理的试点工作经验。注重对山、水、林、田、湖、草资源生态环境及主导生态系统功能进行整体勘测和设计，并根据区域生态环境问题的不同形态特点等，采取多种治理模式，因地制宜、因害设防、因势利导，形成系统的修复保护规划方案。以地域分异规律为指导，以生态环境问题、生态功能定位为划分依据，分区、分片推进试点工程，对山上山下、地上地下、陆地海洋以及流域上下游进行统筹考虑、整体保护、系统修复、综合治理。将片区谋划设计作为整体保护、系统修复和综合治理的实现路径。承德市按照成片区谋划、点线面结合、全要素融合的要求，将全市划分为环北京潮河流域、坝上及滦河流域、损毁矿山治理三大片区，以片区为单元，统筹谋划设计项目。青海省按照黑河流域河源区、青海湖北岸汇水区、大通河流域、疏勒河—哈拉湖汇水区四个片区整体推进。坚持问题导向、目标导向、生态经济社会复合效益导向，实施"连山、通水、育林、种草、肥田、保湖、统筹"等各项措施，围绕各流域"格局优化、系统稳定、功能提升"保护修复目标，实现"三个全覆盖"，即历史遗留矿山综合整治修复全覆盖、实现农村环境综合整治提升全覆盖以及县、乡、村三级集中式饮用水源地环境整治和规范化建设全覆盖。通过生态安全格局构建、水源涵养功能提升、生态修复制度创新等工程项目，有效解决祁连山区"山碎、林退、水减、田瘠、湿（湖）缩"等问题，促进区域生态环境保护与经济社会协调发展，重塑山水林田湖草生命共同体，提升区域生态系统服务和生态屏障功能，切实保障西北内陆地区和国家生态安全。

二、努力完善自然资源部门"大管家"理论

科学有效的理论基础是推进山水林田湖草生态保护修复工程顺利实施的保障。京冀青三省(市)山水林田湖草生命共同体建设主要从保障国家生态安全、恢复生态系统功能和生态产业发展等角度出发,依据《全国主体功能区规划》,结合我国自然资源、生态系统的实际情况,运用生态学、系统分析等手段,全面落实山水林田湖草生态修复项目。自然资源部门作为所有自然资源的"大管家",则在具体业务上进一步提高"放管服"的理论水平。

(一)提高资源统筹理论水平

山水林田湖草等自然资源作为重要的生产要素,集中统筹治理好有利于实现自然资源高质量开发利用,保障和促进经济高质量发展。为确保山水林田湖生态保护修复试点工作有序推进,河北省积极构建"1+6"试点工作运行模式和管理机制,以制度建设推动工作落实。其中,"1"是指制定试点工作实施意见,"6"是制定领导小组及办公室3项工作运转制度和资金管理、项目管理、绩效评价3项办法。试点资金管理办法和项目管理办法清晰界定了省市县在项目、资金管理中的职责,明确了项目、资金申报审批程序,以及资金筹措使用、项目实施等具体事宜,将项目建设、资金使用纳入规范管理轨道;绩效考核评价办法则从项目评价、综合评价两个层面对试点市、县进行考核评价。

(二)提高用途管制理论水平,构建起完整的管理体系

以北京市为例,管理范围扩展到土地、水流、森林、草地、荒地、滩涂、海洋以及矿产资源等所有自然资源。其内容包括调查评价、确权登记、用途管制、权益管理、监测监管、整治修复等全过程全生命周期管理,构建长效保护机制。

1.城镇建设用地、村镇建设用地

城镇建设用地包括城市开发边界内相对集中的城镇用地和开发边界外对环境、区位有特殊要求的独立城镇建设用地;村庄建设用地原则上位于城市开发

边界外，用于农村居住及配套产业、公共服务和公共设施等，按照村庄规划相关要求实施建设管理。规划实施应优先利用现有建设用地、闲置地和废弃地，鼓励存量更新改造，促进建设用地集约高效利用和功能结构优化，提高建设品质；现状农用地在批准改变用途前，应当按原用途使用。

2. 战略留白用地

考虑在未来的长远发展中，为服务保障社会经济建设，为未来重大活动、大型事件举办，也为国家级、省市级重大项目选址预留空间可能性，在规划城乡建设用地中划定战略留白用地，原则上战略留白用地近期不实施新建建设。战略留白用地需按程序经市政府批准后启动实施。

3. 有条件建设区

在不突破规划城乡建设用地规模控制指标的前提下，通过依程序办理建设用地审批手续，区内土地可以用于规划城乡建设用地的布局调整或机动指标落地。

4. 水域保护区

以水系生态保护与修复为主导用途，系统治理水污染、改善水环境质量；现状建设用地原则上应逐步调整退出；禁止占用区内土地进行城乡建设活动或进行其他破坏和污染水环境、影响防洪安全的活动；加强河湖水系环境整治，蓝线与常水位线之间的土地允许水绿兼容复合利用；必要的水利设施或其他基础设施等可按照相关要求进行选址建设。

5. 基本农田保护区

严格落实已划定的永久基本农田，禁止占用区内基本农田进行非农建设或进行其他破坏基本农田的活动。按照集中连片、优化布局的原则，多划一定比例的基本农田储备区，作为规划期内重大项目占用基本农田的调整补划后备资源。

6. 林草保护区

区内土地主要用于生态环境保育和生态修复，保护具有特殊价值的自然和文化遗产；现状建设用地原则上应逐步调整退出并按其适宜性调整为林地或其他类型的营林设施用地；未经批准禁止占用区内土地进行非农业建设，禁止进行毁林开垦、采石、挖沙、取土等活动；各类自然保护区、风景名胜区、森林公园等必要的配套设施建设，以及道路交通、基础设施和特殊用地建设必须占用的，需做好选址论证，并满足林地占补平衡等相关要求。

7. 自然保留地

规划期内不利用或难利用、保留原有性状的土地，包括荒草地、沙地、裸地、盐碱地等。

8. 生态混合区

除规划建设用地、基本农田保护区、水域保护区、林草保护区和自然保留地以外的地区。鼓励农用地复合利用，积极开展植树造林，提高综合生态价值，提升农用地生态休闲、观光旅游价值；不得破坏、污染和荒芜区内土地；现状建设用地原则上应当逐步调整退出；严控占用区内土地进行非农建设，确需建设的应做好选址论证，满足耕地、林地占补平衡的等相关要求。

（三）提高风险控制理论水平

山水林田湖草生命共同体建设目前没有成熟的规划模式，要融合城乡规划、土地、环保和水利等领域各专项规划阶段特点，整合、提炼出适用于山水林田湖草项目特性的实施路径，通过编制控制性详细规划探索出山水林田湖草控制、管理的新模式。提出一套切实可行的工程治理思路、治理理念、治理措施和项目落地风险控制措施，预防风险、发现风险、管理风险，保证项目的顺利实施。青海省在生态保护修复实施过程中，强化顶层设计，加强项目管理，全力推进试点工作。

1. 加强组织协调，强化试点工作的责任落实

着力从提高生态保护与工程建设的靶向性、绩效性入手，省级领导小组组织召开专题会议，研究明确项目管理主体、实施主体和审批主体，建立了由州级政府为主体、各有关部门共同参与的项目前期会审制度。严格按照省政府批

复的实施方案，进一步细化目标任务、强化责任落实、完善工作举措，加强组织协调，构建职责清晰、责任明确、协调有序的责任机制。省有关部门按照各自职责，加强项目实施过程中政策、技术方面的指导服务，形成了各级党委政府共同推动、多部门协同配合、专业技术团队参与和项目区协同推进的试点工作格局。

2.注重制度建设，强化试点工作的规范管理

结合山水林田湖草生态保护和修复试点工作要求，把生态领域改革与生态文明建设制度落地纳入试点工作的保障措施中，强化试点工作推进中规范化管理，严肃试点工作项目管理、绩效考核、基础台账、监督检查、督办调度的工作程序和相关制度。严格按照相关法律法规和规范要求，紧盯项目设计、工程质量、资金使用、绩效目标管理和竣工验收等关键环节，组织项目区州县两级政府和项目实施单位主要负责人及相关技术人员进行专门培训。

3.加强过程监督，强化试点工作的实施质量

加强对试点项目的督查力度，找准问题，协调解决，确保试点项目的工程质量目标绩效。以现场督察指导为抓手，重点对设计方案优化、工程组织管理、问题协调解决等方面进行现场指导。以开工令为抓手，倒逼试点项目勘察设计、方案编制、项目审批等前期手续加快完成。以阶段性工程报验为抓手，不定期组织开展专项监督检查，及时解决发现的问题和困难，确保工程进度和质量。

三、加强严格制度严密法制条件下的操作理性

考察发现，山水林田湖草试点项目从顶层设计、到发起、再到实施是循序渐进的，山水林田湖草试点项目可以实现我国生态安全战略格局的构建，可以恢复我国区域生态系统的完整性与稳定性，可以带动生态产业的发展，建设美丽中国，但试点工程仅仅是一次性的投入，而生态恢复是长期的维护与保护，在保证落实各项生态修复项目的同时，更应该对生态系统后期的运维和监测予以足够的重视，使生态系统具有一定的自愈性，并有一定抵抗外界胁迫因子的能力，这是实施生态修复的最终目的。特别是山水林田湖草生态保护修复项目

在产生景观效果带动旅游业发展的同时，需要国家政策引导、地方政府主导、企业配合、公共参与等多种方式共同去努力和维护。

以河北省为例，山水林田湖草生态保护修复项目带动了乡村旅游，主要有生态农业观光游、古朴村落游、特色农家休闲游、风俗文化游等。同时也要注意到，在大量游客涌入乡村游的过程中，由于多数经营户以追求经济效益为主要目的，常常忽视资源的开发利用以及日常环境维护问题，这不仅污染了环境也制约了乡村旅游的可持续发展。"农家乐"作为乡村游的主要部分，为前来观光的游客提供了住宿和就餐场所，游客可以品尝农家饭、体验特色民俗，但由于大部分农村基础设施相对薄弱，农村很少拥有完善的污水管网系统，导致大量的生活污水未经处理就直接排放。有的渗入土壤污染了地下水水质，有的顺着低洼处流入附近河流，造成水体富营养化，影响水体生物的生长，破坏了水质，在一定程度上影响了乡村旅游的发展。尤其是开发水资源的休闲娱乐项目，例如，水上游乐园、垂钓、划船等，水资源一旦遭到破坏，这些项目就无法展开，加上后期修复工程，将造成重大经济损失。对此，河北省采取乡村旅游生态环境的保护对策，在将环境保护纳入整体规划、加强基础设施建设、做好引导和监管工作的同时，突出加强农村环保制度建设，制定实施细则及空缺领域法律法规，如农村环境保护法、农村生活污染防治法、旅游环境保护法、旅游资源法、土壤污染防治法等，将各地各部门的相关行为置于法律的监督之下。为了做好环境保护工作，还设立奖惩制度，对于破坏乡村旅游环境的违法行为有处罚，而对于在生态环境保护工作上有突出表现的也给予奖励。

青海省加强国家自然资源督察制度，按照统筹山水林田湖草系统治理的要求，加强对自然资源保护、修复和治理等环节的整体性、系统性和综合性实施情况的督察，强化以系统论思维探索自然资源督察工作路径。落实依法监管责任追究制度，严格落实山水林田湖草生态保护修复专项资金管理规定，建立健全项目资金财务管理制度，完善内控机制，规范资金审批程序，做到专户管理、专账核算、专款专用，不得挤占、挪用和截留，确保项目资金依法依规安全有效使用。建设全社会参与的法规制度，鼓励和引导群众通过订立乡规民约、开展公益活动等方式，培育爱护山水林田湖草生命共同体的生态道德和行为准则。充分利用互联网等各种媒体，提高公众对山水林田湖草生命共同体生态、社会、文化、经济价值的认识，形成全社会共同保护山水林田湖草生命共同体的良好氛围。建立"天上查、地下管、网上看"的公众监管机制，对破坏山水林田湖草生命共同体建设、损害社会公共利益的行为，可以依法提起民事公益诉讼。

创新内容

京冀青三省（市）把山水林田湖草生态保护修复工程作为维护和提升生态系统功能和环境质量的重要手段、生态文明建设的突破口，大胆创新、推广试点工程成功经验和实践模式，建立健全面向生态文明建设的国土空间开发与保护的管理制度，构建生态文明建设的空间框架，建立以市场机制为导向的生态制度，创新能促进生态文明建设的基本管理制度。特别是注重以下三个方面的创新。

一、制度创新

制度创新的核心内容是社会政治、经济和管理等制度的革新，是支配人们行为和相互关系的规则的变更，是组织与其外部环境相互关系的变更，其直接结果是激发人们的创造性和积极性，促使不断创造新的知识和社会资源的合理配置及社会财富源源不断的涌现，最终推动山水林田湖草生命共同体和生态文明建设。

（一）建立府际管理制度

根据中共中央《京津冀协同发展规划纲要》制定的《河北省建设京津冀生态环境支撑区规划》(2016—2020 年)，河北省政府打造环京津（保廊）核心区、沿海率先发展区、冀中南功能拓展区以及冀西北生态涵养区四大功能板块。京津冀生态环境支撑区不仅"支撑"了京津，也"造福"了河北。无形中也建立了一套府际管理制度，包括一体化生态区域行政区划，实行差别化的考核制度，使限制开发区域、禁止开发区域和生态脆弱区的生态得到有效的保护；建立府际生态合作的利益分享和补偿机制，形成生态损害者赔偿、受益者付费、保护者得到合理补偿的运行机制；建立信息协调机制，最大限度地破解地方政府的瞒报、假报或漏报行为。

（二）健全自然资源资产产权制度

建立统一的自然资源资产确权登记系统，对水流、森林、山岭、草原、荒地、滩涂等所有的自然生态空间进行确权登记，清晰界定国土空间各类自然资源资产产权主体，推进确权登记法治化。推动所有权和使用权相分离，规范物权占有、使用、收益和处分，适度扩大使用权的出让、转让、出租、抵押、担保、入股等权能，加强自然资源资产使用权交易平台建设。探索建立水权制度，开展河流水量分配工作，合理分配水资源使用权并确权登记，规范生活、生产、生态水权用途管制。积极推进水权交易，探索建立地区间、流域上下游等水权交易方式。深化水资源使用权制度改革，完成水资源使用权确权登记，并探索实施水权交易和流转，形成较完善的多种形式水权交易制度。深化林权制度改革，鼓励林地承包经营权和林木所有权依法流转，引进社会资本促进林业规模经营，探索建立政策性森林保险制度，提高林业经营主体抵御自然灾害的能力。严格土地用途管制，加强耕地保护，鼓励农户采用多种形式自主流转土地承包经营权，推动农业规模化经营，引导农村集体所有的荒山、荒沟、荒丘、荒滩使用权有序流转和生态化经营。完善矿产资源规划制度，强化矿产开发准入管理，促进现有矿山联合重组，提高规模化、集约化、现代化水平。

（三）建立公众参与制度

河北省将公众参与的内容、范围、方式等以法律的形式确立下来，赋予公众环境知情权、生态文明建设参与权、生态资源使用权、生态权益受损的救济权，同时对公众参与生态文明建设的义务做出明确规定，规范公众参与生态文明建设的程序和途径，保证公众参与的有效性。人民群众在日常的生产和生活中逐步关心生态环保方面存在的问题，并开始注意端正自己的生态行为，想方设法节约各种资源和能源。例如，在家庭生活中充分利用"中水"浇花、墩地、冲马桶,还响应政府节能减排的要求购买节能家电、支持"限塑令"等。在融入"生态、环保、绿色、低碳"理念的同时,建立生态文明教育机制,提升参与主体的意识和能力。完善包括家庭、学校、社会的全方位的生态教育体系,拓展生态文明教育渠道,探索和创新生态文明教育方式,从而提高参与主体的生态意识,强化参与主体的生态责任,提升参与主体生态文明建设的能力和潜力,使公众成为生态文明建设的重要力量。

二、科技创新

河北省在对山水林田湖草生态保护的修复中,组织优秀科技专家团队,下乡、驻村、进山帮助解决绿色生产中的技术难题,依靠科技进步在节能减排、污染治理等方面取得新突破,

科技支撑特别是生态科技对生态文明建设的支撑力不断增强。较之其他科技创新,生态科技创新面临着更多的不确定性和风险,其技术外溢及生态外溢由全社会共享的特点,决定了政府要通过科学合理的机制对其进行适当的扶持和保护。

(一)完善保护生态科技创新的法律政策体系

政府以增强自主创新能力为主线,在金融信贷、知识产权保护、鼓励风险投资与生态科技创新等方面颁布相应的法律、法规和条例,保护生态科技创新人员的权利,激发科技创新人员的积极性。利用先进的科学技术创造生态环境保护的新思路。例如,通过无人机、卫星遥感等技术进行生态环境现状分析,并测定生态环境薄弱地区,有针对性地进行环境治理。还可利用智慧城市的信息系统为生态环境保护服务,构建城市生态环境可视化监督与评价系统。在垃圾处理方面,加快垃圾分类回收、分类处理的技术创新步伐,将垃圾对生态环境的影响降到最低。

(二)建立科研协作机制

通过完善产学研协作的相关法律、政策,把产学研纳入法制化管理;同

时，完善公共服务平台建设，加强合作诚信基础的建设，提高产学研合作的开放性；注重人才的引进和培养，形成以改善生态环境质量为核心，以解决突出生态环境问题为重点，明确生态环境保护重点任务措施和重大治理工程，做到规划目标任务科学合理，切实增强规划的科学性、针对性、可行性和有效性。在生态环境保护的科学技术研发方面，加强与京津地区的科研院所和高校合作，并加强对科研成果的奖励和应用推广。

（三）完善融资机制

加大研发投入，在政府预算中明确研发投入所占 GDP 的比重，在研发投入中突出山水林田湖草生命共同体建设技术创新比重，在循环经济科技投入中强调基础性研究和长期性开发项目。同时通过制定绿色优惠税收、信贷政策，大力推动风险投资，引导资金向生态科技产业流动，形成多元投资主体支持生态科技研发的局面。在山水林田湖草生命共同体建设中，开展重点领域的科技攻关，为科学决策、环境管理、治污提供有力支撑；通过调动企业在技术创新方面的活力，加快关键环保技术的研发和重大研究成果转化应用，带动生态环境产业革新，助力经济高质量发展等。

三、国际合作创新

联合国环境大会发布的《北京二十年大气污染治理历程与展望》，高度评价北京市大气环境质量改善工作成果，并向世界其他发展中国家城市推广。北京成功举办 2019 年北京国际大都市清洁空气行动论坛，组织参加 C40 全球市长峰会、联合国气候变化大会等重大国际活动，多平台介绍北京绿色发展经验。积极推进与意大利环境领土与海洋部、美国加州旧金山湾区、美国能源基金会等政府部门和国际机构的环保合作，进一步拓展合作领域。山水林田湖草系统实现一体化保护与修复目标，根据各个区域的生态保护修复体系运行情况，构建更为完善的生态保护修复调控模式，构建国际合作机制。国际社会要求中国参与环境国际合作，积极开展对外交流与合作，学习国际先进经验，对外讲好北京生态环境故事。

（一）国际合作是解决环境问题的最优选择

人们逐渐认识到环境问题是构成目前各国和世界安全的最大威胁，国际环境争端日益尖锐、恶化，环境问题将成为未来纠纷、冲突乃至战争的最主要的因素。各国进行国际合作的动力是不同国家之间存在的共同利益，各国对良好生态环境的渴求是国际环境合作得以实现的现实基础。国家间通过合作解决冲突有利于维护国际社会的稳定，而相对稳定的外部环境则有利于国家内部的发展。国家间的依赖性因为全球化时代的到来变得越来越大，任何国家都不能够孤立地进行发展，一个国家的发展与其他国家的发展密切相关。地球生态系统是一个整体，每个国家都是其中的组成部分，一个国家的行为会影响到其他国家，如赤道附近的国家对热带雨林的过度开采影响的不仅是开采国家或是赤道地区。热带雨林的减少对于全球或局部区域的气候变化都可能产生影响，而气候的变化则会使动植物等的生存环境发生变化，从而可能导致地球生物物种的迅速减少。这种相互间的有机关联是任何一个国家无法通过自己的努力有效解决自己面对的环境问题的根本原因，不同国家必须通过国际环境合作来共同解决环境问题，减缓全球气候变化的速度。

（二）国际社会需要中国参与全球环境治理

随着中国的不断崛起，中国国际地位的不断提升，国际社会对中国的重视程度不断提高，同时，对于中国的需求也越来越高。面对全球气候问题的不断加剧，国际社会对中国在环境方面所需承担国际责任的要求越来越高。全球气候变暖问题，二氧化碳等温室气体的排放量成为各国关注的焦点。在碳排放量问题上，中国作为碳排放量大国，国际社会，尤其是发达国家强烈要求中国承担减排责任。针对国际社会环境合作对我国国际生态责任的种种要求，我国需要通过国际合作来协调国内发展与国际责任的关系以达到共赢，缓解国际社会对我国施加的压力，通过环境国际合作来进一步巩固我国负责任大国的国际形象。同时，中国作为世界最大的发展中国家，不仅是一个经济大国，同时也是一个人口大国和生态大国，在全球环境治理中起着举足轻重的作用，中国生态文明建设进步的一小步，对全球环境保护都会起到巨大的促进作用。所以，无论是国际社会的要求还是全球环境治理的需要，中国都应义不容辞地参与到国际环境合作中去。

（三）拓展国际合作与交流的渠道

在"一带一路"国际合作中深化生态合作治理，尤其是以央企为代表的企业主体，在利用"一带一路"为契机走出国门的同时，也积极与沿线国家或地区相关企业开展生态治理合作，将相关生态理念和生态技术贯彻到企业生产经营中去，推动了沿线国家和地区的生态治理发展。

1. 积极建立国际合作规划和参与指引

制定参与生态合作治理的整体规划。如生态环境部联合外交部、国家发改委、商务部印发的《关于推进绿色"一带一路"建设的指导意见》，编制发布了《"一带一路"生态环境保护合作规划》，明确了"一带一路"绿色发展的总体思路、要求，制定了一系列生态环保合作目标、项目和任务，进一步推动了环保政策法规、标准技术、产业的交流合作。积极引导我国企业参与国际交流合作。近年来，在我国政府引导下，相关企业对外投资合作中高度重视所在国家和地区的生态环境保护法律法规，积极遵循国际通行的企业环境规范和准则，以此规避各种生态环境阻碍因素，作为实现其自身商业利益和可持续发展的核心商业规范。

2. 基础设施与清洁能源项目建设中的绿色生产合作

我国企业在相关基础设施建设中，始终坚持绿色施工理念，优先选择低碳项目，不断降低施工环节的碳排放水平。例如，中国路桥工程有限责任公司承包的肯尼亚蒙内标轨铁路项目，相比公路货运减少了 40% 的公路二氧化碳排放量，并在设计施工中专门设计了 9 个野生动物通道供动物迁徙。加强传统项目的环保改造。例如，我方企业承建的印度古德洛尔燃煤电站项目，获得印度2016 年社会责任铂金奖和环境保护金奖。因二氧化硫和氮氧化物排放量远低于当地标准，我方企业承建的萨希瓦尔燃煤电站项目，先后荣获巴基斯坦第 16 届年度环保卓越奖（电力和能源类）等多个政府奖项。为满足乌克兰用电需求，中国机械设备工程股份有限公司承建的乌克兰尼科波尔大型太阳能光伏电站于2019 年 4 月 19 日正式并网发电，该电站共计使用 75 万块太阳能电池板、80 部光伏换流器和全套控制系统等中国原创设备，每年发电量可满足当地14万户家庭用电需求，预计年均减少30万吨二氧化碳排放量。

3. 共同致力于自然灾害和生态风险应对

我国与周边国家在应对共同生态危机与自然灾害方面保持着长期的密切合作。探讨解决诸如气候变化、沙尘暴、大气污染、酸雨、我国西北生态治理等东北亚区域共同面临的生态环境问题，积极就各种自然灾害加强与周边国家的治理合作。如与蒙古国就冬季鼠疫防治和牲畜疫情建立信息共享和联合防治机制，与巴基斯坦就地震、崩塌滑坡、泥石流、冰崩雪崩、堰塞湖、洪水、溜砂坡等自然灾害启动"'一带一路'自然灾害风险与综合减灾国际合作研究计划"和"中巴经济走廊自然灾害风险评估与减灾对策"研究，与泰国、越南、柬埔寨等国就草地贪夜蛾、蝗灾以及澜沧江—湄公河次区域综合灾害风险进行联合防治。

4. 积极参与生态合作机制建设与开展对话交流

依托现有的双边、多边合作机制，建立了一系列深化双方交流合作的平台机制，举办了一系列以绿色"一带一路"建设为主题的对话交流活动，与沿线国家和地区开展生态文明和绿色发展的交流合作与经验分享。如2018年4月27日由生态环境部指导，中国—东盟环境保护合作中心联合相关政府部门、研究机构、社会组织自愿发起的"一带一路"绿色供应链合作平台宣告成立，该平台在推进各国开展绿色供应链交流与合作中具有不可替代的重要作用。2019年4月25日和5月15日分别成立的"一带一路"能源合作伙伴关系和中国—欧盟能源合作平台，将我国核电和特高压技术纳入国际能源合作领域，为推动能源的安全、清洁利用作出贡献。

5. 开展生态环保技术转让合作

如"一带一路"环境技术交流与转移中心就是在生态环境部推动下建立的技术转让合作重要部门，由该中心负责实施的绿色丝绸之路使者计划，通过不定期举办培训、研讨等形式，将我国先进的生态治理技术和生态环境管理经验向沿线国家和地区的相关人员进行讲解和传授。部分农业生产企业也积极向相关国家进行绿色生态技术转让合作。如中绿农集团通过塞拉利昂绿色生态有机农业基地建设，不仅让先进的绿色生态有机农业科技在塞拉利昂得以推广，还为塞拉利昂建设现代农业培养了一批技术人才。积极促成国外先进绿色生产和生态环保技术"引进来"。我国一直高度重视在沙漠化治理、节水灌溉农业等领域与以色列的技术合作，积极引进以色列先进农业生产技术。如为加快中国—以色列（巴彦淖尔）现代农业产业园和防沙治沙综合治理示范区建设，以色列农业与农村发展部部长乌里·阿里埃勒于 2019 年 8 月至巴彦淖尔就现代农牧业发展、沙漠综合治理、节水灌溉技术交流等内容进行考察，推动以色列先进农业技术在我国的推广。

我国的生态环境保护国际合作与交流的实践表明，在水、气、土生态环境问题领域转变国际合作思路，借鉴国际先进治理理念、保护与管理制度、技术和环保产业发展经验等，引进更多国外资金与技术，开展更为具体的跨国界水体和区域大气环境等问题的科学研究，更加有效、精准、深入地创新，支撑山水林田湖草生命共同体建设，服务全面推进生态环境治理体系和治理能力现代化，都将成为极具现实意义的课题。

后 记

　　开展山水林田湖草生态保护修复是生态文明建设的重要内容，是贯彻绿色发展理念的有力举措，也是破解当前生态环境与经济发展之间难题的必然要求。本书以"绿水青山就是金山银山"为主线，以国家山水林田湖草生态保护修复试点省市为样本，以全国山水林田湖草生态保护修复工程目标为切入点，总结梳理当前我国山水林田湖草生态保护修复的进展与概况，分析了不同时空尺度下山水林田湖草生命共同体发展框架；阐释了山水林田湖草生态保护修复的驱动机制、协同关系、服务集成与管理策略；从优化景观格局、仿自然生态系统结构、提升生态系统功能、提高优质生态产品供给能力等方面探索优质生态产品价值实现机制；描述了通过改善生态系统的水源涵养、生物多样性和文化景观等功能，提高人类获得清洁的水、多样的基因和独特的风景等服务，从而对人类福祉产生的积极作用；提出的相应的生态修复措施对于政府相关部门采取科学合理的对策、实现生态系统改善和人类生态文明的共进、是推动人与自然和谐共生与可持续发展的重要动力，以期有效推动山水林田湖草生态保护修复工程从科学到实践的深入。

　　掌握科学有效的理论是总结推进山水林田湖草生态保护修复实施经验的基础。必须以生态系统生态学为支撑，基于流域生态学、恢复生态学和景观生态学的理论共同诠释山水林田湖草生命共同体的时空区域尺度及流域内部各生态系统之间的耦合机制，通过复合生态系统理论构建山水林田湖草生命共同体的社会、经济、自然生态系统的"架构"体系。尽管国家采取了不同的举措，但是中间仍存在部分细节问题，不能完全实现保护修复工作。为了解决问题，需要本着正本清源的态度，从保护修复原理着手，解读其内涵，并严格根据其潜在要求调整实践思路，完成山水林田湖草的保护修复工作。如为科学解决矿产资源开发过程中诱发的众多矿山环境问题，应当采用系统工程思路，从矿山环境问题梳理、调查、评价与预测、修复治理技术与模式、矿山土地适宜性评价、监测与预警、信息系统研发、法规标准和矿山环境管理等方面逐步攻克和解决。因本人水平有限，难免有错漏之处，敬请读者批评指正。

本书的问世得到江西省赣州市发改委主任卢述银同志和市山水林田湖草保护中心主任吴良灿等同志的大力支持和帮助，为我实地调研选择地点甚至陪同，写作时提供有关资料等方面提供了大量切实、具体的帮助，在此特表示衷心的感谢。

2020 年 8 月于江西南昌

策划编辑：杨瑞勇
责任编辑：吴明静
封面摄影：钟芳亿
封面设计：林芝玉

图书在版编目（CIP）数据

绿水青山就是金山银山：国家山水林田湖草生态保护修复试点实证研究／
　刘谟炎 著 . —北京：人民出版社，2021.6
ISBN 978－7－01－022615－6

I. ①绿⋯　 II. ①刘⋯　 III. ①生态环境建设－研究－赣州
　IV. ① X321.256.3

中国版本图书馆 CIP 数据核字（2020）第 214366 号

绿水青山就是金山银山
LÜSHUI QINGSHAN JIUSHI JINSHAN YINSHAN
——国家山水林田湖草生态保护修复试点实证研究

刘谟炎　著

人民出版社 出版发行
（100706　北京市东城区隆福寺街 99 号）

环球东方（北京）印务有限公司印刷　新华书店经销

2021 年 6 月第 1 版　2021 年 6 月北京第 1 次印刷
开本：710 毫米 ×1000 毫米 1/16　印张：42.25
字数：695 千字

ISBN 978－7－01－022615－6　定价：88.00 元

邮购地址 100706　北京市东城区隆福寺街 99 号
人民东方图书销售中心　电话（010）65250042　65289539